普通高等教育材料类专业"十四五"系列教材

U0163502

材料科学基础

汪 飞 卢学刚 主编

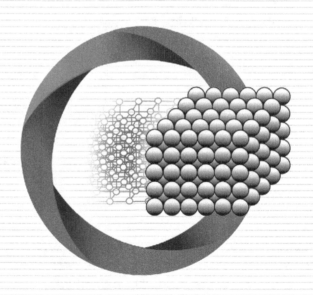

西安交通大学出版社

XI'AN JIAOTONG UNIVERSITY PRESS

内容简介

本书主要阐述了工程与功能材料的基础理论和典型应用,包括材料中的原子排列、材料中相与相结构、凝固与结晶、相图、固体中的扩散、固态相变、材料的力学性能、材料的物理性能、材料的腐蚀与防护、纳米材料及其性能。本书的特点是以常用材料为对象,介绍其共性原理及基本分析方法,着重介绍其基本概念和基础理论,强调内容的科学性、前沿性和实用性。

本书可作为高等学校材料、机械、电子等专业的专业基础课教材,也可供工程技术人员参考。

图书在版编目(CIP)数据

材料科学基础 / 汪飞,卢学刚主编.— 西安 : 西安交通大学出版社,2023.8(2024.8 重印)
ISBN 978 - 7 - 5693 - 3213 - 1

Ⅰ.①材… Ⅱ.①汪… ②卢… Ⅲ.①材料科学 Ⅳ.①TB3

中国国家版本馆 CIP 数据核字(2023)第 071779 号

书　　名	材料科学基础	
	CAILIAO KEXUE JICHU	
主　　编	汪　飞　卢学刚	
策划编辑	田　华	
责任编辑	王　娜	
责任校对	邓　瑞	
出版发行	西安交通大学出版社	
	(西安市兴庆南路 1 号　邮政编码 710048)	
网　　址	http://www.xjtupress.com	
电　　话	(029)82668357　82667874(市场营销中心)	
	(029)82668315(总编办)	
传　　真	(029)82668280	
印　　刷	西安日报社印务中心	
开　　本	787 mm×1092 mm　1/16　印张　27.625　字数　655 千字	
版次印次	2023 年 8 月第 1 版　　2024 年 8 月第 2 次印刷	
书　　号	ISBN 978 - 7 - 5693 - 3213 - 1	
定　　价	75.00 元	

如发现印装质量问题,请与本社市场营销中心联系。
订购热线:(029)82665248　(029)82667874
投稿热线:(029)82668818　QQ:465094271
读者信箱:465094271@qq.com

版权所有　侵权必究

前　言

　　材料是人类物质文明的基础,新材料的出现总会引起新的技术革命,如人们习惯用石器时代、青铜时代和铁器时代来代表人类文明史的不同阶段。当今各式各样的高精尖技术,诸如机械、运输、建筑、能源、医疗、通信、计算等的发展必然以材料的发展为前提。随着现代科技特别是电子科技的进步,人类越来越重视从原子尺度研究材料的结构、组成和性能,如纳米材料的应用已促使现代科技产生了革命化的进步,因此材料在现代科技领域的重要作用如何强调都不过分。同时,材料科学的知识已不局限于过去的冶金、铸造、加工、热处理等专业,而是逐渐成为近代物理、凝聚态物理、数学、化学、机械、电力、电子等理工科各专业的必备基础知识,并逐渐向医学和农业等各专业的通识学科迈进。材料科学与其他学科的交叉融合无论对材料科学还是其他学科的发展都有重大意义。本教材就是基于上述材料发展的前提下编写而成的。

　　本教材从材料的原子排列出发,首先阐述各种材料的基本结构、相的分类与相结构、各种材料的基本相组成,尔后重点阐述材料相图及相变的基本规律。其次介绍材料的力学、物理和化学基本性质及其变化的基础理论,以及纳米材料的基本知识,使读者初步掌握材料的化学成分、相组成和微观组织与宏观性能间关系的基本理论,具备初级选材能力。以上内容既强调了金属材料、陶瓷材料和高分子材料的结构、相变、性能及其表征等材料科学的基础知识,又包括了这些材料的分类与工程应用,同时介绍了材料科学的最新进展及纳米材料等最新材料,使读者能够全面、概括地掌握材料科学的基础及材料学的概况,对相关学科起到补充和促进作用。

　　本教材第1、2、3、4章由汪飞编写,第5、6、7章由卢学刚编写,第8章由张垠编写,第9章由赵铭姝编写,第10章由孔春才编写。全书由汪飞、卢学刚担任主编,孙占波担任主审。本教材可作为材料、机械、电子等专业本科生及专科生专业基础课程的教材使用。

编者感谢西安交通大学给予的经费支持,感谢参与本教材大纲制定和稿件审查的专家学者,感谢西安交通大学物理学院给予的高度重视和各方面的支持。

由于编者水平有限,书中难免存在疏漏和不妥之处,恳请广大读者批评指正。

编 者

2022 年 04 月

目　录

第1章 材料中的原子排列

原子是构成物质的基本粒子,材料也不例外。绝大部分材料是在固态下使用的,业已证明,材料中原子间的结合及排列方式在很大程度上决定了材料所表现出的宏观性质。因此我们应该首先了解和熟悉固体中原子间的结合、排列方式和分布规律。

1.1 原子键合

通常把材料的液态和固态称为凝聚态。在凝聚态下,由于原子间的距离十分微小而产生了原子间的作用力,即原子键。大量的原子依靠原子键结合成为一般意义上的材料。按照原子间的结合性质,可以将原子键分为离子键、共价键、金属键、分子键(范德瓦耳斯键)和氢键。

1.1.1 离子键

在凝聚态时,负电性很小的原子如金属原子全部或部分给出最外层或次外层(过渡族金属、稀土元素)电子而变成正离子,负电性很大的原子如 O、Cl 等得到电子而变成负离子,正负离子间靠静电引力结合在一起而形成离子键。

典型的离子键材料有 NaCl、Al_2O_3 和 ZrO_2 等。图 1-1 是 NaCl 离子键示意图,其原子排列的特点是与正离子相邻的必然是负离子,与负离子相邻的必然是正离子。离子键的结合力很大,任何试图破坏这种排列方式的企图都需很大的外力。因此,离子键材料强度大、硬度极高、热膨胀系数小,而这种键合被破坏后会直接导致材料的破坏,因此决定了离子键材料的高脆性。

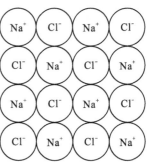

图 1-1 NaCl 离子键示意图

1.1.2 共价键

一些材料中的原子间相互都贡献出部分最外层电子而形成共用电子对,使相邻原子最外层电子都达到满壳层,两个原子间靠共用电子对结合在一起,原子间的这种键合称为共价键。一般两个相邻原子只能共用一对电子。但根据原子最外层电子数量的不同,一个原子可以和相邻几个原子形成多个共价键。不过,一个原子的共价键数只能小于或等于 $8-N$(N 为该原子最外层的电子数),这个现象称为共价键的饱和性。

图 1-2 是硅共价键示意图。在共价晶体中,由于共用电子对的关系,相邻的原子间的键角或相邻原子间的几何关系必定是固定的,即共价键具有强烈的方向性,由此,共价

键结合力很大,共价晶体熔点高、硬度高、结构和化学性质稳定,但塑性低、脆性大。典型的共价键材料有硅、金刚石、高分子化合物等。

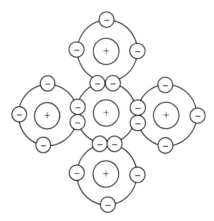

图 1 - 2　硅共价键示意图

1.1.3　金属键

金属原子失去或部分失去最外层或次外层(过渡族金属)电子而变成正离子,失去的电子成为自由电子。大量的自由电子归所有金属离子所共有,形成"电子海洋""电子气"或"电子云",如图 1 - 3 所示。每个正离子都与电子云产生强大的静电引力,大量的金属正离子靠这种静电引力结合在一起。这种由金属中的自由电子与金属正离子相互作用所构成的键合称为金属键。热力学稳定态下,固态的金属阳离子在空间常常排列整齐,组成金属晶体。金属键材料常简称为金属材料,包括 Fe、Al、Cu、Au、Ag、Pt、Ni 等所有纯金属和它们的合金。

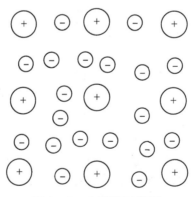

图 1 - 3　金属键示意图

显然,金属正离子间的位移、错位或位置交换并不改变金属键的性质,金属键也不会因此而破坏,因此,金属键材料一般都具有良好的可塑性。按经典的导电理论,在电场作用下,电子云产生定向移动形成电流,因此金属一般具有良好的导电性。金属离子在平衡位置可产生较大振幅的热振动,因此金属键材料具有良好的导热性。

1.1.4　分子键（范德瓦耳斯键）

　　有些物质在分子团或离子团内的原子间是以共价键或离子键结合的,理想条件下这些分子团或离子团对外不显电性。但实际的分子或离子团往往具有极性,即离子或分子团的一部分带有正电,另一部分带有负电。如图 1-4 所示,不同分子团或离子团之间,带有正电的部分和带有负电的部分存在弱的静电引力,这种引力称为范德瓦耳斯力,存在于中性分子团或离子团间的这种结合键称为分子键或范德瓦耳斯键。分子团或离子团间靠这种静电引力结合在一起。例如,高分子材料聚氯乙烯中,C、H、Cl 构成的高分子的内部,主链中 C-C 原子间是共价键,主链两侧的 H 原子带正电,而 Cl 原子带负电。两个分子链间带正电的部分和带负电的部分存在弱的静电引力,并靠这种静电引力将分子链结合在一起。分子键键能很小,在外力作用下易产生滑动而发生很大变形,因此分子晶体的熔点低、硬度低。这种键在其他化学键类型的晶体中也可以存在,但由于其键能很小而常常被忽视。

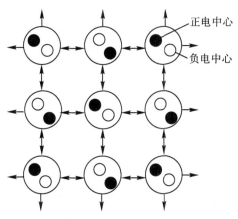

正电中心
负电中心

图 1-4　分子键示意图

1.1.5　氢键

　　含氢的物质,例如 H_2O(冰)中,氢原子与某一原子形成共价键时,共用电子向这个原子强烈偏移,使氢原子几乎变成了一个半径很小且带有正电的核,而与其形成共价键的另一个原子则带有负电。这种极性分子间,带正电的部分与带负电的部分靠静电引力结合在一起,这种结合键称为氢键。氢键是一种弱键,并带有明显的方向性。

　　为了便于比较,将上述五种结合键的结合能和主要特征列于表 1-1 之中。表中显示,上述五种结合键的键能按化学键(离子键、共价键、金属键)、氢键、分子键的顺序依次递减。在实际材料中,除了一些如纯金属、单质化合物等绝对纯的材料之外,许多材料都是几种结合键共存的。例如,Si、Ge 等半导体材料中,原子间应该是以共价键结合,但这些元素也往往会失去一些电子,因此晶体中有自由电子存在,形成金属键,因此,这些半导体材料往往是共价键和金属键共存的。

表 1 - 1　五种结合键的结合能和主要特征

键的类型	实例	结合能/ (kJ·mol^{-1})	主要特征
离子键	NaCl MgO	640 1000	无方向性、高配位数、高温时离子导电
共价键	C[①] Si	713 450	空间方向键、低配位数、常温及低温下导电率极低
金属键	Hg Al Fe W	68 324 406 849	非方向键、配位数及密度极高、高电导率、高延展性
氢键	H$_2$O[②] NH$_3$	51 35	与无氢键的相似分子相比结合力较高
分子键	Ar I$_2$	7.7 31	低熔点、低沸点、压缩系数很大

注:①指金刚石晶体;②指固态水(冰)。

材料尤其是固体材料中的原子之间是靠结合键结合起来的。下面以金属键双原子模型为例,简单解释原子间结合力的产生和原子间的平衡距离。设 A、B 是金属键中的两个正离子,离子 A 保持静止,离子 B 是 A 附近的另一个离子。当 A、B 无穷远时,A、B 间不存在相互作用。当 A、B 两离子相互靠近时,显然,两离子间随即产生相互作用。其中引力来自于 A、B 两离子之间的电子云,大小为

$$f_a = -\frac{\alpha}{R^m} \tag{1-1}$$

而斥力来自于两离子间的静电交互作用,大小为

$$f_b = \frac{\beta}{R^n} \tag{1-2}$$

合力为

$$f = f_a + f_b = -\frac{\alpha}{R^m} + \frac{\beta}{R^n} \tag{1-3}$$

式中,R 为两离子间的间距;α、β、m 和 n 均为大于零的常数,并且有 $m < n$。图 1-5 给出了两离子间的相互作用示意图。显然,当 $R < R_0$ 时,合力为斥力;$R > R_0$ 时合力为引力;只有当 $R = R_0$ 时,合力为 0。R_0 则为正离子之间的平衡距离。

虽然其他结合键的情况与金属键有所不同,但如果将图 1-5 中的 A、B 二离子当成共价键中的原子或分子键中的分子或分子团,则其作用情况大同小异。显然,双原子模型至少可以解释材料中的以下几个基本问题。

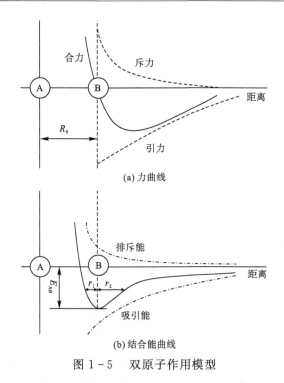

图 1-5　双原子作用模型

（1）当大量的原子、分子或分子团结合成固体时，为使系统具有最低能量状态，大量的原子、分子或分子团间趋近于保持相同的平衡距离，这就需要原子、分子或分子团间保持规则排列，即形成晶体。

（2）欲将 B 原子、分子或分子团从平衡位置拉开一个小的位移时，需要一定的力；当外力撤除时，原子会自动回到平衡位置。即固体材料都有一定的弹性。

（3）当将 B 原子拉开到无穷远处时，则需要更大的力，这个力所做的功即结合能 E_{AB}。因此固体材料都有一定的强度。

（4）B 原子、分子或分子团可在平衡位置附近做热振动，振幅为 $r_1 + r_2$，振幅越大能量越高。但由于结合能曲线（见图 1-5（b））不是一条对称曲线，即 $r_1 \neq r_2$，原子热振动时，随着振幅的加大，平衡位置附近 $R > R_0$ 一侧的振幅加大幅度（r_2）大于 $R < R_0$ 一侧的振幅加大幅度（r_1）。这样，温度升高，固体（晶体）的体积会增加，即体积膨胀。

1.2　晶体与晶体结构

物质中的原子在凝聚态的排列可分为三种形式，一是原子间完全无规则排列，称为完全无序，例如惰性气体；二是原子、原子团、分子或分子团内部的原子规则排列，而原子、原子团、分子或分子团之间无规则排列，称为短程有序，例如液态水、金属熔体等；三是在大尺寸范围内，原子、原子团、分子或分子团之间规则排列，称为长程有序，例如 NaCl、Al_2O_3 固体等。

传统意义上，将原子、原子团、分子或分子团在三维空间有规则、周期性重复排列的固体称为晶体。前文已知，在离子键或共价键材料中，原子在分子内是规则排列的，因此，晶体即可简单理解为原子在三维空间有规则、周期性重复排列的固体。新材料中,有些分子或分子团在液态也可以是长程有序的,这些材料称为液晶。自然界中大多数固体都是晶体。

1.2.1 晶体学基础

1.2.1.1 晶体中的原子排列

既然晶体中原子是规则排列的,作为材料科学的一部分,就应详细研究各种材料中的原子排列规律。以后我们会知道,原子的排列规律在很大程度上决定了晶体的性能。为研究方便,一般采用以下的几种方法。

刚球模型法:将原子、原子团、分子或分子团抽象成为一个个不可压缩的刚性球,并将其堆垛起来以描述晶体内的原子排列规律,如图1-6(a)所示。其特点是比较接近实际晶体的原子排列情况,但由于不能观察到晶体内部的情况,因此使用极为不便。

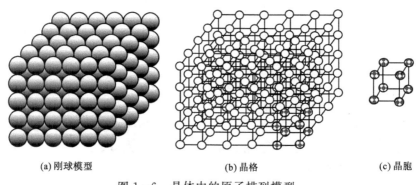

(a)刚球模型　　　　　　　　(b)晶格　　　　　　　　(c)晶胞

图1-6　晶体中的原子排列模型

空间点阵法:为了描述大尺寸晶体中原子的排列规律,将晶体中几何环境和化学环境都相同的位置抽象为一系列的几何点。将这些点称为节点或阵点。这些点可以是原子、原子团、分子或分子团所占据的几何位置,也可以是一般意义上的点。为讨论方便,可以将这些几何点理解成晶体中的原子。几何环境相同意味着所有这些几何点周围的相同性质的几何点(如果将几何点理解成原子的话,则为同种原子周围的其他原子)的排列规律相同。化学环境相同是指所有几何点或原子周围的几何点或原子的化学性质相同。将这些点用直线连接起来,构成三维空间格架,这个格架称为空间点阵。晶体学上,这个用于描述晶体中原子、原子团、分子或分子团排列规律的空间格架称为晶格或点阵结构,如图1-6(b)所示。注意,无论点阵结构多么复杂,任何节点或阵点的地位都是相同的。

晶胞法:在图1-6(b)中,空间点阵或晶体结构可以反映晶体中原子排列的全貌。事实上,由于原子排列具有周期性和重复性,只要从晶格中选取如图1-6(c)那样的一个结构单元,即可反映晶体结构全貌。整个晶体可以看作由这个结构单元堆砌而成。这个能够完全反映晶格特征的最小几何单元称为晶胞。通常,为讨论方便,在晶格中选取一个最小的平行六面体作为晶胞(见图1-6(c))。

为了表达晶胞或晶体结构的特性,如图1-7所示,可选晶胞中的某一节点(一般为六面体的顶点)为坐标中心,沿3个棱边按一般坐标规则作 x、y 和 z 轴,3个棱边长度 a、b 和 c 作为 x、y 和 z 轴的坐标单位,坐标轴(也称晶轴)间的夹角分别标以 α、β 和 γ。a、b、c、α、β、

γ 则完全反映了晶胞乃至整个晶体中原子的排列
规律,这 6 个参数称为晶格参数,也称点阵参数。

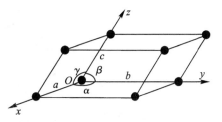

图 1-7　晶胞与晶格参数示意图

1.2.1.2　布拉维点阵

自然界中的晶体千变万化,似乎无规律可
寻。但在 1848 年,法国晶体学家布拉维(A.
Bravais)利用数学方法证明空间点阵只能有 14
种(见图 1-8)。根据各晶胞形状,其又将 14 种点
阵分为 7 大晶系,这就是 7 大晶系 14 种布拉维点阵。表 1-2 列出了 7 大晶系 14 种布拉维
点阵的晶胞特征。

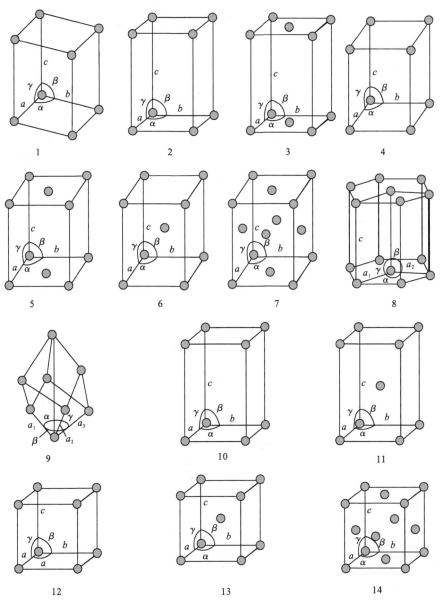

图 1-8　14 种布拉维点阵示意图

表 1 - 2　晶系与空间点阵的晶胞特征

编号	晶系	空间点阵	晶胞特征	编号	晶系	空间点阵	晶胞特征
1	三斜	简单三斜	$a \neq b \neq c$ $\alpha \neq \beta \neq \gamma \neq 90°$	8	六方	简单六方	$a = b \neq c$ $\beta = \gamma = 90°, \alpha = 120°$
2	单斜	简单单斜	$a \neq b \neq c$ $\beta = \gamma = 90° \neq \alpha$	10	正方	简单正方	$a = b \neq c$ $\alpha = \beta = \gamma = 90°$
3		底心单斜		11		体心正方	
4	正交	简单正交	$a \neq b \neq c$ $\alpha = \beta = \gamma = 90°$	9	菱方	简单菱方	$a = b = c, \alpha = \beta = \gamma \neq 90°$
5		底心正交		12	立方	简单立方	$a = b = c$ $\alpha = \beta = \gamma = 90°$
6		体心正交		13		体心立方	
7		面心正交		14		面心立方	

1.2.1.3　晶向指数与晶面指数

从图 1-7 或图 1-8 中可以看出,在一个晶格中,不同位向或不同平面上,原子排列规律并不相同。为表达这种特性,引入晶向指数与晶面指数的概念。

晶格中,任意两个节点都可连成直线。坐标系建立后,为表示这条直线与坐标系的关系,通常以射线表示。晶体中一个原子列在空间的位向称为晶向。点阵中节点所在的平面称为晶面。为了方便,给晶向和晶面赋以坐标值就是晶向指数和晶面指数。目前通用的是米勒指数(Miller index)。

1. 晶向指数的求法

以图 1-9 中的立方晶系为例,求 AB 晶向的晶向指数。

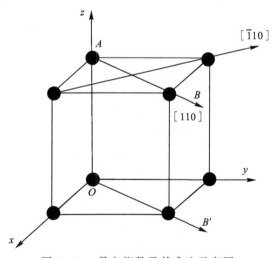

图 1 - 9　晶向指数及其求法示意图

(1)以晶胞的某一阵点 O 为原点,三条棱边为坐标轴 x、y、z,以晶胞的棱边长度 a、b、c 作为坐标轴的单位长度。

(2)过原点,作一射线 OB',使其平行于待定晶向 AB。

(3) 在 OB' 上选取任意一点 Q，求出该点的坐标值 (x,y,z)。

(4) 将上述坐标值 x、y、z 化为最小整数 u、v、w 并放于"[ ]"内，即为该晶向的晶向指数。

图1-9的待定晶向为[110]。如果晶向指数中出现负数，例如 u、v、w 分别为 -1、-2、-3，则将负号冠在数字顶端，即 u、v、w 分别为 -1、-2、-3 的晶向指数标示为[$\overline{123}$]。

图1-9还显示，一个晶向指数代表一系列互相平行、位向相同的晶向；数字相同、符号完全相反的两个晶向指数代表同一直线上方向相反的两个晶向。晶体中，许多晶向虽然晶向指数不同，但原子的排列规律完全相同。例如在图1-9所示的立方晶系中，[110]与[$\overline{110}$]晶向原子排列完全相同。这样，原子排列相同，但空间位向不同的晶向组成一个晶向族，用 $<uvw>$ 表示。例如 $<100>$ 晶向族包括[100]、[010]、[001]、[$\overline{100}$]、[$\overline{010}$]、[$\overline{001}$]6个晶向。应该注意，非立方晶系，如正交晶系中，[100] 和 [001] 则不属于一个晶向族。

2. 晶面指数的求法

以图1-10(a) 中的立方晶系为例，求阴影晶面的晶面指数。

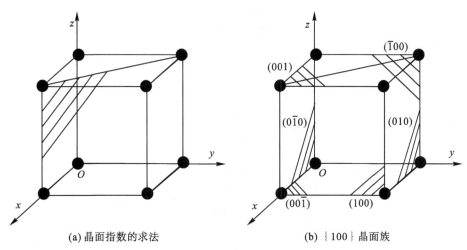

(a) 晶面指数的求法　　　　　(b) {100}晶面族

图1-10　晶面指数的求法与晶面族示意图

(1) 以晶胞的某一阵点 O 为原点，三条棱边为坐标轴 x、y、z，以晶胞的棱边长度 a、b、c 作为坐标轴的单位长度。

(2) 求出待定晶面在3个坐标轴上的截距 x、y、z。如果晶面平行于某一坐标轴，其截距为 ∞。

(3) 为避免在指数中出现 ∞，求出3个截距的倒数 $h=1/x$、$k=1/y$、$l=1/z$。

(4) 将 h、k、l 化为最小整数并放于"( )"内，即为该晶面的晶面指数。

图1-10(a) 的待定晶面为(110)。如果晶面指数中出现负数，例如 h、k、l 分别为 -1、-2、-3，则将负号冠在数字顶端，即 h、k、l 分别为 -1、-2、-3 的晶面指数，标示为($\overline{123}$)。

　　图 1-10(b) 还显示,一个晶面指数代表一系列互相平行、位向相同的晶面;数字相同、符号完全相反的两个晶面指数代表两个相互平行、位向相反的晶面。因此,在求晶面指数时,如果待定晶面正好过坐标原点(待定晶面的截距为 0),则可以将待定晶面平移以后求截距。

　　晶体中,许多晶面虽然晶面指数不同,但原子的排列规律完全相同。例如在图 1-10(b) 所示的立方晶系中,(100) 与(001) 晶面原子排列完全相同。这样,原子排列相同,但空间位向不同的晶面组成一个晶面族,用{hkl} 表示。例如{100} 晶面族包括(100)、(010)、(001)3 个晶面(3 个与其相互平行、符号完全相反的晶面不计算在内)。应该注意,非立方晶系,如正交晶系中,(100) 和(001) 晶面则不属于一个晶面族。

3. 六方晶系中的晶向指数与晶面指数

　　在六方晶系中,为了正确表达晶体的对称性,对六方晶系一般采用四轴坐标系来确定其晶向指数与晶面指数。如图 1-11 所示,在六边形中,以 x_1、x_2 和 x_3 作为 3 个相互夹角为 120° 的水平坐标轴,z 轴垂直于 x_1、x_2 和 x_3 构成的平面,构成四轴坐标系。之后,晶面与晶向的求法则与三轴系完全相同。晶向指数用 $[uvtw]$ 表示、晶面指数用 $(hkil)$ 表示。

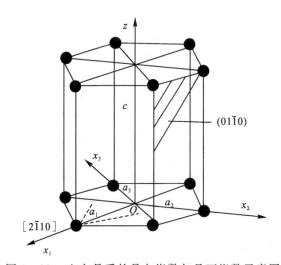

图 1-11　六方晶系的晶向指数与晶面指数示意图

　　注意,在求晶向指数时,晶向上点的坐标需要向四个坐标轴作垂直投影而取得。因此,x_1 坐标轴的晶向指数为 $[2\bar{1}\bar{1}0]$;由于 x_1、x_2 和 x_3 互成 120°,则总有 $i=-(h+k)$ 和 $t=-(u+v)$。

　　在六方晶系中,自然可以用三轴坐标系表示其晶向指数。假如三轴系的晶向指数为 $(u'v'w')$,经过简单换算,可得四轴系的晶向指数为

$$\begin{cases} u=\dfrac{1}{3}(2\,u'-v') \\[2mm] v=\dfrac{1}{3}(2\,v'-u') \\[2mm] t=-(u+v),w=w' \end{cases} \tag{1-4}$$

以上讨论表明,任何晶面或晶向都可以用指数表示。晶向指数与晶面指数不仅可以表示特定的晶向与晶面,还可以表示原子排列相同但位向不同的一系列晶向和晶面。立方晶系中,相同指数的晶向与晶面相互垂直。晶向位于晶面内时,则满足 $hu + kv + lw = 0$。

1.2.1.4　晶面间距

晶面间距是晶体的另一个非常重要的参数。显然,只有相互平行的晶面才谈得到晶面间距,因此晶面间距应严格地称为平行晶面间的距离,一般用 d_{hkl} 表示,hkl 即为晶面指数。

在简单立方结构中,晶面间距的计算公式为

$$d_{hkl} = \frac{a}{\sqrt{h^2 + k^2 + l^2}} \tag{1-5}$$

其他晶体结构的晶面间距则一般采用几何法求出。

1.2.2　晶体结构

1.2.2.1　金属中常见的几种晶体结构

金属晶体的结合键是金属键,由于金属键没有方向性和饱和性,大多数金属晶体都具有紧密排列、对称性高的简单晶体结构。工业上常使用的金属不到 50 种,常见的晶体结构有体心立方(body-centered cubic,bcc)、面心立方(face-centered cubic,fcc)和密排六方(hexagonal close-packed, hcp)结构。下面简单介绍这三种晶体结构的特性,重要的是通过分析这几种晶体结构,掌握复杂晶体结构的分析方法。

1. 体心立方

体心立方(bcc)结构的晶胞示意图如图 1-12 所示。其特点是立方晶胞的 8 个顶点上各有 1 个原子(或阵点),立方体的体心处有 1 个原子。

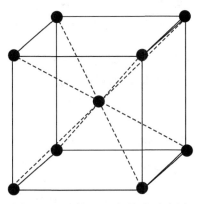

图 1-12　体心立方晶胞示意图

用于描述晶体特征的参数还有如下几个。

(1)晶格常数:体心立方晶格的晶格常数为 $a = b = c$,常用 a 表示;$\alpha = \beta = \gamma = 90°$。

(2)原子半径:晶体中的原子半径定义为原子中心间最小距离的一半。bcc 结构中,原子排布最紧密的方向为 $<111>$,因此其原子半径为 $r = \frac{\sqrt{3}}{4}a$。

（3）晶胞原子数：指一个晶胞中所含原子（或阵点）的数量。在图 1-12 所示的 bcc 结构中，体心原子 1 个，8 个顶点的原子各属 8 个晶胞所有，因此 bcc 晶胞内有 $1+8\times\dfrac{1}{8}=2$ 个原子。

（4）配位数：指原子或阵点周围最邻近的等距离的原子数。在图 1-12 中，显然体心原子周围最邻近、等距离的原子为 8 个顶角上的原子，因此 bcc 结构的原子配位数为 8。

（5）致密度：指晶体或晶胞中原子所占的体积。这里的原子体积是按晶体中的原子半径来计算的。在 bcc 晶格中，致密度 k 为 $k=\dfrac{2\times\dfrac{4}{3}\pi\left(\dfrac{\sqrt{3}}{4}a\right)^{3}}{a^{3}}\approx 0.68$。

（6）密排面与密排方向：任何一种晶体结构都有其原子（或阵点）排列最紧密的晶面和晶向。容易得到 bcc 结构的密排面为 $\{110\}$，密排方向为 $<111>$。

2. 面心立方

面心立方（fcc）结构的晶胞示意图如图 1-13 所示。其特点是立方晶胞的 8 个顶点上各有 1 个原子（或阵点），立方体 6 个面的中心各有 1 个原子。其特征如下。

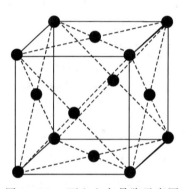

图 1-13　面心立方晶胞示意图

（1）晶格常数：面心立方晶格的晶格常数为 $a=b=c$，常用 a 表示；$\alpha=\beta=\gamma=90°$。

（2）原子半径：fcc 结构中，原子排布最紧密的方向为 $<110>$，因此其原子半径为 $r=\dfrac{\sqrt{2}}{4}a$。

（3）晶胞原子数：在图 1-13 所示的 fcc 结构中，8 个顶点的原子各属 8 个晶胞，6 个面上的原子各属两个晶胞，因此 fcc 晶胞内有 $6\times\dfrac{1}{2}+8\times\dfrac{1}{8}=4$ 个原子。

（4）配位数：图 1-13 中，显然底面面心原子周围最邻近、等距离的原子为底面 4 个顶角上的原子和上下晶胞各 4 个侧面的面心原子，因此 fcc 结构的原子配位数为 12。

（5）致密度：fcc 晶格中，致密度 k 为 $k=\dfrac{4\times\dfrac{4}{3}\pi\left(\dfrac{\sqrt{2}}{4}a\right)^{3}}{a^{3}}\approx 0.74$。

（6）fcc 结构的密排面为 $\{111\}$，密排方向为 $<110>$。

3. 密排六方

密排六方(hcp)结构如图 1-14 所示，以上下两个边长为 a 的正六边形为底面构成六棱柱，高度为 c；在正六边形的每个顶角上各有 1 个原子，正六边形的中心有 1 个原子，在六棱柱的中间有 3 个原子，这 3 个原子的位置如图 1-14 右侧所示。

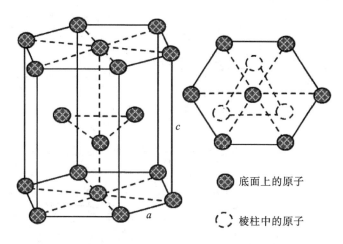

底面上的原子

棱柱中的原子

图 1-14　密排六方晶胞示意图

(1) 晶格常数：密排六方晶格的晶格常数为，底边边长为 a，高度为 c，$a \neq c$，$\beta = \gamma = 90°$，$\alpha = 120°$。

(2) 原子半径：hcp 结构中，原子排列最紧密的方向为 $<11\bar{2}0>$，因此其原子半径为 $r = \frac{1}{2}a$。

(3) 晶胞原子数：在图 1-14 所示的 hcp 结构中，12 个顶点的原子各属 6 个晶胞，两个底面上的原子各属两个晶胞，棱柱内有 3 个原子，因此 hcp 晶胞内有 $12 \times \frac{1}{6} + 2 \times \frac{1}{2} + 3 = 6$ 个原子。

(4) 配位数：图 1-14 中，显然底面面心原子周围最邻近、等距离的原子为 6 个顶角上的原子和上下六棱柱中间的各 3 个原子，因此 hcp 结构的原子配位数为 12。

(5) 致密度：容易计算 hcp 晶格中，致密度 k 为 0.74。

(6) hcp 结构的密排面为 {0001}，密排方向为 $<11\bar{2}0>$。

1.2.2.2　晶体中的间隙

由上述讨论已知，即使我们将原子或阵点处理成钢球，bcc、fcc 和 hcp 结构的致密度也仅约为 68%、74% 和 74%。这个结果表明，晶体中存在许多间隙。在钢球模型前提下，不难理解间隙的存在，即钢球之外的体积均为间隙。这样，在 bcc、fcc 和 hcp 结构中，间隙所占的体积分数约为 32%、26% 和 26%。

间隙对晶体的性质影响巨大。既然晶体中原子排列是长程有序的，那么晶体中的间隙也应该有一定规则。图 1-15、图 1-16、图 1-17 分别给出了 bcc、fcc 和 hcp 结构中的间隙位置和形状。

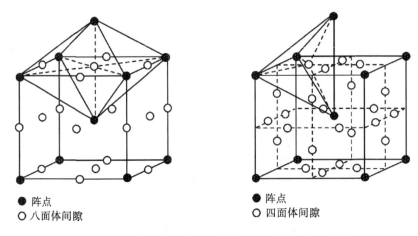

●　阵点
○　八面体间隙

●　阵点
○　四面体间隙

图 1-15　体心立方(bcc)晶格中的间隙位置和形状

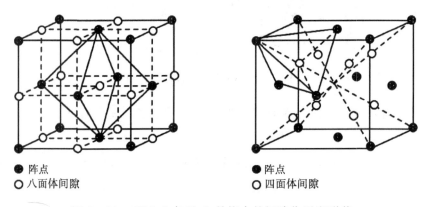

●　阵点
○　八面体间隙

●　阵点
○　四面体间隙

图 1-16　面心立方(fcc)晶格中的间隙位置和形状

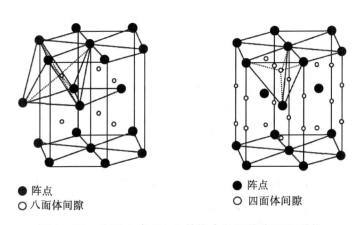

●　阵点
○　八面体间隙

●　阵点
○　四面体间隙

图 1-17　密排六方(hcp)晶格中的间隙位置和形状

　　由图 1-15、图 1-16、图 1-17 中可以看出,bcc、fcc 和 hcp 结构中都同时存在四面体和八面体两种形状的间隙;同时在 fcc 和 hcp 晶格中,八面体和四面体间隙均为正八面体和正四面体;而 bcc 中八面体间隙为扁八面体,四面体间隙也不是正四面体。同时也可以看出,不同晶体结构、不同形状的间隙大小不同。为表示这种差别,定义能放入间隙内的刚球最大半径为间隙半径 r_B,并常用间隙半径 r_B 与原子半径 r_A 之比(r_B/r_A)表示间隙大小。由几何方法很容易求出这些间隙的大小。表 1-3 给出了这些间隙的性质和间隙的大小(注意,间隙不是晶体缺陷)。

表 1-3　三种晶体结构的间隙性质及大小

晶体结构类型	间隙类型	间隙形状	一个晶胞内的间隙数目 / 个	间隙大小 (r_B/r_A)
bcc	八面体间隙	扁八面体	6	0.155
	四面体间隙	不对称四面体	12	0.291
fcc	八面体间隙	正八面体	4	0.414
	四面体间隙	正四面体	8	0.225
hcp	八面体间隙	正八面体	6	0.414
	四面体间隙	正四面体	12	0.255

1.2.2.3　晶体的堆垛序

前面的讨论已知,fcc 和 hcp 结构在许多性质上有相同之处,但晶体结构不同。这个差别来自于晶体中原子面的堆剁次序不同。

任何一种结构的晶体都可以认为是由一系列密排的原子面堆剁而成的。在 bcc 结构中,我们已知其密排的原子面为{110}面,由图 1-18,我们很容易得到 bcc 结构原子面的堆剁次序(简称晶体的堆剁序)为 $\cdots ABABABABAB\cdots$。

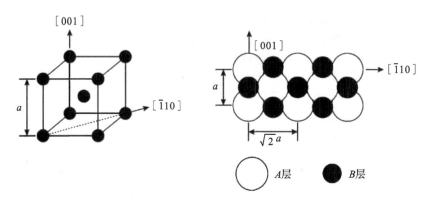

图 1-18　bcc 结构的堆垛序示意图

在图 1-19 中,纸面层上的原子既可看成是 fcc 结构的密排面{111}面,也可看成是 hcp 结构的{0001}面,不妨称其为 B 层。纸面下面的一层原子放置在黑点位置,不妨称其为 A 层。那么,纸面上层的原子面(空心点)就有两种放置方式,假如放置在 A 位置,其堆剁序则为 $\cdots ABABABABAB\cdots$;假如放在 C 层位置,堆剁序则为 $\cdots ABCABCABCABC\cdots$。容易看出,前者的晶体结构为 hcp 型,而后者为 fcc 型。前面的讨论已知,fcc 与 hcp 结构在许多晶体结构参数上一致,其晶体结构的差别只在于晶体的堆刺序不同。但由以后的讨论将会知道,堆刺序不同使这两种晶体结构的性能差别巨大。

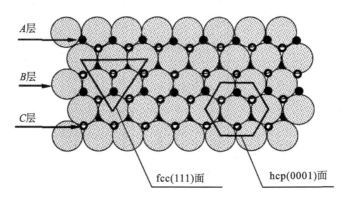

图 1-19　fcc 和 hcp 结构的堆垛序示意图

1.2.3　晶体特性

由于晶体中原子排列的周期性和重复性,晶体具有区别于非晶体的特有性质,突出表现:在一个特定的温度下,晶体中的原子会失去排列的周期性和重复性。即每一个特定成分的晶体都具有特定的形成温度,也就是晶体具有一定的熔点。而非晶体在温度升高时,一般首先软化,而后再慢慢融化。

晶体学知识显示,对于一个单晶体(即整块材料原子排布取向相同)来讲,不同晶向、不同晶面上原子排列的规律不同,其导致了单晶体不同方向上性能的不同。这个现象称为单晶体性能的各向异性。

由于各向异性,不同晶面间的分离(断裂)所需要力的大小不同,脆弱的面自然容易断裂。因此,单晶体破裂后往往具有规则的形状。

有些元素或化合物在不同的温度区间具有不同的晶体结构。例如,Fe 从高温到低温具有以下转变:$\delta-\mathrm{Fe_{bcc}} \xleftrightarrow{\text{1394 ℃}} \gamma-\mathrm{Fe_{fcc}} \xleftrightarrow{\text{912 ℃}} \alpha-\mathrm{Fe\,bcc}$。

1.3　晶体缺陷

原子在三维空间内周期性重复排列而形成晶体。在理想情况下,晶体内应该是完整无缺的,自然界或人工制备条件下,这种完整晶体只有在极特殊的情况,例如在晶须中才会存在。实际晶体中,在晶体的生长、加工等各个环节都会使晶体内部的原子排列出现偏离理想位置或出现排列混乱的区域,即出现原子排列的不完整性。一般我们将晶体中原子偏离平衡位置而出现的不完整性称为晶体缺陷。研究表明,即使晶体缺陷不是在晶体的生长或加工中产生的,原子的热运动也足以使晶体产生晶体缺陷。因此,在一般的块体材料中,晶体缺陷可以认为是不可避免的,以后我们还可以看到,晶体缺陷对晶体性质的影响是巨大的。

但大量的研究表明,虽然在晶体缺陷处或缺陷附近原子间偏离了正常的排列规则,但也不是杂乱无章的。因此,晶体缺陷按一定的形态存在,按一定的规律产生、发展及运动,而且缺陷之间还会产生交互作用。根据晶体缺陷的几何特性,可将晶体缺陷分为以下几种。

(1)点缺陷:在三维空间上尺寸都很小,为(晶体中的)原子半径数量级,包括空位、间隙原子等。但晶体中的间隙不是缺陷。

(2)线缺陷:在二维方向上尺寸很小(为原子半径数量级),在另一个方向上尺寸很大,主要是位错。

(3)面缺陷:在二维方向上尺寸很大,另一个方向上尺寸很小(为原子半径数量级),包括晶界、相界、堆剁层错等。

1.3.1　点缺陷

1.3.1.1　空位

晶格上正常节点位置未被原子占据而产生的晶体缺陷称为空位。在晶体的生长、加工甚至原子的热振动过程中都可能产生空位。如果晶格上的原子迁移到晶体表面(或晶界上)而在晶体内部留下的空位称为肖特基空位(Schottky vacancy);如果跳到晶体间隙位置,而在晶体中同时形成数目相等的空位和间隙原子,则称为弗仑克尔缺陷(Frenkel defect),其形成的空位称为弗仑克尔空位。

1.3.1.2　间隙原子

进入晶格间隙内的原子称为间隙原子。间隙原子可以由同类原子(如弗仑克尔缺陷中形成的间隙原子)形成,称为自间隙原子;也可以由外来杂质原子形成,称为异类间隙原子。一些原子半径相对于晶格上原子小得多的杂质原子在晶体中常常进入间隙中。

1.3.1.3　置换原子

由于晶体的非纯净性,一些原子半径与正常晶格上原子半径相近的原子占据了晶格的正常节点位置,这种晶体缺陷称为置换原子。

1.3.1.4　点缺陷的平衡浓度

热力学分析表明,在绝对零度以上的任何温度下,晶体最稳定的状态是含有一定浓度点缺陷的状态。显然,一个点缺陷的产生会使系统的内能升高,这个升高的数值称为点缺陷的形成能,以 ΔE_v 表示;同时,也会造成熵的变化,以 ΔS_v 表示。以热振动作为点缺陷产生的原因,热力学分析给出了温度 T 下点缺陷的平衡浓度为

$$c_v = \frac{n_e}{N} = \exp\left[-\frac{\Delta E_v}{kT} + \frac{\Delta S_v}{k}\right] = A\exp\left(-\frac{\Delta E_v}{kT}\right) \qquad (1-6)$$

式中,n_e 为点缺陷的平衡数目;N 为阵点总数;k 为玻尔兹曼常数;A 为振动熵决定的系数,其值为 $1 \sim 10$,为了方便,计算时可取 $A = 1$。计算得到室温(298 K)下的 c_v 约为 $10^{-6} \sim 10^{-5}$。

1.3.1.5　晶格畸变

以空位为例,空位产生后,空位附近的原子将失去力的平衡,晶格发生变形,如图 1-20 所示。这种由于晶体缺陷形成晶格变形的现象称为晶格畸变。我们已熟知,晶体中

的间隙半径远小于原子半径,因此,即使原子半径最小的氢原子进入晶格也会引起严重的晶格畸变。任何两个元素的原子半径都不相同,因此置换原子进入晶格,根据置换原子与晶格上原子半径差别的大小会引起不同程度的晶格畸变,如图 1 - 20 所示。

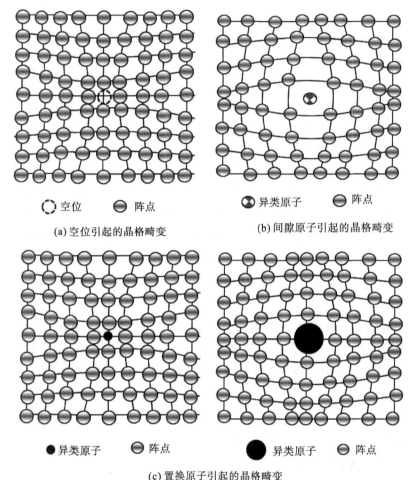

(a) 空位引起的晶格畸变　　　　　　　　(b) 间隙原子引起的晶格畸变

(c) 置换原子引起的晶格畸变

图 1 - 20　点缺陷引起的晶格畸变示意图

　　晶格畸变会引起系统的能量升高,增加的能量称为晶格畸变能。晶格畸变会使晶体的变形能力变差,使晶体的强度增加,塑性和韧性变差,电阻率升高。

1.3.2　线缺陷

　　目前,晶体学中提出的线缺陷只有位错一种。位错的定义在不同的场合有不同的含义,例如,晶体中某处一列和若干列原子发生了有规律的错排现象,晶体的已滑移区与未滑移区在滑移面上的交界线等。位错的概念是为了解决材料(主要是金属材料)的理论计算强度与实测强度相差甚远而于 1934 年被提出的,直到 1956 年研究人员首次利用透射电子显微镜观察到了晶体中线缺陷的存在后,才完全被人们所接受。从 20 世纪 50 ～ 70 年代,位错理论有了快速发展,并成功地解释了诸如材料的强度、塑性等许多物理现象。基于位错理论的断裂力学,在现代材料科学中依然占有重要地位。目前,已提出许多较为合理的位错模型,其中最基本、最简单的有两种:刃型位错与螺型位错。

1.3.2.1　位错的基本类型

1. 刃型位错

刃型位错的结构如图1-21所示。设含位错的晶体为简单立方晶体,在其晶面 ABCD 上半部存在多余的半原子面 EFGH,这个半原子面中断于 ABCD 面上的 EF 处,使 ABCD 面上下两部分晶体之间产生了原子错排。因为多余半原子面好像一把刀刃插入晶体中,故称为"刃型位错",多余半原子面与滑移面的交线 EF 称作刃型位错线。

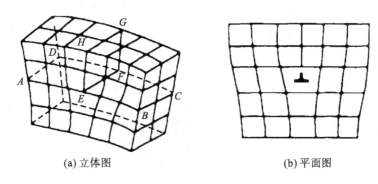

(a) 立体图　　　　　　　(b) 平面图

图 1-21　刃型位错示意图

刃型位错的特点。

(1) 刃型位错有一个额外的半原子面。一般把多出的半原子面处于滑移面上方的称为正刃型位错,记为"⊥";把多出的半原子面处于滑移面下方的称为负刃型位错,记为"⊤"。这种正、负之分只是相对的,并无本质的区别。

(2) 刃型位错线可理解为晶体中已滑移区与未滑移区的边界线。它不一定是直线,也可以是折线或曲线,但它必与滑移方向和滑移矢量 **b** 相垂直,如图1-22所示。

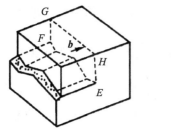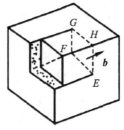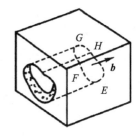

图 1-22　几种形状的刃型位错线示意图

(3) 滑移面必定是同时包含位错线和滑移矢量的平面,在其他面上不能滑移。由于在刃型位错中,位错线与滑移矢量互相垂直,因此,由它们所构成的平面只有一个,即刃型位错具有唯一的滑移面。

(4) 晶体中存在刃型位错后,位错周围的点阵发生弹性畸变,既有切应变,又有正应变。对于正刃型位错,滑移面的上方晶格受到压应力,下方晶格受到拉应力;负刃型位错与此相反。

(5)位错线周围点阵畸变的程度随距位错线距离的增大而逐渐减小,严重点阵畸变的范围约为几个原子间距,整个畸变区为一狭长的管道,因此是线缺陷。

2. 螺型位错

螺型位错的结构如图 1-23 所示。设在简单立方晶体的右端施加一个力偶 τ,使晶体的上下两部分沿晶面 $ABCD$ 发生一个原子间距的局部滑移,而左半部分晶体未发生变形。此时出现了已滑移区和未滑移区的交界线 bb'。显然,晶体大部分区域的原子仍在正常节点位置,但在 bb' 和 aa' 之间出现了宽度为几个原子间距、上下层原子不吻合的过渡区域。在此过渡区内,原子的正常排列遭到破坏。如果以 bb' 线为轴,从 a 点开始,按顺时针方向依次连接过渡区域滑移面上下的各原子,则其走向与一个右螺旋线的前进方式相同,即这部分原子是按螺旋型排列的,故称其为螺型位错。

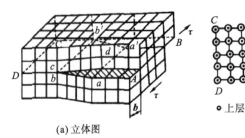
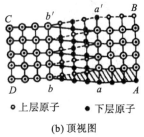
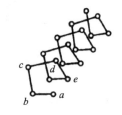

(a)立体图　　　　　　　　(b)顶视图　　　　　　(c)位错区域原子的螺旋方向

● 上层原子　● 下层原子

图 1-23　螺型位错示意图

螺型位错的特点。

(1)螺型位错无额外半原子面。

(2)根据位错线附近呈螺旋形排列的原子的旋转方向不同,螺型位错可分为右螺型位错和左螺型位错。通常用拇指代表螺旋线的前进方向,其余四指代表旋转方向,凡符合右手定则的称为右螺型位错,反之称为左螺型位错。

(3)螺型位错线与滑移矢量平行,因此一定是直线,而且位错线的移动方向与晶体滑移方向互相垂直。

(4)纯螺型位错的滑移面不是唯一的,凡是包含螺型位错线的平面都可以作为它的滑移面。但实际上,滑移通常是在那些原子密排面上进行的。

(5)螺型位错线周围的点阵也发生了弹性畸变,但是,只有平行于位错线的切应变而无正应变,不会引起体积变化。在垂直于位错线的平面投影上,看不到原子的位移,也看不出缺陷的存在。

(6)螺型位错周围的点阵畸变也随离位错线距离的增加而急剧减少,故它也是包含几个原子宽度的线缺陷。

3. 混合位错

当位错线与滑移方向既不平行又不垂直,而是成任意角度,这种位错称为混合位错。图 1-24 给出了形成混合位错的晶体局部滑移的情况及混合位错线上原子的排列。可以发现,混合位错 AC 是一条曲线。在 A 处,位错线与滑移矢量平行,因此是螺型位错;而在 C 处,位错线与滑移矢量垂直,因此是刃型位错;A 与 C 之间,位错线既不垂直也不平行于滑移矢量,因此是混合位错。混合位错可以分解为刃型分量和螺型分量,它们分别具有刃型位错和螺型位错的特征。

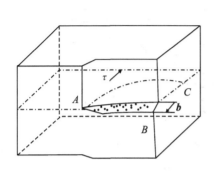

(a) 晶体的局部滑移形成混合位错

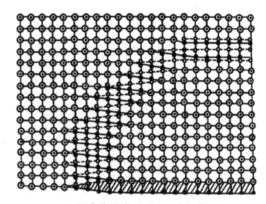

(b) 混合位错附近原子组态的俯视图

图 1 - 24　混合位错示意图

注意:由于位错线是已滑移区与未滑移区的边界线,因此,位错具有一个重要的性质,即一根位错线不能终止于晶体内部,而只能露头于晶体表面(包括界面)。若它终止于晶体内部,则必与其他位错线相连接,或在晶体内部形成封闭线,这种封闭位错称为位错环,如图 1 - 25 所示。可以判断,除 B、D 点是两个异号的纯刃型位错,A、C 点是两个异号的纯螺型位错外,其他各处都是混合位错。

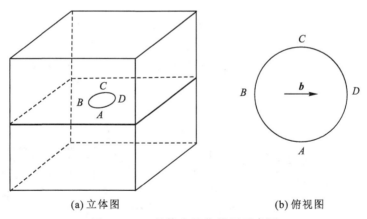

(a) 立体图　　　　　　　　　　　　　　　　(b) 俯视图

图 1 - 25　晶体中的位错环示意图

1.3.2.2　位错的伯氏矢量

为了便于描述晶体中的位错,以及更为确切地表征不同类型位错的特征,1939 年,伯格斯(J. M. Burgers)提出采用伯氏回路来定义位错,并借助一个规定的矢量即伯氏矢量来揭示位错的本质。

1. 伯氏矢量的确定

现以简单立方晶体中的刃型位错为例,介绍伯氏矢量的确定方法(见图 1 - 26)。

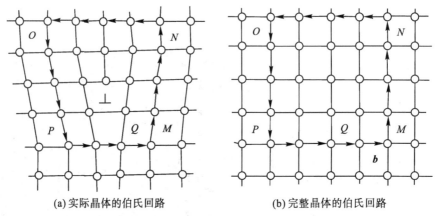

(a) 实际晶体的伯氏回路　　　　　　(b) 完整晶体的伯氏回路

图 1 - 26　刃型位错伯氏矢量的确定

(1) 人为规定图 1 - 26(a) 中所示位错线的正方向,一般假设从纸面上出来的方向为正方向。

(2) 在实际晶体中作伯氏回路,以位错线的正向为轴,从远离位错的任一原子 M 出发,围绕位错作一个右螺旋的闭合回路,称为伯氏回路,回路中的每一步都是相邻节点的连线。

(3) 在完整晶体中(见图 1 - 26(b)),按同样的方向和每一方向上同样的步数作一个对比回路。此回路的终点和始点必不重合,连接终点 Q 到始点 M 的矢量 $\boldsymbol{b}$ 就是该位错的伯氏矢量。

显然,对于刃型位错,伯氏矢量与位错线互相垂直,这是刃型位错的一个重要特征。

螺型位错的伯氏矢量也可按上述方法来确定,图 1 - 27 给出了螺型位错伯氏矢量的确定方法。可见,螺型位错的伯氏矢量与其位错线互相平行,这是螺型位错与刃型位错的重大区别。

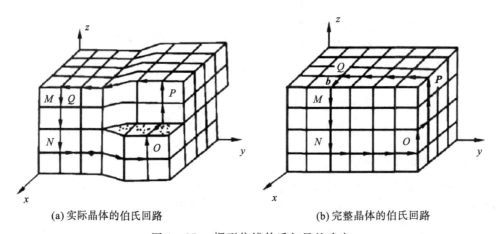

(a) 实际晶体的伯氏回路　　　　　　(b) 完整晶体的伯氏回路

图 1 - 27　螺型位错伯氏矢量的确定

2. 伯氏矢量的表示方法

伯氏矢量的方向可用晶向指数表示,伯氏矢量的大小(称为位错强度)可用其模表示。如果伯氏矢量的模等于该晶向上原子的间距,则称为全位错或单位位错;如果伯氏矢量的模小于该晶向上原子的间距,则称为不全位错。因此,立方晶系中的伯氏矢量可表示为

$$b = \frac{a}{n}[uvw]（其中 n 为正整数） \tag{1-7}$$

该伯氏矢量的模可表示为

$$|b| = \frac{a}{n}\sqrt{u^2+v^2+w^2} \tag{1-8}$$

例如,面心立方晶体中常见的全位错的伯氏矢量为 $b = \frac{a}{2}[110]$,其模为 $|b| = \frac{a}{2}\sqrt{1^2+1^2+0^2} = \frac{\sqrt{2}}{2}a$;面心立方晶体中常见的不全位错的伯氏矢量为 $b = \frac{a}{6}[112]$,其模为 $|b| = \frac{a}{6}\sqrt{1^2+1^2+2^2} = \frac{\sqrt{6}}{6}a$。

伯氏矢量可以用矢量加法进行运算。如 $b_1 = \frac{a}{3}[11\bar{1}]$,$b_2 = \frac{a}{6}[112]$,则 $b = b_1 + b_2 = \frac{a}{2}[111]$。

3. 伯氏矢量的特性

(1) 位错周围的所有原子,都不同程度地偏离其平衡位置。通过伯氏回路确定伯氏矢量的方法表明,伯氏矢量是一个反映位错周围点阵畸变总累积的物理量。伯氏矢量的方向表示了位错的性质与位错的取向,即位错运动导致晶体滑移的方向;伯氏矢量的模 $|b|$ 表示了畸变的程度,称为位错的强度。

(2) 在确定伯氏矢量时,只规定了伯氏回路必须在无畸变区选取,而对其形状、大小和位置没有作任何限制,这就意味着伯氏矢量与回路起点及其具体路径无关。如果事先规定了位错线的正向,并按右螺旋法则确定回路方向,那么一条位错线的伯氏矢量就是恒定不变的。也就是说,只要不和其他位错线相遇,不论回路怎样扩大、缩小或任意移动,由此回路确定的伯氏矢量是唯一的,此即为伯氏矢量的守恒性。

(3) 一条不分叉的位错线,不论其形状如何变化,也不管位错线上各处的位错类型是否相同,其各部位的伯氏矢量都相同;而且当位错在晶体中运动或者改变方向时,其伯氏矢量不变,即一条位错线具有唯一的伯氏矢量。

(4) 若一个伯氏矢量为 b 的位错可以分解为伯氏矢量分别为 $b_1,b_2,\cdots,b_n$ 的 n 个位错,则分解后各位错伯氏矢量之和等于原位错的伯氏矢量,即 $b = \sum_{i=1}^{n} b_i$。

(5) 位错在晶体中可形成一个闭合的位错环,或连接于其他位错,或终止于晶界,或露头于晶体表面,但不能中断于晶体内部,此即为位错的连续性。

1.3.2.3　位错的运动

位错最重要性质之一是它可以在晶体中运动,而晶体宏观的塑性变形则是通过位错

运动来实现的。晶体的力学性能如强度、塑性和断裂等均与位错的运动有关,因此,了解位错运动的有关规律,是控制和改善晶体力学性能的关键。

位错运动有两种最基本的方式,即滑移和攀移。

1. 位错的滑移

位错的滑移是在外加切应力的作用下,通过位错中心附近的原子沿伯氏矢量方向在滑移面上不断地做少量的位移而逐步实现的。

图 1-28(a)是刃型位错的滑移过程示意图。在外加切应力 τ 的作用下,当位错线沿滑移面滑过整个晶体时,就会在晶体表面沿伯氏矢量方向产生一个滑移台阶,其宽度等于伯氏矢量模 $|b|$。在滑移时,刃型位错的滑移方向垂直于位错线而与伯氏矢量平行。刃型位错的滑移面就是由位错线与伯氏矢量所构成的平面。由于刃型位错线与伯氏矢量相互垂直,故刃型位错只有唯一的滑移面。

图 1-28(b)是螺型位错的滑移过程示意图。在外加切应力 τ 的作用下,当位错线沿滑移面扫过整个晶体时,同样会在晶体表面沿伯氏矢量方向产生宽度为一个伯氏矢量模 $|b|$ 的台阶。在滑移时,螺型位错的滑移方向与位错线垂直,也与伯氏矢量垂直。螺型位错的滑移面也是由位错线与伯氏矢量所构成的平面。由于螺型位错线与伯氏矢量平行,因此螺型位错的滑移面不唯一。

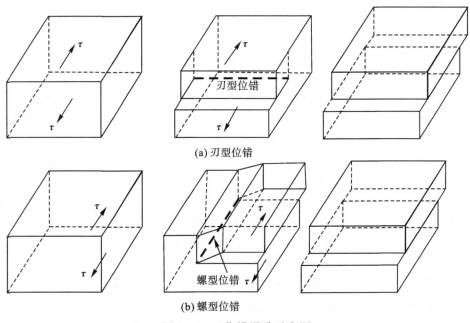

(a) 刃型位错

(b) 螺型位错

图 1-28　位错滑移示意图

对于螺型位错,由于所有包含位错线的晶面都可成为其滑移面,因此,当螺型位错在原滑移面上的运动受阻时,有可能从原滑移面转移到与之相交的另一滑移面上继续滑移,这一过程称为交滑移(见图 1-29)。如果交滑移后的位错再转回到与原滑移面平行的滑移面上继续滑移,则称为双交滑移。

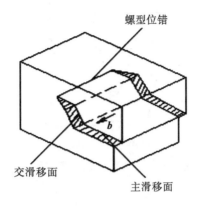

图 1-29　螺型位错的交滑移示意图

　　图1-30是位错环(混合位错)沿滑移面的移动情况。在外加切应力 τ 的作用下,位错环各部分沿其法线方向在滑移面上向外扩展。当位错环沿滑移面扫过整个晶体时就会在晶体表面沿伯氏矢量 b 的方向产生一个宽度为 $|b|$ 的滑移台阶,如图1-30所示。需要注意的是,混合位错在滑移时的移动方向也与位错线垂直,而与伯氏矢量 b 既不平行,也不垂直,而是成任意角度。

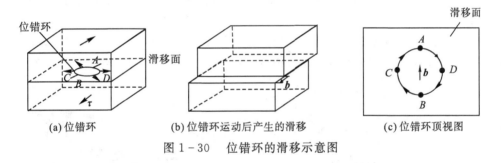

(a) 位错环　　　　　　　　(b) 位错环运动后产生的滑移　　　　　　　(c) 位错环顶视图

图 1-30　　位错环的滑移示意图

　　在切应力作用下,位错滑移到晶体表面后将造成晶体发生伯氏矢量大小的永久变形,大量的位错滑移到晶体表面形成宏观的永久形变。因此,位错的滑移是晶体塑性形变的根本原因。

2. 位错的攀移

　　刃型位错除了可以在滑移面上滑移外,还可以在垂直于滑移面的方向上运动,即多余半原子面的攀移。通常把多余半原子面向上的运动称为正攀移,向下的运动称为负攀移,如图1-31所示。刃型位错的攀移实质上就是构成刃型位错的多余半原子面的扩大或缩小,因此,它可通过物质迁移即原子或空位的扩散来实现。螺型位错因为没有多余的半原子面,因此,不会发生攀移运动。

　　由于攀移伴随着位错线附近原子的增加或减少,即物质的迁移,因此需要通过扩散才能实现,较之滑移所需的能量更大。对于大多数材料,在室温下很难进行位错的攀移,而在较高温度下攀移较易实现。

　　经高温淬火、冷变形加工或高能粒子辐射后,晶体中将产生大量的空位和间隙原子,这些过饱和点缺陷的存在有利于攀移运动的进行。

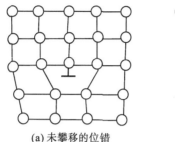 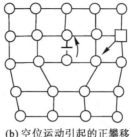 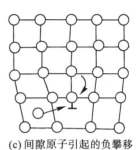

(a) 未攀移的位错　　　　(b) 空位运动引起的正攀移　　　(c) 间隙原子引起的负攀移

图 1-31　　刃型位错的攀移示意图

3. 位错运动的交割

在晶体变形过程中,任意一条位错线的运动,除了受与其相连接的位错线的牵制外,还会遇到不同方向和不同滑移面上的其他位错线,这时就会出现位错线的相互交割。位错线交割时的相互作用,对材料的强化、点缺陷的产生等有重要意义。

在位错的滑移过程中,一条位错线往往很难保证整体同时运动,特别在位错运动受到阻碍的情况下,有可能一部分线段运动受阻,另一部分线段继续滑移,由于位错线不能中断,由此在原位错线上形成曲折线段。若此曲折线段就在位错的滑移面上时,称为扭折;若曲折线段垂直于位错的滑移面时,则称为割阶。位错之间的相互交割也可形成扭折或割阶。

图 1-32 为刃型和螺型位错中的割阶与扭折示意图。应当指出,刃型位错的割阶部分仍为刃型位错,而扭折部分则为螺型位错;螺型位错中的扭折和割阶均属于刃型位错。

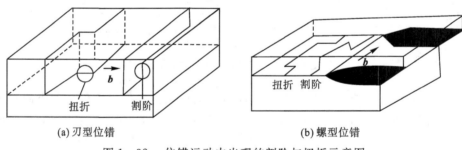

(a) 刃型位错　　　　　　　　　　(b) 螺型位错

图 1-32　　位错运动中出现的割阶与扭折示意图

图 1-33(a)所示是两个伯氏矢量相互垂直的刃型位错的交割。伯氏矢量为 b_1 的刃型位错线 XY 和伯氏矢量为 b_2 的刃型位错线 AB 分别位于两相互垂直的平面 P_{XY} 和 P_{AB} 上。若 XY 向下运动与 AB 交割,由于位错线 XY 滑移过的区域,其滑移面 P_{XY} 左右两侧的晶体将产生伯氏矢量为 b_1 的相对位移,因此,交割后在位错线 AB 上形生 PP' 的小台阶,PP' 台阶的长度和取向取决于伯氏矢量 b_1 的大小和方向。由于位错伯氏矢量的守恒性,PP' 的伯氏矢量仍为 b_2,又因为 b_2 垂直于 PP',因而 PP' 是刃型位错,且它不在原位错线的滑移面上,故是割阶。至于位错 XY,由于它平行于 b_2,因此,交割后不会在 XY 上形成扭折或割阶。

图 1-33(b) 所示是两个伯氏矢量相互平行的刃型位错的交割。交割后,在 AB 位错线上出现平行于 b_1 的 PP' 台阶,在 XY 位错线上出现平行于 b_2 的 QQ' 台阶,它们的滑移

面均与原位错的滑移面一致,因此为扭折,属螺型位错。在运动过程中,这种扭折在线张力的作用下可能被拉直而消失。

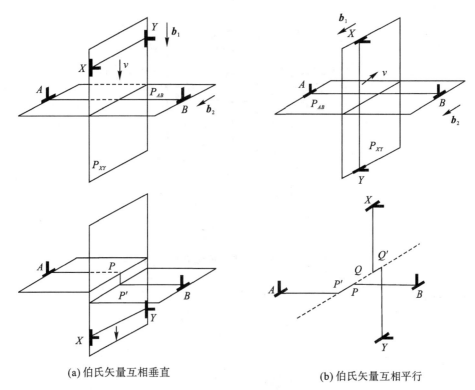

(a) 伯氏矢量互相垂直　　　　　　　　　　(b) 伯氏矢量互相平行

图 1-33　两个伯氏矢量相互垂直和平行的刃型位错的交割示意图

1.3.2.4　位错的弹性性质

1. 位错的应力场

位错周围的原子都不同程度地偏离了其原来的平衡位置而处于弹性应变状态,这就引起系统能量升高并产生内应力。若把这些原子所受的应力合起来,便可形成一个以位错线为中心的应力场。位错类型不同,应力场也各不相同。

对晶体中位错周围的弹性应力场进行准确的定量计算是复杂而困难的,为简化起见,通常可采用弹性连续介质模型进行计算。该模型首先假设晶体是完全弹性体,服从胡克定律;其次,把晶体看成是各向异性的;第三,近似地认为晶体内部由连续介质组成,晶体内的应力、应变、位移等量都是连续的,可用连续函数表示。但该模型未考虑到位错中心区的严重点阵畸变情况,因此计算结果不适用于位错中心区。

1) 螺型位错的应力场

螺型位错的连续介质模型如图 1-34 所示。设有一个长的厚壁圆筒沿径向平面切开一半,然后使两个切开面沿 z 方向做相对位移,位移量为一个伯氏矢量模 $|\boldsymbol{b}|$,再把这两个面黏合起来,这就相当于制造了一个螺型位错,位错线即为圆筒的中心轴线,位错的中心区就相当于圆筒的空心部分,而圆筒实心部分的应力分布就反映了螺型位错周围的应力分布。

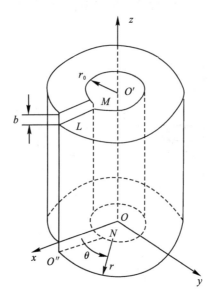

图 1-34 螺型位错的连续介质模型

从模型中可以看出,圆柱体产生的切应变为

$$\varepsilon_{\theta z} = \frac{b}{2\pi r} \qquad (1-9)$$

其相应的切应力为

$$\tau_{z\theta} = \tau_{\theta z} = \frac{Gb}{2\pi r} \qquad (1-10)$$

若采用直角坐标系,则其应力分量为

$$\begin{cases} \tau_{yz} = \tau_{zy} = \dfrac{Gb}{2\pi} \cdot \dfrac{x}{x^2+y^2} \\[2mm] \tau_{zx} = \tau_{xz} = -\dfrac{Gb}{2\pi} \cdot \dfrac{y}{x^2+y^2} \\[2mm] \sigma_{xx} = \sigma_{yy} = \sigma_{zz} = \tau_{xy} = \tau_{yx} = 0 \end{cases} \qquad (1-11)$$

式中,G 为切变模量;b 为伯氏矢量的模。

因此,螺型位错的应力场具有以下特点。

(1)只有切应力分量,正应力分量全为零,表明螺型位错不会引起晶体的膨胀或收缩。

(2)螺型位错所产生的切应力分量只与 r 有关(成反比),而与 θ、z 无关。因此,螺型位错的应力场是轴对称的,即与位错等距离的各处,其切应力值相等。

注意:当 $r \rightarrow 0$ 时,$\tau_{\theta z} \rightarrow \infty$,显然与实际情况不符,这说明上述结果不适用于位错中心的严重畸变区。

2)刃型位错的应力场

刃型位错的应力场要比螺型位错复杂,但同样可采用上述方法进行分析。将一个长的厚壁圆筒沿径向平面切开一半,并让切面两边沿径向相对滑移一个原子间距 b,然后将切面两边黏合起来,这就相当于制造了一个刃型位错的连续介质模型,如图 1-35 所示。

根据此模型,按弹性理论可求得刃型位错的应力场在直角坐标系中的应力分量为

$$
\begin{cases}
\sigma_{xx} = -A\,\dfrac{y(3x^2 + y^2)}{(x^2 + y^2)^2} \\[2mm]
\sigma_{yy} = A\,\dfrac{y(x^2 - y^2)}{(x^2 + y^2)^2} \\[2mm]
\sigma_{zz} = \nu(\sigma_{xx} + \sigma_{yy}) \\[2mm]
\tau_{xy} = \tau_{yx} = A\,\dfrac{x(x^2 - y^2)}{(x^2 + y^2)^2} \\[2mm]
\tau_{xz} = \tau_{zx} = \tau_{yz} = \tau_{zy} = 0
\end{cases}
\qquad (1-12)
$$

若采用圆柱坐标系,则其应力分量为

$$
\begin{cases}
\sigma_{rr} = \sigma_{\theta\theta} = -A\,\dfrac{\sin\theta}{r} \\[2mm]
\sigma_{zz} = -\nu(\sigma_{rr} + \sigma_{\theta\theta}) \\[2mm]
\tau_{r\theta} = \tau_{\theta r} = D\,\dfrac{\cos\theta}{r} \\[2mm]
\tau_{rz} = \tau_{zr} = \tau_{\theta z} = \tau_{z\theta} = 0
\end{cases}
\qquad (1-13)
$$

式中,$A = \dfrac{Gb}{2\pi(1-\nu)}$;$\nu$ 为伯氏比;G 为切变模量;b 为伯氏矢量的模。

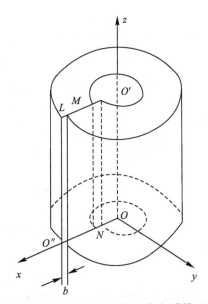

图 1-35　刃型位错的连续介质模型

从上式可以看出,刃型位错应力场具有以下特点(见图 1-36)。

(1) 同时存在正应力分量与切应力分量,而且各应力分量的大小与 G 和 b 成正比,与 r 成反比,即随着与位错中心之间距离的增大,应力的绝对值减小。

(2) 各应力分量都是 x、y 的函数,而与 z 无关,这表明在平行于位错线的直线上,任一点的应力均相同。

(3) 刃型位错的应力场对称于多余的半原子面($y-z$ 面),即对称于 y 轴。

(4) $y = 0$ 时，$\sigma_{xx} = \sigma_{yy} = \sigma_{zz} = 0$，说明在滑移面上，没有正应力，只有切应力，而且切应力 τ_{xy} 达到极大值 $\left(\dfrac{Gb}{2\pi(1-\nu)} \cdot \dfrac{1}{x}\right)$。

(5) $y > 0$ 时，$\sigma_{xx} < 0$，而 $y < 0$ 时，$\sigma_{xx} > 0$，这说明正刃型位错的位错滑移面上侧为压应力，下侧为拉应力。

(6) 在应力场的任意位置处，$|\sigma_{xx}| > |\sigma_{yy}|$。

(7) $x = \pm y$ 时，σ_{yy}、τ_{xy} 均为 0，说明在直角坐标的两条对角线处，只有 σ_{xx}，而且在每条对角线的两侧，τ_{xy} 及 σ_{yy} 的符号相反。

注意：如螺型位错一样，刃型位错的应力场公式也不能用于刃型位错的中心区。

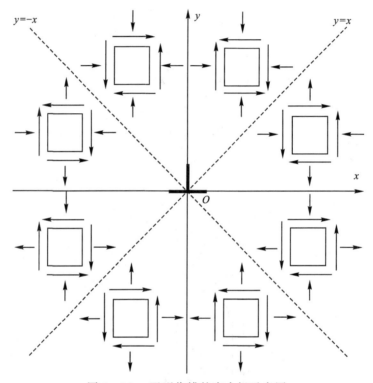

图 1-36　刃型位错的应力场示意图

2. 位错的应变能

晶体中位错的存在引起点阵畸变，导致能量升高，此能量增量称为位错应变能，或称为位错能量。位错应变能包括位错中心部分的能量和位错周围的弹性能。由于位错中心区点阵畸变严重，已不能作为弹性连续介质，故其能量难以计算，但因该区域很小，这部分能量在总应变能中所占份额不大（$1/10 \sim 1/15$ 左右），常常被忽略。因此，通常所说的位错能量就是指位错中心区域以外的弹性应变能。

假定图 1-35 所示的刃型位错为单位长度的位错。在制造这个位错的过程中，沿滑移方向的位移大小是从 0 逐渐增加到 b 的，因而位移是个变量。同时，滑移面上所受的力也随 r 而变化。因此，在位移过程中，当位移为 x 时，切应力 $\tau_{\theta r} = \dfrac{Gx}{2\pi(1-\nu)} \cdot \dfrac{\cos\theta}{r}$，其中，$\theta =$

0。因此,为克服切应力 τ_θ 所做的功为

$$W = E_e = \int_{r_0}^{R} \int_0^b \tau_{\theta r} \mathrm{d}x \mathrm{d}r = \int_{r_0}^{R} \int_0^b \frac{Gx}{2\pi(1-\nu)} \cdot \frac{1}{r} \mathrm{d}x \mathrm{d}r = \frac{Gb^2}{4\pi(1-\nu)} \ln \frac{R}{r_0} \quad (1-14)$$

式中,ν 为伯氏比;G 为切变模量;b 为伯氏矢量的模;r_0 为位错中心区的半径;R 为位错应力场作用半径。

同理,可求得单位长度螺型位错的应变能为

$$E_s = \frac{Gb^2}{4\pi} \ln \frac{R}{r_0} \quad (1-15)$$

对于混合位错,可分解为刃型位错分量和螺型位错分量。由于互相垂直的刃型位错和螺型位错之间没有相同的应力分量,它们之间没有相互作用能,因此,分别计算出两个位错分量的应变能,它们的和就是混合位错的应变能,即

$$E_m = E_e + E_s = \frac{Gb^2 \sin^2\theta}{4\pi(1-\nu)} \ln \frac{R}{r_0} + \frac{Gb^2 \cos^2\theta}{4\pi} \ln \frac{R}{r_0} = \frac{Gb^2}{4\pi K} \ln \frac{R}{r_0} \quad (1-16)$$

式中,$K = \dfrac{1-\nu}{1-\nu\cos^2\theta}$,称为混合位错的角度因素,$K$ 约为 $1 \sim 0.75$。

上述公式适用于所有类型的直线位错。其中,对于螺型位错,$K=1$;对于刃型位错,$K = 1-\nu$;对于混合位错,$K = \dfrac{1-\nu}{1-\nu\cos^2\theta}$。由此可见,位错应变能的大小与 r_0 和 R 有关。一般认为 r_0 与 b 值相近,约为 10^{-10} m,而 R 是位错应力场的最大作用半径,一般取 $R \approx 10^{-6}$ m。因此,单位长度位错的应变能可简化为

$$E = \alpha Gb^2 \quad (1-17)$$

式中,α 为与几何因素有关的系数,约为 $0.5 \sim 1$。

综上所述,位错应变能具有以下特点。

(1)位错的应变能包括弹性部分和非弹性部分。位错中心区的非弹性应变能一般小于总应变能的 1/10,常常忽略。因此,位错的应变能通常是指位错的弹性应变能。

(2)位错的应变能与 b^2 成正比。因此,从能量的角度来看,晶体中具有最小 b 的位错应该是最稳定的,而 b 大的位错有可能分解为 b 小的位错,以降低系统的能量。由此,也可理解为什么滑移方向总是与原子的密排方向一致。

(3)$E_s/E_e = 1-\nu$,而常用金属材料的 ν 约为 1/3,因此,螺型位错的弹性应变能约为刃型位错的 2/3。

(4)位错的能量是以位错线的单位长度来定义的,故位错的能量还与位错线的形状有关。为降低系统的能量,位错线有尽量变直以缩短其长度的趋势。

(5)位错的存在会使体系的内能升高,熵值增加,但相对来说,熵值增加有限,可忽略不计。因此,位错的存在会使晶体处于高能的不稳定状态,是热力学上不稳定的晶体缺陷。

3. 位错的线张力

位错总应变能与位错线的长度成正比。为了降低系统能量,位错线有尽量缩短的趋势,因此在位错线上存在一种使其变直的线张力 T。

线张力是一种组态力,类似于液体的表面张力,可定义为使位错增加单位长度所需的能量。所以位错的线张力 T 可近似地用下式表达:

$$T = kG b^2 \qquad\qquad (1-18)$$

式中，k 为系数，约为 $0.5 \sim 1$。

位错的线张力不仅驱使位错变直，也使晶体中的位错呈三维网络分布。因为位错网络中相交于同一节点的位错，其线张力处于平衡状态，从而保证了位错在晶体中的相对稳定性。

4. 作用在位错上的力

晶体中的位错在外加应力或内应力的作用下将会发生运动或有运动的趋势。为了描述位错的运动，我们假定在位错上有一个力 F 在驱使位错运动。由于位错的运动方向总是与位错线垂直，因此 F 必垂直于位错线。为了求出外力场对位错产生的这个假想的作用力，可以利用虚功原理进行计算。

如图 $1-37(a)$ 所示，设有切应力 τ 使一小段位错线 dl 移动了 ds 的距离，结果使晶体沿滑移面产生了 b 的滑移，故切应力所做的功为

$$dW = (\tau dA) \cdot b = \tau dl ds \cdot b$$

此功也相当于作用在位错线上的力 F 使位错线移动 ds 距离所做的功，即

$$dW = F \cdot ds$$

因此有

$$\tau dl ds \cdot b = F \cdot ds$$
$$F = \tau b \cdot dl$$
$$F_d = F/dl = \tau b \qquad\qquad (1-19)$$

τ 为作用在滑移面上的切应力，方向与 b 平行。F_d 是作用在单位长度位错线上并使位错产生滑移的滑移力，它与外加切应力 τ 及位错的伯氏矢量 b 成正比，方向总是与位错线相垂直并指向滑移面的未滑移部分。

滑移力 F_d 是一种组态力，它不代表位错附近原子实际所受到的力，也区别于作用在晶体上的力。F_d 的方向与外切应力 τ 的方向可以不同，如图 $1-37(b)$ 所示，纯螺型位错 F_d 的方向与 τ 的方向相垂直。由于一根位错线具有唯一的伯氏矢量，故只要作用在晶体上的切应力是均匀的，那么各段位错线所受力的大小完全相同。

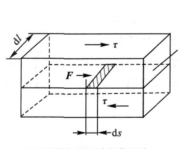
(a) 刃型位错运动的作用力

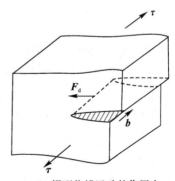
(b) 螺型位错运动的作用力

图 $1-37$　刃型位错运动的作用力及螺型位错运动的作用力

对于施加于晶体的正应力分量,不会使位错沿滑移面产生滑移。然而对于刃型位错而言,则可在垂直于滑移面的方向运动,即发生攀移,此时刃型位错所受的力也称为攀移力。

如图 1-38 所示,设有一单位长度的位错线,当晶体受到 x 方向的拉应力 σ 作用后,此位错线段在 F_y 作用下向下运动 dy 距离,则位错攀移所做的功为

$$dW = F_y \cdot dy$$

位错线向下攀移 dy 距离后,在 x 方向推开一个 b 大小的距离,即正应力所做的膨胀功为

$$dW = -\sigma \cdot dy \cdot b \cdot 1$$

根据虚功原理有

$$F_y \cdot dy = -\sigma \cdot dy \cdot b \cdot 1$$
$$F_y = -\sigma b \qquad (1-20)$$

式中,σ 为作用在多余半原子面上的正应力,方向与 b 平行;F_y 是作用在单位长度刃型位错上的攀移力,方向与位错线攀移方向一致,也垂直于位错线;负号表示 σ 为拉应力,F_y 向下,若 σ 为压应力时,F_y 向上。

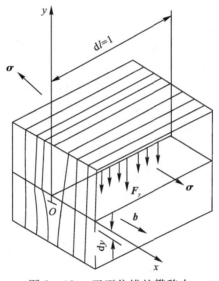

图 1-38　刃型位错的攀移力

5. 位错间的交互作用力

晶体中存在一个位错时,在其周围便会产生一个应力场。而实际晶体中含有很多位错,任一位错在其相邻位错应力场作用下都会受到作用力,此交互作用力随位错类型、伯氏矢量及位错线相对位向的变化而变化。

1) 两个平行螺型位错间的作用力

图 1-39 表示位于坐标原点和 (r,θ) 处的两个平行于 z 轴的同号螺型位错 S_1 与 S_2,其伯氏矢量分别为 b_1、b_2。位错 S_1 在 (r,θ) 处的应力场为

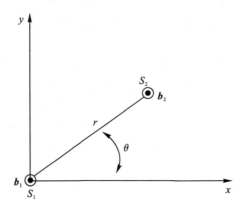

图 1-39　两平行螺型位错间的交互作用

$$\tau_{\theta z} = \frac{G b_1}{2\pi r} \tag{1-21}$$

位错 S_2 在此应力场中受到的力为

$$f_\tau = \tau_{\theta z} b_2 = \frac{G b_1 b_2}{2\pi r} \tag{1-22}$$

f_τ 的方向为矢径 r 的方向。同理,位错 S_1 在 S_2 的应力场作用下也将受到一个大小相等、方向相反的作用力。

当 b_1 与 b_2 同向时,$f_\tau > 0$,即两同号平行螺型位错之间相互排斥;当 b_1 与 b_2 反向时,$f_\tau < 0$,即两异号平行螺型位错之间相互吸引。

2) 两个平行刃型位错间的作用力

图 1-40 表示,位于坐标原点和 (x, y) 处的两个平行于 z 轴的同号刃型位错的伯氏矢量 b_1 和 b_2 都与 x 轴同向。由于两个位错位于平行的滑移面上,所以在 b_1 位错的应力场中,只有 τ_{yx} 和 σ_{xx} 两个应力分量对 b_2 位错起作用。τ_{yx} 使 b_2 位错受到沿 x 轴方向的滑移力为

$$f_x = \tau_{yx} b_2 = \frac{G b_1 b_2}{2\pi(1-\nu)} \cdot \frac{x(x^2 - y^2)}{(x^2 + y^2)^2} \tag{1-23}$$

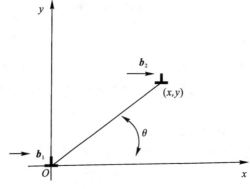

图 1-40　两平行刃型位错间的交互作用

σ_{xx} 使 $\boldsymbol{b}_2$ 位错受到沿 y 轴方向的攀移力为

$$f_y = -\sigma_{xx}\,b_2 = \frac{G\,b_1\,b_2}{2\pi(1-\nu)} \cdot \frac{y(3\,x^2 + y^2)}{(x^2 + y^2)^2} \tag{1-24}$$

式中, f_x、f_y 均以指向坐标轴正向时为正。

f_x 是引起滑移的作用力,它的变化比较复杂,随 $\boldsymbol{b}_2$ 位错所处位置的不同而改变。对于两个同号平行的刃型位错,它们之间的交互作用规律可归纳如下:当 $\boldsymbol{b}_2$ 位于图 1-41(a) 中的①、②区间时,两位错相互排斥;当 $\boldsymbol{b}_2$ 位于③、④区间时,两位错相互吸引;当 $\boldsymbol{b}_2$ 位于 $|x|=|y|$ 的两条线上时,$f_x = 0$,此时位错 $\boldsymbol{b}_2$ 处于介稳定平衡位置,一旦偏离此位置就会受到位错 $\boldsymbol{b}_1$ 的吸引或排斥,使它偏离得更远;当 $x=0$,即位错 $\boldsymbol{b}_2$ 处于 y 轴上时,$f_x = 0$,此时位错 $\boldsymbol{b}_2$ 处于稳定平衡位置,一旦偏离此位置就会受到位错 $\boldsymbol{b}_1$ 的吸引而退回原处,使位错垂直地排列起来,通常把这种呈垂直排列的位错组态称为位错墙,它可构成小角度晶界。对于两个异号平行的刃型位错,两位错相互排斥与相互吸引区间互换,介稳定平衡位置与稳定平衡位置互换,如图 1-41(b) 所示。

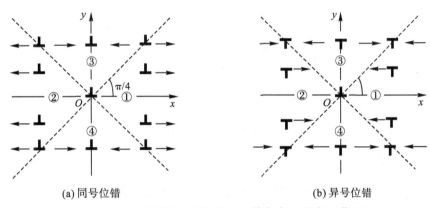

(a) 同号位错　　　　　　　　　　　　　(b) 异号位错

图 1-41　两平行刃型位错在 x 轴方向上的交互作用

f_y 是使 $\boldsymbol{b}_2$ 位错沿 y 轴攀移的力。当两个位错同号时,若位错 $\boldsymbol{b}_2$ 在位错 $\boldsymbol{b}_1$ 的滑移面上方,即 $y>0$ 时,则 $f_y>0$,位错 $\boldsymbol{b}_2$ 向上攀移;反之,$y<0$ 时,则 $f_y<0$,位错 $\boldsymbol{b}_2$ 向下攀移。可见,两个同号位错沿 y 轴方向互相排斥;而异号位错间的 f_y 与 y 符号相反,所以沿 y 轴方向互相吸引。

1.3.2.5　位错的密度、生成、增殖与塞积

1. 位错的密度

除了精心制备的单晶体或微小晶体外,晶体中通常都存在着大量的位错。晶体中位错的量常用位错密度表示。

位错密度是单位体积晶体中所含的位错线总长度或晶体中穿过单位截面面积的位错线数目,其表达式为

$$\rho = \frac{L}{V} \tag{1-25}$$

式中,L 为位错线的总长度;V 为晶体的体积。

其表达式还可为

$$\rho = \frac{n}{A} \tag{1-26}$$

式中，n 为位错线数目；A 为晶体的截面面积。

位错密度的单位为 $1/m^2$。一般经过充分退火的金属中位错密度为 $10^{10} \sim 10^{12} m^{-2}$，而经过剧烈冷变形的金属中位错密度可高达 $10^{15} \sim 10^{16} m^{-2}$ 以上。大量的实验和理论研究表明，晶体的强度与位错密度密切相关，如图 1-42 所示。由图可见，当位错密度较低时，晶体的强度 τ_c 随着位错密度 ρ 的增加而减小；当位错密度较高时则相反，τ_c 随 ρ 的增加而增大。因此，要提高工程材料的强度，可以采取两条相反的途径，即尽量减小位错密度或尽量增大位错密度。

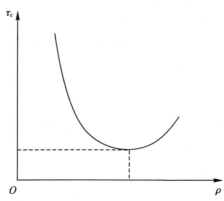

图 1-42　晶体强度与位错密度的关系

2. 位错的生成

大多数晶体的位错密度都很大，即使经过精心制备的单晶中也存在着许多位错。这些原始位错究竟是通过哪些途径生成的？以下原因均可能导致位错的生成。

（1）凝固时在晶体长大相遇处，因位向略有差别而生成。

（2）因熔体中杂质原子在凝固过程中不均匀分布使晶体的先后凝固部分成分不同，从而点阵常数也有差异，而在过渡区出现位错。

（3）由于温度梯度、浓度梯度、机械振动等的影响，致使生长着的晶体偏转或弯曲引起相邻晶块之间有位相差，它们之间就会生成位错。

（4）过饱和空位的聚集成片也是位错的重要来源。

（5）流动液体冲击、冷却时局部应力集中导致位错的萌生。

（6）晶体裂纹尖端、沉淀物或夹杂物界面、表面损伤处等都易产生应力集中，这些应力也促使位错的生成。

3. 位错的增殖

晶体在受力时，位错会发生运动，最终移至晶体表面而产生宏观塑性变形。按照这种理解，变形后晶体中的位错数目应越来越少。然而，事实恰恰相反，经剧烈塑性变形后，晶体中的位错密度可增加 4 ~ 5 个数量级。这一结果表明，晶体在变形过程中，位错必然在不断地增殖。

位错增殖的机制有多种，其中最重要的是弗兰克（Frank）和里德（Read）在 1950 年提出并已被实验所证实的弗兰克-里德源,简称 F-R 源。

　　图 1-43 为 F-R 源的位错增殖过程示意图。若某滑移面上有一段刃型位错 AB,它的两端被结点钉住,不能运动。现沿位错 b 方向施加一切应力 τ,使位错在滑移力 $F_d = \tau b$ 的作用下沿滑移面向前滑移运动。但由于 AB 两端固定,所以最终只能使位错线发生弯曲(见图 1-43(b))。弯曲后的位错每一处继续受到垂直于位错线的 F_d 作用,使位错线沿法线方向向外扩展,其两端则分别绕结点 A、B 发生卷曲(见图 1-43(c))。当两端卷曲出来的线段相互靠近时(见图 1-43(d)),靠近部分两线段与 b 平行,属于螺型位错,且方向相反,因此接触时会相互抵消,形成一闭合的位错环和位错环内的一小段弯曲位错线(见图 1-43(e))。当外加切应力继续作用时,位错环将向外扩张直至到达晶体表面;同时,环内的弯曲位错在线张力的作用下又被拉直而恢复到起始状态,并重复之前的运动,络绎不绝地产生新的位错环,从而造成位错的增殖。

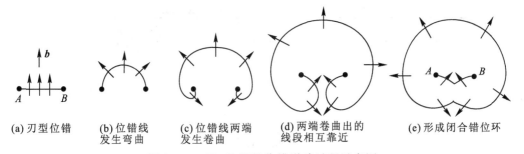

(a) 刃型位错　　(b) 位错线　　　(c) 位错线两端　　(d) 两端卷曲出的　　(e) 形成闭合错位环
　　　　　　　　　发生弯曲　　　　发生卷曲　　　　　线段相互靠近

图 1-43　F-R 源的位错增殖过程示意图

　　位错的增殖机制还有很多,例如双交滑移增殖、攀移增殖等。图 1-44 给出了双交滑移的位错增殖过程示意图。螺型位错经双交滑移后可形成刃型割阶 AC 和 BD,由于此割阶不在原位错的滑移面上,因此不能随原位错线一起向前运动,而对原位错产生"钉扎"作用,从而使位错在新滑移面(111)上滑移时成为一个 F-R 源。而且,在第二个(111)面扩展出来的位错圈又可能通过双交滑移转移到第三个(111)面上进行增殖,从而使位错迅速增加。因此,双交滑移增殖可能产生多个 F-R 源,是比上述 F-R 源更有效的增殖机制。

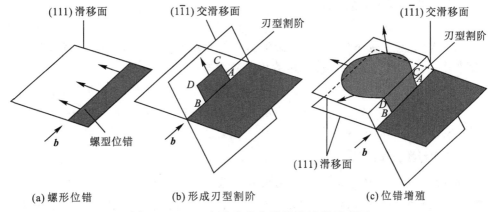

(a) 螺形位错　　　　(b) 形成刃型割阶　　　　　(c) 位错增殖

图 1-44　双交滑移的位错增殖过程示意图

4. 位错的塞积

在切应力作用下,同一位错源所产生的大量位错沿滑移面运动时,如果遇上障碍物(如固定位错、杂质粒子、晶界等),领先位错的运动会在障碍物前被阻止,后续位错也随之被堵塞起来,形成位错的塞积,如图 1-45 所示。这类塞积的位错群体称为位错的塞积群,最靠近障碍物的位错称为领先位错。

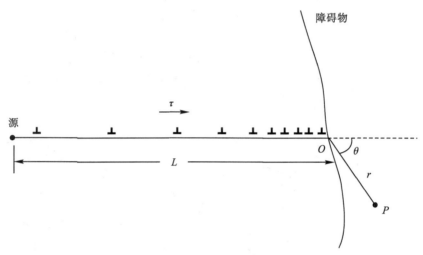

图 1-45　位错的塞积示意图

当塞积群中的位错停止运动时,每一个位错都处于力的平衡状态:一方面,外加切应力产生的滑移力 τb 促使位错运动,并尽量靠拢;另一方面,同号位错之间的排斥力使得位错在滑移面上尽量散开;此外,还有障碍物的阻力,不过这是一个短程力,只作用在领先位错上。

领先位错与障碍物之间存在着很大的局部应力,即障碍物对领先位错有一个反作用力 τ_0。如果位错塞积群是由 n 个伯氏矢量均为 b 的位错组成的,那么这个塞积群(作为一个整体)达到平衡的条件为

$$n\tau b = \tau_0 b$$

由此得到障碍物对领先位错的反作用力为

$$\tau_0 = n\tau \tag{1-27}$$

由此可见,如果有 n 个位错塞积,则障碍物处的应力集中是外加切应力的 n 倍。这种应力集中在材料加工硬化、脆性断裂中有重要的应用。

位错塞积群对位错源会产生反作用力,当这种反作用力与外加切应力平衡时,位错源就会关闭,停止产生位错。只有进一步增加外力,位错源才会重新开动,这说明障碍物对位错运动的阻碍提高了材料的强度。

1.3.2.6　实际晶体中的位错

前面介绍的有关晶体中的位错结构及其一般性质,主要以简单立方晶体为研究对象,而实际晶体结构中的位错更为复杂,它们除具有前述的共性外,还有一些特殊的性质和复杂组态。

1. 实际晶体中位错的伯氏矢量

简单立方晶体中位错的伯氏矢量 b 总是等于点阵矢量。但实际晶体中,位错的伯氏矢量除了等于点阵矢量外,还可能小于或大于点阵矢量。通常把伯氏矢量等于点阵矢量整数倍的位错称为"全位错",其中,伯氏矢量等于单位点阵矢量的位错称为"单位位错",全位错滑移后晶体原子排列不变;把伯氏矢量不等于点阵矢量整数倍的位错称为"不全位错",其中,伯氏矢量小于点阵矢量的称为"部分位错",不全位错滑移后原子排列规律发生了变化。

实际晶体结构中,位错的伯氏矢量不能是任意的,必须符合晶体的结构条件和能量条件。晶体结构条件是指伯氏矢量必须连接一个原子的平衡位置到另一个原子的平衡位置;而能量条件是指伯氏矢量应使位错处于最低能量状态。因此,在实际晶体结构中,如从结构条件看,伯氏矢量可取很多种,但从能量条件看,由于位错能量正比于 b^2,故伯氏矢量越小越稳定,因此实际晶体中存在的位错其伯氏矢量只有少数几种。表 1-4 列出了三种常见金属晶体中全位错和不全位错的伯氏矢量。从中可以看出,全位错伯氏矢量的模等于同晶向上的原子间距,不全位错伯氏矢量的模小于同晶向上的原子间距。

表 1-4 典型金属晶体结构中位错的伯氏矢量

晶体结构	位错类型	伯氏矢量
体心立方	全位错	$\frac{a}{2}<111>,a<100>$
	不全位错	$\frac{a}{3}<111>,\frac{a}{6}<111>,\frac{a}{8}<110>,\frac{a}{3}<112>$
面心立方	全位错	$\frac{a}{2}<110>$
	不全位错	$\frac{a}{6}<112>,\frac{a}{3}<111>,\frac{a}{3}<110>,$ $\frac{a}{6}<110>,\frac{a}{6}<103>,\frac{a}{3}<100>$
密排六方	全位错	$\frac{a}{3}<11\bar{2}0>,\frac{a}{3}<11\bar{2}3>,c<0001>$
	不全位错	$\frac{c}{2}<0001>,\frac{a}{6}<20\bar{2}3>,\frac{a}{3}<10\bar{1}0>$

2. 堆垛层错

实际晶体中出现的不全位错通常与其原子堆垛结构的变化有关。面心立方结构是由密排面{111}堆积而成的,其堆垛顺序为 $ABCABC\cdots$,为了简便,常用符号"△"表示 AB、BC、CA 的堆垛顺序,而用符号"▽"表示 BA、CB、AC 的堆垛顺序。因此,面心立方结构的正常堆垛顺序可表示为 $△△△△\cdots$(见图 1-46(a))。如果面心立方结构中某个区域的{111}面堆垛顺序出现了差错,成为 $ABCBCA\cdots$(即 $△△▽△△\cdots$,见图 1-46(b)),则在"▽"处少了一层 A,形成了晶面错排的面缺陷,这种缺陷称为堆垛层错。

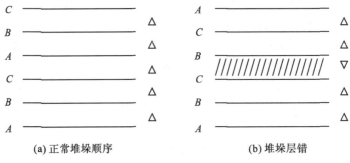

(a) 正常堆垛顺序　　　　　　　　(b) 堆垛层错

图 1-46　　面心立方密排面的堆垛顺序

其他晶体结构中同样会出现层错。形成层错时几乎不产生畸变,但它破坏了晶体的完整性和正常的周期性,使电子发生反常的衍射效应,故使晶体的能量有所增加,这部分增加的能量称为堆垛层错能 $\gamma(J/m^2)$。表 1-5 列出了部分面心立方结构金属晶体层错能的参考值。从能量的观点来看,晶体中出现层错的概率与层错能有关,层错能越高则概率越小。如在层错能很低的奥氏体不锈钢中,常可看到大量的层错,而在层错能高的铝中,就很难看到层错。

表 1-5　　一些面心立方金属晶体的层错能和平衡距离

金属	层错能 $\gamma/(J \cdot m^{-2})$	不全位错的平衡距离 d /原子间距	金属	层错能 $\gamma/(J \cdot m^{-2})$	不全位错的平衡距离 d /原子间距
银	0.02	12.0	铝	0.20	1.5
金	0.06	5.7	镍	0.25	2.0
铜	0.04	10.0	钴	0.02	35.0

3. 不全位错

当堆垛层错不是发生在晶体的整个原子面上而只是在部分区域存在,那么,层错与完整晶体交界处原子的最近邻关系被破坏并产生晶格畸变,形成伯氏矢量 b 不等于点阵矢量的不全位错。

根据层错形成方式的不同,面心立方晶体中有两种不全位错:肖克莱不全位错(Shockley partial dislocation)和弗兰克不全位错(Frank partial dislocation)。

1)肖克莱不全位错

图 1-47 为肖克莱不全位错的结构。图中,纸面代表 $(10\bar{1})$ 面,面上的"。"代表前一个面上的原子,"·"代表后一个面上的原子。每一横排原子是一层垂直于纸面的(111)面,这些面沿[111]晶向的正常堆垛顺序为 $ABCABC\cdots$。如果使晶体的左上部相对于其他部分产生 $\frac{a}{6}[12\bar{1}]$ 的滑移,则原来的 A 层原子移到 B 层原子的位置,A 层以上的各层原子也依次移到 $C,A,B\cdots$ 层原子的位置,这样堆垛顺序就变成 $ABCBCAB\cdots$,即形成堆垛层错,而晶体右半部仍按正常顺序堆垛,这样层错区与完整晶体区的交线 M(垂直于纸面)即为肖克莱不全位错。从图 1-47 中可以看出,该位错与其伯氏矢量 $\frac{a}{6}[12\bar{1}]$ 垂直,因

此属于刃型肖克莱不全位错。

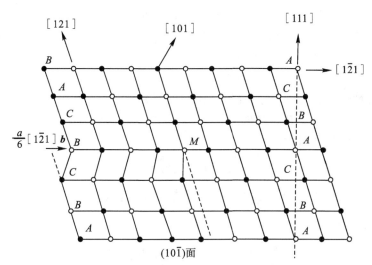

图 1-47　面心立方晶体中的肖克莱不全位错示意图

　　刃型肖克莱不全位错具有一定的宽度,其位错线可以是{111}面上的直线或曲线,因此也可能出现螺型或混合型的肖克莱不全位错。与全位错不同的是,这种位错的四周不全是原来的晶体结构。另外,由于层错是沿平面发生的,故其位错线不可能是空间曲线。

　　2) 弗兰克不全位错

　　图 1-48 为弗兰克不全位错的结构。在完整晶体的左半部抽去半层密排面的 B 层原子,则这部分晶体的堆垛顺序变为 $ABCACABC\cdots$,在第五层产生了堆垛层错,层错区与右半部完整晶体之间的边界(垂直于纸面) 就是弗兰克不全位错,其伯氏矢量为 $\frac{a}{3}[111]$,与层错面{111}垂直。由于伯氏矢量不在层错面上,所以它不能滑移,是一种不动位错。不过,这种位错可以通过吸收或释放点缺陷而在层错面上攀移,攀移的结果是使层错面扩大或缩小。

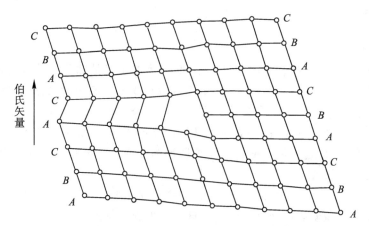

图 1-48　抽去半层密排面形成的弗兰克不全位错示意图

4. 位错反应

实际晶体中,组态不稳定的位错可以转化为组态稳定的位错。具有不同伯氏矢量的位错线可以合并为一条位错线;反之,一条位错线也可以分解为两条或更多条具有不同伯氏矢量的位错线。通常,将位错之间的相互转化(分解或合并)称为位错反应。

位错反应能否进行,决定于是否满足如下两个条件。

(1) 几何条件:由于伯氏矢量的守恒性,反应后各位错的伯氏矢量之和应该等于反应前各位错的伯氏矢量之和,即

$$\sum \boldsymbol{b}_{前} = \sum \boldsymbol{b}_{后} \qquad (1-28)$$

例如面心立方晶体中,能量最低的全位错 $\frac{a}{2}[\bar{1}10]$ 可以在(111)面上分解为两个肖克莱不全位错,即

$$\frac{a}{2}[\bar{1}10] = \frac{a}{6}[\bar{2}11] + \frac{a}{6}[\bar{1}2\bar{1}]$$

这个反应完全满足几何条件。但是,如果将上式左右对换,同样满足位错反应的几何条件,那么,位错究竟以哪种形式存在呢?这还需要从能量上作进一步判定。

(2) 能量条件:从能量角度,位错反应必须是一个伴随着能量降低的过程,因此,反应后各位错的总能量应小于反应前各位错的总能量,即

$$\sum |\boldsymbol{b}_{前}|^2 > \sum |\boldsymbol{b}_{后}|^2 \qquad (1-29)$$

根据此式可以判断位错反应进行的方向。如式 $\frac{a}{2}[\bar{1}10] = \frac{a}{6}[\bar{2}11] + \frac{a}{6}[\bar{1}2\bar{1}]$ 反应前后的能量关系为

$$\frac{a^2}{2} > \frac{a^2}{6} + \frac{a^2}{6}$$

因此,全位错 $\frac{a}{2}[\bar{1}10]$ 不稳定,可以自发分解为不全位错。

1.3.3　面缺陷

1.3.3.1　外表面

在晶体表面上,原子排列情况与晶内不同,每个原子只是部分地被其他原子包围,因此它的相邻原子数比晶体内部少;另外,由于成分偏聚和表面吸附的作用,往往导致表面成分与晶内不同。这些都将导致表面层原子间的结合键与晶体内部不一致。因此,表面原子会偏离其正常的平衡位置,并影响到邻近的几层原子,造成表层的点阵畸变,使它们的能量比内部原子高,这几层高能量的原子层称为表面。晶体表面单位面积自由能的增加称为表面能 $\gamma'(\text{J/m}^2)$。

由于表面是一个原子排列的终止面,另一侧无固体中原子的键合,如同被割断,故其表面能可用形成单位新表面所割断的结合键数目来近似表达:

$$\gamma' = 单位面积被割断的键数 \times 每个键能量 \qquad (1-30)$$

表面能与晶体表面原子排列致密程度有关,原子密排的表面具有最小的表面能。若

以原子密排面作表面时,晶体的能量最低、最稳定。因此,自由晶体暴露在外的表面通常是低表面能的原子密排面。此外,晶体表面原子的较高能量状态及其所具有的残余结合键,将使外来原子易被表面吸附,并引起表面能的降低。

1.3.3.2 晶界

理想晶体的原子应该是整块晶体中的原子都是按相同的规则排列,这样的晶体称为单晶体。但实际上单晶体的制备需要特殊手段。绝大多数实际晶体都是由大量晶体取向不同的单晶体组成的多晶体。晶体学中,组成多晶体的单晶体称为晶粒。晶粒的大小从纳米晶体材料的几个纳米到普通铸造材料中的几百个微米不等。

如图 1-49 所示,由于晶粒间的晶体学取向不同,在晶粒的交界处必然存在原子错排的区域,称为晶界。晶界是在厚度方向上很小而面积很大的缺陷,因此是面缺陷。当相邻晶粒的晶体学位向差大于 $10°$ 时,晶界称为大角度晶界;位向差大于 $1°$ 小于 $10°$ 时称为小角度晶界;而当相邻晶粒的晶体学位向差小于 $1°$ 时,则称为亚晶界。

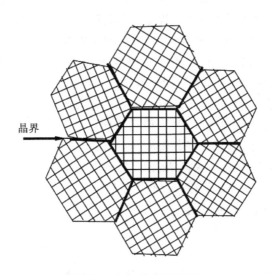

图 1-49 晶界示意图

由于在晶界附近发生了原子错排,因此增加了系统的能量。增加的这部分能量称为晶界能 $\gamma''(\mathrm{J/m^2})$。

小角度晶界的能量主要来自位错能量(形成位错的能量及将位错排成相关组态所做的功),而位错密度又取决于晶粒间的位向差,所以,小角度晶界的晶界能 γ'' 也和位向差 θ 有关,其关系式为

$$\gamma'' = \gamma_0 \theta (A - \ln\theta) \tag{1-31}$$

式中,$\gamma_0 = \dfrac{Gb}{4\pi(1-\nu)}$ 为常数,取决于材料的切变模量 G、泊松比 ν 和伯氏矢量模 b;A 为积分常数,取决于位错中心的原子错排能。

可见,小角度晶界的晶界能随位向差的增加而增大。但需注意的是,该公式只适用于小角度晶界,而对大角度晶界不适用。

实际上,多晶体的晶界一般为大角度晶界,各晶粒的位向差大多为 $30° \sim 40°$。实验测

出各种金属大角度晶界的晶界能约为$(0.25 \sim 1.0)$ J/m^2,大体上为定值,与晶粒之间的位向差无关,而与弹性模量有很好的对应关系,如表1-6所示。

表1-6　一些金属的大角度晶界能和弹性模量的比较

指标	Au	Cu	Fe	Ni	Sn
大角度晶界能 /(J·m^{-2})	0.36	0.60	0.78	0.69	0.16
弹性模量 /GPa	77	115	196	193	40

1.3.3.3　相界面

许多材料都是由两个或多个相组成的。相与相之间存在一个界面,这个界面称为相界面。

如图1-50所示,如果相界面附近所有的原子既在A相的晶格节点上又在B相的晶格节点上,这样的相界面称为完全共格相界面;如果界面附近A、B两相的原子部分地在对方的晶格结点上,其相界面称为部分共格或半共格界面;如果界面附近A、B两相的原子分别严格地位于两个相各自的晶格结点上,这样的相界面称为非共格界面。显然,只有当A、B两相的晶格类型相同或非常接近,晶格常数差别极小时,两相间才可能形成完全共格界面。但晶格类型相同、晶格常数也相同的两个不同相几乎是不存在的,两个不同相之间至少存在晶格常数的差别,这样在相界面附近就会产生晶格畸变。当两个相的晶格类型有区别或晶格常数差别明显时,两个相在界面附近的晶格失配度加大,晶格失配度的差别可由刃型位错调整,这就是半共格界面;当两相的晶格类型差别很大时,界面附近两相的原子都明确地处在各自的晶格结点上,界面即为非共格界面。由于原子排列的混乱或至少存在晶格畸变,相界面的存在提高了系统的能量,这部分能量为界面能。显然界面附近晶格间的失配度越高,界面能也越大,因此界面能按非共格界面、半共格界面、完全共格界面依次减小。

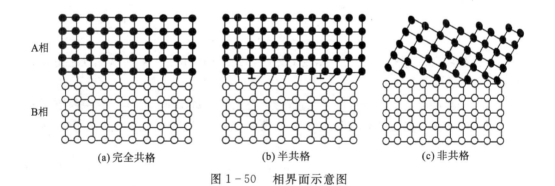

　　(a) 完全共格　　　　　　　(b) 半共格　　　　　　　　(c) 非共格

图1-50　相界面示意图

1.3.3.4　孪晶和孪晶界

孪晶是指相邻两个晶粒或一个晶粒内部相邻两部分的原子相对于一个公共晶面呈镜面对称排列而形成的一种缺陷,这个公共晶面即为孪晶界,如图1-51所示。相对而言,孪晶界附近原子的错排程度较小,因此孪晶界也为低能量面缺陷。

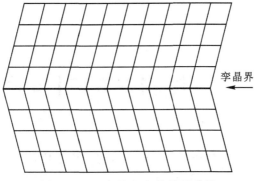

图 1-51　孪晶和孪晶界示意图

习　题

1. 作图表示出立方晶系的(123)、($0\bar{1}\bar{2}$)、(421)晶面和[$\bar{1}02$]、[$\bar{2}11$]、[346]晶向。

2. 立方晶系的{111}晶面构成一个八面体,作图画出这个八面体并注明各晶面的晶面指数。

3. 某晶体的原子位于正方晶格的结点上,晶格的 $a = b \neq c, c = 2/3a$。今有一晶面在 x、y、z 坐标轴上的截距分别为 5 个、2 个和 3 个原子间距,求该晶面的晶面指数。

4. 体心立方晶格的晶格常数为 a,试求(100)、(110)和(111)晶面的晶面间距。

5. 面心立方晶格的晶格常数为 a,试求(100)、(110)和(111)晶面的晶面间距。

6. 从面心立方晶格中绘出体心正方晶胞,并求出它的晶格常数。

7. 证明:面心立方晶格八面体间隙的间隙半径为 $r = 0.414R$,四面体间隙的间隙半径为 $r = 0.225R$;体心立方晶格八面体间隙的间隙半径在 $< 100 >$ 方向为 $r = 0.154R$,在 $< 110 >$ 方向为 $r = 0.633R$;四面体间隙的间隙半径为 $r = 0.291R$。其中,R 为原子半径。

第 2 章　材料中的相与相结构

虽然单一元素材料,例如纯金属在工业上获得了广泛应用,但随着科技的发展,许多单一元素材料的性能已不能满足要求,因此工业上广泛应用的大多数材料都是由多种元素组成的。这里最典型的多元素材料就是合金。所谓合金是指由一种金属元素与另外一种或几种金属或非金属元素组成的具有金属特性的物质。我们目前应用最广泛的碳钢和铸铁是由铁和碳组成的合金,简称 Fe-C 合金;黄铜是由铜和锌组成的合金,简称 Cu-Zn 合金。组成这些合金的最基本的独立的物质称为组元。组元可以是基本元素,也可以是稳定化合物。给定组元,配比不同成分的一系列合金可组成一个合金系统,简称合金系。由两个组元组成的合金称为二元合金,由三个组元组成的合金称为三元合金,由三个以上组元组成的合金称为多元合金。例如,凡是由铜和锌组成的合金,不论其成分如何,都属于铜锌二元合金系。已知周期表中的元素有一百多种,除了少数气体元素外,几乎都可以用来配制合金。如果从其中取出 80 种元素配制合金,那么,在 80 种元素中任取 2 种元素组成的二元系合金就有 3160 种,在 80 种元素中任取 3 种元素组成的三元系合金就有82160 种,这些合金与组成它的组元相比,除具有更高的机械性能外,有的还可能具有强磁性、耐蚀性等特殊的物理性能和化学性能,同时还可通过调节其组成比例,来获得一系列性能各不相同的合金,以满足各行各业的要求。

另外两类材料 —— 陶瓷材料和高分子材料的基本单元本身就是由两种或两种以上元素组成的化合物。但它们不含金属元素或即使含有金属元素但不具备金属特性,因此这些材料各自成为一种类型的材料而不是合金。在这些材料中,由单一化合物组成的材料中也可以引入其他原子或化合物以改善其性能,但组成的这种新成分的材料还没有一个明确的定义。

2.1　合金相及其分类

当不同的组元经熔炼或烧结组成合金时,这些组元间由于物理的和化学的相互作用,形成具有一定晶体结构和一定成分的相。相是指合金中结构相同、成分和性能均一并以界面相互分开的组成部分。如纯金属在固态时为一个相(固相),在熔点以上为另一个相(液相),而在熔点时,固体与液体共存,两者之间由界面分开,它们各自的结构不同,所以此时为固相和液相共存的混合物。由一种固相组成的合金称为单相合金,由几种不同固相组成的合金称为多相合金。锌的含量为 $w_{Zn} = 30\%$ 的 Cu-Zn 合金是单相合金,一般称为单相黄铜,它是锌溶入铜中的固溶体。而当 $w_{Zn} = 40\%$ 时,则是两相合金,即除了形成固溶体外,铜和锌还形成另外一种新相,称为金属间化合物的相,它的晶体结构与固溶体完全不同,成分与性能也不相同,中间由界面把两种不同的相分开。

材料中,由于形成条件的不同,可能形成不同的相,相的数量、大小及分布状态也可能不同,即可能形成不同的组织。组织是一个与相紧密相关的概念。通常,可以将直接用肉眼观察到的或借助于放大镜、显微镜观察到的微观形貌图像统称为组织。用肉眼或放大镜观察到的为宏观组织;用显微镜观察到的为显微组织;用电子显微镜观察到的称为电子显微组织。相是组织的基本组成部分。但是,同样的相,当它们的大小及分布不同时,就会出现不同的组织。组织是决定材料性能的一个极为重要的因素。在相同的条件下,不同的组织使材料表现出不同的性能。因此,在工业生产中,控制和改变合金的组织具有极为重要的意义。

2.1.1　合金相的分类

不同的相具有不同的晶体结构,虽然相的种类极为繁多,但根据相的晶体结构特点可以将其分为以下两大类。

2.1.1.1　固溶体

合金的组元之间以不同的比例相互混合,混合后形成的固体的晶体结构与组成合金的某一组元相同,这种相就称为固溶体,与固溶体结构相同的组元称为溶剂,其他的组元即为溶质。由此可见,固溶体与化学中的溶液相类似。例如糖溶于水中,可以得到糖的水溶液,其中水是溶剂、糖是溶质,当糖水凝固成冰,就得到糖在固态中的固溶体。

2.1.1.2　金属间化合物

在合金系中,组元间发生相互作用,除彼此形成固溶体外,还可能形成一种具有金属性质的新相,即为金属间化合物。金属间化合物具有与组成该化合物的任何一个组元都不相同的新的晶体结构和独特的性质,一般可以用分子式来大致表示其组成。金属间化合物的种类很多,如正常价化合物、电子化合物、间隙相和间隙化合物等。

2.1.2　影响相结构的因素

不同的组元组成合金时,是形成固溶体,还是形成金属间化合物主要由以下三个因素控制。

2.1.2.1　负电性因素

负电性是指组成合金的组元原子吸引电子形成负离子的倾向。越容易吸引电子形成负离子的元素,其负电性越强。组元间的负电性相差越小,则越容易形成固溶体;组元间的负电性相差越大,则越不容易形成固溶体,而易于形成金属间化合物。

2.1.2.2　原子尺寸因素

原子尺寸一般用组元间原子半径之差与其中一组元的原子半径之比表示,若 r_A 和 r_B 分别为 A、B 两组元的原子半径,则 $\Delta r = (r_A - r_B)/r_A$ 表示原子尺寸因素的大小。当组元间的负电性相差不大时,则 Δr 越小,越容易形成固溶体,否则,将增加形成化合物的倾向性。

2.1.2.3　电子浓度因素

电子浓度是指合金中组元的价电子总数与其原子总数之比,即

$$C_e = \frac{V_A(100 - X_B) + V_B X_B}{100} \qquad (2-1)$$

式中:V_A、V_B 为溶剂和溶质的化合价;X_B 为 B 的原子分数或摩尔分数。根据能带理论,在特定的金属晶体结构的单位体积中,能容纳的价电子数(自由电子数)是有一定限度的,超过这个限度,价电子的最大能量将急剧上升,从而引起其结构的不稳定,直至发生改组,转变成其他的晶体结构。因此,在其他因素相同时,电子浓度越小,则形成固溶体的倾向越大,电子浓度越大,则固溶体将变得不稳定,形成化合物的倾向增大。

2.2　合金的相结构

2.2.1　固溶体

固溶体的晶体结构类型与溶剂相同。工业上所使用的金属材料,绝大部分是以固溶体为基体的,有的甚至完全由固溶体所组成。例如广泛应用的碳钢和合金钢,均以固溶体为基体相,其含量占组织中的绝大部分。因此,对固溶体的研究有很重要的实际意义。

2.2.1.1　固溶体的分类

根据固溶体的不同特点,可以将固溶体进行不同的分类。

1. 按溶质原子在晶格中所占位置分类

(1)置换固溶体:是指溶质原子位于溶剂晶格的某些结点位置所形成的固溶体,犹如这些结点上的溶剂原子被溶质原子所置换一样,因此称之为置换固溶体,如图 2-1(a) 所示。

(2)间隙固溶体:溶质原子不是占据溶剂晶格的正常结点位置,而是填入溶剂原子间的一些间隙中,如图 2-1(b) 所示。

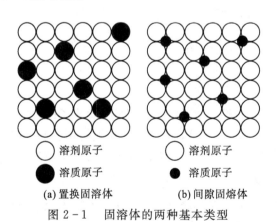

(a)置换固溶体　　　　　(b)间隙固熔体

图 2-1　固溶体的两种基本类型

2. 按固溶度分类

(1)有限固溶体:在一定的条件下,溶质组元在固溶体中的浓度有一定的限度,超过这个限度就不再溶解了,这一限度称为饱和溶解度或饱和固溶度,这种固溶体称为有限固溶体。大部分固溶体都属于这一类。

（2）无限固溶体：溶质能以任意比例溶入溶剂，固溶体的溶解度可达100％，这种固溶体就称为无限固溶体。事实上此时很难区分溶剂与溶质，二者可以互换。通常以浓度大于50％的组元为溶剂，浓度小于50％的组元为溶质。由此可见，无限固溶体只可能是置换固溶体，且两组元的晶体结构类型相同。能形成无限固溶体的合金系不多，Cu - Ni、Ag - Au、Ti - Zr、Mg - Cd 等合金系可形成无限固溶体。

3. 按溶质原子与溶剂原子的相对分布分类

（1）无序固溶体：溶质原子统计地或随机地分布于溶剂的晶格中，它或占据着与溶剂原子等同的一些位置，或处于溶剂原子间的间隙中，看不出有什么次序性或规律性，这类固溶体叫作无序固溶体。

（2）有序固溶体：当溶质原子按适当比例并按一定顺序和一定方向，围绕着溶剂原子分布时，这种固溶体就叫作有序固溶体，它既可以是置换式的有序，也可以是间隙式的有序，但是应当指出，有的固溶体由于有序化的结果，会引起结构类型的变化，所以也可以将它看作是金属间化合物。

除上述分类方法外，还有一些其他的分类方法。如以纯金属为基的固溶体称为一次固溶体或端际固溶体，以化合物为基的固溶体称为二次固溶体，等等。

2.2.1.2　置换固溶体

金属元素彼此之间一般都能形成置换固溶体，但固溶度的大小往往十分悬殊。例如铜与镍可以无限互溶，锌仅能在铜中有限溶解（$w_{Zn} \approx 39\%$），而铅在铜中几乎不溶解。大量的实践表明，随着溶质原子的溶入，合金的性能将发生显著的变化，因而研究影响固溶度的因素有着重要的实际意义。很多学者做了大量的研究工作后发现，不同元素间的原子尺寸、负电性、电子浓度和晶体结构等因素对固溶度均有显著的规律性影响。

1. 原子尺寸因素

组元间的原子尺寸相对大小 Δr 对固溶体的固溶度起着重要作用。组元间的原子半径越相近，即 Δr 越小，则固溶体的固溶度越大；而当 Δr 越大时，则固溶体的固溶度越小。有利于大量固溶的原子尺寸条件是 Δr 不超过 15％，或者说溶质与溶剂的原子半径比 $r_{溶质}/r_{溶剂}$ 在 0.85 ～ 1.15 范围内。当 Δr 超过以上数值时，就不能大量固溶。在以铁为基的固溶体中，当铁与其他溶质元素的原子半径相对大小 Δr 小于 8％ 且两者的晶体结构相同时，才有可能形成无限固溶体，否则，就只能形成有限固溶体。在以铜为基的固溶体中，只有 Δr 小于 11％ 时，才有可能形成无限固溶体。

原子尺寸因素对固溶度的影响可以作如下定性说明。当溶质原子溶入溶剂晶格后，会引起晶格畸变，即与溶质原子相邻的溶剂原子要偏离其平衡位置，如图 1 - 20 所示。当溶质原子比溶剂原子半径大时，则溶质原子将排挤它周围的溶剂原子；若溶质原子小于溶剂原子，则其周围的溶剂原子将向溶质原子靠拢。不难理解，这样的状态必然引起系统能量的升高，这个升高的能量即为晶格畸变能。组元间的原子半径相差越大，晶格畸变能越高，晶格便越不稳定。同样，当溶质原子溶入越多时，则单位体积的晶格畸变能也越高，直至溶剂晶格不能再维持时，便达到了固溶体的固溶度极限。如此时再继续加入溶质原子，溶质原子将不再能溶入固溶体中，只能形成其他新相。

2. 负电性因素

如果溶质原子与溶剂原子的负电性相差很大,即两者之间的化学亲和力很大时,它们往往形成比较稳定的金属间化合物,即使形成固溶体,其固溶度也很小。

在元素周期表中,同一周期里,元素的负电性从左至右依次递增;同一族里,自下而上依次递增。两元素的负电性相差越大,即在元素周期表中的位置相距越远,表示越不利于形成固溶体。若两元素间的负电性相差越小,则越易形成固溶体,其形成的固溶体的固溶度也越大。

3. 电子浓度因素

在研究以ⅠB族金属为基的合金(即铜基、银基和金基)时,发现这样一个经验规律:在尺寸因素比较有利的情况下溶质元素的原子价越高,则其在Cu、Ag、Au中的溶解度越小。例如,二价的锌在铜中的最大溶解度为39%,三价的镓为20%,四价的锗为12%,五价的砷为7%。以上数值表明,溶质元素的化合价与固溶体的固溶度之间有一定的关系。进一步的分析表明,溶质化合价的影响实质上是由电子浓度决定的。根据式(2-1)可以计算出以上元素在一价铜中的溶解度达到最大值时所对应的电子浓度值,发现它们的电子浓度值均在1.36左右。由此说明,溶质在溶剂中的溶解度由电子浓度决定,固溶体的电子浓度有一极限值,超过此极限值,固溶体就不稳定,而要形成另外的新相。由此可见,元素的原子价越高,则其固溶度越小。

极限电子浓度值与固溶体的晶体结构类型有关。对一价金属溶剂而言当其晶体结构为面心立方时,极限电子浓度值为1.36,体心立方时为1.48,密排六方时为1.75。

4. 晶体结构因素

溶质与溶剂的晶体结构类型是否相同,是它们能否形成无限固溶体的必要条件。只有晶体结构类型相同,溶质原子才有可能连续不断地置换溶剂晶格中的原子,一直到溶剂原子完全被溶质原子置换完为止。如果组元的晶体结构类型不同,则组元间的固溶度只能是有限的,只能形成有限固溶体。即使晶体结构类型相同的组元间不能形成无限固溶体,其固溶度也将大于晶体结构类型不同的组元间的固溶度。

综上所述,原子尺寸因素、负电性因素、电子浓度因素和晶体结构因素是影响固溶体固溶度大小的四个主要因素。当以上四个因素都有利时,所形成的固溶体的固溶度就可能比较大,甚至形成无限固溶体。但上述的四个条件只是形成无限固溶体的必要条件,还不是充分条件,无限固溶体的形成规律,还有待于进一步研究。一般情况下,各元素间大多只能形成有限固溶体。固溶体的固溶度除与以上因素有关外,还与温度有关,温度越高,固溶度越大,因此,在高温下已达到饱和的有限固溶体,当其冷却至低温时,由于其固溶度的降低,固溶体将发生分解而析出其他相。

2.2.1.3 间隙固溶体

一些原子半径很小的溶质原子溶入溶剂中时,不是占据溶剂晶格的正常结点位置,而是填入溶剂晶格的间隙中,形成间隙固溶体,其结构如图2-1(b)所示。形成间隙固溶体的溶质元素,都是一些原子半径小于0.1 nm的非金属元素,如氢(0.046 nm)、氧(0.061 nm)、氮(0.071 nm)、碳(0.077 nm)、硼(0.097 nm),而溶剂元素则都是过渡族元素。实践证明,只有当溶质与溶剂的原子半径比值 $r_{溶质}/r_{溶剂} < 0.59$ 时,才有可能形成间

隙固溶体。

间隙固溶体的固溶度不仅与溶质原子的大小有关,而且与溶剂的晶格类型有关。当溶质原子(间隙原子)溶入溶剂后,将使溶剂的晶格常数增加,晶格发生畸变(见图 1-20)。溶入的溶质原子越多,引起的晶格畸变越大,当畸变量达到一定数值后,溶剂晶格将变得不稳定。当溶质原子较小时,它所引起的晶格畸变也较小,因此就可以溶入更多的溶质原子,固溶度也较大。晶格类型不同,则其中的间隙形状、大小、数量也不同。例如面心立方晶格的最大间隙是八面体间隙,所以溶质原子都倾向于位于八面体间隙中。体心立方晶格的致密度虽然比面心立方晶格的低,但因它的间隙数量多,致使每个间隙的直径都比面心立方晶格的小,所以它的固溶度通常要比面心立方晶格的小。

C、N 与铁形成的间隙固溶体是钢中的重要合金相。在面心立方的 Fe 中,C、N 原子位于间隙较大的八面体间隙中。在体心立方的 Fe 中,虽然四面体间隙较八面体间隙大,但是 C、N 原子仍位于八面体间隙中。这是因为体心立方晶格的八面体间隙是不对称的,在 $\langle 001 \rangle$ 方向间隙半径比较小,只有 $0.067a$,而在 $\langle 110 \rangle$ 方向,间隙半径为 $0.274a$,所以当 C(或 N)原子填入八面体间隙时,受到 $\langle 001 \rangle$ 方向 2 个原子的压力较大,而受到 $\langle 110 \rangle$ 方向 4 个原子的压力则较小。总的说来,C、N 原子溶入八面体间隙所受到的阻力比溶入四面体间隙的小,所以它们易溶入八面体间隙中。由于八面体间隙本身不对称,所以 C、N 原子溶入后所引起的晶格畸变也是不对称的。此外,溶剂晶格中的间隙位置有一定限度,所以间隙固溶体肯定是有限固溶体。

2.2.1.4　固溶体的结构

虽然固溶体仍保持着溶剂的晶格类型,但与纯组元相比,结构还是发生了变化,有的变化还相当大,主要表现在以下几个方面。

1. 晶格畸变

由于溶质与溶剂的原子大小不同,因而在形成固溶体时,必然在溶质原子附近的局部范围内造成晶格畸变,并因此形成一弹性应力场。晶格畸变的大小可由晶格常数的变化所反映。对置换固溶体来说,当溶质原子较溶剂原子大时,晶格常数增加;反之,当溶质原子较溶剂原子小时,则晶格常数减小。形成间隙固溶体时,晶格常数总是随着溶质原子的溶入而增大。

2. 偏聚与有序

长期以来,人们认为溶质原子在固溶体中的分布是统计的、均匀的和无序的。但经 X 射线精细研究表明,溶质原子在固溶体中的分布,总是在一定程度上偏离完全无序状态,存在着分布的不对称性。当同种原子间的结合力大于异种原子间的结合力时,溶质原子倾向于成群地聚集在一起,形成许多偏聚区;反之,当异种原子(即溶质原子和溶剂原子)间的结合力较大时,则溶质原子的近邻皆为溶剂原子,溶质原子倾向于按一定的规则呈有序分布,这种有序分布通常只在短距离小范围内存在,称之为短程有序。

3. 有序固溶体

具有短程有序的固溶体,当低于某一温度时,可能使溶质和溶剂原子在整个晶体中都按一定的顺序排列起来,即由短程有序转变为长程有序,这样的固溶体称为有序固溶体。有序固溶体有确定的化学成分,可以用化学式来表示。例如在 Cu-Au 合金中,当两组元的原子数之比(即 $n_{Cu}:n_{Au}$)等于 1:1(CuAu) 和 3:1(Cu_3Au) 时,在缓慢冷却条件下,两种元素的原子在固溶体中将由无序排列转变为有序排列,Cu、Au 原子在晶格中均占有确定的位置,如图 2-2 所示。对 CuAu 来说,Cu 原子和 Au 原子逐层排列于 (001) 晶面上,一层晶面上全部是 Cu 原子,相邻的一层则全部是 Au 原子。由于 Cu 原子较小,故使原来的面心立方晶格变形为 $c/a = 0.93$ 的四方晶格。对于 Cu_3Au 来说,Au 原子位于晶胞的顶角上,Cu 原子则占据面心位置。

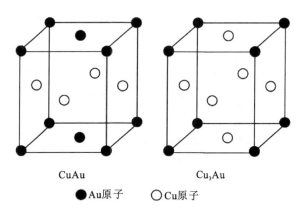

CuAu　　　　　　　　　　　Cu_3Au

●Au原子　○Cu原子

图 2-2　Cu-Au 合金中的有序固溶体示意图

当有序固溶体加热至某一临界温度时,将转变为无序固溶体,而再缓慢冷却至这一温度时,又可转变为有序固溶体。这一转变过程称为有序化,发生有序化的临界温度称为固溶体的有序化温度。

由于溶质和溶剂原子在晶格中占据着确定的位置,因而发生有序化转变时有时会引起晶格类型的改变。严格说来,有序固溶体实质上是介于固溶体和金属间化合物之间的一种相,但更接近于金属间化合物。当无序固溶体转变为有序固溶体时,性能发生突变,硬度及脆性显著增加,而塑性和电阻则明显降低。

2.2.1.5　固溶体的性能

一般说来,固溶体的硬度、屈服强度和抗拉强度等总是比组成它的纯金属(溶剂)的高,随着溶质原子浓度的增加,硬度和强度也随之提高,这一现象也称为固溶强化。溶质原子与溶剂原子的尺寸差别越大,所引起的晶格畸变也越大,强化效果则越好。由于间隙原子造成的晶格畸变比置换原子的大,所以其强化效果也较好。在塑性、韧性方面,如延伸率、断面收缩率和冲击功等,固溶体都要比组成它的纯金属(溶剂)的低,但一般要比化合物的高得多。因此,综合起来看,固溶体比纯金属和化合物具有较为优越的综合机械性能,因此,各种金属材料总是以固溶体为基本相。

在物理性能方面,随着溶质原子浓度的增加,固溶体的电阻率升高,电阻温度系数下降。因此,工业上应用的精密电阻和电热材料等都广泛采用固溶体合金。

2.2.2　金属间化合物

在合金中,除了固溶体外,还可能形成金属间化合物。金属间化合物是合金组元间发生相互作用而形成的一种新相,由于它们常处在相图的中间位置,故又称为中间相,其晶格类型及性能均不同于任一组元,一般可以用分子式来大致表示其组成。在金属间化合物中,除离子键、共价键外,金属键也参与作用,因而它具有一定的金属性质,所以称之为金属间化合物。碳钢中的 Fe_3C、黄铜中的 $CuZn$、铝合金中的 $CuAl_2$ 等都是金属间化合物。

由于结合键和晶格类型的多样性,金属间化合物具有许多特殊的物理化学性质,其中已有不少被开发应用为新的功能材料,并对现代科学技术的进步起着重要的推动作用。例如具有半导体性能的金属间化合物砷化镓($GaAs$),其性能远远超过了现在广泛应用的硅半导体材料,目前正应用在发光二极管的制造上,作为超高速电子计算机的元件已引起了世界的关注。此外,还有能记住原始形状的记忆合金 $NiTi$ 和 $CuZn$,具有低热中子俘获截面的核反应堆材料 Zr_3Al,以及能作为新一代能源材料的储氢合金 $LaNi_5$ 等。对于工业上应用最广泛的结构材料和工具材料,由于金属间化合物一般均具有较高的熔点、硬度和脆性,当合金中出现金属间化合物时,将使合金的强度、硬度、耐磨性及耐热性有所提高(但塑性和韧性有所降低),因此金属间化合物已是这些材料中不可缺少的合金相。

影响金属间化合物的形成及结构的主要因素有负电性、电子浓度和原子尺寸等,每一种影响因素都对应着一类化合物,例如正常价化合物、电子化合物及间隙相和间隙化合物,下面扼要进行介绍。

2.2.2.1　正常价化合物

正常价化合物就是符合化合价规则的化合物,通常由金属元素与周期表中第 ⅣA、ⅤA、ⅥA 族元素组成,例如 Mg_2Si、Mg_2Sn、MgS、MnS 等。其中,Mg_2Si 是镁合金中常见的强化相,MnS 则是钢铁材料中常见的夹杂物。

正常价化合物的稳定性与两组元间的电负性差值大小有关。电负性差值越小,化合物越不稳定,越趋于金属键结合;电负性差值越大,化合物越稳定,越趋于离子键结合。如二价的 Mg 与四价的 Pb、Sn、Ge、Si 分别形成 Mg_2Pb、Mg_2Sn、Mg_2Ge、Mg_2Si,由于从 Pb 到 Si 的电负性逐渐增大,故四种正常价化合物中 Mg_2Si 最稳定,熔点为 1102 ℃,为典型的离子化合物;而 Mg_2Pb 的熔点仅为 550 ℃,且显示出典型的金属性质。

正常价化合物具有严格的化合比,成分固定不变,可用化学式表示。这类化合物一般具有较高的硬度,脆性较大。

2.2.2.2　电子化合物

电子化合物是由 ⅠB 族或过渡族金属元素与 ⅡB、ⅢA、ⅣA 族金属元素形成的金属间化合物,它不遵守化合价规律,而是一种按照一定电子浓度的比值形成的化合物。电子浓度不同,所形成的化合物的晶格类型也不同。例如电子浓度为 3/2(21/14) 时,具有体心立方晶格,称为 β 相;电子浓度为 21/13 时,为复杂立方晶格,称为 γ 相;电子浓度为 7/4(21/12) 时,则为密排六方晶格,称为 ε 相。表 2-1 列出了一些铜合金中常见的电子化合物。在计算非 ⅠB、ⅡB 族的过渡族元素时,其价电子数视为零,因其 d 层电子未被填满,在组成合金时它们实际上不贡献电子。

表 2 - 1　铜合金中常见的电子化合物

合 金 系	电 子 浓 度		
	$\frac{3}{2}(\frac{21}{14})$（β 相）	$\frac{21}{13}$（γ 相）	$\frac{7}{4}(\frac{21}{12})$（ε 相）
	晶 体 结 构		
	体心立方	复杂立方	密排立方
Cu - Zn	CuZn	Cu_5Zn_8	$CuZn_3$
Cu - Sn	Cu_5Sn	$Cu_{31}Sn_8$	Cu_3Sn
Cu - Al	Cu_3Al	Cu_9Al_4	Cu_5Al_3
Cu - Si	Cu_5Si	$Cu_{31}Si_8$	Cu_3Si

　　电子化合物虽然可以用化学式表示,但其成分可以在一定的范围内变化,因此可以把它看作是以化合物为基的固溶体,其电子浓度也在一定范围内变化。

　　电子化合物中原子间的结合方式以金属键为主,故具有明显的金属特性。电子化合物具有较高的熔点和硬度,但脆性也较大。

2.2.2.3　间隙相和间隙化合物

　　间隙相和间隙化合物主要由组元的原子尺寸因素决定,其通常是由过渡族金属与原子半径很小的非金属元素 H、N、C、B 所组成。根据非金属元素(以 X 表示)与金属元素(以 M 表示)原子半径的比值,可将其分为两类:当 $r_X/r_M < 0.59$ 时,形成具有简单结构的化合物,称为间隙相;当 $r_X/r_M > 0.59$ 时,则形成具有复杂晶体结构的化合物,称为间隙化合物。由于 N 和 H 的原子半径较小,所以过渡族金属的氢化物和氮化物都是间隙相。B 的原子半径最大,所以过渡族金属的硼化物都是间隙化合物。C 的原子半径也比较大,但比 B 的小,所以一部分碳化物是间隙相,另一部分则为间隙化合物。

1. 间隙相

　　间隙相都具有简单的晶体结构,如面心立方、体心立方、密排六方或简单立方等,金属原子位于晶格的正常结点上,非金属原子则位于晶格的间隙位置。间隙相的化学成分可以用简单的分子式表示:M_4X、M_2X、MX、MX_2,但是它们的成分可以在一定的范围内变动,这是由于间隙相的晶格中的间隙未被填满,即某些本可以被非金属原子占据的位置出现空位,这相当于以间隙相为基的固溶体。间隙相不但可以溶解组元元素,而且可以溶解其他间隙相。有些具有相同结构的间隙相甚至可以形成无限固溶体,如 TiC - ZrC、TiC - VC、TiC - NbC、TiC - TaC、ZrC - NbC、ZrC - TaC、VC - NbC、VC - TaC 等。

　　应当指出,间隙相和间隙固溶体之间有本质的区别。间隙相是一种化合物,它具有与其组元完全不同的晶体结构,而间隙固溶体则仍保持着溶剂组元的晶格类型。

　　间隙相中原子间结合键为共价键和金属键,即使非金属组元的原子分数大于 50%,其仍具有明显的金属特性,如具有金属光泽和良好的导电性。间隙相具有极高的熔点和硬度,是硬质合金的重要组成相,用硬质合金制作的高速切削刀具、拉丝模及各种冷冲模具已得到广泛的应用。间隙相还是合金工具钢和高温金属陶瓷的重要组成相。此外,用渗入或涂层的方法使钢的表面形成含有间隙相的薄层,可显著增加钢的表面硬度和耐磨性,延长零件的使用寿命。

2. 间隙化合物

间隙化合物一般具有复杂的晶体结构,Cr、Mn、Fe 的碳化物均属此类。它的种类很多,在合金钢中经常遇到的有 M_3C(如 Fe_3C、Mn_3C)、M_7C_3(如 Cr_7C_3)、$M_{23}C_6$(如 $Cr_{23}C_6$)和 M_6C(如 Fe_3W_3C、Fe_4W_2C)等。其中的 Fe_3C 是钢铁材料中的一种基本组成相,称为渗碳体。Fe_3C 中的铁原子可以被其他金属原子(如 Mn、Cr、Mo、W 等)所置换,形成以间隙化合物为基的固溶体,如 $(FeMn)_3C$、$(FeCr)_3C$ 等,称为合金渗碳体。其他的间隙化合物中,金属原子也可被其他金属元素置换。

间隙化合物中原子间结合键为共价键和金属键,也具有很高的熔点和硬度,但与间隙相相比,它们的熔点和硬度要低些,而且加热时也较易分解。这类化合物是碳钢及合金钢中的重要组成相。还应指出,在钢中,只有周期表中位于 Fe 左方的过渡族金属元素才能形成碳化物(包括间隙相和间隙化合物),并且 d 层电子越少,与 C 的亲和力就越强,形成的碳化物也越稳定。

2.3　陶瓷中的相

2.3.1　陶瓷材料的特点和相的分类

传统的陶瓷材料是指硅酸盐和氧化物材料,现代陶瓷材料则泛指无机非金属材料,它们的共同特点:结合键主要是离子键,或含有一定比例的共价键;有确定的成分,可以用准确的分子式表示;具有典型的非金属性质等。

陶瓷材料中相的类型和相的结构比金属材料复杂。但总体来讲陶瓷材料中的相可分为以下三种类型。

2.3.1.1　晶体相

晶体相在陶瓷中的体积或质量分数最大,是陶瓷材料中主要的组成相,因此也常称陶瓷中的晶体相为主晶相。它的结构、数量、形态、尺寸和分布等在相当程度上决定着陶瓷的性能。

2.3.1.2　玻璃相

由于无机非金属材料大多都是经过烧结而成的,因此在烧结过程中,有些物质,例如作为主要原料的 SiO_2 已处于熔化状态,但在熔点附近,SiO_2 黏度很大,原子迁移困难,当冷却到熔点以下时原子不能排列成长程有序态,而形成过冷液体。当继续冷却到玻璃化温度以下时,则凝固成非晶态,称之为玻璃态,在陶瓷中称之为玻璃相。大多数玻璃相由离子多面体构成空间网格,但排列时为短程有序。

玻璃相是陶瓷中的重要组成相,它主要的作用:① 将晶体相黏接起来,填充晶体相之间的空隙,提高其致密度;② 降低烧结温度,加快烧结过程;③ 阻止晶粒转动,抑制晶粒长大;④ 在有些材料中获得一定的玻璃特性。在陶瓷中,玻璃相的含量一般在 20% ～ 40% 范围内。

2.3.1.3 气相

陶瓷在压制过程中会不可避免地在材料内部残留一些气体,这些气体在烧制过程中也不能完全从材料中排出,从而形成气孔。气相即陶瓷中的气孔。气孔可以是封闭的,也可以是开放的,可以分布在晶粒内部也可以分布在晶界上。气孔在陶瓷中的体积分数一般在 5% 以上。气孔会造成应力集中,使陶瓷开裂,强度降低并增加脆性,因此陶瓷中应尽量减少气孔,提高致密度。

2.3.2 晶体相的类型及其结构

陶瓷中晶体相的结构复杂、原子排列不紧密、配位数低,与金属晶体结构有很大的不同。总体而言,陶瓷晶体相的晶体结构可分为以下几种类型。

2.3.2.1 氧化物

氧与金属元素构成的氧化物是大多数典型陶瓷和特种陶瓷的主要晶体相。氧与金属元素间的键合以离子键为主(氧离子为负离子,金属离子为正离子),但有些氧化物中也有共价键的成分。氧化物的结构取决于结合键的类型、离子半径的大小,同时必须保持电中性。陶瓷中氧化物主要有 AO、AO_2、A_2O_3、ABO_3 和 AB_2O_4(A、B 为金属阳离子)等,其晶体结构的共同特点是氧离子(离子半径比阳离子大)紧密排列,金属阳离子位于氧离子构成的间隙之中。

(1)AO 型:AO 型氧化物的晶体结构类型与 NaCl 相同,氧离子作面心立方排列,金属阳离子填充在所有的八面体间隙中,形成完整的立方晶格,氧离子与金属阳离子在数量上相等,如图 2-3(a) 所示。具有这种结构的典型氧化物是 MgO,其晶体结构如图 2-3(b) 所示。

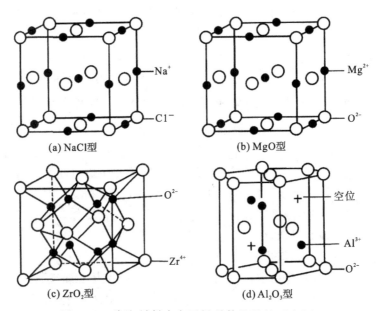

(a) NaCl型 (b) MgO型

(c) ZrO₂型 (d) Al₂O₃型

图 2-3 陶瓷材料中离子键晶体的结构示意图

（2）AO_2 型：AO_2 型化合物分为两种形式，即 AO_2 和 A_2O 型。前一种形式中占离子总数 2/3 的氧离子作简单立方排列，金属阳离子填充间隙（简单立方晶格只有一种间隙）的一半，呈面心立方分布，如图 2-3（c）所示，这种结构称为萤石结构，如 ZrO_2、ThO_2 等；后一种形式是氧离子构成面心立方排列，金属阳离子分布于四面体间隙中，这种结构称为反萤石结构，如 Li_2O 等。另外，具有金红石结构的氧化物，如 TiO_2 和 SiO_2（高温方石英）等，氧离子作稍有变形的密排六方排列，金属阳离子填充八面体间隙中的一半。

（3）A_2O_3 型：A_2O_3 型化合物的结构中，氧离子构成密排六方结构，2/3 的八面体间隙由金属阳离子占据，且金属阳离子的排列要使它们之间的距离最大，因此每三个相邻的八面体间隙就有一个是规则地空着的，这样六层（氧离子层或阳离子层）构成一个完整的周期，如图 2-3（d）所示。具有这种结构的典型化合物为 Al_2O_3，因此这种结构也称为刚玉结构。

（4）ABO_3 型：钙钛矿（$CaTiO_3$）是 ABO_3 型化合物中的典型代表，图 2-4（a）为理想钙钛矿型结构的立方晶胞。Ca^{2+} 和 O^{2-} 构成面心立方结构，Ca^{2+} 位于立方体的顶角，O^{2-} 位于立方体的面心；而较小的 Ti^{4+} 位于由 6 个 O^{2-} 所构成的八面体 $[TiO_6]$ 间隙中，这个位置刚好在由 Ca^{2+} 构成的立方体的中心。由组成得知，Ti^{4+} 只填满 1/4 的八面体间隙。$[TiO_6]$ 八面体相互以顶点相接，Ca^{2+} 则位于 $[TiO_6]$ 八面体群的空隙中，并被 12 个 O^{2-} 所包围，故 Ca^{2+} 的配位数为 12，如图 2-4（c）所示，而 Ti^{4+} 的配位数为 6。

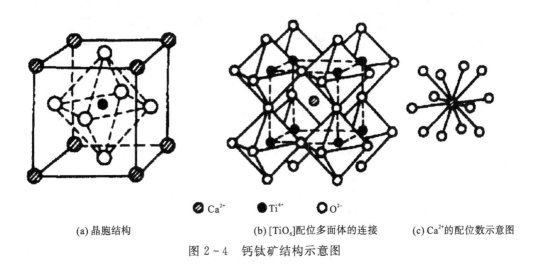

●Ca^{2+}　　　●Ti^{4+}　　　○O^{2-}

(a) 晶胞结构　　　　　　　(b) $[TiO_6]$ 配位多面体的连接　　　　(c) Ca^{2+} 的配位数示意图

图 2-4　钙钛矿结构示意图

（4）AB_2O_4 型：AB_2O_4 型化合物中最重要的一种结构是尖晶石（$MgAl_2O_4$）结构，该结构如图 2-5 所示，属立方晶系，面心立方点阵。每个晶胞内有 32 个 O^{2-}、16 个 Al^{3+} 和 8 个 Mg^{2+}。O^{2-} 呈面心立方密排结构，Mg^{2+} 的配位数为 4，处在氧四面体中心；Al^{3+} 的配位数为 6，居于氧八面体间隙中。尖晶石结构颇为复杂，为了清楚起见，可把这种结构看成由 8 个立方亚晶胞组成（见图 2-5（b）），它们在结构上又可分为 M 区和 N 区两种类型。在 M 区立方亚晶胞（见图 2-5（c））中，Mg^{2+} 位于单元的中心和 4 个顶角上，4 个 O^{2-} 分别位于各条体对角线上距临空顶角的 1/4 处。在 N 区立方亚晶胞（图 2-5（d））中，Mg^{2+} 位于 4 个顶角上，4 个 O^{2-} 分别位于各条体对角线上距 Mg^{2+} 顶角的 1/4 处，而 Al^{3+} 位于 4 条体对角线上距临空顶角的 1/4 处。若把 $MgAl_2O_4$ 晶格看作是 O^{2-} 立方最密排结构，则八面体间隙有一半被 Al^{3+} 占据，而四面体间隙则只有 1/8 被 Mg^{2+} 所占据。

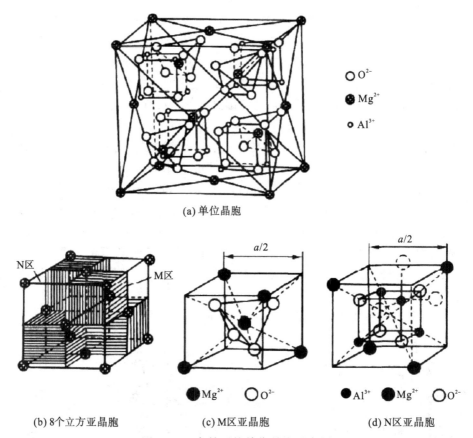

(a) 单位晶胞

N区　　　　　　　M区　　　　　　　$a/2$　　　　　　　$a/2$

●Mg^{2+}　○O^{2-}　　●Al^{3+}　●Mg^{2+}　○O^{2-}

(b) 8个立方亚晶胞　　　(c) M区亚晶胞　　　(d) N区亚晶胞

图 2-5　尖晶石的单位晶胞示意图

表 2-2 列出了常见氧化物的分类及其结构。

表 2-2　常见氧化物的分类及其结构

结构类型	氧离子排列方式	金属阳离子位置	结构名称	典型化合物
AO	面心立方	全部八面体间隙	岩盐	MgO、CaO、SrO、BaO、CdO、VO、MnO、FeO、CoO、NiO
	面心立方	1/2 四面体间隙	闪锌矿	BeO
	面心立方	1/2 四面体间隙	纤维锌矿	Zn
AO$_2$	简单立方	1/2 立方体间隙	萤石	ThO_2、CaO_2、PrO_2、UO_2、ZrO_2、HfO_2、NpO_2、PuO_2、AmO_2
	面心立方	全部四面体间隙	反萤石	Li_2O、Na_2O、K_2O、Rb_2O
	畸变密排六方	1/2 八面体间隙	金红石	TiO_2、GeO_2、SnO_2、PbO_2、VO_2、NbO_2、TeO_2、MnO_2、RuO_2

续表

结构类型	氧离子排列方式	金属阳离子位置	结构名称	典型化合物
A_2O_3	密排六方	2/3 八面体间隙	刚玉	Al_2O_3、Fe_2O_3、Cr_2O_3、Ti_2O_3、V_2O_3、Ga_2O_3、Rh_2O_3
ABO_3	密排六方	2/3 八面体间隙($A^①$、$B^②$)	钛铁矿	$FeTiO_3$、$NiTiO_3$、$CoTiO_3$
	面心立方	1/4 八面体间隙(B)	钙钛矿	$CaTiO_3$、$BaTiO_3$、$SrTiO_3$、$SrSnO_3$、$SrZrO_3$、$FeTiO_3$、$SrHfO_3$
AB_2O_3	面心立方	1/8 四面体间隙(A) 1/2 八面体间隙(B)	尖晶石	$FeAl_2O_4$、$ZnAl_2O_4$、$MgAl_2O_4$
	面心立方	1/8 四面体间隙(B) 1/8 八面体间隙(A、B)	倒反尖晶石	$FeMgFeO_4$、$MgTiMgO_4$
	密排六方	1/2 四面体间隙(A) 1/8 八面体间隙(B)	橄榄石	Mg_2SiO_4、$ZnAl_2O_4$、Fe_2SiO_4

注：①指结构式中的 A 阳离子；②指结构式中的 B 阳离子。

2.3.2.2　共价晶体

典型共价键晶体为金刚石(也称钻石,元素为 C)结构,碳原子除了位于面心立方结构的节点上之外,还有 4 个原子位于四面体间隙,如图 2-6(a)所示。另一种共价晶体 SiC 的结构与金刚石相似,只是位于四面体间隙中的原子不是 C 而是 Si,如图 2-6(b)所示。

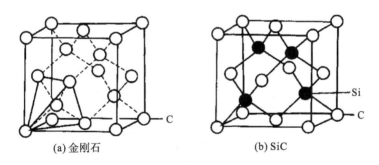

(a) 金刚石　　　　　　　　(b) SiC

图 2-6　共价晶体的结构示意图

2.3.2.3　硅酸盐

陶瓷中晶体相的另一种典型代表是硅酸盐,例如莫来石、长石等。硅酸盐的结合键为共价键与离子键的混合键,但习惯上称之为离子键。硅酸盐的结构细节非常复杂,但已然有下列规律可循。

(1)构成硅酸盐的基本单元是[SiO_4]四面体,4 个 O^{2-} 位于四面体的 4 个顶点之上,每个氧离子有一个电子可以与其他离子键合,Si^{4+} 位于四面体的中心,如图 2-7 所示。

(2)[SiO_4]四面体中每个 O^{2-} 的另一个未饱和电价既能与其他正离子如 Al^{3+}、

Mg^{2+}，……等通过离子键结合，也能与其他[SiO_4]四面体中的 O^{2-} 通过共用顶点共价结合，但不能与其他[SiO_4]四面体共棱或共面连接；Si^{4+} 之间不直接成键，而是通过 O^{2-} 结合成 Si—O—Si 型的结合键。

（3）[SiO_4]四面体相互连接时优先采取比较紧密的连接方式。同一结构中的[SiO_4]四面体最多只差一个氧原子，以保证各四面体具有相近的能量状态。

按照上述规律，[SiO_4]四面体间可以构成岛状、链状、层状和骨架状等。

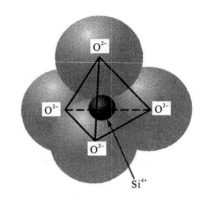

图 2-7　硅氧[SiO_4]四面体结构示意图

2.4　分子相

分子相是指固体中分子的聚集状态，它决定了分子固体的微观结构和性能。典型的具有分子相的材料是高分子材料。传统意义上，高分子是分子量特别大的有机化合物的总称，称为聚合物或高聚物。但现代材料中，有些无机材料的分子也很大，这些材料称为无机高分子材料。通常，分子量低于 500 的材料称为低分子材料，而大于 $5×10^3$ 的材料称为高分子材料。表 2-3 给出了部分低分子和高分子材料的分子量。

表 2-3　部分低分子和高分子材料的分子量

材料			分子量
低分子	无机	铜	63.546
		二氧化硅	60.008
		水	18.015
	有机	甲烷	16
		苯	48
		三硬脂酸甘油脂	890
高分子	天然	天然纤维素	～$5.7×10^5$
		丝蛋白	～$1.5×10^5$
		天然橡胶	$2.0×10^5$～$5.0×10^5$
	合成	聚氯乙稀	$1.2×10^4$～$1.6×10^5$
		聚甲基丙烯酸乙脂	$5.0×10^4$～$1.4×10^5$
		尼龙 66	$2.0×10^4$～$2.5×10^4$

2.4.1　高分子及其构成

虽然高分子材料的分子量很大，结构复杂，但组成高分子材料的每一个高分子都是由一种或几种简单的、结构相同的小分子化合物重复连接而成的，具有链状结构。例如，

聚乙烯是由足够多的乙烯小分子($CH_2=CH_2$)打开双键后连接成高分子链,然后再由高分子链聚集在一起而形成的,即

$$n(\underbrace{CH_2=CH_2}_{单体}) \xrightarrow{聚合反应} \underbrace{CH_2-CH_2}_{链节}]_n \uparrow 聚合度$$

组成高分子的小分子化合物称为单体,高分子链中的重复结构单元称为链节,链节的重复次数称为聚合度,而小分子聚合成高分子的反应称为聚合反应。其中一种或多种单体相互加成而连接成聚合物,在反应过程中没有其他副产物的反应称为加聚反应,生成的聚合物与单体成分相同;而如果一种或多种单体相互混合而形成高聚物,同时析出一些小分子物质如水、氨、醇等的反应称为缩聚反应。在分子链中,如果各链节均相同,这种高聚物称为均聚物;如果高分子链由两种或两种以上不同的单体组成,这种高聚物称为共聚物。表 2-4 列出了几种常见高聚物的链节。显然,高聚物的聚合度越高,分子链越大,同分子链的链节越多。因此高分子的分子量即为链节分子量和聚合度的乘积,即 $M = m_0 n$,其中 m_0 为链节分子量,n 为聚合度。

表 2-4 几种常见高聚物的链节

高聚物名称	链节结构式
聚乙烯	$-CH_2-CH_2-CH_2-CH_2-CH_2-CH_2-$
聚氯乙稀	$-\underset{Cl}{CH}-\underset{Cl}{CH}-\underset{Cl}{CH}-\underset{Cl}{CH}-\underset{Cl}{CH}-\underset{Cl}{CH}-$
聚四氟乙烯	$-\overset{F}{\underset{F}{C}}-\overset{F}{\underset{F}{C}}-\overset{F}{\underset{F}{C}}-\overset{F}{\underset{F}{C}}-\overset{F}{\underset{F}{C}}-\overset{F}{\underset{F}{C}}-$
氯化聚醚	$-CH_2-\overset{CH_2Cl}{\underset{CH_2Cl}{C}}-CH_2-O-CH_2-\overset{CH_2Cl}{\underset{CH_2Cl}{C}}-CH_2-O-$
聚二甲基硅氧烷	$-\overset{CH_3}{\underset{CH_3}{Si}}-O-Si-$

2.4.2 单元结构的连接方式和构型

结构单元在链中的连接方式和顺序取决于单体及合成反应的性质。缩聚反应的产物变化较少,结构比较完整;加聚反应则不然,当链节中有原子或原子团时,单体的加成可以有不同的形式,结构的规则程度也不相同。

高分子中结构单元由化学键所构成的空间排列称为分子链的构型。高分子往往含有不同的取代基,例如,图 2-8 所示的乙烯类高聚物中的取代基 R 可以有三种不同的形式,当

取代基 R 全部分布于主链的一侧时,就构成了全同立构;当取代基 R 相间地分布于主链的两侧时,就构成了间同立构;当取代基无规则地分布于主链的两侧时,就构成了无规立构。

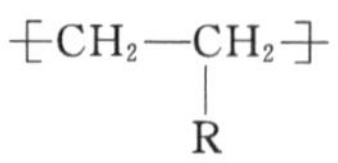

$$\begin{array}{c} \style{}{\underset{\displaystyle |}{\displaystyle \big(\text{CH}_2-\text{CH}_2\big)}} \\ \text{R} \end{array}$$

图 2-8　聚乙烯中的取代基

高分子链的形状主要有线型、支化型和体型(网状)三种。

线型高分子的结构是整个高分子呈细长线形状,但以碳原子为主链的 C—C 键的键角为 109°,故聚合物链通常卷曲成图 2-9(a)所示的不规则的线团。这类高聚物有聚乙烯、聚氯乙烯、聚苯乙烯等。这些高聚物的另一个特点是分子链间没有化学键,可以相对移动,因此在加热时经过软化过程后融化,易于加工,而且具有良好的弹性和塑性。

支化型高分子的特点是高分子呈树枝状,如图 2-9(b)所示。这类高聚物有高压聚乙烯、ABS 树脂和耐冲击型聚苯乙烯等。由于这类高聚物的分子不宜规则排列,故分子间作用力较弱。线型高分子的支化对其性能不利,支化程度越高、支链越复杂,影响程度越大。

如果高分子链之间通过支链和化学键连在一起,构成空间呈网络结构的所谓交联结构,这种高分子就称为体型高分子,如图 2-9(c)所示。热固性塑料、硫化橡胶等均为体型高聚物。这种结构非常稳定,具有很好的耐热性、难溶性,尺寸稳定并具有高的机械强度,但塑性差不易加工。

(a)线型高分子　　　　　　(b)支化型高分子　　　　　　(c)体型高分子

图 2-9　高分子链的几何形状示意图

高分子材料大多具有很好的弹性,原因有二,一是其分子链很长,可以卷曲成无规则线团;二是其分子链中的键可以自由旋转。

大部分高聚物的主链为 C—C 链,每个单键都有一定的键长和键角,每一个单键可以围绕其相邻的键按一定的角度进行内旋,如图 2-10 所示。原子围绕单键内旋的结果导致原子的排列方式不断改变,分子链会出现许多不同的形象。这种由于高分子链内旋引起的原子在空间位于不同的位置所构成的分子链的不同形状称为高分子链的构象。

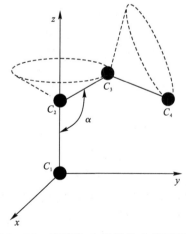

图 2-10　高聚物分子链的内旋示意图

　　高分子链的空间构象很多,使得分子链可以轻易地伸长、卷曲、收缩等,但主要还是呈无规则线团状。这种状态使得高分子链对外力有很强适应性。高分子链的这种由于构象变化获得的卷曲程度不同的特性称为高分子链的柔顺性。它是高分子材料性能不同于低分子物质和其他固体材料的最主要的原因。

2.4.3　高聚物的聚集态结构

　　固态高聚物分为无定型和晶态两种。线型高分子链很长,在固化时由于黏度很大,很难出现有规则的排列,多呈混乱无序分布,组成无定型结构。高聚物的无定型结构和低分子物质的非晶态相似,都属于短程有序态。

　　线型、支化型和交联较少的体型高分子在固化时可以结晶。高聚物的结晶与低分子物质有很大的不同。高聚物晶化是指高分子链在空间的有序排列。而且随着高聚物的性质、结晶条件和处理方法的不同,晶体的结构单元和晶体形态会出现很多类型。现在可以观察到的有片状晶、球状晶、线状晶和树枝状晶等。组成各晶体的有序结构单元有折叠链和伸直链等,如图 2-11(a)所示。

　　但由于高分子链很长,运动较困难,因此高分子材料不可能完全结晶。晶区占整个材料的比例称为结晶度。典型的结晶高分子,如聚乙烯、聚四氟乙烯、偏聚二氯乙烯等一般只有 50%~80% 的结晶度。所以晶态高聚物实际为两相结构,高分子非均匀分布,在一些区域排列规则形成晶区,如图 2-11(b)所示。这些晶区的大小一般为 100~160 nm。而在晶区间的非晶区内,分子链的排列是松散和无序的。由于晶区和非晶区的尺寸远比分子链小,因此一个高分子链可以穿过很多晶区和非晶区,这种特征可以使晶区和非晶区紧密相连,有利于提高高聚物的强度。

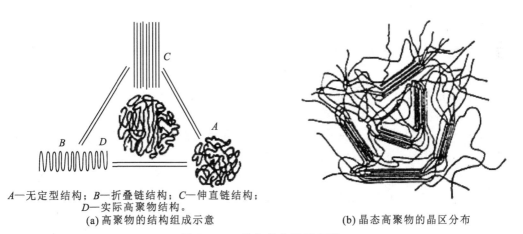

A—无定型结构；B—折叠链结构；C—伸直链结构；
D—实际高聚物结构。
(a) 高聚物的结构组成示意　　　　　(b) 晶态高聚物的晶区分布

图 2-11　晶态高分子示意图

2.5　相平衡的热力学基础

　　在材料体系特别是合金体系中,一般单相材料难以满足实际生活或生产的要求,因此,在大多数情况下,使用的材料都是由两个或两个以上的相组成的多相体系。在实际生活中,出于对材料性能的要求,我们往往希望设计出某种由特定相组成的体系,但是这往往是做不到的。当材料的成分一定时,特定材料的相组成是由材料在该温度下的热力学条件或能量条件决定的。材料中,在特定的温度下,经过足够长的时间,相的结构、成分、相与相之间的比例都不发生变化的现象称为相平衡。本节将从能量角度,讨论相平衡所需要的基本条件和内因(或外因)变化时相平衡变化(或相变)的趋向。

2.5.1 热、功、焓、内能、自由能

热力学第一定律的表述:体系的内能增量 ΔU 等于从环境中吸收的热量 Q 和体系对环境做功 W 之差,即

$$\Delta U = Q - W \qquad (2-2)$$

式中,Q 为热或热量,体系吸收热量时,Q 为正,放出热量时为负;W 为功,体系对环境做功 W 为正,环境对体系做功 W 为负;U 为体系的内能。

将式(2-2)写成微分形式为

$$dU = dQ - dW \qquad (2-3)$$

式中,U 是与路径无关的状态函数,而 Q 和 W 不是状态函数。对于可逆过程,有

$$dW = Fdx \qquad (2-4)$$

式中,F 为力;x 为位移。引入压强的概念,即 $F = PA$,P 为压强,A 为面积,则有

$$dW = PAdx = PdV \qquad (2-5)$$

式中,$dV = Adx$ 为体系的体积变化。dV 为正时,dW 为正,体系对环境做功;反之,dV 为负时,dW 为负,环境对体系做功。对于可逆过程,过程必须无限缓慢,此时有

$$dU = dQ - PdV \qquad (2-6)$$

焓(H)的定义式:

$$H = U + PV \qquad (2-7)$$

体系的焓为一个状态函数。对式(2-7)进行微分得

$$dH = dU + PdV + VdP \qquad (2-8)$$

将式(2-6)代入式(2-8),得

$$dH = dQ + VdP \qquad (2-9)$$

常规条件下,对于固态或液态材料,压力的变化对体系状态的影响极小,因此一般认为压力为常数(1 atm 或 0.1 MPa)。此时有

$$dH = dQ \qquad (2-10)$$

即在等压条件下,热和焓在数值上是相等的。将式(2-9)写成对温度 T 的偏微分形式,有

$$\frac{\partial H}{\partial T} = \frac{\partial Q}{\partial T} = c_p \qquad (2-11)$$

c_p 即为体系的等压热容。式(2-11)也可写为

$$c_p = \left(\frac{\partial H}{\partial T}\right)_p \qquad (2-12)$$

或

$$H = \int_{T_1}^{T_2} c_p dT \qquad (2-13)$$

熵(S)的定义:物质微观热运动混乱和无序程度的一种度量。对于一个可逆过程,体系从状态 1 → 状态 2 时热量的变化为 dQ,则熵的变化

$$dS = \frac{dQ}{T} \qquad (2-14)$$

dS 称为体系从状态 1 → 状态 2 产生的熵变。由式(2-10)可知,在等压条件下有

$$dS = \left(\frac{dH}{T}\right)_p \qquad (2-15)$$

热力学第二定律的表述:一个过程可自发进行的基本条件是,当体系趋向于平衡状态的过程中,熵值不能减小,即体系达到平衡态时,熵必须达到最大值,也即体系的过程总是朝熵增大的方向自发进行。

对于一个绝热系统,有

$$dS_{环境} = \frac{dQ}{T}_{体系传热给环境} = -\frac{dQ}{T}_{环境传热给体系}$$

等压条件下,由式(2-10)可得

$$dS_{环境} = -\frac{dH}{T} \qquad (2-16)$$

按照热力学第二定律,体系趋于平衡态的过程中,必须时刻满足

$$dS > \frac{dH}{T} \qquad (2-17)$$

或

$$dH - TdS < 0 \qquad (2-18)$$

当 dH − TdS > 0 时,这个过程不能进行。而当体系处于平衡态时,必然满足

$$dH - TdS = 0 \qquad (2-19)$$

为了判断一个过程(反应)是否可以进行,定义一个状态函数 G,即

$$dG = dH - TdS$$

积分后得

$$G = H - TS \qquad (2-20)$$

G 称为吉布斯自由能(Gibbs free energy)。对式(2-20)进行全微分得

$$dG = dH - TdS - SdT \qquad (2-21)$$

将式(2-8)代入式(2-21),有

$$dG = dU + PdV + VdP - TdS - SdT \qquad (2-22)$$

由于式(2-14)dQ = TdS,再将式(2-5)代入式(2-22),并且当 T 一定时有

$$\left(\frac{\partial G}{\partial P}\right)_T = V \qquad (2-23)$$

为温度一定时体系的摩尔体积。而

$$\left(\frac{\partial G}{\partial T}\right)_p = -S \qquad (2-24)$$

称为压力一定时体系的熵。

现考察纯金属的凝固或结晶过程,在相变点 T_S 上,$\Delta G = 0$ 或 $G_{固体} = G_{液体}$,但 $\Delta H \neq 0$,此时,固、液转变的熵变为

$$\Delta S = \frac{\Delta H}{T_s} \tag{2-25}$$

因为液态金属的熵(S)大,混乱度增加,因此熵是体系混乱度的表现。材料体系中,原子的运动自由度越大,体系的熵也就越大,因此,$S_{气体} > S_{液体} > S_{固体}$。

波尔兹曼关系:设体系中质点在空间位置上分布方式的数目为Ω,则体系的熵可用下式计算

$$S = k \ln\Omega \tag{2-26}$$

式中,k为波尔兹曼常数,约为$1.38 \times 10^{-23} J/K$。

下面将利用波尔兹曼关系计算晶体中的空位浓度。

设N为晶格上被原子占据的晶格节点数,n为晶格上未被原子占据的晶格节点数,即空位数,则体系中原子、空位排布可能的方式或组态方式的数目为

$$\Omega = \frac{(N+n)!}{N! \cdot n!} \tag{2-27}$$

则由于空位的存在,所增加的熵为

$$\Delta S = k \ln \frac{(N+n)!}{N! \cdot n!} \tag{2-28}$$

由于$\Delta G = \Delta H - T\Delta S$,因为空位的存在,系统的自由能减小。因此,晶体中总会保持有一定浓度的空位。

根据斯特林公式(Stirling's formula),当N足够大时,$\ln(N!) \approx N\ln N - N$,则式(2-28)变为

$$\Delta S = k[(N+n)\ln(N+n) - (N+n) - N\ln N + N - n\ln n + n]$$
$$= -k(N\ln\frac{N}{N+n} + n\ln\frac{n}{N+n}) \tag{2-29}$$

设每增加一个空位导致的内能增量为u,体系中n个空位导致的内能增量为nu。对于凝聚态物质,$\Delta u \approx \Delta H$,则$\Delta H \approx nu$。体系中,由于空位的增加引起的总熵变可以表示为

$$\Delta S = \Delta S_C + n\Delta S_f \tag{2-30}$$

式中,ΔS_f为形成一个空位导致的振动熵变。则由于n个空位的增加引起的体系自由能的变化为

$$\Delta G = nu + nT\Delta S_f + kT\left(N\ln\frac{N}{N+n} + n\ln\frac{n}{N+n}\right) \tag{2-31}$$

当压力恒定,体系处于平衡状态时,取

$$\frac{\partial \Delta G}{\partial n} = 0 \tag{2-32}$$

则有

$$u + T\Delta S_f + kT[\ln n - \ln(N+n)] = 0 \tag{2-33}$$

因此有

$$\ln\frac{n}{N+n} = -\left[\frac{\Delta S_f}{k} + \frac{u}{kT}\right] \tag{2-34}$$

定义$C_v = \frac{n}{N+n}$为空位浓度,当$N \gg n$时,有

$$C_v \approx \frac{n}{N} = \exp\left(\frac{\Delta S_f}{k}\right) \cdot \exp\left(-\frac{u}{kT}\right) = A\exp\left(-\frac{u}{kT}\right) \qquad (2-35)$$

式(2-35)就是第 1 章晶体缺陷部分所提到的空位浓度表达式(1-6)。同样,通过上述推导可以求出间隙式固溶体中间隙原子的平衡浓度 C'_v,即

$$C'_v = A' \exp\left(-\frac{E_v}{kT}\right) \qquad (2-36)$$

式中,E_v 为形成一个间隙原子所导致的内能增量。

2.5.2　单组元的热力学性质

式(2-20)表明,所有物质的自由能都是随着温度的提高而减小的,在绝对零度时,固体的自由能与其焓值相等($G_0 = H_0$),如图 2-12 所示。

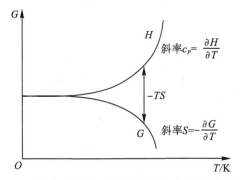

图 2-12　恒压下单组元的焓值和自由能随温度的变化

压力一定时,焓值随温度的升高而增加,其增长速度等于该物质的热容(见式(2-12));吉布斯自由能随温度的升高而减小(见式(2-20)),其减小速度等于该物质的熵值(见式(2-24))。

恒压下,物质的 $G-T$ 曲线呈图 2-13 所示的形式。显然由于熵 S 随温度的升高而增大,因此 $G-T$ 曲线随温度的升高呈下降趋势,而且 S 越大,曲线的斜率也越大。以纯金属为例,由于液态金属的熵值大于固态,因而液态的 $G-T$ 曲线较固态随温度的升高下降得更快(见图 2-13)。

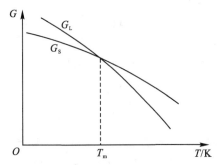

图 2-13　纯金属固体与液体的自由能随温度的变化

由图 2-13 可知,对于纯金属不论液相(L)的自由能 G_L 还是固相的自由能 G_S 都是温度 T 的函数,不论在温度 T 下该状态是否稳定,下列关系皆成立,即

$$G_L = H_L - TS_L \qquad\qquad (2-37)$$

$$G_S = H_S - TS_S \qquad\qquad (2-38)$$

在熔点 T_m 处，$G_L = G_S$，因此有

$$H_L - H_S = T_m(S_L - S_S) \qquad\qquad (2-39)$$

式中，$H_L - H_S$ 为纯金属的熔化热 ΔH_m；$S_L - S_S$ 为熔化熵 ΔS_m。显然，在熔点处有

$$\Delta S_m = \frac{\Delta H_m}{T_m} \qquad\qquad (2-40)$$

在高于或低于熔点处，$G_L \neq G_S$，此时体系才可能发生相变。因此，纯金属的凝固或熔化必须在低于（过冷）或高于（过热）熔点的温度下才可以进行。T 温度处 G_L 与 G_S 的差值 ΔG 还可以作为度量系统偏离平衡态的程度的量，在温度 T 处，有

$$\Delta G_{L/S} = G_S - G_L = \Delta H_{L/S} - T\Delta S_{L/S} \qquad\qquad (2-41)$$

应该说明，式(2-41)中的 $\Delta G_{L/S}$、$\Delta H_{L/S}$ 和 $\Delta S_{L/S}$ 都应是在 T 处固体与液体相应函数的差值，这些值与熔点 T_m 处的值是不同的。因此，欲求任意温度处的 $\Delta G_{L/S}$，就必须首先得到 ΔH 和 ΔS 在温度 T 处的函数表达式，这往往是困难的。为了解决这一问题，可以利用 ΔH 和 ΔS 随温度变化缓慢的特点，认为在 T_m 至 T 的温度区间内 ΔH 和 ΔS 与 T_m 处的差可以忽略，一般不会引起太大的偏差。另外，式(2-41)中各项均为差值，各项随温度的变化可以通过相减基本抵消，因此，纯金属凝固时有

$$\Delta G_{L/S} = \frac{\Delta H_m \Delta T}{T_m} \qquad\qquad (2-42)$$

式中，$\Delta T = T_m - T$ 为结晶时的过冷度。

2.5.3　溶液的热力学性质

一般意义上，溶体是一个以原子或分子为基本单元（粒子）的混合体系，如二元或二元以上组元组成的液态合金、固溶体等。

2.5.3.1　理想溶体近似

理想溶体既是某些实际溶体的极端或特殊情况，又是研究实际溶体所需参照的一种假设状态。理想溶体近似是描述理想溶体摩尔自由能的模型。现以二元合金溶体为例，讨论理想溶体自由能的基本描述。

对于由 N_A 个 A 原子和 N_B 个 B 原子组成的 1 mol 二元理想溶体，有

$$N = N_A + N_B \qquad\qquad (2-43)$$

式中，N 为阿伏伽德罗常数（6.03×10^{23}）。因此，溶体的摩尔分数或原子百分数分别为

$$X_A = \frac{N_A}{N}, \quad X_B = \frac{N_B}{N}$$

$$X_A + X_B = 1 \qquad\qquad (2-44)$$

根据理想溶体的条件，A、B 组元混合后，体系焓的加和是线性的，即

$$H_m = X_A H_A + X_B H_B \qquad\qquad (2-45)$$

式中，H_A、H_B 和 H_m 分别为 A、B 组元和混合后体系的摩尔焓。

二组元混合后，一定会产生过量的熵，即混合熵，因而溶体的摩尔熵为

$$S_m = X_A S_A + X_B S_B + \Delta S_{mix} \qquad\qquad (2-46)$$

式中：S_A、S_B 和 S_m 分别为 A 组元、B 组元和体系的摩尔熵；ΔS_{mix} 为体系的混合熵。

当体系完全无规混合时，产生的组态方式的数目 Ω 为

$$\Omega = \frac{N}{N_A!N_B!} \tag{2-47}$$

根据玻尔兹曼关系式（2-26）和斯特林公式（2-29），有

$$\Delta S_{mix} = k\ln\Omega = k[N\ln N - N - N_A\ln N_A + N_A - N_B\ln N_B + N_B]$$
$$= k(N\ln N - N_A\ln N_A - N_B\ln N_B)$$
$$= -kN\left(\frac{N_A}{N}\ln\frac{N_A}{N} + \frac{N_B}{N}\ln\frac{N_B}{N}\right)$$

即

$$\Delta S_{mix} = -kN(X_A\ln X_A + X_B\ln X_B) = -R(X_A\ln X_A + X_B\ln X_B) \tag{2-48}$$

式中，R 为气体常数。式（2-48）表明，理想溶体的混合熵只与溶体的成分有关，ΔS_{mix}-X_B（或X_A）的关系如图 2-14 所示。当 $X_B = 1$ 时，$\Delta S_{mix} = 0$，当 $X_A = 1$ 时亦然；而在 $X_A = X_B = 0.5$ 处，ΔS_{mix} 取极大值（约 $5.763\ J \cdot mol^{-1} \cdot K^{-1}$）。

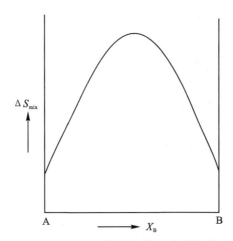

图 2-14　二元系理想溶体混合熵与成分的关系示意图

应该指出，理想溶体近似的随机混合假设将导致最大的混合熵值，在其他的热力学模型中也往往沿用这种估算计算混合熵，显然这种估算在很多情况下与实际熵值有较大差异。

对于体系而言，混合后的自由能依然满足 $G_m = H_m - TS_m$，将式（2-45）、式（2-46）和式（2-48）代入得到

$$G_m = X_A H_A^0 + X_B H_B^0 - T(X_A S_A^0 + X_B S_B^0 + \Delta S_{mix})$$
$$= X_A(H_A^0 - TS_A^0) + X_B(H_B^0 - TS_B^0) - T\Delta S_{mix}$$

因此有

$$G_m = X_A G_A^0 + X_B G_B^0 + RT(X_A\ln X_A + X_B\ln X_B) \tag{2-49}$$

式（2-49）即为理想混合溶体近似的摩尔自由能表达式，其中G_A^0 和G_B^0 为 A、B 组元的摩尔自由能。式（2-49）表明，$RT(X_A\ln X_A + X_B\ln X_B)$ 恒为负值，且温度越高混合熵越大。二元系理想溶体混合自由能与温度的关系如图2-15所示。由 $X_A = 1$ 时 $\left(\dfrac{\partial G_m}{\partial X_A}\right) = -\infty$（反之

亦然）可知，G_m-X 曲线与纵轴相切。除非绝对零度，其他温度下理想熔体的自由能曲线总是向下弯曲的曲线，温度越高，曲线位置越低。绝对零度时，只存在 $X_A H_A^0 + X_B H_B^0$ 项，为一条直线。在实际的材料体系中，只有部分体系，如 Co-Ni 系、Cd-Nd 系等少数二元合金在液、固相线温度附近为理想溶体，而大多数体系都偏离理想溶体，需要在理想溶体的基础上加以修正。

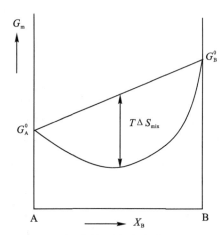

图 2-15　二元系理想溶体混合自由能与温度的关系示意图

2.5.3.2　正规（亚正规）溶体近似

偏离理想溶体的体系，可以以理想溶体为参考态，定义符合下面条件的溶体为正规溶体：体系的摩尔自由能（G_m^R）为理想溶体的摩尔自由能（G_m^{ID}）与过剩自由能（ΔG^E）之和，即

$$G_m^R = G_m^{ID} + \Delta G^E \tag{2-50}$$

对于二元系，有

$$\Delta G^E = I_{AB} X_A X_B \tag{2-51}$$

这样，二元系规则溶体的摩尔自由能就变为

$$G_m = X_A G_A^0 + X_B G_B^0 + RT(X_A \ln X_A + X_B \ln X_B) + I_{AB} X_A X_B \tag{2-52}$$

式中，I_{AB} 是组元之间的交互作用系数。这样，不同体系组元间的作用形式均可以用 I_{AB} 来有效地表达，体系自由能的分析也简化到只需分析相互作用系数 I_{AB}。经过世界上各国科学家的长期共同努力，目前许多二元系特别是二元合金的交互作用系数（I_{AB}）都可以在文献上检索到。对于在实验上尚无法实现的体系，也可以采用理论计算的方法得到 I_{AB}。

式（2-52）表明，二组元混合后的摩尔自由能分为三个组成部分：线性项 $X_A G_A^0 + X_B G_B^0$，理想混合熵项 $RT(X_A \ln X_A + X_B \ln X_B)$ 和过剩项 $I_{AB} X_A X_B$。对于一个确定的体系，在常规（确定的）温度下，G_m-X（X_A 或 X_B）关系会有下面三种形式。

（1）$I_{AB} < 0$，过剩项为负值，体系的自由能较理想体系更小（见图 2-16）。

（2）$I_{AB} = 0$，过剩项为 0，体系为理想体系（见图 2-16）。

（3）当 $I_{AB} > 0$ 时，式（2-52）的过剩项为一条波浪线，体系的自由能较理想体系大，同时其高于理想体系的幅度取决于 I_{AB} 的具体形式。一个简单的例子（见图 2-16），显然，在只有一个单相的前提下,如果 $I_{AB} = 0$ 或 $I_{AB} < 0$,一般这个相是稳定的,不会发生分解;但如果 $I_{AB} > 0$,一定成分范围内的溶体会变得不再稳定,会发生分解甚至是发生不需要形核功的斯皮诺达分解,关于这一点将在后面讨论。因此体系的状态和是否在考察温度下发生相变均取决于过剩自由能的性质。

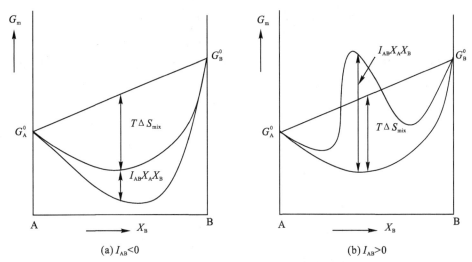

(a) $I_{AB} < 0$　　　　　　　　　　　　　　　(b) $I_{AB} > 0$

图 2 - 16　　二元系规则溶体混合自由能与相互作用系数和成分的关系示意图

一般意义上,式(2-52)中的线性项 $X_A G_A^0 + X_B G_B^0$ 不会对自由能的分析造成影响,因此一般应用上,可以将体系的混合自由能简写为

$$G_m = RT(X_A \ln X_A + X_B \ln X_B) + I_{AB} X_A X_B \qquad (2-53)$$

式(2-52)或式(2-53)虽然简单,但在很多情况下并不能精确地描述体系的自由能。因此,人们合理地设想:自由能形式仍保留式(2-52)的形式,但 I_{AB} 并不是一个简单的数值,而是将其描述成温度和成分的函数,即

$$I_{AB} = f(T, X_B) \qquad (2-54)$$

这就是亚正规溶体模型。学术上实际使用的热力学公式中,大多数描述的都是亚正规溶体。

2.5.3.3　混合物(两平衡相)的自由能

混合物是指结构不同的相或结构相同而成分不同的相构成的体系。对于二元(合金)体系而言,两相共存的情况非常普遍。这些材料的热力学参数和平衡相的成分问题是非常重要的基础问题。

对于由 α 相和 β 相组成的(二元)体系,α 相的摩尔数为 n_α,摩尔自由能为 G_m^α;β 相的摩尔数为 n_β,摩尔自由能为 G_m^β;体系的摩尔数为 $n_m = n_\alpha + n_\beta$,摩尔自由能为 G_m^M。α 相中 B 原子的浓度(或成分)为 X_B^α,β 相中 B 原子的浓度为 X_B^β,体系中 B 原子的浓度为 X_B^M,因此,B 原子的总数为

$$n_m X_B^M = n_\alpha X_B^\alpha + n_\beta X_B^\beta$$

因此有

$$n_\alpha (X_B^M - X_B^\alpha) = n_\beta (X_B^\beta - X_B^M) \qquad (2-55)$$

系统混合后,总的自由能为

$$n_\mathrm{m} G_\mathrm{m}^\mathrm{M} = n_\alpha G_\mathrm{m}^\alpha + n_\beta G_\mathrm{m}^\beta$$

整理得

$$n_\alpha (G_\mathrm{m}^\mathrm{M} - G_\mathrm{m}^\alpha) = n_\beta (G_\mathrm{m}^\beta - G_\mathrm{m}^\mathrm{M}) \tag{2-56}$$

式(2-56)除以式(2-55)得

$$\frac{G_\mathrm{m}^\mathrm{M} - G_\mathrm{m}^\alpha}{X_\mathrm{B}^\mathrm{M} - X_\mathrm{B}^\alpha} = \frac{G_\mathrm{m}^\beta - G_\mathrm{m}^\mathrm{M}}{X_\mathrm{B}^\beta - X_\mathrm{B}^\mathrm{M}} \tag{2-57}$$

将式(2-57)中的关系可表示在 $G_\mathrm{m} - X_\mathrm{B}$ 图(见图 2-17)上。在特定的温度下,由式(2-57)和图 2-17 可以得出以下推论。

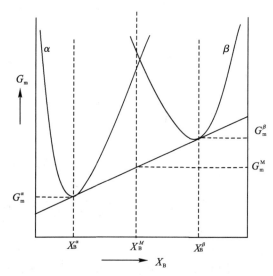

图 2-17　二元系两相平衡时的自由能关系

(1)二元系两相平衡时,体系的自由能必定为 α 相和 β 相自由能的公切线与体系成分线的交点 G_m^M,其值也是该体系在该温度下自由能的最小值。

(2)二元系两相平衡时,由于两相自由能曲线的公切线只有一条,因此两平衡相的成分都是固定的(分别为 X_B^α 和 X_B^β)。

(3)系统中,各相可以交换它们的原子,但各相的成分保持不变,因此,所谓平衡是一个动态平衡。

(4)各原子在各相中的活度相等。

一般意义上,由 α 相和 β 组成的混合物的自由能的基本特征是符合混合律的,从式(2-57)可以精确推出:体系的摩尔自由能 G_m^M 与两相的摩尔自由能 G_m^α 和 G_m^β 间的关系为

$$G_\mathrm{m}^\mathrm{M} = \frac{X_\mathrm{B}^\beta - X_\mathrm{B}^\mathrm{M}}{X_\mathrm{B}^\beta - X_\mathrm{B}^\alpha} G_\mathrm{m}^\alpha + \frac{X_\mathrm{B}^\mathrm{M} - X_\mathrm{B}^\alpha}{X_\mathrm{B}^\beta - X_\mathrm{B}^\alpha} G_\mathrm{m}^\beta \tag{2-58}$$

式中,X_B^α、X_B^β 和 X_B^M 分别为 α 相、β 相和混合物(如合金)浓度。

2.5.3.4　相变过程的自由能关系

假设在 T_1 温度时,α 相和 β 相的 I_AB 均小于 0,则其自由能曲线如图 2-18(a)所示,为开口向上的抛物线,显然此时所有成分范围内 α 相的自由能低于 β 相的自由能,一般意义

上,体系保持 α 单相。假设当温度为 T_2 时,体系中 α 相和 β 相的自由能曲线如图 2-18(b)所示,那么 α 相和 β 相的自由能曲线就有一条公切线,X_B^α 的 α 相和 X_B^β 的 β 相共存时体系才有最低的自由能 G_m,所以从热力学角度看,系统会从 α 单相自发分解成 α 和 β 两相,这就是常说的脱溶沉淀。

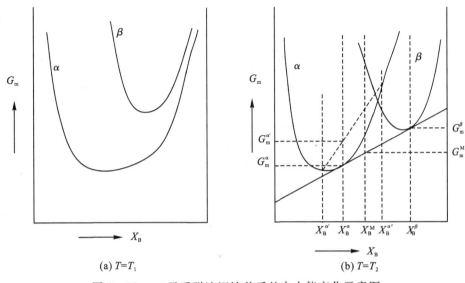

(a) $T=T_1$　　　　　　　　　　　　　　　(b) $T=T_2$

图 2-18　二元系脱溶沉淀前后的自由能变化示意图

但是,如果在 α 相分解之前成分分布是绝对均匀的,分解过程就存在两种可能的情况。

(1) α 相和 β 相的自由能曲线为图 2-18(b) 所示的各自独立曲线或非连续曲线,假设析出的 β 相含 B 原子的浓度大于 α 相的,那么析出 β 相的析出物必然首先在 α 相内部产生一个或若干个 B 原子的偏聚区。假设偏聚区的 B 原子浓度为 $X_B^{\alpha''}$,则 α 相中(偏聚区外)B 原子的浓度必然会降低,假设此时偏聚区外的 B 原子浓度为 $X_B^{\alpha'}$。又因为体系中 B 原子的总量不变,偏聚区内、外自由能的加和则为 $G_m^{\alpha'}$。显然,由于溶质原子的偏聚,体系的自由能由 G_m^α 提高到 $G_m^{\alpha'}$,其差值 $\Delta G = G_m^{\alpha'} - G_m^\alpha$ 就是脱溶沉淀时形核功的重要组成部分。这从另一个角度也说明,如果 α 和 β 两相的自由能曲线不连续(如 α 相和 β 相的晶体结构不同时),脱溶沉淀一定是一个形核长大的过程。

(2) 如果体系中,在某一温度或低于该温度时,式(2-51)α 相中的 $I_{AB} > 0$,则 α 相的自由能曲线就是一条如图 2-19(a) 所示的波浪线。在这条波浪线上,同样存在两个公切线切点 a 和 b,同时在自由能曲线上也存在 2 个拐点,即 $\dfrac{\partial^2 G_m^M}{\partial X_B^2} = 0$ 的点,分别标为 a' 和 b'。在 aa' 和 bb' 之间,自由能曲线仍然是开口向上的抛物线,与上文分析相同,脱溶沉淀依然是一个形核长大的过程。但是在 a' 和 b' 之间的合金,任何成分的涨落都会导致自由能的下降,这就使 β 相的形成没有自由能形核势垒,这种分解方式称为斯皮诺达分解,或称调幅分解。不同温度下的 a、b 点和 a'、b' 点的轨迹构成图 2-19(b) 所示的实线和虚线,实线围成的区域为 $\alpha + \beta$ 的两相区,实线和虚线之间(影线区)为形核长大区域,而虚线之间的区域为调幅分解区。

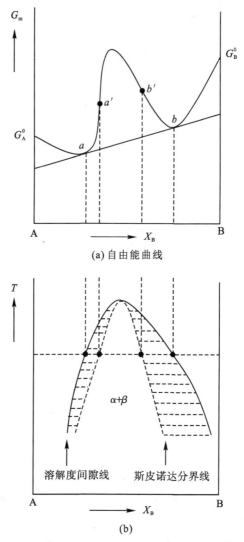

(a) 自由能曲线

(b)

图 2 - 19　二元系溶解度间隙线和斯皮诺达分界线示意图

2.5.3.5　化学势(化学位)

化学势或化学位就是偏摩尔吉布斯自由能。在等温条件下,假如 α 相的总自由能为 G^α,组元 A 在 α 相中的原子数为 N_A,化学势为 μ_A^α,则

$$\mu_A^\alpha = \left(\frac{\partial G^\alpha}{\partial N_A}\right)_{p,T,N_B} \tag{2-59}$$

而 B 组元在 α 相中的原子数为 N_B,化学势为 μ_B^α,则

$$\mu_B^\alpha = \left(\frac{\partial G^\alpha}{\partial N_B}\right)_{p,T,N_A} \tag{2-60}$$

通式为

$$\mu_i^\alpha = \left(\frac{\partial G^\alpha}{\partial N_i}\right)_{p,T,N_j} \tag{2-61}$$

可以这样直观理解化学势,假设有 10 t 的 A - B(如 Cu - Ni) 二元合金,向其中加入

1mol 组元 Ni,不会显著改变溶体的成分,但会明显改变溶体的自由能。这样,加入 1mol 的 Ni 使合金吉布斯自由能的改变值就是组元 B 的化学势。

设溶体的摩尔数为 n,溶体中 A 组元的摩尔数为 n_A,溶体中 B 组元的摩尔数为 n_B,则合金的成分(摩尔分数)为

$$X_A = \frac{n_A}{n_A + n_B}$$

$$X_B = \frac{n_B}{n_A + n_B}$$

溶体的自由能总量与摩尔自由能的关系为

$$G(n_A, n_B) = n G_m(X_A, X_B) = (n_A + n_B) G_m(X_A, X_B)$$

式中,G_m 为溶体的摩尔自由能。上式两边对 n_A 和 n_B 求偏导有

$$\left(\frac{\partial G(n_A, n_B)}{\partial n_A}\right)_{p, T, n_B} = (n_A + n_B)\frac{\partial G_m}{\partial n_A} + G_m = (n_A + n_B)\frac{\partial G_m}{\partial X_B} \cdot \frac{\partial X_B}{\partial n_A} + G_m$$

$$(2-62)$$

同理可得

$$\left(\frac{\partial G(n_A, n_B)}{\partial n_B}\right)_{p, T, n_A} = (n_A + n_B)\frac{\partial G_m}{\partial n_B} + G_m = (n_A + n_B)\frac{\partial G_m}{\partial X_B} \cdot \frac{\partial X_B}{\partial n_B} + G_m$$

$$(2-63)$$

由 X_A 和 X_B 与 n_A、n_B 的关系可以得到

$$\frac{\partial X_B}{\partial n_A} = -\frac{X_B}{n_A + n_B}, \quad \frac{\partial X_B}{\partial n_B} = -\frac{1 - X_B}{n_A + n_B}$$

将上式代入式(2-62)和式(2-63),有

$$\mu_A = G_m - X_B \frac{\partial G_m}{\partial X_B} \tag{2-64}$$

$$\mu_B = G_m + (1 - X_B)\frac{\partial G_m}{\partial X_B} \tag{2-65}$$

通式为

$$\mu_i = G_m + (1 - X_i)\frac{\partial G_m}{\partial X_i} \tag{2-66}$$

容易证明

$$G_m = X_A \mu_A + X_B \mu_B \tag{2-67}$$

图 2-20 是化学势的图解,由图可得

$$Aa = cd - cc' = cd - ac' \tan\angle cac' = G_m^{X^a} - X^a \left(\frac{\partial G_m}{\partial X_B}\right)_{X_B} = \mu_A$$

同理,$Bb = \mu_B$。结合图 2-17 可清晰地看出,二元系两相平衡时,组元 A 在 α 相和 β 相中的化学势相等,反之亦然。

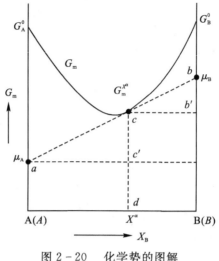

图 2-20　化学势的图解

利用化学势可以容易地解释上坡与下坡扩散:假设平衡成分为 X^α 的单相固溶体 α 的自由能-成分图为图 2-21(a) 中开口向上的曲线(即 $I_{AB} < 0$),固溶体中发生了溶质原子(B)的偏聚(局部 B 原子的浓度高于 X^α),假设(局部)B 原子的含量在 q 点,显然,q 点的化学势 μ_B' 高于固溶体的平衡成分点 p,因此,B 原子会自发地由 q 点向 p 点扩散以减小其化学势。同理,如果发生了 A 原子的偏聚(即局部 A 原子的浓度高于平衡成分 X^α),那么 A 原子也会由高浓度区向低浓度区扩散。上述情况发生的是原子从高浓度区向低浓度区扩散,即下坡扩散。但如果系统中存在如图 2-21(b) 所示的情况,假设合金的成分点为 X^α,此时 B 原子在 α 相中的化学势为 μ_B',显然,如果 B 原子从 α 相扩散到 β 相,化学势即可减小到 μ_B,此时,B 原子会自发地从低浓度处向高浓度处扩散;而同理,A 原子也会自发地从 β 相向 α 相中扩散。这种现象是溶质原子从低浓度处向高浓度处扩散,即上坡扩散。以上就是常说的"原子的扩散动力

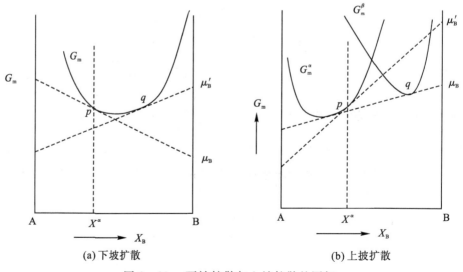

(a) 下坡扩散　　　　　　　　　(b) 上坡扩散

图 2-21　下坡扩散与上坡扩散的图解

不是浓度梯度而是化学势梯度"的来源。扩散的结果是一定成分范围内的合金自发地分解成两相。当组元在两个平衡相中的化学势相等时,系统处于自由能最低态,尽管是动态平衡,但原子不会发生有效扩散,体系中各部分的成分不变。

2.5.3.6　活度

化学势是一个非常重要的概念,但这个概念也存在明显的缺点,即无法求得绝对值,而且在组元的浓度接近 0 时,化学势 $\mu \to \infty$。为克服这些缺点,提出活度的概念,对于二元系,其定义式为

$$\mu_A = G_A^0 + RT\ln a_A \tag{2-68}$$

$$\mu_B = G_B^0 + RT\ln a_B \tag{2-69}$$

式中,a_A 和 a_B 分别为溶体中组元 A 和组元 B 的活度。

对于多组元体系,活度的一般定义式为

$$\mu_i = G_i^0 + RT\ln a_i \tag{2-70}$$

式中,G_i^0 为纯组元 i 的摩尔自由能。如果将式(2-70)与正规溶体化学势表达式作比较,可以得出

$$\mu_A = G_A^0 + RT\ln a_A = G_A^0 + (1 - X_A)^2 \, I_{AB} + RT\ln X_A$$

$$\mu_B = G_B^0 + RT\ln a_B = G_B^0 + (1 - X_B)^2 \, I_{AB} + RT\ln X_B$$

因此有

$$RT\ln\frac{a_A}{X_A} = (1 - X_A)^2 \, I_{AB}, \quad RT\ln\frac{a_B}{X_B} = (1 - X_B)^2 \, I_{AB}$$

经公式变换可得

$$a_A = X_A \exp\frac{(1 - X_A)^2 \, I_{AB}}{RT} = X_A \, f_A \tag{2-71}$$

$$a_B = X_B \exp\frac{(1 - X_B)^2 \, I_{AB}}{RT} = X_B \, f_B \tag{2-72}$$

式中,$f_A = \exp\dfrac{(1 - X_A)^2 \, I_{AB}}{RT}$ 和 $f_B = \exp\dfrac{(1 - X_B)^2 \, I_{AB}}{RT}$ 分别称为组元 A 和组元 B 的活度系数。

材料热力学可以判断体系在一定条件下是否处于平衡态、某些反应是否可以发生及发生的趋向,是研究材料的相变、扩散、化学反应、体系相图等一系列问题极为有用的工具。本节只介绍了材料热力学中的一些基本参量、基本概念和最简单的应用,在实践中,仅掌握上述内容是远远不够的。读者应该根据需要进一步深化热力学基本知识的学习和应用,做到知识的融会贯通。

习　题

1. 固溶体和金属间化合物在成分、结构、性能等方面有什么差异?

2. 已知 Cd、In、Sn、Sb 等元素在 Ag 中的固溶度极限(摩尔分数)X_{Cd}、X_{In}、X_{Sn}、X_{Sb} 分别为 0.435、0.210、0.130、0.078;它们的原子直径分别为 0.3042 nm、0.314 nm、0.316 nm、0.3228 nm;Ag 的原子直径为 0.2883 nm。试分析上述元素固溶度极限差异的

原因,并计算它们在固溶度极限时的电子浓度。

3. 试求出 Cu_3Al、$NiAl$、Fe_5Zn_{21}、Cu_3Sn、$MgZn_2$ 各相的电子浓度,并指出其晶体结构类型。它们各属何类化合物?

4. C 和 N 在 γ-Fe 中的最大固溶度 ω_C 和 ω_N 分别为 0.021 和 0.027。已知 C、N 原子均位于八面体间隙,试分别计算八面体间隙被 C、N 原子占据的百分数。

5. Ag 和 Al 都具有面心立方点阵,且原子尺寸很接近,但它们在固态下却不能无限互溶,试解释其原因。

6. 金属间化合物 AlNi 具有 CsCl 型结构(见图 2-22),其 $a = 0.2881$ nm,试计算其密度。

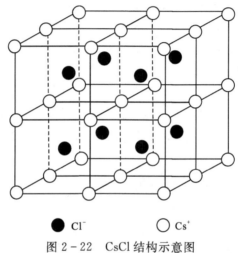

● Cl^-　　　　○ Cs^+

图 2-22　CsCl 结构示意图

7. ZnS 的密度为 4.1 mg/m^3,试由此计算两离子的中心距离。

8. 一聚合物的单体为 $C_2H_2Cl_2$,其分子平均质量为 60000 g/mol,试求其单体的质量,其聚合度为多少?

第 3 章　　凝固与结晶

物质从液态转变为固态的过程称为凝固。凝固后的产物可以是晶体也可以是非晶体。如果凝固后的产物为晶体,则这个液态转变为固态的过程称为结晶。凝固后的产物如果是非晶体,则称其为非晶态。将配制好成分的材料加热熔化,然后以一定的方式冷却凝固是材料常见的合成和成形方法,而凝固过程的控制也成为控制材料性能的一个重要手段。理论上,材料由液态到固态的转变是一个基本的相变过程,其中纯金属的凝固是凝固理论的基础。

3.1　金属结晶的宏观和微观现象

结晶是一个较为复杂的过程,而由于液态金属不透明,它的结晶过程难以直接观察。为了揭示金属结晶的基本规律,一般先从结晶的宏观规律入手,同时研究其微观本质。

3.1.1　结晶过程的宏观与微观现象

为了研究金属结晶的宏观规律,设计了如图 3-1 所示的实验装置。一般先将金属放入坩埚中加热熔化并升至熔点以上一定的温度,使金属变成熔融的液体,即熔体。而后以极其缓慢的冷却速度冷却(可认为在各个阶段系统都处于平衡态),记录冷却过程的冷却曲线。这种方法称为热分析法,得到的曲线称为热分析曲线。

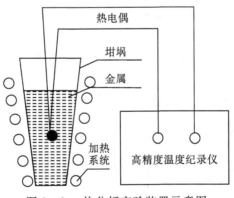

图 3-1　热分析实验装置示意图

图 3-2 是典型的金属平衡冷却曲线。图 3-3 为金属结晶的微观过程示意图。从这两个图中我们看出,金属的冷却过程可分为五个基本阶段。

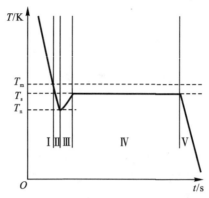

图 3-2　金属平衡冷却曲线示意图

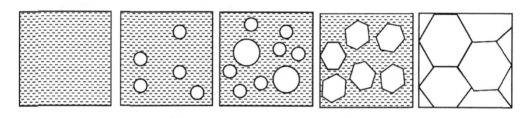

图 3-3　金属结晶的微观过程示意图

（1）Ⅰ阶段：当熔体的温度高于金属的理论熔点 T_m 时，金属为熔体，没有凝固或结晶的迹象，即金属熔体中没有固体。

（2）Ⅱ阶段：一般意义上，当金属的温度达到 T_m 时，金属应该开始凝固。但实验证明，当金属熔体的温度低于 T_m 但高于 T_n 时，金属并未结晶。而是当金属熔体的温度达到低于金属理论熔点 T_m 的某一温度 T_n 时，金属熔体中才开始出现小尺寸的固体（或晶体）。

（3）Ⅲ阶段：当熔体中的固体体积增加到一定程度时，随着小尺寸晶体体积和数量的增加，系统的温度不仅不再下降，反而升高，意味着金属凝固过程中伴随着强烈的放热现象。

（4）Ⅳ阶段：当固体的体积明显增加，而熔体的体积明显减少时，系统的温度保持恒定（T_s），T_s 依然低于 T_m。

（5）Ⅴ阶段：熔体消耗完毕后，系统开始降温。

3.1.2　过冷度与结晶潜热

图 3-2 显示，当液态金属冷却到理论结晶温度即熔点时并未结晶，而是需要继续冷却到 T_m 以下某一温度 T_n 时才开始结晶，这个现象称为金属结晶或凝固时的过冷现象。理论结晶温度 T_m 与实际结晶温度 T_n 之差 $\Delta T = T_m - T_n$ 称为金属结晶（开始）时的过冷度。图 3-2 显示，金属熔体在结晶过程中都是在低于 T_m 的某一温度才进行的，因此将过冷度的定义推广为相变的理论开始温度与实际进行温度之差。因此对于金属凝固过程来讲，各个阶段都有过冷度。

图 3-2 显示,固体的长大过程是在等温条件下进行的。由于此时系统向环境中放热,因此等温过程则为系统结晶过程释放的热量与向环境中的放热达到了平衡,这意味着金属结晶时伴随着系统向外界放热的过程。物质在相变过程中放出或吸收的热量称为相变潜热。金属熔体结晶时放出的热量称为结晶潜热,相对地,熔化吸收的热量则为熔化潜热。对于 1 mol 金属,显然熔化潜热与结晶潜热在数值上是相等的,用 L_m 表示。

3.2　金属结晶的基本条件

3.2.1　金属结晶的热力学条件

如第 2 章 2.5 节所述,热力学第二定律指出,物质系统总是自发地从自由能高的状态到自由能低的状态转变,即只有自由能降低的过程才能自发进行。金属处于各相状态时都有其相应的自由能,可表示为

$$G = H - TS \tag{3-1}$$

式中,H 为热焓;T 为温度;S 为熵;G 为吉布斯自由能。

已知熵是系统混乱度的函数,因此 S 随温度升高而增加。由于在熔点附近,熔体和固体金属的焓 H 的变化很小,因此,式(3-1)中,G 随温度升高而降低,同时 G-T 曲线的斜率随温度 T 的增加而增加,即 G-T 曲线是一条上凸曲线;由于液态的混乱度高于固态的,因此 $S_L > S_S$,则液态 G-T 曲线斜率大于固态的。因此,在过冷度和过热度温度区间内,就存在如图 3-4 所示的自由能变化关系。

图 3-4 显示,G_S 与 G_L 曲线相交时,$G_S = G_L$,两相在此温度自由能相等,意味着两相可以共存。因此,此温度即为金属的理论结晶温度 T_m。但同时,由于 $G_S = G_L$,两相自由能相等,系统既不熔化也不结晶。只有当 $T < T_m$ 时,$G_S < G_L$,系统才有结晶的可能性。推广开来,只有当 $T > T_m$ 时,金属才有熔化的可能。因此,金属凝固时必须有过冷度,反之熔化时必须有过热度。

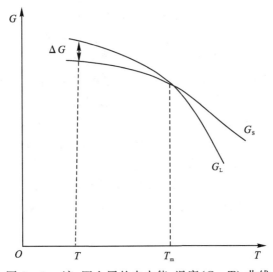

图 3-4　液、固金属的自由能-温度(G-T)曲线

由式(3-1)可知,金属在结晶时,液、固两相单位体积自由能的变化为

$$\Delta G_v = G_L - G_S = H_L - TS_L - (H_S - TS_S)$$
$$= (H_L - H_S) - T(S_L - S_S) \tag{3-2}$$

由热力学可知,$H_L - H_S$ 即为金属的结晶(熔化)潜热,用 L_m 表示。当 $T = T_m$ 时,$\Delta G_v = 0$,由式(3-2)可知

$$L_m = T_m(S_L - S_S) = T_m \Delta S \tag{3-3}$$

在 T_m 附近时,可认为 ΔS 为常数,因此,由式(3-2)得到

$$\Delta G_v = L_m - T\frac{L_m}{T_m} = L_m\left(\frac{T_m - T}{T_m}\right) = L_m\frac{\Delta T}{T_m} \tag{3-4}$$

式(3-4)显示,两相的自由能差 ΔG_v 与过冷度成正比,而当过冷度为 0 时,ΔG_v 也为 0。因此,ΔG_v 为金属结晶时的相变驱动力。

研究表明,系统的冷却速度越快,所能获得的过冷度越大,因此,相变驱动力增加,结晶速度增大,结晶所需要的时间缩短。

3.2.2　金属熔体的性质

由于金属熔体具有良好的流动性,所以人们曾经认为,液相金属的结构与气体相似,是以单原子状态存在的,并进行着无规则的热运动。但是大量的实验结果表明,液态金属的结构与固态相似,而与气态金属完全不同。例如:金属熔化时体积的增加量很小(3% ~5%),说明固态金属与液态金属的原子间距相差并不大;液态金属的配位数与固态金属相比有所降低,但变化不大,而气态金属的配位数却为零;金属熔化时的熵值有显著增加,这意味着其原子排列的有序程度在熔化后受到很大破坏。

晶体中,大尺寸范围内原子是有规律地重复排列的,称之为长程有序。液态金属的 X 射线衍射研究显示,液态金属的近邻原子之间具有某种与晶体结构相近的排列规律,但这种排列规律不能像晶体那样延伸至远距离。可见,在液相的微小范围内,存在着原子间紧密接触、规则排列的小集团,称之为短程有序或近程有序。研究还表明,液态金属的短程有序原子集团并非是固定不动和一成不变的,而是在不断变化之中。高温下原子的热运动较为激烈,短程有序原子集团只能维持短暂的时间(约为 10^{-11} 秒)即消散,而新的短程有序原子集团又在其他地方同时出现,这一过程此起彼伏,与那些无序的原子之间形成动态平衡。这种现象称为液态金属的结构起伏或相起伏。

结构起伏或相起伏的原子集团的尺寸大小与温度有关。研究表明,在一定的温度下,结构起伏的最大半径有一个上限 r_{max},温度降低,r_{max} 增大。在过冷的金属熔体中,半径为 r_{max} 的短程有序原子集团可以有几百个原子。同时,金属熔体的过冷度越大,r_{max} 也越大,如图 3-5 所示。与统计规律相同,在一定的温度下,涌现出的不同尺寸短程有序的概率不同,尺寸大和尺寸小的短程有序出现的概率都不大,如图 3-6 所示。

研究还显示,在液态金属中,并非每个原子都具有相同的能量,总有一些原子或原子集团的能量高于或低于原子的平均能量,这个现象称为液态金属的能量起伏。

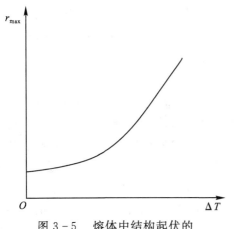

图 3-5　熔体中结构起伏的
最大半径与过冷度的关系

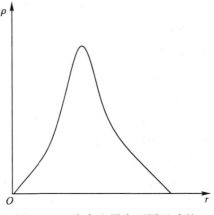

图 3-6　液态金属中不同尺寸的
结构起伏出现的概率

3.3　晶核的形成

　　显然,金属的结晶是一个形核与长大的过程。母相中形成一定尺寸、不再消失的小晶体的过程称为形核,形成的小晶体称为晶核。已知液态金属中存在结构起伏,这些结构起伏的短程有序原子集团为形核提供了条件,晶核都是由这些短程有序原子集团发展而来的。由于这些结构起伏或相起伏的是晶核的胚芽,因此,这些结构起伏的原子集团也称为晶胚。

3.3.1　均匀形核

　　在绝对纯净而且过冷的金属熔体中,不依靠任何外界帮助而由晶胚直接形成晶核的过程称为均匀形核。这里,为了研究晶核的形成规律,首先研究形核时的能量变化。

3.3.1.1　晶胚形成时的能量变化

　　当液态金属中出现一个晶胚时,一部分原子转变为晶体内部的原子,在过冷的熔体中,由于液态自由能高于固态自由能,因此液固转变会带来自由能的下降。但是,一个晶胚形成后,系统中出现了液固两相,并在液固两相之间形成了一个新的界面。由第 1 章已知,系统中同时存在的两相之间会产生相界面,并由此产生相界面能,因此,晶胚出现前后系统总的能量变化为

$$\Delta G = -V\Delta G_{v} + S'\sigma \qquad\qquad (3-5)$$

式中,ΔG_{v} 为单位体积的液相转变为固相而带来的体积自由能差,由于 $\Delta G_{v} = G_{L} - G_{S}$,因此 ΔG_{v} 为正值;V 为晶胚的体积;S' 为晶胚的表面积;σ 为单位面积界面能即界面能密度。因此,$-V\Delta G_{v}$ 即为晶胚形成后体积自由能差的总和,负号表示其能量是降低的;$S'\sigma$ 即界面能总的增加量。

　　设在金属熔体中形成了一个半径为 r 的球形晶胚,则有

$$\Delta G = -\frac{4}{3}\pi r^{3}\Delta G_{v} + 4\pi r^{2}\sigma \qquad\qquad (3-6)$$

现在,我们考察随着晶胚尺寸的变化,系统能量变化的趋势。显然,在式(3-6)中,体

积自由能的降低$-V\Delta G_v$与r^3成正比,而总界面能$S'\sigma$与r^2成正比。因此,随着r的增加,$-V\Delta G_v$降低的速度高于$S'\sigma$增加的速度,出现了如图3-7所示的体积自由能、界面自由能及总的自由能的变化趋势。

3.3.1.2　临界晶核半径

一个晶胚能否发展成为晶核,显然是考察其能否长大或能量条件能否允许其尺寸增加。由图3-7可知,当晶胚的半径$r<r_k$时,晶胚半径r的增加将导致系统能量的增加,具有这种尺寸的晶胚将不能长大而是会自发消失。而当晶胚的半径$r>r_0$时,晶胚的出现导致系统的能量变化为负值,且随着r的增大,自由能进一步降低,因此,该尺寸的晶胚可成为晶核并自发长大。而当晶胚的半径为$r_k<r<r_0$时,晶胚的存在虽然使系统的能量变化为正值,但晶胚的长大(r增加)会使系统的能量降低,因此,具有该尺寸的晶胚也可以成为晶核。因此,从系统自由能变化的趋势可以得出,半径小于r_k的晶胚会消失,半径大于r_k的晶胚可成为晶核,r_k是晶胚成核或消失的临界尺寸,称之为临界晶核半径。

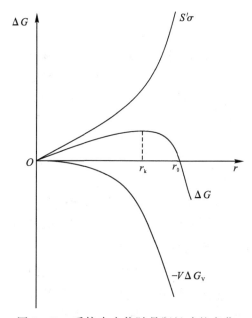

图3-7　系统自由能随晶胚尺寸的变化

令$\dfrac{\mathrm{d}\Delta G}{\mathrm{d}r}=0$,得到

$$r_k=\frac{2\sigma}{\Delta G_v} \tag{3-7}$$

对于一个特定的纯金属而言,σ在熔点温度附近近似为常数。显然,临界晶核半径与液固两相单位体积自由能差成反比。半径为r的晶胚能否成核,关键是看ΔG_v的大小。

将式(3-4)代入式(3-7),得到

$$r_k=\frac{2\sigma T_m}{L_m\Delta T} \tag{3-8}$$

式中,T_m和L_m对于特定金属而言也为常数。显然,r_k与过冷度ΔT成反比,即过冷度越大,晶胚转变成为晶核所需的临界尺寸或临界晶核半径越小,其关系如图3-8所示。

已知在一定的过冷度下,存在一个最大晶胚尺寸 r_{max}(见图 3-5),将图 3-5 和图 3-8 合成在一张图上得到图 3-9。从图 3-9 中可以看出,晶胚欲转变成晶核,需要的临界晶核半径 r_k 必须小于晶胚的最大半径 r_{max}。由于二者都是由过冷度控制的,因此形成晶核的过冷度 ΔT 必须大于 $r_{max}-\Delta T$ 和 $r_k-\Delta T$ 曲线上的交叉点所对应的过冷度 ΔT_k。ΔT_k 即为形成晶核所需的最小过冷度,称之为临界过冷度。

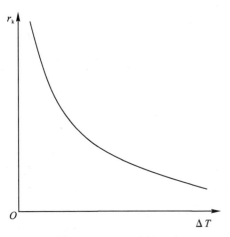

图 3-8　临界晶核半径与
过冷度的关系曲线

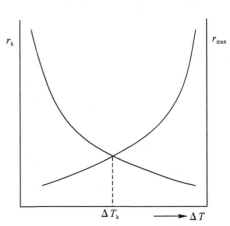

图 3-9　最大晶胚半径、临界晶核
半径与过冷度间的关系曲线

3.3.1.3　形核功

从图 3-7 中可以看出,当晶胚的半径大于 r_k 但小于 r_0 时,虽然随 r 的增加系统的自由能下降,晶胚可以转化成晶核,但系统的自由能差依然大于零。将式(3-7)代入式(3-6),得到

$$\Delta G_k = -\frac{4}{3}\pi\left(\frac{2\sigma}{\Delta G_v}\right)^3 \Delta G_v + 4\pi\left(\frac{2\sigma}{\Delta G_v}\right)^2 \sigma = \frac{1}{3}\left[4\pi\left(\frac{2\sigma}{\Delta G_v}\right)^2 \sigma\right] \qquad (3-9)$$

或

$$\Delta G_k = \frac{1}{3}(4\pi r_k^2 \sigma) = \frac{1}{3}\sigma S_k \qquad (3-10)$$

显然,体积自由能的降低只补偿了界面自由能增加的 2/3,另外的 1/3 若需要得到补充,即需要外界对晶核做功。因此,ΔG_k 称为形核功。形核功是过冷液相形核的主要障碍,这是动力学上过冷的液相形核需要孕育期的主要原因。

那么形核功来源于哪里呢?前述已知,即便不考虑其他的能量来源,在过冷的液相中也存在能量起伏。当液相中某一微区的高能原子依附于晶核时,会释放一部分能量,稳定的晶核就此形成。

将式(3-8)代入式(3-9),得到

$$\Delta G_k = \frac{16\pi\sigma^3 T_m^2}{3 L_m^2} \cdot \frac{1}{\Delta T^2} \qquad (3-11)$$

显然,ΔG_k 与 ΔT 的平方成反比。即过冷度增加,形核功呈二次方率下降。

3.3.1.4　形核率

单位时间、单位体积内形成的晶核数目称为形核率。显然,过冷的液相内只有形成大量晶核时,才能给结晶创造有利条件。设过冷的液态金属中总的原子数为 n,而具有能量为 ΔG_k 的原子团才可能成核。按照统计学的规律,系统中具有 ΔG_k 的原子数为

$$n_1 = n \exp\left(-\frac{\Delta G_k}{kT}\right) \tag{3-12}$$

式中,k 为玻尔兹曼常数;T 为绝对温度。显然,n_1 是由过冷度决定的。

液相中,与晶核表面接触和向晶核表面迁移的原子数为

$$n_2 = n_S \varepsilon \nu_L \exp\left(-\frac{\Delta G_d^*}{kT}\right) \tag{3-13}$$

式中,ΔG_d^* 为原子扩散激活能;n_S 为与晶核表面接触的原子数;ε 为原子向晶核表面迁移的概率;ν_L 为原子的振动频率。显然,n_2 由温度决定。

因此,系统中促使晶核长大的原子数(形核率 N)为

$$N = n_1 \cdot n_2 \tag{3-14}$$

这两项合成的曲线如图3-10所示。从图3-10可知,对于一个特定的系统,晶核的形成率在一定的过冷度下有一个最大值,这个最大值所对应的过冷度即为可以大量形核所对应的过冷度,称为有效过冷度 ΔT_p。在均匀形核的前提下,早期人们曾通过计算得出纯金属的 ΔT_p 大约为 $0.2T_m$。现代航空航天技术和地球上仿空间无重力状态技术的发展为均匀形核的研究提供了条件,证实了均匀形核条件下 $\Delta T_p \approx 0.2T_m$ 的预测(见图3-11)。

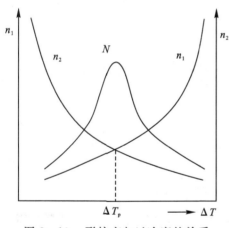

图 3-10 形核率与过冷度的关系

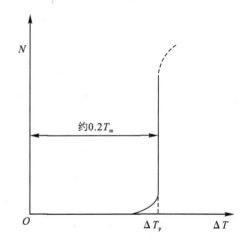

图 3-11 过冷度对形核率的影响

3.3.2 非均匀形核

前面的讨论已知,纯金属形核时的有效过冷度 ΔT_p 大约是 $0.2T_m$。但实际金属完全纯净的情况并不多见,而且实际金属的凝固都是在容器即铸模中进行的。研究表明,熔体中的固体杂质及铸模的模壁对金属的凝固过程将会产生重大影响。金属凝固时,晶核会依附于固体杂质或铸模模壁而形成。金属晶核的这种形成方式称为非均匀形核或异质形核。

3.3.2.1 非均匀形核时的临界晶核半径和形核功

设固体杂质或铸模的模壁为平面,金属依附于固体杂质或铸模模壁形成一个球冠形晶核。设这个球冠所在的球的半径为 r。

　　为讨论方便，设金属熔体中形成的晶核为 α，固体杂质或铸模模壁为 β。如图 3-12 所示，晶核形成后，系统中出现了三个不同的界面：一个是晶核与金属熔体间的界面 S_1，其界面能密度为 $\sigma_{\alpha L}$；第二个界面是晶核与固体杂质或模壁间的界面 S_2，其界面能密度为 $\sigma_{\alpha\beta}$；第三个界面是 β 与金属熔体间原有的界面 S_3，其界面能密度为 $\sigma_{\beta L}$。球冠形晶核与 β 表面的接触角（或润湿角）为 θ。这样，系统中晶核形成前后总的自由能变化依然可以写为

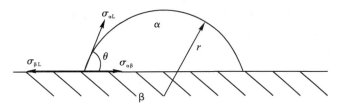

图 3-12　非均匀形核示意图

$$\Delta G = - V \Delta G_v + S_\sigma \qquad (3-15)$$

　　根据几何学原理，球冠的体积为

$$V = \frac{1}{3}\pi r^3 (2 - 3\cos\theta + \cos^3\theta) \qquad (3-16)$$

球冠的表面积即晶核与金属熔体间的界面面积为

$$S_1 = 2\pi r^2 (1 - \cos\theta) \qquad (3-17)$$

球冠的底面积即晶核与固体杂质或模壁间的界面面积为

$$S_2 = \pi r^2 \sin^2\theta \qquad (3-18)$$

式(3-15)所涉及的表面能为

$$S_\sigma = S_1\sigma_{\alpha L} + S_2\sigma_{\alpha\beta} - S_2\sigma_{\beta L} = S_1\sigma_{\alpha L} + S_2(\sigma_{\alpha\beta} - \sigma_{\beta L}) \qquad (3-19)$$

式中，$S_1\sigma_{\alpha L}$ 为晶核与金属熔体间相界面的界面能；$S_2\sigma_{\alpha\beta}$ 为 α、β 两个固体间的界面能；$S_2\sigma_{\beta L}$ 为由于一部分 β 表面被 α 覆盖而减少的 β 与金属熔体间的界面能。由线张力间的相互关系有

$$\sigma_{\beta L} = \sigma_{\alpha\beta} + \sigma_{\alpha L}\cos\theta \qquad (3-20)$$

　　将式(3-16)～式(3-19)代入式(3-15)，并令 $\dfrac{\mathrm{d}\Delta G}{\mathrm{d}r} = 0$，可得

$$r'_k = \frac{2\sigma_{\alpha L}}{\Delta G_v} = \frac{2\sigma_{\alpha L}\, T_m}{L_m \Delta T} \qquad (3-21)$$

$$\Delta G'_k = \frac{4}{3}\pi r^2 \sigma_{\alpha L}\frac{(2 - 3\cos\theta + \cos^3\theta)}{4} = \frac{4}{3}\pi r^2 \sigma_{\alpha L} A \qquad (3-22)$$

式中，$A = \dfrac{(2 - 3\cos\theta + \cos^3\theta)}{4}$ 称为结构因子。

　　上述结果表明，虽然式(3-21)和式(3-8)的表达式形式相同，即临界晶核半径相同，但式(3-21)中的 r_k 是球冠所在的球的半径。因此，只要 θ 小于180°，球冠的体积则永远小于其所在的球的体积，故形核所需要的结构起伏的尺寸（即球冠的体积）小于均匀形核的结构起伏尺寸；同时，只要 θ 小于180°，则 $A < 1$，$\Delta G'_k < \Delta G_k$，即非均匀形核的形核功小于均匀形核的形核功。

3.3.2.2　非均匀形核形核率的影响因素

1. 过冷度

图 3-13 为均匀形核和非均匀形核形核率与过冷度的关系。由于非均匀形核所需要的结构起伏尺寸小于均匀形核的,而且非均匀形核的形核功也小于均匀形核,因此非均匀形核所需要的过冷度也小于均匀形核的。研究显示,非均匀形核达到最大形核率所需要的过冷度仅为均匀形核的 1/10,在实际金属(有杂质、有铸模)的常规凝固时,当均匀形核的条件还远没有达到时,非均匀形核早就开始了。当可被利用的形核基底全部被晶核所覆盖时,新晶核的形成即告终止。

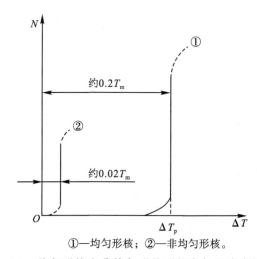

①—均匀形核；②—非均匀形核。

图 3-13　均匀形核和非均匀形核形核率与过冷度的关系

2. 固体杂质的性质

由式(3-20)可得

$$\cos\theta = \frac{\sigma_{\beta L} - \sigma_{\alpha\beta}}{\sigma_{\alpha L}} \qquad (3-23)$$

对于特定金属,$\sigma_{\alpha L}$ 为常数,这样,θ 值事实上取决于 α 和 β 的相互关系。α 和 β 的性质越相近,$\sigma_{\alpha\beta}$ 越小,$\sigma_{\alpha L}$ 与 $\sigma_{\beta L}$ 也越接近,θ 值越小,因此,非均匀形核所需要的结构起伏体积越小,形核功越低。而当 $\sigma_{\alpha\beta} = 0$、$\sigma_{\alpha L} = \sigma_{\beta L}$ 时,意味着 α 和 β 属同种物质,此时 $\theta = 0$,结构因子 $A = 0$,形核不需要形核功,即 β 本身相当于现成的晶核,如图 3-14 所示。因此,在凝固学上称 θ 为湿润角,它对材料的凝固过程影响很大。工业生产中,经常在浇筑前加入与凝固金属符合点阵匹配原则的"形核剂",就是增加非均匀形核的形核率,以达到细化晶粒的目的。

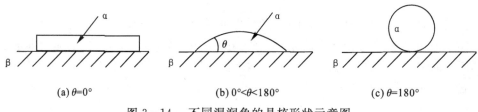

(a) $\theta=0°$　　　　　　(b) $0°<\theta<180°$　　　　　　(c) $\theta=180°$

图 3-14　不同湿润角的晶核形状示意图

3. 固体杂质形貌的影响

对于一个特定的系统而言,虽然固体杂质的形状各异,但无论何种形状,一般杂质的表面凹陷越大、越深对形核越有利。例如图3-15所示的三种不同形状的杂质形成的三个晶胚,它们具有相同的曲率半径 r 和润湿角 θ。从图中可以看出,凹曲面上的晶胚体积最小,这种曲面上的晶胚易于成核,故形核率高;相反,凸曲面上的晶胚体积最大,故形核率较低。

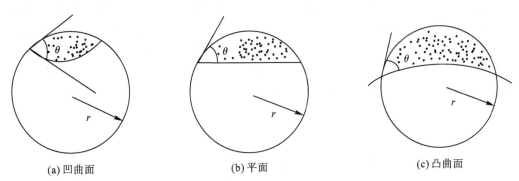

(a) 凹曲面　　　　　　　　　(b) 平面　　　　　　　　　(c) 凸曲面

图 3-15　　不同形状的固体杂质对非均匀形核的影响

4. 物理因素的影响

非均匀形核的形核率还受一些物理因素的影响,如液相的宏观流动会增加形核率,施加强电场或强磁场也能增加形核率。这是因为液体金属中已凝固的小晶体由于受到冲击振动而碎裂成几个核心,或是生长着的晶体枝芽被打碎,或是模壁附件产生的晶核被冲刷走,这些都会增加晶核数量,称为晶核的机械增殖。

3.4　晶体的长大

过冷的液态金属中,晶核一旦形成后伴随的就是晶核的长大。晶核和晶体的长大方式主要与液-固两相界面的结构及液-固两相界面前的温度分布有关。金属凝固完成后的组织取决于形核与长大两个过程,晶核的多少决定了晶粒的多少或晶粒的粗细,晶体的长大方式主要影响金属组织的形态。

3.4.1　晶体长大的基本条件

根据图3-4的结果,液相转变成固相时,必须有相变驱动力,晶体的形核如此,晶体的长大亦如此。因此,液-固界面要继续向液体中移动,就必须在液-固界面前沿液体中有一定的过冷度,这种过冷度称之为动态过冷度 ΔT_k。但由于晶体的长大是新晶体依附于已存在晶体而生长的过程,所需要的结构起伏尺寸很小或根本不需要结构起伏,需要的能量起伏也很小,因此晶体长大所需要的过冷度很小。研究显示,晶核形成后,在 $0.01 \sim 0.05$ K 的小过冷度下即可长大。由于纯金属晶体的长大是在等温条件下进行的,因此在冷却速度不快时,晶体长大的温度常被认为是金属的熔点。

晶体有效长大的另一个基本条件是系统中需要足够多的晶核,单一或少量晶核虽然在一定的过冷度下也可以长大,但速度过缓。晶体长大由于要发生原子的重组,基本条件中还需要长大的温度足够高以使原子有足够强的扩散能力。

3.4.2　液-固两相界面的微观结构

材料液-固两相界面在微观和显微尺度上可分为两种形式,即光滑界面和粗糙界面。

3.4.2.1　光滑界面

在微观(原子)尺度上,液-固界面两侧的原子截然分开,分属两个不同的相,即液相一侧的原子完全属于液相,固相一侧的原子完全属于固相,所以从微观来看,界面是光滑的。由于晶体中不同的晶面与液相间有不同的界面能,因此,与液相间界面能小的晶面优先长大,导致与液相接触的晶面都属于同一晶面族。显微(显微镜观察)尺度上,这个晶面族的各个晶面组成锯齿形状,如图3-16(a)所示。无机化合物、金属间化合物及亚金属的液-固界面大多为光滑界面。

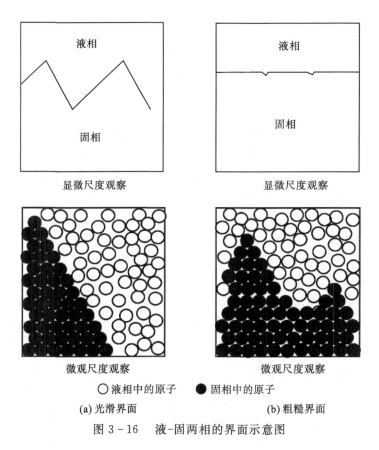

图 3 - 16　液-固两相的界面示意图

3.4.2.2　粗糙界面

显微尺度观察,粗糙界面是平直的。但在微观尺度上,这种界面高低不平,并存在几个原子间距过渡层的界面,如图3-16(b)所示。在过渡层中,液相与固相原子呈犬牙交错形式分布,因此这种界面在微观上是"粗糙"不平的。常见的金属元素液-固界面大多为粗糙界面。

3.4.3　晶体的长大机制

界面的微观结构不同,接纳液相中迁移过来的原子的能力不同,因此晶体的长大会有不同的机制。

3.4.3.1　二维晶核长大机制

当液-固界面为光滑界面时,单个的液相原子迁移到界面上,由于其表面能的增加远大于体积自由能的减少,因此很难形成稳定态。在这种情况下,晶体的长大一般依靠液相中的结构起伏和能量起伏,使一定大小的原子集团降落到光滑界面上,形成一个厚度为原子层、并有一定宽度的平面原子集团。当这个原子集团体积自由能的降低高于表面能的增加时,在光滑界面上趋于稳定。这种形核方式相当于在与新生固体结构、成分等都完全相同的固体表面以非均匀形核方式形成一个新晶核,由于原有固体的性质与新生晶核的完全相同,因此润湿角 $\theta = 0$,为二维晶核(见图 3-17)。二维晶核形成后,它的四周便形成了台阶,液相中的原子可以一个个地填充到这些台阶处,直到这个界面铺满一层原子,光滑界面便向前推进了一个原子间距,此后,新的二维晶核形成,晶体的长大便可持续下去。晶体的这种长大方式称为二维晶核长大。但晶体以这种方式长大时,由于形成二维晶核需要较大的形核功,而在二维晶核的侧面生长较容易,故生长不能连续地进行,且生长速度极其缓慢。

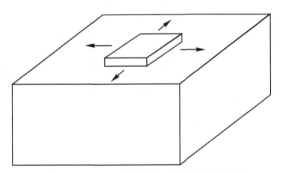

图 3-17　二维晶核长大机制示意图

3.4.3.2　螺型位错长大机制

一般具有光滑界面晶体的长大速度比二维晶核长大方式预测的要快得多。其原因在于晶体长大时不免形成各种缺陷,这些缺陷暴露在界面的台阶上,给液态中的原子向固相表面堆砌创造了有利的条件。图 3-18 为螺型位错露头时的晶体长大示意图。螺型位错在晶体表面露头处形成了一个台阶,液相中的原子可以一个个堆砌在这些台阶处。这种长大方式新增加的界面能很小,完全可以被体积自由能的减小所补偿。由于每铺一排原子台阶向前移动一个原子间距,故台阶各处沿晶体表面向前移动的线速度相等。但由于台阶的起始点不动,故台阶各处相对于起始点运动的角速度不同,离起始点越远,角速度越小。因此,随着原子的铺展,台阶先是发生弯曲,而后以起始点为中心回旋,这个过程一直进行下去,台阶每扫界面一次,晶体增加一个原子间距。但由于中心回旋的速度快,中心将会突出来,形成螺旋状的晶体。图 3-19 为这种长大方式的示意图,图 3-20 为显微镜观察到的 SiC 晶体生长的螺旋线。

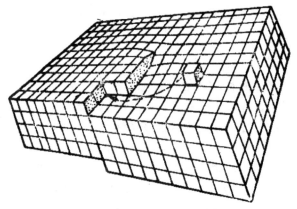

图 3-18   螺型位错露头时的晶体长大示意图

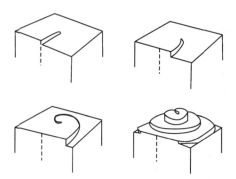

图 3-19   螺型位错露头处螺线的形成示意图

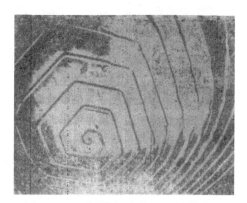

图 3-20   螺旋长大的 SiC 晶体表面

3.4.3.3   垂直长大机制

在光滑界面上,位置不同,接纳液相原子的能力也不同。台阶处接纳原子后新增加的界面能较小,液相原子在台阶处容易转变成固相原子,因而台阶在晶体长大的过程中起着重要的作用。然而,光滑界面上的台阶不能自己产生,只能通过二维晶核长大方式生长,但由于二维晶核长大方式必须要产生新的晶核,因而在光滑界面上,晶体长大有不连续性。另外,表面晶体缺陷,如螺型位错的表面露头在晶体长大中起到了重要作用,它可以提供不消失的台阶。

但粗糙界面的情况则不同,几乎有一半应按晶体规律排列的位置未被原子占据,液相中扩散过来的原子很容易填入这些位置并与晶体连接起来。由于这些位置接纳原子的能力是等效的,而且粗糙界面上所有的位置都是生长位置,液相原子可以连续垂直地向界面添加,界面的性质不会改变,因此界面可以迅速地向前推移,且晶体缺陷在生长中的作用不明显。这种长大方式称为垂直长大。大部分金属晶体都以这种方式生长,长大的速度很快。

3.4.4　液-固界面前的温度梯度与晶体生长形态

除了液-固界面的微观结构对晶体的长大有很大的影响外,液-固界面前沿液相的温度分布也会对晶体的长大起重要作用。

3.4.4.1　正温度梯度

正温度梯度是指液-固界面前沿液相一侧的温度随距界面距离的增加而升高。一般材料的凝固都是在铸模中进行的,由于铸模的温度远低于液相材料的温度,因此液相材料在铸模模壁上首先结晶并形成一层固体,由于铸模的温度低并且系统的散热也主要靠铸模向环境放热,因此,在某些条件下,越靠近铸模中部,系统的温度越高,正温度梯度也由此产生,这种情况一般见于系统的热量只通过铸模模壁散热的条件下。

由于晶体生长时所需要的过冷度比形核小得多,因此,液-固界面前沿液相一侧的温度与材料的熔点非常接近,在正温度梯度下,液-固界面前沿液相一侧距界面稍远处的温度会高于熔点,即液相的过冷区很小,如图 3-21 所示。固相一侧的晶体局部偶有突起而伸入温度较高的液体中,过冷度会立即减小,其生长速度就会减缓甚至停止,而凸起周围分部分仍处于较大的过冷度状态,其生长速度较快而会逐渐赶上来,使凸起部分消失。对于粗糙界面的系统,液-固界面可始终保持近似平面长大。而对于光滑界面的系统,由于液-固界面上晶体一侧是由许多特定的晶面构成的,晶面不同,原子密度不同,因而具有不同的界面能。热力学研究表明,原子密度大的平面长大速度小,而原子密度小的晶面长大速度大。因而长大速度大的晶面的生长被长大速度小的晶面制约。对于一个独立的晶核而言,长大速度大的晶面逐渐缩小而消失,最后长大成为以密排面为表面、具有规则外形的晶体,如图 3-22 所示。

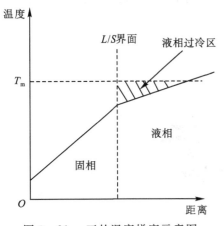

图 3-21　正的温度梯度示意图

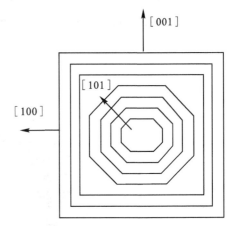

图 3-22　各晶面的长大速度与晶体外形示意图

3.4.4.2　负温度梯度

负温度梯度是指系统中液-固界面前沿液相一侧的温度随距界面的距离增加而降低的温度分布情况,如图 3-23 所示。材料凝固特别是系统冷却速度较快的时候,由于固相的长大要放出结晶潜热,在液-固界面上放出的热量必须从液-固界面向远处释放。在很多非理想情况下,液-固界面上的温度在晶体长大时是最高的。因此,在液-固界面附近,液相一侧随距界面距离的增加,温度逐渐降低,产生了负温度梯度。由于晶体长大是在过冷条件下进行的,对于这个特定的系统来说,随距界面距离的增加,液相的过冷度增加。

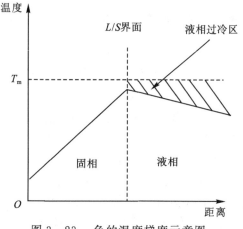

图 3-23　　负的温度梯度示意图

　　在负温度梯度条件下,具有粗糙液-固界面系统的晶体生长时,由于界面前的液相处于过冷态,如果晶体的某一局部偶有突出,它将伸入过冷度更大的液相之中,长大速度加快,从而更有利于突出的尖端向液相中生长。此时,由于突出晶体的横向也在生长,但结晶潜热的释放提高了晶体周围的温度,过冷减小。而突出晶体的尖端附近由于过冷度大,散热能力要比周围大得多,因而突出晶体的横向长大速度远比纵向长大速度小得多。因此,突出的尖端很快长大成为一个细而长的晶体,这部分晶体称为主干,也称为一次晶轴或一次晶。同样,由于一次晶形成时向周围释放结晶潜热,在其横向周围,新的负温度梯度同时建立起来,一次晶上的突出在新的负温度梯度的条件下长大成为新的晶枝,这些晶枝称为二次晶轴或二次晶。二次晶形成过程中,新的负温度梯度建立起来,因此又会形成三次晶。如此进行下去,四次晶、五次晶、…… 不断形成,在液相中形成一个类似树枝状的骨架,称之为树枝晶,简称枝晶。在随后的过程中,各次晶不断长大,新的晶体不断形成,直至液相消耗完毕,每一个枝晶都会发展成为一个晶粒。在枝晶生长中,对于一个特定的材料,由于晶体的选择性生长,一次晶、二次晶、三次晶、…… 的轴向方向都有特定的晶体学位向,例如立方晶系金属的各次晶间都是相互垂直的,如图 3-24 所示。

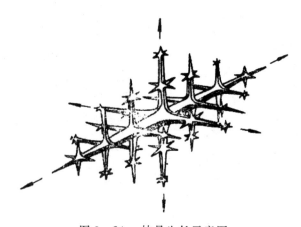

图 3-24　　枝晶生长示意图

　　在大多数纯金属和某些稳定的化合物中,结晶完成后由于先结晶和后结晶出的晶体没有成分的差别,因此在致密的组织中不会留下枝晶的痕迹;而在固溶体的结晶中,由于结晶过程要发生成分的再分配,因此经过腐蚀后,组织中很容易观察到枝晶的刨面。在可

以出现枝晶的材料中,在液相没有消耗完毕之前将液相倒出,也可以清晰地观察到枝晶,
如图 3 - 25 所示。

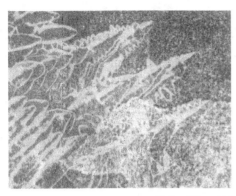

图 3 - 25　　材料中形成的枝晶实例

　　具有光滑界面的材料由于影响因素较多,尚难给出在负温度梯度下晶体长大方式的
统一规律。有的物质,例如我们常见的水的结晶为枝晶长大,有的物质则是平面长大。有
时在负温度梯度下,温度梯度的大小也会影响晶体的长大方式。温度梯度增大到一定的
程度时,平面长大物质也会转变为枝晶长大物质。

3. 4. 5　晶体的长大速度

　　晶体长大的速度受多种因素影响。例如,光滑界面的物质以二维晶核和螺型位错机
制长大时,其速度很小;而粗糙界面金属的晶体长大速度则要快得多。对于金属晶体,长
大时只需要发生原子由短程有序到长程有序的转变,因此长大速度快;而化合物晶体长
大,特别是选分结晶和几个化合物同时结晶时,由于要进行成分的再分配,晶体只有达到
其特定成分时才能长大,因此其原子的扩散距离比纯金属的大得多,长大速度也慢得多。
因此在非晶的制备中,得到纯金属非晶所需要的冷却速度比化合物的大得多。

　　显然,晶体的长大由过冷度和原子扩散共同决定。过冷度增加,相变驱动力增加,晶
体长大速度趋于增大;但过冷度增加会导致凝固温度降低,原子的扩散能力降低,晶体长
大速度趋于变缓。因此,在一定的过冷度
下晶体有最大的长大速度,如图 3 - 26 所
示。但一般在出现晶体最大长大速度之
前,晶体长大已经完成。

3. 5　凝固理论的应用

3. 5. 1　铸态晶粒的控制

　　材料凝固后的晶粒大小(或单位体积
中的晶粒数)对材料的性能有重要的影
响。在室温条件下,对于一般金属材料,其

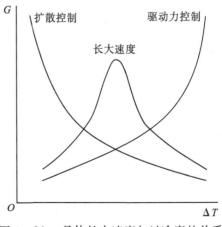

图 3 - 26　晶体长大速度与过冷度的关系

强度、硬度、塑性及韧性都可能随着晶粒尺寸的减小而提高。因此,控制材料的晶粒大小具有重要的实际意义。在细化金属铸件的晶粒时,通常可采取以下几个途径。

3.5.1.1　增加过冷度

如果金属结晶时单位体积中的晶粒数为 Z_v,则 Z_v 取决于两个重要的因素,即形核率 N 和长大速度 v_g。由约翰逊-梅尔方程(Johnson-Mehl equation)可导出它们之间的关系为

$$Z_v = 0.9 \left(\frac{N}{v_g}\right)^{3/4} \qquad (3-24)$$

因此,控制晶粒数主要从控制 N 和 v_g 着手。金属结晶时的 N 和 v_g 值均随着过冷度的增加而增大,但 N 的增长速率大于 v_g 的增长速率。因此,增加过冷度就会提高 N/v_g 的比值,使 Z_v 值增大,从而细化晶粒。实际生产中,增加过冷度的工艺措施主要有降低熔体的浇铸温度,选择吸热能力和导热性较好的铸模材料等。

3.5.1.2　加入形核剂

增加冷却速度来细化晶粒的方法通常适用于小制件,对于大制件往往采用加形核剂(也称孕育剂或变质剂)的方法,以增大 N 值。液相中形核剂对非均匀形核的促进作用取决于接触角 θ 的大小,θ 越小,形核剂对非均匀形核的作用越大。由式(3-23)$\cos\theta = (\sigma_{\beta L} - \sigma_{\alpha\beta})/\sigma_{\alpha L}$ 可知,为了减小 θ,应尽可能减小 $\sigma_{\alpha\beta}$,故要求基底与形核晶体具有相近的结合键类型,且相接的彼此晶面具有相似的原子配置和小的点阵错配度 δ,即基底与形核晶体之间应符合点阵匹配原则。表3-1列出了一些物质对纯铝结晶时形核的促进效果,从中可以看出这些化合物的实际形核效果与点阵匹配原则基本一致。但是,也有一些研究结果表明,晶核和基底之间的点阵错配并不像上述所强调的那样重要,如锡在金属基底上的形核率高于非金属基底,而与错配度无关,因此在实际生产中主要通过试验来确定有效的形核剂。

表3-1　不同物质对纯铝不均匀形核的影响

化合物	晶体结构	密排面之间的 δ 值	形核效果	化合物	晶体结构	密排面之间的 δ 值	形核效果
VC	立方	0.014	强	NbC	立方	0.086	强
TiC	立方	0.060	强	W_2C	六方	0.035	强
TiB_2	六方	0.048	强	Cr_3C_2	复杂	—	弱或无
AlB_2	六方	0.038	强	Mn_3C	复杂	—	弱或无
ZrC	立方	0.145	强	Fe_3C	复杂	—	弱或无

3.5.1.3　振动促进形核

实践证明,在金属溶液凝固时施加振动或搅拌作用可得到细小的晶粒。振动方式可采用机械振动、电磁振动或超声振动等,都具有晶粒细化作用。目前的看法认为,其主要作用是振动使晶粒破碎,这些碎片又可作为结晶核心,从而使形核增殖。此外,当过冷液态金属在晶核出现之前,在正常的情况下并不凝固,可是当它受到剧烈的振动时,就会开

始结晶,显然这是与上述形核增殖不同的机制。

3.5.2　单晶的制备

单晶在研究材料的本征特性方面具有重要的理论意义,而且其在工业中的应用也日益广泛。单晶硅和单晶锗是电子元件和激光元件的主要原料,金属单晶在航空喷气发动机叶片等特殊零件上也开始应用。因此,单晶制备是一项重要的技术。

单晶制备的基本原理就是熔体结晶时只存在一个晶核,再由这个晶核长成一整块晶体。因此,材料必须非常纯净,工艺上必须控制结晶速度十分缓慢以避免非均匀形核。常用的单晶制备方法有垂直提拉法和尖端形核法。

3.5.2.1　垂直提拉法

垂直提拉法是制备大单晶的主要方法,其原理如图 3-27(a)所示。加热器先将坩埚中的原料加热熔化,并使其温度保持在稍高于材料的熔点以上。将籽晶夹在籽晶杆上,然后将籽晶杆下降,使籽晶与液面接触,籽晶的温度在熔点以下,而液体和籽晶的固-液界面处温度恰好为材料的熔点。为了保持液体的均匀和固-液界面处温度的稳定,籽晶与坩埚通常以相反的方向旋转。籽晶杆一边旋转,一边向上提拉,这样液体就以籽晶为晶核不断地结晶生长而形成单晶。半导体电子工业所需的 Si 单晶就是采用上述方法制备的。

3.5.2.2　尖端形核法

图 3-27(b)是尖端形核法的原理图。该方法是将原料装入一个尖底的容器中熔化,然后让坩埚缓慢地向冷却区下降,底部尖端的液体首先到达过冷状态,开始形核。利用容器的特殊形状,并恰当地控制凝固条件,就可能只形成一个晶核。之后随着坩埚的继续下降,晶体不断生长而获得单晶。

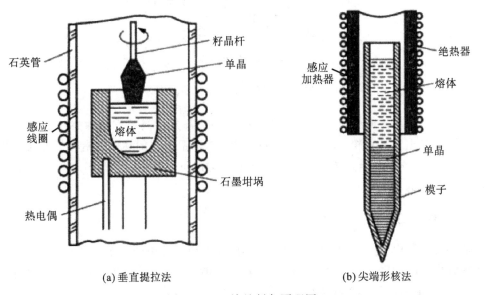

(a)垂直提拉法　　　　　　　　　(b)尖端形核法

图 3-27　单晶制备原理图

除液相法制备单晶外,还有直接从气体中凝固或利用气相化学反应的气相法,以及在固态条件下使异常晶粒长大而得到单晶的固相法。

3.5.3　定向凝固技术

定向凝固是指利用合金凝固时晶粒沿热流相反方向生长的原理,控制热流方向,使铸件沿规定方向结晶的技术。定向凝固需要满足两个基本条件:首先,热流向单一方向流动并垂直于生长中的固-液界面;其次,晶体生长前方的熔体中没有稳定的结晶核心。因此,在工艺上必须采取措施避免侧向散热,同时在靠近固-液界面的熔体中应形成较大的温度梯度。图 3-28 为定向凝固装置示意图,首先将金属熔体注入铸型,保持数分钟以达到热稳定,在这段时间内沿铸件轴向方向形成一定的温度梯度,熔体在用水激冷的铜板表面开始凝固,然后把水冷铜板连同铸型以一定的速度从加热区退出,直至铸件完全凝固为止。用这种方法获得的柱状晶组织比较细小,性能优良。

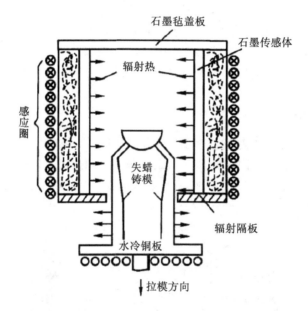

图 3-28　定向凝固装置示意图

目前利用这种定向凝固技术可生产出整个制件都是由同一方向的柱状晶构成的零件,如图 3-29 所示的涡轮叶片。由于涡轮叶片沿柱状晶轴向的性能比沿其他方向的性能好,而叶片的工作条件恰好要求沿这个方向受最大的负荷,因此,这种具有柱状晶组织的叶片具有优良的使用性能。

3.5.4　非晶态金属的制备

非晶态金属由于其结构的特殊性而使其性能不同于普通的晶态金属,它具有一系列突出的性能,如特高的强度和韧性,优异的软磁性能,高的电阻率和良好的抗蚀性等。因此,非晶态金属引起了广泛的关注。

金属与非金属不同,它的熔体即使在接近凝固温度时黏度仍然很小,而且晶体结构

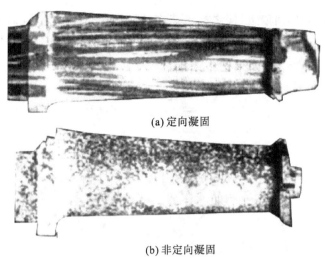

(a) 定向凝固

(b) 非定向凝固

图 3-29 涡轮叶片的凝固组织

又较简单,故在快冷时也易发生结晶。但是,近年来发现在特殊的高冷却条件下,可把液态金属的原子排列固定到固态从而得到非晶态金属,它又称为金属玻璃。当液态金属冷却时,其结晶速度与温度的关系如图 3-30 所示,随着温度的降低,结晶速度显著增加,但有一极大值,超过极大值后,结晶速度又显著降低,在过冷到低于玻璃化温度 T_g 后,已完全不能结晶,而冻结为非晶态金属。因此,只要在 T_m 到 T_g 温度区间加快冷却速度,使液态金属不能发生结晶,则可获得非晶态金属。事实上,当冷却速度超过 10^6 K/s 时,许多共晶系合金都能获得非晶态合金。

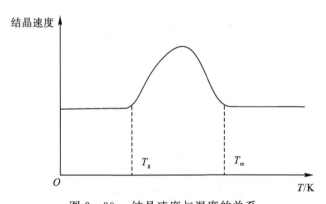

图 3-30 结晶速度与温度的关系

将非晶态金属在低于 T_g 温度退火,并不发生结晶,而是要加热到 T_c 温度以上,才能进行结晶。T_c 称为非静态的晶化温度,在一般情况下,T_c 高于 T_g 而不超过 323 K。非晶态的形成倾向和稳定性,一般可以用 $\Delta T_g = T_m - T_g$ 衡量,ΔT_g 越小,越容易获得非晶态。因此,任何引起 T_g 升高或 T_m 降低的因素都能促进非晶态的形成。如纯钯的 $T_m = 1825$ K,$T_g = 550$ K,$\Delta T_g = 1275$ K,故不易形成非晶态;如果在钯中添加硅($x_{Si} = 0.20$)后,$T_m \approx 1100$ K,$T_g \approx 700$ K,$\Delta T_g = 400$ K,在急冷时易形成非晶态。

目前熔体急冷的方法主要有离心急冷法和轧制急冷法等。前者是把液态金属连续喷射到高速旋转的冷却圆筒壁上,使之被迅速冷却而形成非晶态金属;后者是使液态金属连续流入冷轧辊之间而被急冷,如图 3-31 所示。这些方法能使金属玻璃的生产实现工业化。

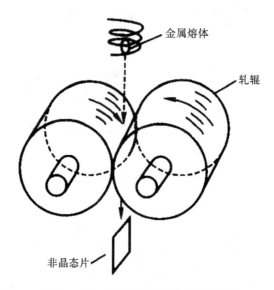

金属熔体

轧辊

非晶态片

图 3-31　轧制急冷法装置示意图

非晶态材料的应用十分广泛,如将非晶铁合金作为良好的电磁吸波剂,用于隐身技术的研究领域;非晶硅和非晶半导体材料在太阳能电池和光电器件方面被广泛应用。非晶态材料除金属玻璃外,还包括传统的氧化物玻璃、非晶态高聚物、迅速发展中的非晶态半导体、非晶态电解质、离子半导体及超导体等。

习　题

1. 比较过冷度、动态过冷度及临界过冷度的区别。

2. 分析纯金属生长形态与温度梯度的关系。

3. 什么叫临界晶核?它的物理意义及与过冷度的定量关系如何?

4. 已知液态纯 Ni 在 1.013×10^5 Pa(1 atm) 下,过冷度为 390 ℃ 时发生均匀形核,设临界晶核半径为 1 nm,纯 Ni 的熔点为 1726 K,熔化热 $\Delta H_m = 18075$ J/mol,摩尔体积为 $V_m = 6.6$ cm³/mol,计算纯 Ni 的液-固界面能和临界形核功。

5. 液态金属中形成一个半径为 r 的球形晶核时,证明临界形核功 ΔG 与临界晶核体积 V 间的关系为 $\Delta G = \frac{1}{2} V \Delta G_v$。

6. 简述纯金属晶体长大的机制及其与固-液界面微观结构的关系。

第4章 相 图

由第2章我们已知,两个和两个以上组元组成一种物质,这种物质往往会有多种存在状态,即在不同条件下组成不同的相。第3章我们以纯金属为例,讨论了不同温度、压力等条件下单组元材料从液态到固态(晶态)的转变过程。对于多组元材料,由于其相的组成比纯金属复杂,因此从液态到固态的相变过程也比纯金属复杂得多。另外,多组元材料在固态也有不同的相组成,不同的相组成导致了材料性能的较大差异。因此,必须了解这些材料相变的基本规律,并在此基础上控制相变以达到控制材料性能的目的。本章将以二元、三元合金为例,讨论不同条件(成分、温度、压力)下材料相变趋向的分析方法。

要了解合金较纯金属性能优良的原因,首先要了解各合金组元彼此相互作用形成哪些合金相,它们的化学成分及晶体结构如何。然后再研究合金结晶后各组成相的形态、大小、数量和分布状况,即研究其组织状态,并进一步探讨合金的化学成分、晶体结构、组织状态和性能之间的变化规律。合金相图正是研究这些规律的有效工具。掌握相图的分析和使用方法,有助于了解合金的组织状态和预测合金的性能,并根据要求研制新的合金。在生产实践中,合金相图可作为制定合金熔炼、铸造、煅烧及热处理工艺的重要依据。

4.1 相平衡及相图制作

4.1.1 材料的成分及表示方法

由 A、B 两个组元组成的合金系中,A、B 组元的含量都可以用数字表示。材料中组元及其含量即为材料的成分。材料的成分可以用质量分数表示,也可以用摩尔分数表示。如果材料由 n 个组元组成,w_B 代表 B 组元的质量分数,x_B 代表 B 组元的摩尔分数,则有

$$\begin{cases} w_B = \dfrac{m_B}{\sum\limits_{i=1}^{n} m_i} \\[4mm] x_B = \dfrac{n_B}{\sum\limits_{i=1}^{n} n_i} \end{cases} \tag{4-1}$$

式中,m_B 为 B 组元的质量;$\sum\limits_{i=1}^{n} m_i$ 为各组元的质量和;n_B 为 B 组元的物质的量;$\sum\limits_{i=1}^{n} n_i$ 为各组元的物质的量之和。显然,$\sum\limits_{i=1}^{n} w_i = 1$,$\sum\limits_{i=1}^{n} x_i = 1$。

同时，w_i 和 x_i 之间是可以相互换算的，即

$$w_B = \frac{x_B M_B}{\sum_{i=1}^{n} x_i M_i} \tag{4-2}$$

$$x_B = \frac{w_B / M_B}{\sum_{i=1}^{n} w_i / M_i} \tag{4-3}$$

式中，M_B 为 B 组元的摩尔质量；M_i 为 i 组元的摩尔质量。

4.1.2　相平衡

4.1.2.1　相平衡与相变

在一个固定成分材料中，不同的温度下，会出现两个或几个相共存的情况。特定的温度下，经过足够长的时间，各个相的结构、成分及相与相之间的比例不发生变化的现象称为相的平衡。在相平衡时，各相可以相互交换其原子，但相的成分保持不变。因此，在材料中，相平衡实际是动态平衡。

材料在一个特定的条件下都会有一个特定的相组成。条件改变时，全部或部分的相会发生比例、结构、类型的变化。只要材料的相组成状态发生改变，均称为材料系统发生了相变。

4.1.2.2　相平衡的热力学条件

相图通常是通过大量的实验测定后绘制出来的，但是其理论基础却是热力学。因此，了解相图热力学的基本原理，对于正确测绘相图、正确理解和应用相图均有重要意义。目前，一些简单相图已能利用组元的热力学参数进行理论计算而得到。对于一些实验测绘有困难的体系，如在超高温、高压和低温等条件下的相图绘制，理论计算尤显重要。相关热力学知识详见第 2 章 2.5 节的"相平衡的热力学基础"。

在恒温恒压条件下，若已知二元系各相的自由能-成分曲线，就可以采用公切线法确定该条件下所有稳定相态、平衡相的成分及各相区的边界。分析二元系一系列温度下的自由能-成分曲线，就可以绘出一个完整的二元相图。下面举例说明如何从自由能-成分曲线绘制相图。

图 4-1 所示为在不同温度下，匀晶系液相（L）和固相（S）的自由能-成分曲线与相图的关系。T_1 温度，$G_S > G_L$，液相稳定；T_5 温度，$G_L > G_S$，固相稳定；$T_2 \sim T_4$ 温度，两条自由能曲线相交，交点两旁可以绘出公切线，两切点间的合金均为 L+S 两相平衡，左切点的左边 S 相稳定，右切点的右边 L 相稳定。如果将不同温度下的公切线切点分别绘于相应的成分-温度坐标中，再分别连接各液相成分点和固相成分点，即得匀晶相图（见图4-1(f)）。

不同温度下共晶系的自由能-成分曲线与相图的关系如图 4-2 所示。处于 T_1 温度时，液相自由能低于固相自由能，故合金均为 L 相；T_2 时，富 A 端固相自由能低于液相自由能，故在富 A 端有一个 α 单相区及 L+α 两相区，两相区的范围由两条曲线的公切线切点确定；T_3 时，富 B 端固相自由能也低于液相自由能，故也有一个 β 单相区及 L+β 两相区，两相区的范围同样可用公切线法求得；T_4 时，以上两条公切线重合，即此时 L、α、β 三相平

衡,发生共晶转变,三个相的成分点由公切线法确定;T_5 时,液相自由能曲线升高,系统为 α、β 两相平衡,同样由公切线法确定 $\alpha+\beta$ 两相区的范围。综上所述,便可得出这个二元系统的共晶相图(见图 4 - 2(f))。利用相同的方法,同样可以分析包晶系的自由能-成分曲线与相图的关系,如图 4 - 3 所示。

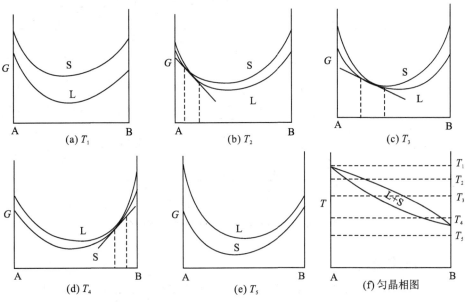

图 4 - 1　匀晶系液相和固相的自由能-成分曲线与相图的关系

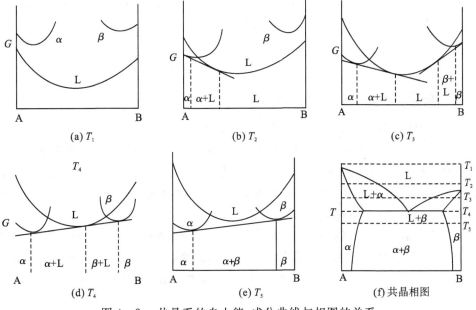

图 4 - 2　共晶系的自由能-成分曲线与相图的关系

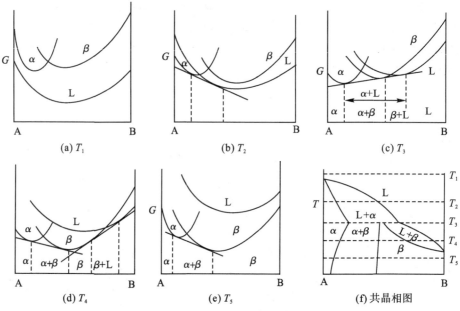

图 4-3　包晶系的自由能-成分曲线与相图的关系

4.1.2.3　吉布斯相律

从热力学上可以严格地推导出,系统中保持平衡相数不变的情况下,可以独立改变的、不影响材料状态的因素数,即自由度 f 可以表示为

$$f = C - P + 2 \qquad (4-4)$$

式中,C 为系统的组元数;P 为相平衡时的相数。这里的自由度包括成分、温度和压力。一般条件下,系统的压力为一个大气压,视为常数,则有

$$f = C - P + 1 \qquad (4-5)$$

式(4-4)和式(4-5)称为吉布斯相律(Gibbs phase rule)。

4.1.3　相图的表示、意义与测定

二元系中相的平衡状态与成分、温度和压力的关系可用平面图形来表示,一般情况下,系统的压力为一个大气压,因此,常用相图一般表示为相的平衡状态与系统的温度和成分间的关系。图 4-4(b) 所示为二元相图,其中纵坐标表示温度,横坐标表示成分。相图中的任何一点都可表示系统在一定的温度和成分条件下相的平衡状态。也可通过相图得到温度和成分变化前后相变的趋向。

到目前为止,实际金属材料或陶瓷材料相图的建立均依靠实验和理论相结合的方法。当系统中发生相变时,各种性质的变化或多或少地带有突变性,这样就可以通过测量材料的性质来确定其相变临界点,有些成分点或线无法用实验精准确定,则需采用热力学计算的方法确定。

测定相图常用的物理方法有热分析法、金相组织法、X 射线分析法、硬度法、电阻法、热膨胀法、磁性法等。精确地测定一个相图,通常都需各种方法配合使用,以充分利用每一种方法的优点。下面以热分析法为例说明如何测绘 A-B 二元相图。

热分析法是测定合金冷却（或加热）曲线的方法。首先配制几种有代表性的合金,如图 4－4(a) 所示;然后测定每种合金从液态冷却到室温的冷却曲线,并求得各相变点;再将这些相变点描绘在温度与成分的坐标图纸上;最后把意义相同的各点连接起来,即可得 A－B 二元相图,如图 4－4(b) 所示。

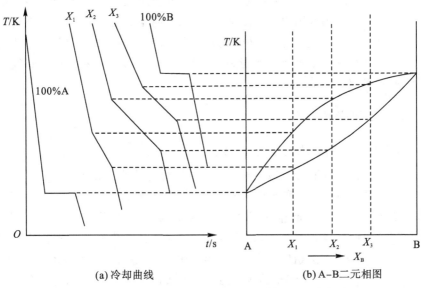

(a)冷却曲线   (b) A－B二元相图

图 4－4 应用热分析法测定二元系相图的示意图

4.2 二元匀晶相图

由液相结晶出单相固溶体的过程称为匀晶转变,绝大多数的二元相图都包括匀晶转变部分。有些二元合金,如 Cu－Ni、Au－Ag、Au－Pt 等只发生匀晶转变;有些二元陶瓷如 NiO－CoO、CoO－MgO、NiO－MgO 等也只发生匀晶转变。只发生匀晶转变的相图称为匀晶相图。只发生匀晶转变时,二组元在液相和固相都能够无限互溶。

4.2.1 相图分析

A－B二元匀晶相图如图 4－5 所示。一定成分的合金在较高温度的曲线上方为均匀的液相,因此该曲线称为液相线,液相线的上方称为液相

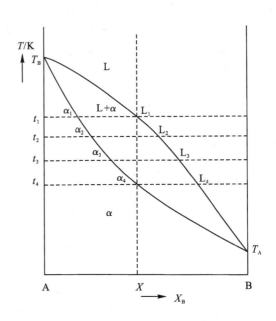

图 4－5 二元匀晶相图示意图

区,用 L 表示。一定成分的合金在较低温度的曲线下方为均匀的固相,因此该曲线称为固相线,固相线的下方称为固相区,用 α 表示。在两条线之间,为液、固两相,称为两相区,用 L+α 表示,其中液、固相线在材料学上也称相变开始线或终了线。显然在这种相图中,液态结晶完成后得到的产物是无限固溶体。

由相律 $f=C-P+1$ 可知,两相平衡时,其自由度为1。这说明温度或成分之一可以作为独立的变量在一定的范围内任意变动,而仍保持两相平衡状态。但是,在给定温度下(限定一个自由度),处于平衡的两个相的成分则完全确定,不能任意地改变。此时液相和固相的成分分别是在此温度刚要开始凝固和开始熔化的成分,液相线和固相线分别是两相平衡时液相和固相的平衡成分。

4.2.2　固溶体的平衡凝固

4.2.2.1　固溶体的平衡凝固过程及其组织变化

平衡凝固是指合金从液态无限缓慢地冷却,各组元的原子都有时间得以充分扩散,任一时刻都达到平衡条件的一种凝固方式。为了具有一般意义,现假想一个如图 4-5 所示的由 A、B 二组元组成的匀晶相图,并以成分为 X 的合金为例研究其平衡结晶过程。当合金冷却至略低于液相线温度 t_1 时,开始结晶。按照前面的解释,此时凝固出的固相成分在固相线上,即 t_1 线与固相线的交点。同样,液相的成分是 t_1 线与液相线的交点。因此,此时凝固出 α_1 成分的固相,而液相的成分为 L_1。由于 α_1 中 A 组元含量比合金名义成分或平均成分高,故 α_1 近旁液体中的 A 组元含量必然降低。而此时,液相也通过扩散使所有液相的成分都达到 L_1。继续冷却至 t_2 温度时,凝固出来的固相成分为 α_2。由于在平衡凝固下,系统中的液相是只有一个成分的液相,系统中的固相也是只有一个成分的固相,因此先结晶出的固相必须沿固相线将所有固相的成分改变至 α_2,与之平衡的液相成分则沿液相线改变至 L_2。平衡态下,当两相成分分别达到 L_2 和 α_2 或建立稳定平衡后,t_2 温度下的凝固过程就停止了。欲使凝固过程继续进行,必须再降低温度。当温度下降至 t_4,遇到固相线后,凝固才完毕。凝固完毕后的固相成分为 α_4,相当于合金成分。凝固过程中的组织变化如图 4-6 所示。

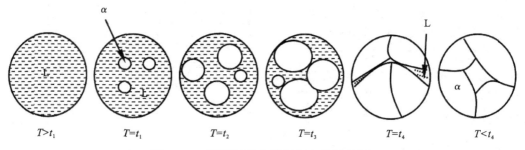

图 4-6　凝固过程中的组织变化示意图

由上述分析可知,固溶体的凝固过程与纯金属的凝固相比较有着明显的特点。

(1)二元匀晶相图上有两条特征曲线,分别是液相线和固相线。液相线温度之上是液相单相区,固相线温度以下是固相单相区,两条线之间是两相区。

（2）不同成分的合金凝固开始和终了温度不同。一定成分的固溶体的结晶是在一定温度范围内完成的。

（3）固溶体合金凝固时要发生溶质原子的再分配,结晶出来的固相成分与原液相成分不同,先结晶出的固溶体含高熔点的组元较多,这个现象称为异分结晶。结晶过程中,固相的成分沿固相线变化,液相的成分沿液相线变化,即固溶体凝固必须依赖于组元原子的互相扩散。

（4）固溶体结晶也是通过形核与长大过程完成的,除了结构起伏和能量起伏外,还需要成分起伏。

（5）一定的温度下,只能凝固出来一定数量的固相。

4.2.2.2   杠杆定律

固溶体平衡凝固过程中,如图 4-5 所示,当温度降低时,两平衡相中溶质原子都在不断地增加。此时,溶质原子含量的调整是通过液、固两相相对量的变化来进行的。

在固溶体合金平衡凝固过程中,液、固两相相对量的变化可用杠杆定律来计算。图 4-7 中成分为 X_0 的合金自液相冷却至 t_1 温度,此时合金处于液、固两相共存状态,平衡两相的成分点分别为 a、b 两点,对应的横坐标值为 X_α、X_L。

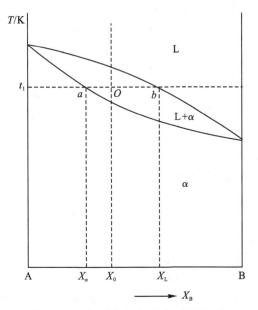

图 4-7   相平衡与相的相对量关系

现计算两相的相对量。设合金的总重量为 W_0,液相的重量为 W_L,固相的重量为 W_α,则有

$$W_L + W_\alpha = W_0 \tag{4-6}$$

另外,合金中 B 的总重量应等于液、固两相中所含 B 的重量之和,即

$$W_L X_L + W_\alpha X_\alpha = W_0 X_0 \tag{4-7}$$

由以上两式可得

$$\begin{cases} \dfrac{W_L}{W_0} = \dfrac{X_0 - X_\alpha}{X_L - X_\alpha} = \dfrac{aO}{ab} \\[3mm] \dfrac{W_\alpha}{W_0} = \dfrac{X_L - X_0}{X_L - X_\alpha} = \dfrac{Ob}{ab} \end{cases} \tag{4-8}$$

$$\frac{W_L}{W_\alpha} = \frac{aO}{Ob}$$

此式与力学中的杠杆平衡关系颇为相似,故称为杠杆定律。杠杆定律可以用来计算二元合金系中任何两平衡相的相对含量。

4.2.3 固溶体的非平衡凝固与微观偏析

实际材料的凝固过程中,系统的冷却速度都较快,一般是几分钟,最多几小时就已经凝固完毕,很难达到平衡凝固条件。因此,材料的凝固大多是在冷却速度较快,液、固两相(或至少固相中)溶质原子不能充分扩散以达到平衡成分的条件下凝固的,这种现象称为非平衡凝固。

非平衡凝固过程可以借助平衡相图作定性说明。如图 4-8 所示,当 X 合金的温度降至 t_1 时开始凝固,首先结晶出的固相成分为 α_1,液相成分变为 L_1。当温度降至 t_2 时,由于材料中液相内原子的扩散速度比固相内的大几个数量级,因此假定固相中完全无扩散,则在 α_1 的表面上凝固出一层 α_2,由于晶体内外的成分不能通过扩散均匀化,故晶体的平均成分为 α_2',介于 α_1 和 α_2 之间。而液相的平均成分介于 L_1 与 L_2 之间,为 L_2'。当温度继续降至 t_3 时,固溶体表面又长出了一层,其成分为 α_3,此时,固溶体的平均成分为 α_1、α_2、α_3 的平均值 α_3',而液相的平均成分为 L_1、L_2、L_3 的平均值 L_3'。依此类推,将各个温度下的平均成分点 α_1、α_2'、α_3',… 连成的虚线

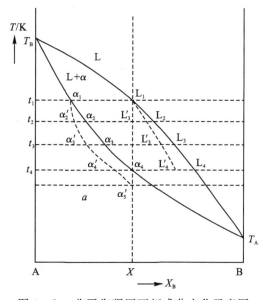

图 4-8 非平衡凝固两相成分变化示意图

称为固相平均成分线,而将 L_1,L_2',L_3'… 连成的虚线称为液相平均成分线,它们都不是平衡的相成分变化线,并与平衡凝固条件下的固相线及液相线偏离一定距离。固相内的成分变化如图 4-9(a) 所示,但由于固相实际上也不是完全无扩散的,实际的成分分布如图 4-9(b) 所示。因此,溶质原子的偏离程度主要取决于冷却速度,冷却速度越快,偏离程度越大;而液相中原子易于扩散,故偏离程度较小。应该指出,根据平衡凝固规律,当温度降至 t_4 时,固溶体的成分变至 α_4,剩余液体成分为 L_4,此时 X 合金应已结晶完毕。但是在非平衡凝固条件下,在温度 t_4 时固溶体的平均成分为 α_4',结晶过程尚未结束,而是在 t_5 温度时结晶过程才告完成。可见,非平衡凝固条件下,结晶的终止温度低于平衡凝固时的终止温度。

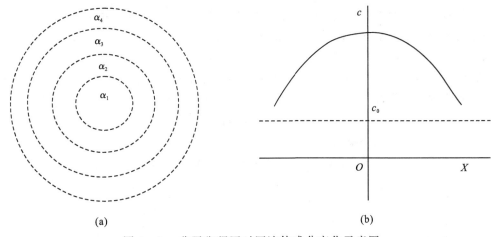

(a)   (b)

图 4 - 9 非平衡凝固时固溶体成分变化示意图

　　固溶体非平衡凝固时,由于从液体中先后结晶出来的固相成分不同,结果使得同一个晶粒内部化学成分不均匀,这种现象称为晶内偏析。由于固溶体一般都以树枝状方式结晶,树枝的晶轴含高熔点组元较多,而枝晶间含低熔点组元较多,故把晶内偏析又称为枝晶偏析。图 4 - 10(a) 为铸态 Cu - Ni 合金的枝晶显微组织,图中枝晶偏析的特征十分清晰。

　　枝晶偏析会导致合金的塑性、韧性下降,易于引起晶内腐蚀,降低合金的抗蚀性能,特别是给合金的热加工带来困难。因此,生产上要注意避免产生枝晶偏析。为了消除枝晶偏析,可以将铸态合金加热至略低于固相线的温度并进行长时间的扩散退火,使异类原子互相充分扩散均匀。图 4 - 10(b) 为铸态 Cu - Ni 合金经扩散退火后的组织,其组织与平衡状态下的显微组织基本相同。

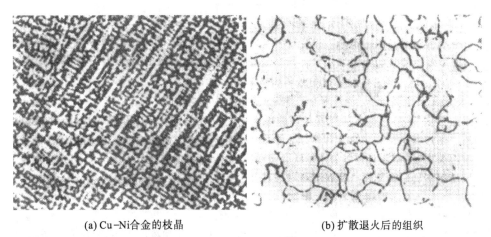

(a) Cu-Ni合金的枝晶   (b) 扩散退火后的组织

图 4 - 10 铸态 Cu - Ni 合金的枝晶及扩散退火后的显微组织

4. 2. 4 固溶体的非平衡凝固与宏观偏析

　　固溶体非平衡凝固所形成的微观偏折是指一个晶粒内部成分的不均匀现象;而固溶体的宏观偏析是指沿一定方向结晶过程中,在一个区域范围内,由于结晶先后不同而出现的成分差异。固溶体宏观偏析的出现,是由于凝固时液-固界面向液体中推进,在液相与固相内溶质原子重新分布造成的,它直接影响合金材料的热加工工艺及产品质量,因此,必须重视对固溶体非平衡凝固过程中宏观偏析形成规律的学习。

在讨论之前,先引入溶质平衡分配系数 k_0。k_0 定义为在一定的温度下,液、固两平衡相中溶质浓度的比值,即

$$k_0 = c_S / c_L \qquad\qquad (4-9)$$

式中,c_S、c_L 分别为固、液相的平衡浓度。

假定液相线与固相线为直线,则 k_0 为常数,如图 4-11 所示。

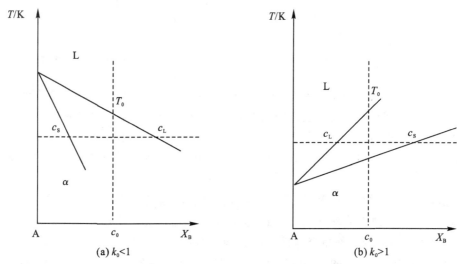

(a) $k_0 < 1$　　　　　　　　　　(b) $k_0 > 1$

图 4-11　溶质平衡分配系数示意图

为讨论方便,取一成分为 c_0 的固溶体合金棒,假定合金棒自左端向右端逐渐凝固;固-液界面保持平直;在所研究的成分范围之内,固、液相线均为直线。如果凝固过程达到平衡状态,即液、固相内的溶质都能完全混合,虽然刚开始结晶出来的固体成分是 $c_0 k_0$,但是到凝固结束时,各部分固相的浓度都变为 c_0,不会产生成分偏析,如图 4-12 中的 a 线所示。实际上,平衡凝固难以达到,尤其是没有足够的时间使固相成分均匀扩散。一般金属稍低于熔点时,溶质原子在液相中的扩散系数为 5×10^{-5} cm^2/s,而在固相中的

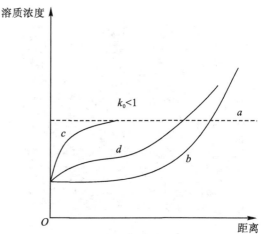

图 4-12　原始浓度为 c_0,溶质原子平衡分配系数为 $k_0 < 1$ 的合金凝固后的溶质浓度分布示意图

扩散系数为 10^{-8} cm^2/s,故可假定固相内部的原子无扩散,仅讨论液相中由于扩散、对流或进行搅拌而使溶质原子混合的各种情况。通常称这样的凝固过程为正常凝固过程。

　　研究人员研究了固溶体合金在定向凝固过程中溶质原子的重新分布,他们认为固溶体合金的正常凝固大致归为以下几种情况。

4.2.4.1　液相内溶质的完全混合

　　在缓慢结晶条件下,液相内溶质原子的混合除了依靠扩散外,还借助于对流及搅拌的方式以达到溶质原子的完全混合。设合金的溶质含量为c_0,合金棒全长为L,已凝固部分的长度为z,如图4-13所示。当凝固分数为$f_S(f_S = z/L)$时,固-液相界面处固相和液相的成分分别为c_S和c_L,$c_S = k_0 c_L$。如果此时凝固部分的增量为$\mathrm{d}f_S$,则液相中溶质浓度的增量为

$$(c_L - c_S)\mathrm{d}f_S = c_L(1 - k_0)\mathrm{d}f_S \qquad (4-10)$$

这部分溶质将均匀地分布在液相中,因此液相中溶质浓度的增量为

$$\Delta c = (1 - f_S)\mathrm{d}c_L \qquad (4-11)$$

以上两式应相等,经整理后可得

$$\mathrm{d}(c_L/c_L) = \frac{1 - k_0}{1 - f_S}\mathrm{d}f_S \qquad (4-12)$$

上式积分并根据边界条件($f_S = 0$时,$c_L = c_0$)得

$$c_S = k_0 c_0 (1 - z/L)^{k_0 - 1} \qquad (4-13)$$

式(4-13)即为该结晶条件下,合金棒结晶完毕时其成分的分布方程。合金凝固后的溶质分布曲线见图4-12中的b线。

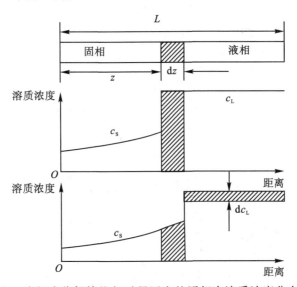

图 4-13　液相成分保持均匀时凝固出的固相中溶质浓度分布示意图

　　图4-12中的b线表明,在较缓慢结晶条件下,合金棒开始结晶的左端,溶质浓度低于合金的平均成分c_0。而合金棒结晶终了的右端,溶质浓度远高于合金的平均成分,产生严重偏聚。这种沿长度方向存在的溶质偏析现象,称为宏观偏析。应该指出,这种宏观偏析是由合金棒顺序缓慢结晶形成的,它和快速结晶时形成的枝晶偏析是两个不同的概念。

4.2.4.2　液相内溶质的部分混合

　　在液相线附近,液相合金黏度低、密度高,总会有一定的自然对流促使溶质混合。因

此在较快结晶条件下,液相中溶质原子只能部分混合。但是液体在管中流动时有一个基本特性:管中心部分液体流速较大,但靠近管壁处流速却很小,即在管壁处有一层无流动的边界层。这种边界层在凝固时液-固界面处的液体中也同样存在着。在界面的法线方向不可能有原子的对流传输,在边界层中,溶质只能通过扩散传输到边界层外面的对流液体中去。而扩散往往不能把凝固时所排出的溶质原子同时都输送到对流的液体中,结果在边界层造成了原子的聚集。

在上述结晶条件下,液-固界面处的液相与固相内溶质原子的分布如图 4-14 所示。从图中可见,在液-固界面移动的开始阶段,液相内溶质原子富集,浓度迅速上升,相应的界面上固相的浓度也必然迅速上升$(c_S)_i = k_0(c_L)_i$。当边界层中溶质原子富集到一定程度后,溶质原子从界面固相一侧向边界层内流入的速率,与从边界层向液相中流去的速率相等时,边界层溶质原子富集的程度不再上升,达到稳定阶段,即$(c_L)_i/(c_L)_B$ 为常数。达到稳定状态后的凝固过程,称为稳态凝固过程。我们把凝固开始直到这种溶质原子富集区稳定建立为止的这段长度,称为初始瞬态区。在稳态凝固过程中,常采用有效分配系数k_e,它被定义为

$$k_e = \frac{(c_L)_i}{(c_L)_B} \qquad (4-14)$$

在液相内溶质原子部分混合条件下,固溶体中溶质原子浓度分布可用下式表示:

$$c_S = k_e\, c_0 \left(1 - \frac{z}{L}\right)^{k_e - 1} \qquad (4-15)$$

凝固后溶质分布曲线如图 4-12 中的 d 线所示。比较 d 线与 b 线,可以看出,由于边

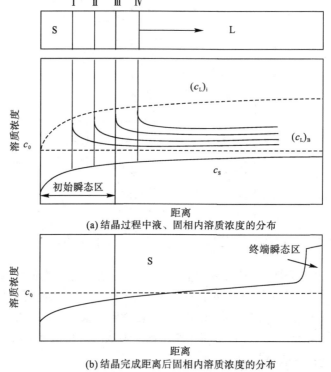

(a) 结晶过程中液、固相内溶质浓度的分布

(b) 结晶完成距离后固相内溶质浓度的分布

图 4-14　液相内溶质部分混合时液、固相内溶质浓度的分布示意图

界层溶质原子的富集,反而减少了宏观偏析程度。

4.2.4.3 液相内的溶质仅通过扩散混合

在快速结晶条件下,由于液-固界面推进很快,边界层溶质的富集浓度迅速上升。当液相一方溶质浓度达到c_0/k_0时,固相的溶质浓度提高到c_0,而又不足以将边界层以外液相的成分$(c_L)_B$提高到合金的平均成分以上,所以当初始瞬态区形成以后,边界层溶质浓度一直保持不变,如图4-15(a)所示;新形成的固相成分保持为c_0,即达到了稳态,直到凝固接近末端时,液相扩散受阻,界面处液相的成分再次迅速增加,其溶质分布如图4-15(b)所示。这种结晶条件相当于有效分配系数$k_e = 1$的情况,故$c_S = 1 \times c_0(1 - z/L)^{1-1} = c_0$。此式表明,在快速结晶条件下,合金棒上的宏观偏析很少,甚至于无偏析,仅在凝固终了,最后剩余少量液体时,由于扩散受阻,其浓度迅速升高,形成一个终端瞬态区,其长度也只有几厘米。

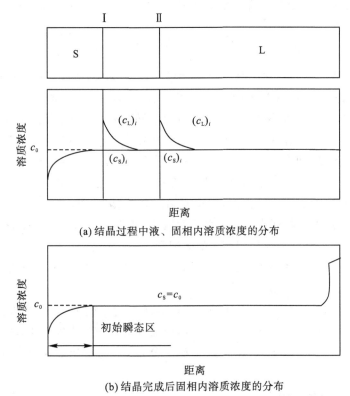

(a)结晶过程中液、固相内溶质浓度的分布

(b)结晶完成后固相内溶质浓度的分布

图 4-15 液相内溶质无混合时液、固相内溶质浓度分布示意图

综上所述,固溶体合金棒的凝固速度不同,溶质的混合情况不同,可以形成不同的宏观偏析。在实际生产中,只有在快速结晶条件下宏观偏析才很小甚至没有;在缓慢结晶条件下,固溶体合金棒的宏观偏析最严重;在较快结晶条件下,宏观偏析程度介于前两种情况之间。

4.2.4.4 区域熔炼

上述指出,正常凝固可使固溶体合金棒的初始凝固部分获得提纯效果。20世纪50年代初期,人们就利用这一原理,通过区域熔炼提纯金属。区域熔炼不是一次把金属体全部熔化,而是沿合金棒的长度方向逐渐从一端向另一端顺序地进行局部熔化,原理如图 4-13 所示。区域熔炼一次,就会使合金中的杂质从 一 端向另一端富集。如果反复进行多次,就可使金属材料获得高度的提纯。例如,对 $k_0 < 0.1$ 的合金棒,只需反复进行五次区域熔炼,即可将合金棒前半部分中杂质的平均含量降低至千分之几。这种方法已广泛用于需要高纯度的半导体材料、金属及金属化合物等的提纯。

4.2.5　成分过冷及对固溶体组织的影响

纯金属结晶时由于没有溶质原子的再分配问题,因此熔点不变,液体的过冷度完全取决于实际温度的分布,这种过冷称为热温过冷。研究人员发现,固溶体合金结晶时,在一定条件下,溶质原子在液-固界面前沿液相内的分布会发生变化,液相的熔点(液相线温度)也随即改变,并使过冷度深入液相内部。这种由于液相成分改变而形成的过冷,称为成分过冷。

4.2.5.1　成分过冷的形成

假设具有 c_0 成分的合金定向凝固时,平衡分配系数为 k_0,溶质仅靠扩散混合而达到稳态凝固时,液-固界面前沿液相中溶质的分布如图 4-16(a)中的曲线所示。为了便于研究,找出 4 个点 1、2、3、4(代表微区)表示离界面不同距离(Z)处液相的溶质浓度。根据这 4 个点的浓度大小,可以找到它们在相应的二元相图中的位置,如图 4-16(b)所示,进而确定其平衡凝固温度(即液相线温度)。将平衡凝固温度描绘在温度与离界面距离的坐标上,如图 4-16(c)所示。该图说明界面处的液相线温度最低,随着离界面距离的增加,液相线温度不断升高,达到一定距离后,保持原始成分的液相线温度。

液-固界面前沿的液相通常具有正的温度梯度,如图 4-16(d)所示。图中 1′、2′、3′、4′分别表示离界面不同距离的实际温度。如果把图 4-16(c)与图 4-16(d)绘在同一坐标上,即得图 4-16(e)。该图中各微区液相线温度的连线与实际温度分布曲线之间所包围的区域就是成分过冷区(阴影线部分)。

成分过冷区两端小而中间大。其垂直方向表示过冷度的大小,水平方向表示成分过冷区的宽度。由于晶体长大时液-固界面前沿所需要的动态过冷度很小,故成分过冷度的大小实际意义不大,但成分过冷区的宽度却十分重要,它将决定固溶体凝固时的组织形态。

4.2.5.2　成分过冷的控制

由成分过冷区的示意图(见图 4-16(e))可以看出,成分过冷区是由两条曲线围成的:一条是液-固界面前沿液相中不同溶质含量的液相开始凝固时温度的连线,一条是界面前沿液相中的实际温度分布曲线。如果用数学方程表示这两条曲线,并让方程中的实际温度低于熔点,经过计算,便可得出产生成分过冷的条件为

$$\frac{G}{R} < \frac{mc_0}{D}\left(\frac{1-k_0}{k_0}\right) \tag{4-16}$$

式中,G 为温度梯度(指液-固界面前沿液相中的实际温度分布);R 为结晶速度;m 为相图上液相线的斜率;D 为液相中溶质的扩散系数;k_0 为平衡分配系数。

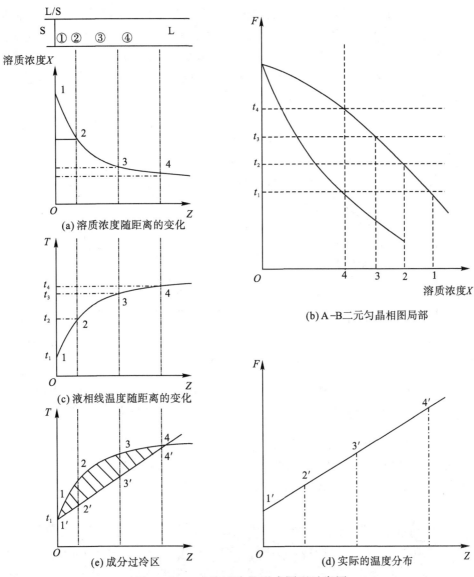

图 4 - 16 成分过冷的形成原理示意图

式(4-16)表明,影响成分过冷倾向大小的因素可分为两类:一类是实验可控制的参数,G 和 R,当 G 值较小或 R 值较大时,都容易产生成分过冷;另一类是合金固有的参数,m 和 k_0,当液相线较陡,平衡分配系数较小($k_0 < 1$)时,也容易产生成分过冷。

4.2.5.3 成分过冷对固溶体生长形态及组织的影响

固溶体合金凝固时,在正的温度梯度下,由于固-液界面前沿液相中存在成分过冷,并随着成分过冷度的从小到大,其界面生长形态将从平直界面向胞状和树枝状发展,如图 4-17 所示。

假设液-固界面前沿不产生成分过冷,固溶体结晶时完全依靠热温过冷,则界面生长呈平面状,凝固后的组织是一个一个的晶粒。如果液-固界面前沿液相内有较小的成分过冷区,平面状生长就不稳定了。当液-固界面上形成某些突起部位并首先伸向成分过冷区内,如图 4－18 所示,突起部位的前沿液相区内溶质大量富集。这样,溶质原子既向前扩散,也向两边凹陷处扩散。由于凹陷处浓度增高,熔点必然降低,过冷度减小,其生长速度变慢;而凸出尖端将伸入到成分过冷区,故加速凸起朝前生长,朝前生长的最大距离不能超过成分过冷区(一般为 $0.1 \sim 1.0$ mm),这样便形成一个较稳定的凹处界面,它与突起界面平行向液相中发展,形成胞状组织。

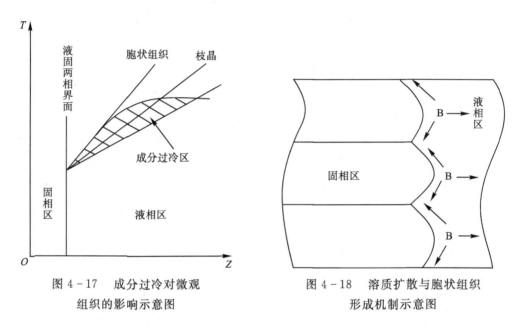

图 4-17　成分过冷对微观　　　　　图 4-18　溶质扩散与胞状组织
　　　组织的影响示意图　　　　　　　　　　　形成机制示意图

　　合金中的胞状组织如图 4-19 所示。棒状晶体的横向呈六角形(见图 4-19(a))。其组织是由互相平行的棒状晶体所组成的(见图 4-19(b))。如果在生长过程中,成分过冷区稍有增大,则会形成典型的胞状枝晶组织。

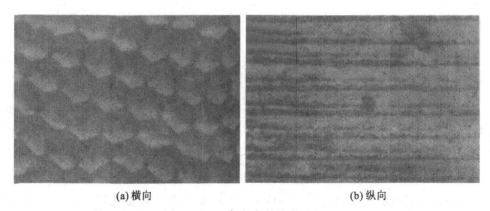

(a)横向　　　　　　　　　　　　　　(b)纵向

图 4-19　合金中的胞状组织

　　如果成分过冷区较大,则胞状生长变得不规则,并逐渐过渡到树枝状方式生长。这时一旦在液-固界面上生成一个凸起,该凸起就会一直伸到液相深处形成树枝的主干。同时,在主干生长过程中,它的侧面由于溶质原子富集,也会出现成分过冷,一旦形成突起,就会长成分支,形成树枝状组织,如图 4-20(c)、(d) 所示。

应该指出,在实际生产中,这些组织形态主要由温度梯度与结晶速度所决定,如图 4-20 所示。因为呈平直界面生长需要的温度梯度很大,一般难以达到,因此固溶体合金凝固通常是形成胞状组织或枝晶。

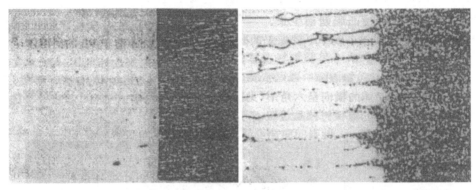

(a) $G = 135\,\text{K/cm}$, $R = 1.19\,\text{mm/s}$, 平面生长　　　(b) $G = 128\,\text{K/cm}$, $R = 7.3\,\text{mm/s}$, 胞状组织

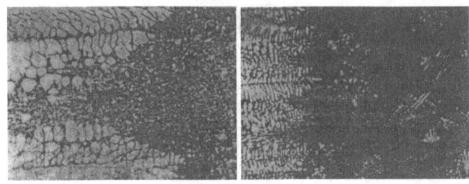

(c) $G = 21.7\,\text{K/cm}$, $R = 57.4\,\text{mm/s}$, 枝晶　　　(d) $G = 36.2\,\text{K/cm}$, $R = 257\,\text{mm/s}$, 等轴枝晶

图 4-20　Cu-Al 合金中不同冷却条件下的晶体生长形态

4.3　二元共晶相图

绝大多数二元合金在固态只能部分互溶而形成有限固溶体。具有这种性质的部分合金凝固过程中会在等温条件下同时结晶出两个晶体结构和成分不同的固相。材料学上,从一个均匀的液相中同时结晶出两个固相的过程称为共晶转变,得到的组织称为共晶组织。组元在液态完全互溶,在固态有限互溶,有共晶转变的相图称为共晶相图。Pb-Sn、Al-Si、Al-Cu、Mg-Si、Al-Mg 等就是这类合金的典型例子。在科研与生产中二元共晶相图的应用十分普遍。为了使之具有一般意义,现假想一个 A-B 二元共晶相图来说明如何对其进行分析和应用。

4.3.1　相图分析

一般的二元共晶相图如图 4-21 所示。相图中有三个基本相:液相 L、固溶体相 α 及 β。

α相是组元B溶于组元A晶格中的A基固溶体;β相是组元A溶于组元B晶格中的B基固溶体。在相图上与之对应的有三个单相区:L、α和β,每两个单相区之间有一个两相区,分别为L+α、L+β和α+β。在这个相图中,还有一条重要的线MEN,它与三个单相区(L、α和β)相连,这条线为L+α+β三相共存区。根据相率,二元系三相共存时自由度为0,因此这条线是一条等温(水平)直线,对应的温度为T_E。图中的液相线为aEb,固相线为aMENb。图中还有两条特征曲线MF和NG,它们分别是α和β固溶体的饱和溶解度曲线。

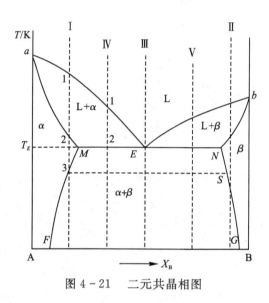

图4-21　二元共晶相图

4.3.2　共晶系合金的平衡凝固和组织特征

按照相变持点和组织特征,可将共晶系合金的平衡凝固分为端部固溶体合金、共晶合金、亚共晶合金、过共晶合金四类合金的凝固。只要掌握了这四类合金的凝固过程,就可以对该系中任意一个合金的平衡凝固过程进行分析。现举例说明各类合金的凝固过程和组织特征。

4.3.2.1　端部固溶体合金

以图4-21中的合金Ⅰ为例。当该合金平衡冷却至t_1温度(1点)时,合金进入两相区,开始从液相中结晶出α固溶体,这个结晶过程即为4.2节中的匀晶转变。冷至t_2温度(2点)时,结晶完毕,此时得到的产物为α固溶体,组织为单相固溶体晶粒。在$t_2 \sim t_3$温度区间冷却时没有相和组织的转变,或者说没有相变发生。

当合金冷至t_3温度(3点)后继续降温,将进入α+β两相区。稍高于t_3温度便为单相α,稍低于t_3温度便为α+β两相,这意味着此时α相中溶解B组元的量达到饱和,要从α相中析出β相。这个过程称为二次结晶或脱溶转变。此时结晶出的β相与相图右侧β相区的β相为同一个相,成分点为S点。为了区别从液相中结晶出的β固溶体,二次结晶出的β相标识为β_{II},因此MF线称为α相的饱和溶解度曲线。同理,NG线称为β相的饱和溶解度曲线。在随后的冷却过程中,α相和β相的平衡成分分别沿着MF线与NG线变化,α相中

溶解的 B 组元不断减少，β_{II} 不断增多。由于 β 相中固溶的 A 组元也随温度下降而减少，因此 β_{II} 中也不断结晶出 α 相，只是由于 β_{II} 的尺寸很小，二次结晶出的 α 相依附于已有的 α 相而形成，组织中一般分辨不出来。

上述结晶过程的冷却曲线如图 4 - 22 所示，整个降温过程中合金 Ⅰ 的组织变化示意图见图4 -23。

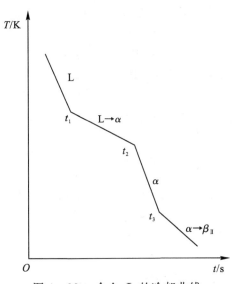

图 4 - 22 合金 Ⅰ 的冷却曲线

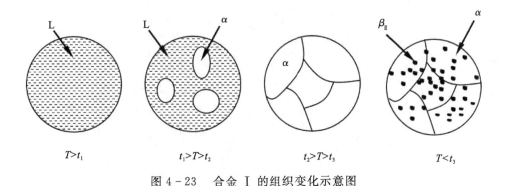

图 4 - 23 合金 Ⅰ 的组织变化示意图

在一个特定的温度下，组成合金的基本相称为合金的相组成或相组成物；在一个特定的温度下，合金微观组织中的各个组成部分称为合金的组织组成或组织组成物。室温下，合金 Ⅰ 的相组成为 $\alpha+\beta$，组织组成为 $\alpha+\beta_{\mathrm{II}}$。利用杠杆定律可以计算出各个阶段相组成物与组织组成物的量。

合金中第二相的存在会影响合金的性能。如果第二相硬度较高，并且呈弥散状分布时，则会使合金强化；若第二相沿晶界呈网状分布则会降低合金的塑性。合金中第二相的形态和分布可以通过热处理来控制。

对于处于相图中另一端的合金 Ⅱ,其相变的基本过程与合金 Ⅰ 完全相同。室温下组织组成物为 $\beta + \alpha_{\text{Ⅱ}}$,相组成物为 $\beta + \alpha$。

4.3.2.2　共晶合金

对于过 E 点的合金 Ⅲ,在 T_E 温度以上是均匀的液相,当冷却到 T_E 温度时,成分在 E 点的液相和固相 α 及固相 β 同时达到平衡,此时,从一个液相中同时结晶出两个不同的固相 α 和 β。α 相的成分点为 M 点而 β 相的成分点为 N 点。发生的转变表示为

$$L_E \rightarrow \alpha_M + \beta_N$$

这种从一个液相中同时结晶出两个固相的转变称为共晶转变和共晶反应;形成的组织称为共晶组织或共晶体,以 $(\alpha + \beta)_{\text{共}}$ 表示。成分点在 E 点的合金称为共晶合金。显然,共晶体是由两个相组成的,两个相的相对量可由杠杆定律计算得到:

$$W_\alpha = \frac{EN}{MN} \times 100\% ;\quad W_\beta = \frac{ME}{MN} \times 100\%$$

根据相律 $f = c - p + 1$,共晶转变时,$c = 2$,$p = 3$,$f = 0$。因此,共晶转变为等温转变,MN 线称为共晶温度。共晶转变完成后继续冷却时,共晶体中的 α 相与 β 相都要发生脱溶转变,分别析出 $\beta_{\text{Ⅱ}}$ 和 $\alpha_{\text{Ⅱ}}$。由于共晶体中的次生相常依附共晶体中的同类相析出,所以在显微镜下难以辨认。典型共晶合金在室温下的组织如图 4-24 所示。图中黑色部分为 α 相,白色部分为 β 相,两相呈片层交替分布。

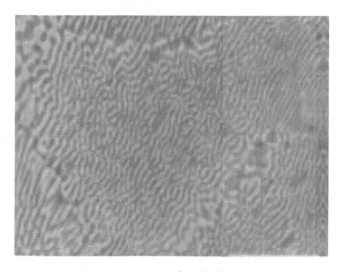

图 4-24　Fe-B合金的共晶组织

4.3.2.3　亚共晶合金

成分位于 ME 之间的合金,从均匀的液相冷至液相线时,开始结晶出 α 相。随着温度降低,结晶出的 α 相增多。L 相和 α 相的成分分别沿 aE 和 aM 线变化。当冷至 T_E 温度时,α 相的成分点变至 M 点,L 相的成分点变至 E 点。此时,剩余的液相发生共晶转变 $L_E \rightarrow \alpha_M + \beta_N$,直至液相全部消失为止。凝固后的组织组成物为 $\alpha_{\text{初}} + (\alpha + \beta)_{\text{共晶}}$($\alpha_{\text{初}}$ 是指从液体中直接结晶出来的固溶体),相组成为 $\alpha + \beta$。此时,可以用杠杆定律计算初晶 α 和共晶组织的相对量及相组成的相对量。

　　成分位于 ME 之间的合金称为亚共晶合金。凝固后继续冷却,α 相和 β 相都要发生脱溶转变,但共晶体中析出的次生相在显微镜下不能辨认,故不必标出。所以室温下合金的组织为 $\alpha_{初} + \beta_{II} + (\alpha+\beta)_{共晶}$,相组成为 $\alpha+\beta$。典型亚共晶合金的显微组织如图 4-25 所示。图中黑色晶粒为初生 α 固溶体,由于从液相中直接结晶生成,故比较粗大;黑白相间的组织为 $(\alpha+\beta)$ 共晶体。

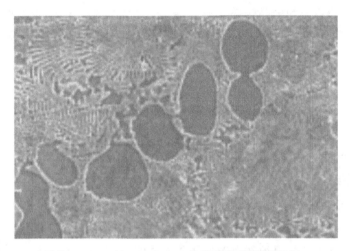

图 4-25　Al-Si 合金亚共晶合金的显微组织

　　该合金的冷却曲线如图 4-26 所示,注意该合金的冷却曲线上有一个平台。

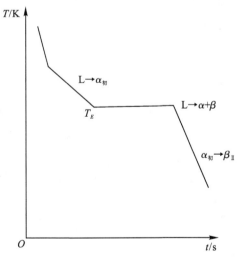

图 4-26　亚(过)共晶合金的冷却曲线

　　在分析显微组织时,应该注意组织组成物与相组成物的区别。组织组成物是在结晶过程中形成的、有清晰轮廓的独立组成部分,如上述组织中的 $\alpha_{初}$、β_{II}、$(\alpha+\beta)_{共晶}$ 等都是组织组成物;而相组成物是指组成显微组织的基本相,它有确定的成分及结构,但没有形态的概念,上述组织中的 α 相、β 相等即为该合金的相组成物。

　　对于合金中组织组成物的相对量,可以根据相平衡的概念,利用杠杆定律间接地计算。

4.3.2.4　过共晶合金

过共晶合金的凝固过程和组织特征与亚共晶合金相类似,只是先析出初晶 $\beta_{初}$,然后再结晶出共晶体,最后是脱溶转变。室温下的组织组成物为 $\beta_{初} + \alpha_{II} + (\alpha + \beta)_{共晶}$。

综上所述,共晶系合金的平衡凝固可分为两种类型:固溶体合金和共晶型合金。固溶体合金的凝固过程主要为匀晶转变 + 脱溶转变,室温下的组织为初生固溶体 + 次生组织;位于 MEN 线范围内的合金,都属于共晶型合金,其凝固时均有共晶转变发生,形成共晶体。对于亚共晶和过共晶合金,共晶转变前都有先共晶初生相的结晶,因而室温组织中除了共晶体外,还有初晶及次生组织存在。

4.3.3　共晶系合金的非平衡凝固和组织特征

在实际生产中,合金凝固时往往冷却速度较快,原子扩散不能充分进行,致使其凝固过程和显微组织与平衡状态下的发生某些偏离。

4.3.3.1　伪共晶合金

在平衡凝固条件下,只有共晶成分的合金才能获得百分之百的共晶组织;而在非平衡凝固条件下,成分在共晶点附近的合金也可能获得全部共晶组织,这种由非共晶成分的合金所得到的全部共晶组织称为伪共晶合金,简称为共晶。伪共晶的形成可用图 4 - 27 来说明。位于共晶点附近的 I 合金,如果快冷到 T_1 温度才开始结晶,则形成 $\alpha_{初}$ 的过程被抑制,此时过冷液体既在结晶出 α 相的液相线之下,也在结晶出 β 相的液相线之下,故同时生成 α 相和 β 相,发生共晶转变,形成伪共晶。形成伪共晶的区域是有限的(如图中的阴影区),因为过冷度不可能很大。

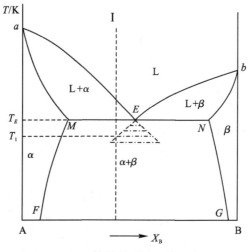

图 4 - 27　伪共晶形成机制示意图

应该指出,上述由液相线所包围的伪共晶区具有对称性特点。这种具有对称性的伪共晶区只适合部分共晶合金,还有些合金的伪共晶区并不是对称分布的,而是偏向某一方,如图 4 - 28 所示。研究表明,伪共晶区的位置与共晶两相的结晶速度有关,而结晶速度

又与相本身的晶体结构及其固-液界面的形态有关。一般来说,具有粗糙界面的金属相,
其生长速度随过冷度增大而明显提高;具有平滑界面的非金属相,其生长速度随过冷度
的变化较小,所以伪共晶区往往偏向晶体结构复杂及具有平滑界面的相的一边。

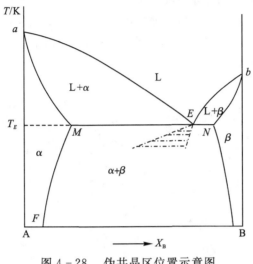

图 4 - 28　伪共晶区位置示意图

　　分析伪共晶区在相图中的位置,对说明合金中出现的不平衡组织有一定的帮助。例
如在 Al - Si 系中,共晶成分的 Al - Si 合金在铸造状态下的组织为 $\alpha_{初}$ + $(\alpha + Si)_{共晶}$,而不
是单纯的共晶体。这种现象可以从图 4-29 中伪共晶区发生偏移来说明:由于伪共晶区偏
向 Si 一边,共晶成分的过冷液体不会落在伪共晶区内,故先结晶出 α 相并使液相成分移至
伪共晶区内,再发生共晶转变,因而 Al - Si 共晶合金铸造后得到了亚共晶组织。

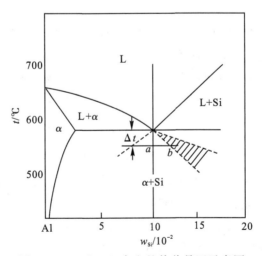

图 4 - 29　Al - Si 合金的伪共晶区示意图

4.3.3.2　离异共晶合金

　　对于某些成分远离共晶点的亚共晶与过共晶合金,由于初晶的量很多,而共晶体的

量很少,在共晶转变中,共晶体中与初晶相同的那个相将依附在初晶上生长,而剩下的另一相则单独存在于初晶晶粒的晶界处,从而使共晶组织特征消失。这种两相分离的共晶称为离异共晶合金,简称离异共晶。图4-30为典型的离异共晶(Fe-B合金)。合金中初晶的相对量很多,而共晶体的相对量很少时,在一定的冷却条件下会形成离异共晶。离异共晶可以在平衡条件下获得,也可以在非平衡条件下获得。对于靠近 M 点和 N 点(见图4-21)的非共晶合金,在快速冷却时也会发生共晶转变,但由于共晶组织所占含量很少,因此会得到离异共晶组织。

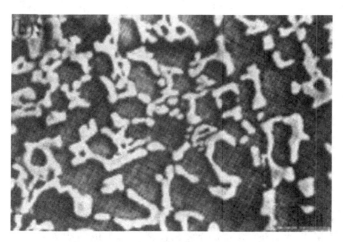

图 4-30　Fe-B 合金中的离异共晶

4.4　二元包晶相图

当凝固到达一定温度时,有些合金已结晶出来的一定成分的固相与剩余的液相(有确定的成分)发生反应生成另一种固相,这种转变称为包晶转变。两组元在液态无限溶解,在固态下有限互溶并具有包晶转变的相图称为二元包晶相图。这种相图常出现在 Cu-Sn、Cu-Zn、Ag-Sn、Fe-C 等合金系中,下面以图4-31假想的二元包晶相图为例分析包晶转变过程的特点。

4.4.1　相图分析

在图4-31中,有三个基本相,液相 L、固溶体相 α 及 β。α 相是组元 B 溶于组元 A 晶格中的 A 基固溶体;β 相是组元 A 溶于组元 B 晶格中的 B 基固溶体。在相图上与之对应的有三个单相区 L、α 和 β,每两个单相区之间有一个两相区:L+α、L+β 和 α+β。在这个相图中,还有一条重要的线 CDP,它与三个单相区(L、α 和 β)相连,这条线为 L+α+β 三相共存区。根据相率,二元系三相共存时自由度数为0,因此这条线是一条等温(水平)直线,对应的温度为 T_D。图中的液相线为 aPb,固相线 aCDb。图中还有两条特征曲线 CE 和 DF,它们分别是 α 和 β 固溶体的饱和溶解度曲线。显然,在这个相图中,两组元在液态能无限互溶,在固态只能部分互溶,形成有限固溶体。

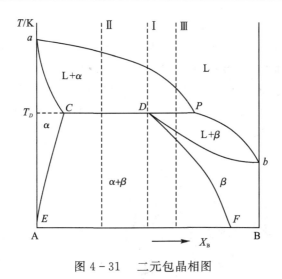

图 4 - 31 二元包晶相图

4.4.2 包晶合金的平衡凝固和组织特征

4.4.2.1 过 D 点的 Ⅰ 合金

图 4 - 31 显示,均匀的液相冷却到液相线时,开始结晶出 α 相。在继续冷却过程中,α相的数量不断增多,液相不断减少,L相沿液相线 aP 变化,α相沿固相线 aC 变化。当合金冷却到 CDP 温度时,液相的成分点在 P 点,固相的成分点在 C 点。继续降低一个小的温差 δT,系统的相组成为单相 β,因此,此时的相变方式是

$$L_P + α_C \rightarrow β_D$$

这个转变是一个固相和一个液相反应生成另一个固相的过程。由于 β 相是在 α 相表面形成的,故称之为包晶反应。该合金包晶转变结束时,液相和 α 相正好全部转变为固溶体 β。继续冷却时,β 中将析出 $α_Ⅱ$,室温下合金的组织为 $β+α_Ⅱ$,相组成为 β+α,系统的冷却曲线如图 4 - 32 所示,降温过程中的组织变化如图 4 - 33 所示。在 T_D 温度时,成分点位于 CP 范围内的合金同时存在 L、α 和β 三个相,因此,包晶转变与共晶转变一样是在等温条件下完成的。水平线 CDP 称为包晶线,D 点称为包晶点。

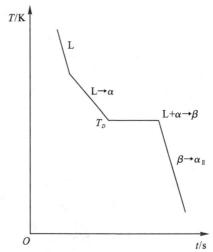

图 4 - 32 包晶转变的冷却曲线

在进行包晶转变时,β 相依附于 α 相的表面形核,并消耗 L 相和 α 相而生长。显然,包晶转变也是新相 β 的形核和长大的过程。当温度略低于包晶温度 T_D 时,开始从 L_P 中结晶出 $β_D$,β 将在 α 相的表面形核并长大。当在α 相表面形成一层 β 相时,α 相的成分为 $α_C$,β 相的成分为 $β_D$,液相的成分为 L_P。这样,各相界面处便存在浓度梯度,促使 B 原于从液相经 β 相向 α 相中扩散,而 A 原子从 α 相经 β 相

向液相中扩散。扩散的结果是破坏了原来的相界平衡。为了维持原来的相界平衡,就必须有相界移动,即 L/β 界面向 L 相中移动,以提高界面前沿液相中 B 的浓度;β/α 界面向 α 相中移动,以提高界面前沿 α 相中 A 的浓度。相界移动的结果是使相界处两相的平衡得到恢复。新的相界平衡又引起原子在相间的浓度差,促使原子扩散,扩散的结果是破坏了相界平衡,引起相界移动,达到新的平衡并如此下去。因此,β 相的长大是相界扩散移动的过程,此即包晶转变的机理。

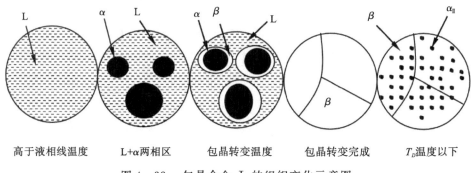

图 4-33　包晶合金 I 的组织变化示意图

D 点成分的合金,包晶转变开始前为 L_P 与 $α_C$ 两相平衡,其平衡相的相对量为

$$W_L = \frac{CD}{CP} \times 100\%, \quad W_α = \frac{DP}{CP} \times 100\%$$

这样的合金包晶反应后全部转变为 β 相,无 L 相或 α 相剩余。

4.4.2.2　其他包晶合金的平衡凝固

除 D 点成分的合金外,包晶线上其他合金的凝固可分为两种类型:位于 CD 线内的合金(如图 4-31 中的 II 合金)及位于 DP 线内的合金(如图 4-31 中 III 合金)。它们的凝固过程与 D 点成分的合金相类似,区别在于:CD 线内的合金,包晶转变后有 α 相剩余,室温下合金的组织组成物为 $α+β+α_{II}+β_{II}$,如图 4-34 所示;DP 线内的合金,包晶转变后有液相 L 剩余,此剩余液相随温度降低将直接结晶为 β 相,室温下合金的组织为 $β+α_{II}$,如图 4-35 所示。

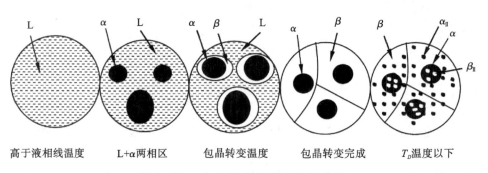

图 4-34　合金 II 的组织变化示意图

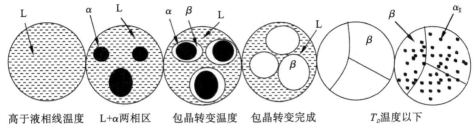

图 4-35 合金 Ⅲ 的组织变化示意图

所有位于 C 点以左及 P 点以右的合金全都属于固溶体合金,其凝固过程与匀晶相图中合金的凝固一样,其包晶反应结束后继续冷却时的相转变与共晶合金类似,故不再赘述。

4.4.3 包晶合金的非平衡凝固和组织特征

由于包晶转变时,β 相依附在 α 相表面形成,并很快将 α 相包围起来,从而使 α 相和液相被分隔开。欲继续进行包晶转变,则必须使 β 相层进行原子扩散,才能使液相和 α 相继续相互作用形成 β 相。固相中原子的扩散比液相中困难得多,所以包晶反应速度非常缓慢。如果合金冷却速度较快,包晶转变就将被抑制,剩余的液体在冷却至包晶温度以下时,将直接结晶为 β 相,未转变的 α 相将保留在 β 相中间。这种由于包晶转变不完全而产生的组织变化与成分偏析现象,称为包晶偏析。包晶偏析在一些温度较低的包晶转变合金中最易出现,它可以用扩散退火来减少或消除。

包晶线与共晶线一样都属于三相共存区。但包晶线与共晶线也有不同:共晶线为固相线,线上的合金在共晶温度全部凝固完毕,组织均为两相混合物;而包晶线仅有 CD 线为固相线,而 DP 线为非固相线,成分位于 CD 线内的合金包晶转变后,其组织为两相混合物,而成分位于 DP 线内的合金包晶转变后,还有过剩的液相,它将在继续冷却时凝固成单相 β。知道了这些区别,在学习共晶合金凝固的基础上,就可以借助相图分析包晶合金的平衡凝固和组织特征。

4.5 其他类型的二元相图

4.5.1 形成化合物的二元相图

两组元间形成化合物时,可根据其稳定性分为稳定化合物和不稳定化合物两种。所谓稳定化合物是指具有固定的熔点,在熔点以下保持固有的结构而不发生分解的化合物;而不稳定化合物是指当加热至一定温度时,不是直接的熔化,而是先分解为两个相再分别熔化的化合物。两种化合物在相图中有着不同的特征。

图 4-36 为 Mg-Si 二元合金相图。Mg 和 Si 可形成稳定化合物 Mg_2Si,在相图中表示为一条垂直线,说明该化合物的成分是固定的,且有固定的熔点(1087 ℃)。这种化合物在相图上可以看作是一个独立组元,这样,Mg-Si 相图就可看作是由 Mg-Mg_2Si 及 Mg_2Si-Si 所组成的相图而分别加以分析。如果所形成的稳定化合物对组元有一定的溶解度,即形成以化合物为基的固溶体,则化合物在相图中便有一定的成分范围。

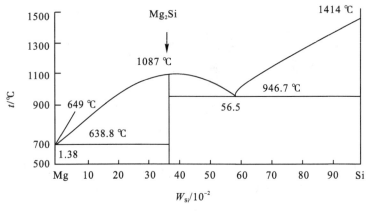

图 4 - 36　Mg - Si 二元合金相图

图 4 - 37 为 Cu - Zn 二元合金相图。Cu 和 Zn 可以形成一系列不稳定化合物 β、γ、δ、ε 等,这些不稳定化合物都是由包晶转变形成的。可以认为,所有由包晶转变形成的中间相均属于不稳定化合物。不稳定化合物不能视为独立组元而把相图划分为简单相图。相图中许多不稳定化合物可以溶解组成它的组元,因而表现为一定的成分范围;如果不溶解组成它的组元,则在相图中为一条垂线。

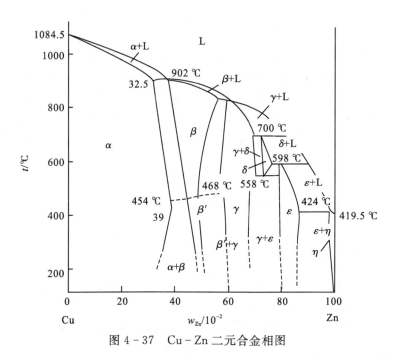

图 4 - 37　Cu - Zn 二元合金相图

4.5.2　具有三相平衡恒温转变的其他二元相图

二元系中的恒温反应可归纳为两种基本类型:分解型和合成型。前边学习过的共晶转变即为分解型,而包晶转变即为合成型。此外,还有其他一些常见的三相平衡转变。

4.5.2.1 分解型恒温转变相图

1. 具有共析转变的相图

图 4-37 中,558 ℃ 处的水平直线即为共析转变线,其反应式为 $\delta \overset{558℃}{\longleftrightarrow} \gamma + \varepsilon$。与共晶转变的区别在于它是一个固相在恒温下转变为另外两个固相,由于是固态转变,其原子扩散比共晶转变时困难,因而需要较大的过冷。共析转变的组织也为两相交替排列的混合物,但比共晶转变的组织细密。共析转变对合金的热处理强化有重大意义,特别是钢及钛合金中的马氏体相变就是以共析转变为基础的。

2. 偏晶相图

图 4-38 为具有偏晶转变的相图。其特点是在一定的成分和温度范围内,两组元在液态下也只能有限溶解,存在两种浓度不同的液相 L_1 和 L_2。即在一定温度下,从 L_1 中同时分解出一个固相与另一种成分的液相 L_2,且固相的相对量总是偏多,故称为偏晶转变。Cu-Pb 相图中 955 ℃ 发生偏晶转变的反应式为 $L_1 \overset{955℃}{\longleftrightarrow} L_2 + Cu$。具有偏晶转变的二元系还有 Cu-O、Mn-Pb、Cu-S 等。

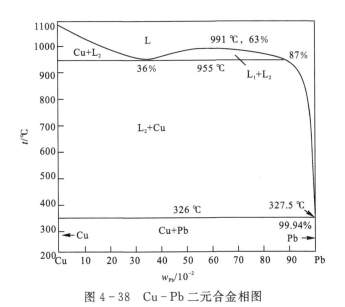

图 4-38 Cu-Pb 二元合金相图

3. 熔晶相图

某些合金结晶过程中,当达到一定温度时会从一个固相分解成一个液相和另一个固相,即发生固相的再熔现象,这种转变称为熔晶转变。图 4-39 为含微量硼的 Fe-B 合金在 1318 ℃ 时发生的熔晶转变:$\delta \overset{1381℃}{\longleftrightarrow} \gamma + L$。此外如 Fe-S、Cu-Sb 等合金系中也存在熔晶转变。

4.5.2.2 合成型恒温转变相图

1. 具有包析转变的相图

包析转变在图式上与包晶转变类似,所不同的是包析转变前是一个固相与另一个固相作用,如图 4-39 所示。当 $\omega_B = 0.0081\%$ 时,便发生包析转变:$\gamma + Fe_2B \overset{910℃}{\longleftrightarrow} \alpha$,具有包析转变的二元系还有 Fe-Sn、Cu-Si 和 Al-Cu 等。

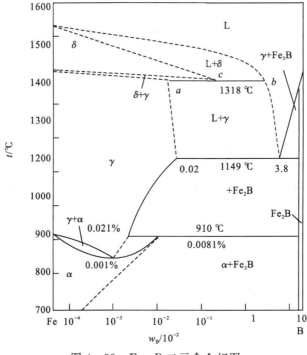

图 4-39　Fe-B 二元合金相图

2. 具有合晶转变的相图

二组元在液态有限溶解时存在不溶合线,不溶合线以下的两个液相 L_1 和 L_2 在恒定温度下互相作用形成一个固相的转变,称为合晶转变。具有合晶转变的相图如图 4-40 所示,该合金系在 557 ℃ 发生合晶转变:$L_1 + L_2 \xleftrightarrow{557℃} \beta$。

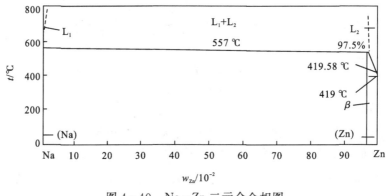

图 4-40　Na-Zn 二元合金相图

4.5.2.3　具有无序-有序转变的相图

有些二元系合金在一定成分和一定温度范围会发生有序化转变,形成有序固溶体。同理也会发生无序化转变。图 4-41 所示的 Cu-Au 二元合金相图就具有无序-有序转变。

图中的$\alpha'(\mathrm{Au\,Cu_3})$、$\alpha''_1(\mathrm{AuCu\,I})$、$\alpha''_2(\mathrm{AuCu\,II})$和$\alpha'''(\mathrm{Au_3Cu})$均为有序固溶体,$\alpha$则为无序固溶体。需要注意,有些相图上的无序-有序转变是用虚线表示的,如图4-37中β相的无序-有序转变就是一例。

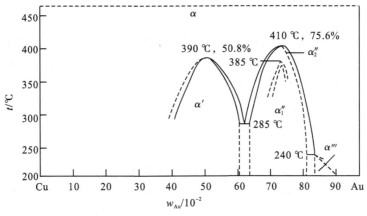

图 4 - 41　Cu - Au 二元合金相图

4.5.2.4　具有同素异构转变的相图

当组元具有同素异构转变时,则形成的固溶体也常有异构转变。图4-42为Fe-Ti二元合金相图,Fe 和 Ti 在固态均发生同素异构转变,故形成相图时在近 Fe 的一边有$\delta\leftrightarrow\gamma\leftrightarrow\alpha$的固溶体异晶转变;在近 Ti 的一边有$\beta\leftrightarrow\alpha$的固溶体异构转变。具有固溶体异构转变的二元系相图还有 Fe-C、Fe-Cr 及 Fe-Ni 等。

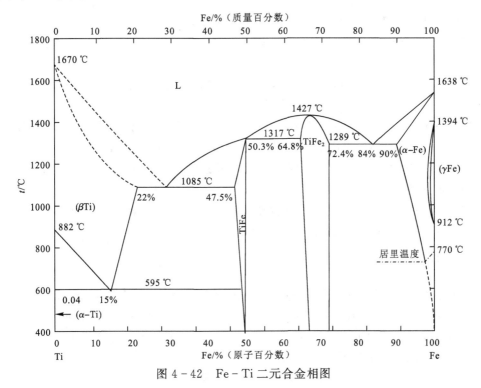

图 4 - 42　Fe - Ti 二元合金相图

这里仅就常见的重要相图图式作了简单介绍,还有一些如具有磁性转变、中间相转变等的相图,请读者参阅有关书籍,这里不再赘述。

4.6 二元相图的分析方法

二元相图中有许多相图线条繁多,初看起来很复杂,难以分析,但其实这些复杂相图都是由前述各类基本相图组合而成的。只要掌握了基本相图的特点和规律,就能化繁为简,对任何复杂相图进行分析和应用。

4.6.1 相区接触法则

(1)除点接触外,相邻相区的相数之差为1。

两个单相区之间一定有一个由这两个相组成的两相区。

两个两相区之间一定有一个三相区(线)或单相区将二者隔开。如果是三相区,三个相必定由两个两相区内的三个相组成;如果是单相区,该相必定是这两个两相区所共有的相。

(2)二元系三相平衡必定是一条等温线。三相线上存在三个特征成分点,这三个点分别是三相区与三个单相区的接触点;这三个点两个在端部,一个在中间。

(3)如果两个三相区内有两个相是一致的,则在这两个三相区之间必定有一个由这两个相组成的两相区。

4.6.2 复杂二元相图的分析方法

在分析比较复杂的二元相图时,可参考以下步骤和方法进行。

(1)首先看相图中是否存在化合物,如有稳定化合物,则以稳定化合物为界将相图分为几个部分分别加以分析。

(2)确定单相区。单相区代表一种具有独特结构和性质的相的成分和温度范围,若单相区为一根垂直线,则表示该相成分不变。

(3)根据相区接触法则确定两相区。两相区中的平衡相之间都有互溶度,只是互溶度有大小之分而已。不同温度下两相的成分将分别沿其相界线变化。

(4)找出所有的三相水平线,根据与水平线相连的三个单相区的类别和分布特点,确定三相平衡的类型。

(5)认识了相图中的相、相区及相变线的特点之后,就可分析具体合金随温度改变而发生的相变及组织变化,并能预测合金的性能。

4.6.3 相图的局限性

上述相图也有其局限性,不能将其功能无限扩展。突出表现在以下几个方面。

(1)相图若为平衡相图,则不能给出各种冷却条件下的相变方式。但除非冷却速度高到足以抑制相变的发生,否则一旦发生相变,则一定是相图上对应的相变方式。

(2)相图上给出的是相平衡关系,而非组织平衡关系。

(3)利用相图可以大致判断材料性能的规律,但不能给出细节。

例 4 - 1　分析 Cu - Sn 合金(见图 4 - 43)中 Sn 含量为 20％ 合金的平衡结晶过程,并说明室温下该合金的相组成物及组织组成物。

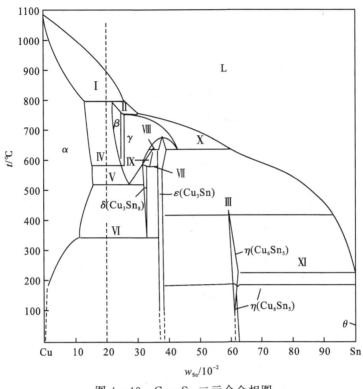

图 4 - 43　Cu - Sn 二元合金相图

[**解**]　平衡结晶过程的冷却曲线及各相变的名称如图 4 - 44 所示。室温下的相组成物为 $\alpha + \varepsilon$,组织组成物为 $\alpha_{初} + \varepsilon_{II} + (\alpha + \varepsilon)_{共晶}$。

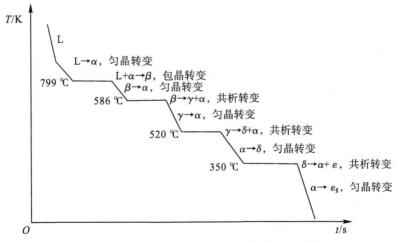

图 4 - 44　含 20％Sn 的 Cu - Sn 合金相变过程及冷却曲线示意图

例 4 - 2　试写出 Al - Mn 系相图(见图 4 - 45)中各条水平线上所进行的反应式。

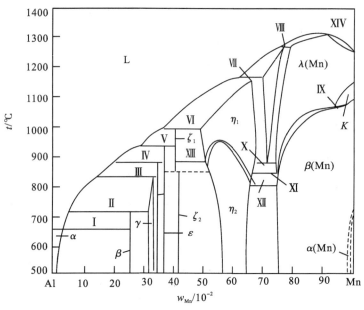

图 4 - 45　Al - Mn 二元合金相图

[解]　图中有 13 条水平线,其反应如下:

Ⅰ 共晶反应:L↔α + β　　　　　　　Ⅱ 包晶反应:L + γ↔β

Ⅲ 包晶反应:L + δ↔γ　　　　　　　Ⅳ 包晶反应:L + ε↔δ

Ⅴ 包晶反应:L + ζ₁↔ε　　　　　　　Ⅵ 包晶反应:L + η₁↔ ζ₁

Ⅶ 包晶反应:L + θ↔ η₁　　　　　　　Ⅷ 包晶反应:L + λ(Mn)↔θ

Ⅸ 共析反应:K↔λ(Mn) + β(Mn)　　Ⅹ 共析反应:θ↔ η₁ + λ(Mn)

Ⅺ 共析反应:λ(Mn)↔ η₁ + β(Mn)　　Ⅻ 共析反应:η₁↔ η₂ + β(Mn)

ⅩⅢ 共析反应:η₁ ↔ ζ₁ + η₂

4.6.4　相图与合金的性能

　　合金的性能取决于合金的组织,而合金的组织与相图有关,所以根据相图可以预测合金平衡状态下的一些性能。

　　纯金属一般较软,强度低,但塑性好,易于进行不同形式的变形加工。以纯金属为溶剂的固溶体,虽然也是单相组织,但由于第二组元的加入而产生了固溶强化,使其具有较高的强度及硬度,且保持良好的塑性,因此单相固溶体是理想的冷变形合金。有些在室温下具有两相组织的合金,尽管其冷变形加工性较差,但由于在加热到较高温度时,第二相能全部或基本上溶入固溶体内,因而具有良好的热变形加工性,这种合金也可用作变形合金。

　　形成两相机械混合物的合金,其性能是组成相性能的平均值,即性能与成分呈线性关系。应该指出,这种线性关系仅适用于两相大小和分布都比较均匀的情况下,在不平衡状态下,其性能将发生较大的变化。

　　从铸造工艺性能看,流动性应是一个重要指标,流动性是指液态金属填充铸模的能力。影响流动性的因素很多,但是从合金成分来看,共晶合金具有最好的流动性,其次是纯金属。一般来说,固溶体合金的流动性较差,特别是当液相线与固相线间隔越大,形成枝晶偏析的倾向越大时,其流动性也越差,分散缩孔多。

合金的切削加工性能也与其组织有关。塑性好的材料进行切削加工时,切屑不易断开且易缠绕在刀具上,不但增加了零件表面的粗糙度,也难于进行高速切削,因此,固溶体型合金切削加工性能不够好。具有两相组织的合金,其切削加工性能一般比较好。这是由于两相中一般总有一个相比较脆,切屑易于脱落,从而便于进行高速切削,加工出表面质量高的零件。为了提高钢的切削加工性能,还可以在冶炼时特意加入一定量的铅、铋等元素,从而获得易切削钢,以适用于切削加工。

4.6.5 相图与合金性能的二元相图分析实例 ——Fe–Fe₃C 相图

铁碳系是一个很重要的合金系,它是碳钢、低合金钢及铸铁的基础。在研究和使用钢铁材料时,铁碳相图是一个重要的工具,因此,必须理解、会用铁碳相图。

4.6.5.1 相图中的相

铁碳相图的主要部分是 Fe–Fe₃C 相图,如图 4–46 所示。除了高温液相外,相图中有以下几种固相。

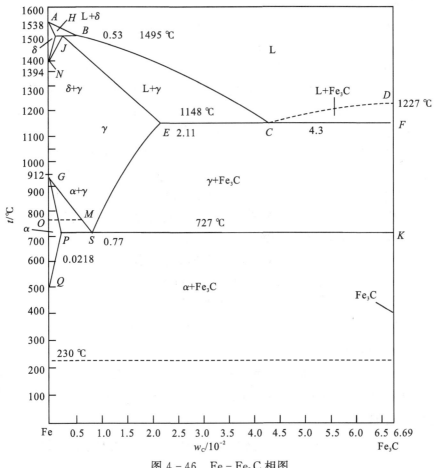

图 4–46 Fe–Fe₃C 相图

1. 铁素体

铁素体是碳在 $\alpha-Fe$ 中形成的间隙固溶体,为体心立方结构,通常用符号 α 或 F 表示。铁素体中碳原子溶于 $\alpha-Fe$ 的八面体间隙,最大固溶度只有 0.0218%(质量分数)。

$\delta-Fe$ 也是体心立方结构,碳在 $\delta-Fe$ 中的间隙固溶体也称为铁素体,但通常称为高温铁素体,便于与碳在 $\alpha-Fe$ 中形成的间隙固溶体相区别,通常用符号 δ 表示。δ 的最大固溶度为 0.09%(质量分数)。

2. 奥氏体

奥氏体是碳溶入 $\gamma-Fe$ 中形成的间隙固溶体,为面心立方结构,通常用符导 γ 或 A 表示。奥氏体中碳原子溶于 $\gamma-Fe$ 的八面体间隙,最大固溶度为 2.11%(质量分数)。铁素体与奥氏体的力学性能相近,都是软而韧的。另外,奥氏体是顺磁相;而铁素体在居里点 $770\ ℃$ 以上是顺磁相,在居里点 $770\ ℃$ 以下是铁磁相。在相变研究中经常应用这一物理特性来研究钢中的各种相变。

纯铁在固相随温度变化会发生以下结构转变:$\alpha-Fe \overset{912℃}{\longleftrightarrow} \gamma-Fe \overset{1394℃}{\longleftrightarrow} \delta-Fe$,这就是常说的 Fe 的同素异构转变。

3. 渗碳体

渗碳体的化学式为 Fe_3C,是一种间隙化合物,属于正交晶系,具有复杂斜方结构,如图 4-47 所示,其点阵常数为 $a = 0.4524\ nm$,$b = 0.5089\ nm$,$c = 0.6743\ nm$。渗碳体晶体结构的立体图十分复杂,图 4-47(a)是 Fe_3C 晶包在 xOy 平面上的投影。图例中的数字分别代表 Fe 原子和碳原子的 z 坐标。可以看出,一个晶胞内共有 12 个 Fe 原子(即图中 1～12 号原子)和 4 个碳原子(即图中的 a～d 号原子)。在图 4-47(b)中将邻近的 6 个 Fe 原子连成三棱柱,中间包含 1 个 C 原子,这可以看作是 Fe_3C 的结构单元。这个结构单元也可以看成是由 6 个 Fe 原子和 1 个 C 原子组成的两个共顶四面体(C 原子是公共顶点),如图 4-47(c)所示。从图 4-47(c)可以看出,每个 C 原子有 6 个邻近的 Fe 原子。因此,每个三角棱柱有三个 Fe 原子和一个 C 原子,构成 Fe_3C 分子式。渗碳体的熔点为 $1227\ ℃$(计算值),在 $230\ ℃$ 以下具有铁磁性。渗碳体的性能为硬而脆,HB(布氏硬度)≈ 800,塑性很差,延伸率接近于零。

渗碳体是一个亚稳定相,在高温长时间加热时会发生分解反应:

$$Fe_3C \longrightarrow 3Fe + C(石墨)$$

分解出的 C 为石墨。可见,铁碳相图具有双重性,即一个是 $Fe-Fe_3C$ 亚稳系相图,另一个是 Fe-C(石墨)稳定系相图,两种相图各有不同的适用范围。

4.6.5.2　相图中重要的点和线

$Fe-Fe_3C$ 相图尽管比较复杂,但根据相图的分析步骤,围绕三条水平线可将相图分解成三个基本相图,再了解下面的一些重要的点和线的意义后分析起来就容易多了。

1. 三个主要转变

(1) 包晶转变:$Fe-Fe_3C$ 相图上的 HJB 线为三相平衡包晶转变线,其反应式为

$$L_B + \delta_H \xrightarrow{1495\ ℃} \gamma_J$$

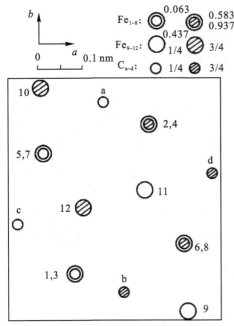

(a) 在 xOy（001晶面）上的投影

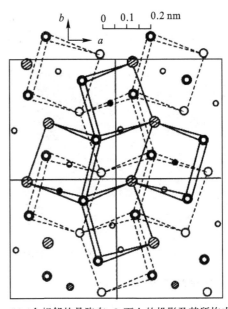

(b) 4个相邻的晶胞在 xOy 面上的投影及其所构成
的三棱柱（实线三棱柱在上层，虚线三棱柱在下层）

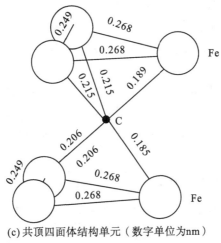

(c) 共顶四面体结构单元（数字单位为nm）

图 4 - 47　Fe_3C 的结构示意图

凡是 w_C 在 $0.09\%\sim0.53\%$ 范围内的合金遇到 HJB 线时都要进行这个转变,转变后获得奥氏体组织。

（2）共晶转变：Fe - Fe_3C 相图上的 ECF 线为三相平衡共晶转变线,其反应式为

$$L_C \xrightarrow{1148\ ℃} \gamma_E + Fe_3C$$

凡是 w_C 在 $2.11\%\sim6.69\%$ 范围内的合金遇到 ECF 线时都要进行共晶转变,共晶转变的产物（$\gamma+Fe_3C$）称为莱氏体（组织）,通常用符号 L_d 表示。此组织冷却至室温时,则称为低温莱氏体,并用符号 L'_d 表示,其组织形态如图 4 - 48 所示。

（3）共析转变：Fe - Fe_3C 相图上的 PSK 线为三相平衡共析转变线,其反应式为

$$\gamma_S \xrightarrow{727\ ℃} \alpha_P + Fe_3C$$

凡是 w_C 在 $0.0218\% \sim 6.69\%$ 范围内的合金遇到 PSK 线时都要进行共析转变,共析转变的产物($\alpha + Fe_3C$)称为珠光体(组织),通常用符号 P 表示,其组织形态如图 4-49 所示。

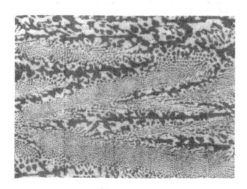

图 4-48　共晶白口铸铁(莱氏体)的组织　　　　图 4-49　珠光体组织

2. 三条特性曲线

(1)GS 线:它是一条从奥氏体中开始析出铁素体的转变曲线。由于这条曲线在共析线以上,故又称为先共析铁素体开始析出线,习惯上称为 A_3 线,或叫 A_3 温度线。

(2)ES 线:它是碳在奥氏体中的溶解度曲线。当温度低于此曲线时,要从奥氏体中析出渗碳体 Fe_3C。为了与从液相中结晶出的 Fe_3C 相区别,一般标以角标 Ⅱ,并称之为二次渗碳体,反应式为 $\gamma \rightarrow Fe_3C_{II}$。故这条曲线也称为次生和二次渗碳体开始析出线。习惯上称为 A_{cm} 线,或叫 A_{cm} 温度线。

(3)PQ 线:它是碳在铁素体中的溶解度曲线。当温度低于此曲线时,要从铁素体中析出 Fe_3C。为了与从液相中结晶出的 Fe_3C 和 Fe_3C_{II} 相区别,一般标以角标 Ⅲ,并称之为三次渗碳体,反应式为 $\gamma \rightarrow Fe_3C_{III}$。故这条曲线又称为三次渗碳体开始析出线。

3. 特性点

相图上每个特性点的温度、含碳量及其意义见表 4-1。

表 4-1　Fe-Fe$_3$C 相图中的特征点的温度、含碳量及其意义

符号	温度 $t/℃$	含碳量 $w_C/10^{-2}$	意义
A	1538	0	纯铁的熔点
B	1495	0.53	包晶转变时液相的成分
C	1148	4.3	共晶点
D	1227	6.69	渗碳体熔点
E	1148	2.11	碳在奥氏体中的最大溶解度
F	1148	6.69	共晶渗碳体成分
G	912	0	$\alpha\text{-}Fe \leftrightarrow \gamma\text{-}Fe$ 同素异构转变温度
H	1495	0.09	碳在 $\delta\text{-}Fe$ 中的最大溶解度
J	1495	0.17	包晶点

符号	温度 $t/℃$	含碳量 $w_C/10^{-2}$	意义
K	727	6.69	共析渗碳体成分
N	1394	0	$\gamma\text{-Fe}\leftrightarrow\delta\text{-Fe}$ 同素异构转变温度
P	727	0.0218	碳在铁素体中的最大溶解度
S	727	0.77	共析点
Q	600	0.008	碳在铁素体中的溶解度

4.6.5.3 铁碳合金相变过程分析

工业上应用最广泛的铁碳合金均可以近似地用 Fe-Fe₃C 相图来分析。按照含碳量（w_C）的多少，一般将铁碳合金分为工业纯铁（w_C 小于 0.0218%）、碳钢（w_C 为 0.0218%～2.11%）、铸铁（w_C 为 2.11%～6.69%）；根据相变和组织特征又将碳钢区分为共析钢（w_C 为 0.77%）、亚共析钢（w_C 为 0.0218%～0.77%）和过共析钢（w_C 为 0.77%～2.11%）；同样，铸铁也可以分为共晶铸铁（w_C 为 4.3%）、亚共晶铸铁（w_C 为 2.11%～4.3%）和过共晶铸铁（w_C 为 4.3%～6.69%）。工业上根据碳的存在状态又将铸铁区分为白口铸铁和灰口铸铁两种，当全部碳都以 Fe₃C 形态存在时称为白口铸铁，部分或全部碳以石墨形态存在时称为灰口铸铁。Fe-Fe₃C 相图中，碳是以 Fe₃C 形态存在的，故为白口铸铁。

现在结合 Fe-Fe₃C 相图（见图 4-50）分析铁碳合金室温下的组织及组织形成过程。

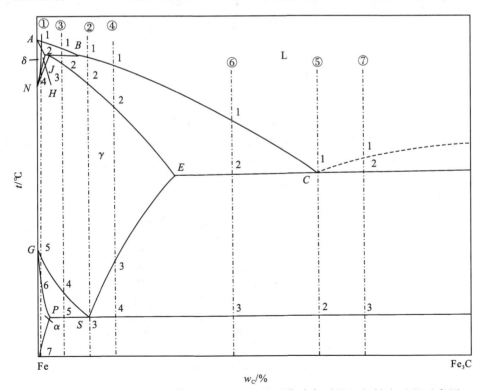

图 4-50 典型 Fe-Fe₃C 合金从液态到室温平衡冷却时的组织转变过程示意图

1. 工业纯铁($w_c = 0.01\%$ 的合金 ①)

如图 4-50 所示,在高温冷却时,在各个温度区间的相变过程及室温下的组织如下:
1～2,合金按匀晶转变方式结晶出 δ 固溶体;2～3,δ 相保持不变;从 3 开始,发生 $\delta \rightarrow \gamma$ 的转变,至 4 时,全部转变成 γ;4～5,γ 相不变化;5～6,发生 $\gamma \rightarrow \alpha$ 的转变,至 6 时,全部转变为 α 相;6～7,α 相不变化;7 以下,将发生脱溶转变,析出 Fe_3C_{III},室温下的组织组成为 $\alpha + Fe_3C_{III}$,相组成为 $\alpha + Fe_3C$。工业纯铁的典型组织如图 4-51 所示。由于铁素体中溶碳量很少,故析出的三次渗碳体的量也很少。

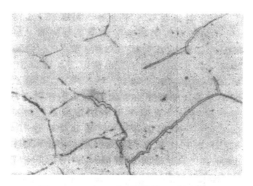

图 4-51　工业纯铁的显微组织

2. 共析钢($w_c = 0.77\%$ 的合金 ②)

在高温液态冷却时:1～2,凝固为 γ 相;2～3,γ 相不发生变化;到达 3 时,发生共析转变,形成珠光体 $P(\alpha + Fe_3C)$,它是铁素体和渗碳体两相交替排列的细层片状组织,如图 4-49 所示。

3. 亚共析钢($w_c = 0.4\%$ 的合金 ③)

1～2,$L \rightarrow \delta$;至 2 时,发生包晶转变形成 γ 相;由于包晶转变后有液相剩余,在 2～3 将直接结晶为 γ 相;3～4,γ 相不发生变化;4～5,优先从 γ 相晶界析出先共析铁素体,即 $\gamma \rightarrow \alpha$,$\gamma$ 相和 α 相的成分分别沿 GS 和 GP 线变化;到达 5 时,剩余 γ 相发生共析转变,形成 P;5 以下,从 α 相中析出 Fe_3C_{III},但由于析出量很少,不影响组织形态,故可以忽略。最后的组织组成为 $\alpha + P$,如图 4-52 所示。

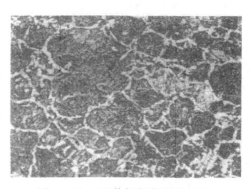

图 4-52　亚共析钢的显微组织

4. 过共析钢($w_C = 1.2\%$ 的合金 ④)

1～3 的相变过程和 ② 一样；3～4，从 γ 相的晶界上优先析出先共析渗碳体 $Fe_3C_{\rm II}$，呈网状分布，γ 相的成分沿 ES 线变化；到 4 时，剩余 γ 相发生共析转变，形成珠光体 P。最后获得的组织组成为 $P + Fe_3C_{\rm II}$，如图 4 - 53 所示。

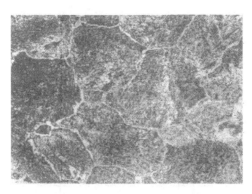

图 4 - 53　过共析钢的显微组织

5. 亚共晶白口铸铁(合金 ⑥)

1～2，从液相中直接结晶出 γ 相，呈树枝状，且比较粗大，称初生 $\gamma_{初}$ 相，L 相和 γ 相的成分分别沿 BC 和 JE 线变化；至 2 时，剩余液相发生共晶转变，形成莱氏体(L_d)；2～3，从 γ 相中析出 $Fe_3C_{\rm II}$，而莱氏体中(的奥氏体)析出的 $Fe_3C_{\rm II}$ 将依附在共晶渗碳体上生长，对显微组织影响不大，从 $\gamma_{初}$ 相中析出的 $Fe_3C_{\rm II}$，在其晶粒周边有较宽的区域，显微镜下清晰可见；到 3 时，γ 相发生共析转变，形成珠光体 P。最后的显微组织为 $P + Fe_3C_{\rm II} + L'_d$，如图 4 - 54(a) 所示。

对于共晶白口铸铁(合金 ⑤)，其显微组织将全部为 L'_d，如图 4 - 48 所示。

对于亚共晶白口铸铁(合金 ⑦)，其相变过程与亚共晶白口铸铁类似，区别就是初晶为一次渗碳体 $Fe_3C_{\rm I}$，呈长条状。其显微组织为 $Fe_3C_{\rm I} + L'_d$，如图 4 - 54(b) 所示。

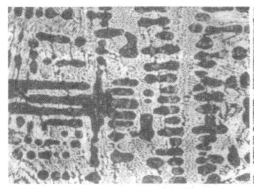
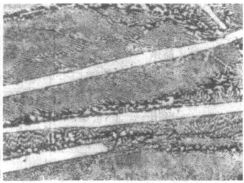

(a) 亚共晶白口铸铁的显微组织　　　　　　　　(b) 过共晶白口铸铁的显微组织

图 4 - 54　亚共晶白口铸铁的显微组织和过共晶白口铸铁的显微组织

　　根据以上对典型铁碳合金相转变及组织转变的分析,可将 Fe - Fe₃C 相图改为组织图,如图 4-55 所示,以便更直观地认识铁碳合金的组织。

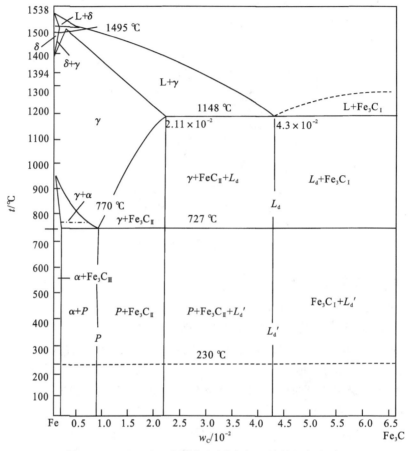

图 4-55　Fe - Fe₃C 平衡相图中各区域的组织组成

4.6.5.4　铁碳合金的组织与力学性能

　　如前所述,所有的铁碳合金都是由铁素体和渗碳体两个相组成的,两个相的相对量可由杠杆定律确定。随着 w_C 的增加,铁碳合金中的铁素体逐渐减少,渗碳体不断增加,其变化呈线性关系。由于铁素体是软韧相,渗碳体是硬脆相,故铁碳合金的力学性能取决于铁素体与渗碳体两相的相对量及它们的相互分布特征。

　　工业纯铁由单相铁素体组成,故塑性很好,延伸率 $\delta = 40\%$,断面收缩率 $\psi = 80\%$;而硬度和强度很低,HB = 80,$\sigma_b = 245$ MPa。

　　钢的硬度与钢中含碳量的关系几乎呈直线变化。这是由于 w_C 增加时,渗碳体的相对量也增加,故硬度提高,而组织形态对硬度值的影响不大。

　　钢的强度是一种对组织形态很敏感的性能。在亚共析钢范围内,组织为铁素体和珠光体的混合物,铁素体强度较低,珠光体的强度较高,所以 w_C 的增加使合金的强度提高;w_C 超过 0.77% 后,铁素体消失而硬脆的二次渗碳体出现,合金强度的增加变缓;在 w_C 达到 0.9% 时,由于沿晶界形成的二次渗碳体开始呈网状分布,强度开始迅速下降;

当 $w_C = 2.11\%$ 时组织中出现莱氏体,强度降到很低的值。

钢的塑性完全由铁素体决定。所以当 w_C 增加而铁素体减少时,合金的塑性会不断降低,当基体变为渗碳体后,塑性就接近于零值了。为了保证工业用钢具有足够的强度和适当的塑性、韧性,其 w_C 一般不超过 1.3%。

对于白口铸铁,由于组织中存在着莱氏体,而莱氏体是以渗碳体为基的硬脆组织,因此,白口铸铁具有很大的脆性。正是由于有大量渗碳体的存在,铸铁的硬度和耐磨性很高,对于某些表面要求高硬度和耐磨的零件如犁铧、冷铸轧辊等,常用白口铸铁制造。

4.7 三元相图

4.7.1 三元相图的几何特性

三元系比二元系多了一个成分变量。根据相律,恒压下的三元相图是温度变量为纵坐标和两个成分变量为横坐标的三维空间图形。这样,三元相图中一系列曲面及平面将相图分割成许多相空间。为了方便起见,常常利用三元相图中某些有用的截面图和投影图进行相图分析。

4.7.1.1 三元相图的成分表示方法

三元系的成分一般用两个成分变量坐标构成的三角形表示。此三角形称作浓度三角形或成分三角形。常用的浓度三角形的形式有等边浓度三角形、等腰浓度三角形和直角浓度三角形。

1. 等边浓度三角形

等边浓度三角形 ABC 如图 4-56 所示。三个顶点表示纯组元 A、B、C,三条边分别为用质量分数或摩尔分数表示的三个二元系(A-B、B-C 和 C-A)的成分。在等边浓度三角形中,通过任意一个成分点 O 分别做各边的平行线,取截距 a、b、c,利用等边三角形的关系很容易证明 $Cb + Ac + Ba = 100\%$ 及 $Be + Cf + Ad = 100\%$。因此,Be 或 Cb、Ac 或 Cf、Ba 或 Ad 分别表示 A、B 和 C 组元的成分(质量分数或摩尔分数)。与二元系相仿,习惯上按顺时针方向顺序读取三组元的成分。

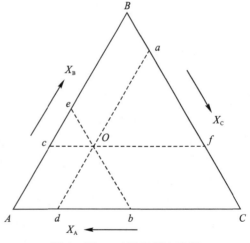

图 4-56 三元系等边浓度
三角形成分的表示方法

以下是等边浓度三角形中两种具有特定意义的直线。

1) 平行于等边浓度三角形某一边的直线

很容易理解,对于所有成分位于此线上的合金,其所含与此边相对应顶点所代表的组元的质量分数或浓度均相等。如在图 4-57 中,成分位于 ab 线上的合金,组元 B 的质量分数或浓度均相同,其数值由 AB 边上的 Aa 或 BC 边上的 Cb 表示。

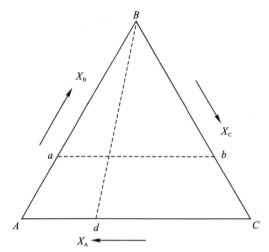

图 4 - 57 　三元系等边浓度三角形中特定意义的线

2）通过等边浓度三角形某一顶点的直线

利用相似三角形的性质很容易证明，凡成分位于此线上的合金，所含另外两顶点所代表的组元的质量分数比或浓度比为恒定值。如图 4-57 中，成分位于 Bd 线上的合金，组元 A、C 的质量分数比均为 Cd/Ad。如果 d 点恰好是 A-C 二元系中一个具有恒定化学计量比的稳定化合物 A_mC_n 的成分点，则 A_mC_n 可看作一个单一组元；Bd 连线上的所有合金组成的相图就像一个由 B 和 A_mC_n 组成的二元系，称为伪二元系。一般陶瓷二元相图都是伪二元系。例如 SiO_2 - Al_2O_3 相图可以看成是 Si - Al - O 三元系的一个垂直截面。如果 A_mC_n 不是一个具有恒定化学计量比的稳定化合物，则一般不能将其当作单一组元处理。

2. 等腰浓度三角形

如果待分析的三元系中某一组元（如 B）含量很少，合金成分点必然都落在靠近浓度三角形中 AC 边附近的狭长地带内。为了将这部分相图更清楚地表示出来，可将 AB 和 BC 边按比例放大，使浓度三角形变成了等腰三角形。应用时只需取其靠近 AC 边的部分，如图 4-58 所示。读合金成分时，过成分点 O 分别作平行于两腰的平行线，使其分别交于 a、c 点，合金 O 中 A、C 组元的浓度可依次用 Ca 和 Ac 表示。等腰浓度三角形适用于研究微量第三组元的影响。

3. 直角浓度三角形

若研究对象以 A 组元（B、C 亦然）为主，其余两组元含量很少，则其成分点集中在浓度三

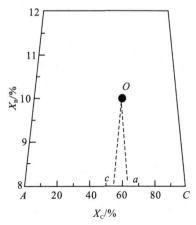

图 4 - 58 　等腰浓度三角形及其成分的表示方法

角形中角 A 的附近区域。为清楚地表示这部分相图，可采用直角浓度三角形进行分析，如图 4-59 所示，合金 O 中 B 组元成分 X_B 为 10%，C 组元成分 X_C 为 10%，A 组元成分 X_A

为 80%。

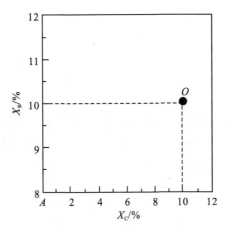

图 4-59 直角浓度三角形及其成分的表示方法

4.7.1.2 直线法则、重心法则与杠杆定律

三元系的直线法则可表述为:将成分点分别为 α 和 β 的三元合金(也可是相或混合物) 混合熔化后形成的新合金(或混合而成的混合物)R,其成分点 R 必然在成分点 α 和 β 的连线上,如图 4-60 所示。

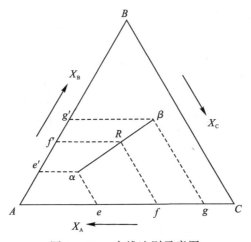

图 4-60 直线法则示意图

直线法则的证明如下:

按照成分表示方法,合金 R、α、β 中组元 A 的浓度依次为 fC、eC 和 gC。设合金 R、α、β 的质量分别为 W_R、$W_α$、$W_β$,则它们所含 A 组元的量依次分别为 $W_R fC$、$W_α eC$、$W_β gC$。根据质量守恒定律,混合前后 A 组元的总量不变,因而

$$W_R fC = (W_α + W_β)fC = W_α eC + W_β gC \tag{4-17}$$

稍加整理得

$$W_α(eC - fC) = W_β(fC - gC) \tag{4-18}$$

根据图 4-60,则有

$$eC - fC = ef,\ fC - gC = fg$$

因而可得

$$\frac{W_\alpha}{W_\beta} = \frac{fg}{ef} \qquad (4-19)$$

同理可证

$$\frac{W_\alpha}{W_\beta} = \frac{f'g'}{e'f'} \qquad (4-20)$$

显然,合金 R 的成分点必然是过 f 点平行于 BC 边的直线与过 f' 点平行于 AC 边的直线的交点。利用图 4-60 中的平面几何的相似三角形关系可很容易地证明,合金 R 的成分必然落在成分点 α 和 β 的连线上,并且形成合金 R 所需的 α 和 β 的相对量关系服从杠杆定律,即

$$\frac{f'g'}{e'f'} = \frac{fg}{ef} = \frac{R\beta}{\alpha R} = \frac{W_\alpha}{W_\beta} \qquad (4-21)$$

上述分析说明在三元相图中直线法则与杠杆定律是等价的。显然上述分析也适用于某一合金分解成两个不同的相的情况。根据直线法则,给定合金在某一温度下处于两相平衡时,合金成分点与两个平衡相成分点必然落在同一条直线上。

应用杠杆定律可直接证明,如果三元合金 R 分解成 α 相、β 相和 γ 相三相(或由此三相组成),且三相重量依次为 W_α、W_β 和 W_γ,则合金 R 的成分点必然落在 $\Delta\alpha\beta\gamma$ 的重心处,如图 4-61 所示。因此合金 R 的重量 W_R 与此三相的重量有如下关系:

$$W_R \times Rd = W_\alpha \times \alpha d \Rightarrow w_\alpha = \frac{W_\alpha}{W_R} = \frac{Rd}{\alpha d} \times 100\% \qquad (4-22)$$

$$W_R \times Re = W_\beta \times \beta e \Rightarrow w_\beta = \frac{W_\beta}{W_R} = \frac{Re}{\beta e} \times 100\% \qquad (4-23)$$

$$W_R \times Rf = W_\gamma \times \gamma f \Rightarrow w_\gamma = \frac{W_\gamma}{W_R} = \frac{Rf}{\gamma f} \times 100\% \qquad (4-24)$$

这就是三元相图的重心法则。式中,w_α、w_β 和 w_γ 依次表示合金 R 中 α 相、β 相和 γ 相的质量分数。

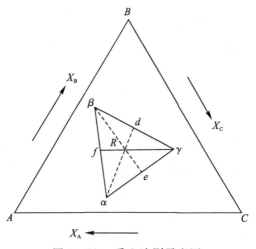

图 4-61　重心法则示意图

4.7.1.3　相区相邻法则

相图的相邻相区中相的数目差等于 1,这是通用的相区相邻法则。对于三元相图,相邻相区是指在立体相图中彼此以面为界的相区。在等温截面图和垂直截面图上这些相区彼此以线为界。

4.7.2　三元匀晶相图

4.7.2.1　相图及其投影图

若三元系中每对组元在液态和固态均能完全互溶,它们组成的三元系也会具有同样特征,这样的三元系相图称三元匀晶相图,如图 4-62 所示。在这个相图中,浓度三角形构成相图的底面;A-B、A-C 和 B-C 分别组成三个液态和固态都完全互溶的二元匀晶相图,构成立体图的三个侧面;T_A、T_B 和 T_C 分别为组元 A、B 和 C 的熔点。因此,在立体图 4-62 上有三个温度轴,且分别以三个二元匀晶相图的液相线和固相线为边缘,构成了液相面和固相面。液相面以上为液相区,固相面以下为单一的 α 固相区,液相面与固相面之间为 $L+\alpha$ 两相平衡区。液相面与固相面为一对共轭曲面:由液相和 α 固溶体达到平衡时——一一对应的成分点共同组成的曲面。

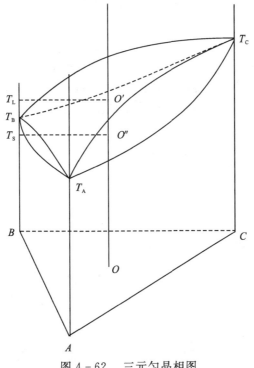

图 4-62　三元匀晶相图

三元匀晶相图的液、固相面上无任何点与线,其在浓度三角形上的投影就是浓度三角形本身。因此有实用价值的是等温线投影图,即一系列等温截面与某一特定相界面(液相面或固相面)的交线投影到浓度三角形上,并在每条线上标明相应的温度。等温线投影图可用于分析给定相界面在相空间中的变化趋势及特定合金进入或离开特定相区的大致温度。如图4-63所示，合金O在稍高于T_4的温度开始凝固；在稍低于T_4的温度凝固完成。

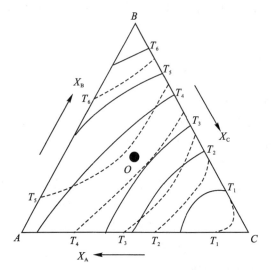

图4-63　三元匀晶相图投影图

（实线表示液相面等温线，虚线表示固相面等温线，$T_1 > T_2 > \cdots > T_6$）

4.7.2.2　固溶体的结晶过程

合金O从液态缓冷至室温的过程如图4-64(a)所示。当熔体冷却至液相面O'温度时，成分点为O点的液相中开始结晶出成分为s的α固溶体，随着温度的下降，液相的量不断减少，α相的量不断增多。在结晶过程中，液相成分沿液相面变化，其轨迹为$O'l_1l_2\cdots l$；α

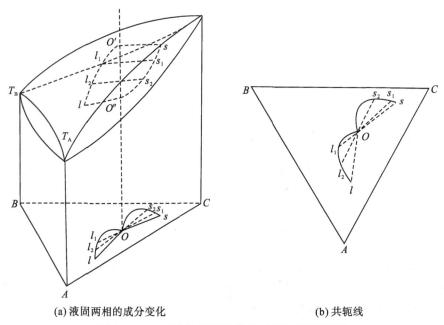

(a) 液固两相的成分变化　　　　　　　　　　　(b) 共轭线

图4-64　三元匀晶系固溶体结晶过程示意图

相沿固相面变化,其轨迹为 $ss_1s_2\cdots O'$。根据直线法则,平衡相 L、α 的成分点和 O 点始终处于一条直线上。相图中平衡相成分点的连接线称作共轭线。当温度降至固相面 O' 温度时,结晶过程结束。共轭线随温度下降的变化顺序为 sO',s_1Ol_1,s_2Ol_2,$\cdots$,$O'l$,它在浓度三角形上的投影形成一个蝴蝶形图形,如图 4-64(b) 所示。

4.7.2.3　等温截面图

用一个水平平面切割三元相图,就得到一个三元相图的等温截面,它可以清楚地表示给定温度下的相平衡关系。用系列等温截面图还可分析给定合金的相转变。应用 $T=T'$ 的等温截面切割相图时分别与液相面和固相面交于曲线 $l_1'l_2'$ 和 $s_1's_2'$,如图 4-65(a) 所示。将其投影到浓度三角形上即获得了 T' 的等温截面图,如图 4-65(b) 所示。由于 l_1l_2 和 s_1s_2 是 $l_1'l_2'$ 和 $s_1's_2'$ 在浓度三角形上的投影,因此 l_1l_2 和 s_1s_2 为一对共轭曲线。根据相律,三元系在恒温下两相平衡时的自由度为 1,两相区中有一个相的成分可独立变化,因此等温截面图上两相区中的共轭线不能用几何方法求出。但如果有一个平衡相的成分确定,另一相的成分也随之确定。图 4-65(b) 同时表示了温度 T' 下的一系列共轭线。如果合金 O 的成分点所在共轭线 mn 已经确定,则可利用杠杆定律计算两相的相对量。

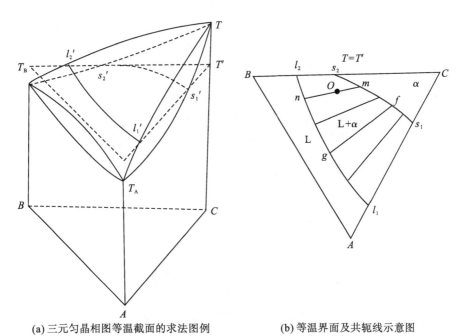

(a) 三元匀晶相图等温截面的求法图例　　　(b) 等温界面及共轭线示意图

图 4-65　三元匀晶相图等温截面的求法图例和等温界面及共轭线示意图

4.7.2.4　垂直截面图

垂直截面图是用垂直于浓度三角形的竖直平面切割三元相图所得到的图形。实用三元相图变温截面多选用通过浓度三角形顶点或平行于浓度三角形某一边的垂直截面。垂直截面图主要用于分析合金发生的相转变及其温度范围。图 4-66 同时给出了过顶点 B 和平行 AB 边的垂直截面图。垂直截面图上有与二元匀晶相图相似的液相线和固相线,因此可很方便地在垂直截面图上确定合金的结晶开始温度 T_L 和结晶终了温度 T_S。但垂直截面图上的液相线和固相线实际上只是垂直截面与液相面及固相面的交截线而不是一对共轭曲线,它们之间不存在相平衡关系。因此,三元相图垂直截面不能给出平衡相的成分,也不能在垂直截面上使用杠杆定律。

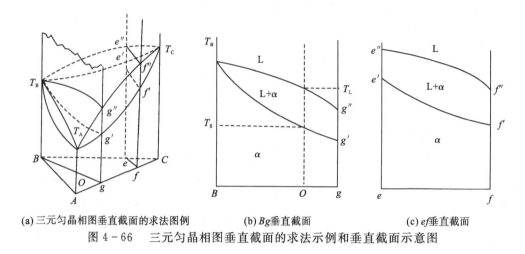

(a) 三元匀晶相图垂直截面的求法图例　　　(b) Bg垂直截面　　　(c) ef垂直截面

图 4-66　三元匀晶相图垂直截面的求法示例和垂直截面示意图

4.7.3　三元共晶相图

4.7.3.1　液态完全互溶、固态完全不溶且有共晶转变的三元共晶相图

1. 相图分析

首先分析一个假想的最简单的三元共晶相图。图 4-67 为三组元在液态完全互溶、固态完全不溶且有共晶转变时的三元共晶相图。在此相图中,相图的 3 个侧面为 3 个固态完全不溶的二元共晶相图,分别具有以下的共晶转变:

$$L_{E_1} \leftrightarrow (A+B)_{共晶}, \quad L_{E_2} \leftrightarrow (B+C)_{共晶}, \quad L_{E_3} \leftrightarrow (A+C)_{共晶}$$

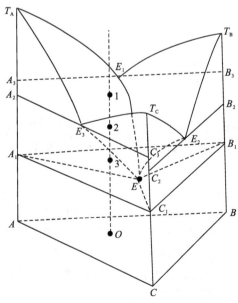

图 4-67　固态完全不溶的三元共晶相图

　　由于第三组元的加入，两相共晶转变可在一定温度范围内连续进行，这样，3 个共晶点变成了 3 条两相共晶转变线 E_1E、E_2E 和 E_3E，且交汇于 E 点。E 点即三元共晶相图中的三相共晶点。成分点为 E 的液体在温度 T_E 下发生三相共晶转变 $L_E \rightarrow (A+B+C)_{共晶}$。此时，系统处于四相平衡状态。根据相律，$T_E$ 时的自由度 $f = 0$，即温度及各平衡相成分均为定值，所以过 E 点的等温平面即是四相平衡面（也称三相共晶平面），也是此相图的固相面。

　　A-B 系和 C-A 系的液相线和两相共晶线 E_1E 和 E_3E 围成液相面 $T_AE_3EE_1T_A$，液相面以下，$L \rightarrow A_{初晶}$。同样，$T_BE_1EE_2T_B$ 和 $T_CE_3EE_2T_C$ 分别为围成的另两个液相面，两液相面以下结晶出初晶 B 和初晶 C。在液相面以下，固相面以上还有 6 个两相共晶曲面（两相平衡曲面）$A_1A_3E_1EA_1$、$B_1B_3E_1EB_1$、$A_1A_2E_3EA_1$、$C_1C_3E_3EC_1$、$B_1B_2E_2EB_1$、$C_1C_2E_2EC_1$。两相共晶曲面由一系列水平直线组成，这些水平直线实质上都是共轭线，其一端在纯组元的温度轴上，另一端在两相的共晶线上，如图 4-68 所示。两相共晶曲面 $A_1A_3E_1EA_1$、$B_1B_3E_1EB_1$ 和 B-A 系二元相图形成的侧面 $A_3A_1B_1B_3A_3$ 围成的不规则三棱柱体构成了 L+B+A 的三相平衡区，在该三相区中发生有两相共晶转变 $L \rightarrow (B+A)_{共晶}$。这个三相区起始于 B-A 二元系的共晶线 $A_3E_1B_3$，终止于三相共晶平面 $\triangle A_1EB_1$。E_1E、A_3A_1、B_3B_1 分别代表了 3 个平衡相的成分随温度的变化规律，因此称作单变量线。另外 4 个两相共晶曲面与相应的相图侧面也围成了另两个三相平衡区 L+A+C 和 L+B+C，发生的三元系两相共晶转变形式相同。两相共晶曲面与液相面之间的相空间分别为 3 个两相平衡区：L+A、L+B、L+C。图 4-69 是 L+A 两相平衡区的形状示意图。

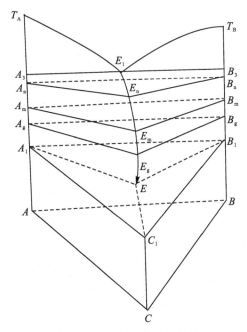

图 4-68　三元共晶相图的三相平衡区示意图

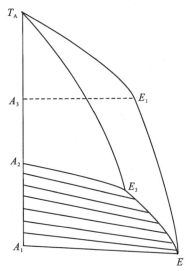

图 4-69　固态完全不溶的三元共晶相图中两相平衡区的形状示意图

2. 等温截面图

相图 4-67 在几个典型温度下的等温截面图如图 4-70 所示。由于三相平衡区是以 3 条单变量线组成的三棱柱体,其等温截面必然是三角形。该三角形的顶点代表该温度下 3 个平衡相的成分点,3 个组成相两两处于平衡状态,三角形的边即是它们的共轭线。这样的三角形反映了一定温度下 3 个平衡相成分的对应关系,故称之为共轭三角形或连接线三角形。对于成分点位于共轭三角形中的合金,可利用重心法则计算 3 个平衡相的相对量。利用系列等温截面图可分析合金在不同温度下的相平衡状态及冷却时的相转变过程。

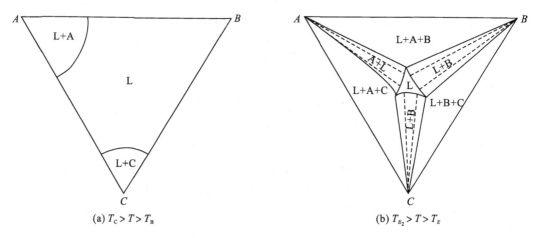

(a) $T_C > T > T_B$ 　　　　　　　　　　(b) $T_{E_2} > T > T_E$

图 4-70　固态完全不溶的三元共晶相图中的等温截面示意图

3. 垂直截面图

图 4-71(a) 中过顶点 A 的 At 线和平行 AC 边的 rs 线的垂直截面图分别如图 4-71(b) 和图 4-71(c) 所示,利用其可分析合金的结晶过程。合金 O 的成分点位于 At 线与 rs 线交点处,当合金 O 由液态缓冷至温度 1 开始析出初晶 A;继续冷至温度 2,进入三相平衡区,开始发生两相共晶转变 $L \rightarrow (A+C)_{共晶}$;当冷至温度 3(即 T_E) 即达到四相平衡,发生三相共晶转变 $L \rightarrow (A+B+C)_{共晶}$;继续冷却则进入固态三相平衡区。在垂直截面图中

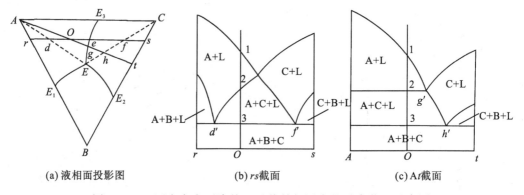

(a) 液相面投影图 　　　　　(b) rs 截面 　　　　　(c) At 截面

图 4-71　固态完全不溶的三元共晶相图中的垂直截面示意图

可见,发生两相共晶转变的三相区为顶点向上的曲边三角形,且向上的顶点与反应相 L 相区相接,在下方的另两个顶点与生成相的相区相接,这是两相共晶转变三相区的基本特征之一。

4. 投影图

将图 4-67 中的相区交线和等温线一起投影到浓度三角形上即得到该相图在浓度三角形上的投影图(图 4-72)。其中,E_1E、E_2E 和 E_3E 分别为 3 条两相共晶线的投影。

根据投影图可很方便地分析合金的相转变特点。例如,可利用投影图 4-72 分析合金 O 的相转变特点及室温组织组成物。

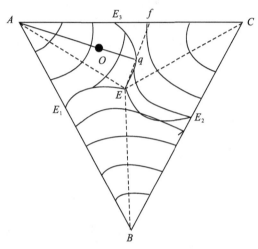

图 4-72 固态完全不溶的三元共晶相图中液相面投影图与
典型合金的结晶过程分析示意图

图 4-72 中,当熔体被缓冷至成分线与液相面交点时,液相开始析出初晶 A。随着温度的降低,液体中组元 A 的含量不断减少,根据直线法则,液相成分将沿 AOq 线由 $O \to q$ 逐渐变化。当冷却至 q 点时,液相成分点位于两相共晶线中的 q 点处,液相开始发生两相共晶转变 $L \to (A+C)_{共晶}$。此后随着温度的下降,液相中不断析出$(A+C)_{共晶}$,而其自身成分沿 qE 线变化。当温度降至四相平衡点 T_E 点,液相成分点为 E 点,此时两相共晶转变停止,开始发生三相共晶转变 $L \to (A+B+C)_{共晶}$,这时$(A+C)_{共晶}$ 的平均成分点在图 4-72 的 f 点处。只有在剩余液相完全转变为$(A+B+C)_{共晶}$后,温度才会继续下降进入固态三相平衡区。故室温下合金 O 的组织为 $A_{初晶} + (A+C)_{共晶} + (A+B+C)_{共晶}$。我们同样可利用杠杆定律或重心法则计算室温组织组成物的质量分数,即

$$w_{A初晶} = \frac{Oq}{Aq} \times 100\%, \quad w_{(A+C)共晶} = \frac{qE}{Ef} \times \frac{AO}{Aq} \times 100\%, \quad w_{(A+B+C)共晶} = \frac{qf}{Ef} \times \frac{AO}{Aq} \times 100\%$$

4.7.3.2 液态无限互溶、固态有限互溶、有共晶转变的三元共晶相图

1. 相图分析

组元在液态无限互溶、固态有限互溶、有共晶转变时的三元共晶相图如图 4-73 所示。图 4-67 中的 3 个组元在图 4-73 中变成以 3 个组元为基的有限固溶体 α、β 和 γ;3 个

固溶体凝固完成面（$T_A a'aa''T_A$、$T_B b'bb''T_B$、$T_C c'cc''T_C$），6 个固溶体单析溶解度曲面（$a'aa_0 a_0'a'$、$a''aa_0 a_0''a''$、$b'bb_0 b_0'b'$、$b''bb_0 b_0''b''$、$c'cc_0 c_0'c'$、$c''cc_0 c_0''c''$）在纯组元棱角附近分别围成了 α、β 和 γ 3 个单相区，3 个单相区的形状如图 4-74 所示；3 对共轭的固溶体单析溶解度曲面（$a'aa_0 a_0'a'$ 和 $b''bb_0 b_0''b''$、$b'bb_0 b_0'b'$ 和 $c''cc_0 c_0''c''$、$c'cc_0 c_0'c'$ 和 $a''aa_0 a_0''a''$）、3 个固溶体双析溶解度曲面（$aa_0 b_0 ba$、$bb_0 c_0 cb$、$cc_0 a_0 ac$）和 3 个两相共晶完成面（$aa'b''ba$、$bb'c''cb$、$cc'a''ac$）分别围成了 $\alpha+\beta$、$\beta+\gamma$ 和 $\alpha+\gamma$ 3 个两相区，其中 $\alpha+\beta$ 两相区如图 4-75(a) 所示；相图中有 3 个液相面（$T_A E_1 EE_3 T_A$、$T_B E_2 EE_1 T_B$、$T_C E_3 EE_2 T_C$），6 个两相共晶面（$a'aEE_1 a'$、$b''bEE_1 b''$、$b'bEE_2 b'$、$c''cEE_2 c''$、$c'cEE_3 c'$、$a''aEE_3 a''$），1 个三相共晶面 $\triangle abc$，3 条两相共晶线（$E_1 E$、$E_2 E$、$E_3 E$），E 为三相共晶点；3 个液相面、3 个固溶体凝固完成面和 6 个两相共晶面分别围成 $L+\alpha$、$L+\beta$ 和 $L+\gamma$ 3 个两相区，其中 $L+\alpha$ 两相区如图 4-75(b) 所示；6 个两相共晶面和 3 个两相共晶完成面分别围成 3 个三相区 $L+\alpha+\beta$、$L+\beta+\gamma$ 和 $L+\alpha+\gamma$，其中 $L+\alpha+\beta$ 三相区如图 4-76(a) 所示；3 个固溶体双析溶解度曲面围成 $\alpha+\beta+\gamma$ 三相区，如图 4-76(b) 所示。

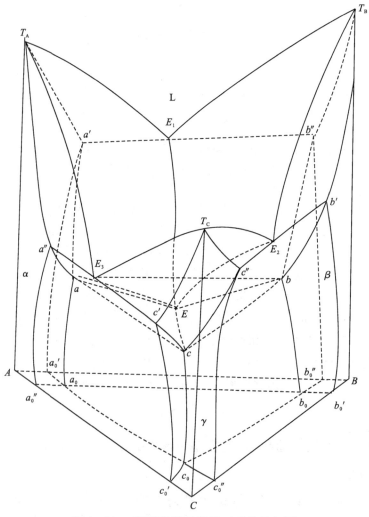

图 4-73　固态有限互溶的三元共晶相图

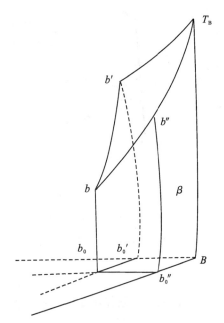

图 4-74 固态有限互溶的三元共晶相图中固相单相区示意图

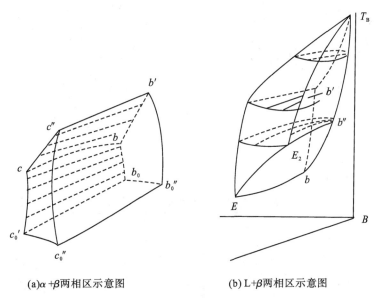

(a)α+β两相区示意图　　　(b) L+β两相区示意图

图 4-75 固态有限互溶的三元共晶相图的 α＋β 两相区及 L＋β 两相区示意图

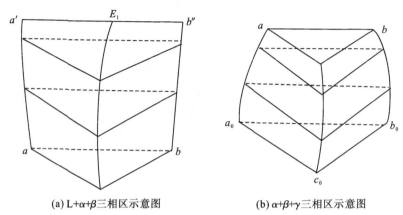

(a) L+α+β三相区示意图　　　　(b) α+β+γ三相区示意图

图 4-76　固态有限互溶的三元共晶相图中的 L＋α＋β 三相区及
α＋β＋γ 三相区示意图

2. 等温截面图

图 4-77 为不同温度下的等温截面图，它显示了三元相图等温截面图的某些共同特点。

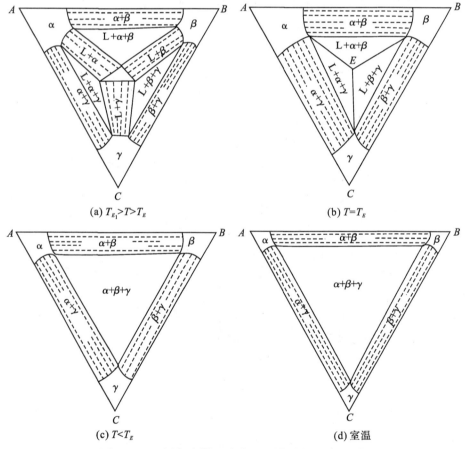

(a) $T_{E_1} > T > T_E$　　　　(b) $T = T_E$

(c) $T < T_E$　　　　(d) 室温

图 4-77　固态有限互溶的三元共晶相图中不同
温度下的等温截面示意图

（1）三相平衡区均为共轭三角形，其 3 个顶点与单相区接触，并且是该温度下 3 个平衡相的成分点；三条边是相邻的 3 个两相区的共轭线。

（2）两相区的边界一般是一对共轭曲线和两条直线。在特殊情况下，边界可退化成一条直线或一个点。两相区与其两个组成相的单相区的相界面是成对的共轭曲线，与三相区的边界则为直线。

（3）单相区的形状不规则。

此外，随着温度的下降，3 个含有 L 相的三相区的位置均沿反应相 L 的平衡成分点所指方向发生移动（见图 4-73）。这是三元系中发生两相共晶转变的三相区的又一基本特征。

3. 投影图

图 4-78 是图 4-73 的投影图，图中 AE_1EE_3A、BE_2EE_1B、CE_3EE_2C 分别为 α 相、β 相和 γ 相的液相面投影，3 个相的固相面投影依次为 $Aa'aa''A$、$Bb'bb''B$、$Cc'cc''C$。开始进入三相平衡区的 6 个两相共晶面投影：$L+\alpha+\beta$ 三相区为 $a'E_1Eaa'$ 和 $b''E_1Ebb''$，$L+\beta+\gamma$ 相区为 $b'E_2Ebb'$ 和 $c''E_2Ecc''$，$L+\alpha+\gamma$ 相区为 $c'E_3Ecc'$ 和 $a''E_3Eaa''$。固溶体单析溶解度曲面投影：$\alpha+\beta$ 相区为 $a'aa_0a_0'a'$ 和 $b''bb_0b_0''b''$；$\beta+\gamma$ 相区为 $b'bb_0b_0'b'$ 和 $c''cc_0c_0''c''$；$\alpha+\gamma$ 相区为 $c'cc_0c_0'c'$ 和 $a''aa_0a_0''a''$。$\triangle abc$ 为四相平衡三元共晶面投影。图中有箭头的线表示三相平衡时的 3 个平衡相的单变量线，箭头指向降温方向。E 点处 3 个单变量线箭头汇于一处，这是三相共晶转变的又一基本特征。利用投影图可分析各种成分的合金的凝固过程和组织组成物。图 4-79 表示了富 A 角各区的室温组织组成物。

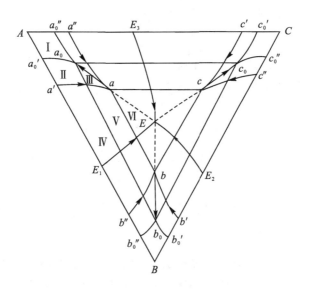

图 4-78　固态有限互溶的三元共晶相图投影图

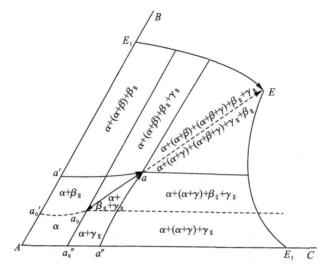

图 4-79　固态有限互溶的三元共晶相图中富 A 角室温下的组织组成物

4. 垂直截面图

图 4-80 为组元在液态无限互溶、固态有限互溶、有共晶转变时的三元共晶相图中的两个垂直截面,其中 4-80(a) 表示垂直截面在浓度三角形上相应的位置,而图 4-80(b)、图 4-80(c) 分别为 VW 和 QR 垂直截面。通常截取到四相平衡共晶平面时,在垂直截面中都形成水平线和顶点朝上的曲边三角形,呈现出共晶型四相平衡区和三相平衡区的典型特征。从 VW 截面中就可清楚地看到四相平衡共晶平面及与之相连的 4 个三相平衡区的全貌。

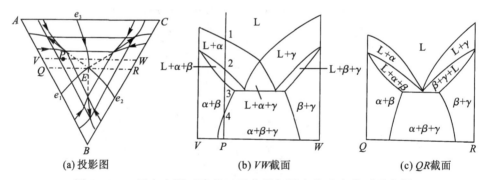

(a) 投影图　　　　　　(b) VW 截面　　　　　　(c) QR 截面

图 4-80　固态有限互溶的三元共晶相图中的垂直截面示意图

利用 VW 截面可分析合金 P 的凝固过程。合金 P 从 1 点开始凝固出初晶 α;至 2 点开始进入三相区,发生 $L \rightarrow \alpha + \beta$ 转变,冷却至 3 点液相完全消失;3 点与 4 点之间处在 $\alpha + \beta$ 两相区,α 相和 β 相分别沿着单析溶解度曲面变化,对于初生的 α 相,发生 $\alpha_{初} \rightarrow \beta_{II}$ 的组织转变;在 4 点温度以下,由于溶解度发生变化而析出 γ 相并进入 $\alpha + \beta + \gamma$ 三相区。室温组织为 $\alpha_{初} + (\alpha + \beta)_{共晶 + \beta_{II}} + \gamma_{II}$。显然,在只需确定相变临界温度时,垂直截面图比投影图更为便利。

4.7.4　三元相图中的相平衡特征

根据相律,三元系的平衡相数可以是 1 ～ 4 中的任意一个,下面介绍相平衡状态在相图中的特征。

1. 单相状态

自由度 $f=3$,单相区空间形状不受温度与成分对应关系的限制,其截面可以是任何形状。

2. 两相平衡

自由度 $f=2$,故两相平衡空间以一对共轭曲面与其两个组成相的单相区相接,在垂直或等温截面图上,都有一对曲线作为两相区与这两个单相区的分界线。两相区与三相区边界由两相平衡的共轭线组成,因此,在等温截面上,两相区与三相区边界必为一条直线。

3. 三相平衡

三元系的三相平衡空间是以组成相的三条单变量线为棱边构成的不规则三棱柱体。它的棱与 3 个组成相的单相区相接,柱面与组成相两两组成的两相区相连。三棱柱体的起始处和终止处可以是二元系的三相平衡线,也可是四相平衡的等温平面,如图 4-76 所示。

任何三相平衡空间的等温截面都是一个共轭三角形,其顶点触及 3 个组成相的单相区,其边是三相区与两相区边界线。三相平衡空间的垂直截面一般为一个曲边三角形,如图 4-71、图 4-80 所示。

三元系三相平衡的反应相可以是液相,也可以全部是固相。三相平衡空间的反应相的单变量线的位置在生成相的单变量线上方(见图 4-68),因此,三相区在等温截面上随温度下降时的移动方向始终指向反应相平衡的成分点,见图 4-81;三相区在垂直截面上,始终是反应相位于三相区上方、生成相位于三相区下方,如图 4-82 所示(图例中液相为反应相)。

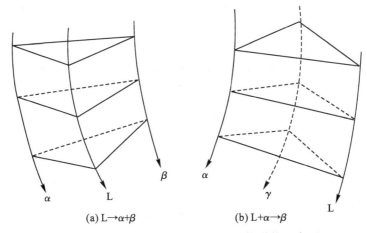

(a) L→α+β　　　(b) L+α→β

图 4-81　三元相图中两种三相区的形状示意图

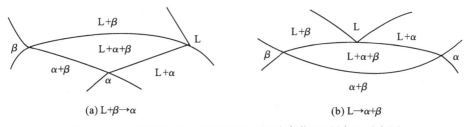

(a) L+β→α　　　(b) L→α+β

图 4-82　三元相图中两种三相区的垂直截面(局部)示意图

4. 四相平衡

三元系在四相平衡时自由度为零,即平衡相的成分和相平衡温度都是恒定的。四相平衡为一个等温平面,在垂直截面图中为一条水平线。

四相平衡平面在 4 个平衡相的成分点处分别触及 4 个平衡相;两个平衡相的共轭线是与两相区的边界,与四相平衡平面相接的两相区共有 6 个;四相平衡平面同时又是 4 个三相区的起始处或终止处。

三元系中有三种四相平衡转变。反应相和生成相可以有液相,也可以全部是固相。有液相参加的三种四相平衡区附近的空间结构如图 4-83 所示。除了可利用相图结构判定相转变类型外,还可以利用四相平衡转变中单变量线的走向准确判定相转变类型。图 4-84 表明了不同四相平衡转变的单变量线走向的特点,分别为三相共晶转变、包共晶转变和(双)包晶转变。如果反应相与生成相均为固相,图 4-84 所示的三种转变称为三相共析转变、包共析转变和(双)包析转变。

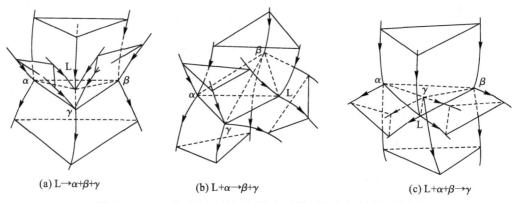

(a) L→α+β+γ　　　　(b) L+α→β+γ　　　　(c) L+α+β→γ

图 4-83　三元系中三种四相平衡区附近的空间结构示意图

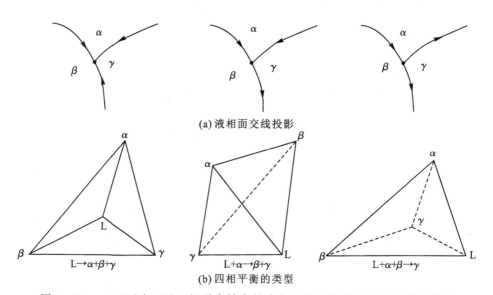

(a) 液相面交线投影

L→α+β+γ　　　　L+α→β+γ　　　　L+α+β→γ

(b) 四相平衡的类型

图 4-84　三元系中三种四相平衡转变的液相面交线投影及四相平衡的类型

4.7.5　实用三元相图举例

4.7.5.1　Fe-Cr-C系相图

1. 液相面投影图

图 4-85 为 Fe-Cr-C 三元系富 Fe 角的液相面投影图,每块液相面都对应一个初晶相。因而共有 5 个初晶相 α、γ、$C_1(M_3C)$、$C_2(M_7C_3)$、$C_3(M_{23}C_6)$。图中共有 7 条液相面单变线,它们分别对应的三相平衡转变如下:

① 共晶转变 $L \leftrightarrow C_1 + \gamma$

② 包晶转变 $L + \alpha \leftrightarrow \gamma$

③ 共晶转变 $L \leftrightarrow \gamma + C_2$

④ 共晶转变 $L \leftrightarrow \alpha + C_2$

⑤ 共晶转变 $L \leftrightarrow \alpha + C_3$

⑥ 包晶转变 $L + C_2 \leftrightarrow C_3$

⑦ 共晶转变 $L \leftrightarrow C_1 + C_2$

3 条三相平衡转变线的交汇点表示 3 个四相平衡转变:

A 点(1300 ℃):包共晶转变 $L + C_3 \leftrightarrow \alpha + C_2$

B 点(1260 ℃):包共晶转变 $L + \alpha \leftrightarrow \gamma + C_2$

C 点(1130 ℃):共晶转变 $L \leftrightarrow \gamma + C_1 + C_2$

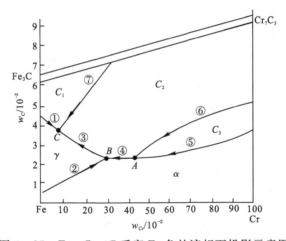

图 4-85　Fe-Cr-C系富 Fe 角的液相面投影示意图

2. Fe-Cr-C($w_{Cr} = 13\%$) 的垂直截面

图 4-86 为含 Cr13% 的 Fe-Cr-C 系垂直截面图。图中可见 3 个单相区、8 个两相区、8 个三相区、3 个四相区,根据相区相邻的关系及相区形状可对转变可能性进行判断。例如 $\alpha + \gamma + C_2$ 三相区,其上邻为 $\gamma + C_2$ 相区,下邻为 $\alpha + C_2$ 相区,说明在冷却过程中 γ 相消失,α 相生成。此外,碳在 γ(奥氏体) 相中的溶解度大于其在 α(铁素体) 相中的溶解度,发生 $\gamma \leftrightarrow \alpha$ 转变时必有碳化物析出,因而可判断 C_2 为析出相。由此可断定在此三相区内发生了二元共析转变 $\gamma \rightarrow \alpha + C_2$。其余 7 个三相区的转变分别为 $L + \alpha \rightarrow \gamma$、$L \rightarrow \gamma + C_2$、$\gamma \rightarrow$

$\alpha+C_3$、$\gamma+C_2\to C_3$、$\gamma+C_2\to C_1$、$\alpha\to C_1+C_3$、$\alpha\to C_1+C_2$。

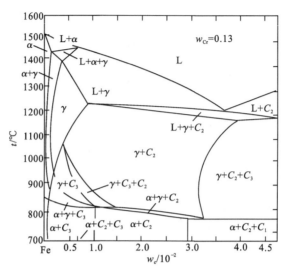

图 4-86 Fe-Cr-C 系含 13%Cr 的垂直截面示意图

四相平衡转变平面在三元相图中的垂直截面图必为一条水平直线,可根据四相平衡转变线上下相接的三相区判断其转变类型。如 795 ℃ 水平线处 α、γ、C_2 和 C_3 四相处于平衡状态。该线左上邻为 $\alpha+\gamma+C_3$ 三相区,左下邻为 $\alpha+C_2+C_3$ 三相区,说明随温度下降 γ 相消失,C_2 相生成。C_2 相生成水平线的右上邻为 $\gamma+C_2+C_3$,右下邻为 $\alpha+\gamma+C_2$,说明随温度下降 C_3 相消失,α 相生成。因此,在 795 ℃ 发生了包共析转变 $\gamma+C_3\leftrightarrow C_2+\alpha$。如果垂直截面图未截到所有与四相区相邻的 4 个三相区,仅靠一个垂直截面图则无法判定四相转变类型。图 4-86 中其余两个四相平衡转变为 $L+C_2\overset{1175℃}{\leftrightarrow}\gamma+C_1$ 和 $\gamma+C_2\overset{750℃}{\leftrightarrow}\alpha+C_1$。利用图 4-86 可分析 Cr13 型不锈钢和 Cr12 型模具钢的相转变特征。

3. Fe-Cr-C 系的等温截面图

比较富 Fe 角在 1150 ℃ 和 850 ℃ 下的等温截面图 4-87 可判别相图中的三相区转变

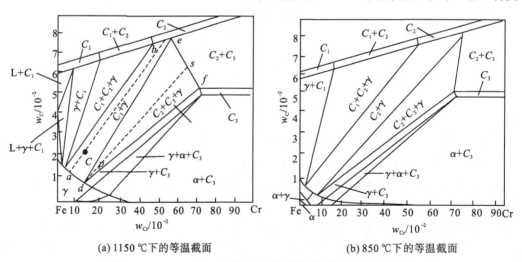

(a) 1150 ℃下的等温截面   (b) 850 ℃下的等温截面

图 4-87 Fe-Cr-C 系富 Fe 角的部分等温截面示意图

类型。如 $\gamma+C_1+C_2$ 三相区随温度下降以 $\gamma+C_2$ 为边领先向前移动,说明该相区内发生两相包析转变 $\gamma+C_2 \rightarrow C_1$。根据图 4-87 可计算相应温度下合金中各相的质量分数。

例 4-3　分析 Cr13 不锈钢(w_{Cr} 为 13%、w_C 为 0.05%)的相转变特征。

[解]　首先由液相中析出 α 相,进入 $L+\alpha$ 两相区,直至 α 相全部析出。单相 α 在冷却过程中进入 $\gamma+\alpha$ 两相区,在 1100 ℃ 以上的转变为 $\alpha \rightarrow \gamma$,在 1100 ℃ 以下为 $\gamma \rightarrow \alpha$。在随后的继续冷却过程中由于 α 相的溶解度下降,从 α 相中折出弥散的 C_3,其室温组织为 $\alpha + C_{3\mathbb{I}}$。

例 4-4　分析 Cr12 模具钢(w_{Cr} 为 13%、w_C 为 0.20%)在 1150 ℃ 下各平衡相的质量分数。

[解]　待分析的 Cr12 模具钢的成分点 C 在 1150 ℃ 下位于 $\gamma+C_2$ 两相区内,说明此温度下碳化物未全部溶解;其 C_2 相在 1150 ℃ 下的质量分数(γ 相亦然)可根据近似画出的共轭线 aCb 并利用杠杆定律求出,即

$$w_{C_2} = \frac{aC}{ab} \times 100\%, \quad w_\gamma = \frac{Cb}{ab} \times 100\%$$

例 4-5　分析 w_{Cr} 为 18% 和 w_C 为 1% 的不锈钢在 1150 ℃ 下的各相质量分数。

[解]　待分析的不锈钢成分点 P 在 1150 ℃ 下位于 $\gamma+C_2+C_3$ 三相区内。三相平衡成分点为 d、e、f。可利用重心法则计算 3 个相的质量分数:

$$w_\gamma = \frac{ps}{ds} \times 100\%, \quad w_{C_2} = \frac{sf}{ef}(1-w_\gamma) \times 100\%, \quad w_{C_3} = \frac{es}{ef}(1-w_\gamma) \times 100\%$$

4.7.5.2　Al-Cu-Mg 系相图

Al-Cu-Mg 系是航空工业中广泛应用的硬铝合金(LY 系列)的基础。图 4-88 是 Al-Cu-Mg 三元相图富 Al 角的液相面投影图。7 块液相投影面表示有 7 个初晶相:α-Al、$CuAl_2(\theta)$、$MgAl_3(\beta)$、$Mg_{17}Al_{12}(\gamma)$、$Al_2CuMg(S)$、$(Al,Cu)_{40}Mg_{32}(T)$、$Al_7Cu_3Mg_6(Q)$。E_1 是 Al-Cu 系 $L \rightarrow \alpha$-Al+θ 共晶转变点的投影,所以 E_1E_T 线是三元系的两相共晶线。

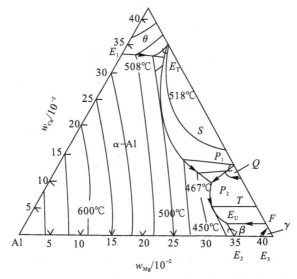

图 4-88　Al-Cu-Mg 三元相图富 Al 角液相面投影图

E_2、E_3 分别是 Al-Mg 系中共晶反应 $L \rightarrow \alpha - Al + \beta$ 和 $L \rightarrow \beta + \gamma$ 转变点的投影,因此 $E_2 E_U$ 和 $E_3 F$ 也是三元系的两相共晶转变线,根据液相单变量线的走向和液相面随温度变化的趋势,可判定其他液相单变量线所代表的三相区中发生的三相平衡转变,即 $P_2 E_T : L \rightarrow \alpha - Al + S, P_2 E_U : L \rightarrow \alpha - Al + T, PE_T : L \rightarrow S + \theta, P_1 P_2 : L + S \rightarrow T$。

E_T、E_U、P_1、P_2 是四相平衡的液相点,根据液相单变量线在交汇时的走向,可判定所对应的四相平衡转变类型如下:

E_T:三相共晶转变(508 ℃) $L \leftrightarrow \alpha - Al + \theta + S$

E_U:三相共晶转变(450 ℃) $L \leftrightarrow \alpha - Al + \beta + T$

P_1:三相包共晶转变(475 ℃) $L + Q \leftrightarrow S + T$

P_2:三相包共晶转变(467 ℃) $L + S \leftrightarrow \alpha - Al + T$

根据 Al-Cu-Mg 三元相图富 Al 角溶解度曲面的投影(见图 4-89)可知,在合金凝固后的冷却过程中,$\alpha - Al$ 的溶解度要发生变化。图中 α_0、α_1、α_2、α_3、α_4 分别表示不同温度下 Cu 和 Mg 在 $\alpha - Al$ 中的最大溶解度,其连线 $\alpha_0 \alpha_1$、$\alpha_1 \alpha_2$、$\alpha_2 \alpha_3$、$\alpha_3 \alpha_4$ 就是溶解度曲面与固相面的交线。根据图 4-89 可知,随着温度的下降,$\alpha - Al$ 的最大溶解度沿共析线变化,发生共析转变,析出次生相,这是 Al-Cu-Mg 系合金强化处理的重要依据。

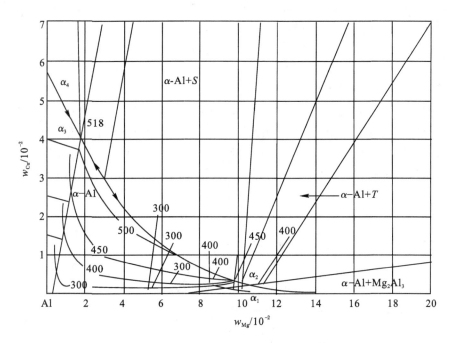

图 4-89　Al-Cu-Mg 三元相图富 Al 角的溶解度(质量分数)曲面投影图

(图中数字单位为 ℃)

4.7.5.2　CaO-SiO₂-Al₂O₃ 系相图

图 4-90 和图 4-91 分别给出了 $CaO-SiO_2-Al_2O_3$ 相图的液相面投影图和室温等温截面图。在水泥、玻璃、陶瓷、耐火材料及炼铁等工业领域中,许多产品的主要成分都是由这个三元系的组元组成的。例如 15% Al_2O_3、23% CaO、62% SiO_2 的附近都是碱性炉渣的成分,其液相温度最低可至 1170℃。

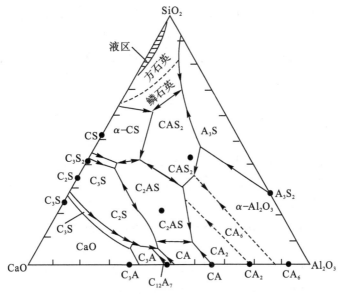

图 4 - 90　CaO - SiO$_2$ - Al$_2$O$_3$ 三元相图的液相面投影图

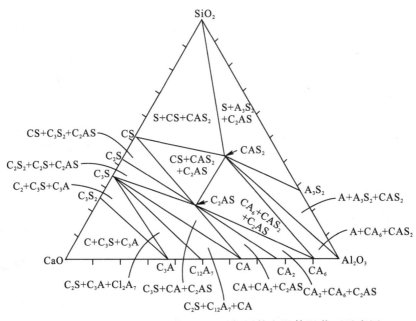

图 4 - 91　CaO - SiO$_2$ - Al$_2$O$_3$ 三元相图的室温等温截面示意图

该三元系中共有 12 种化合物,其中 7 种是稳定化合物:CS(硅灰石)、C$_2$S(正硅酸钙)、C$_{12}$A$_7$、A$_2$S$_2$(莫来石)、CAS$_2$(钙长石)、CA、C$_2$AS(钙铝黄长石);5 种是不稳定化合物:C$_3$S$_2$(硅钙石)、C$_3$S(硅酸三钙)、C$_3$A、CA$_6$、C$_2$A(这里 C、A、S 分别代表 CaO、Al$_2$O$_3$、SiO$_2$,下标表示该化合物中该组元的分子数,如 C$_2$AS 表示 2CaO - Al$_2$O$_3$ - SiO$_2$)。该三元系中包括 3 个纯组元,共有 15 个初晶相,相图中有 15 个四相平衡转变,根据液相面投影图上四相平衡点处液相单变量线的走向不难判断四相平衡转变的类型。除液相外,该三元系中各相相互间的固溶度几乎为零,结晶完成后除多晶型转变外无其他形式的固态相变。该三元相图的室温等温截面图由 15 个共轭三角形组成(见图 4-91),共轭三角形的顶点就是化合物的成分点,因此,用重心法则可方便地计算室温下三元系中任一组成的各平衡相的相对量。

习　题

1. 在 A1-Mg 合金中,x_{Mg} 为 0.15,计算该合金中镁的 w_{Mg} 为多少?

2. 根据图 4-92 所示的二元共晶相图,完成以下习题。

(1) 分析合金 Ⅰ、Ⅱ 的结晶过程,并画出冷却曲线。

(2) 说明室温下合金 Ⅰ、Ⅱ 的相和组织是什么?并计算出相组成物和组织组成物的相对量。

(3) 如果希望得到共晶组织加上相对量为 5% 的 $\beta_{初晶}$ 的合金,求该合金的成分。

(4) 合金 Ⅰ、Ⅱ 在快速冷却不平衡状态下结晶,组织有何不同。

3. 分析图 4-93 所示的 Ti-W 合金相图中,合金 Ⅰ($w_W = 0.40$) 和 Ⅱ($w_W = 0.93$) 在平衡冷却和快速冷却时组织的变化。

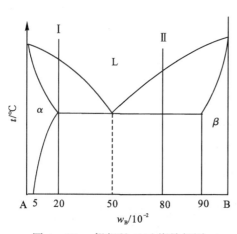

图 4-92　假想的二元共晶相图

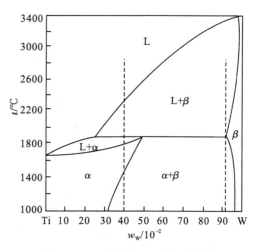

图 4-93　假想的二元包晶相图

4. 含 w_{Cu} 为 0.0565 的 Al-Cu 合金(相图见 4-94)棒,置于水平钢模中加热熔化,然后采用一端顺序结晶方式冷却,试求合金棒内组织组成物的分布,各组成物所占合金棒的百分数及沿棒长度上 Cu 浓度的分布曲线。(假设液相内溶质完全混合,固相内无扩散,界面平直移动,液相线与固相线呈直线)

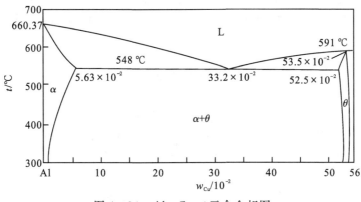

图 4-94　Al-Cu 二元合金相图

5. 参看图 4-37 的 Cu-Zn 相图,指出图中有多少三相平衡,写出它们的反应式。并分析 w_{Zn} 为 0.4 的 Cu-Zn 合金平衡结晶过程中的冷却曲线,主要转变反应式及室温相组成物与组织组成物。

6. 根据下列数据绘制 Au-V 二元相图。已知金和矾的熔点分别为 1064 ℃ 和 1920 ℃。金与钒可形成中间相 $\beta(AuV_3)$。钒在金中的固溶体为 α,其室温下的溶解度 $w_V = 0.19$;金在钒中的固溶体为 γ,其室温下的溶解度 $w_{Au} = 0.25$。合金系中有两个包晶转变,即

(1)$\beta(w_V = 0.4) + L(w_V = 0.25) \overset{1400\ ℃}{\longleftrightarrow} \alpha(w_V = 0.27)$

(2)$\gamma(w_V = 0.52) + L(w_V = 0.345) \overset{1522℃}{\longleftrightarrow} \beta(w_V = 0.45)$

7. 计算含 w_C 为 0.04 的铁碳合金按亚稳态冷却到室温后组织中的珠光体、二次渗碳体和莱氏体的相对量,并计算组成物珠光体中渗碳体和铁素体及莱氏体中二次渗碳体、共晶渗碳体与共析渗碳体的相对量。

8. 根据显微组织分析,一灰口铁内含有 12% 的石墨和 88% 的铁素体,试求其 w_C。

9. 汽车挡泥板应选用高碳钢还是低碳钢来制造?

10. 800 ℃ 时,试求:

(1) $w_C = 0.002$ 的钢内存在哪些相?

(2) 写出这些相的成分。

(3) 各相所占的相对量是多少?

11. 根据 Fe-Fe$_3$C 相图:

(1) 比较 $w_C = 0.004$ 的合金在铸态和平衡状态下的结晶过程和室温组织有何不同。

(2) 比较 $w_C = 0.019$ 合金在慢冷和铸态下的结晶过程和室温组织的不同。

(3) 说明不同成分区铁碳合金的工艺性(铸造性、冷热变形性)。

12. 试应用杠杆定律证明重心法则。

13. 图 4-95 为 Pb-Sn-Zn 三元相图液相面投影图。

(1) 在图上标出合金 X($w_{Pb} = 0.75$、$w_{Sn} = 0.15$、$w_{Zn} = 0.10$) 的位置、合金 Y($w_{Pb} = 0.50$、$w_{Sn} = 0.30$、$w_{Zn} = 0.20$) 的位置及合金 Z($w_{Pb} = 0.10$、$w_{Sn} = 0.10$、$w_{Zn} = 0.80$) 的位置。

（2）若将 2 kg X、4 kg Y 及 6 kg Z 混熔成合金 W，指出 W 的成分点位置。

（3）若有 3 kg 合金 X，问需要配多少何种成分的合金才能混合成 6 kg 合金 Y？

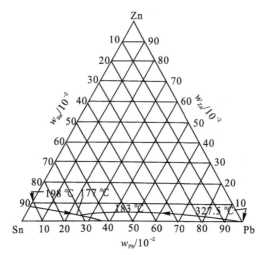

图 4-95　Pb-Sn-Zn 三元相图的液相面投影图

14. 若合金 R 由 α、β、γ 三相组成，合金 R 及三相中的组元 A 的含量依次为 A_R、A_α、A_β、A_γ；组元 B 的含量依次为此 B_R、B_α、B_β、B_γ；组元 C 的含量依次为 C_R、C_α、C_β、C_γ。试利用代数方法求合金 R 中三相的质量分数。

15. 试说明三元相图的垂直截面的两相区内杠杆定律不适用的原因。

16. 试分析图 4-96 中①、②、③、④ 和 ⑤ 区内合金的结晶过程、冷却曲线及组织变化示意图，并在图上标出各相的成分变化路线。

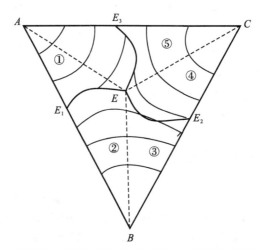

图 4-96　组元在液态完全互溶、固态完全不溶、有共晶转变时的三元共晶相图液相面投影图与典型合金的结晶过程分析示意图

17. 只有单析溶解度曲面或双析溶解度曲面投影内的二元合金，才有一个次生相或两个次生相析出。这句话对吗？

18. 在二元相图中,液相面投影图十分重要,根据它就可以判断该合金系凝固过程中所有的相平衡关系。这句对话吗?

19. 试分析图 4-78 中 Ⅰ、Ⅱ、Ⅲ、Ⅳ 和 Ⅴ 区内合金的结晶过程,冷却曲线及组织组成物。

20. 请在图 4-88 中指出合金 X($w_{Cu} = 0.15$,$w_{Mg} = 0.05$)及合金 Y($w_{Cu} = w_{Mg} = 0.20$)的成分点、初生相及开始凝固温度,并根据液相单变量线的走向判断所有四相平衡转变的类型。

21. $w_{Cr} = 0.18$、$w_C = 0.01$ 的不锈钢,其成分点在 1150 ℃ 下的截面图(见图 4-87(a))中的 p 点处,合金在 1150 ℃ 时各平衡相质量分数应如何计算?

22. 利用图 4-86 分析 2Cr13 型不锈钢($w_{Cr} = 0.13$、$w_C = 0.0002$)、4Cr13 不锈钢($w_{Cr} = 0.13$、$w_C = 0.0004$)和 Cr12 型模具钢($w_{Cr} = 0.13$、$w_C = 0.02$)的凝固过程及组织组成物,并说明它们的组织特点。

23. 根据图 4-97 分析陶瓷($w_{SiO_2} = 0.57$、$w_{CuO} = 0.38$、$w_{Al_2O_3} = 0.05$)的凝固顺序及室温下各相的质量分数。

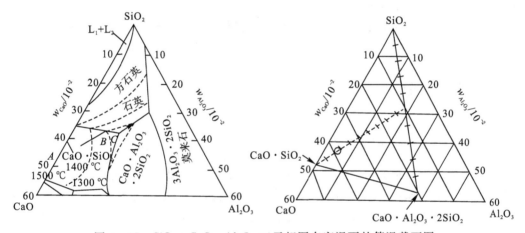

图 4-97　SiO_2-CaO-Al_2O_3 三元相图在室温下的等温截面图

第5章　　固体中的扩散

在物质系统中,一般总会存在物质的传输过程。以溶体中物质的传输为例,如果溶质与溶剂同方向运动,这种传输称为对流,如果只是溶质的传输,这个过程则称为扩散。扩散是物质传输的一种形式,在扩散过程中多数情况下不涉及溶剂的传输;即便存在溶剂的传输,其方向也与溶质传输的方向相反。固体中的物质传输一般不存在对流,因此扩散是固体中唯一的物质传输方式。扩散是固态材料中的一个重要现象,它与材料的提纯与除气、金属的腐蚀、铸件的均匀化退火、变形金属的恢复与再结晶、粉末冶金的烧结、材料的固态相变、物理和化学气相沉积及各种表面化学热处理等均密切相关。要深入了解、控制和利用这些过程,就必须掌握扩散的相关知识。

本章主要讨论固态材料中扩散的基本规律、微观理论、扩散机制及影响扩散的因素等内容。

5.1　扩散现象

5.1.1　几种典型的扩散现象

生活中有许多常见的与扩散相关的现象,如滴入水中的墨水均匀化、盐的溶解等都是人们对扩散的直接印象。固体中也有类似的扩散现象,如合金凝固过程中形成的枝晶偏析在扩散退火过程中的成分均匀化,齿轮、轴承类零件的渗碳、渗氮处理,以及金属表面的氧化现象等都是典型的扩散现象。但固体中一般不会发生对流,因此,扩散往往是固体中物质传输的唯一方式,固体中的扩散也称固态扩散。典型的固态扩散包括半导体掺杂、固溶体形成与分解、离子晶体的形成与分解、固相反应、相变、烧结、材料的表面处理等。

19世纪,波义耳(R. Boyle)首先开始了固态扩散的研究;对扩散理论作出里程碑贡献的人是菲克(A. Fick),他在研究有机生物的基本过程时,得出了扩散中原子的通量与质量浓度梯度成正比的结论;爱因斯坦将菲克的原始公式加以修正并应用于液体中的布朗运动;在19世纪后期,罗伯特(Roberts)测量了Au在Pb中的扩散,从此开始了固体中扩散的研究。经过一百多年的发展,无论是理论研究还是实际应用,扩散研究均取得了迅速发展。

现在,人们已经清楚扩散本质上是原子或离子迁移的微观过程引起的物质的宏观输运。扩散产生的物质迁移会直接影响材料的结构或成分分布,进而影响或改变材料的性能。因而固态扩散是材料的成分设计、制备及性能控制需要考虑的重要因素。针对固态扩散的研究无论在理论上还是在实际应用中都有重要意义。通过扩散的研究还可以了解和分析固体的结构、原子的结合状态及固态相变的机制;从实际应用方面讲,由于固体中发生的许多变化过程都与扩散密切相关,例如,金属的熔炼、材料的提纯、铸件的成分均匀化、变形金属的回复再结晶、各种涉及相间成分变化的相变、化学热处理、粉末烧结、高温下金属的蠕变及金属的腐蚀氧化、异种材料的焊接等过程,都是通过原子的扩散进行的,并受到扩散过程的控制。通过扩散的研究可以对上述过程进行定量或半定量的计算及理论分析、预测,进而有效指导材料的实际生产及性能的控制。例如,工件在服役过程中,可能因扩散产生溶质的再分配和新相的出现,对工件的组织和性能带来影响。如奥氏体不锈钢管件因扩散出现 α 相使性能降低;在电子封装方面,如果钎焊接头中的金属间化合物层因扩散而生长过厚,那么金属间化合物的室温脆性很容易导致接头失效。

因此,认识和掌握扩散的基本规律及其微观机制具有重要的理论意义和实际应用价值。

5.1.2　固态扩散分类

固态物质中的原子在不同的情况下可以按照不同的方式扩散,扩散速度可能存在明显的差异。综合起来,固态扩散可以分为以下几种类型。

(1)根据扩散后有无溶质原子浓度变化,可将扩散分为自扩散和互扩散。原子经由自身晶体点阵而迁移的扩散为自扩散,如纯金属或固溶体的晶粒长大,扩散过程中无溶质原子的浓度变化;原子通过进入对方元素晶体点阵而导致的扩散为互扩散,互扩散过程中往往表现为有溶质原子的浓度变化。

(2)根据扩散前后溶质原子的浓度变化结果,可将扩散分为下坡扩散和上坡扩散。原子由高浓度处向低浓度处进行的扩散为下坡扩散,也称顺坡扩散;原子由低浓度处向高浓度处进行的扩散为上坡扩散,也称逆扩散。

(3)根据是否出现新相,可将扩散分为原子扩散和反应扩散。扩散过程始终不出现新相的扩散为原子扩散;由于扩散导致新相形成的扩散为反应扩散。

(4)根据原子的扩散路径,可将扩散分为体扩散、表面扩散、晶界扩散、位错扩散、层错扩散等。其中,在晶粒内部进行的扩散为体扩散,沿固体表面进行的扩散为表面扩散,沿晶界进行的扩散为晶界扩散,此外还有沿位错线的位错扩散、沿层错面的层错扩散等。沿晶体缺陷扩散的扩散速度比体扩散要快得多,一般称这种扩散为短路扩散。

5.2　扩散的宏观规律

5.2.1　菲克第一定律

以金属和合金为例,在纯金属中,原子的跳动是随机的,不能形成宏观的扩散流;在合金中,虽然单个原子的跳动也是随机的,但是在有扩散推动力的作用下,就会产生宏观的扩散流。例如,具有严重晶内偏析的固溶体合金在高温扩散退火过程中,原子不断从高浓度向低浓度方向扩散,最终合金的浓度逐渐趋于均匀。

菲克(A. Fick)于 1855 年参考导热方程对扩散现象进行了研究,并通过实验确立了扩散物质量与其浓度梯度之间的宏观规律 —— 菲克第一定律,即单位时间内通过垂直于扩散方向的单位截面积的物质质量(J ,扩散通量)与该物质在该面积处的浓度梯度 $\dfrac{\partial C}{\partial x}$ 成

正比,数学表达式为

$$J = -D\frac{\partial C}{\partial x} \qquad\qquad (5-1)$$

式中,扩散通量 J 表示单位时间内通过垂直于扩散方向 x 的单位面积的扩散物质质量,
$kg/(m^2 \cdot s)$；D 为扩散系数,m^2/s；C 是扩散物质的质量浓度,kg/m^3；"—"表示扩散由高
浓度向低浓度方向进行,如图 5-1 所示。式(5-1)称为扩散第一方程。

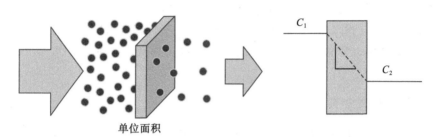

单位面积

图 5-1　扩散通过单位面积的情况及浓度梯度示意图

以下几点需要注意。

(1)扩散第一方程与经典力学的牛顿第二定律、量子力学的薛定谔方程一样,是被大
量实验所证实的公理,是扩散理论的基础。

(2)浓度梯度一定时,原子的扩散能力仅取决于扩散系数 D。扩散系数并非常数,而
是与很多因素有关。扩散系数越大,扩散速度越快。扩散系数可通过实验的方式测得,如
示踪原子扩散法、化学扩散法等。

(3)当 $\frac{\partial C}{\partial x} = 0$ 时,$J = 0$,表明在浓度均匀的系统中,尽管原子的微观运动仍然在进
行,但是不会产生宏观的扩散现象。但这一结论仅适合于下坡扩散的情况。

(4)菲克第一定律不仅适合于固体,也适合于液体和气体中原子的扩散。

(5)在菲克第一定律中没有给出扩散与时间的关系,故此定律适合于描述 $\frac{\partial C}{\partial t} = 0$ 的
稳态扩散,即在扩散过程中,系统各处的浓度不随时间变化的情况。

5.2.2　菲克第二定律

稳态扩散的情况很少见,有些扩散虽然不是稳态扩散,只要原子浓度随时间的变化
很缓慢,就可以按照稳态扩散处理。实际上大多数扩散过程都是非稳态扩散过程,某一点
的浓度是随时间而变化的,即 $\partial C/\partial t \neq 0$。对于这种非稳态扩散,可以通过菲克第一定律
结合质量守恒条件推导出的菲克第二定律来解决。

如图 5-2 所示,假设流入微元体(x 处)和流出微元体($x+\Delta x$ 处)的扩散通量分别为
J_x 和 $J_{x+\Delta x}$,则在 Δt 时间内微元体内累积的扩散物质质量为

$$\Delta m = (J_x \cdot A - J_{x+\Delta x} \cdot A) \cdot \Delta t$$

$$\frac{\Delta m}{\Delta x \cdot A \cdot \Delta t} = \frac{(J_x \cdot A - J_{x+\Delta x} \cdot A) \cdot \Delta t}{\Delta x \cdot A \cdot \Delta t} = \frac{J_{x+\Delta x} - J_x}{\Delta x}$$

当 $\Delta x \to 0$、$\Delta t \to 0$ 时,有

$$\frac{\partial C}{\partial t} = -\frac{\partial J}{\partial x} \tag{5-2}$$

将扩散第一方程(5-1)带入式(5-2),得

$$\frac{\partial C}{\partial t} = \frac{\partial}{\partial x}\left(D\frac{\partial C}{\partial x}\right) \tag{5-3}$$

扩散系数 D 一般是浓度的函数,当它随浓度变化不大或者浓度很低时,可以视为常数,故式(5-3)可以简化为

$$\frac{\partial C}{\partial t} = D\frac{\partial^2 C}{\partial x^2} \tag{5-4}$$

式(5-2)、式(5-3)、式(5-4)称为一维扩散的菲克第二定律或扩散第二定律,式(5-4)称为扩散第二方程。

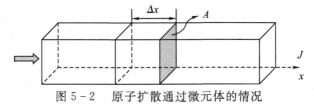

图 5-2　原子扩散通过微元体的情况

对于三维扩散,在直角坐标系下的扩散第二定律可由式(5-3)拓展为

$$\frac{\partial C}{\partial t} = \frac{\partial}{\partial x}\left(D_x\frac{\partial C}{\partial x}\right) + \frac{\partial}{\partial y}\left(D_y\frac{\partial C}{\partial y}\right) + \frac{\partial}{\partial z}\left(D_z\frac{\partial C}{\partial z}\right) \tag{5-5}$$

对各向同性扩散系统,如立方晶系,有 $D_x = D_y = D_z = D$,若扩散系数 D 与浓度无关,则

$$\frac{\partial C}{\partial t} = D\left(\frac{\partial^2 C}{\partial x^2} + \frac{\partial^2 C}{\partial y^2} + \frac{\partial^2 C}{\partial z^2}\right) \tag{5-6}$$

或者简写为

$$\frac{\partial C}{\partial t} = D\,\nabla^2 C \tag{5-7}$$

与菲克第一定律不同,菲克第二定律中的浓度可以采用任何浓度单位。菲克第二定律表达了扩散元素的浓度与时间及位置的一般关系。

在菲克第二定律中需要注意的是:

(1)菲克第二定律也是被大量实验所证实的公理;

(2) D 是表示原子扩散能力大小的物理量,其基本意义不变;

(3)菲克第二定律表明扩散过程与时间有关,因此也适用于非稳态扩散。

5.3　扩散定律的应用

在解决扩散问题时,一般可以根据扩散特征对其进行求解。如果在扩散系统中任意时刻流入某体积元的物质质量与流出的物质质量相等,即任一点的浓度不随时间发生变化,则可按稳态扩散采用菲克第一定律求解;如果任意时刻流入某体积元的物质质量与流出的物质质量不相等,浓度随时间发生变化,则处于非稳态扩散,需要用菲克第二定律求解。

5.3.1　稳态扩散

如图 5-3 所示,在一容器内金属膜片两侧接触的气压互不相同,一侧气压 P_1 比较高,另一侧气压 P_2 比较低。经过长时间之后,如果金属膜片两侧气压保持不变,则可认为达到了稳态扩散的情形,即单位时间内从高压一侧进入金属膜片中的气体的量等于从低压一侧离开金属膜片的气体的量,并且不随时间改变。此时,溶解在金属膜片内部各点的气体浓度也不随时间改变,即 $\frac{\partial C}{\partial t} = 0$。根据菲克第一定律,由于 J 和 D 均为常数,因此 $\frac{\partial C}{\partial x}$ 也是常数,可写成 $\frac{\Delta C}{\Delta x} = \frac{\Delta C}{\Delta x} = \frac{C_2 - C_1}{\Delta x}$,$C_1$ 和 C_2 分别为金属膜片中在 x 方向相距 Δx 的两个面上的气体浓度,且 $C_1 > C_2$。尽管扩散气体在金属中的浓度难以测定,但是如果金属膜片的每一侧都与它所接触的气体达到平衡,则每一侧面上的浓度将与压强 P 保持一定的比例关系。对于 H_2 或 N_2 这类双原子气体,可以用西韦特定律(Sievert's law)描述,金属表面气体的溶解度与空间压力的二次方根成正比,即 $C = S\sqrt{p}$,式中,S 是比例常数,它等于单位压强下气体在金属中的溶解度。若 C_1 和 C_2 对应的压强分别为 P_1 和 P_2,则透过金属膜片的气体通量可表示为

$$J = -D\frac{\partial C}{\partial x} = -DS\frac{\sqrt{P_2} - \sqrt{P_1}}{\Delta x} \tag{5-8}$$

因此,单位时间透过面积为 A 的金属膜片的气体量为

$$\frac{\mathrm{d}m}{\mathrm{d}t} = JA = \frac{DS(\sqrt{P_2} - \sqrt{P_1})}{\Delta x} \tag{5-9}$$

由于物质的通量、压力是可以测量的,常数 S 已知或也可以通过其他方法得到,因此可基于式(5-9)测定气体元素在金属中的扩散系数 D。相反,如果已知 P_2、P_1、D、S 和 Δx,则可以算出 J。

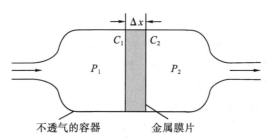

图 5-3　气体在金属薄膜中的稳态扩散示意图

5.3.2　非稳态扩散

对于非稳态扩散,可以先求出菲克第二定律的通解,再根据问题的初始条件和边界条件求出问题的特解。下面介绍几种常见的特解(假定扩散系数 D 均为常数)。

5.3.2.1　误差函数解(恒定源或无限源)

对于扩散物质无限长或浓度恒定的情况,为了方便求解方程(5-4)的通解(二阶偏微分方程),令 $\beta = x/2\sqrt{Dt}$,引入高斯误差函数:

$$\mathrm{erf}(\beta) = \mathrm{erf}\left(\frac{x}{2\sqrt{Dt}}\right) \tag{5-10}$$

求解菲克第二方程,可得如下通解:

$$C = A\,\mathrm{erf}\left(\frac{x}{2\sqrt{Dt}}\right) + B \tag{5-11}$$

式中,D 为扩散常数;t 为扩散进行的时间;x 为扩散偶中至界面处的距离;A、B 为积分常数(待定系数)。

如图 5-4 所示,高斯误差函数有如下特性:

① $\mathrm{erf}(-\beta) = -\mathrm{erf}(\beta)$

② $\mathrm{erf}(0) = 0, \mathrm{erf}(0.5) = 0.5$

③ $\mathrm{erf}(\infty) = 1, \mathrm{erf}(-\infty) = -1$

高斯误差函数适合求解于无限长或者半无限长物体的扩散方程。无限长的意义是相对于原子扩散区长度而言的,只要扩散物体的长度比扩散区长得多,就可以认为物体是无限长的。下面结合几种常见的扩散情况对如何运用高斯误差函数求解具体问题进行说明。

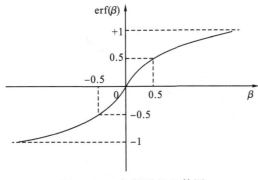

图 5-4　高斯误差函数图

1. 无限长扩散偶中的非稳态扩散

将两根溶质浓度分别为 C_1 和 C_2 的等直径的金属棒沿长度方向焊接在一起,形成无限长扩散偶,然后将扩散偶加热到一定温度保温,考察浓度沿长度方向随时间的变化,如图 5-5 所示。将焊接面作为坐标原点,扩散沿 x 轴方向,棒中界面两侧原子浓度分布随时间的变化可由扩散第二方程 $\dfrac{\partial C}{\partial t} = D\dfrac{\partial^2 C}{\partial x^2}$ 描述,其通解为

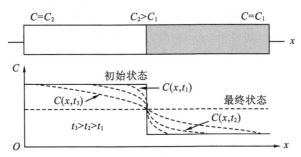

图 5-5　无限长扩散偶及其溶质原子浓度分布示意图

$$C = A\mathrm{erf}\left(\frac{x}{2\sqrt{Dt}}\right) + B \qquad (5-12)$$

由初始条件，$t = 0$ 时，有

$$x > 0, C = C_1; \quad \frac{x}{2\sqrt{Dt}} = \infty \qquad (5-13)$$

$$x < 0, C = C_2; \quad \frac{x}{2\sqrt{Dt}} = -\infty \qquad (5-14)$$

代入通解得

$$C_1 = A + B \qquad (5-15)$$
$$C_2 = -A + B \qquad (5-16)$$

则

$$A = -\frac{C_2 - C_1}{2} \qquad (5-17)$$

$$B = \frac{C_2 + C_1}{2} \qquad (5-18)$$

故方程的特解为

$$C = -\frac{C_2 - C_1}{2}\mathrm{erf}\left(\frac{x}{2\sqrt{Dt}}\right) + \frac{C_2 + C_1}{2} \qquad (5-19)$$

2. 半无限长扩散偶中的非稳态扩散

化学热处理是工业生产中最常见的热处理工艺，它是将零件置于化学活性介质中，在一定温度下，通过活性原子由零件表面向内部扩散，从而改变零件表层的组织、结构及性能的一种材料处理方法。钢的渗碳就是经常采用的化学热处理工艺之一，它可以显著提高钢的表面强度、硬度和耐磨性，在生产中得到了广泛应用。由于渗碳时，活性碳原子附在零件表面上，然后向零件内部扩散，这就相当于无限长扩散偶中的一根金属棒，因此叫作半无限长扩散偶（恒定源）。

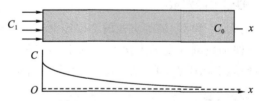

图 5-6　半无限长扩散偶及其溶质原子浓度分布示意图

半无限长等径直棒中溶质原子初始浓度为 C_0，扩散中，扩散原子浓度在棒的端面保持浓度 C_1。棒中溶质原子浓度分布随时间的变化公式可由扩散第二方程的通解确定如下：

$$C = A\mathrm{erf}\left(\frac{x}{2\sqrt{Dt}}\right) + B \qquad (5-20)$$

由边界条件，$t > 0$ 时，有

$$x = 0, C = C_1; \quad \frac{x}{2\sqrt{Dt}} = 0 \qquad (5-21)$$

$$x = \infty, C = C_0 ; \quad \frac{x}{2\sqrt{Dt}} = \infty \qquad (5-22)$$

代入通解得

$$B = C_1 \qquad (5-23)$$

$$A = -(C_1 - C_0) \qquad (5-24)$$

故方程的特解为

$$C = -(C_1 - C_0)\,\mathrm{erf}\left(\frac{x}{2\sqrt{Dt}}\right) + C_1 \qquad (5-25)$$

若 $C_0 = 0$，如对应于纯金属棒，此时有

$$C = -(C_1 - C_0)\,\mathrm{erf}\left(\frac{x}{2\sqrt{Dt}}\right) + C_1 = C_1\left(1 - \mathrm{erf}\left(\frac{x}{2\sqrt{Dt}}\right)\right) \qquad (5-26)$$

$$\frac{C}{C_0} = 1 - \mathrm{erf}\left(\frac{x}{2\sqrt{Dt}}\right) \qquad (5-27)$$

假如我们想要找出样品中某一垂直于 x 轴的平面，其溶质原子浓度为焊接面上溶质原子初始浓度的一半（$C = \frac{1}{2}C_0$），此时，$\mathrm{erf}\left(\frac{x}{2\sqrt{Dt}}\right) = 0.5$，则 $\frac{x}{2\sqrt{Dt}} = 0.5$，即

$$x = \sqrt{Dt} \quad 或 x^2 = Dt \qquad (5-28)$$

由此可见，如果要使该面上的浓度达到 $1/2C_0$，那么扩散时间 t 就与此平面距离界面的距离 x 的二次方成正比，x 增加一倍，则所需扩散时间会延长 4 倍，这个关系称为抛物线定则。此定则具有实用价值，例如钢铁渗碳时，我们可以利用它来估计碳浓度分布与渗碳时间及温度（因 D 和温度有关）的关系。

例 5-1　20 钢齿轮在 927 ℃ 下进行气体渗碳，控制炉内渗碳气氛使工件表面含碳量 $w_C = 1.0\%$，假定碳在该温度时的扩散系数 $D = 1.28 \times 10^{-11}\ \mathrm{m^2 \cdot s^{-1}}$。如果将工件中含碳量 $w_C = 0.4\%$ 处至表面的距离定义为渗碳层深度，试计算：

(1) 渗碳层深度达 0.5 mm 时所需的渗碳时间；

(2) 渗碳层深度达 1 mm 时所需的渗碳时间。

[解]　(1) 该问题属半无限长扩散偶中的非稳态扩散问题。根据其特解

$$C = -(C_1 - C_0)\,\mathrm{erf}\left(\frac{x}{2\sqrt{Dt}}\right) + C_1$$

及 $C = 0.4\%$、$C_1 = 1.0\%$、$C_0 = 0.2\%$，$\mathrm{erf}\left(\frac{x}{2\sqrt{Dt}}\right) = \frac{1.0 - 0.4}{1.0 - 0.2} = 0.75$，查误差函数表 5-1 并用内差法求得 $\frac{x}{2\sqrt{Dt}} \approx 0.8138$，则

$$t_1 = \frac{x_1^2}{4D \times 0.8138^2} = \frac{0.5^2 \times 10^{-6}}{4 \times 1.28 \times 10^{-11} \times 0.8138^2}\ \mathrm{s} = 7373\ \mathrm{s}$$

同理：

$$t_2 = \frac{x_2^2}{4D \times 0.8138^2} = \frac{1.0^2 \times 10^{-6}}{4 \times 1.28 \times 10^{-11} \times 0.8138^2}\ \mathrm{s} = 29492\ \mathrm{s}$$

例 5-2　假定 T12 钢工件在 927 ℃ 的空气炉中加热退火时表面脱碳至 $w_C = 0$，退火后需将工件表层 $w_C \leqslant 0.6\%$ 的部分车削掉。如果工件保温 1 h 后随炉冷却过程中碳含

量不发生变化,问退火后工件表层需车削掉多少?设碳在该温度下的扩散系数 $D = 1.28 \times 10^{-11} \, \text{m}^2 \cdot \text{s}^{-1}$。

[解]　该问题属于半无限长扩散偶中的非稳态扩散问题。根据扩散特征,该问题可归为恒定源扩散问题。根据菲克第二方程,可得其通解为

$$C = A\,\mathrm{erf}\left(\frac{x}{2\sqrt{Dt}}\right) + B$$

由边界条件, $t > 0$ 时:

$$x = 0, C = C_1 ; \quad \frac{x}{2\sqrt{Dt}} = 0; \quad \mathrm{erf}\left(\frac{x}{2\sqrt{Dt}}\right) = 0$$

$$x = \infty, C = C_0 ; \quad \frac{x}{2\sqrt{Dt}} = \infty; \quad \mathrm{erf}\left(\frac{x}{2\sqrt{Dt}}\right) = 1$$

故

$$A = -(C_1 - C_0)$$
$$B = C_1$$

可求得脱碳方程为

$$C = -(C_1 - C_0)\,\mathrm{erf}\left(\frac{x}{2\sqrt{Dt}}\right) + C_1$$

在脱碳方程中,

$$C = 0.6\%, \quad C_1 = 0, \quad C_0 = 1.2\%$$

则

$$\mathrm{erf}\left(\frac{x}{2\sqrt{Dt}}\right) = 0.5$$

查误差函数表 5-1,可查得 $\dfrac{x}{2\sqrt{Dt}} \approx 0.5$,则

$$x = 0.5 \times 2 \times \sqrt{1.28 \times 10^{-11} \times 3600} \ \text{mm} \approx 2.1 \ \text{mm}$$

表 5-1　误差函数 $\mathrm{erf}(\beta)$ 表 $(0 \leqslant \beta \leqslant 2.7)$

β	0	1	2	3	4	5	6	7	8	9
0.0	0.000 0	0.011 3	0.022 6	0.033 8	0.045 1	0.056 4	0.067 6	0.078 9	0.090 1	0.101 3
0.1	0.112 5	0.123 6	0.134 8	0.143 9	0.156 9	0.168 0	0.179 0	0.190 0	0.220 9	0.211 8
0.2	0.222 7	0.233 5	0.244 3	0.255 0	0.265 7	0.276 3	0.286 9	0.297 4	0.307 9	0.318 3
0.3	0.328 6	0.388 9	0.349 1	0.359 3	0.368 4	0.379 4	0.389 3	0.339 2	0.409 0	0.418 7
0.4	0.428 4	0.438 0	0.447 5	0.456 9	0.466 2	0.475 5	0.484 7	0.493 7	0.502 7	0.511 7
0.5	0.520 4	0.529 2	0.537 9	0.546 5	0.554 9	0.563 3	0.571 6	0.579 8	0.587 9	0.597 9
0.6	0.603 9	0.611 7	0.619 4	0.627 0	0.634 6	0.642 0	0.649 4	0.656 6	0.663 8	0.670 8
0.7	0.677 8	0.684 7	0.691 4	0.698 1	0.704 7	0.711 2	0.717 5	0.723 8	0.730 0	0.736 1
0.8	0.742 1	0.748 0	0.735 8	0.759 5	0.765 1	0.770 7	0.776 1	0.786 4	0.786 7	0.791 8
0.9	0.796 9	0.801 9	0.806 8	0.811 6	0.816 3	0.820 9	0.825 4	0.824 9	0.834 2	0.838 5

β	0	1	2	3	4	5	6	7	8	9
1.0	0.842 7	0.846 8	0.850 8	0.854 8	0.858 6	0.862 4	0.866 1	0.869 8	0.837 3	0.816 8
1.1	0.880 2	0.883 5	0.886 8	0.890 0	0.893 1	0.896 1	0.899 1	0.902 0	0.904 8	0.907 6
1.2	0.910 3	0.913 0	0.915 5	0.918 1	0.920 5	0.922 9	0.925 2	0.927 5	0.929 7	0.931 9
1.3	0.934 0	0.936 1	0.938 1	0.940 0	0.941 9	0.943 8	0.945 6	0.947 3	0.949 0	0.950 7
1.4	0.952 3	0.953 9	0.955 4	0.956 9	0.958 3	0.959 7	0.961 1	0.962 4	0.967 3	0.949
1.5	0.966 1	0.967 3	0.968 7	0.969 5	0.970 6	0.971 6	0.972 6	0.973 6	0.974 5	0.975 5
β	1.55	1.6	1.65	1.7	1.75	1.8	1.9	2.0	2.2	2.7
erf(β)	0.971 6	0.976 3	0.980 4	0.983 8	0.986 7	0.989 1	0.992 8	0.995 3	0.998 1	0.999 9

5.3.2.2　高斯函数解（有限源或限定源）

在金属的表面上沉积一层扩散元素薄膜，然后将两个相同的金属沿沉积面对焊在一起，形成两个金属中间夹着一层无限薄的扩散元素薄膜源的扩散偶。若扩散偶沿垂直于薄膜源的方向上为无限长，则其两端扩散元素浓度不受扩散影响。将扩散偶加热到一定温度，扩散元素开始沿垂直于薄膜源方向同时向两侧扩散，考察扩散元素的浓度随时间的变化，如图 5-7 所示。因为扩散元素的量是有限的，扩散过程中不断被消耗，故称为有限源扩散；又因为扩散前后扩散元素集中在一层薄膜上，故高斯函数解也称为薄膜解。

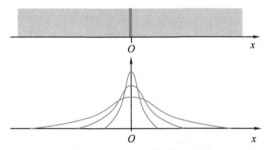

图 5-7　有限源扩散的扩散偶及扩散元素分布随时间的变化

对于此类有限源扩散问题，可采用高斯函数解来求解。将坐标原点 $x = 0$ 选在薄膜处，原子扩散方向 x 垂直于薄膜，确定高斯函数解的初始和边界条件分别如下：

$t = 0$ 时：　　　$|x| \neq 0$, $C(x,t) = 0$；　　　$x = 0$,　　　$C(x,t) = \infty$

$t > 0$ 时：　　　$x = \pm\infty$, $C(x,t) = 0$

根据初始条件和边界条件，可求得满足扩散第二方程 $\dfrac{\partial C}{\partial t} = D\dfrac{\partial^2 C}{\partial x^2}$ 的通解为

$$C = \frac{a}{\sqrt{t}}\exp\left(-\frac{x^2}{4Dt}\right) \tag{5-29}$$

式中，a 为待定常数。设扩散偶的横截面积为1，由于扩散过程中扩散元素的总量 M 不变，则

$$M = \int_{-\infty}^{+\infty} C(x,t)\,\mathrm{d}x \qquad\qquad (5-30)$$

采用变量代换,令 $\beta = \dfrac{x}{2\sqrt{Dt}}$,微分得 $\mathrm{d}x = 2\sqrt{Dt}\cdot\mathrm{d}\beta$,代入式(5-30)得

$$M = 2a\sqrt{D}\int_{-\infty}^{\infty}\exp(-\beta^2)\,\mathrm{d}\beta = 2a\sqrt{\pi D} \qquad (5-31)$$

$$a = \frac{M}{2\sqrt{\pi D}} \qquad\qquad (5-32)$$

将待定常数代入通解式(5-29),得到高斯函数解

$$C = \frac{M}{2\sqrt{\pi Dt}}\exp\left(-\frac{x^2}{4Dt}\right) \qquad (5-33)$$

式中,令 $A = \dfrac{M}{2\sqrt{\pi Dt}}$、$B = 2\sqrt{Dt}$,它们分别表示浓度分布曲线的振幅和宽度。当 $t = 0$ 时,$A = \infty$、$B = 0$;当 $t = \infty$ 时,$A = 0$、$B = \infty$。因此,随着时间的延长,浓度分布曲线的振幅减小,宽度增加,这是高斯函数解的性质,如图5-8所示。

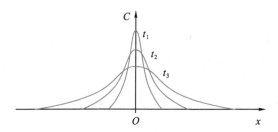

图5-8　　有限源扩散中不同扩散时间扩散元素的浓度分布曲线

5.4　扩散的微观理论与机制

菲克第一及第二定律及二者在各种条件下的解反映了原子扩散的宏观规律,这些规律为解决许多与氢有关的实际问题奠定了基础。在扩散定律中,扩散系数是衡量原子扩散能力的非常重要的参数,到本节为止它还是一个未知数。为了求出扩散系数,首先要建立扩散系数与扩散的其他宏观量和微观量之间的联系,这是扩散理论的重要内容。事实上,宏观扩散现象是微观中大量原子无规则跳动的统计结果。本节从原子的微观跳动出发,研究扩散的原子理论、扩散的微观机制及微观理论与宏观现象之间的内在联系。

5.4.1　原子跳动距离

实际上,晶体中原子在跳动时并不是沿直线迁移,而是呈折线状的随机跳动,就像花粉在水面上的布朗运动那样。

首先在晶体中选定一个原子,在一段时间内,这个原子差不多都在自己的平衡位置上振动着,只有当它的能量足够高时,才能发生跳动,从一个位置跳向相邻的下一个位置。一般情况下,每一次原子的跳动方向和距离可能不同,因此用原子的位移矢量表示原

子的每一次跳动。设原子在 t 时间内总共跳动了 n 次,每次跳动的位移矢量为 r_i,则原子从起始点出发,经过 n 次随机的跳动到达终点时的净位移矢量 R_n 应为每次跳动的位移矢量之和,如图 5-9 所示。

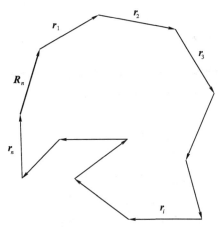

图 5-9　原子的无规则跳动示意图

因此,

$$R_n = r_1 + r_2 + r_3 + \cdots + r_n = \sum_{i=1}^{n} r_i \tag{5-34}$$

如果正反方向跳动的概率相同,则原子沿这个取向上所产生的位移矢量将相互抵消。为了避免这种情况,数学中采用点积运算,则

$$R_n^2 = \sum_{i=1}^{n} r_i^2 + 2\sum_{j=1}^{n-1}\sum_{i=1}^{n-j} \cos\theta_{i,i+j} \tag{5-35}$$

对于对称性高的立方晶系,原子每次跳动的步长相等,令 $|r_1| = |r_2| = |r_3| = \cdots = |r|$,则

$$\overline{R_n^2} = nr^2 + 2r^2\sum_{j=1}^{n-1}\sum_{i=1}^{n-j} \cos\theta_{i,i+j} \tag{5-36}$$

上面讨论的是一个原子经有限次随机跳动所产生的净位移,对于晶体中大量原子的随机跳动所产生的总净位移,就是将式(5-36)取算术平均值,即

$$\overline{R_n^2} = nr^2 + 2r^2\overline{\sum_{j=1}^{n-1}\sum_{i=1}^{n-j} \cos\theta_{i,i+j}} \tag{5-37}$$

如果原子跳动了无限多次,并且原子的正、反跳动概率相同,则上式中的求和项为零。因此,可简化为

$$\overline{R_n^2} = nr^2 \tag{5-38}$$

将其开方,得到原子净位移的均方根,即原子的平均扩散距离:

$$\sqrt{\overline{R_n^2}} = \sqrt{n} \cdot r \tag{5-39}$$

设原子的跳动频率为 Γ,其意义是单位时间内的跳动次数,与振动频率不同。跳动频率可以理解为,如果原子在平衡位置逗留 τ 秒,即每振动 τ 秒才能跳动一次,则 $\Gamma = 1/\tau$。这样,t 时间内的跳动次数 $n = \Gamma t$,代入式(5-39)得

$$\sqrt{\overline{R_n^2}} = \sqrt{\Gamma t} \cdot r \tag{5-40}$$

该式意义在于，建立了扩散的宏观位移量与原子的跳动频率、跳动距离等微观量之间的关系，并且表明根据原子的微观理论导出的扩散距离与时间的关系和菲克第二定律一样，呈抛物线规律。

5.4.2　扩散系数的微观表示

由上面的分析可知，宏观扩散现象是微观中大量原子无规则跳动的统计结果，大量原子的微观跳动决定了其宏观扩散距离，而扩散距离又与原子的扩散系数有关，故原子跳动与扩散系数间存在内在的联系。

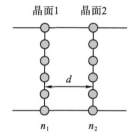

在晶体中考虑两个相邻的平行的晶面 1 和晶面 2，如图 5-10 所示。由于原子跳动的无规则性，溶质原子既可由晶面 1 跳向晶面 2，也可由晶面 2 跳回到晶面 1。在浓度均匀的固溶体中，同一时间内，溶质原子由晶面 1 跳向晶面 2 或由晶面 2 跳向晶面 1 的次数相同，不会产生宏观的扩散流；但是在浓度不均匀的固溶体中则不然，会因为溶质原子朝两个方向跳动次数不同而形成原子的净传输。

图 5-10　原子在两个相邻晶面上沿一维方向的跳动示意图

设两相邻平行晶面间距离为 d，溶质原子在晶面 1 和晶面 2 上的面密度分别为 n_1 和 $n_2 (n_1 > n_2)$，原子的跳动频率为 Γ，原子的跳动概率为 P。原子的跳动概率 P 是指，如果在晶面 1 上的原子向其周围邻近的可能跳动的位置总数为 n，其中只向晶面 2 跳动的位置数为 m，则 $P = m/n$。譬如，在简单立方晶体中，原子可以向 6 个方向跳动，那么只向 x 轴正方向跳动的概率 $P = 1/6$。这里假定原子朝正、反方向跳动的概率相同。

单位时间内，从单位面积的晶面 1 跳到晶面 2 的原子数为 $N_{1 \to 2}$，则

$$N_{1 \to 2} = n_1 P \Gamma \tag{5-41}$$

单位时间内，从单位面积的晶面 2 跳到晶面 1 的原子数为 $N_{2 \to 1}$，则

$$N_{2 \to 1} = n_2 P \Gamma \tag{5-42}$$

单位时间内，原子从单位面积的晶面 1 扩散到晶面 2 的扩散通量为 J，则

$$\begin{aligned}
J &= N_{1 \to 2} - N_{2 \to 1} \\
&= P \Gamma (n_1 - n_2) \\
&= d P \Gamma \left(\frac{n_1 - n_2}{d} \right) \\
&= d P \Gamma (C_1 - C_2) \\
&= d^2 P \Gamma \left(\frac{C_1 - C_2}{d} \right) \\
&= d^2 P \Gamma \frac{\Delta C}{d} \\
&= -d^2 P \Gamma \frac{dC}{dx}
\end{aligned} \tag{5-43}$$

将式 (5-43) 与菲克第一方程进行比较，可得

$$D = d^2 P \Gamma \qquad (5-44)$$

式中，d 和 P 取决于晶体的结构类型；Γ 除了与晶体结构有关外，与温度的关系极大。式（5-44）的重要意义在于，建立了扩散系数与原子的跳动频率、跳动概率及晶体几何参数等微观量之间的关系。

跳动概率 P 是和晶体结构密切相关的。下面以面心立方和体心立方间隙固溶体为例，说明式（5-44）中跳动频率 P 的计算。由于这两种晶体的结构不同，间隙的类型、数目及分布也不同，这将影响到间隙原子的跳动概率。

1. 间隙原子在面心立方晶体中的扩散系数

如图 5-11(a) 所示，在面心立方结构中，每一个间隙原子周围都有 12 个与之相邻的八面体间隙，即间隙配位数为 12。由于间隙原子半径比间隙半径大得多，在点阵中会引起很大的弹性畸变，使间隙固溶体的平衡浓度很低，所以可以认为间隙原子周围的 12 个间隙是空的，也就是意味着间隙原子向周围 12 个间隙迁移的概率是一样的。

当位于晶面 1 体心处的间隙原子沿 y 轴向晶面 2 跳动时，在晶面 2 上可能跳入的间隙有 4 个，则跳动概率

$$P = \frac{4}{12} = \frac{1}{3} \qquad (5-45)$$

对晶面 1 棱心处的间隙原子，其情况与体心处的间隙原子类似，跳动概率均为 1/3。同时 $d = a/2$，a 为晶格常数，由此可得面心立方结构中间隙原子的扩散系数为

$$D = d^2 P \Gamma = \frac{1}{12} a^2 \Gamma \qquad (5-46)$$

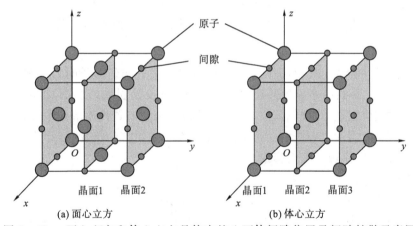

图 5-11　面心立方和体心立方晶体中的八面体间隙位置及间隙扩散示意图

2. 间隙原子在体心立方晶体中的扩散系数

在体心立方结构中，间隙配位数是 4，如图 5-11(b) 所示。由于间隙八面体是非对称的，因此每个间隙原子周围的环境可能不同。棱边处的八面体间隙位置和面心上的八面体间隙周围的环境是不同的，所以需要分别考虑。

考虑原子由晶面 1 向晶面 2 的跳动。在晶面 1 上有两种不同的间隙位置，若原子位于棱边中心的间隙位置，当原子沿 y 轴向晶面 2 跳动时，在晶面 2 上可能跳入的间隙只有 1 个，跳动概率为 1/4，晶面 1 上这样的间隙有 $4 \times (1/4) = 1$ 个；若原子处于面心的间隙位

置,当向晶面 2 跳动时,却没有可供跳动的间隙,跳动概率为 0/4 = 0,晶面 1 上这样的间隙有 $1 \times (1/2) = 1/2$ 个。因此,跳动概率是不同位置上的间隙原子跳动概率的加权平均值,即

$$P = \left(4 \times \frac{1}{4} \times \frac{1}{4} + 1 \times \frac{1}{2} \times 0\right) / \left(\frac{3}{2}\right) = \frac{1}{6} \tag{5-47}$$

如果间隙原子由晶面 2 向晶面 3 跳动,计算的 P 值相同,因此可得体心立方结构中间隙原子的扩散系数为

$$D = d^2 P \Gamma = \frac{1}{24} a^2 \Gamma \tag{5-48}$$

对于不同的晶体结构,扩散系数可以写成一般形式:

$$D = \delta a^2 \Gamma \tag{5-49}$$

式中,δ 是与晶体结构有关的几何因子;a 为晶格常数。

5.4.3 扩散的微观机制

多晶体金属中,扩散物质可以沿金属表面、晶界甚至位错线发生迁移,分别称为"表面扩散""晶界扩散"和"位错扩散",扩散物质也可以在晶粒点阵内部发生迁移,被称为"体扩散"。前几种扩散又因为扩散速度快,又称为"短路扩散"。虽然表面和晶界上的扩散速度快,但一般情况下扩散还是以体扩散为主。这是因为在多晶体中,晶界和表面所占比重相对晶体自身而言小得多,所以体扩散是固态金属中最基本的扩散途径。人们在这方面做了很多工作,先后提出了原子在点阵中迁移的各种机制来说明扩散的基本过程。这些机制具有各自的特点和各自的适用范围,其中比较成熟的扩散机制有两种:间隙机制和空位机制。在此之前,人们还提出过交换机制试图解释原子的扩散过程。

1. 交换机制

交换机制是一种提出较早的扩散模型,该模型是通过相邻原子间直接调换位置的方式进行扩散的。交换机制中最先想到和提出的是直接交换机制,也就是扩散通过相邻两个原子直接对调位置进行,如图 5-12 所示。在纯金属或者置换固溶体中,两个相邻的原子采取直接交换位置而进行迁移,当两个原子相互到达对方的位置后,迁移过程结束,这种换位方式称为 2-换位或直接交换。

图 5-12　直接交换机制模型

可以看出,这种换位机制势必引起交换原子对附近的晶格发生强烈的畸变,原子按这种方式迁移的势垒太高,所以这种扩散机制产生的可能性不大,或者说目前尚未得到实验的证实。

为了降低原子扩散的势垒,曾考虑有 n 个原子同时参与换位,如图 5-13 所示。这种

换位方式称为 n-换位或环形交换机制。图 5-13 中分别给出了面心立方结构和体心立方结构中原子的 3-换位和 4-换位模型。

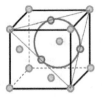 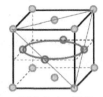 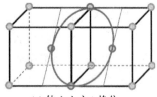

(a) 面心立方3-换位　　　　(b) 面心立方4-换位　　　　(c) 体心立方4-换位

图 5-13　　环形交换机制模型

相对于直接交换机制来说，由于环形交换时原子经过的路径呈圆形，对称性比 2-换位高，引起的点阵畸变小一些，扩散的势垒有所降低，故用此机制计算的扩散激活能比较接近实验值，但该机制不能解释置换式固溶体合金进行互扩散时出现的克肯达尔效应（Kirkendall effect），与克肯达尔效应不符。而且由于它受集体运动的约束，这种机制产生的可能性也不大。

2. 间隙机制

间隙机制适合于间隙固溶体中间隙原子的扩散，这一机制已被大量实验所证实。间隙固溶体中，尺寸较大的溶剂原子构成了固定的晶体点阵，而尺寸较小的 H、B、C、N、O 等溶质原子处在点阵间隙中。由于固溶体中间隙数目较多，而间隙原子数量又很少，这就意味着在任何一个间隙原子周围几乎都是间隙位置，这就为间隙原子的扩散提供了必要的结构条件。间隙原子可以在从一个间隙位置跳到与其邻近的另一个间隙位置时发生间隙扩散。这种在间隙固溶体中，溶质原子从固溶体的一个间隙位置跳到与其相邻的另一个间隙位置的扩散方式称为间隙扩散。图 5-14(a) 是面心立方晶体结构中 (001) 晶面上的原子排列，图中间隙原子在面心立方固溶体的 (100) 面上，从一个八面体间隙位置 1 跳到邻近的一个八面体间隙 2 中，势必同时推开沿途两侧的溶剂原子 3 和 4，引起点阵畸变；当它正好迁移至 3 和 4 原子的中间位置时，引起的点阵畸变最大，畸变能也最大。畸变能 ($\Delta G = G_2 - G_1$) 构成了原子迁移的主要阻力。图 5-14(b) 中描述了间隙原子在跳动过程中原子的自由能随所处位置的变化。当原子处于间隙中心的平衡位置时，自由能最低，而处于两个相邻间隙的中间位置时，自由能最高。二者的自由能差（畸变能）$\Delta G = G_2 - G_1$

 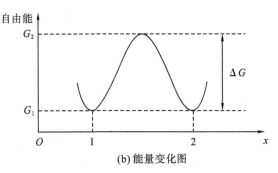

(a) 间隙原子迁移过程　　　　　　　　　　(b) 能量变化图

图 5-14　　间隙原子迁移过程及其能量变化示意图

就是原子要跨越的自由势垒,称为原子的扩散激活能。扩散激活能是原子扩散的阻力,只有原子的自由能高于扩散激活能时,才能发生扩散。由于间隙原子较小,间隙扩散激活能较小,扩散比较容易。

但对于置换型原子而言,这种扩散会产生很大的畸变,因此大原子很难直接从一个间隙位置迁移到另一个间隙位置。由此,提出了推填和挤列机制。推填机制即一个填隙原子可以把它近邻的在晶格结点上的原子"推"到附近的间隙中,而自己则"填"到被推出去原子的原来位置上。挤列机制则是一个间隙原子挤入体心立方晶体对角线上(<111>方向)使若干个原子偏离其平衡位置,形成一个集体,此集体被命名为挤列,挤列作为一个整体沿对角线运动构成扩散。碱金属 K、Na 等原子的压缩性比较大,出现挤列扩散机制是可能的。对于碱金属利用挤列机制计算出来的激活能与实验值比较接近。

3. 空位机制

在置换固溶体中,由于溶质和溶剂原子的尺寸都较大,原子不太可能处在间隙中通过间隙进行扩散。而从热力学观点来看,在绝对温度零度以上的任何温度下,晶格中总会存在一些空位,空位在晶格中的紊乱分布可以使熵增加。如果一个原子落在空位旁边,它就可能跳入空位中,在原子跳入空位的过程中,并不引起它所经路途附近各原子产生很大的位移,因此消耗的畸变能不大,容易扩散,如图 5-15 所示。

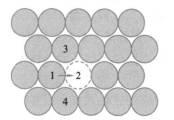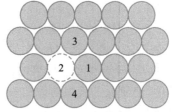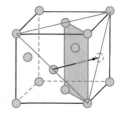

图 5-15　面心立方晶体的空位扩散机制示意图

在置换固溶体中,一个处于点阵上的原子通过与空位交换而迁移,相当于空位向相反的方向移动,这种扩散称为空位扩散。故在大多数情况下,置换固溶体中置换原子的扩散是借助空位机制进行的,或者可以说对于大多数置换固溶体的扩散,空位扩散被认为是比较合理的,也是最重要的机制。值得注意的是,空位扩散的快慢不但和原子需要越过的自由势垒有关,而且与空位浓度也有关,说明空位扩散也是有一定难度的;又由于空位浓度受温度的影响,因而温度对空位扩散影响明显。

空位机制适合于纯金属的自扩散和置换固溶体中原子的扩散,这种机制也已被实验所证实。

综上所述,在间隙固溶体中的扩散机制一般为间隙机制;在置换固溶体中起主导作用的扩散机制是空位机制。空位机制所需的激活能较小,与实验值较接近,表明实现这种扩散机制的概率较大。但空位扩散时除了原子的迁移能外,还需要等待空位的形成,因此空位扩散要比间隙扩散困难,而且受温度的影响比较明显。

对于多晶体材料,除了在晶粒内部的点阵进行扩散外,物质还会沿表面、晶界面、位错等缺陷部位进行扩散。由于缺陷产生的畸变使原子迁移比在完整晶体内容易,因此沿这些缺陷部位的扩散速率较快,所以也将这些扩散称为短路扩散。

5.4.4　扩散激活能与原子跳动频率的关系

我们知道,扩散系数是表征原子扩散能力的基本物理量,而扩散激活能是原子扩散需要克服的阻力,因此扩散系数和扩散激活能是两个息息相关的物理量。扩散激活能越小,扩散系数越大,原子扩散越快。

从式 $D = \delta a^2 \Gamma$ 可知,几何因子 δ 是仅与结构有关的已知量,晶格常数 a 可以采用 X 射线衍射等方法测量,但是原子的跳动频率 Γ 是未知量。要想计算扩散系数,必须求出 Γ。而 Γ 是与扩散激活能有关的量。

不论间隙扩散还是空位扩散,都存在扩散激活能。图 5-16 中描述了置换原子或间隙原子从一个平衡位置向与之相邻的另一个平衡位置迁移过程中原子的自由能随所处位置的变化。当原子处于平衡位置 1 和 2 时,自由能最低,而处于两个平衡位置的中间位置时,自由能最高。二者的自由能差 $\Delta G = G_2 - G_1$ 就是原子要跨越的自由势垒,即为原子的扩散激活能。扩散激活能是原子扩散的阻力,只有原子的自由能高于扩散激活能,才能发生扩散,因此,跳动频率 Γ 一定与扩散激活能存在某种关联。

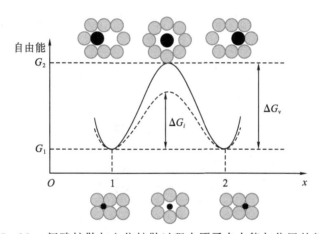

图 5-16　间隙扩散与空位扩散过程中原子自由能与位置的关系

要想求出原子的跳动频率 Γ,需要先知道能够满足跳动条件的原子百分比,也就是需要知道原子的激活概率。

1. 原子的激活概率

参考图 5-16,以间隙原子的扩散为例,当原子处在间隙中心的平衡位置时,原子的自由能 G_1 最低,原子要离开原来的位置跳入邻近的间隙,其自由能必须高于 G_2,按照统计热力学理论,原子的自由能满足麦克斯韦-玻尔兹曼分布(Maxwell-Boltzmann distribution)规律。设固溶体中间隙原子总数为 N,当温度为 T 时,自由能大于 G_1 和 G_2 的间隙原子数分别为

$$n(G > G_1) = N\exp\left(\frac{-G_1}{kT}\right) \tag{5-50}$$

$$n(G > G_2) = N\exp\left(\frac{-G_2}{kT}\right) \tag{5-51}$$

二式相除,得

$$\frac{n(G > G_2)}{n(G > G_1)} = \exp\left(-\frac{G_2 - G_1}{kT}\right) = \exp\left(-\frac{\Delta G}{kT}\right) \qquad (5-52)$$

式中，k 为玻尔兹曼常数，$\Delta G = G_2 - G_1$ 为扩散激活能，严格说应该称为扩散激活自由能。因为 G_1 是间隙原子在平衡位置的自由能，所以 $n(G > G_1) \approx N$，则

$$\frac{n(G > G_2)}{N} = \exp\left(-\frac{G_2 - G_1}{kT}\right) = \exp\left(-\frac{\Delta G}{kT}\right) \qquad (5-53)$$

这就是具有跳动条件的间隙原子数占间隙原子总数的百分比，称为原子的激活概率。可以看出，温度越高，原子被激活的概率越大，原子离开原来间隙进行跳动的可能性越大。有了原子激活概率之后，下面就可以进一步求出跳动频率和扩散系数。

2. 间隙扩散的激活能和扩散系数

在间隙固溶体中，间隙原子是以间隙机制扩散的。设间隙原子周围近邻的间隙数（间隙配位数）为 z，间隙原子朝一个间隙振动的频率为 ν。由于固溶体中的间隙原子数比间隙数少得多，所以每个间隙原子周围的间隙可以认为基本是空的，于是跳动频率可表达为

$$\Gamma = \nu z \exp\left(-\frac{\Delta G}{kT}\right) \qquad (5-54)$$

已知自由能差 $\Delta G = \Delta H - T\Delta S \approx \Delta E - T\Delta S$，其中，$\Delta H$、$\Delta E$、$\Delta S$ 分别称为扩散激活焓、扩散激活内能及扩散激活熵，则

$$D = d^2 P \nu z \exp\left(\frac{\Delta S}{k}\right) \exp\left(-\frac{\Delta E}{kT}\right) \qquad (5-55)$$

式中，令

$$D_0 = d^2 P \nu z \exp\left(\frac{\Delta S}{k}\right) \qquad (5-56)$$

每摩尔扩散物质具有的内能 $Q = \Delta E \cdot 1 \text{ mol}$，因此

$$D = D_0 \exp\left(-\frac{Q}{RT}\right) \qquad (5-57)$$

式中，D_0 称为扩散常数（或原子跃迁常数）；Q 为扩散激活能，R 为摩尔气体常数（$R = k/NA$）。

对面心立方晶体，$d = a/2$、$P = 1/3$、$z = 12$，所以

$$D = d^2 P \nu z \exp\left(\frac{\Delta S}{k}\right) \exp\left(-\frac{\Delta E}{kT}\right) = a^2 \nu \exp\left(\frac{\Delta S}{k}\right) \exp\left(-\frac{Q}{RT}\right) \qquad (5-58)$$

$$D_0 = a^2 \nu \exp\left(\frac{\Delta S}{k}\right) \qquad (5-59)$$

对体心立方晶体，$d = a/2$、$P = 1/6$、$z = 4$，所以

$$D = d^2 P \nu z \exp\left(\frac{\Delta S}{k}\right) \exp\left(-\frac{\Delta E}{kT}\right) = \frac{1}{6} a^2 \nu \exp\left(\frac{\Delta S}{k}\right) \exp\left(-\frac{Q}{RT}\right) \qquad (5-60)$$

$$D_0 = \frac{1}{6} a^2 \nu \exp\left(\frac{\Delta S}{k}\right) \qquad (5-61)$$

3. 空位扩散的激活能和扩散系数

在置换固溶体中，原子是以空位机制扩散的，原子以这种方式扩散要比间隙扩散困难得多，主要原因是每个原子周围出现空位的概率较小，原子在每次跳动之前必须等待新的空位移动到它的近邻位置。

设原子配位数为 z，则在一个原子周围与其近邻的 z 个原子中，出现空位的概率为 n_v/N，即空位的平衡浓度。其中 n_v 为空位数，N 为原子总数。经热力学推导，空位平衡浓度可以表示为

$$\frac{n_v}{N} = \exp\left(-\frac{\Delta G_v}{kT}\right) = \exp\left(\frac{\Delta S_v}{k}\right)\exp\left(-\frac{\Delta E_v}{kT}\right) \qquad (5-62)$$

式中，空位形成自由能 $\Delta G_v \approx \Delta E_v - T\Delta S_v$，$\Delta S_v$、$\Delta E_v$ 分别称为空位形成熵和空位形成能。从式(5-62)可看出，T 越大，空位平衡浓度越大，形成的空位越多。

设原子朝一个空位振动的频率为 ν，则根据空位平衡浓度的表达式(5-62)和原子激活概率的表达式(5-53)可得原子的跳动频率为

$$
\begin{aligned}
\Gamma &= \nu z \cdot \frac{n(G > G_2)}{N} \cdot \frac{n_v}{N} \\
&= \nu z \exp\left(-\frac{\Delta G}{kT}\right)\exp\left(-\frac{\Delta G_v}{kT}\right) \\
&= \nu z \exp\left(\frac{\Delta S_v + \Delta S}{k}\right)\exp\left(-\frac{\Delta E_v + \Delta E}{kT}\right)
\end{aligned}
\qquad (5-63)
$$

扩散系数为

$$D = d^2 P\nu z \exp\left(\frac{\Delta S_v + \Delta S}{k}\right)\exp\left(-\frac{\Delta E_v + \Delta E}{kT}\right) \qquad (5-64)$$

令

$$D_0 = d^2 P\nu z \exp\left(\frac{\Delta S_v + \Delta S}{k}\right) \qquad (5-65)$$

$$Q = (\Delta E_v + \Delta E) \cdot 1\ \text{mol} \qquad (5-66)$$

得

$$D = D_0 \exp\left(-\frac{Q}{RT}\right) \qquad (5-67)$$

由式(5-66)可知，置换固溶体中空位扩散激活能 Q 是由空位形成能 ΔE_v 和空位迁移能 ΔE（即原子的扩散激活内能）组成的。因此，置换型溶质的扩散激活能要比间隙型溶质的大得多。

如图 5-17 所示，对面心立方晶体，$d = a/2$、$P = 1/3$、$z = 12$，所以

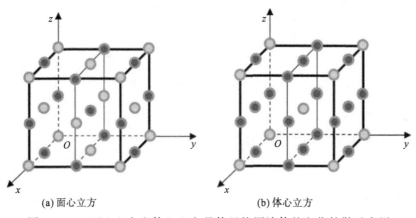

(a) 面心立方　　　　　　　　　　　　(b) 体心立方

图 5-17　面心立方和体心立方晶体置换固溶体的空位扩散示意图

$$D = d^2 P \nu z \exp\left(\frac{\Delta S_v + \Delta S}{k}\right)\exp\left(-\frac{\Delta E_v + \Delta E}{kT}\right) = a^2 \nu z \exp\left(\frac{\Delta S_v + \Delta S}{k}\right)\exp\left(-\frac{Q}{RT}\right)$$
$$(5-68)$$

$$D_0 = a^2 \nu \exp\left(\frac{\Delta S_v + \Delta S}{k}\right) \qquad (5-69)$$

对体心立方晶体,$d = a/2$、$P = 1/2$、$z = 8$,所以

$$D = d^2 P \nu z \exp\left(\frac{\Delta S_v + \Delta S}{k}\right)\exp\left(-\frac{\Delta E_v + \Delta E}{kT}\right) = a^2 \nu z \exp\left(\frac{\Delta S_v + \Delta S}{k}\right)\exp\left(-\frac{Q}{RT}\right)$$
$$(5-70)$$

$$D_0 = a^2 \nu \exp\left(\frac{\Delta S_v + \Delta S}{k}\right) \qquad (5-71)$$

4. 扩散激活能的测定

不同扩散机制的扩散激活能可能会有很大差别。但不管何种扩散,扩散系数和扩散激活能之间的关系都能用 $D = D_0 \exp\left(-\frac{Q}{RT}\right)$ 表示,一般将这种指数形式的温度函数称为阿伦尼乌斯方程(Arrhenius equation)。其中的扩散激活能 Q 值一般通过实验来测定,首先将式 $D = D_0 \exp\left(-\frac{Q}{RT}\right)$ 两边取对数:

$$\ln D = \ln D_0 - \frac{Q}{R} \cdot \frac{1}{T} \qquad (5-72)$$

由实验测定不同温度下的扩散系数,并以 $\frac{1}{T}$ 为横轴,以 $\ln D$ 为纵轴绘图。如果所绘的是一条直线,则直线的斜率为 $-\frac{Q}{R}$,与纵轴的截距为 $\ln D_0$,从而可用图解法求出扩散常数 D_0 和扩散激活能 Q,如图 5-18 所示。

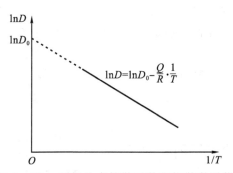

图 5-18　图解法求扩散系数和扩散激活能

5.5　克肯达尔效应及达肯方程

5.5.1　克肯达尔效应

以上我们了解了扩散的几种可能的微观机制,包括间隙机制、空位机制等。在间隙固

溶体中,间隙原子尺寸比溶剂原子小得多,可以认为溶质原子不动,而间隙原子在溶剂晶格中扩散,此时运用菲克第一及第二定律去分析间隙原子的扩散是完全正确的。比如碳在铁中的扩散是间隙型溶质原子的扩散,在这种情况下可以不涉及溶剂铁原子的扩散,因为铁原子扩散速率较小,与较易迁移的碳原子的扩散速率比较而言是可以忽略的。

在置换固溶体中,由于两组元的原子半径相差不大,所以间隙扩散的可能性很小。起初人们普遍认为扩散是通过原子换位机制进行的。如果是这样,两个组元在扩散过程中,其扩散速度应该是相等的,并且初始的扩散界面也不会在扩散过程中发生移动。那实际情况是不是这样呢?克肯达尔用实验作出了回答。

克肯达尔(Kirkendall)于 1947 年进行的实验模型如图 5-19 所示:长方形的 α 黄铜(Cu-30%Zn)表面敷上很细的 Mo 丝,再在其表面上镀上一层 Cu,将 Mo 丝完全夹在铜和黄铜之间,构成铜-黄铜(Cu-CuZn)扩散偶。Mo 丝熔点高,在扩散温度下不扩散,仅作为界面运动的标记。将制备好的扩散偶加热至 785℃ 保温不同时间,观察 Cu 原子和 Zn 原子越过界面发生互扩散的情况。实验结果发现,随着保温时间的延长,Mo 丝向内发生了微量漂移,一天后漂移了 0.0015 cm,56 天后,漂移了 0.0124 cm,界面的位移量与保温时间的平方根成正比。由于这一现象首先由克肯达尔等人发现,故称为克肯达尔效应。

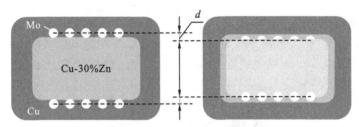

图 5-19　　克肯达尔实验模型

如果扩散过程是按换位机制进行的,则两组元的扩散速率应该相等,以 Mo 丝为分界面,界面两侧进行的是等量的 Cu 原子和 Zn 原子互换,界面应该保持不动。即使考虑 Zn 原子尺寸大于 Cu 原子,扩散后外侧的 Cu 晶格膨胀,内部黄铜晶格收缩,导致界面偏移,但这种因原子尺寸不同引起的界面漂移量只有实验值的 1/10 左右,因此,克肯达尔效应的唯一解释是,Zn 原子与 Cu 原子同时在扩散,Zn 原子的扩散速率大于 Cu 原子的扩散速率,使越过界面向外侧扩散的 Zn 原子数多于向内侧扩散的 Cu 原子数,出现了跨越界面的原子净传输,导致界面向内漂移。这种由于两组元扩散速率不同造成标记面向扩散速率快的组元一侧漂移的现象称为克肯达尔效应。

克肯达尔效应揭示了扩散宏观规律与微观机制的内在联系,在扩散理论的形成过程中及生产实践中都有重要的意义。

首先,克肯达尔效应直接否定了置换固溶体扩散的换位机制,支持了空位机制(置换固溶体不可能进行间隙扩散,只能是空位扩散)。两组元组成的扩散偶中,两种组元与空位的亲和力不同,亲和力强的易与空位结合,易换位。这样在扩散过程中从难换位组元一侧向易换位组元一侧扩散的空位多于从易换位组元一侧向难换位组元一侧扩散的空位,产生一个从铜到黄铜的净空位流,结果势必造成中心区晶体整体收缩,从而造成标记面向内移动。

另外,克肯达尔效应说明,在扩散系统中每一组元都有自己的扩散系数,由于 $J_{Zn} > J_{Cu}$,因此 $D_{Zn} > D_{Cu}$。

克肯达尔效应往往也会产生负效应,因为存在一个从难换位一侧向易换位一侧的净空位流,随着时间的延长,在易换位一侧由于空位的富集会产生空位洞,即克肯达尔洞。另外,实验中还发现试样的横截面同样发生了变化,如 Ni-Cu 扩散偶经过扩散后,在原始分界面附近 Ni 的横截面由于丧失原子而缩小,在表面形成凹陷,而 Cu 的横截面由于得到原子而膨胀,在表面形成凸起,如图 5-20 所示。

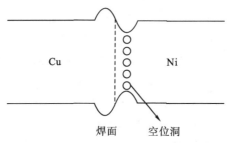

图 5-20　Cu-Ni 扩散偶中的克肯达尔效应示意图

克肯达尔效应的这些负效应在生产实际中往往会产生不利的影响。以电子器件为例(见图 5-21),其中包括大量的布线、接点、电极及各式各样的多层结构,而且要在较高的温度工作相当长的时间。上述负效应会引起断线、击穿、器件性能劣化乃至使器件完全报废,因此应设法加以控制。

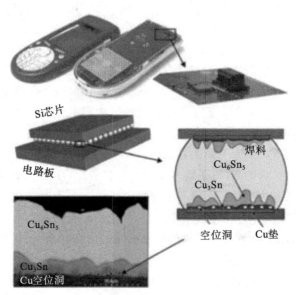

图 5-21　MEMS 器件铜-焊料界面金属间化合物中的克肯达尔洞(空位洞)

大量的实验表明,克肯达尔效应在置换固溶体中是普遍现象,在多种置换型扩散偶如 Ag-Au、Ag-Cu、Au-Ni、Cu-Al、Cu-Sn 及 Ti-Mo 中,都可以观察到克肯达尔效应,甚至在 Au-Ag-Pt-Pd 等合金纳米材料的液相合成过程中往往也存在克肯达尔效应,而且这种效应是在低温下完成的，和低温下水溶液中合金的互扩散有关。

5.5.2   达肯方程与互扩散系数

达肯(Darken)在 1948 年对克肯达尔效应进行了唯象分析和数学处理。考虑 A、B 两种金属组元组成的扩散偶，焊接前在两金属之间放入高熔点标记。达肯引入两个平行坐标系，一个是相对于地面的固定坐标系(X,Y)，另一个是随界面标记运动的坐标系(X', Y')，如图 5-22 所示。假设扩散偶中各处的摩尔浓度(单位体积中的摩尔数)在扩散过程中保持不变，并且忽略因原子尺寸不同所引起的点阵常数变化，则站在标记上的观察者看到的穿越界面向相反方向扩散的 A、B 原子数不等，向左扩散过来的 A 原子多，向右扩散过去的 B 原子少，结果使观察者随着标记一起向 A 侧漂移，但是站在地面上的观察者却看到向两个方向扩散的 A、B 原子数相同。

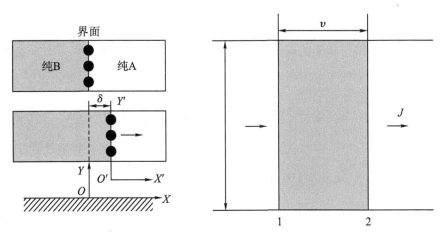

图 5-22   达肯提出的扩散系统计算模型

设扩散原子相对于地面的总运动速度为 v，原子相对于标记的扩散速度是 v_d，标记相对于地面的运动速度是 v_m，则

$$v = v_m + v_d \tag{5-73}$$

于是，在如图(5-22)所示的扩散系统中，设扩散系统横截面面积为 1，原子沿 X 轴进行扩散。单位时间内，原子由面 1 扩散到面 2 的距离是 v，则在单位时间内通过单位面积的原子摩尔数(扩散通量)即是 $1 \times$(V 体积内扩散的摩尔数)，即

$$J = C(V \times 1) \tag{5-74}$$

式中，C 为扩散原子的体积摩尔浓度。

所以 A 原子及 B 原子相对于固定坐标系的总通量为

$$J_A = C_A v_A = C_A v_m + C_A (v_d)_A \tag{5-75}$$

$$J_B = C_B v_B = C_B v_m + C_B (v_d)_B \tag{5-76}$$

以上两式中，右端第一项是标记相对于固定坐标系的扩散通量，第二项是原子相对于标记的扩散通量。若 A 原子和 B 原子的扩散系数分别用 D_A 和 D_B 表示，根据菲克第一定律，由扩散引起的第二项可以写为

$$C_A(v_d)_A = -D_A \frac{\partial C_A}{\partial x} \tag{5-77}$$

$$C_B(v_d)_B = -D_B \frac{\partial C_B}{\partial x} \tag{5-78}$$

将式(5-77)、式(5-88)代入式(5-75)、式(5-76),得

$$J_A = C_A v_A = C_A v_m - D_A \frac{\partial C_A}{\partial x} \tag{5-79}$$

$$J_B = C_B v_B = C_B v_m - D_B \frac{\partial C_B}{\partial x} \tag{5-80}$$

根据前面的假设,跨过一个固定平面的 A 原子和 B 原子数应该相等,方向相反,故

$$J_A = -J_B \tag{5-81}$$

因此可得

$$v_m(C_A + C_B) = D_A \frac{\partial C_A}{\partial x} + D_B \frac{\partial C_B}{\partial x} \tag{5-82}$$

另一方面,组元的体积摩尔浓度 C_i 与摩尔浓度 C 及摩尔分数 x_i 之间有如下关系:

$$C_i = C x_i \tag{5-83}$$

所以界面漂移速度为

$$v_m = (D_A - D_B)\frac{\partial x_A}{\partial x} = (D_B - D_A)\frac{\partial x_B}{\partial x} \tag{5-84}$$

将界面漂移速度代回式(5-79)、式(5-80),最终可得 A、B 原子的总扩散通量分别为

$$J_A = -(D_A x_B + D_B x_A)\frac{\partial C_A}{\partial x} = -\widetilde{D}\frac{\partial C_A}{\partial x} \tag{5-85}$$

$$J_B = -(D_A x_B + D_B x_A)\frac{\partial C_B}{\partial x} = -\widetilde{D}\frac{\partial C_B}{\partial x} \tag{5-86}$$

式中,x_A 和 x_B 分别表示组元 A 和组元 B 的摩尔分数;D_A 和 D_B 分别代表 A、B 组元相对于标记面的扩散系数,即 A 组元在 B 组元中的扩散系数和 B 组元在 A 组元中的扩散系数,称为本征扩散系数或偏扩散系数。$\widetilde{D} = (D_A x_B + D_B x_A)$ 称为合金的互扩散系数,该式称为达肯方程。可见,只要将菲克第一及第二定律中的扩散系数 D 换为合金的互扩散系数 $\widetilde{D}$,扩散定律对置换固溶体的扩散仍然是适用的。

由式(5-84)可知,当组元 A 和组元 B 的扩散系数相同时,标记面漂移速率为零。在一定温度下,通过实验测定互扩散系数、标记漂移速率 v_m 和浓度梯度,可由达肯方程计算出该温度下标记面处两种原子的本征扩散系数 D_A 和 D_B。

由达肯方程可以推论:

(1)如果溶质原子(如 A)很少,$x_A \to 0$,则 $D_A \approx \widetilde{D}$;

(2)若 $x_A = x_B = 1/2$,则 $\widetilde{D} = \dfrac{D_A + D_B}{2}$;

(3)若 $D_A = D_B$,则 $v_m = 0$,标记面不漂移;

(4)$D_A > D_B$、$v_m > 0$,标记面由 B 向 A 漂移;$D_A < D_B$、$v_m < 0$,标记面由 A 向 B 漂移。

到现在为止,我们所接触到的扩散系数可以概括为以下三种类型。

(1)自扩散系数 D^*:源于在没有浓度梯度的纯金属或者均匀固溶体中,由于原子的

热运动所发生扩散。在实验中,测量金属的自扩散系数一般采用在金属中放入少量的同种金属的放射性同位素作为示踪原子。

(2)本征扩散系数 D:源于在有浓度梯度的合金中,组元的扩散不仅包含组元的自扩散,而且还包含组元的浓度梯度引起的扩散。由合金中组元的浓度梯度所引起的扩散称为组元的本征扩散,用本征扩散系数描述。

(3)互扩散系数 $\widetilde{D}$:是合金各组元的本征扩散系数的加权平均值,反映了合金的扩散特性,而不代表某一组元的扩散性质。

本征扩散系数和互扩散系数都是由浓度梯度引起的,因此统称为化学扩散系数。

5.6　扩散的热力学分析

通常,扩散是物质从高浓度向低浓度的迁移,最终导致浓度梯度的减小和成分的均匀化,如在单相固溶体合金的成分均匀化中,似乎浓度梯度是引起扩散的驱动力。但实际上不是所有的扩散都是如此,在某些合金体系中,扩散并不导致成分均匀化,如固溶体的调幅分解、共析转变等,溶质也可以从低浓度向高浓度区域迁移。

为了建立扩散定律的普遍形式,需要从热力学角度分析扩散过程。

5.6.1　扩散的驱动力

物理学中阐述了力与能量的普遍关系。例如,距离地面一定高度的物体,在重力 F 的作用下,若高度降低 ∂x,相应的势能减小 ∂E,则作用在该物体上的力定义为

$$F = -\frac{\partial E}{\partial x} \tag{5-87}$$

式中,负号表示物体由势能高处向势能低处运动。晶体中原子间的相互作用力 F 与相互作用能 E 也符合上述关系。

根据热力学理论,系统变化方向更广义的判据:在恒温、恒压条件下,系统的某些因素或状态变化方向总是向吉布斯自由能降低的方向进行,自由能最低的状态是系统的平衡态,过程的自由能变化 ΔG 是系统变化的驱动力,而 $\Delta G < 0$ 的方向是系统状态发生变化的方向。

以合金为例,体系中,在压力 p、温度 T 和组元 j 的原子数 N_j 为常数的前提下,i 组元的化学势可表示为

$$\mu_i^\alpha = \left(\frac{\partial G^\alpha}{\partial N_i}\right)_{p,T,N_j} \tag{5-88}$$

式中,G^α 为固溶体 α 的自由能;N_i 为组元 i 的原子数。如果合金(α 固溶体)中 i 组元的 ∂N_i 个原子由于某种外界因素(如温度、压力、应力、磁场等)的变化,沿 x 方向从位置1迁移到位置2,迁移的距离为 ∂x,导致位置2处的自由能变化为 ∂G^α,则这些 i 原子的化学势变化为 $\partial \mu_i$。如果 ∂G^α 为负值,则这个过程就可以进行,如果为正值,这个过程就不能进行。因此,导致原子自发迁移也就是扩散的驱动力就为

$$F_i = -\frac{\partial \mu_i}{\partial x} \tag{5-89}$$

式中，x 的一般意义为两个位置（或点）的距离。因此，原子扩散的驱动力为扩散前后组元化学势的减少，原子的扩散方向也就是化学势降低的方向，而化学势降低的方向与体系中 i 组元的浓度没有直接关系，亦即原子扩散的真正驱动力是化学势梯度。当体系中某一个组元在各相（多相体系）或各处（单相体系）的化学势相等时，尽管随机的原子跳动或迁移依然存在，但不会出现宏观的扩散流，各相或各处的组元浓度达到（动态）平衡，宏观扩散也就停止了。

根据上述分析还可以得出另外一个结论，以合金固溶体为例，如果 B 组元在 A 组元（基体）中没有溶解度，假设 B 组元在基体中增加 N_B 个 B 原子，体系偏离平衡态，导致 $\partial G^\alpha > 0$，也就是说 $\mu_i^\alpha = \left(\dfrac{\partial G^\alpha}{\partial N_i}\right)_{p,T,N_j} > 0$，则 $F_i = -\dfrac{\partial \mu_i}{\partial x} < 0$，扩散驱动力为负，扩散将不会进行。因此，B 原子可以在基体 A 中进行扩散的必要条件是 B 原子必须在基体 A 中有溶解度。

5.6.2　扩散系数的普遍形式

在化学势梯度驱动力作用下，原子的平均扩散速率正比于驱动力 F：

$$v_i = B_i F_i \tag{5-90}$$

比例系数 B_i 为单位驱动力作用下的速率，称为迁移率。组元 i 的扩散通量等于扩散原子浓度和平均速度的乘积：$J_i = c_i v_i$。

由此可得原子的扩散通量为

$$J_i = c_i B_i F_i = -c_i B_i \frac{\partial \mu_i}{\partial x} \tag{5-91}$$

对于符合亨利定律的稀溶液，有 $\mu_i = \mu_{i0} + kT\ln a_i = \mu_{i0} + kT\ln\gamma_i c_i$，其中 μ_{i0} 为常数，a_i 为活度，γ_i 为活度系数，c_i 为组元 i 的浓度，将该式代入式（5-91），可得

$$J_i = -c_i B_i kT \frac{\partial \ln a_i}{\partial x} = -c_i B_i kT \frac{\partial \ln \gamma_i}{\partial x} - B_i kT \frac{\partial c_i}{\partial x} = -B_i kT\left(1 + \frac{\partial \ln \gamma_i}{\partial \ln c_i}\right)\frac{\partial c_i}{\partial x} = -D_i \frac{\partial c_i}{\partial x} \tag{5-92}$$

上式即为菲克第一定律，其中

$$D_i = B_i kT\left(\frac{\partial \ln a_i}{\partial \ln c_i}\right) = B_i kT\left(1 + \frac{\partial \ln \gamma_i}{\partial \ln c_i}\right) \tag{5-93}$$

式中，$\left(1 + \dfrac{\partial \ln \gamma_i}{\partial \ln c_i}\right)$ 称为热力学因子，对于理想固溶体（$\gamma_i = 1$）或者极稀薄的固溶体（$\gamma_i =$ 常数），有 $\left(1 + \dfrac{\partial \ln \gamma_i}{\partial \ln c_i}\right) = 1$。因此，式（5-93）可写为

$$D_i = B_i kT \tag{5-94}$$

由此可知，不同组元的扩散速率仅取决于迁移率 B_i 的大小，该式（5-94）称为能斯特-爱因斯坦方程（Nernst-Einstein equation）。

可以看出，当 $\left(1 + \dfrac{\partial \ln \gamma_i}{\partial \ln c_i}\right) > 0$ 时，扩散系数 $D_i > 0$，表明组元从高浓度区向低浓度区迁移，即下坡扩散；当 $\left(1 + \dfrac{\partial \ln \gamma_i}{\partial \ln c_i}\right) < 0$ 时，扩散系数 $D_i < 0$，表明组元从低浓度区向高浓度区迁移，即上坡扩散。因此，从另外的角度也可以证明决定扩散的基本因素是化学势梯

度而不是浓度梯度。

　　上坡扩散的情形并不少见,比较典型的如调幅分解时溶质、溶剂浓度不断起伏增加的过程;奥氏体分解成珠光体的过程中,碳原子从浓度较低的奥氏体向浓度较高的渗碳体的扩散等。除化学势因素以外,外界因素也会对扩散产生影响。以应力为例,晶体中存在弹性应力梯度时,会促使尺寸较大的原子移向点阵伸长方向,而尺寸较小的原子移向点阵受压方向,造成溶质原子分布的不均匀而发生扩散;各种晶体缺陷都会造成晶体的内应力和能量分布的不均匀,如多晶体中的晶界能都比晶内的高,当它吸附一些异类原子时,会使其能量降低,使溶质原子易于移向晶界,而发生上坡扩散,如图 5-23 所示。在刃型位错应力场作用下,溶质原子常常被吸引而扩散到位错周围形成科氏气团(Cottrell atmosphere),也是上坡扩散;在较大的电场或温度梯度作用下,也促使原子的定向扩散,这些都会导致组元的上坡扩散。

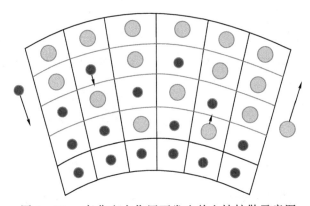

图 5-23　弯曲应力作用下发生的上坡扩散示意图

5.7　反应扩散

　　前面的讨论均是以单相固溶体中的扩散为例的,其特点是溶质原子的浓度未超过固溶体的溶解度极限。然而在许多实际合金中,不仅包含一种固溶体,有可能出现几种固溶体或中间相(金属间化合物)。当原子扩散过程中溶质原子的溶解度超过固溶体极限时,会形成新相。这种通过扩散使固溶体内的溶质原子浓度超过固溶极限而不断形成新相的扩散过程称为反应扩散或相变扩散。

5.7.1　反应扩散的过程

　　反应扩散实际包含两个过程:一个是溶质原子浓度未达到接收区溶解度之前的扩散过程;另一个是当接收区的溶质原子浓度达到接收区溶解度以后发生相变而形成新相的过程。反应扩散时,溶质原子的浓度分布随扩散时间和扩散距离的变化,以及接收区出现何种相和相的数量,均由接收区随溶质原子浓度变化的相变趋势,也就是相组成规律随(合金)成分变化规律,即熟知的相图决定。

　　下面以共晶体系的化学热处理,也就是从表面向组元 A 中渗入组元 B 为例解释这一扩散过程。假设 A－B 共晶合金的相图如图 5－24 所示,扩散开始前,以 A 为基的固溶体 α 中的组元 B(溶质)原子的浓度为 0。组元 B(溶质)从表面渗入组元 A(溶剂或基体)。在 T_0 温度下,在基体 α 中,由于 B 的溶入使 α 固溶体的自由能降低,因此 α 中不断溶入组元 B,组元 B 的浓度增加,直到 α 相中 B 原子的浓度达到饱和。

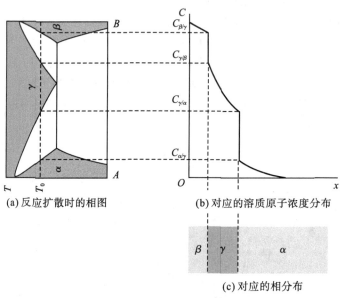

图 5－24　　反应扩散时的相图与对应的溶质原子浓度分布和相分布

按照图 5-24 所示的合金相组成与成分的关系变化规律,当合金中 B 原子的浓度或含量超过 α 相的饱和溶解度后,合金应该进入 α＋γ 的两相混合区。但是根据合金热力学或相率($f = C - P + 1$),二元系两相平衡时,自由度仅为 1,也就是温度恒定条件(等温时)下体系的自由度为 0,此时两个平衡相的成分都是固定不变的,体系处于自由能最低状态,任何破坏这种状态的行为都不会自发进行。换句话说,根据热力学理论,两相平衡时,组元 A 在两相中的化学势必然相等,即 $\mu_A^\alpha = \mu_A^\gamma$,那么其化学势梯度 $\frac{\partial \mu_A}{\partial x} = 0$,即扩散的驱动力为零,扩散不能进行,因此,表面渗入这种形式的扩散过程中,不会出现两相混合共存的情况。这个法则推广后也可以推断,在三元系中的渗层不能出现三相共存区,但可以有两相共存区。

但是,在反应扩散中另外一种情况是可以成立的:当组元 B 开始向基体的表面渗入时,表层的 B 原子浓度逐渐升高,B 原子浓度曲线不断向基体的内部延伸,当表面浓度达到 α 固溶体的饱和浓度 $C_{\alpha/\gamma}$ 时,在表层形成的全部是 α 固溶体。随后 $C_{\alpha/\gamma}$ 值暂时维持不变。随着组元 B 的不断渗入,α 层逐渐增厚。当表面浓度在某一时刻由于某些原因突然上升到与 α 平衡的 γ 固溶体的平衡浓度 $C_{\gamma/\alpha}$(即 γ 的最低浓度)时,在 α 层的表面开始形成 γ 层。如果渗剂中活性 B 原子的浓度足够高的话,表面浓度还会达到 γ 固溶体的饱和浓度 $C_{\gamma/\beta}$,并且在 γ 层的表面形成 β 层。随着扩散的进行,已形成的 α、γ 及 β 固溶体层不断增厚,每个单相层内的浓度梯度也在随时间而变化。在 T_0 温度下形成的渗层中的溶质原子浓度分布和相分布分别如图 5－24 所示。

5.7.2　反应扩散的特点

根据反应扩散的过程可以明显看出扩散有如下特点：① 二元系扩散层中不出现两相共存区，三元系扩散层中不出现三相共存区，以此类推；② 如果渗层中出现浓度恒定的相（如没有成分变化的化合物），扩散将受阻。

5.8　影响扩散的因素

由菲克第一定律，在浓度梯度一定时，原子扩散仅取决于扩散系数 D。对于典型的原子扩散过程，D 符合阿伦尼乌斯方程 $D = D_0 \exp\left(-\dfrac{Q}{RT}\right)$。因此，$D$ 仅取决于 D_0、Q 和 T，凡是能改变这三个参数的因素都能影响扩散过程。

5.8.1　温度

根据阿伦尼乌斯方程，扩散系数 D 与温度呈指数关系。温度越高，原子动能越大，越容易迁移。

以 C 在 γ-Fe 中扩散为例，已知 $D_0 = 2.0 \times 10^5$ m^2/s、$Q = 140 \times 10^3$ J/mol，计算出 927 ℃ 和 1027 ℃ 时 C 的扩散系数分别为 1.76×10^{-11} m^2/s、5.15×10^{-11} m^2/s。温度升高 100 ℃，扩散系数增加三倍多。这说明对于高温下发生的与扩散有关的过程，温度是最重要的影响因素。

一般来说，在固相线附近的温度范围，置换固溶体的 D 为 $10^{-8} \sim 10^{-9}$ cm^2/s，间隙固溶体的 D 为 $10^{-5} \sim 10^{-6}$ cm^2/s；而它们在室温下分别为 $10^{-20} \sim 10^{-50}$ cm^2/s 和 $10^{-10} \sim 10^{-30}$ cm^2/s。因此，扩散只有在高温下才能有效发生，特别是置换固溶体的扩散。

图 5-25 给出了几种固态物质中原子的扩散系数与温度的关系。从图中可看出，随着温度的升高，扩散系数均显著增大，而且体心立方晶体中原子的扩散系数一般均高于面心立方晶体中原子的扩散系数。

5.8.2　化学成分

1. 组元性质

原子在晶体结构中跳动时必须要挣脱其周围原子对它的束缚才能实现跃迁，这就要部分地破坏原子结合键。因此扩散激活能 Q 和扩散系数 D 必然与表征原子键合力大小的宏观或者微观参量有关。无论是在纯金属中还是在合金

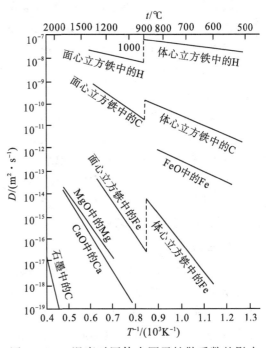

图 5-25　温度对固体中原子扩散系数的影响

中,原子结合键越弱,Q 值越小,D 值越大。

能够表征原子结合键大小的宏观参量主要有熔点(T_m)、熔化潜热(L_m)、升华潜热(L_s)及膨胀系数(α)和压缩系数(κ)等。一般来说,T_m、L_m、L_s 越小或者 α、κ 越大,则原子的 Q 值越小,D 值越大。

合金中的情况也一样。考虑 A、B 组成的二元合金,若组元 B 的加入能使合金的熔点降低,则合金的互扩散系数增加;反之,若能使合金的熔点升高,则合金的互扩散系数减小。图 5-26 给出了合金的互扩散系数与合金熔点的对应变化关系。

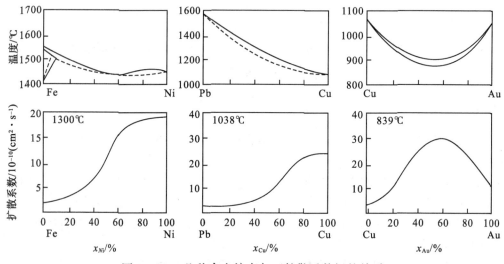

图 5-26　几种合金熔点与互扩散系数间的关系

在微观参量上,凡是能使固溶体溶解度减小的因素,都会降低溶质原子的扩散激活能,增大其扩散系数。例如,固溶体组元之间原子半径的相对差越大,溶质原子造成的点阵畸变越大,原子离开畸变位置扩散就越容易,使 Q 值减小,D 值增加;但对于离子晶体,组元间的电负性相差越大,即亲和力越强,则溶质原子的扩散越困难。

2. 溶质浓度

一般情况下,扩散系数的大小除了与上述组元特性有关外,还与组元浓度有关。间隙固溶体中间隙原子的浓度越高,则其扩散越快。因为间隙原子的浓度越高,造成的溶剂晶格畸变越大,扩散激活能就越小。在求解扩散方程时,通常假定扩散系数与浓度无关,实际情况往往不是这样的。为了方便计算,当固溶体浓度较低或扩散层中浓度变化不大时,这样的假定所导致的误差不会很大。同时,根据菲克第一定律,在扩散系数一定时,原子的迁移数量与浓度梯度密切相关。

3. 第三组元

第三组元(或杂质)对二元合金扩散的影响较为复杂,可能提高扩散速率,也可能降低扩散速率,或者对其没有影响,目前还缺少完整的、普适性的理论。以 C 在 γ-Fe 中扩散为例:碳化物形成元素(W、Mo、Cr 等)与碳的亲和力强,碳的扩散需摆脱更大的键合力,因而阻碍碳的扩散。非碳化物形成元素(Ni、Si 等)反而会促进碳的扩散。

5.8.3   晶体结构

1. 固溶体类型

不同类型的固溶体中原子的扩散机制是不同的,如前所述,置换固溶体扩散为空位机制,间隙固溶体扩散为间隙机制。相对而言,间隙固溶体的扩散激活能一般比较小,原子扩散较快。例如,C、N 原子在 α-Fe 和 γ-Fe 中的扩散激活能比金属元素在铁中的扩散激活能小得多。因此,钢件表面热处理在获得同样渗层浓度时,渗 C、N 比渗 Cr 或 Al 等金属的周期短得多。

2. 晶体结构类型

晶体结构反映了原子在空间排列的紧密程度。晶体的致密度越高,原子扩散时的路径越窄,产生的晶格畸变越大,同时原子结合能也越大,使得扩散激活能越大,扩散系数减小。这个规律无论对纯金属的扩散还是对固溶体的扩散都是适用的。例如,Fe 在 912 ℃ 时发生 α-Fe 和 γ-Fe 的转变,α-Fe 的自扩散系数大约是 γ-Fe 的 240 倍。所有元素在 α-Fe 中的扩散系数都比在 γ-Fe 中的大,其原因是体心立方结构的致密度比面心立方结构的致密度小,原子易迁移。

3. 晶体的各向异性

理论上讲,晶体的各向异性必然导致原子扩散的各向异性。但是实验却发现,在对称性较高的立方系中,沿不同方向的扩散系数并未显示出差异,只有在对称性较低的晶体中,扩散才有明显的方向性,而且晶体对称性越低,扩散的各向异性越强。Cu、Hg 在密排六方金属 Zn 和 Cd 中扩散时,沿(0001)晶面的扩散系数小于沿[0001]晶向的扩散系数,这是因为(0001)晶面是原子的密排面,溶质原子沿这个面扩散的激活能较大。但是,扩散的各向异性随着温度的升高逐渐减小。

上述三个影响晶体原子扩散的因素本质上是一样的,即晶体的致密度越低,原子扩散越快;扩散方向上的致密度越小,原子沿这个方向的扩散也越快。

5.8.4   晶体缺陷的影响

晶体中存在着各种不同的点、线、面及体缺陷,缺陷能量高于晶粒内部能量,可以提供更大的扩散驱动力,使原子沿缺陷扩散的速度更快。通常将沿缺陷进行的扩散称为短路扩散,将沿晶格内部进行的扩散称为体扩散或晶格扩散,如图 5-27 示。短路扩散包括表面扩散、晶界扩散、位错扩散及空位扩散等。一般来讲,温度较低时,以短路扩散为主;温度较高时,以体扩散为主。

在所有的缺陷中,晶体表面能最高,晶界能次之,晶粒内部缺陷的能量最小,因此,原子沿表面扩散的激活能最小,沿晶界扩散的激活能次之,体扩散的激活能最大。对于扩散系

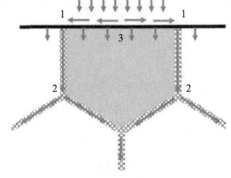

1— 表面扩散;2— 晶界扩散;3— 晶格扩散(体扩散)。

图 5-27   短路扩散示意图

数,则有表面扩散系数 $D_表$ > 晶界扩散系数 $D_界$ > 体扩散系数 $D_体$。

实验上,通常采用示踪原子法测量晶界的扩散现象。设想在垂直于双晶体晶界的外表面上镀一层扩散物质 M(或同位素示踪原子),然后在较高温度下使其扩散。结果发现,物质 M 扩散到晶格中的深度要比扩散到晶界和外表面的小得多(图 5 - 28 中箭头表示扩散方向,箭头所指的线是等浓度线,D_s 为表面扩散系数,D_b 为体扩散系数)。

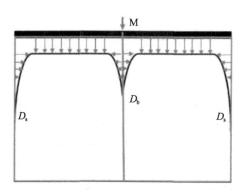

图 5 - 28　双晶体中的扩散示意图

总之,晶体缺陷对扩散的影响规律如下。

(1)表面扩散比晶界扩散快,比体扩散更快。但在多晶体金属中,除少数情况外,自由表面的扩散并不重要,而晶界扩散也只在晶粒很细的情况下才会对整个扩散作出比较大的贡献。

(2)扩散与固溶体的晶粒大小有关,晶粒越细则原子扩散能力越强。但是只有当扩散的激活能很大,而且沿晶界的扩散比体扩散强烈时,晶粒大小的影响才比较明显。如果体扩散容易进行(如 C 和 N 等原子在 γ-Fe 中的扩散),则晶粒大小的影响就不明显了。

(3)沿线缺陷的扩散。晶体中的位错会使其周围的原子离开平衡位置,点阵发生畸变,尤其是刃型位错线的存在,好像一根具有一定空隙度的管道,如果扩散元素沿位错管道迁移,所需要的激活能较小,所以扩散速率较高。但是由于位错线所占横截面相对晶粒的横截面来说是很小的,所以在高温下,位错对晶体总扩散的贡献不大,只有在较低温度下才显出其重要性。例如过饱和固溶体在较低温度分解时,沿位错管道的扩散就起重要作用,沉淀相往往在位错上优先形核,而且溶质会较快地沿位错管道扩散到沉淀相上去,使其迅速长大。冷变形会增加金属材料的界面厚度和位错密度,也会加速扩散过程的进行。

5.8.5　外场

前面讨论了由于化学位梯度或热振动引起的扩散,而在材料的制备和使用过程中,扩散往往还受到诸如应力、电场、热梯度场、强磁场等外加场的影响。在上述外场的作用下,固体中的原子或离子会有其特殊的扩散规律。

5.9　扩散的典型应用

了解了扩散的基本原理后,可以利用这些原理解决许多实际问题。例如,采用快速冷却的方法可以抑制原子的扩散,得到过饱和的固溶体或非晶固体。室温时,由于原子的扩散较慢,一些非平衡态的系统可以使用而不必担心其组织的变异。扩散的重要应用还在于可以利用扩散对材料或工件表面进行化学成分的改性或进行化学热处理,在工件内部成分和组织不变的前提下,表面的硬度、耐磨性、耐腐蚀性等明显提高。此外,固态扩散理论在铸锭成分均匀化、金属表面防氧化、材料粉体烧结、扩散焊接等方面都具有重要的指导意义和应用场景。

5.9.1　渗碳

　　许多转动或滑动的钢制零件必须有一个硬的表层以提高其耐磨性,同时还应使芯部足够坚韧以提高其断裂抗力。为此,可对零件进行渗碳处理以提高其表面硬度和耐磨性。在实际生产中,通常都是先在软态进行零件的切削加工,然后使零件的表层通过气体渗碳及随后的热处理得到硬化。渗碳钢一般是碳含量为 $0.10\% \sim 0.25\%$ 的低碳钢,根据使用要求还可以在钢中加入一些合金元素。图 5-29 分别给出了一些典型的钢制渗碳零件,从左到右分别为齿轮轴、圆锥齿轮、齿轮和圆弧齿轮。

(a) 齿轮轴　　　　(b) 圆锥齿轮　　　　(c) 齿轮　　　　(d) 圆弧齿轮

图 5-29　典型的钢制渗碳零件

　　进行气体渗碳时,零件放在温度约为 930 ℃ 的炉中,炉中通以富 CO 的气体(例如甲烷(CH_4)或其他碳氢化合物类气体)。来自炉气中的碳扩散进入零件的表面,使表层的碳含量增加。图 5-30 为 $w_C = 0.20\%$ 的碳钢试棒在 918 ℃ 进行气体渗碳不同时间后的碳浓度分布。

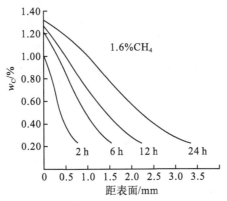

图 5-30　$w_C = 0.20\%$ 的碳钢试棒在 918℃

进行气体渗碳不同时间后的碳浓度分布

　　下面结合两个具体例题说明如何利用菲克第二定律导出的渗碳方程来计算一个未知变量。

　　[例 5.3]　$w_C = 0.20\%$ 的碳钢在 927 ℃ 进行气体渗碳。假定表面碳含量增加到 0.90%，试求距表面 0.5 mm 处的碳含量达 0.40% 所需的时间。已知 $D_{927\ ℃} = 1.28 \times 10^{-11}\ m^2/s$。

　　[解]　由扩散第二方程推出的渗碳方程可知，渗碳时间和浓度满足如下关系：

$$C = -(C_1 - C_0)\mathrm{erf}\left(\frac{x}{2\sqrt{Dt}}\right) + C_1$$

式中，$C_1 = 0.90\%$，$x = 0.5\ mm = 5.0 \times 10^{-4}\ m$，$C_0 = 0.20\%$，$D = 1.28 \times 10^{-11}\ m^2/s$，$C = 0.40\%$，带入上式可得

$$\mathrm{erf}(69.88/\sqrt{t}) = 0.7143$$

查误差函数表，并利用内插法可得出 $(69.88/\sqrt{t}) = 0.755$，因此

$$t = 8567\ s = 143\ min = 2.38\ h$$

　　[例 5.4]　渗碳用钢及渗碳温度同例 5.3，求渗碳 5 h 后距表面 0.5 mm 处的碳含量。

　　[解]　在渗碳方程中，$C_1 = 0.90\%$，$x = 0.5\ mm = 5.0 \times 10^{-4}\ m$，$C_0 = 0.20\%$，$D = 1.28 \times 10^{-11}\ m^2/s$，$t = 5\ h = 1.8 \times 10^4\ s$，带入上述渗碳方程可得

$$C = 0.52\%$$

　　与例 5.3 比较可看出，渗碳时间由 2.38 h 增加到 5 h，距表面 0.50 mm 处的碳含量仅由 0.40% 增加到 0.52%。

5.9.2　硅晶片的掺杂扩散

　　将杂质扩散进入硅晶片以改变其导电特性是生产现代集成化电路的一个重要环节。一般方法是将硅晶片放在温度约为 1100 ℃ 的石英炉中，并使其表面暴露在适当杂质蒸汽中，硅晶片表面不希望渗入杂质的部分必须遮住。与钢制零件的气体渗碳一样，扩散进入硅表面的杂质浓度随着距表面的深度的增加而减小，改变扩散时间也会改变杂质的浓度分布。

　　[例 5.5]　将镓在 1100 ℃ 扩散进入纯硅晶片，已知 $D = 7.0 \times 10^{-17}\ m^2/s$，晶片表面的镓浓度为 10^{24} 原子 $/m^3$，试求 3 h 后距表面多深处的镓浓度为 10^{22} 原子 $/m^3$。

　　[解]　由扩散第二方程推出扩散时间和镓浓度满足如下关系：

$$C = -(C_1 - C_0)\mathrm{erf}\left(\frac{x}{2\sqrt{Dt}}\right) + C_1$$

式中，$C_1 = 10^{24}$ 原子 $/m^3$，$C_0 = 0$，$D = 7.0 \times 10^{-17}\ m^2/s$，$C = 10^{22}$ 原子 $/m^3$，$t = 3\ h = 1.08 \times 10^4\ s$，带入上式可得

$$x = 5.17 \times 10^{-6}\ m = 5.17\ \mu m。$$

5.9.3　铸锭的均匀化

　　固溶体合金在非平衡结晶时，往往会出现不同程度的枝晶偏析，从而损害合金的性能。为克服此缺点，工业上常常将铸锭（或铸件）加热到高温使之通过扩散而达到成分的均匀化。

图 5-31 中的枝晶中,溶质原子沿 x 方向的分布可用正弦曲线方程表示:

$$C_x = C_p + A_0 \sin \frac{\pi x}{\lambda}$$

式中,λ 为枝晶间距(偏析波波长)的一半;C_p 为浓度的平均值。

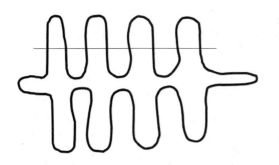
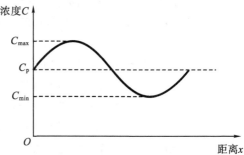

(a) 铸锭中的枝晶偏析　　　　　　　　(b) 枝晶二次轴之间的溶质原子浓度分布

图 5-31　铸锭中的枝晶偏析及枝晶二次轴之间的溶质原子浓度分布

扩散退火时,枝晶偏析的溶质原子从高浓度区向低浓度区扩散,随退火时间的增加,成分逐渐均匀化。

初始条件:$t = 0$ 时,$x = 1/2\lambda、2/3\lambda$,则 $C = C_{max}、C = C_{min}$

边界条件:$t > 0$ 时,$x = 0、\lambda、2\lambda$,则 $C = C_p$

求得正弦解:

$$C(x,t) = C_p + A_0 \sin \frac{\pi x}{\lambda} \exp(-\pi^2 Dt)$$

当 $x = 1/2\lambda, \sin(\pi x/\lambda) = 1$ 时, $C(1/2\lambda,t) = C_p + A_0 \exp(-\pi^2 Dt/\lambda^2)$

因为 $A_0 = C_{max} - C_p$,所以有

$$\frac{C\left(\dfrac{\lambda}{2},t\right) - C_p}{C_{max} - C_p} = \exp(-\pi^2 Dt)$$

上式表示的是偏析峰值的衰减程度。实际上,想达到完全均匀化($C = C_p$)是不可能的。

设铸锭经均匀化退火后,成分偏析的振幅要求下降到原来的 1%,此时

$$\frac{C\left(\dfrac{\lambda}{2},t\right) - C_p}{C_{max} - C_p} = \exp\left(-\frac{\pi^2 Dt}{\lambda^2}\right) = \frac{1}{100}$$

即

$$\exp(-\pi^2 Dt/\lambda^2) = 1/100$$

算得要使偏析峰值衰减程度达到偏析峰值的 1%,所需退火时间为

$$t = 0.467 \frac{\lambda^2}{D}$$

5.9.4　粉体材料的烧结

烧结是把金属粉末或非金属粉末(如玻璃粉)先用高压压制成型,然后在真空或保护气体中加热到熔点以下的温度,使这些粉末互相结合成块。这些被烧结后的粉末块的密

度和强度与原来金属的差不多,可以作为工件或材料使用。粉末冶金烧结常用来制造磁性材料、外形复杂工件、难熔金属材料(如 W、Mo、Nb 等)的工件或者制造以碳化物为基的硬质合金等。构成合金的组元熔点差别很大或者在液态下不能混合时,亦可采用这种方法制备,如 W-Cu、W-Ag 合金等。

从热力学角度来看,烧结而导致材料致密化的基本驱动力是表面、界面的减少而使系统表面能、界面能下降;从动力学角度来看,要通过各种复杂的扩散传质过程实现材料致密化。

烧结一般可以分为两个过程:首先是粉末颗粒间的结合,在这个过程中,颗粒间的点接触转变为面接触,当这个过程发展到某一程度时,颗粒间的空隙便逐渐封闭起来,并且趋向于变成球形;第二个过程是疏孔变圆,并且逐渐缩小,结果使样品体积收缩,密度和强度提高。烧结不能归结于单一的物理过程,它是几种机制作用的结果,根据烧结条件的不同,这些机制中的某一个则更加重要。在这部分里,我们简要地讨论单组元粉末烧结时的两个过程,即颗粒的结合和疏孔的收缩过程。

1. 颗粒的结合

为研究烧结问题,常常设计一些简化的实验以便于从理论上处理,比如把一些单组元的直径相等的球形粉末或圆柱形金属丝进行烧结,来探讨烧结机制。库钦斯基(Kuczynski)考虑滞性和范性流动、体扩散、表面扩散和蒸发-凝结四种机制,从理论上推导了烧结时一个球体和一个平面接触面积的增长速率。图 5-32 中,a 表示球形颗粒的半径,x 表示接触面半径,ρ 表示烧结后连接颈的曲率半径,结果由下式表示:

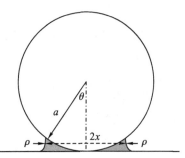

图 5-32　球形颗粒和平面
烧结后的截面示意图

$$x^a = At$$

阿什比(Ashby)认为即使在单组元材料烧结时,也至少有六种机制(见表 5-2)可能同时作用,引起物质流向连接颈,并使它长大。有些机制使疏孔收缩,材料密度增加,驱动这些机制的作用力都是表面张力。

表 5-2　六种烧结机制及物质的来源和输送途径

机制	物质来源	输送途径
表面扩散	表面	原子沿表面到达颈部
点阵扩散	表面	表面原子通过点阵扩散到颈部
蒸汽输送	表面	表面原子蒸发而后在颈部凝集
晶界扩散	晶界	晶界原子沿晶界扩散到颈部
点阵扩散	晶界	晶界原子通过点阵扩散到颈部
点阵扩散	位错	位错上的原子通过点阵扩散到颈部

颈部成长率(烧结率)是这六种机制作用的总贡献。后三种机制还可以使样品的密度增大,使颗粒的中心彼此靠近,这时物质必须从分隔颗粒的晶界或连接颈中的位错中

输送出去。阿什比把烧结过程分为三个阶段：开始是附着阶段，当两颗粒接触时，原子间作用力把它们拉在一起，使它们发生弹性形变，形成连接颈；中间阶段，当烧结温度 T 上升到材料熔点 T_m 的 1/4 后（即 $T \geqslant 0.25 T_m$），连接颈的成长将被扩散控制，扩散快速消除开始阶段产生的接触应力，此后扩散流由表面曲率之差或曲率梯度推动；末了阶段随着颈部的长大，驱动各种机制的表面曲率差变小，在中间阶段，驱动力使疏孔中的物质重新分布，而在这个末了阶段中，驱动力已经大大减弱，剩下的驱动力把分隔两颗粒的晶界上的物质通过扩散流向疏孔，此阶段只有物质从晶界通过晶界的扩散和通过点阵的扩散两种机制是重要的。

2. 疏孔的收缩

烧结过程中，样品的许多性质会发生变化，与密度直接有关的是疏孔的变化。库钦斯基认为在曲率半径为 r 的表面下，过剩空位浓度大约为

$$\Delta C = \frac{\gamma \delta^3 c_0}{kTr}$$

式中，γ 为材料的表面张力；δ 为原子间距；c_0 为平面表面下的空位平衡浓度；k 为玻尔兹曼常数；T 为绝对温度。样品中产生空位浓度梯度，这些过剩的空位将迁移到最近邻的晶界，通过晶界扩散到曲率较小的表面而消失。整个过程中，晶界扩散较快，因此反应速率将被空位到晶界之间的体扩散所控制。根据这样的设想，疏孔（曲率）半径 r 和烧结时间 t 之间的关系为

$$r^3 = r_0^3 - \frac{3\gamma \delta^3 D}{kT} t$$

式中，r_0 为开始时的疏孔半径，D 为空位体扩散系数。铜样品在 1000 K 烧结时，$D = 2.5 \times 10^{-9}\ \mathrm{cm^2 \cdot s^{-1}}$，$\gamma = 1.43\ \mathrm{N \cdot m^{-1}}$，$\delta = 2.56 \times 10^{-8}\ \mathrm{cm}$，于是使一个半径为 $1.1 \times 10^3\ \mathrm{cm}$ 的疏孔消失所需的时间约为 280 h，这和实验值相接近。通常烧结只需要几小时即可完成，是因为实际样品中，疏孔半径一般只有几个微米或稍大一点，而比此计算中所用的数值小得多。

习　题

1. 说明下列概念的物理意义：

(1) 扩散通量；

(2) 扩散系数；

(3) 稳态扩散和非稳态扩散；

(4) 间隙式扩散；

(5) 空位扩散；

(6) 扩散激活能；

(7) 反应扩散；

(8) 克肯达尔效应；

(9) 短路扩散；

(10) 体扩散。

2. 要想在 800 ℃ 下使通过 α-铁箔的氢气通量为 2×10^{-8} mol/(m² · s),铁箔两侧的氢原子浓度分别为 3×10^{-6} mol/m³ 和 8×10^{-8} mol/m³,若 $D = 2.2 \times 10^{-6}$ m²/s。试确定:

(1) 所需浓度梯度;

(2) 所需铁箔的厚度。

3. 20 钢齿轮 927 ℃ 气体渗碳,控制炉内渗碳气氛使工件表面含碳量 $w_C = 1.0\%$,假定碳在该温度时的扩散系数 $D = 1.28 \times 10^{-11}$ m² · s⁻¹。如果将工件中含碳量 $w_C = 0.5\%$ 处至表面的距离定义为渗碳层深度,试计算:

(1) 渗碳层深度达 1 mm 时所需的渗碳时间。

(2) 渗碳层深度达 2 mm 时所需的渗碳时间。

4. 为什么钢铁零件渗碳要在 γ 相区中进行?若不在 γ 相区渗碳会有什么结果?

5. 空位扩散比间隙式扩散更容易还是更难?请分析说明原因。

6. 三元系发生扩散时,扩散区能否出现两相共存区和三相共存区?为什么?

7. 体心立方晶体比面心立方晶体的配位数要小,故由 $D = \dfrac{1}{6} f \nu z P a^2$ 关系式可见,α-Fe 中的原子扩散系数要小于 γ-Fe 中的原子扩散系数。此观点是否正确?请分析说明。

8. 什么是逆扩散,试举例说明。为什么会出现逆扩散现象?

9. 固体中原子的扩散受哪些因素影响?简述各自的影响规律。

10. 克肯达尔效应产生的机制是什么?在实际生产中会带来哪些问题?互扩散过程中两组元的扩散系数与标记面移动方向有何联系?

11. 试分别计算面心立方和体心立方晶体中原子空位扩散的跳动概率。

12. Cu-Zn 组成的扩散偶中,扩散界面向哪一方漂移,为什么?

第6章 固态相变

前面我们所涉及到的纯金属、纯化合物和两个或两个以上组元物质的结晶是从液态到固态的转变,是相变的一种。这些转变涉及液态和固态两种凝聚状态,因此常称之为液-固相变。有一些合金在液态时会发生一个液相分解成不同成分的两个液相(二元系,如 W-Cu 合金)或多个液相的过程,称之为液-液相变。而固态物质在温度、压力、电场、磁场等内部或外部因素改变时,所发生的晶体结构、相的化学成分、有序度等的改变称为固态相变。固态相变中,一种相变可同时包括一种或两种以上的变化。如纯金属的同素异构转变只包含晶体结构的变化,调幅分解只包含化学成分的变化,固溶体的有序-无序转变只包含有序度的变化;而共析转变和脱溶转变既包含晶体结构的变化,也包含化学成分的变化。此外,某些产生化合物的脱溶转变可能包含全部的三种变化。

固态相变的发生会改变材料的组织、结构和性能,从而为材料应用的多样化提供了必要条件。因此,固态相变理论及应用一直是材料科学研究的重要领域。但请读者注意,一般所谓相变是指在一个封闭体系,也就是体系的化学成分不变的前提下的结构变化等。如果体系的成分发生变化,如化学热处理,体系中某些相的氧化、升华等则不在本文有关相变的研究范畴。

外界条件发生变化时,体系的内部自发变化一定是向系统自由能降低的方向进行,固态相变更是如此。固态相变时,新相和母相之间一定存在相界面,这一点与气-固、气-液和液-固相变相同,因此固态相变甚至比上述相变需要更大或足够大的过冷度,以获得足够大的驱动力。需要说明的是,固态相变时新旧两相都是固体,新相在固体中的形核和生长在很大程度上会受到固体性质及两固体间界面结构的影响,这是由于固体中原子间结合能大,原子一般呈规则排列,以及各种点缺陷的存在所致,因而固态相变有其自身规律。

6.1 固态相变的分类

固态相变种类繁多、性质各异,通常按热力学、动力学、长大方式进行分类,每种分类方法各有特点。按相变时热力学函数的变化特征,固态相变分为一级相变和高级相变(二级或二级以上的相变称为高级相变,包括二级相变、n 级相变等);按动力学(即原子迁移方式)分为扩散型相变、过渡型相变和非扩散型相变;按长大方式分为形核-长大型相变和连续型相变。

6.1.1 按热力学分类

热力学分类是固态相变最基本的分类方法,分类依据是相变时热力学函数的变化特征。考虑 α 和 β 两相之间的转变,一级相变时,两相的化学势相等,但是它们的一阶导数不等,即

$$\mu^a = \mu^\beta \tag{6-1}$$

$$\left(\frac{\partial \mu^a}{\partial T}\right)_p \neq \left(\frac{\partial \mu^\beta}{\partial T}\right)_p \tag{6-2}$$

$$\left(\frac{\partial \mu^a}{\partial p}\right)_T \neq \left(\frac{\partial \mu^\beta}{\partial p}\right)_T \tag{6-3}$$

由热力学函数关系式

$$\left(\frac{\partial \mu}{\partial p}\right)_T = V \tag{6-4}$$

$$\left(\frac{\partial \mu}{\partial T}\right)_p = -S \tag{6-5}$$

因此有

$$V^a \neq V^\beta \tag{6-6}$$

$$S^a \neq S^\beta \tag{6-7}$$

说明一级相变时,在相变点处两相的摩尔体积和熵都会发生不连续变化,也就是出现体积效应和热效应。金属与合金的结晶、固溶体的脱溶、马氏体相变等都属于一级相变。

相变时,两相的化学势及一阶偏导数均相等,但是二阶偏导数不相等,这样的相变属于二级相变,即

$$\mu^a = \mu^\beta$$

$$\left(\frac{\partial \mu^a}{\partial T}\right)_p = \left(\frac{\partial \mu^\beta}{\partial T}\right)_p \tag{6-8}$$

$$\left(\frac{\partial \mu^a}{\partial p}\right)_T = \left(\frac{\partial \mu^\beta}{\partial p}\right)_T \tag{6-9}$$

$$\left(\frac{\partial^2 \mu^a}{\partial T^2}\right)_p \neq \left(\frac{\partial^2 \mu^\beta}{\partial T^2}\right)_p \tag{6-10}$$

$$\left(\frac{\partial^2 \mu^a}{\partial p^2}\right)_T \neq \left(\frac{\partial^2 \mu^\beta}{\partial p^2}\right)_T \tag{6-11}$$

$$\left(\frac{\partial^2 \mu^a}{\partial T \partial p}\right) \neq \left(\frac{\partial^2 \mu^\beta}{\partial T \partial p}\right) \tag{6-12}$$

根据热力学函数关系式,有

$$\left(\frac{\partial^2 \mu}{\partial T^2}\right)_p = -\left(\frac{\partial S}{\partial T}\right)_p = -\frac{C_p}{T} \tag{6-13}$$

$$\left(\frac{\partial^2 \mu}{\partial p^2}\right)_T = \frac{V}{V}\left(\frac{\partial V}{\partial p}\right)_T = VK \tag{6-14}$$

$$\left(\frac{\partial^2 \mu}{\partial T \partial P}\right) = \frac{V}{V}\left(\frac{\partial V}{\partial T}\right)_P = Va \tag{6-15}$$

式中,C_p 为等压热容;K 为等温压缩系数 $\left(K = \frac{1}{V}\left(\frac{\partial V}{\partial p}\right)_T\right)$;$a$ 为等压膨胀系数 $\left(a = \frac{1}{V}\left(\frac{\partial V}{\partial T}\right)_p\right)$。由此可知

$$V^a = V^\beta \tag{6-16}$$

$$S^\alpha = S^\beta \tag{6-17}$$
$$C_p^\alpha \neq C_p^\beta \tag{6-18}$$
$$K^\alpha \neq K^\beta \tag{6-19}$$
$$a^\alpha \neq a^\beta \tag{6-20}$$

说明二级相变时,在相变点处,两相之间的转变没有体积效应和热效应,但热容、膨胀系数及压缩系数发生变化。目前所发现的二级相变有磁性转变、超导态转变及部分有序-无序转变等。以此类推,如果化学势对温度和压力的 $n-1$ 阶偏导相等,但 n 阶偏导不相等,这样的相变就称为 n 级相变,但目前为止,三级以上的相变极为罕见。

　　一级相变和二级相变时,两相的热力学函数随温度的变化如图 6-1 所示,其中 T_c 为相变临界温度。

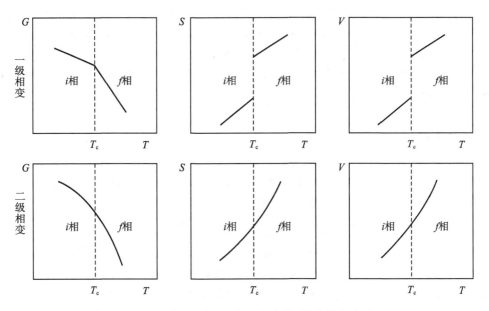

图 6-1　一级相变和二级相变的自由能、熵和体积变化示意图

6.1.2　按动力学分类

　　如果固态相变的三种基本(成分、摩尔体积、自由能)变化都必须通过原子迁移来完成,则可以按照相变过程中原子迁移与否将相变分为扩散型相变、非扩散型相变及介于二者之间的过渡型(或称半扩散型)相变。

　　依靠原子(或离子)的长程扩散进行的相变称为扩散型相变。此过程中,原子的相邻关系被改变,相的成分发生变化,如脱溶沉淀、共析转变等。

　　如果新相的长大不是通过原子扩散,而是通过类似于塑性变形的滑移或者孪生那样的切变和转动进行的,原子(或离子)仅做有规则的迁移使点阵发生改组,迁移时,相邻原子相对移动距离不超过二者的原子间距,原子间的相邻关系不发生改变,这样的相变称为非扩散型相变。最典型的例子是马氏体相变。

　　过渡型相变已发现有两种,一种叫作块状转变,它更接近于扩散型相变,只不过原子扩散只限于跨越相界面的短距离扩散,没有长距离扩散,因此相变时成分不发生或者很少发生变化。另一种是贝氏体相变,贝氏体中的渗碳体靠扩散长大,类似于扩散型相变,而铁素体靠切变长大,又类似于非扩散型相变。

6.1.3　按长大方式(相变特征)分类

在很小范围(很小体积)中原子发生相当强烈的重排或涨落,形成新相核心,然后向周围长大,新相和母相间由相界面严格分开,新相和母相之间有严格的晶体结构和成分的差别,界面上成分发生突变。由于引入了不连续区域,该相变是非均匀的、非连续的,称为形核-长大型相变或非均匀不连续相变。

某个体系内过饱和相的结构与成分起伏经过连续式发展而完成的相变中,相变开始时新旧两相之间无结构上的不同,且相变开始或进行过程中没有明确的相界面,而是直到相变结束时才会形成相界面或出现成分突变,这样的相变称为连续型相变。其典型例子是一些固溶体的调幅分解。这种相变的特点是在一定的范围内原子发生轻微的重排,相变的起始状态和最终状态之间存在一系列连续状态,可由上述一种成分起伏逐渐地、连续地长大成新相。

6.2　固态相变的特点

与液相凝固一样,固态相变的驱动力是新相和母相的自由能差,但由于新相和母相都是晶体,因此又有许多不同于液-固等其他相变的特点。

1. 固态相变的阻力大

液-固相变过程中,相变阻力来自于新相形成时产生的或增加的表面能或界面能。固态相变时,除了存在界面能 E_γ 之外,通常新旧两相的摩尔体积也不同,因此新相形成时要受到母相的约束,使其不能自由膨胀或收缩而产生体积应变,结果产生体积应变能 E_e。体积应变能的大小除与新旧两相的质量差和体积差有关外,还与新相的几何形状有关,因此,固态相变时相变阻力除了界面能一项外,还增加了体积应变能项。而且,固-固相变开始进行时需要克服的附加能量(界面能、应变能)比气-液、液-固相变(主要是界面能,应变能可以忽略)的要大得多,因此固态相变的阻力远比液-固相变的大。

2. 原子扩散速度慢

众所周知,固态金属中原子的扩散速率远低于液态金属中原子的扩散速率。例如在熔点附近,液态金属的扩散系数约为 10^{-5} cm²/s,而固态金属的扩散系数仅为 10^{-10} cm²/s。同时固态材料更容易过冷,亦即当冷却速度增加时,可获得更大的实际过冷度,相变也就在很大的过冷度下发生。随着过冷度的增大,相变驱动力增大,同时由于转变温度降低,使得扩散系数降低。当驱动力增大的效果超过了扩散系数降低对相变的影响时,将导致相变速度增加。此时由于过冷度增大,形核率高,故相变后得到的组织变细。在过冷度增大到一定程度之后,扩散系数降低的影响将会超过相变驱动力增大的效果,所以进一步增大过冷度,便会造成由扩散控制的相变(扩散型相变)速度的减小。从热力学角度讲,初始相转变为最终相是合理的,但从动力学角度讲,由于原子迁移率低,因此相变过程相当长。

对于固态相变,快速冷却能抑制高温引发的相变。将高温相置于不同的过冷度下使之发生相变,为固态相变的多样性创造了条件。

因此,固态相变时原子的扩散速率成为了相变的决定性因素,这使得固态相变更难于进行。

3. 非均匀形核

我们知道,液态金属的凝固结晶过程中其形核方式有两种,一种是均匀形核,即不依赖外界提供的形核界面,仅在一定过冷度下通过液体中的结构起伏、成分起伏和能量起伏自发形核;另一种是非均匀形核,即在有外界形核质点等提供的形核界面的帮助下,使形核在界面上进行。而且非均匀形核所需的形核功要比均匀形核所需的形核功小得多,非均匀形核要容易得多。对固态相变来说,发生均匀形核的难度要大得多,原因在于固态相变时界面能(构成相变的阻力)比液-固相变的界面能大得多,同时,还附加了体积应变能,使得均匀形核所需的形核过大,需要更大的过冷度才能达到所要求的相变驱动力,而过冷度太大则使扩散变得困难,反而不利于形核,所以固态相变中均匀形核的难度更大。

好在固态相变时母相中总会存在各种点、线、面、体等结构缺陷,这些缺陷不仅为原子扩散提供了便利条件,而且由于其能量水平比较高,从而为新相晶核的形成提供了可能,当新相依附于这些缺陷形核时,缺陷能的存在会大大降低形核功,所以固态相变中的形核主要是非均匀形核。

在固体的各种结构缺陷中,界面是能量最高的一类,所以晶体的外表面、内表面(缩孔、气孔、裂纹)、晶界、相界、孪晶界及亚晶界往往是优先形核的场所,其次是位错,再次是空位和其他点缺陷。由此可以解释为什么过冷度低时,固态相变多沿表面和晶界进行,只有当过冷度较大时,才会在晶界和晶内同时进行。

当然,固态相变也不完全排除均匀形核方式。在相变驱动力较大、界面能和应变能等相变阻力较小、缺陷密度较低时,也可能发生均匀形核,或二者同时进行。后面讲到的固溶体中初期 GP 区的形成就属于均匀形核。如果相变过程中新旧两相的体积变化很小,例如 Cu-Co 合金,均匀形核在一定条件(成分、温度)下也可以发生。

基于以上三个基本特点,在固态相变中往往派生出下述其他特点。

4. 容易出现过渡相(亚稳相)

固态相变的另一特点就是容易产生过渡相。过渡相是晶体结构或化学成分,或者二者都处于新旧两相之间的一种亚稳相。有些固态相变产生两个或者更多过渡相,而有些固态相变甚至产生的都是过渡相,难以出现稳定相,例如钢在淬火时得到的马氏体和贝氏体是最常见的过渡相。过渡相总是在相变阻力大、平衡相变难以进行的条件下产生,比如新旧两相的比容差过大,晶体结构差别过分悬殊,以及温度特别低时原子扩散被抑制等。过渡相的晶体结构和化学成分更接近于母相,因此有时比稳定相更容易形成。过渡相的形成虽然从热力学角度来说较为不利,但是从动力学角度来说是有利的,这也是减小相变阻力的重要途径之一。

5. 存在相界面

与液-固相变相同,固态相变中,新旧两相之间一定会形成相界面。根据新旧两相晶体结构和晶格常数的差别大小,相界面主要有共格界面、半共格界面和非共格界面。

界面上原子失配大小用错配度 δ 表示:

$$\delta = \left| \frac{a_\beta - a_\alpha}{a_\beta} \right| \qquad (6-21)$$

式中,a_β 和 a_α 分别表示新旧两相沿平行于界面晶向上的原子间距。δ 越大,造成的界面上的弹性应变能越大,界面便由共格界面逐渐演变为非共格界面。

一般认为:

$\delta < 0.05$,相界面为共格界面;

$0.05 < \delta < 0.25$,相界面为半共格界面;

$\delta > 0.25$,相界面为非共格界面。

在三种相界面中,由于界面结构不同,界面性质也存在很大差异,这些都会影响固态相变的形核与生长过程。共格界面的原子匹配最好,界面能最低;非共格界面的原子匹配最差,界面能最高;半共格界面的界面能介于二者之间。与液态金属的形核类似,为最大限度降低固态相变的形核功,最有效的途径就是形成界面能最低的晶核。形成共格界面的相变阻力最小,形成非共格界面的相变阻力最大,而且在相变的形核阶段,新相很细薄,由共格引起的应变能小,这就是为什么在形核阶段容易形成共格界面的基本原因,这也是固态相变按阻力最小进行的有效途径之一。

6. 新相和母相之间存在一定的位向关系

固态相变时,新相的取向会被母相制约,不像液体结晶那样,新相的取向可以是任意的。为了降低新相与母相间的界面能,通常以低指数的、原子密度大的、匹配较好的晶面彼此平行,构成确定位向关系的界面。新旧相之间相互平行的晶面或晶向一般都是原子排列最密的晶面或晶向,也就是两相中相互最相似的晶面或晶向。这样的晶面或晶向互相平行,所形成的界面的界面能最低,形核阻力最小,晶核也就易于形成。形核时两相保持一定的位向关系,同样是固态相变按阻力最小进行的有效途径之一。

例如钢中的奥氏体 γ(fcc) 向 α 铁(bcc) 转变时,存在 $\{111\}_\gamma // \{110\}_\alpha$,$\langle 110 \rangle_\gamma // \langle 111 \rangle_\alpha$ 的所谓 K - S 关系。

显然,两相界面为共格和半共格时,新相和母相之间必然有一定的位向关系,但非共格界面之间一般不会有确定的位向关系。

7. 惯习现象

固态相变时,新相多易沿母相一定的晶面和晶向以针状或片状等形式形成并成长,也就是说这些形状的新相往往沿一定的方向躺卧在母相的特定晶面上,这种现象称为惯习现象,这个特定晶面称为惯习面,这个晶向称为惯习方向。惯习面和惯习方向通常用母相的晶面和晶向指数表征。

位向关系和惯习现象既有联系又有区别。惯习现象指的是新相在哪里形成和生长的问题,而位向关系指的是新相和母相间的方位问题。

8. 新相往往都有特定的形状

如液态合金凝固一章所述,为减小界面能,液-固相变中的(固体)晶核一般为球形。固态相变中由于受体积应变能和界面能的共同作用,新相会出现多种形状。在新相和母相保持弹性联系的情况下(共格或半共格),取相同体积的晶核来比较,新相呈碟状(片状)时应变能最小,呈针状时次之,呈球状时界面能最大,如图 6-2 所示。

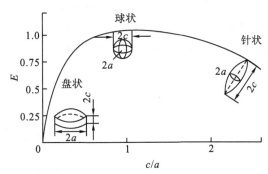

图 6-2　新相粒子的几何形状对应变能相对值的影响示意图

当界面能占主导时,新相趋向于球状;当应变能占主导时,新相趋向于薄片状(圆饼状);二者之间的主次关系不同,可形成针状、杆状、棒状等。因此,如何通过固态相变进行相的形态控制是一个需要深入研究的课题。

9. 固态相变有孕育期

固态相变中,当达到相变所需的条件时,相变并不立即开始,而是经过一段时间后才开始,经过的时间称为孕育期。存在孕育期的主要原因是固态相变时要达到新相形成所需的成分条件必须通过扩散来解决,如第 5 章所述,固态扩散进行得很慢,因此要满足相变条件需要的时间。

6.3　固态相变的热力学条件

判断在恒温恒压下相变趋向的准则是衡量两相的体积自由能差 $\Delta G_v = G_\beta - G_a$。式中 G_a 代表原始相即母相的吉布斯自由能,G_β 代表生成相即新相的吉布斯自由能。各个相的自由能均随温度的升高而降低,但由于各个相的熵值大小及熵值随温度变化的剧烈程度不一样,它们的自由能-温度关系曲线在一定的温度会相交于一点(见图 6-3)。在交点处,$G_a = G_\beta$,$\Delta G_v = 0$,此时两相处于共存的平衡状态,可以同时共存(这一点与第 3 章液-固相变规律相同),此温度称为理论转变温度或相变的临界点。与液-固相变相同,只有当温度低于 T_0(即产生一定的过冷),使 $G_a > G_\beta$,ΔG_v 为负值后,在热力学上才获得 α 相全部转变为 β 相的可能性。但热力学条件还只是相变发生的必要条件,在满足热力学条件的前提下,固态相变可否进行还受到动力学因素的强烈制约。在难以满足动力学因素的条件下,某些固态相变的速率甚至可以慢到几千年都不会有效进行或是难以觉察的程度,例如,某些钢淬火形成的马氏体可以长期存在,考古研究中发现的战国或战国以前使用的兵器直到今天依然处于亚稳态就是典型的例子。ΔG_v 为相变的驱动力,由此可见,相变必须有一定的过冷,过冷度越大,则相变驱动力 ΔG_v 越大,对相变的发生越有利。

在讨论相的稳定性时,必须区别三种不同的稳定程度。例如在 T_0 以上,$G_a < G_\beta$,则相对于 β 相来说,α 相是稳定的。在 T_0 以下,$G_a > G_\beta$,倘若位置 Ⅰ(α 相)和位置 Ⅱ(β 相)

之间存在一势垒(见图6-4),则此时的α相是亚稳定的,从热力学角度来看,α相有可能转变为β相,但必须获得一种能克服势垒的激活能Q,才可能使这种转变得以实现。倘若两种状态之间不存在势垒,则α相是不稳定的,不需要激活能就可以立即转变为β相。事实上后一种情况(即不稳定相)目前发现只是在调幅分解体系中存在,所以在其他大多数材料中所涉及的相或者是稳定的,或者是亚稳定的。不稳定性一词通常是指亚稳定,而并非指不稳定。

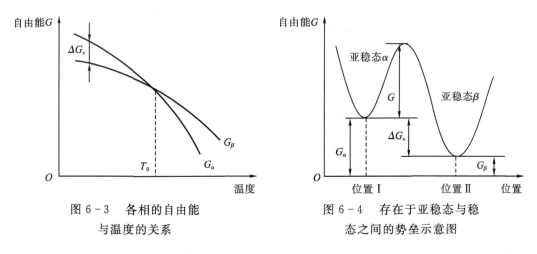

图6-3　各相的自由能
与温度的关系

图6-4　存在于亚稳态与稳
态之间的势垒示意图

6.4　固态相变的形核

如同液态金属结晶一样,大多数固态相变也要经历形核与晶核长大两个过程。形核主要以非均匀形核为主,但也不排除均匀形核的存在(如前述的 Cu-Co 合金)。

其中,扩散型相变的形核与凝固类似,符合经典的形核方式,即其晶核的形成是靠原子的热运动使晶胚达到临界尺寸,其特点是不仅温度对形核有影响,而且时间对形核起重要作用,晶核可以在等温过程中形成。一般扩散型相变发生在较高温度下,故称为热激活形核。在过冷度较小时,驱动力较小,晶核往往在缺陷处形成,属于非均匀形核;在过冷度很大时,驱动力增大,也可能发生均匀形核。

非热激活形核不是通过原子扩散使晶胚达到临界尺寸,而是通过快速冷却在变温过程中使晶胚达到临界尺寸。这种形核对时间不敏感,晶核一般无需在等温过程中形成。非热激活形核大部分为非均匀形核,需要较大的过冷度,形核率极快,如马氏体相变中的形核。

6.4.1　均匀形核

均匀形核时除了要克服新旧两相的界面能外,还必须要克服由于新旧两相的体积效应带来的弹性应变能,因此,固态相变的形核阻力比液态结晶的大得多。

根据经典形核理论,在固体中形成一个新相晶核时自由能的变化可表示为

$$\Delta G = -V\Delta G_v + S\sigma + V\omega \qquad (6-22)$$

式中,V 为晶核体积;S 为晶核表面积或相界面面积;ΔG_v 为单位体积母相与新相的自由能差;σ 为单位面积界面能;ω 为由于形成单位体积的新相所带来的弹性应变能。

假定晶核为半径为 r 的球体,上式变为

$$\Delta G = -\frac{4}{3}\pi r^3 \Delta G_v + 4\pi r^2 \sigma + \frac{4}{3}\pi r^3 \omega = -\frac{4}{3}\pi r^3 (\Delta G_v - \omega) + 4\pi r^2 \sigma \quad (6-23)$$

将 ΔG 与 r 之间的函数关系作图,可得到如图 6-6 所示的图像。

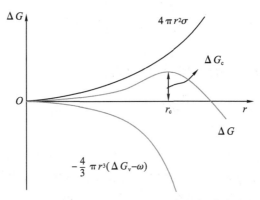

图 6-5　新相晶胚形成时自由能的改变量与晶核半径的关系

令 $\dfrac{\partial \Delta G}{\partial r} = 0$,求出晶核的临界半径 r_c、临界体积 V_c 和形核功 ΔG_c 分别为

$$r_c = \frac{2\sigma}{\Delta G_v - \omega} \quad (6-24)$$

$$V_c = \frac{32\pi\sigma^3}{3(\Delta G_v - \omega)^3} \quad (6-25)$$

$$\Delta G_c = \frac{16\pi\sigma^3}{3(\Delta G_v - \omega)^2} \quad (6-26)$$

由式(6-24)～式(6-26)可知,与液-固相变相比,在其他条件相同的情况下,由于固态相变(式 6-22)增加了应变能,因此使临界半径和形核功增大。这就表明,当相变驱动力 ΔG_v 一定时,固态相变比液态结晶更困难。例如,锡的同素异构转变(即 $\beta\text{-Sn} \leftrightarrow \alpha\text{-Sn}$)理论温度(热力学临界点)为 18 ℃,但是,当 $\beta\text{-Sn}$ 转变为 $\alpha\text{-Sn}$ 时,体积却发生很大的膨胀(约 27%),应变能很高,因此只有在很大的过冷度下(ΔT 为 40～50 ℃),$\alpha\text{-Sn}$ 晶核才能形成。

液-固相变时,界面能是控制晶核形成的主要因素,因此固体晶核一般为球状。固态相变时,体积应变能和界面能同时成为了形核的势垒或阻力,因此,二者的共同作用决定了新相的形状。在新相与母相保持弹性联系的情况下,对于相同体积的晶核,当新相呈碟状时应变能最小,呈球状时应变能最大,呈针状时次之。但是对于体积相等的新相来说,碟状的表面积比球状和针状的表面积都大,因此应变能和界面能对新相形状的影响是互相矛盾的,究竟哪一个起支配作用,则需要根据具体情况来分析。一般来说,界面能大而应变能小的新相常呈球状,应变能大而界面能小的新相常呈碟状或片状。当这两个因素的作用相近时,新相往往呈针状。

形核功靠系统的能量起伏提供,能量起伏水平达到 ΔG_c 的概率与 $\exp\left(-\dfrac{\Delta G_c}{kT}\right)$ 成正比,故单位体积中出现临界晶核的数量也应该与此因子成正比。另外,有效晶核至少需要

补充一个以上的原子才能稳定长大,而原子从母相跨越相界扩散至晶核表面的概率与原子的扩散激活能有关,临界晶核转变为稳定晶核的概率应该与 $\exp\left(-\dfrac{Q}{kT}\right)$ 成正比。据此得到固态相变形核率的表达式：

$$N = K\exp\left[-\frac{\Delta G_c}{kT}\right]\exp\left[-\frac{Q}{kT}\right] = K\exp\left[-\frac{16\pi\sigma^3}{3kT(\Delta G_v - \omega)^2}\right]\exp\left(-\frac{Q}{kT}\right)$$

$$(6-27)$$

式中,k 为玻尔兹曼常数；K 为比例常数；Q 为原子扩散激活能。形核率与 $\exp\left(-\dfrac{\Delta G_c}{kT}\right)$ 及 $\exp\left(-\dfrac{Q}{kT}\right)$ 成正比,也就是说,形核功越大,原子扩散激活能越高,则固态相变的形核率越小。

上式与液-固相变时晶体的形核率表达式非常相似。固态相变时,由于应变能的存在使形核功增大,以及固态情况下原子的扩散激活能比液态大得多(扩散速率小得多),导致固态相变的形核率比相同条件下结晶的形核率要小得多。利用这一概念可以解释在固态下为什么可以用激冷的方法来抑制其相变,并使激冷后的合金长期处于亚稳态而不发生可观察的变化。因此,利用这种现象可以控制相变的进行或调控材料的微观组织,例如,可以通过高温时将沉淀相固溶到基体中,之后通过快速冷却抑制第二相的析出,得到过饱和固溶体,再通过将过饱和固溶体在较低温度下做等温热处理,使第二相重新析出(这一过程称为时效),并使得到的第二相细小、均匀,同时提高合金的强度和韧性。

6.4.2　非均匀形核

因为均匀形核难以实现,但固态晶体结构中存在大量晶体缺陷,晶体缺陷处存在的高能量可通过晶核形成而得到部分释放,为非均匀形核提供了必要条件,因而,固态相变中非均匀形核比均匀形核要容易得多,导致固态相变一般以非均匀形核为主。固相中的非均匀形核就是指新相在母相中的晶界、位错、空位等晶体缺陷处的形核,非均匀形核时系统的自由能变化为

$$\Delta G = -V\Delta G_v + S\sigma + V\omega - \Delta G_d \qquad (6-28)$$

与均匀形核的系统自由能变化表达式相比,唯一区别是式(6-28)中增加了缺陷能量项 ΔG_d。由于缺陷的能量 ΔG_d 高于晶粒内部能量,如果在缺陷处形核能使缺陷消失并使缺陷的能量释放出来,则可减小甚至消除形核势垒,因此形核更加容易,故 $-\Delta G_d$ 是相变的驱动力。下面按缺陷对形核贡献大小的顺序分别进行讨论。

1. 晶界形核

固体中,大角度晶界是优先形核的位置,其原因主要有以下几个方面：① 大角度晶界表面能较高,可减小形核功；② 新相在晶界形核,其界面可能只需部分重建,因而形核阻力较小；③ 晶界的成分偏析有利于新相的生成；④ 晶界是溶质原子的快速扩散通道,有利于调整成分。

根据现有的研究成果,新相的晶界形核具有以下几种方式。

(1)界面形核：在两个晶粒的交界面上形成一个盘状晶核,如图 6-6(a) 所示。

(2)界棱形核：新相在三个晶粒 α_1、α_2 和 α_3 两两组成的晶界交汇的晶棱上形成一个橄

榄状晶核,如图 6 - 6(b) 所示。

　　(3) 界隅形核:新相在四个晶粒相互形成的晶界角上形成一个粽子形的晶核,如图 6 - 7(c) 所示。

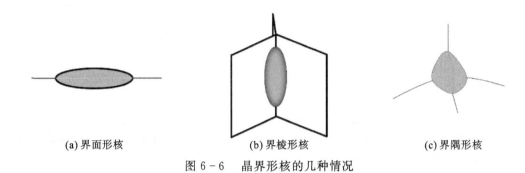

(a) 界面形核　　　　　　　(b) 界棱形核　　　　　　　(c) 界隅形核

图 6 - 6　晶界形核的几种情况

　　首先讨论界面上形核的情形。

　　在界面上形核时,晶核的形状应满足其表面积与体积之比为最小,同时各相之间的界面张力(界面张力与界面能物理意义不同,但数值相等)应达到平衡,故晶核应为透镜状,如图 6-7 所示。令 α 为母相,β 为新相,两相邻 α 晶粒间的界面为大角度晶界(界面能为 $\sigma_{\alpha\alpha}$),$\alpha-\beta$ 界面为非共格界面(界面能为 $\sigma_{\alpha\beta}$),呈球面状,半径为 r,如图 6-8 所示。$\sigma_{\alpha\alpha}$、$S_{\alpha\alpha}$ 分别为母相的界面能及晶核中原有的晶界面积;$\sigma_{\alpha\beta}$、$S_{\alpha\beta}$ 分别为晶核与母相间的界面能及晶核与母相间的晶界面积,由图中的几何关系可知:

$$h = r(1 - \cos\theta) \tag{6 - 29}$$

$$V = \frac{2}{3}\pi r^3(2 - 3\cos\theta + \cos^3\theta) \tag{6 - 30}$$

$$S_{\alpha\alpha} = \pi r^2 \sin^2\theta \tag{6 - 31}$$

$$S_{\alpha\beta} = 4\pi r^2(1 - \cos\theta) \tag{6 - 32}$$

　　界面张力平衡条件为 $\sigma_{\alpha\alpha} = 2\sigma_{\alpha\beta}\cos\theta$。界面形核时自由焓的变化为

$$\Delta G = -V\Delta G_v + S_{\alpha\beta}\sigma_{\alpha\beta} + V\omega - S_{\alpha\alpha}\sigma_{\alpha\alpha} \tag{6 - 33}$$

　　令 $\dfrac{\partial \Delta G}{\partial r} = 0$,可求出临界形核功和临界形核半径分别为

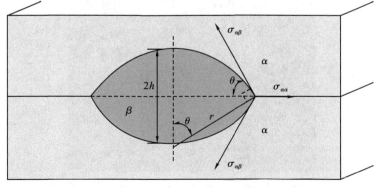

图 6 - 7　界面形核示意图

$$r_{c非} = \frac{2\sigma_{\alpha\beta}}{\Delta G_v - \omega} \tag{6-34}$$

$$\Delta G_{c非} = \frac{16\pi\sigma_{\alpha\beta}^3}{3(\Delta G_v - \omega)^2}\left(\frac{2 - 3\cos\theta + \cos^3\theta}{2}\right) = \frac{8}{3}\pi(2 - 3\cos\theta + \cos^3\theta)\frac{\sigma_{\alpha\beta}^3}{(\Delta G_v - \omega)^2} \tag{6-35}$$

分析上述结果可知：

① $\theta = 0$ 时，$\Delta G_{c非} = 0$

② $\theta = 90°$ 时，$\Delta G_{c非} = \frac{16\pi\sigma_{\alpha\beta}^3}{3(\Delta G_v - \omega)^2} = \Delta G_c$

③ $0 < \theta < 90°$ 时，$0 < \Delta G_{c非} < \Delta G_c$

可见，非均匀形核的临界半径与均匀形核的临界半径相同，但临界形核功减小。说明与均匀形核相比较，界面形核要更加容易。

就原子排列的混乱程度而言，界面、界棱、界隅三种位置中界隅处的原子混乱度最高，其次是界棱处，混乱度最低的是界面处，因而形成单位体积的新相时，由于缺陷的消失所释放的缺陷能中界隅处最高，其次是界棱处，然后才是界面处。根据式（6-28）可推知，在不同界面上形核的难易程度不同，在界隅处形核的形核功最小，在界棱处形核功居中，在界面处形核功最高，如图6-8所示。

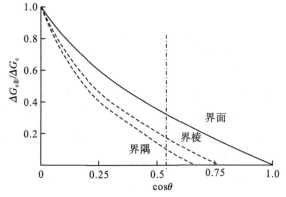

图 6-8　不同晶界类型形核功的比较

然而在实际的晶体中，界隅的数量最少，界面的数量最多，联系这两个方面的影响，可以肯定界面对形核率的贡献最大。

如第 4 章所提到的二元合金相图中平衡相变前提下"二次渗碳体必然呈网状"就是固态相变中晶界有利形核的一个典型实例。如图6-9所示，过共析钢中二次渗碳体析出时，铁素体界面作为新相形核的有利位置，其缺陷能的释放有利于降低临界形核功，促进形核，因而二次渗碳体通常沿界面呈网状分布。

图 6-9　过共析钢中网状二次渗碳体沿界面的分布

2. 位错形核

电子显微镜观察证实了位错线也是固态相变形核的有利位置,主要原因如下。

(1) 位错与溶质原子交互作用形成溶质原子气团,使溶质原子偏聚在位错线附近,在成分上有利于形核;

(2) 位错形核形成的新相能使原有位错线(部分)消失,可以减小形核功;

(3)(刃型)位错线是原子的快速扩散通道,可降低原子的扩散激活能,有利于形核;

(4) 比容大的和比容小的新相可分别在刃型位错的拉应力区和压应力区形核,降低弹性应变能。

图 6 - 10 给出了位错形核的示意图。

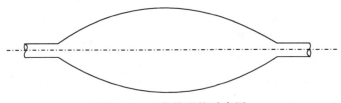

图 6 - 10　　位错形核示意图

位错形核一般遵循以下规律:① 新相易于在刃型位错上形核;② 位错伯氏矢量越大,越易形核;③ 晶核易在位错结与位错割阶处形成;④ 由于位错的影响,晶核易于在某些惯习面上形成,这一影响将随 $\triangle G_v$ 的增大而减小。

3. 空位形核

固态相变时,空位缺陷对新相的形核具有促进作用,特别在大量过饱和空位存在时作用更为明显。空位促进形核的主要原因如下。

(1) 空位团达到一定尺寸会崩塌成位错环,促进位错对形核的作用;

(2) 当两相比容差很大时,相变阻力增大,形核比较困难。若晶体中存在一定数量的空位,就可以通过吸收或释放空位来改变两相的比容,使形核容易进行;

(3) 对扩散型相变,原子扩散对相变过程起控制作用,而空位可增大置换型溶质原子的扩散系数,有利于形核。

下面讨论非均匀形核时的形核率 $N_{非}$。

对于非均匀形核,由于形核功 $\Delta G_{c非}$ 比均匀形核的形核功 ΔG_c 小得多,且由于晶体缺陷处原子的扩散激活能降低,因此形核率比均匀形核高得多,为

$$
\begin{aligned}
N_{非} &= K \exp\left(-\frac{\Delta G_{c非}}{kT}\right) \exp\left(-\frac{Q_d}{kT}\right) \\
&= K \exp\left(-\frac{16\pi\sigma^3}{3kT(\Delta G_v - \omega)^2}\left(\frac{2 - 3\cos\theta + \cos^3\theta}{2}\right)\right) \exp\left(-\frac{Q_d}{kT}\right)
\end{aligned}
\tag{6-36}
$$

很明显,非均匀形核的形核率比均匀形核的形核率要高,且非均匀形核的形核率与缺陷密度密切相关。晶体中缺陷密度的增加有助于提高非均匀形核的形核率。

6.4.3　非扩散型相变的形核

对非扩散型相变(如马氏体相变),相变过程仍可认为是一个形核长大过程,但相变

过程是通过原子协同切变完成的,转变速率极快,经典的均匀形核理论已不适用,需要通过非均匀形核方式形核。

一般认为,非扩散型相变中新相晶核也是在母相的晶界、亚晶界、位错、层错等处形成的。

6.5 晶核的长大

6.5.1 晶核的长大方式

固态相变的晶核长大是通过相界面推移进行的。从控制界面移动的机制看,长大可分为扩散型长大与非扩散型长大两种类型。其中,扩散型长大是指通过母相中的某一类原子迁移至新相中,使界面发生移动而进行的晶核长大过程。非扩散型长大是指新相晶核的长大不依赖原子扩散,而是通过切变方式完成的长大过程,如马氏体相变。

其中,扩散型长大中根据原子扩散距离,又可分为界面控制的长大和(体)扩散控制的长大。界面控制的长大是指对于无成分变化的扩散型相变(如同素异构转变、有序无序转变、晶粒长大等),新相的长大主要依赖于母相中靠近相界面的原子做短程扩散,跨越相界面,进入新相中,使界面向母相中推进来实现的,这一过程又叫界面反应。(体)扩散控制的长大是指对有成分变化的扩散相变(如过饱和固溶体中的分解),新相长大需要溶质原子从远离相界的地区扩散到相界处,界面移动速率主要受控于溶质原子长程扩散的扩散速率。

从界面移动方式看,晶核长大的方式可分为非协同式长大和协同式长大两种类型。多数固态相变在晶核长大时原子向新相移动没有一定顺序,为平民式散漫无序位移,相邻原子的相对位移不等,相邻关系可能发生改变,这种长大方式称为非协同式长大。晶核长大时母相一侧的原子向新相有规则地移动,采取军队式有序位移,相邻原子的相对位移相等,通常小于原子间距,点阵重组后,原子仍保持原有的相邻关系,这种长大方式称为协同式长大。

如图6-11所示,非协同式长大又有两种可能的方式:一种是原子向新相同时地、独立地在界面所有位置机会均等地进行迁移,界面上所有各点连续地生长,为连续式生长;另一种是台阶式生长,界面上存在许多台阶,原子向新相的移动只是在这些台阶的端部发生,界面生长是通过这些台阶沿着界面的移动进行的,台阶移动过后,界面向着垂直它自己的方向生长了一个台阶高度的距离,在台阶未经过的地方界面保持不动。前者为体

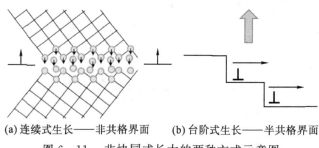

(a)连续式生长——非共格界面	(b)台阶式生长——半共格界面

图6-11　非协同式长大的两种方式示意图

扩散控制的长大方式,适用于非共格界面的生长;后者为界面控制的长大方式,多针对半共格界面的情况。

而协同式长大采取军队式有序位移,表现为试样的切变,即抛光试样表面产生倾动,如图 6-12 所示。

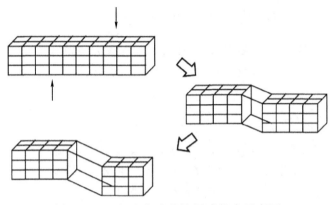

图 6-12　切变方式的协同式长大示意图

6.5.2　晶核的长大速率

对扩散型相变来说,当新相晶核的尺寸大于临界晶核的尺寸时,晶核将自发长大。新相的长大过程就是相界面的移动过程,界面移动速率也就是新相的长大速率。扩散型长大界面移动的速率和界面结构有关。对非共格界面,界面移动受体扩散控制;对共格或半共格界面,界面移动受界面扩散控制。

1. 受相界面控制的长大速率

受界面控制的晶核长大仅涉及原子的短程输送,长大过程中新旧两相的成分相同。如图 6-13 所示,设新相为 β 相,母相为 α 相,自由能差为 ΔG_v,原子由 α 相进入 β 相的激活能为 Q,由 β 相返回 α 相的激活能为 $Q+\Delta G_v$。设原子振动频率为 ν,则由 α 相移动到 β 相及由 β 相返回 α 相的频率分别为

$$\nu_{\alpha\to\beta}=\nu\exp\left(\frac{-Q}{kT}\right) \tag{6-37}$$

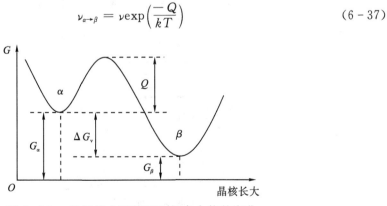

图 6-13　晶核长大时新旧两相自由能的变化

$$\nu_{\beta\rightarrow\alpha} = \nu\exp\left(-\frac{Q+\Delta G_{v}}{kT}\right) \tag{6-38}$$

设原子跳动一次的距离为 δ，在单位时间内界面的迁移速率应为

$$u = \delta(\nu_{\alpha\rightarrow\beta} - \nu_{\beta\rightarrow\alpha}) = \delta\nu\left(\exp\left(-\frac{Q}{kT}\right) - \exp\left(-\frac{Q+\Delta G_{V}}{kT}\right)\right)$$
$$= \delta\nu\exp\left(-\frac{Q}{kT}\right)\left[1 - \exp\left(-\frac{\Delta G_{v}}{kT}\right)\right] \tag{6-39}$$

过冷度较小时，ΔG_{v} 很小，温度较高，此时 $\Delta G_{v} << kT$，则有

$$\exp(-\Delta G_{v}/kT) \approx 1 - \Delta G_{v}/kT$$

于是

$$u = \frac{\delta\nu\Delta G_{v}}{kT}\exp(-Q/kT) \tag{6-40}$$

该式表明，过冷度较小时，新相长大速率 u 与驱动力 ΔG_{v} 成正比。

过冷度较大时，$\Delta G_{v} >> kT$，$\Delta G_{v}/kT$ 项可以忽略不计，因而

$$u = \delta\nu\exp(-Q/kT) \tag{6-41}$$

在这种情况下，长大速率随温度下降而单调下降。

晶核长大速率与过冷度的关系如图 6-14 所示。可见，图 6-14 的规律与纯金属中晶核长大的规律相同，也就是界面控制的新相长大速率与原子越过界面的激活能 Q 及相变驱动力 ΔG 都有关系。温度较低时，Q 起主导作用，随着过冷度增大，温度降低，D 值减小，扩散困难，长大速率减慢；温度较高时，ΔG_{v} 较小，相变驱动力小，长大速率慢；中间状态时，长大速率最快。由于原子越过非共格界面的激活能远小于越过共格界面的激活能，所以非共格界面（新相）长大速率远大于共格界面（新相）的长大速率，如图 6-15 所示。

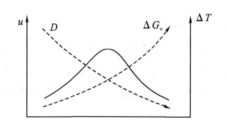

图 6-14　晶核长大速率与过冷度的关系

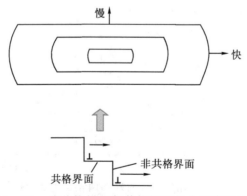

图 6-15　非共格界面与共格界面长大速率的比较

2. 受扩散（体扩散）控制的长大速率

成分不同于母相的新相长大通常受扩散控制。以脱溶沉淀为例，如图 6-16 所示，将成分为 C_0 的合金加热到 α 单相区，再急冷至溶解度曲线以下 T_0 温度保温，则从 α 相中析出新相 β。根据图 6-16 中的相图，在相界处，新相 β 的溶质含量为 C_β，α-β 界面处 α 相的溶质含量为 C_α，而远离相界处的浓度仍为 C_0。由于 $C_\alpha < C_0$，所以在母相中将产生浓度梯度 $\dfrac{\partial C}{\partial x}$。如果假设 β 相为球状，则在 β 相周围形成溶质原子贫化区。此浓度梯度引起 α 相内溶质原子向相界处扩散迁移。如果扩散使相界处的 C_α 升高，则相界处的浓度平衡被打破，发生了溶质原子跃过相界由 α 相迁入 β 相的相间扩散，使 β 相长大。

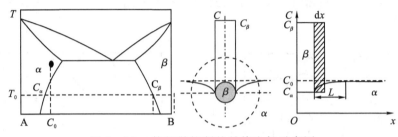

图 6-16　体扩散控制的晶核生长示意图

根据菲克第一定律，可求得在 $\mathrm{d}t$ 时间内，由母相通过单位面积界面进入 β 相中的溶质原子数为 $D_\alpha \left(\dfrac{\partial C}{\partial x} \right) \cdot \mathrm{d}t$。与此同时，$\beta$ 相向 α 相推进了 $\mathrm{d}x$ 距离，净输运给 β 相的溶质原子数为 $(C_\beta - C_\alpha)\mathrm{d}x$。这两个过程的溶质原子净迁移量应是相等的。于是有

$$D_\alpha \left(\frac{\partial C}{\partial x} \right) \cdot \mathrm{d}t = (C_\beta - C_\alpha)\mathrm{d}x \tag{6-42}$$

由此得长大速率

$$u = \frac{\mathrm{d}x}{\mathrm{d}t} = \frac{D_\alpha}{(C_\beta - C_\alpha)} \cdot \frac{\partial C}{\partial x} \tag{6-43}$$

式（6-43）表明新相的长大速率与扩散系数和界面附近母相的浓度梯度成正比，而与两相在界面上的浓度之差成反比。

对图 6-17 中所示的溶质浓度分布情况，其浓度梯度 $\dfrac{\partial C}{\partial x} \approx \dfrac{\Delta C}{L}$，其中 $\Delta C = C_0 - C_\alpha$，$L$ 为有效扩散距离，代入式（6-43）可得

$$u = \frac{\mathrm{d}x}{\mathrm{d}t} \approx \frac{(C_0 - C_\alpha)}{(C_\beta - C_\alpha)} \cdot \frac{D_\alpha}{L} \tag{6-44}$$

随着新相 β 的长大，需要的溶质原子数增加，因此 L 将随时间的增大而增大。在一级近似条件下，取 $L = \sqrt{D_\alpha t}$，于是

$$u = \frac{\mathrm{d}x}{\mathrm{d}t} \approx \frac{(C_0 - C_\alpha)}{(C_\beta - C_\alpha)} \cdot \sqrt{\frac{D_\alpha}{t}} \tag{6-45}$$

将上式积分得出新相线性尺寸 x 与时间 t 的关系为

$$x = \frac{2(C_0 - C_\alpha)}{(C_\beta - C_\alpha)} \cdot \sqrt{D_\alpha t} \tag{6-46}$$

可见，当 α 相的体扩散系数 D_α 为常数时，新相的大小与时间的平方根成正比。

6.5.3　脱溶相的粗化

对于脱溶相变来说，随着脱溶产物的不断形核和长大，脱溶相的数量不断增加，到脱溶后期，脱溶相已成为弥散分布的平衡相，新相数量达到杠杆定律所确定的质量分数，此时，相变过程似乎应该停止了。但是，此时新相长大仍然不会停止。在保持新相总量不变的情况下，即使温度保持不变，随时效进一步进行，大粒子尺寸进一步长大，小粒子尺寸不断减小乃至溶解消失，这就是脱溶相的粗化过程。粗化是指脱溶相全部析出后，由于先后析出的粒子尺寸不等，出现小粒子溶解，大粒子长大的现象，如图 6-17 所示。由于此时脱溶相已成为平衡相，粗化的驱动力不再是母相与新相间的自由能差，而是受下面的几个因素驱动。

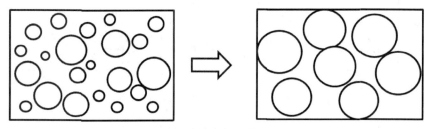

图 6-17　脱溶相粗化示意图

（1）从体系能量角度分析。合金系统的能量水平与相界面的多少有关，相界面越少，系统能量越低。脱溶相粗化过程中，相界面面积不断地减小，会使体系总的界面能降低。而界面能密度（单位体积界面能）与脱溶相粒子的曲率有关（见式 6-47），或者说和粒子尺寸有关，尺寸越小，曲率越大，界面能密度越高。于是，为了降低界面能，脱溶相中尺寸较小的粒子势必会消失，而尺寸较大的粒子会不断长大。

$$\frac{A\sigma}{V} = \frac{4\pi r^2 \sigma}{\frac{4}{3}\pi r^3} = 3\sigma \cdot \frac{1}{r} \tag{6-47}$$

式中，σ 为新相的比表面能，r 为新相粒子的半径。

（2）从化学势的角度分析。根据绝热力学理论，β 新相界面处 α 基体中溶质（B 组元）的化学势与新相粒子的半径有如下关系[①]：

$$\mu_B^\alpha(r) = \mu_B^\beta + \frac{2V_B^m \sigma}{r} \tag{6-48}$$

式中，V_B^m 为 β 相的摩尔体积，μ_B^β、$\mu_B^\alpha(r)$ 分别为 β 新相中溶质的化学势及 β 新相界面处 α 基体中溶质（B 组元）的化学势。

图 6-18 给出了母相和直径不同的同一析出相粒子的吉布斯自由能-成分曲线。析出相粒子尺寸小者单位体积的界面面积份额大，其吉布斯平均自由能高于大尺寸粒子。根据公切线定律可知，β 新相界面处 α 基体中的溶质浓度与 β 相粒子的尺寸有关，尺寸大的 α

---

① 陶杰，姚正军，薛烽，《材料科学基础》，化学工业出版社

相中溶质浓度低,尺寸小的 α 相中溶质浓度高,即 $C_{r_2} > C_{r_1}$。因此,当基体 α 相中存在尺寸不同的 β 相粒子时,在 β 相周围 α 相的浓度不同,并在 α 相基体中形成了浓度梯度,如图 6-18 所示。浓度梯度的存在使溶质原子由半径小的 β 相粒子周围向半径大的 β 相粒子附近扩散,破坏了相间的平衡,结果是使半径小的粒子溶解,半径大的粒子长大粗化,如图 6-19 所示。这种分析也适用于形状不规则的质点或粒子,在长期保温过程中,质点或粒子曲率较大的区段溶解,曲率较小的区段长大,使析出相的形状逐渐趋于等轴状。

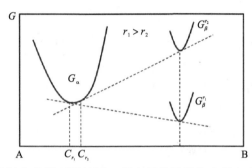

图 6-18　母相和直径不同的同一析出相粒子的吉布斯自由能-成分曲线

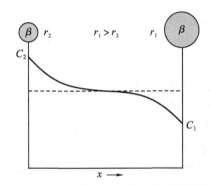

图 6-19　不同半径新相粒子间的浓度分布

根据吉布斯-汤姆孙(Gibbs-Thomson)公式,由于粗化造成的粒子长大速率为

$$\frac{\mathrm{d} r_1}{\mathrm{d} t} = \frac{2 D_\alpha (V_B^m)^2 \sigma C_\infty}{RT r_1} \left(\frac{1}{r_2} - \frac{1}{r_1} \right) \qquad (6-49)$$

式中,σ 为界面能密度;V_B^m 为 β 相的摩尔体积;r_1、r_2 分别为大小两种新相粒子的半径;D_α 为 α 相中溶质原子的扩散系数;C_∞ 为析出相的平衡浓度。

正常长大情况下,粒子的尺寸分布比较均匀,有些粒子长大,有些粒子缩小,而有些粒子不变,因此可以认为有一个平均粒子半径,设 $r_1 = r$、$r_2 = \bar{r}$,于是式(6-48)可写为

$$\frac{\mathrm{d} r}{\mathrm{d} t} = \frac{2 D_\alpha (V_B^m)^2 \sigma C_\infty}{RT r} \left(\frac{1}{\bar{r}} - \frac{1}{r} \right) \qquad (6-50)$$

图 6-20 给出了新相粒子长大速率与粒子半径的关系,由图可得如下结论:

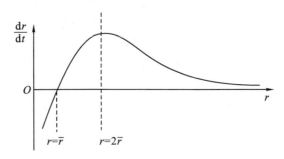

图 6 - 20　新相粒子长大速率与粒子半径之间的关系

①$r = \bar{r}$ 时,粒子不能长大;

②$r < \bar{r}$ 时,粒子趋于消失;

③$r > \bar{r}$ 时,粒子趋于粗化;

④$r = 2\bar{r}$ 时,粒子粗化速率最快;

⑤$\bar{r}$ 随时间变化,粗化速率小的粒子也会消失。

(3)粗化带来的问题。温度对第二相粒子的长大速度影响很大,从式(6-50)可以看出,虽然 T 位于分母上,升温会使粒子的粗化速率下降,但是位于分子上的扩散系数 $D = D_0 \exp(-Q/kT)$ 与温度呈指数增加关系,总的结果是升温使粒子的粗化速率加快。所以高温下使用的材料,由于粒子粗化会导致失效。比如材料强化的途径之一是沉淀强化,就是在母相基体上沉淀析出弥散分布的细小质点,起到强化材料的作用。如果由于粗化使粒子尺寸增大,数量减小,就会使材料的强度迅速下降。

总结以上内容,对于脱溶类型的固态相变来说,相变过程除了形核和晶核长大外,在脱溶后期,还存在新相粒子粗化的过程。

对于非扩散型相变,新相的长大是在过冷度很大,原子难于扩散的情况下发生的。这时,新相的长大是大量原子协同作用的结果。长大时界面推移靠位错的运动来进行,不需要原子的扩散,长大的激活能几乎为零。在母相点阵中呈相邻关系的原子,转变成新相后仍然保持相邻关系。因此,非扩散型相变晶核长大时的长大速率极快,如钢中的马氏体相变就具有很高的形成速率。

6.6　相变速率

固态相变速率是指在一定过冷度下单位时间内发生相变的百分数。相变热力学解决的是相变趋势和可能性的问题,而相变动力学通常解决的是相变的速率问题,即描述在恒定条件下相变量与时间的关系。相变动力学是从动力学角度研究相变速率的。固态相变速率取决于形核率和长大速率,固态相变的转变量除了取决于形核率、长大速率之外,还与转变时间有关。由于形核率和长大速率都是温度的函数,因此固态相变的相变速率必然与温度有关。目前,还没有一个能精确反映各类相变速率与温度之间关系的数学表达式。

在均匀形核的情况,在给定温度下等温冷却转变,形核率 N 和长大速率 u 不随时间变化的情况下,新相的转变量 $f(t)$ 与时间 t 的关系,可以用约翰逊-梅尔(Johnson-Mehl)方程来描述:

$$f(t) = 1 - \exp\left(-kN u^3 \cdot t^4/4\right) \tag{6-51}$$

式中,$f(t)$ 为转变量;N 是形核率;u 是长大速率;t 是时间;k 是形状系数,若新相的形状是球状,则 $k = \dfrac{4}{3}\pi$。

约翰逊-梅尔最先导出了 N 与 u 均为常数时 $f(t)$ 与 t 的关系方程,故称为约翰逊-梅尔方程。约翰逊-梅尔方程仅适用于形核率 N 及长大速度 u 均为常数的扩散型相变过程,如均匀形核的情况。实际固态相变过程中形核率 N 和长大速度 u 并非常数,因此约翰逊-梅尔方程并不能准确描述相变速率。比如:对非均匀形核,形核率 N 是随时间变化的,因为母相的晶界是新相的主要形核位置,随转变量的增加,母相的晶界面积逐渐减小,此时转变量与时间的关系遵循阿夫拉米方程(Avrami equation):

$$f(t) = 1 - \exp\left(-b t^n\right) \tag{6-52}$$

式中,b,n 为系数,b 取决于相变温度原始相的成分和晶粒大小等因素,n 决定于相变类型和形核位置。

根据不同过冷度下的形核率 N 和长大速率 u,可用上述公式计算出对应于各过冷度的转变量-时间关系曲线,即相变动力学曲线(见图6-21(a))。这些曲线均呈"S"形,所有形核-长大型相变都有此特征。将不同温度的 S 曲线整理在时间-温度图上,可以得到如图 6-21(b) 所示的综合动力学曲线,即等温转变曲线(动力学)。等温转变曲线表示了转变量与转变温度、转变时间的关系,又称 TTT(temperature-time-transformation) 曲线。由于该曲线由两条形状呈字母"C"形的曲线构成,又称 C 曲线。两条 C 曲线中左侧是开始转变线,右侧是转变完了线。一般认为产生了 0.5% 转变量为转变开始,已经发生了 99.5% 的转变为转变终了。在各过冷度下从开始等温到开始转变这一段时间称为孕育期。

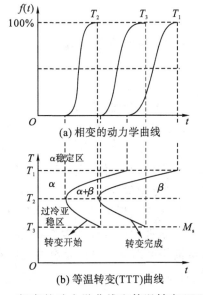

(a) 相变的动力学曲线

(b) 等温转变(TTT)曲线

图 6-21　相变的动力学曲线和等温转变(TTT) 曲线

可清楚看出,不同温度下转变开始前都有一段孕育期,高温转变和低温转变孕育期都很长,而中温范围转变孕育期最短,转变速率最快,当温度很低时扩散型相变可能被抑制,而转化为无扩散型相变。温度较高时,扩散速率较快,但相变驱动力较小,致使转变速率较慢,转变温度较低时,相变驱动力较大,但扩散速率急剧下降,转变速率也较慢;转变温度居中时,扩散速率较快,而相变驱动力也较大,此时转变速率最快。

利用 TTT 曲线可以分析不同温度条件下等温转变时转变量与时间的关系,进而控制固态相变的进程,调控材料的各项性能,如时效处理等。

实际上,许多热处理工艺是在连续冷却过程中完成的,如退火、正火、淬火等。连续冷却过程中,各个转变的温度区也与等温转变时的大致相同,连续冷却过程中,不会出现等温冷却转变时所没有的转变。同样的,连续冷却转变的动力学规律也可用另一种 C 曲线表示出来,这就是连续冷却 C 曲线,又称为 CCT(continuous cooling transformation) 曲线。图 6-22 所示的是含碳 0.4% 碳钢的 CCT 曲线,它反映了在连续冷却条件下过冷固溶体的转变规律,是分析转变产物组织与性能的依据,也是制定热处理工艺的重要参考资料。

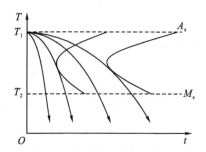

图 6-22 连续冷却 C 曲线(CCT 曲线)

6.7 典型扩散型相变

扩散型相变的种类很多,其中有脱溶转变、调幅分解、共析转变、有序-无序转变等。

6.7.1 脱溶转变

如图 6-23 所示,将成分为 C_0 的合金加热到 α 单相区 T_1 温度,经保温获得均匀的 α 固溶体以后,如果缓慢冷却到固溶线以下的 T_3 温度,将有 β 相析出,α 相的成分将变为 C_1,得到 $(\alpha+\beta)$ 的两相组织,这是一种平衡转变,只能发生在低于固溶线不远的温度处。若合金加热获得均匀的 α 相之后,急速冷却至很低的温度,上述转变将受到抑制,而得到亚稳定的过饱和固溶体单相组织,这种处理称为固溶处理(淬火)。这种经固溶处理的过饱和固溶体在室温或稍高温度下也发生新相析出,从过饱和固溶体中析出一个成分不同的新相或形成溶质原子富集的亚稳区过渡相的过程称为脱溶或时效。时效又分为自然时效和人工时效。时效析出的弥散沉淀相可以显著提高合金的硬度和强度,是一种强化材料的重要方法,称为时效强化或沉淀强化。

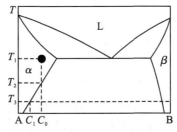

图 6-23　相图中脱溶转变与温度的关系

分析脱溶转变对固态相变具有普遍意义,因为很多固态相变都可归入脱溶或与脱溶相似的转变。20 世纪初发现的铝合金时效现象,就是脱溶沉淀最典型的应用,使铝合金在飞机制造业和其他领域里得到了广泛的应用,极大地推动了航空工业的发展。

从相图上来看,凡是具有固溶度变化的相图,从单相区进入两相区时都会发生脱溶沉淀,如图 6-24 所示。固溶体析出应满足如下条件:

(1)固溶体处于过饱和状态;

(2)固溶体的溶解度随着温度降低而减小;

(3)原子在析出温度下具有足够的扩散能力。

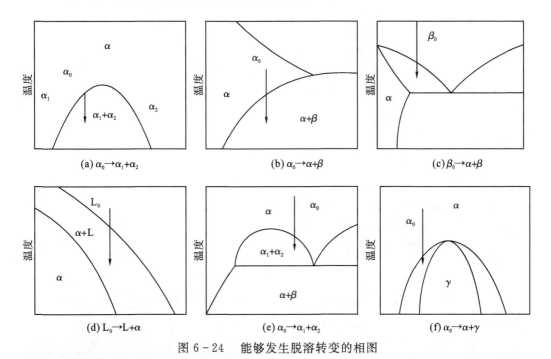

图 6-24　能够发生脱溶转变的相图

6.7.1.1　脱溶的驱动力

脱溶时系统自由能的变化可用 $\Delta G = -V\Delta G_v + S\sigma + V\omega - G_d$ 表示。式中右端第一项中化学自由能 $-\Delta G_v$ 是负值,它的大小与温度和成分有关,它是脱溶的驱动力,$|\Delta G_v|$ 越大则脱溶物的形核功和临界晶核的半径越小,脱溶越容易进行。

6.7.1.2　脱溶过程

脱溶过程受溶质原子扩散控制,且脱溶时形核阻力大,在沉淀过程中可能形成一系列亚稳相(过渡相)。

在 Al-Cu 合金中,考虑成分为 4.5%Cu 的合金,如图 6-25 所示。将其加热到 550 ℃保温一段时间后,急速冷却至室温可得到过饱和固溶体 α_0,然后在较低温度下时效。由于脱溶相结构与母相基体有较大差异,脱溶阻力大,故脱溶时并不是直接形成稳定相,而是形成一系列中间过渡相。随时效时间的延长,脱溶相按以下顺序出现:

$$\alpha_0 \rightarrow \alpha_1 + \text{GP 区} \rightarrow \alpha_2 + \theta'' \rightarrow \alpha_3 + \theta' \rightarrow \alpha_4 \rightarrow \theta$$

α_1、α_2、α_3、α_4 分别是与 GP 区、θ'' 相、θ' 相、θ 相平衡的固溶体 α 相,GP 区、θ'' 相、θ' 相分别表示三种不同的亚稳相,θ 相为平衡相。

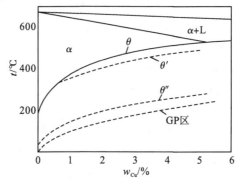

图 6-25　Al-Cu 合金富 Al 角相图

1. GP 区

以均匀形核方式,在母相 $\{110\}_\alpha$ 晶面上形成的溶质原子(Cu 原子)富集区(尚不足以形核)如图 6-26 所示。富集区的晶体结构与 α 相相同(α 相为 fcc 结构,晶格常数 $a = b = c = 0.404$ nm),由于 Cu 原子半径小于 Al 原子半径,故会引起富集区附近产生一定的点阵畸变。GP 区与基体保持完全共格关系,呈圆盘状(盘面垂直于低弹性模量的方向),厚度约 $0.3 \sim 0.6$ nm(两个原子层厚),直径约为 8 nm,均匀分布在 α 基体上,每立方厘米的数量约为 $10^{14} \sim 10^{16}$ 个。

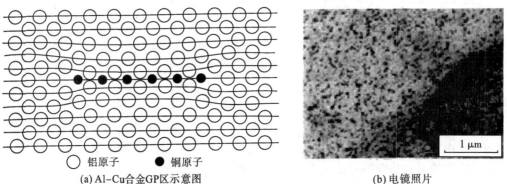

○ 铝原子　● 铜原子

(a) Al-Cu 合金 GP 区示意图　　　　　　　　(b) 电镜照片

图 6-26　Al-Cu 合金 GP 区示意图及其电镜照片

这种 Cu 原子富集区是 1938 年由法国的 A. Guinier. 和英国的 G. G. Preston 各自独立用 X 射线衍射法发现的,故称 GP 区。

2. θ'' 相

随着时间的延长,将出现 θ'' 亚稳相,过去也称 GP II 区,其以均匀形核方式在 α 相中单独形成,也可以由 GP 区转化而来。θ'' 相成分接近于 $CuAl_2$,具有正方点阵结构($a = b = 0.404$ nm,$c = 0.78$ nm),呈圆盘状,厚度约 2 nm,直径约 30 nm,形状与 GP 区相似,与母相保持严格的共格关系:$(001)_{\theta''}//(001)_{\alpha}$、$[001]_{\theta''}//[001]_{\alpha}$,$\theta''$ 亚稳相与 α 相以共格界面共存,在界面区造成很大的晶格畸变,这种共格应变是导致合金强化的重要原因。

3. θ' 相

随着时效时间的延长或时效温度的升高,将析出亚稳相 θ' 相。它是在光学显微镜下便可看到的沉淀相,同样具有正方点阵结构($a = b = 0.404$ nm、$c = 0.58$ nm),成分与 $CuAl_2$ 近似,与母相的取向关系和 θ'' 相相同,呈圆盘状,直径在 100 nm 以上。θ' 相与母相保持盘面共格但侧面半共格的关系,其间存在位错,减小了应变能,故与 θ'' 相的强化作用相比有所减小,使合金的硬度有所下降。

4. θ 相

经更长时间或更高温度,时效将析出平衡相 θ,成分为 $CuAl_2$,为正方点阵结构($a = b = 0.606$ nm、$c = 0.487$ nm),与基体 α 相形成非共格界面,也就是各个侧面都与基体不共格,合金相界面区应变能得到释放,合金开始显著软化。

6.7.1.3　脱溶产物对合金力学性能的影响

根据以上脱溶转变过程的分析,可知不同含铜量的 Al-Cu 合金的硬度随时效时间的不同会有很大的不同,其变化趋势如图 6-27 所示。由图可知,随着 GP 区及 θ'' 相的增加,合金硬度增大;第一个硬度峰值对应 GP 区数值的极大值;第二个硬度峰值对应 θ'' 相开始向 θ' 相转变的时间。

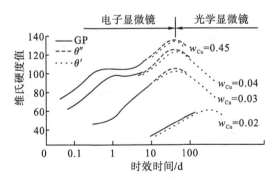

图 6-27　Al-Cu 合金的硬度随化学成分和时效时间的变化(时效温度 130 ℃)

6.7.1.4　脱溶方式及显微组织变化

脱溶主要有两种方式:连续脱溶和不连续脱溶。

1. 连续脱溶

连续脱溶的特点是在脱溶过程中,固溶体基体的浓度和点阵常数发生连续变化。其又可分为普遍脱溶(均匀脱溶)和局部脱溶两种。

普遍脱溶是指在整个固溶体基体中普遍地发生脱溶现象,并析出均匀分布的沉淀物。沉淀物的相结构与母相间保持一定的位向关系,并以共格、半共格或非共格界面共存。沉淀相与母相共格或半共格时,沉淀相呈圆盘状或片状、针状;非共格时,沉淀相一般呈等轴状或球状析出,与母相无位向关系。局部脱溶是指在普遍脱溶之前,较早地在晶界、亚晶界等缺陷处择优形核。局部脱溶是在较小过冷度条件下形成的,随着过冷度的增大,脱溶驱动力增大,局部脱溶失去优先性,更有利于普遍脱溶。

降低时效温度,或采用先低温后高温的分级时效规程,均可抑制局部脱溶而促进普遍脱溶。图6-28显示的是连续脱溶过程中合金显微组织变化的示意图,如图中所示,在局部脱溶占优势的情况下,会在晶界附近产生溶质原子贫化区,导致脱溶相无法在该区域形成,形成所谓的"无沉淀带",这对合金使用过程中的安全性是不利的。

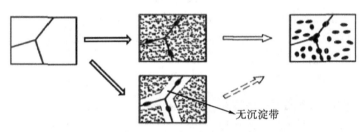

图6-28　连续脱溶过程中合金显微组织变化示意图

2. 不连续脱溶

不连续脱溶的特点是过饱和固溶体首先在晶界上发生 $\alpha \rightarrow \alpha' + \beta$ 转变,其中 β 相为平衡相(稳定相)而不是亚稳相,α' 相的结构与母相 α 相相同,但成分与母相不同。α' 相与 β 相构成胞状组织,并向晶内生长,如图6-29所示。

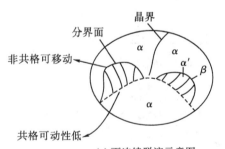

(a) 不连续脱溶示意图　　　(b) Co-Ni-Ti系合金750℃时效1000 h后的不连续脱溶

图6-29　不连续脱溶示意图及 Co-Ni-Ti 系合金在 750 ℃ 时效 1000 h 后的不连续脱溶

不连续脱溶通常是在晶界处开始的,所以也叫晶界反应;胞状组织在 α 相的晶界处与母相的分界面是共格界面,可动性低,而在 α 相的内界面是非共格的,可动性高,故胞状组织形成后向晶内一侧生长;α' 相与 α 相在界面处位向互不相同,浓度也相差较大,呈不连续变化,故称为不连续脱溶。一般不连续脱溶所形成的粗大沉淀物对合金强化不利,会削弱晶界,应尽量避免。但是,也有研究指出,适当控制不连续脱溶反应可获得类似定向排列的复合材料,与定向凝固的共晶合金相比较,前者的片状组织可以细化至原来的

$10^{-1} \sim 10^{-2}$ 倍,从而获得更好的机械性能和磁学性能。

6.7.1.5　脱溶动力学

1. GP 区的形成

GP 区是通过溶质原子扩散形成的偏聚区。淬火后获得的过饱和空位提供了原子扩散的条件,使 GP 区能够在低时效温度下很快形成,但随着时间的延长,空位浓度呈指数关系衰减,因此,GP 区长大过程较为缓慢。

2. 颗粒粗化

由于开始析出的是高密度的非常细小的脱溶相,其总的界面能很高,组织处于不稳定状态,因此脱溶过程中有自发粗化成具有较小总界面能、低密度分布的较大颗粒的倾向。任何一个脱溶过程,由于脱溶相的形核时间和长大速率不同,导致其颗粒大小不均匀,此时母相的浓度也是不均匀的,大颗粒周围的浓度低,而小颗粒周围的浓度高。假设在母相 α 中析出两种大小不同($r_1 > r_2$)的 β 相颗粒,则在 α 基体内从小颗粒到大颗粒出现了一个由高到低的溶质浓度梯度,小颗粒周围的溶质原子有向大颗粒周围扩散的趋势,如图 6-30(a) 所示。在发生扩散后,小颗粒周围的溶质浓度便降低到 $c'(r_2)$,大颗粒周围的溶质浓度便升高到 $c'(r_1)$,如图 6-30(b) 所示,即原来的界面浓度平衡关系被破坏。为恢复颗粒与基体间界面浓度平衡关系,小颗粒就要溶解以提高其周围溶质浓度,而大颗粒则应长大,以降低其周围溶质浓度,如图 6-30(c) 所示。如此反复,大颗粒便发生粗化。这种颗粒粗化是由扩散控制的长程传输过程,是小颗粒不断溶解而大颗粒不断长大的过程,也是共格破坏、颗粒球化的过程。所以在驱动力相同的情况下,凡是影响扩散的因素,都会对脱溶动力学产生作用,对析出相的颗粒大小发生影响。

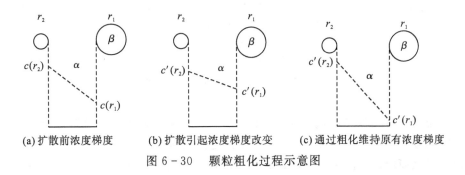

(a) 扩散前浓度梯度　　　　(b) 扩散引起浓度梯度改变　　　　(c) 通过粗化维持原有浓度梯度

图 6-30　颗粒粗化过程示意图

6.7.2　调幅分解

调幅分解是固溶体脱溶分解的一种特殊形式,调幅分解又称增幅分解或拐点分解,其特点是相变时不需要形核过程,而是通过自发的浓度起伏使浓度振幅不断增加,最终分解为结构相同而浓度不同的两相,即一部分为溶质原子富集区,另一部分为溶质原子贫化区,也称斯皮诺达分解。

6.7.2.1　调幅分解的热力学条件

图 6-31(a) 为具有溶解度变化的 A-B 合金相图。成分为 x_0 的合金在 t_1 温度固溶处理后快冷至 t_2 温度时,处于过饱和状态的亚稳相 α 将分解为成分为 x_1 的 α_1 和成分为 x_2 的

α_2 两相。在 t_2 温度下固溶体的自由能-成分曲线如图 6-31(b) 所示。曲线上的拐点 $(\mathrm{d}^2G/\mathrm{d}x^2 = 0)$ 与相图中虚线上的 P、Q 两点相对应,虚线为不同温度下拐点的轨迹。合金成分处于拐点线之内的固溶体满足 $\mathrm{d}^2G/\mathrm{d}x^2 < 0$,当存在任何微量的成分起伏时其都将会分解为富 A 和富 B 的两相,都会引起体积自由能的下降。例如成分为 x_0 的合金,在 t_2 温度时的自由能为 G_0,分解为两相后的自由能力为 G_1,显然 $G_1 < G_0$,即分解后体系的自由能下降,$\mathrm{d}^2G/\mathrm{d}x^2 < 0$,也就是相变驱动力 $\Delta G_v < 0$。成分在拐点线之外($\mathrm{d}^2G/\mathrm{d}x^2 > 0$)的固溶体,例如图中 x_0' 处的固溶体,当其出现微量的成分起伏时,将导致体系的自由能升高,只有通过形核长大才会发生脱溶分解。

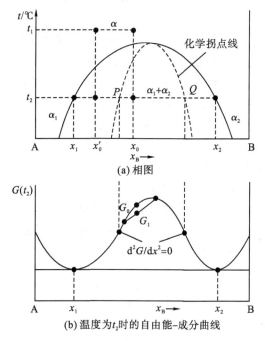

图 6-31　调幅分解相变驱动力示意图

应当指出,即使固溶体的成分位于拐点以内,也不一定发生调幅分解,还要看梯度能和应变能两项阻力的大小。梯度能是由于微区之间的浓度梯度影响了原子间的化学键,使化学势升高而增加的能量。应变能是指因固溶体内成分波动、点阵常数变化而为了保证微区之间的共格结合所产生的应变能。这两项能量的增值都是调幅分解的阻力。可见,调幅分解能否发生,要由两个因素决定:一是起始成分必须在两个化学拐点成分之间;二是每个原子应具有足够的相变驱动力 ΔG_v,以克服所增加的阻力。

6.7.2.2　调幅分解的特征

与脱溶转变相比,调幅分解具有如下特征。

(1)调幅分解过程的成分变化是通过上坡扩散来实现的。如图 6-32(a) 所示,首先是出现微区的成分起伏,随后通过溶质原子从低浓度区向高浓度区扩散(上坡扩散),使成分起伏不断调幅(富 A 的继续富 A,富 B 的继续富 B),直至分解为成分为 x_1 的 α_1 和成分 x_2 的 α_2 的两相平衡相为止,因此又称为增幅分解。

（2）调幅分解不经历形核阶段，因此不会出现另一种晶体结构，也不存在明显的相界面。若忽略畸变能，单从化学自由能考虑，调幅分解不需要形核功也就不需要克服热力学势垒，所以分解速度很快。而通常的形核长大过程，其晶核的长大是通过如图 6-32(b) 所示的正常扩散（下坡扩散）进行的，且晶胚一旦产生就具有最大的浓度，新相与基体之间始终存在明显的界面。

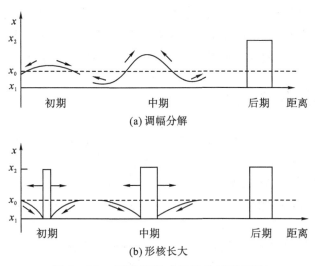

(a) 调幅分解

(b) 形核长大

图 6-32　两种扩散式相变的过程对比

　　在调幅分解产物中，两相的晶体结构虽然相同，但成分有差异。由于溶剂与溶质原子尺寸的差异，必然会产生一定的弹性应变，为降低应变能，新相将沿弹性模量最小的晶向生长。Cu-Ni$(x = 36\%)$-Cr$(x = 4\%)$ 合金在 650 ℃ 时效 240 h 后 TEM 观测揭示立方调幅结构沿基体(100) 晶面方向延伸（见图 6-33），富溶质区与贫溶质区呈准周期性交替分布。已经在许多合金（如 Al 基、Ni 基、Cu 基和 Fe 基合金等）和玻璃系（如 SiO_2-Na_2O、B_2O_3-PbO 等）中观察到了调幅分解。高碳马氏体在 80 ℃ 以下回火时也可能发生调幅分解。许多时效硬化型合金中的 GP 区也可能是通过调幅分解形成的。

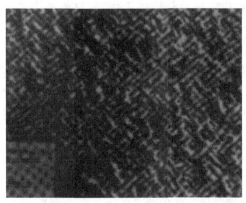

图 6-33　Cu-Ni$(x = 36\%)$-Cr$(x = 4\%)$ 合金在 650 ℃ 时效
240 h 后第二相颗粒沿基体(100) 晶面方向排列的 TEM 明场相

6.7.2.3　调幅分解组织的性能

调幅结构波长 λ 一般约在 100 nm 范围内。过冷度越大，λ 越小。由于调幅结构的弥散度非常大，且不会发生位错堆积，一般均有较好的强韧性。调幅分解形成的织席状或粗尼状组织往往使合金具有独特的物理化学性能。例如，调幅分解使永磁合金（Fe-Ni-Al、Fe-Cr-Co 等）获得对磁性最有利的组织（即具有一定取向的棒状铁磁性脱溶相嵌入到弱磁性或非铁磁性基体中），磁性相高度取向，磁性能升高。含硼硅酸盐熔体的调幅分解可以制造多微孔石英玻璃，熔体冷却至分离温度以下，调幅分解为富 SiO_2 相和富 B_2O_3 碱性氧化物相，后者溶于酸能被溶解掉，留下完全穿透的多微孔玻璃。

6.8　典型非扩散型相变

非扩散型相变也称位移型相变，相变过程中不存在原子扩散，或者虽然存在原子扩散但不是相变的主要过程，主要有两种基本类型：① 无扩散连续型相变，相变时仅需要原子在晶胞内进行微量的位置调整，不发生点阵应变，如在 Ti-Zn 合金中发现的 $\beta \rightarrow \omega$ 的转变；② 马氏体相变，相变时发生点阵应变，并且以点阵畸变为主。马氏体相变是最典型的非扩散型相变。

将钢加热到奥氏体单相区保温一定时间，然后将奥氏体以足够快的冷却速度（大于临界淬火速度 v_c，其意义为能获得全部马氏体组织的最小冷却速度）冷却，以避免高温或中温转变，从而使其在 M_s（马氏体转变开始温度）和 M_f（马氏体转变终了温度）之间的低温范围内转变为马氏体（一般用 M 或 α' 表示）。马氏体相变是迄今为止所发现的最重要的相变之一，也是非扩散型相变的最主要类型。由于马氏体相变是材料强化的重要手段，在生产中得到广泛应用，通常将获得马氏体组织的热处理工艺称为马氏体淬火。

从广义来说，马氏体相变是共格切变型相变。共格切变型相变是指相变过程不是通过原子扩散，而是通过切变方式使母相（奥氏体）原子协同式地迁移到新相（马氏体）中，迁移距离小于一个原子间距，并且两相间保持共格关系的一种相变。凡是满足这一特征的相变都是马氏体相变，其转变产物称为马氏体。

除了早期在钢铁材料中发现的马氏体相变外，目前在许多有色金属、合金及非金属材料中相继发现了马氏体相变。从理论上讲，只要冷却速度快到能避免扩散型相变或者半扩散型相变，则所有金属及合金的高温相都能发生马氏体相变。例如，Cu-Al 合金的 $\beta \rightarrow \beta'$ 转变，Cu-Zn 合金的 $\beta \rightarrow \beta'$ 转变，In-Ti 合金的 fcc $\rightarrow$ fct 转变，Zr 中的 bcc $\rightarrow$ hcp 转变，均属于马氏体相变。在另外一些合金（如 Ni-Ti，Cu-Zn-Al，Cu-Al-Ni 等）及陶瓷（ZrO_2）中也有马氏体相变。

6.8.1　马氏体相变的基本特征

1. 无扩散性

马氏体相变属低温相变，如共析钢的马氏体相变温度为 230 ℃ ～－50 ℃，有些高合金钢的转变温度在 0 ℃ 以下甚至还要低得多，而且转变速率极快。显然，在这样低的温度下原子几乎不能扩散，依靠原子扩散实现快速转变是不可能的。

　　马氏体相变的无扩散性早在 20 世纪 40 年代就已经从实验上得到了证实，因此，无扩散性是马氏体相变的基本特征。尽管有些实验证实，低碳马氏体相变由于相变温度较高，尺寸较小的碳原子可以进行微量的短程扩散，但这种扩散并不是相变的决定性因素。

　　事实上，马氏体相变是通过切变方式进行的，相界面处的母相原子协同地集体迁移到马氏体中去，迁移距离不超过一个原子间距，这一点与扩散型相变明显不同。

2. 表面浮凸与共格切变性

　　早在 20 世纪初就已经发现，当预抛光试样发生马氏体相变后，会在抛光表面出现浮凸，即马氏体形成时和它相交的试样表面发生倾动，一边凹陷，一边凸起。在显微镜下，浮凸两边呈现明显的山阴与山阳，如图 6-34 所示。

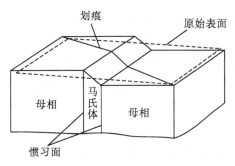

(a) 马氏体相变时的表面浮凸示意图　　　　　(b) 光学显微照片

图 6-34　　马氏体相变时的表面浮凸示意图及其光学显微照片

　　若在任意截取的抛光表面划一直线标记，这一直线在相变时的变形可能有三种情况，如图 6-35 所示。由直线标记观察结果可知，在相界面处划痕改变方向，但仍然保持连续，而不发生弯曲。这一结果表明，马氏体相变是以均匀切变方式进行的，并且相变过程中母相和马氏体界面未发生畸变，保持着切变共格关系。由于这些晶体学特征，在相界面上的原子始终为两相所共有，故马氏体与母相间的界面为共格界面。

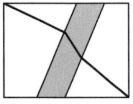

(a) 标记线扭曲　　　　(b) 在界面处失去共格关系　　　　(c) 观察结果

图 6-35　　马氏体相变中划痕标记可能的相变方式示意图

3. 惯习面及位向关系

　　马氏体相变时，马氏体总是在母相一定晶面上开始形成，此一定晶面称为惯习面。马氏体长大时，惯习面就成为两相的交界面。因为马氏体相变是以共格切变方式进行的，所以惯习面为近似的不畸变平面，即惯习面在相变中既不发生应变，也不发生转动。

　　不同材料马氏体相变时具有不同的惯习面。钢中已测出的惯习面有 $\{111\}_\gamma$、$\{225\}_\gamma$、

$\{259\}_\gamma$。在有色金属中,惯习面通常为高指数面。例如,Cu - Zn 合金中马氏体的惯习面为 $\{2\ 11\ 12\}_\beta$,Ti 合金中马氏体的惯习面为 $\{344\}_{\beta 1}$,Cu - Sn 合金中 β' 马氏体的惯习面为 $\{133\}_\beta$。

由于马氏体相变时新相和母相始终保持切变共格关系,因此马氏体相变后的新相和母相之间通常存在着一定的晶体学位向关系。例如对于铁基合金的 $\gamma \to \alpha'$ 马氏体相变,已观察到的位向关系有三种,即:

K - S 关系,$\{111\}_\gamma // \{011\}_{\alpha'}$,$[101]_\gamma // [111]_{\alpha'}$;

西山关系,$\{111\}_\gamma // \{110\}_{\alpha'}$,$[211]_\gamma // [110]_{\alpha'}$

G - T 关系,$\{111\}_\gamma // \{110\}_{\alpha'}$,差 1°;$[211]_\gamma // [110]_{\alpha'}$,差 2°。

4. 变温形成

马氏体相变一般是在一个温度范围内完成的。当高温奥氏体冷却到 M_s(马氏体开始转变温度)时开始转变,冷却到 M_f(马氏体转变终了温度)时结束转变。由于马氏体比容较大,相变时产生体积膨胀,引起未转变的奥氏体稳定化,即使温度下降到 M_f 以下,也有少量未转变的奥氏体,这一现象称为马氏体相变的不完全性,被保留下来的奥氏体称为残余奥氏体。

5. 马氏体相变的可逆性

马氏体相变具有可逆性。对于某些合金,冷却时高温母相转变为马氏体,重新加热时已形成的马氏体又可以逆转变为高温相。冷却时的马氏体相变和重新加热时的马氏体逆转变通常都是在一个温度范围内完成的。

冷却时马氏体开始形成温度记为 M_s,转变终了温度记为 M_f。逆转变开始温度记为 A_s,终了温度记为 A_f。通常 A_s 温度要比 M_s 高,如图 6 - 36 所示。

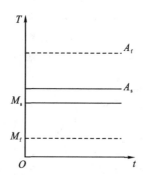

图 6 - 36　马氏体相变与逆转变对应的温度

6. 8. 2　马氏体相变机理

1. 相变驱动力

和其他相变一样,马氏体相变的驱动力也是新相和母相的自由能差,如图 6 - 37 所示。其中,$\Delta G^{A \to M}$ 为母相向马氏体转变的驱动力,$\Delta G^{M \to A}$ 为马氏体重新加热时逆转变的驱动力。这种必须低于或高于平衡温度 T_0 的温度下才开始转变的现象称为热滞现象。另外,马氏体相变将引起较大的形状和体积变化,从而产生很高的应变能,相变阻力大,需要很大的过冷度以提供更大的驱动力才能实现相转变。因此,马氏体相变必须在比较大的过冷度下才能发生。

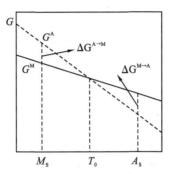

图 6 - 37　马氏体相变过程中母相与马氏体自由能随温度的变化趋势

2. 马氏体相变的形核

尽管马氏体相变的速度极快,但在实验中发现它仍然包含形核与长大的过程。由于在奥氏体中存在能量、结构及成分起伏,当在某些微区内的起伏足够大时,便会在这些微区形成马氏体晶核。设马氏体晶核为凸透镜状(见图 6 - 38),其半径为 r,中心厚度为 $2c$,且 $r \gg c$。按照均匀形核理论,形核时系统自由能的变化为

$$\Delta G = -\frac{4}{3}\pi r^2 c\Delta G_v + 2\pi r^2\sigma + \frac{4}{3}\pi r^2 c\left(A \times \frac{c}{r}\right) \tag{6-53}$$

式中,右端第一项为相变驱动力,第二和第三项分别为界面能和弹性应变能,为相变阻力;A 为应变能因子,材料一定时可近似看作常数;$A \times \dfrac{c}{r}$ 为单位体积马氏体的弹性应变能,该值随形状参量 c/r 变化,c/r 越小,椭球体越扁,弹性应变能越小。

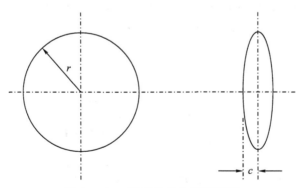

图 6 - 38　马氏体均匀形核模型

令 $(\partial\Delta G/\partial r)_c = 0$,$(\partial\Delta G/\partial c)_r = 0$,求出晶核的临界半径 r_c、临界厚度 c_c、临界形核功 ΔG_c 分别为

$$r_c = \frac{4A\sigma}{\Delta G_v^2} \tag{6-54}$$

$$c_c = \frac{2\sigma}{\Delta G_v} \tag{6-55}$$

$$\Delta G_c = \frac{32\pi A^2 \sigma^3}{3\Delta G_v^4} \qquad (6-56)$$

以及临界体积为

$$V_c = \frac{128\pi A^2 \sigma^3}{3\Delta G_v^5} \qquad (6-57)$$

对 Fe-30%Ni(原子百分数)合金($M_s = 233$ K),可求出临界晶核尺寸及形核功分别为

$$r_k = 49 \text{ nm}$$

$$c_k = 2.2 \text{ nm}$$

$$\Delta G_c = 5.44 \times 10^8 \text{ J/mol}$$

很显然,在 233 K 这样低的温度下要给出这么大的热激活能是不可能的,因此,普遍认为马氏体均匀形核是不可能的。

一般认为马氏体是在晶体缺陷处以非均匀形核的方式形核。若晶核在缺陷处形成,则形核势垒及晶核的临界尺寸都可以减小。在某些特定条件下,非均匀形核甚至可以是无势垒的。当面心立方母相转变为六方马氏体时,转变可通过在母相若干适当间距的位错分解成由层错隔开的不全位错的运动来实现。层错能与温度有关,在 T_0 温度下其为正值,因此造成无势垒形核。此外,位错的应变场在一定的情况下能够与马氏体晶粒的应变场产生有利的交互作用,从而降低形核势垒。

3. 马氏体相变的晶体学表象理论

直到今天,马氏体相变机制仍有争议,人们先后提出了多种模型和机制来试图进行解释。1924 年贝茵(Bain)首先提出奥氏体与马氏体点阵的对应关系。他认为在两个奥氏体单胞中可勾画出一体心正方点阵,如图 6-39 所示。但是这样勾画出的结构晶轴比 c/a 等于 $\sqrt{2}$,只要奥氏体点阵沿 $(x_3)_M$ 适当收缩(18%),沿 $(x_1)_M$、$(x_2)_M$ 适当膨胀(12%),即可变成马氏体的点阵。但是碳原子的存在将阻止 c 轴方向的缩短,c/a 之比与含碳量有关。人们把这种点阵变形称为贝茵畸变。但若按这种机制形成马氏体时,它与奥氏体的位向关系与实验结果不符合,此外这种应变也不是不变平面应变,不可能有不变的惯习面。

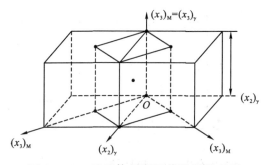

图 6-39 马氏体相变贝茵机制示意图

20 世纪 50 年代年瑞德(T. A. Read)及鲍尔斯(J. S. Bowles)等分别提出了马氏体相变的机制,他们的理论避开了原子运动的细节,而是以惯习面必须是不变平面的实验结果描述初始与终了晶体学状态。这种理论把马氏体相变分为三个步骤:

① 通过贝茵畸变产生新的晶体结构；

② 进行点阵不变的切变，使惯习面的应变为零；

③ 马氏体做刚性转动，使惯习面回到原来的位置，成为不变平面。

上述理论中点阵不变的切变可通过马氏体内的孪生或滑移两种方式实现（见图 6 - 40）。这样一来在马氏体中可产生孪晶和位错等亚结构，解释了马氏体电子显微照片中亚结构的存在。由于马氏体相变时要发生孪晶和滑移，得到的亚结构分别为孪晶和位错，前者对应于片状马氏体，后者对应于板条马氏体，因此从原子尺度上讲，马氏体和奥氏体不可能具有完全共格的界面，只能是具有半共格界面，并在界面上存在有位错列。

图 6 - 40　　点阵不变的切变示意图

4. 马氏体相变速率

马氏体相变速率极快，相当于音速（10^5 cm/s）大小，一旦形核便迅速长大。某些时候当温度低于 M_s 时，会在瞬间（约几分之一秒）爆发式形成大量马氏体，先形成的高速生长的马氏体具有激发另一片马氏体形成的作用，称为自催化反应，因而产生了连锁反应。

5. 马氏体的组织形态

马氏体的组织形态与合金的化学成分及转变温度有密切关系。在铁-碳合金（钢）中，根据含碳量可观察到两种不同形貌的马氏体：一种是板条马氏体，另一种是片状马氏体（又称透镜状马氏体）。当含碳量小于0.6％时，为板条马氏体，当含碳量大于0.8％时，为片状马氏体，其示意图如图 6 - 41 所示。

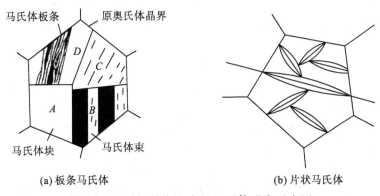

(a) 板条马氏体　　　　　　　　　　　　(b) 片状马氏体

图 6 - 41　　铁-碳合金中的马氏体形态示意图

1）板条马氏体

一个原始奥氏体晶粒可以形成几个位向不同的晶区，每个晶区内包含若干个平行的板条束，每一个板条束内又包括很多近乎平行排列的细长马氏体板条。每一个板条为一个单晶体，宽度为 $0.025 \sim 2.2\ \mu m$。而每个板条内通常又有非常高的位错密度，其数量级

约为 $(0.3 \sim 0.9) \times 10^{12}$ cm^{-2}，故又将此类马氏体称为位错马氏体，如图 6-42(a) 所示。

2）片状马氏体

片状马氏体在光学显微镜下呈针状或竹叶状，马氏体片互相不平行，大小存在明显差异。和板条马氏体不同，片状马氏体片间具有明显的角度，平行于长轴的中部，有一根直纹，称为中脊。片状马氏体的亚结构为成叠的孪晶，所以又称为孪晶马氏体，如图 6-42(b) 所示。

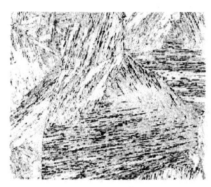 

(a) 位错马氏体　　　　　　　　　　(b) 孪晶马氏体

图 6-42　铁碳合金中的典型马氏体金相组织

6. 马氏体的性能

钢淬火得到的淬火马氏体具有很高的强度和硬度，但塑性和韧性很低。马氏体的强硬性主要依赖于奥氏体中间隙型溶质原子（常见的有 C、N）的含量；而置换型溶质原子对马氏体的强硬性影响较小，这是由两类溶质原子在钢中所产生的晶格畸变不同决定的。其中，位错马氏体的强度和硬度比孪晶马氏体低，但它的冲击韧性和断裂韧性比孪晶马氏体高得多，而且脆性转折温度也低。正因如此，淬火钢获得位错马氏体组织是金属强韧化的重要手段之一。在两种不同的组织中，板条马氏体具有良好的强韧性。由于淬火马氏体的塑性和韧性较差，所以淬火后需要及时回火，以提高钢的塑性和韧性。

习　题

1. 说明下列概念的物理意义：

（1）惯习面；（2）时效；（3）脱溶（沉淀）；（4）调幅分解；（5）马氏体转变。

2. 什么是固态相变？与液-固相变相比，固态相变存在哪些基本特点？

3. 固态相变是如何分类的？一级相变和二级相变有何区别？

4. 分析固态相变的阻力，为什么固态相变形核方式以非均匀形核为主？

5. 固态相变的非均匀形核与液-固相变的非均匀形核有何不同，怎样促进非均匀形核？

6. 试分析为什么母相晶界是有利于形核的位置？

7. 固态相变中，新相和母相之间的相界面有几种类型？每种界面的界面能相比较，有何差别？

8. 分析扩散型相变与非扩散型相变的主要特征。

9. 对扩散型相变来说,晶核长大速率与哪些因素有关?形核与长大过程与过冷度有何关系?

10. 固态相变中,新相长大时不同相界面类型其界面推移速度不同,为什么?

11. 试述 Al – Cu 合金的脱溶顺序及脱溶相的基本特征。为什么脱溶过程会出现过渡相?

12. 试分析沉淀相粗化的原因。

13. 指出调幅分解的特征,它与脱溶有何不同?

14. 马氏体相变的基本特征有哪些?

第7章 材料的力学性能

材料的制造是为了使用。机械零件在使用过程中要承受外力的作用,但这些零件在工作中引起的任何变形都不能超过允许量,更不应发生断裂,否则会引起灾难性后果。材料的力学性能是材料在外力作用下表现的行为。常见的力学性能指标包括材料的弹性或刚度、强度、硬度、塑性、韧性、抗疲劳性能等。

材料的力学性能往往是与材料的成分、结构和微观组织密切相关的,力学性能指标往往是材料的内因反应,同时,通过调整材料的结构或微观组织可以改善材料的力学性能。因此,材料的力学性能及力学性能与微观组织之间的关系是材料科学研究的重要内容之一。

材料的力学性能可以通过专门设计的实验设备来测定,实验时要考虑外力的性质和作用时间及环境条件等。负荷可以是拉伸、压缩或剪切,负荷大小可以不随时间变化,也可以由零以一定速度增加,直到断裂;此外,负荷还可以周期性地变化。负荷作用的时间可以只有几分之一秒,也可以延续数年之久。而且,实验温度也是一个重要的参数。

本章主要学习和讨论金属、陶瓷及高分子材料的力学性能,以及这些材料的变形特点和机制。

7.1 材料中的应力和应变

当作用于构件截面或表面上的载荷为一个静态载荷或载荷随时间变化相对缓慢时,其力学行为一般都可以通过简单的应力-应变测试来进行确定。材料受力后会产生变形,加载的方式不同,材料的变形方式也不同。一般情况下,加载的基本方式有三种:拉伸、压缩和剪切。在工程实际中,许多载荷是扭转而不是纯剪切,这几种加载方式如图 7-1 所示。

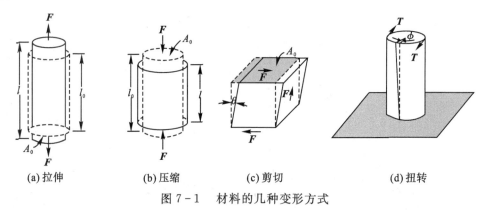

(a) 拉伸   (b) 压缩   (c) 剪切   (d) 扭转

图 7-1   材料的几种变形方式

对于两个材料相同、受力相同,但直径不同的圆棒来说,所产生的变形显然是不一样的。为了消除几何形状的影响,需要引入应力和应变的概念。

考虑一个横截面面积为 A_0、长度为 l_0 的金属圆棒受到拉伸外力 F 作用的情况,如图 7-2 所示,定义加在圆棒(长度方向)的外力 F 除以其原始横截面面积 A_0 为圆棒所承受的应力 σ,即

$$\sigma = \frac{F}{A_0} \tag{7-1}$$

亦即应力指的是材料或构件单位截面积上承受的力的大小,单位为 N/m^2,国际单位制 (SI) 中用兆帕(MPa) 表示($1\ MPa = 10^6\ N/m^2$) 其单位。

如果用载荷除以受力前的原始面积,$\sigma = F/A_0$,此应力称为工程应力;如果用所受的力除以 F 下的瞬时面积,$\sigma' = F/A$,此应力称为真实应力。

当图 7-2 中的圆棒受到单轴拉伸外力作用时,就会沿外力方向伸长,所产生的应变就是试样沿外力方向的长度变化与试样原始长度的比值,即

$$\varepsilon = \frac{l - l_0}{l_0} = \frac{\Delta l}{l_0}$$

式中,l_0 为试样的原始长度;l 为试样变形后的长度。可见,应变所代表的是材料受力后,单位长度的变形量,也称为工程应变。应变是一个无量纲量,通常用百分数来表示,即

$$\varepsilon = \frac{(l - l_0)}{l_0} \times 100\% = \frac{\Delta l}{l_0} \times 100\% \tag{7-2}$$

变形过程中,$d\varepsilon = \Delta l/l$ 称为即时应变(真实应变)。总应变 $\varepsilon' = \int d\varepsilon = \ln(l/l_0)$。

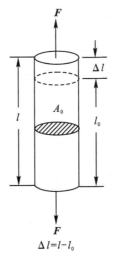

图 7-2　金属圆棒在单轴拉伸外力 F 作用下的变形示意图

以上应力、应变的定义针对的是拉伸或压缩时的情况,也称为正应力和正应变。

切应力作用下的变形是另一种变形方法。图 7-3 给出的是作用在一个立方体上的一对简单切应力。图中切力 F 作用在面积 A_0 上,与切力 F 有关的切应力 τ 为

$$\tau = F/A_0 \tag{7-3}$$

可见,切应力代表材料单位面积上承受的剪切力的大小。切应力的单位与拉伸应力的单

位相同。

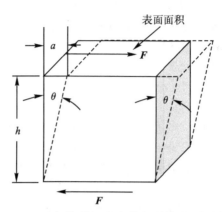

图 7 - 3　正方体受切应力作用后的变形示意图

在切应力作用下,立方体将发生切向位移,所产生的切应变 γ 定义为位移大小 a 除以切力作用距离 h,即

$$\gamma = \frac{a}{h} = \tan\theta \tag{7-4}$$

7.2　拉伸试验

为了评价材料的力学性能,通常需要建立应力与应变之间的关系。最为简单的应力-应变实验是拉伸试验。它可以用来评价材料的弹性、塑性、强度等一系列重要的力学性能指标。

拉伸试验用的试样规格很多。对于厚截面金属,通常采用直径为 10 mm 左右的圆试样,如图 7 - 4 所示;对于金属薄板,通常采用扁试样。拉伸试样的制作有专门的国家标准(GBT 228—2002)。

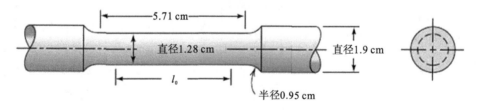

图 7 - 4　拉伸试样

一般取 $l_0 = \varphi 5(\varphi 10) \times 5$(五倍试样)或 $l_0 = \varphi 5(\varphi 10) \times 10$(十倍试样)。拉伸试验中最常用的试样标距长度($l_0$)为 50 mm。拉伸试验通常采用专门的拉伸试验机来完成,图 7 -5 所示为一种典型的拉伸试验机。

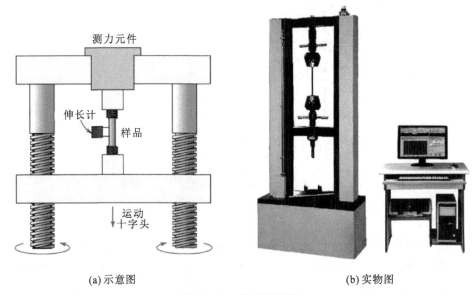

(a) 示意图　　　　　　　　　　　　(b) 实物图

图 7 - 5　拉伸试验机

　　在拉伸试验过程中发现,试样的变形量与外加载荷存在对应关系,分别记录变形量与外力变化并将其转化为应力与应变的关系,可以得到一条应力-应变曲线。图 7 - 6 给出的是具有一定塑性的金属材料的典型的应力-应变曲线,其中应力和应变采用式(7 - 1)和式(7 - 2)计算获得。

　　由于应力和应变的计算中没有考虑变形后试样截面积与长度的变化,式(7 - 1)和式(7 - 2)所得到的应力-应变曲线又称为工程应力-应变曲线,故工程应力-应变曲线与载荷 - 变形曲线的形状是一致的,如图 7 - 6 所示。

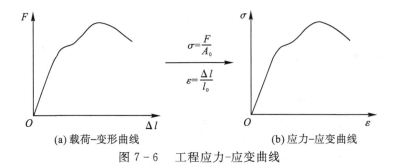

(a) 载荷-变形曲线　　　　　　　　　　　　(b) 应力-应变曲线

图 7 - 6　工程应力-应变曲线

7.3　应力-应变曲线

　　图 7 - 7 给出的是典型塑性金属材料的应力-应变曲线。从图中可以明显看出三个典型的变形阶段:oe 段(Ⅰ阶段)对应于弹性变形阶段,esb 段(Ⅱ阶段)对应于塑性变形阶段,bk 段(Ⅲ阶段)对应于颈缩和断裂阶段,其中 k 为断裂点。从变形到断裂的整个阶段中,σ_e 为弹性极限,σ_s 为材料的屈服强度,σ_b 为断裂强度。由于 σ_e 是应力-应变曲线偏离直线的分离点,一般很难精确求出,所以,工程上用 σ_s 表示 σ_e 在一般精度范围内是允许的。

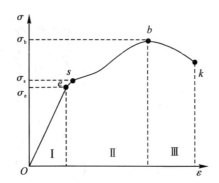

图 7 – 7　典型塑性金属材料的应力-应变曲线

1. 弹性变形阶段

弹性是材料变形中表现出的一种行为。物体在外力作用下产生了变形,当外力去除后能回复原来形状的可逆变形称为弹性变形。弹性变形的一个重要特征是变形的可逆性,加载时发生变形,而卸载后变形完全消失,回复到加载前的未变形状态。

在弹性变形阶段,应力-应变之间符合下面的关系:

$$\sigma = E\varepsilon \tag{7-5}$$

式中,σ 为正应力;ε 为正应变;E 为正弹性模量(也称杨氏模量(Young modulus))。这个关系称为胡克定律(Hooke law)。

同样,切应力与切应变之间也服从胡克定律,即

$$\tau = G\gamma \tag{7-6}$$

式中,τ 为切应力;γ 为切应变;G 为切弹性模量。

弹性模量在数值上等于应力-应变曲线上弹性变形阶段的斜率。正弹性模量与切弹性模量之间存在如下关系:

$$G = \frac{E}{2(1+\nu)} \tag{7-7}$$

式中,ν 为材料的泊松比,它代表拉伸时横向应变与纵向应变之比,即 $\varepsilon_y = \varepsilon_z = -\nu\varepsilon_x$。大多数金属材料的泊松比的值接近 0.33。

弹性模量反映了材料对弹性变形的抗力,E 越大,则在一定的外力作用下所产生的弹性应变越小。因此,EA_0 —— 材料的杨氏模量与截面积的乘积表示构件抵抗外力的能力,称为(构件的)刚度。在其他条件相同时,材料的弹性模量越大,构件的刚度越好。弹性模量是表征材料中原子间结合力强弱的物理量,对组织结构不敏感,所以在金属中添加少量合金元素或再加工都不会对弹性模量产生明显影响。

材料的弹性变形和形状回复可以用第 1 章的图 1 – 5 中的双原子作用模型进行解释,即当材料受力时,原子在力的作用下偏离平衡位置,当外力去除后又回到平衡位置,因此在弹性变形阶段不会产生永久变形。但图 1 – 5 还反映了另外一个问题,即产生同样的变形量压缩比拉伸要困难,这一点与拉伸试验现象相同。

保持 $\sigma = E\varepsilon$ 关系的最大应力称为弹性极限,用 σ_e 表示。对特定材料,σ_e 应为常数;但是如图 7 – 7 所示,工程上一般取 $\sigma_{0.01}$、$\sigma_{0.001}$ 表示 σ_e,其中 $\sigma_{0.01}$、$\sigma_{0.001}$ 分别表示产生 0.01%和 0.001%残余变形所需要的应力。对于特定材料,σ_e 应该为一常数。

2. 塑性变形阶段

当 $\sigma > \sigma_e$ 后，σ-ε 曲线偏离直线，外力去除后，出现 ε_r 的永久变形，这个阶段称为塑性变形阶段。出现塑性变形的最低应力称为材料的屈服强度，用 σ_s 表示。不同材料开始塑性变形时，应力-应变曲线会出现如图 7-8 所示的三种情况。对于具有明显屈服点的第一种情况（见图 7-8 曲线 a），用平台应力表示 σ_s；对于第二种具有明显屈服点的情况（见图 7-8 曲线 b），为保证构件安全，用塑性变形时应力的极小值表示 σ_s；对于不存在明显屈服点的第三种情况（见图 7-8 曲线 c），常用产生 0.2%、0.02% 或 0.01% 的残余变形对应的应力作为屈服强度 σ_s，记为 $\sigma_{0.2}$、$\sigma_{0.02}$、$\sigma_{0.01}$。

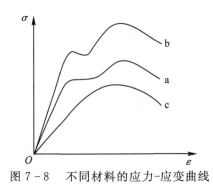

图 7-8　不同材料的应力-应变曲线

3. 颈缩和断裂阶段

一般意义上，当 $\sigma > \sigma_s$ 后，试样发生明显而均匀的塑性变形，外加应力提高，应变增大。当应力达到 σ_b 后，试样的均匀变形结束，此时，继续增加应力 σ 会在试样的某处产生集中变形，试样的截面积急剧减小，应力-应变曲线上，(工程)应力降低，随之发生的就是试样的断裂。在此期间，应力-应变曲线上的最大应力值称为材料的断裂强度（或抗拉强度），记为 σ_b，σ_b 是材料极限承载能力的标志。

当应力达到 σ_b 时，试样发生的不均匀塑性变形或局部截面积缩小称为颈缩。由于试样局部截面尺寸快速缩小，导致试样承受的载荷开始降低，因而工程应力-应变曲线也开始下降，直至达到 k 点试样发生断裂为止。σ_k 称为材料的条件断裂强度。

通常用在一定标距（通常为 50 mm）内的断后伸长量与原始长度的比值来表示材料（拉伸）变形能力的大小，称为材料的延伸率 δ，即

$$\delta = \frac{l - l_0}{l_0} \tag{7-8}$$

式中，l_0 为标距原始长度；l 为标距最终长度。延伸率 δ 是材料塑性优劣的重要指标之一。测定断后伸长量时，可将拉断的试样在断口处对紧，用卡尺测量标距的最终长度，就可以算出断后伸长量。

材料的塑性还可以用断面收缩率 ψ 来表示，这个数值通常是用直径为 10 mm 的试样进行拉伸试验后得到的。在测出了试样的原始直径和拉断后在断口处的直径后，断面收缩率就可以用下式计算出，即

$$\psi = \frac{A_0 - A_k}{A_0} \times 100\% \tag{7-9}$$

式中，A_0 为试样原始截面积；A_k 为试样断口处的截面积。

断面收缩率也是金属塑性的一种度量，同时也是代表金属质量的一个指标。如果金属中含有孔隙或夹杂物，断面收缩率也会降低。

δ、ψ 均为材料的塑性指标，表示金属发生塑性变形的能力。通常把 σ_s、σ_b、δ、ψ、a_k（冲击韧性）共称为材料力学性能的五大指标。

4. 加工硬化

在塑性变形阶段，外力去除后存在残余应变 ε_r，重新加载时，σ_s 和 σ_b 同时增加。ε_r 越大，σ_s 和 σ_b 增加的幅度越大，如图 7-9 所示。这种由于预塑性变形使材料强度增加的现象称为加工硬化。

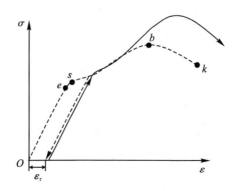

图 7-9　金属材料塑性变形后重新加载时的应力-应变曲线

形变强化在工程应用上有重要意义。通过冷变形，可以在不改变材料成分的基础上使强度得到明显提高，增加构件的安全性。一般面心立方金属的 n（加工硬化指数）值较大，而体心立方和密排六方金属的 n 值较小。但应注意，形变强化在提高材料强度的同时，也会使塑性（δ、ψ）变差。

7.4　真应力-应变曲线

实际上，在拉伸过程中，试样的尺寸不断发生变化，试样所受的真实应力应是瞬时载荷 P 与瞬时截面积 F 之比，即

$$\sigma' = \frac{F}{A} \tag{7-10}$$

同样，真应变 $d\varepsilon$ 应是瞬时伸长量除以瞬时长度，即

$$d\varepsilon = \frac{dl}{l} \tag{7-11}$$

总应变为

$$\varepsilon = \int d\varepsilon = \int_{l_0}^{l} \frac{dl}{l} = \ln \frac{l}{l_0} = \ln(1 + \delta) \tag{7-12}$$

图 7-10 所示为真应力-应变曲线，它与工程应力-应变曲线的区别：试样产生颈缩后，尽管外加载荷已下降，但真实应力仍在升高，一直到 σ'_k。

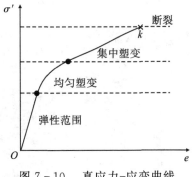

图 7 - 10 真应力 - 应变曲线

一般把均匀塑性变形阶段的真应力-应变曲线称为流变曲线,它们之间的关系如下:

$$\sigma' = k \varepsilon^n \tag{7-13}$$

式中,k 为常数,n 为加工硬化指数,也称变形强化指数,它表征的是金属在均匀变形阶段的变形强化能力。n 值越大,变形时的强化效果越显著。密排六方金属的 n 值较小,而体心立方,特别是面心立方金属的 n 值较大。

7.5 金属的塑性变形

塑性变形对晶体材料,特别是对金属材料的加工和应用来说,具有特别重要的意义。在材料的加工方面,可以利用材料的塑性变形对材料进行压力加工(如轧制、锻造、挤压、冲压、拉拔等);在改善性能方面,可以通过塑性变形进行变形强化,提高材料强度的同时,增加构件的安全性。同时在实际应用中,所选用材料的强度、塑性是零件设计时必须考虑的因素。

虽然常用金属材料大多是多晶体,但考虑到多晶体的变形是以其中各个单晶变形为基础的,所以我们首先来认识单晶体变形的基本过程。研究单晶体的塑性变形,能使我们掌握晶体变形的基本过程及实质,有助于进一步理解多晶体的变形。

7.5.1 单晶体的塑性变形

根据双原子作用模型,材料受力后产生弹性变形,弹性变形进行到一定程度后,原子间的化学键被拉断,材料发生断裂,这个过程中不会产生塑性变形。但实际情况是,只要材料具有塑性,在断裂之前一定会产生塑性变形。经过大量的实验和分析后认为,晶体材料的塑性变形是通过晶面间受力后发生相互错动来进行的,只要应力大到可以使晶面发生相互错动,应力消失后,应变不会消失,材料产生永久变形,晶面间的相互错动称为晶体的滑移。近年来对于非晶材料受力后的行为进行的大量实验更加确认了这个理论的合理性和正确性。但常温下塑性变形主要有两种基本途径 —— 滑移和孪生。

7.5.1.1 滑移

1. 滑移现象

将一个表面抛光的单晶体进行一定的塑性变形后,在光学显微镜下观察,可以发现原抛光面呈现出很多相互平行的细线,如图 7 - 11 所示。

图 7 - 11　工业纯铜抛光面的滑移线

　　最初人们将金相显微镜下看见的那些相互平行的细线称为滑移线,产生细线的原因是铜晶体在塑性变形时发生了滑移,最终在试样的抛光面产生了高低不一的台阶。

　　实际上,当电子显微镜问世后,人们发现原先所认为的滑移线并不是一条线,而是存在更细微的结构,如图 7 - 12 所示。在普通金相显微镜中发现的滑移线其实由多条平行的更细的线构成,所以现在称前者为滑移带,后者为滑移线。这些滑移线间距约为 10^2 倍原子间距,而沿每一滑移线的滑移量可达 10^3 倍原子间距,同时也可以发现滑移变形的不均匀性,在滑移线内部及滑移带之间的晶面都没有发生明显的滑移。

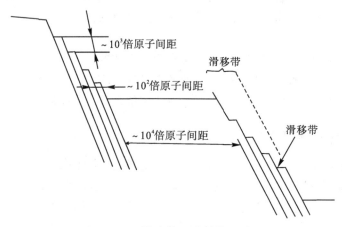

图 7 - 12　滑移带和滑移线示意图

2. 滑移系

　　毫无疑问,晶体受力后,如果发生滑移,一定首先在最容易滑移的晶面上、沿最容易滑移的方向进行滑移,尽管从提高材料的强度角度,这是材料研究或使用者不期望的。观察发现,在晶体塑性变形中出现的滑移线并不是任意的,它们彼此之间或者相互平行,或者呈一定角度,说明晶体中的滑移只能沿一定的晶面和该面上一定的晶体学方向进行,在一个特定晶体中，能够发生滑移的晶面称为滑移面，可以进行滑移的方向称为滑移方向。

滑移面和滑移方向往往是晶体中原子最密排的晶面和晶向，这是由于最密排面的面间距最大，因而点阵阻力最小，容易发生滑移，而沿最密排方向上的点阵间距最小，从而导致滑移的位错的伯氏矢量也最小。

每个滑移面与在此面上的一个滑移方向组成一个体系，称为一个滑移系。滑移系表明了晶体滑移时可能的空间取向，一般来说，在其他条件相同时，滑移系数量越多，滑移过程就越容易进行，从而金属的塑性就越好（强度也趋于变小）。

滑移系的数目与晶体结构相关，晶体结构不同时，其滑移系也不同。金属晶体中几种常见结构（面心立方、体心立方、密排六方）的滑移面及滑移方向的分布情况如下。

1）面心立方晶体的滑移系

滑移面：　　　　　$\{111\}$：(111)、$(\bar{1}11)$、$(1\bar{1}1)$、$(11\bar{1})$，共 4 个

滑移方向：　　　　$<110>$：$[\bar{1}10]$、$[\bar{1}01]$、$[0\bar{1}1]$，共 3 个

滑移系：$4 \times 3 = 12$，共 12 个，如图 7-13 所示。

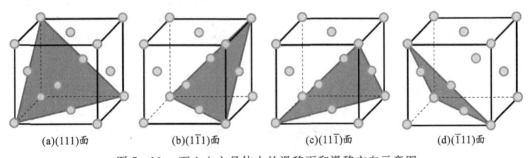

(a)(111)面　　　　(b)(1$\bar{1}$1)面　　　　(c)(11$\bar{1}$)面　　　　(d)($\bar{1}$11)面

图 7-13　面心立方晶体中的滑移面和滑移方向示意图

2）体心立方晶体的滑移系

由于体心立方结构是一种非密排结构，因此其滑移面并不稳定，一般在低温时多为$\{112\}$，中温时多为$\{110\}$，而高温时多为$\{123\}$，通常考虑中温时的情况（见图 7-14），不过其滑移方向很稳定，总为$<111>$。

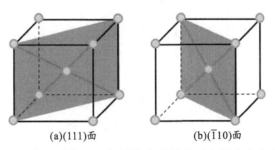

(a)(111)面　　　　　(b)($\bar{1}$10)面

图 7-14　中温时体心立方晶体中的滑移面和滑移方向示意图

中温情况下：

滑移面：　　　　　$\{110\}$：(110)、$(\bar{1}10)$、(101)、$(\bar{1}01)$、(011)、$(0\bar{1}1)$，共 6 个

滑移方向： ＜111＞:[111]、[$\bar{1}$1$\bar{1}$],共 2 个

滑移系:6×2 = 12,共 12 个。

3）密排六方晶体的滑移系

滑移面： (0001),1 个

滑移方向： ＜11$\bar{2}$0＞:[2$\bar{1}$$\bar{1}$0]、[$\bar{1}2\bar{1}$0]、[$\bar{1}$$\bar{1}$20],3 个

滑移系:1×3 = 3,共 3 个。

滑移系的写法:如(111)＜1$\bar{1}$0＞滑移系。其中面心立方晶体的滑移系可写为{111}＜110＞,共 12 个;体心立方晶体的滑移系可写为{110}＜111＞,共 12 个;密排六方晶体的滑移系可写为{0001}＜11$\bar{2}$0＞,共 3 个。

滑移系数量越多,则晶体的塑性越好。由于面心立方和体心立方金属的滑移系数目均多于密排六方金属,所以具有面心立方结构(Al、Cu 等)和体心立方结构(α-Fe、Cr 等)的金属塑性均好于具有密排六方结构(Zn,Mg 等)金属的塑性。另外,在其他条件相同时,金属塑性的好坏不只取决于滑移系的多少,还与滑移面原子密排程度及滑移方向的数目等因素有关。面心立方和体心立方都有 12 个滑移系,但是由于面心立方的滑移方向有 3 个,而体心立方的滑移方向只有 2 个,且滑移面的密排程度也较低,所以面心立方金属的塑性好于体心立方金属的塑性。例如铝、铜等面心立方金属的塑性要比 α-Fe 的塑性要好。

3. 滑移的临界分切应力

外力作用下,晶体中的滑移是在一定滑移面上沿一定滑移方向进行的。因此,对滑移真正有贡献的是在滑移面上沿滑移方向上的分切应力,也只有当这个分切应力达到某一临界值后,滑移过程才能开始进行。滑移所需要的最小分切应力就称为临界分切应力。

图 7-15 中所示的是圆柱形单晶体在轴向拉伸载荷 F 作用下的情况,假设其横截面面积为 A,φ 为滑移面法线与力轴的夹角,λ 为滑移方向与力轴的夹角,则外力 F 在滑移方向上的分力为 $F\cos\lambda$,而滑移面的面积则为 $A/\cos\varphi$,此时在滑移方向上的分切应力 τ 为

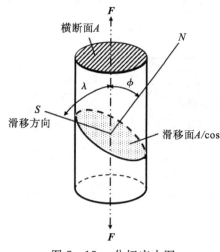

图 7-15　分切应力图

$$\tau = \frac{F\cos\lambda}{A/\cos\varphi} = \frac{F}{A}\cos\lambda\cos\varphi = \sigma\cos\lambda\cos\varphi \qquad (7-14)$$

当式中的分切应力 τ 达到临界值 τ_s 时,晶面间的滑移开始,这也与宏观上的屈服相对应,因此,这时 F/A 应当等于 σ_s,即

$$\tau_s = \sigma_s\cos\lambda\cos\varphi \qquad (7-15)$$

$$\sigma_s = \frac{\tau_s}{\cos\lambda\cos\varphi} \qquad (7-16)$$

式中, τ_s 称为临界分切应力,是一个与材料本性及试验温度、加载速度等相关的量,与加载方向等无关,可通过实验测得; $\cos\lambda\cos\varphi$ 称为取向因子或施密特因子。因为取向因子大则材料在较小的 σ_s 作用下即可达到临界分切应力 τ_s,从而发生滑移,因此该方向被称为软取向,反之则称为硬取向。

从式 7-15 中不难看出,单晶体试样在拉伸试验时,屈服强度 σ_s 将随外力取向而变化,当 λ 或 φ 为 90° 时,无论 τ_s 多大,σ_s 都为无穷大,说明在外力作用下材料不会发生滑移变形;而当 $\lambda = \varphi = 45°$ 时,σ_s 最低,这是因为对任何 φ 来说,当滑移方向位于外力 F 和滑移面法线所组成的面上时,沿此方向上的 τ 较大,这时取向因子

$$\cos\lambda\cos\varphi = \cos(90° - \varphi)\cos\varphi = \frac{1}{2}\sin2\varphi$$

因此当 $\lambda = \varphi = 45°$ 时,取向因子达到最大,分切应力最大,这就是单晶体力学性质的各向异性的根本原因。这一规律由施密特等人提出,因此称为施密特定律。

施密特定律:当在滑移面的滑移方向上,分切应力达到某一临界值 τ_s 时,晶体就开始屈服,$\sigma = \sigma_s$,τ_s 与 σ_s 满足关系 $\tau_s = \sigma_s\cos\lambda\cos\varphi$。

上述分析结果得到了试验的验证。图 7-16 是密排六方结构的镁晶体拉伸的取向因子-屈服强度关系,图中曲线为按式 $\tau_s = \sigma_s\cos\lambda\cos\varphi$ 的计算值,而圆圈则为试验值。从图中可以看出前述规律,而且计算值与试验值吻合得较好。由于镁晶体在室温变形时只有一组滑移面(0001),故晶体位向的影响十分明显,对于具有多组滑移面的立方结构金属,取向因子最大,即分切应力最大的这组滑移系将首先发生滑移,而晶体位向的影响就不太显著,以面心立方金属为例,不同取向晶体的拉伸屈服应力相差约只有 2 倍。

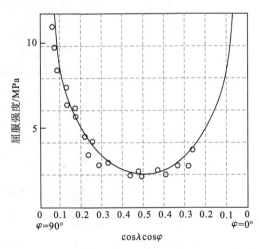

图 7-16　镁晶体拉伸的取向因子-屈服强度关系

4. 滑移时晶面的转动

随着滑移的进行,晶体取向发生改变。当晶体受拉伸滑移时,如果不受夹头的限制,在滑移过程中,为使滑移面和滑移方向保持不变,拉伸轴线要逐渐发生偏移。但实际上由于夹头限制,拉伸轴线的方向不能改变,这样必须使晶面做相应的转动,造成了晶体位向的改变。位向改变的结果是使滑移面和滑移方向逐渐趋于平行于拉伸轴线主方向。同理,压缩时,晶面转动的结果是使滑移面逐渐趋于与压力轴线垂直,如图 7-17 所示。

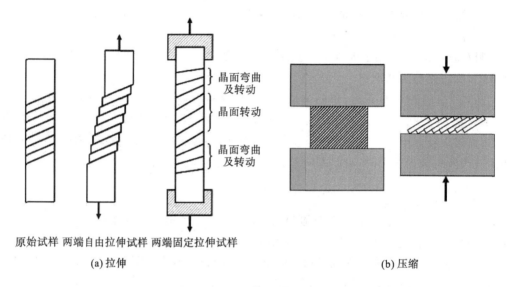

原始试样　两端自由拉伸试样　两端固定拉伸试样

(a) 拉伸　　　　　　　　　　　　　(b) 压缩

图 7-17　滑移时晶面的转动

滑移时晶面的转动已在锌单晶拉伸试验中得到验证,如图 7-18 所示。

滑移过程中,滑移面和滑移方向的转动必然导致取向因子的改变。如果某一滑移系原来处于软取向,在拉伸时,随着晶体取向的改变,滑移面的法向与外力轴的夹角越来越远离 45°,使滑移变得越来越困难,这种现象称为几何硬化。相反,经滑移和转动后,滑移面的法线与外力轴的夹角越来越接近 45°,使滑移越来越容易进行,这种现象称为几何软化。

5. 晶体的始滑移系

晶体中可能存在多个滑移系,单晶体受力时,究竟哪个滑移系首先开动呢?由于晶体各滑移系取向不同,因而分切应力大小也不相同 $(\tau = \dfrac{F}{A}\cos\lambda\cos\varphi)$。在临界分切应力相同的条件下,分切应力最大的滑移系首先开动,该滑移系

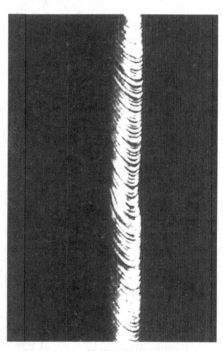

图 7-18　锌单晶拉伸时的转动

称为晶体的始滑移系。

那么,如何确定晶体的始滑移系呢?确定始滑移系通常有以下两种方法。

1) 计算比较法

利用晶面夹角公式,可以逐一计算并比较各滑移系相对于力轴的取向因子,取向因子最大的为始滑移系。

对立方晶系,两晶面($h_1\ k_1\ l_1$) 和($h_2\ k_2\ l_2$) 的夹角余弦为

$$\cos\varphi = \frac{h_1 h_2 + k_1 k_2 + l_1 l_2}{\sqrt{h_1^2 + k_1^2 + l_1^2}\ \sqrt{h_2^2 + k_2^2 + l_2^2}}$$

实际上,晶面指数数值上与其法向的晶向指数数值相同,晶面夹角等同于晶面法向晶向之间的夹角。因此,可利用晶面夹角公式计算力轴与晶面法向之间的夹角 ϕ 及力轴与滑移方向之间的夹角 λ,从而算出相应的取向因子。

例 7.1　在铜单晶体(面心立方)的[123]方向进行拉伸,求其始滑移系。

[解]　对(111)[$\bar{1}$10] 滑移系,有

$$\cos\phi\cos\lambda = \frac{[123] \cdot [111]}{\sqrt{14}\sqrt{3}} \times \frac{[123] \cdot [\bar{1}10]}{\sqrt{14}\sqrt{2}} = \frac{6}{\sqrt{14}\sqrt{3}} \times \frac{1}{\sqrt{14}\sqrt{2}} = \frac{\sqrt{6}}{14}$$

对(111)[$\bar{1}$01] 滑移系,有

$$\cos\phi\cos\lambda = \frac{[123] \cdot [111]}{\sqrt{14}\sqrt{3}} \times \frac{[123] \cdot [\bar{1}01]}{\sqrt{14}\sqrt{2}} = \frac{\sqrt{6}}{7}$$

对(111)[$0\bar{1}$1] 滑移系,有

$$\cos\phi\cos\lambda = \frac{[123] \cdot [111]}{\sqrt{14}\sqrt{3}} \times \frac{[123] \cdot [0\bar{1}1]}{\sqrt{14}\sqrt{2}} = \frac{\sqrt{6}}{14}$$

对($\bar{1}$11)[110] 滑移系,有

$$\cos\phi\cos\lambda = \frac{[123] \cdot [\bar{1}11]}{\sqrt{14}\sqrt{3}} \times \frac{[123] \cdot [110]}{\sqrt{14}\sqrt{2}} = \frac{\sqrt{6}}{7}$$

对($\bar{1}$11)[101] 滑移系,有

$$\cos\phi\cos\lambda = \frac{[123] \cdot [\bar{1}11]}{\sqrt{14}\sqrt{3}} \times \frac{[123] \cdot [101]}{\sqrt{14}\sqrt{2}} = \frac{4\sqrt{6}}{21}$$

对($\bar{1}$11)[$0\bar{1}$1] 滑移系,有

$$\cos\phi\cos\lambda = \frac{[123] \cdot [\bar{1}11]}{\sqrt{14}\sqrt{3}} \times \frac{[123] \cdot [0\bar{1}1]}{\sqrt{14}\sqrt{2}} = \frac{\sqrt{6}}{21}$$

对(1$\bar{1}$1)[110] 滑移系,有

$$\cos\phi\cos\lambda = \frac{[123] \cdot [1\bar{1}1]}{\sqrt{14}\sqrt{3}} \times \frac{[123] \cdot [110]}{\sqrt{14}\sqrt{2}} = \frac{\sqrt{6}}{14}$$

对(1$\bar{1}$1)[$\bar{1}$01] 滑移系,有

$$\cos\phi\cos\lambda = \frac{[123]\cdot[1\bar{1}\bar{1}]}{\sqrt{14}\sqrt{3}}\times\frac{[123]\cdot[\bar{1}01]}{\sqrt{14}\sqrt{2}} = \frac{\sqrt{6}}{21}$$

对$(1\bar{1}1)[011]$滑移系,有

$$\cos\phi\cos\lambda = \frac{[123]\cdot[1\bar{1}1]}{\sqrt{14}\sqrt{3}}\times\frac{[123]\cdot[0\bar{1}1]}{\sqrt{14}\sqrt{2}} = \frac{5\sqrt{6}}{42}$$

对$(11\bar{1})[\bar{1}10]$滑移系,有

$$\cos\phi\cos\lambda = \frac{[123]\cdot[11\bar{1}]}{\sqrt{14}\sqrt{3}}\times\frac{[123]\cdot[\bar{1}10]}{\sqrt{14}\sqrt{2}} = 0$$

对$(11\bar{1})[101]$滑移系,有

$$\cos\phi\cos\lambda = \frac{[123]\cdot[11\bar{1}]}{\sqrt{14}\sqrt{3}}\times\frac{[123]\cdot[101]}{\sqrt{14}\sqrt{2}} = 0$$

对$(11\bar{1})[011]$滑移系,有

$$\cos\phi\cos\lambda = \frac{[123]\cdot[11\bar{1}]}{\sqrt{14}\sqrt{3}}\times\frac{[123]\cdot[01\bar{1}]}{\sqrt{14}\sqrt{2}} = 0$$

经比较可知,$(\bar{1}11)[101]$滑移系相对于力轴的取向因子最大,所以始滑移系为$(\bar{1}11)[101]$。

2)标准投影图解法(以立方晶系为例)

将立方晶体置于图7-19(a)所示的大球球心,把各晶面向外延伸与球面相交。在大球的南极点放置点光源将上述交线投射于上平面内,得到立方晶体的(001)晶面标准投影图,如图7-19(b)所示。

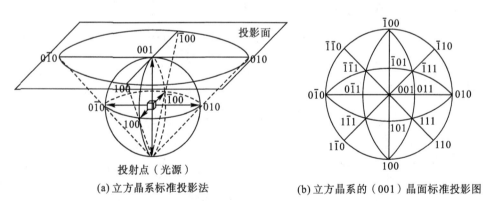

(a)立方晶系标准投影法　　　　(b)立方晶系的(001)晶面标准投影图

图7-19　立方晶系标准投影法及其(001)晶面标准投影图

标准投影图的用法如下。

(1)找出力轴所在的投影三角形,对面心立方晶体,以三角形{111}角的对边为公共边,与之镜面对称的{111}面即为始滑移面;以三角形{110}角的对边为公共边,与之镜面对称的{110}面方向即为滑移方向。

（2）对体心立方晶体：以三角形{110}角的对边为公共边，与之镜面对称的{110}点即为始滑移面；以三角形{111}角的对边为公共边，与之镜面对称的{111}点即为滑移方向。

在本例中，拉伸轴[123]位于(001)、(011)、(111)三个晶面围成的曲边三角形内，如图 7-20 所示。根据前述规则，可求出始滑移面为(111)晶面，始滑移方向为[$\overline{1}$01]晶向，因此，始滑移系为($\overline{1}$11)[$\overline{1}$01]。

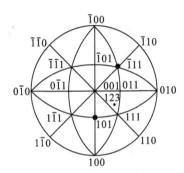

图 7-20　铜单晶沿[123]力轴拉伸时力轴、始滑移系的位置示意图

例 7.2　在 α-Fe 单晶体（体心立方）的[$\overline{3}$21]方向进行压缩，求始滑移系。

[解]　立方晶系的(001)晶面标准投影图如图 7-21 所示。[$\overline{3}$21]力轴位于($\overline{1}$11)晶面、($\overline{1}$10)晶面、($\overline{1}$00)晶面围成的曲边三角内。故晶体的始滑移系为和($\overline{1}$01)[$\overline{1}$11]。

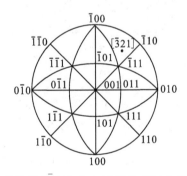

图 7-21　铜单晶体沿[$\overline{1}$21]方向进行拉伸时力轴所在位置示意图

例 7.3　在铜单晶体（面心立方）的[$\overline{1}$21]方向进行拉伸，求始滑移系。

[解]　立方晶系的(001)晶面标准投影图如图 7-22 所示。[$\overline{1}$21]力轴位于($\overline{1}$11)与(010)点的连线上，可以认为力轴同时位于($\overline{1}$11)、(011)、(010)围成的曲边三角形与($\overline{1}$11)晶面、($\overline{1}$10)晶面、(010)晶面围成的曲边三角形内。故晶体的始滑移系有两个，分别为(111)[$\overline{1}$10]和($\overline{1}$11)[$\overline{0}$11]。

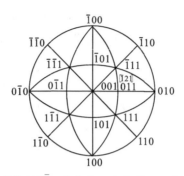

图 7-22　铜单晶体沿[$\bar{1}$21]方向进行拉伸时力轴所在位置示意图

6. 晶体滑移的种类

晶体中按照滑移系开动的数量及滑移方式,可将晶体滑移分为多种类型:单滑移、多滑移和交滑移。

1)单滑移

在具有多组滑移系的晶体中,当只有一组滑移系处于最有利的取向时,分切应力最大,此时便进行单系滑移,称为单滑移。发生单滑移时,晶体(或一个晶粒)表面只有一组平行的直线型滑移线,如图 7-23 所示。

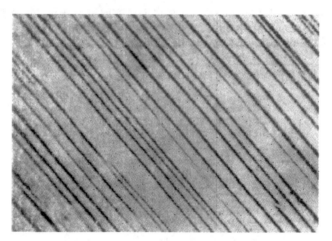

图 7-23　铜单晶表面的单系滑移线

2)多滑移

若有几组滑移系相对于外力轴的取向相同,分切应力同时达到临界值;或者由于滑移时晶体的转动,使另一组滑移系的分切应力也达到临界值,则滑移就在两组或多组滑移系上同时或交替进行,称为多滑移。例如,面心立方金属的滑移系为{111}< 110 >,4个{111}面构成一个八面体。当拉伸轴为[001]晶向时,八面体上有 4×2 = 8 个滑移系具有相同的取向因子,当 $\tau = \tau_s$ 时可以同时开动,发生多滑移。但是由于这些滑移系由不同位向的滑移面和滑移方向构成,滑移时会有交互作用,产生交割和反应,使滑移变得困难,即产生较强的加工硬化,如图 7-24 所示。

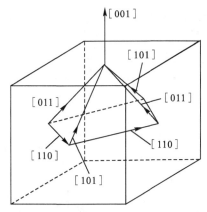

图 7-24　面心立方晶体的多系滑移示意图（力轴为[001]方向）

发生多滑移时,晶体(或一个晶粒)表面有多组相交的直线型滑移线,如图 7-25 所示。

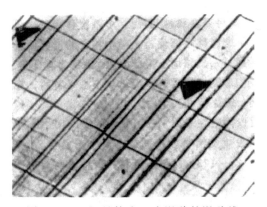

图 7-25　铝晶体表面多滑移的滑移线

3) 交滑移

当晶体滑移受阻时,另一个与原滑移方向相同但滑移面不同的滑移系开动使滑移继续进行,称为交滑移。发生交滑移时晶体表面会出现曲折或波纹状的滑移线,如图 7-26 所示。

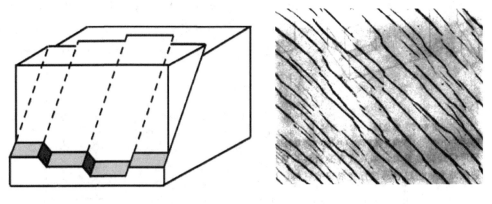

(a)交滑移示意图　　　　　　　　　　　　　(b)铝晶体表面的交滑移线

图 7-26　交滑移示意图及铝晶体表面的交滑移线

晶体越容易滑移,则越容易塑性变形。当滑移运动受阻时,可通过交滑移转换滑移面越过障碍继续滑移,使塑性变形继续进行,如图7-27所示。因此,交滑移在塑性变形过程中发挥着重要作用。最容易发生交滑移的是体心立方金属,因其可以在{110}、{112}、{123}晶面上滑移,滑移方向总是[111]晶向。

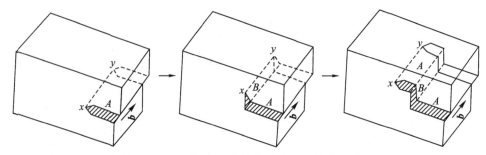

图7-27　双交滑移过程中滑移面的转换示意图

7. 滑移的位错机制

晶体滑移时,滑移面上的原子究竟是如何运动的呢?最初设想的是晶体中的原子是理想规则排列的,并且在切应力的作用下做整体相对滑移,即刚性滑移,如图7-28所示。可是按此模型测算出的临界分切应力比实测值高了近3个数量级,显然这种模型不符合实际情况。

图7-28　在切应力作用下原子层刚性滑移示意图(刚性滑移模型)

经过大量的研究认识到,实际晶体是不完整的,是有缺陷的;滑移也不是刚性的,而是从晶体局部薄弱地区(即缺陷处)开始而逐步进行的。如果晶体中存在位错,以刃型位错为例,在外加切应力作用下,半原子面会沿滑移面逐步移动,最终滑出晶体,一条位错线滑出晶体后,在晶体表面会形成一个原子间距的滑移台阶,大量位错滑出晶体,会形成滑移带(见图7-12)。由于晶体的滑移是逐步进行的,因此滑移所需要的切应力大大降低。换句话说,晶体的滑移,实际上是以位错滑移的方式进行的,或者晶体滑移的本质是位错滑移。当一个位错滑移到晶体表面时,便会在表面上留下一个原子间距的滑移台阶,其大小等于伯氏矢量,如图7-29所示。

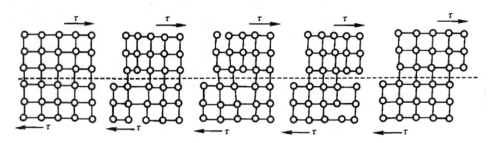

图7-29　晶体通过刃型位错移动形成滑移示意图

　　位错滑移比刚性滑移容易进行,是因为滑移时只有位错中心部分的原子移动很小的距离,而且这一过程是逐步进行的,因而所需的切应力很低。这一过程类似于挪动地毯及毛毛虫爬行的过程,如图7-30和图7-31所示。对本身存在位错缺陷的晶体,位错滑移是理所当然的;对理想完整晶体而言,虽然本身不存在位错,但是在切应力作用下晶体内部会形成位错,从而产生位错滑移。

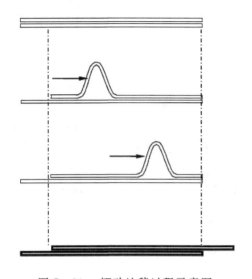

图 7-30　挪动地毯过程示意图

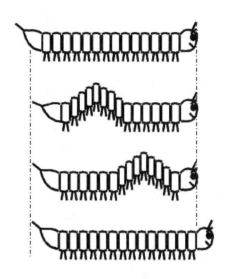

图 7-31　毛毛虫爬行过程示意图

8. 外力作用下位错的运动规律

　　晶体的宏观滑移变形实际上就是通过位错的滑移运动实现的。对于刃型位错,其运动有如下规律:① 刃型位错的滑移方向平行于滑移面,而与位错线垂直;② 正刃型位错滑移方向与切应力方向相同,负刃型位错滑移方向与切应力方向相反;③ 刃位错的滑移面是由位错线与伯氏矢量构成的平面,故刃位错有一个固定的滑移面;④ 位错线沿滑移面滑过整个晶体时,会在晶体表面沿伯氏矢量方向产生一个宽度为 b(伯氏矢量模)的滑移台阶。

　　对于螺型位错,其运动有如下规律:① 滑移时,螺型位错运动方向与位错线垂直,也与伯氏矢量垂直;② 切应力与伯氏矢量方向相同时,位错线向未滑移区方向移动;反向时,位错线向已滑移区方向移动;③ 当位错线沿滑移面滑过整个晶体时,同样会在晶体表面沿伯氏矢量方向产生一个宽度为 b 的滑移台阶;④ 由于螺型位错与伯氏矢量平行,因此螺型位错的滑移面不是唯一的。

　　对于混合型位错,如图7-32所示,其运动规律为:① 当切应力与伯氏矢量方向相同时,需判断位错线的正方向,顺时针时位错环向外扩展,逆时针时向内收缩,切应力与伯氏矢量方向相反时,移动方向相反。② 切应力与伯氏矢量方向垂直时,位错环不动;③ 当位错环沿滑移面扫过整个晶体时,会在晶体表面沿伯氏矢量方向产生一个宽度为 b 的滑移台阶;④ 混合位错滑移时,移动方向处处与位错线垂直。

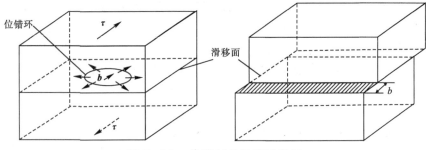

图 7-32　位错环的滑移示意图

9. 位错运动的阻力

1) 派-纳力

在实际晶体中,尽管通过位错的滑移要比刚性滑移容易得多,但是位错运动时也会遇到各种阻力。其中晶体结合力本身所造成的一项最基本的阻力就是点阵阻力。派尔斯(Peierls)、纳巴罗(Nabarro)估算了这一阻力,故又把这种阻力称为派-纳力。派-纳力相当于在理想简单立方晶体中使一刃型位错运动所需的临界切应力,其近似值为

$$\tau_{\text{P-N}} = \frac{2G}{1-\gamma} \exp\left(-\frac{2\pi w}{b}\right) = \frac{2G}{1-\gamma} \exp\left(-\frac{2\pi a}{b(1-\gamma)}\right) \tag{7-17}$$

式中,a 为滑移面的面间距;b 为滑移方向上的原子间距;γ 为泊松比($\gamma = \varepsilon_x / \varepsilon_y$);$w$ 为位错宽度,如图 7-33 所示。

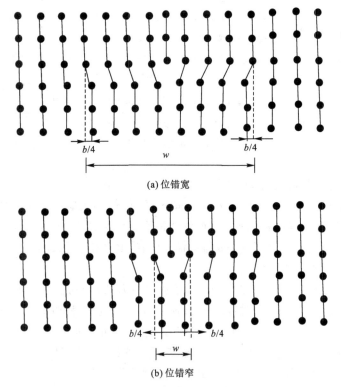

(a) 位错宽

(b) 位错窄

图 7-33　位错宽度示意图

　　从派-纳力的表达式可看出：a 越大，b 越小，即滑移面间距越大，滑移方向上的原子间距越小，则点阵阻力越小，越易滑移。这就解释了为什么晶体的滑移面和滑移方向一般都是原子最密排面和最密排方向。w 越大，则点阵阻力越小，越易滑移。w 的大小取决于晶体结构和结合键，共价和离子晶体 w 较小，故位错不易滑移，塑性差；金属晶体 w 大，位错易滑移，塑性好。

　　2) 位错间的交互作用

　　位错的存在会在位错周围空间产生一个以位错线为中心的应力场，位错类型不同，应力场也各不相同。晶体中有许多位错，任一位错在其相邻位错应力场作用下都会受到力的作用。对于平行螺型位错，位错间的交互作用表现为同号相斥，异号相吸；对于平行刃型位错，位错间的交互作用表现为同号相斥，异号相吸（见图 7-34）。对于更一般的情况，位错间的交互作用力可用式 $F = kb_1 \cdot b_2$ 表示，其中：互相平行的螺型位错和刃型位错之间没有相互作用，对于任意伯氏矢量的两个位错，b_1、b_2 分别为两伯式矢量的模，若伯氏矢量夹角小于 90°，则相互排斥，夹角大于 90°，则相互吸引。

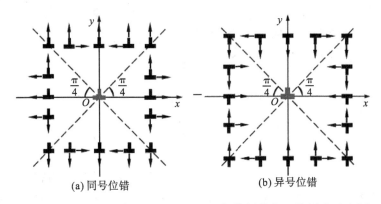

(a) 同号位错　　　　　　　　　　　(b) 异号位错

图 7-34　平行滑移面内两平行刃型位错间的交互作用力示意图

　　3) 位错的增殖

　　由于塑性变形时有大量位错滑出晶体，因此随着变形量的增加，晶体中的位错数目应当减少，极端情况下最后变成无位错的理想晶体。大量的实验证实，上述猜测不符合事实，而是正好与事实相反。也就是随着滑移的进行，位错密度随着变形量的加大而增加，在经过剧烈变形以后甚至可增加 4～5 个数量级。这个现象表明，变形过程中位错肯定是以某种方式不断增殖的，而能增殖位错的地方称为位错源。

　　位错增殖的机制有多种，首先，由于不均匀塑性变形，晶体自表面到内部会直接产生位错。另一种被普遍接受并且被透射电子显微镜直接观察到的增值方式是弗兰克 (Frank) 和瑞德 (Read) 于 1950 年提出的弗兰克-瑞德源，简称 F-R 源。

　　设想晶体中某滑移面上有一段刃型位错 AB，它的两端被位错网节点钉住，如图 7-35 所示。当外加切应力满足必要的条件时，位错线 AB 将受到滑移力的作用而发生滑移运动。应力场均匀的情况下，沿位错线各处的滑移力 $F_i = \tau |\boldsymbol{b}|$ 的大小都相等，位错线本应平行向前滑移，但是由于位错 AB 的两端被固定住，不能运动，势必在运动的同时发生

弯曲,结果位错变成曲线形状。位错所受的力 F_i 总是处处与位错本身垂直,即使位错弯曲之后也还是这样,所以在它的继续作用下,位错的每一微元线段都要沿它的法线方向向外运动。当位错线不断向外扩展部分遇到一起的时候互相抵消,于是原来的整个一条位错线被分成两部分:外面的位错环在 F_i 作用下不断扩大,直至到达晶体表面,而内部的另一段位错将在线张力和 F_i 的共同作用下回到原始状态。过程到此并没结束,因为应力还继续加在晶体上,事实上,在产生了一个位错环之后的位错 AB 将在 F 的作用下继续不断地重复上述动作,于是放出大量的位错环,造成位错的增殖。

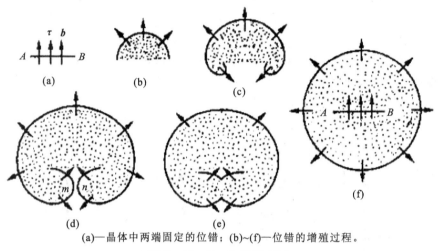

(a)—晶体中两端固定的位错;(b)~(f)—位错的增殖过程。

图 7-35 F-R 源示意图

4)位错的交割

对于在滑移面上运动的位错来说,穿过此滑移面的其他位错称为林位错。林位错会阻碍位错的运动,但是若应力足够大,滑动的位错将切过林位错继续前进。位错互相切割的过程称为位错交割或位错交截。

一般情况下,两个位错交割时,每个位错上都要产生一小段位错,它们的伯氏矢量与携带它们的位错相同,它们的大小与方向决定了另一位错的伯氏矢量。当交割产生的小段位错不在所属位错的滑移面上时,则成为位错割阶,如果小段位错位于所属位错的滑移面上,则相当于位错扭折,因此交割产生阻力,对位错有钉扎作用,如图 7-36 所示。

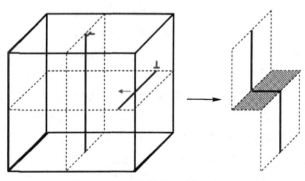

图 7-36 位错的交割示意图

5）位错与点缺陷的交互作用

晶体中的点缺陷（如空位、间隙原子、溶质原子等）都会引起点阵畸变，形成应力场，这就势必会与周围位错的应力场发生弹性相互作用，以减小畸变，降低系统的应变能。通常将此应变能的改变量称为点缺陷与位错的相互作用能。例如，按照刃型位错应力场的特点，正刃型位错滑移面上晶胞的体积较正常晶胞小一些，而滑移面下边的晶胞较正常晶胞大一些。因此，滑移面上边的晶胞将吸引比基体小的置换式溶质原子和空位，滑移面下边的晶胞将吸引间隙原子和比基体原子大的置换式溶质原子。

由于溶质原子与位错有相互作用，若温度和时间允许，它们将向位错附近聚集，形成溶质原子气团，即所谓的"柯氏气团"，使位错的运动受到限制。

6）位错塞积

在切应力作用下，位错源产生的大量位错沿滑移面运动时，如果遇上障碍物（如杂质粒子、晶界、固定位错等），会形成位错塞积。塞积的位错群体称为位错的塞积群，最靠近障碍物的位错称为领先位错，如图 7-37 所示。

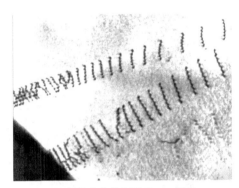

(a) 位错在晶界处塞积的示意图　　　　　　(b) 晶体中位错塞积的TEM图像

图 7-37　位错塞积示意图及 TEM 图像

总之，上述这些效应的综合，使位错运动变得更加困难，产生加工硬化。当位错交互作用积累到一定程度时，产生应力集中，应力集中到一定程度时形成裂纹，产生断裂。σ_s 相当于位错开动的力；位错交互作用或塞积造成位错滑移受阻，产生加工硬化；位错塞积产生的应力集中产生断裂。

7.5.1.2 孪生

除了滑移外，孪生是金属塑性变形的另一种较常见方式。所谓孪生是指在切应力作用下，晶体的一部分沿一定晶面（孪晶面）和一定的晶向（孪生方向）相对于另一部分发生整体的均匀切变，孪晶面两侧的原子相对于孪晶面呈镜面对称，这个过程称为孪生，晶体形态称为孪晶。

以面心立方为例，图 7-38 给出了一组孪晶面和孪生方向及 $(1\bar{1}0)$ 晶面原子的排列情况，晶体的 (111) 晶面垂直于纸面。我们知道，面心立方结构就是由该面按照 $ABCABC\cdots$ 的顺序堆垛而成的，假设晶体内局部区域的若干层 (111) 晶面沿 $[11\bar{2}]$ 方向产生一个切动距离 $\dfrac{a}{6}[11\bar{2}]$ 的均匀切变，即可得到如图 7-38 所示情况。

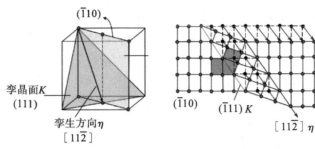

(a) 孪晶面和孪生方向　　　　(b) (1̄10)晶面原子的排列情况

图 7 - 38　　面心立方晶体孪生变形示意图

切变的结果使均匀切变区中的晶体仍然保持面心立方结构,但位向发生了变化,与未切变区呈镜面对称。如表7-1所示,孪生变形与晶体结构类型有关,面心立方晶体的孪晶面通常为{111}晶面,孪生方向为＜112̄＞晶向;中温时体心立方晶体的孪晶面通常为{112̄}晶面,孪生方向为＜111＞晶向;密排六方晶体的孪晶面通常为{101̄2}晶面,孪生方向为＜101̄1̄＞晶向。

表 7 - 1　　孪生变形与晶体类型的关系

晶体结构类型	孪晶面	孪生方向
面心立方	{111}	＜112̄＞
体心立方	{112̄}	＜111＞
密排立方	{101̄2}	＜101̄1̄＞

孪生变形的难易程度与晶体滑移系数目多少有关,滑移系数目越少,位错运动越难,晶体越容易通过孪生发生塑性变形。对具有密排六方结构的晶体,如锌、镁、镉、钛等,由于滑移系较少,常常会出现孪生的变形方式;而尽管体心立方和面心立方晶系具有较多的滑移系,虽然一般情况下主要以滑移方式变形,但当滑移变形条件较差时,如体心立方的铁在高速冲击载荷作用下或在极低温度下的变形,以及面心立方的铜在 4.2 K 时变形或室温下爆炸变形后,都可能出现孪生的变形方式。

与滑移相比,孪生变形有以下特点。

(1) 晶体的孪晶面和孪生方向与其晶体结构类型有关,如体心立方晶体孪晶面为{112},孪生方向为＜111＞;面心立方晶体的分别为{111}、＜112＞;密排六方晶体的分别为(1012)、＜1011＞。

(2) 孪生使一部分晶体发生了均匀的切变,而滑移是不均匀的,只集中在一些滑移面上进行。

(3) 孪生后晶体变形部分与未变形部分成镜面对称关系,位向发生变化,而滑移后晶体各部分的位向并未改变(见图 7-39)。

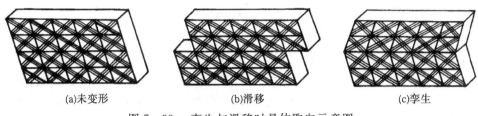

(a)未变形　　　　　　　　　(b)滑移　　　　　　　　　(c)孪生

图 7-39　孪生与滑移时晶体取向示意图

(4)孪生比滑移的临界分切应力高得多,因此孪生常萌发于滑移受阻引起的局部应力集中区。一些密排六方金属如镁、锌等常以孪生方式变形。体心立方金属如 α-Fe 在冲击载荷作用下或在低温下也会借助孪生变形。面心立方金属一般不发生孪生,但在极低温度下或受高速冲击载荷时也会发生孪生变形。

(5)孪生对塑性变形的贡献比滑移小得多。特别是密排六方金属更是如此。但孪生能够改变晶体位向,使滑移系转动到有利的位置。因此,当滑移困难时,可通过孪生调整取向而使晶体继续变形。

(6)由于孪生变形时,局部切变可达较大数量,所以在变形试样的抛光表面上可以看到浮凸,经重新抛光后,虽然表面浮凸可以去掉,但因已变形区与未变形区的晶体位向不同,所以在偏光和侵蚀后仍可观察到孪晶,而滑移变形后的试样经抛光后滑移带消失,如图 7-40 所示。

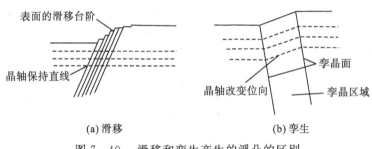

(a) 滑移　　　　　　　　　(b) 孪生

图 7-40　滑移和孪生产生的浮凸的区别

孪晶在显微镜下呈带状或透镜状,电子衍射花样一般呈两套衍射斑点,如图 7-41 所示。

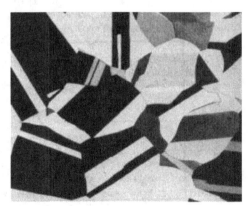

(a) 锌晶体中的形变孪晶　　　　　　　　(b) 铜晶体中的退火孪晶

图 7-41　锌晶体中的形变孪晶及铜晶体中的退火孪晶

7.5.2　多晶体的塑性变形

除非特殊需要,实际使用的材料多为多晶材料。虽然多晶体塑性变形的基本方式与单晶体相同,但实验发现通常多晶体的塑性变形与单晶体有所不同,尤其对密排六方的金属更显著,原因是多晶体一般是由许多不同位向的晶粒所构成的,每个晶粒在变形时要受到晶界和相邻晶粒的约束,而不是处于自由变形状态,所以在变形过程中,既要克服晶界的阻碍,又要与周围晶粒发生相适应的变形,以保持晶粒间的结合及体积上的连续性。多晶体塑性变形是以单晶体变形为基础的,但又具有特有的规律。

7.5.2.1　多晶体塑性变形的特点

1. 各晶粒开始滑移的不同时性

多晶体是由众多小的晶粒组成的,如前面所述,每个晶粒相当于一个单晶体,而且多晶体中各晶粒位向不同。由于晶粒的晶体学取向不同,因此作用在不同晶粒上的滑移系分切应力也不同。根据施密特定律,受力后某些软取向的晶粒内位错滑移首先开动,而硬取向晶粒内的位错滑移随后开动,如图 7-42 所示,因此,各晶粒滑移有先后顺序。

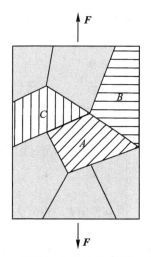

图 7-42　多晶体中晶粒的不同取向示意图

2. 各晶粒变形的不均匀性 —— 变形量有差异

多晶体中由于各晶粒取向不同,在塑性变形过程中先变形晶粒的变形量大,后变形晶粒的变形量小,造成变形的不均匀性。这种变形的不均匀性容易导致变形量集中在少数晶粒内部,造成多晶体的局部断裂。

3. 位错在晶界处塞积

原子排列在晶界处不连续,位错运动到晶界处被晶界阻碍而无法越过晶界,形成位错塞积群,如图 7-37 所示。在位错塞积群中,领先位错的切应力可用式(7-18)表示:

$$\tau' = n\tau \tag{7-18}$$

式中,τ 为外加切应力;n 为塞积群中的位错总数。由此式表明,当有 n 个位错被外加切应力 τ 推向晶界时,在塞积群的前段将产生 n 倍于外力的应力集中,塞积群内位错数量越多,晶界处的应力集中越大。

4. 相邻晶粒滑移的传递性

随着位错塞积群中位错数目的不断增多,领先位错(最靠近晶界的那个位错)周围的应力场不断增强。当外加载荷在相邻晶粒中的分切应力叠加上领先位错应力场的总应力达到临界分切应力时,相邻晶粒中的位错源开动,该晶粒也开始滑移,如图7-43所示。如果累积应力不能使相邻晶粒内的位错开动,可能会在晶界处直接形成裂纹,导致断裂。

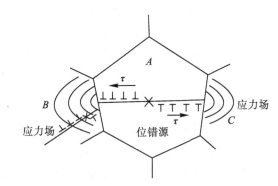

图 7 - 43　位错在晶界的塞积及相邻晶粒滑移的传递示意图

5. 各晶粒间的滑移变形需要协调

多晶体中各晶粒为了能够相互协调,要求每个晶粒至少要有5个独立的滑移系,这是因为变形过程中可用6个应变分量(正应变和切应变各3个)来表示,任意变形需要6个独立的滑移系,但因为塑性变形体积不变(即3个正应变之和为零),因此只有5个独立的应变分量。而每个独立应变分量需要一个独立的滑移系来产生,这说明只有相邻晶粒的5个独立滑移系同时启动,才能保证多晶体的塑性变形可以传递下去,这是多晶相邻晶粒相互协调性的基础。

不同结构的晶体由于滑移系数目不同,如面心立方和体心立方晶体具有较多的滑移系,而密排六方晶体的滑移系较少,表现出的多晶体塑性变形能力差别很大。

综上所述,多晶体塑性变形具有不均匀性和不同时性,其塑性变形能力的好坏取决于变形的一致性和协调性,为了提高多晶体的塑性变形能力,要求尽可能多的晶粒同时参与塑性变形,且要求硬取向晶粒跟得上总体塑性变形。如何做到这一点呢?可以通过细化晶粒来解决这一问题。

7.5.2.2　细晶强化及其机理

实验表明,多晶体的强度随其晶粒的细化而增加。图7-44所示就是低碳钢的拉伸屈服强度与粒径尺寸之间的关系,显然,屈服强度与晶粒尺寸$d^{-1/2}$呈线性关系。对其他金属材料的研究也发现了类似的规律,这就是霍尔-佩奇关系(Hall-Patch relationship):

$$\sigma_{\mathrm{s}} = \sigma_0 + k d^{-\frac{1}{2}} \tag{7-19}$$

式中,σ_0与k是两个与材料有关的常数;σ_0大致相当于单晶体的屈服强度;d为晶粒直径。显然,当多晶体的晶粒足够细时,多晶体的强度大于单晶体的强度,而且晶粒尺寸越小,其强度越高。这种由于晶粒细化导致强度升高的现象称为细晶强化。

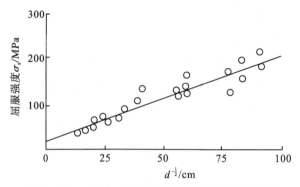

图 7-44　低碳钢屈服强度与晶粒尺寸的关系

　　大量的研究还表明,除了多晶体的强度随晶粒细化而增加外,其塑性和韧性也随着晶粒尺寸的减小而改善。在合金的各种强化手段中,细晶强化是目前发现的唯一能同时提高材料强度和塑韧性的强化途径,因此在工程实践中得到广泛应用。不过,由于细晶强化所依赖的前提条件是晶界阻碍位错滑移,这在温度较低的情况下是存在的,而晶界本质上是一种缺陷,当温度升高时,随着原子活动性的加强,晶界也变得逐渐不稳定,这将导致其强化效果逐渐减弱,甚至出现晶界弱化的现象,因此在高温合金中,不仅不追求晶粒细化,而且期望尽可能地晶粒粗化。因此,实际上多晶体材料的强度-温度关系中,存在一个所谓的等强温度,小于这个温度时,晶界强度高于晶内强度,反之则晶界强度低于晶内强度。

　　细晶强化可用位错理论来进行解释:晶粒尺寸越小,已变形晶粒中位错塞积群中塞积的位错数目越少,领先位错的应力场强度越弱,这使相邻晶粒中的位错源必须在较大的外应力作用下才能启动,因此材料的强度越高。从晶粒间变形的协调性考虑,晶粒越小,相互间协调所需的变形量越小,不容易发生由相邻晶粒变形不协调而在晶界处产生微裂纹,故塑性和韧性也就越好。从位错塞积的角度考虑,小晶粒中位错塞积群的应力场较弱,也不容易在晶体界面处由于应力集中而产生微裂纹。因此,随着晶粒尺寸的细化,多晶体的强度和硬度增大,同时塑性和韧性得以改善。

补充材料 —— 超级钢技术(微晶钢)

　　超级钢是在压轧时把压力增加到通常的 5 倍,提高冷却速度和严格控制温度的条件下开发成功的。其晶粒直径仅有 1 μm,为一般钢铁的 1/10 ~ 1/20,因此其组织细密,强度高,韧性也大,而且即使不添加镍、铜等元素也能够保持很高的强度。

　　我国的超级钢(微晶钢)技术居于世界领先地位。超级钢的特点:低成本、高强韧性、环境友好、节省合金元素和有利于可持续发展,被视为钢铁领域的一次重大革命;我国是目前世界上唯一实现超级钢的工业化生产的国家,其他国家的超级钢尚未走出实验室。

　　2017 年,美国《科学》杂志发表了中国京港台三地科学家的合作科研成果,他们发明的一种超级钢实现了钢铁材料在屈服强度超过 2000 MPa 时延展性的巨大提升(16%)。

　　目前潜艇用钢的屈服强度在 1100 MPa 左右,比如:俄罗斯潜艇用钢屈服强度达到了1170 MPa,美国也可以接近于这个水平。如果可以使用在 2200 MPa 屈服强度的钢材来建造潜艇,那么在最大下潜深度等性能指标上将获得巨大的提高。

7.6　合金的塑性变形与强化

我们实际使用的材料绝大多数都是合金,根据合金元素存在的情况,合金的种类一般
有固溶体、金属间化合物及多相混合型等。不同种类合金的塑性变形存在着一些不同之处。

7.6.1　固溶体的变形与固溶强化

7.6.1.1　固溶强化

固溶体中,溶质原子的溶入造成基体晶格畸变,阻碍位错运动,这种由于异类原子的
溶入使固溶体强度升高的现象称为固溶强化。

图 7-45 为 Cu-Ni 固溶体的强度、塑性随 Ni 成分变化的关系。可以发现其强度 σ_b、
硬度 HB 随溶质含量的增加而增加,而塑性指标则呈现相反的规律。

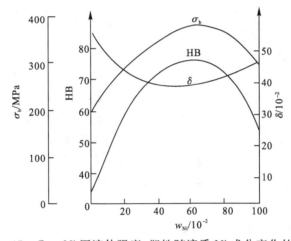

图 7-45　Cu-Ni 固溶体强度、塑性随溶质 Ni 成分变化的关系

一般认为,固溶强化是由于多方面的作用引起的,包括以下几个方面。

(1) 溶质原子与位错发生弹性交互作用。固溶强化的实质是溶质原子与位错之间的
交互作用阻碍了位错的运动。以刃型位错为例,溶质原子与位错弹性交互作用,使溶质原
子趋于聚集在位错的周围,形成柯氏气团,对位错有钉扎作用,如图 7-46 所示。为使位错
挣脱气团的钉扎而运动或拖着气团运动,必须施加更大的外力,因此合金的强度高于纯
金属的强度。但固溶强化在提高材料强度的同时,使其塑性、韧性降低,脆性增大。

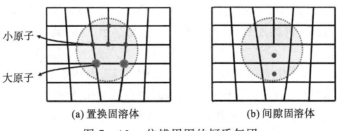

图 7-46　位错周围的柯氏气团

（2）静电交互作用。一般认为,位错周围畸变区的存在将对固溶体中的电子云分布产生影响。由于该畸变区应力状态不同,溶质原子的壳外电子从点阵压缩区移向拉伸区,并使压缩区呈正电,而拉伸区呈负电,即形成了局部静电偶极。其结果是电离程度不同的溶质离子的位错区发生短程的静电交互作用,溶质离子或富集于拉伸区或富集于压缩区均产生固溶强化。研究表明,在钢中,这种强化效果仅为弹性交互作用的 $1/3 \sim 1/6$,且不受温度影响。

（3）化学交互作用。这与晶体中的扩展位错有关。由于层错能与化学成分相关,因此晶体中层错区的成分与其他地方存在一定差别,这种成分的偏聚也会导致位错运动受阻,而且层错能下降会导致层错区增宽,这也会产生强化作用。化学交互作用引发的固溶强化效果较弹性交互作用低一个数量级,但由于其不受温度的影响,因此在高温变形中具有较重要的作用。

不同溶质原子引起的固溶强化效果是不同的,其影响因素很多,主要有以下几方面的规律。

（1）溶质原子浓度越大,强度越高,但二者并不是线性关系,低浓度时强化效果显著,随着浓度增大,强化效果逐渐下降。

（2）对置换固溶体,$|r_A - r_B|$ 越大,强化效果越好;对间隙固溶体,$|r_A - r_B|$ 越小,强化效果越好。

（3）间隙型溶质原子的强化效果显著好于置换型,特别是体心立方晶体中的间隙原子,如很少量的碳原子溶入 α - Fe 中,可使铁素体的强度显著提高。

（4）溶质原子与基体金属的价电子数相差越大,固溶强化效果越显著。

（5）球对称,弱强化,如置换原子、面心立方晶体中的间隙原子;非球对称,强强化,如体心立方晶体中的间隙原子。体心立方晶体的强化效果强于面心立方晶体。

7.6.1.2 有序强化

溶质原子在固溶体中有时会呈现长程有序分布状态（又称超结构）,超结构使晶体的对称性下降,经平移一个原子间距后晶体不能复原,所以有序状态的晶胞大于无序状态的晶胞,从而其全位错的伯氏矢量也相应增大,对应无序状态下的单位位错,此时就成了不全位错。当一个这样的位错滑移后,将破坏滑移面上下原子的有序状态,使原先滑移面两侧不同的原子变成了相同的原子,原晶体中的连续性发生中断,产生了两个畴块,畴块间的界面就是反向畴界。反向畴界的出现导致了系统能量的增加,也给有序晶体的变形增加了阻力。这也是有序固溶体往往具有硬脆性的主要原因。

7.6.2 典型固溶体合金（低碳钢）屈服的特点

图 7-47(a) 所示的是低碳钢拉伸应力-应变曲线。显然,曲线上存在屈服降落和屈服延伸两个阶段。当试样开始屈服时（上屈服点）,应力突然下降,然后在较低水平上作小幅波动（至下屈服点）,当产生一定变形后,应力又随应变的增加而增加。

在屈服过程中,试样中各处的应变是不均匀的。当应力达到上屈服点时,首先在试样的应力集中处开始塑性变形,这时能在试样表面观察到与拉伸轴成 45° 的应变痕迹,称为吕德斯带（见图 7-45(b)）,同时应力下降到下屈服点,然后吕德斯带开始扩展,当吕德斯带扩展到整个试样截面后,这个平台延伸阶段就结束了。拉伸曲线上的波动表示形成吕德斯带的过程。

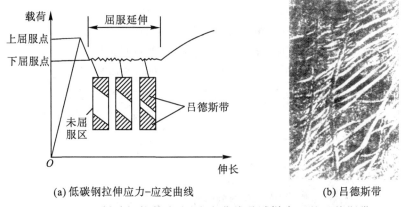

(a) 低碳钢拉伸应力-应变曲线　　　　　　(b) 吕德斯带

图 7 - 47　　低碳钢拉伸应力-应变曲线及试样表面的吕德斯带

上述屈服降落和屈服延伸可通过位错理论来解释。拉伸前的退火状态下,碳原子偏聚在位错线上形成的柯氏气团,对位错有有效的钉扎作用。当应力增大到一定程度时,位错脱钉,脱钉的位错滑移阻力突然减小,故应力突然下降,形成屈服降落。此时,上屈服点对应脱钉前的最大应力。试样屈服首先发生在靠近夹头的圆弧过渡处(应力集中区)与拉伸轴约成 45°(取向因子最大)的带状区域内。该区域内晶粒转动使试样表面出现浮凸,晶粒中的位错塞积使相邻带状区域晶粒中的位错源开动也发生屈服,同时应力出现小的波动。这样,吕德斯带逐渐向试样中部延伸,直至整个试样完全屈服。

7.6.3　固溶体合金(低碳钢)的应变时效

研究发现,对退火态低碳钢先进行少量预塑性变形,会发生屈服降落现象;若卸载后立即再进行加载,则不出现屈服降落,且屈服强度升高;若卸载后放置一段时间或在200 ℃加热后再加载,屈服降落又出现,且屈服强度更高,如图 7-48 所示。这一现象称为应变时效。

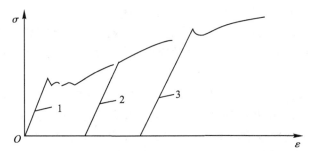

1—预塑性变形;2—卸载后立即加载;3—卸载后放置一段时间再加载。

图 7 - 48　　低碳钢应变时效现象

应变时效现象的产生与位错的脱钉及重新钉扎有关。退火态低碳钢屈服时,由于位错脱钉,故出现屈服降落。卸载后立即重新加载时,由于脱钉的位错还来不及被重新钉扎,故不出现屈服降落现象。但由于此时位错密度明显增加,因而屈服强度升高。若卸载后放置一段时间或在 200 ℃ 加热后再加载,由于位错重新被钉扎,故屈服降落又出现,加之位错密度明显增加,故屈服强度更高。

应变时效的工程应用 —— 光整冷轧。低碳钢的屈服现象有时会给工业生产带来一些问题。例如深冲用的低碳钢薄板在冲压成型时,会因屈服延伸区的不均匀变形(吕德斯带)而使工件表面粗糙不平(即出现橘皮现象),影响产品的质量和美观,如图 7-49 所示。如何消除或改善这一现象呢?可通过光整冷轧的方式进行改善,即将薄板在冲压之前先经过一道微量的冷轧(通常为 1% ～ 2% 压下量),使屈服点消失,随后进行冲压加工,可保证工件表面的平整光滑。

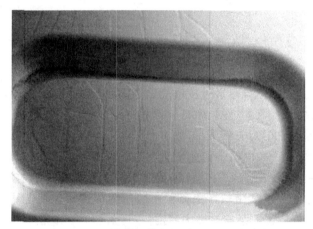

图 7-49　低碳钢薄板深冲时的橘皮现象

7.7　多相合金的变形与强化

尽管固溶强化能够提高材料的强度,但其提高幅度还是有限的。因此目前工程上使用的金属结构材料多为两相或多相合金,这是因为在合金中引入第二相,通过第二相强化使多相合金的强度相对于固溶体合金进一步提高。

第二相的引入一般是通过加入合金元素并经过随后的加工或热处理等工艺获得的,也可以通过一些直接的方法引入第二相(如粉末冶金、复合材料等就是直接向合金中加入强化相)。第二相的引入使得多元合金的塑性变形行为更加复杂。影响塑性变形的因素中,除了基体相和第二相的本身属性,如强度、塑性、应变硬化特征等,还包括第二相的尺寸、形状、比例、分布及两相间的界面匹配、界面能、界面结合情况等。

在讨论多相合金塑性变形行为时,由于第二相尺寸对合金塑性变形性能的影响很大,因此常按第二相的尺寸大小将其分为两大类:若第二相的尺寸与基体尺寸属于同一数量级,则称为聚合型合金,如图 7-50 所示;若第二相尺寸非常小,并且弥散分布在基体相中,则称为弥散型合金,如图 7-51 所示。

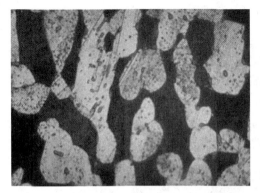
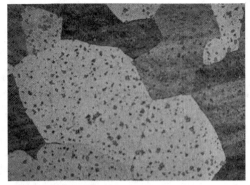

图 7-50　聚合型合金组织 —— 铝青铜　　　　图 7-51　弥散型第二相
　　　　　　　　　　　　　　　　　　　　合金组织 —— 铁黄铜

7.7.1　聚合型合金的变形与强化

对聚合型合金而言,如果两个相都具有塑性,则合金的塑性变形决定于两相的比例。只有当第二相较强时,合金才能强化。当两相合金塑性变形时,滑移首先发生在较弱的相中;如果较强相很少时,则变形基本都发生在较弱相中;只有当较强相比例较大(> 30%)时,较弱相不能连续,此时两相才会以接近的应变发生变形;当较强相含量很高(> 70%)时,则成为基体,此时合金变形的主要特征将由较强相来决定。

若硬脆的第二相呈连续网状分布,则脆性增加,强度、塑性降低,过共析钢就是一个典型例子;若硬脆的第二相以片状分布,由于变形主要集中在基体相中,且位错的移动被限制在很短的距离内,增加了变形阻力,强度升高,片层越细,强度越高,塑性降低越少,类似于细晶强化;若硬脆相呈较粗颗粒状分布,则因基体连续,故强度降低,塑韧性得到改善。

7.7.2　弥散型合金的变形与强化

当第二相以弥散分布形式存在时,一般将产生显著的强化作用。这种强化相颗粒如果是通过过饱和固溶体的时效处理沉淀析出的,就称作沉淀强化或时效强化;如果是借助粉末冶金或其他方法加入的,则称为弥散强化。

在讨论第二相颗粒的强化作用时,通常将颗粒分为可变形的和不可变形的两大类来考虑。由于这两种颗粒与位错的作用机理不同,因此强化的途径和效果也不同。

1. 可变形颗粒的强化作用

当第二相颗粒为可变形颗粒时,位错将切过颗粒,如图 7-52 所示。此时强化作用主要取决于粒子本身的性质及其与基体的联系,该强化机制较复杂,主要由以下因素决定。

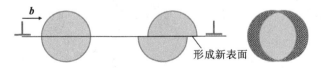

图 7-52　位错切过颗粒机制示意图

（1）位错切过颗粒后,在其表面产生大小为b的台阶(见图7-53),增大了颗粒与基体二者间的界面,这一过程需要提供额外的能量。

（2）如果颗粒为有序结构,将在滑移面上产生反向畴界,从而导致材料的有序强化。

（3）由于两相的结构存在差异(如晶体结构、点阵常数),因此当位错切过颗粒后,在滑移面上会引起原子错配,需要对其额外做功。

（4）颗粒周围存在弹性应力场(由于颗粒与基体的比容差别,而且颗粒与基体之间往往保持共格或半共格结合)与位错交互作用,对位错运动有阻碍作用。

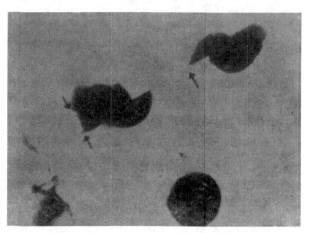

图7-53	Ni-Cr-Al合金中位错切过Ni_3Al粒子的透射电镜图像

2. 不可变形颗粒的强化作用

不可变形颗粒对位错运动的阻碍作用如图7-54所示。当运动位错与颗粒相遇时,由于颗粒的阻挡,使位错线绕着颗粒发生弯曲;随着外加应力的增加,弯曲加剧,最终围绕颗粒的位错相遇,并在相遇点抵消,在颗粒周围留下一个位错环,而位错线将继续前进。很明显,这个过程需要额外做功,同时位错环将对后续位错产生进一步的阻碍作用,这些都将导致材料强度的提升。

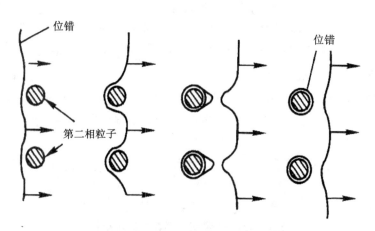

图7-54	位错绕过第二相粒子的示意图

根据位错理论，位错弯曲至半径 R 时所需切应力为

$$\tau = \frac{Gb}{2R}$$

而当 R 为颗粒间距 λ 的一半时，所需切应力最小：

$$\tau = \frac{Gb}{\lambda}$$

可见，不可变形颗粒的强化与颗粒间距成反比，颗粒越多、越细，则强化效果越好，这就是奥罗万机制。按此计算的某些合金的屈服强度值与实验所得结果符合得较好，在薄膜样品的透射电镜观察中也证实了位错环围绕着第二相微粒现象的存在（见图 7-55）。

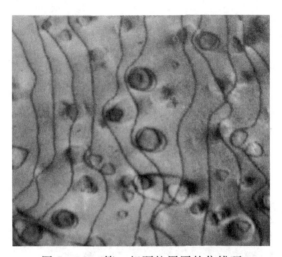

图 7-55　第二相颗粒周围的位错环

　　另外，第二相粒子形状也对强化效果有影响：球状强化效果弱，但塑韧性下降最小；针状、片状强化效果较强，但塑韧性下降较大。因此，弥散强化时第二相粒子尺寸分布应遵循细、圆、散三原则。这也给热处理提出了技术方面的要求。

　　综上所述，第二相质点将阻碍位错运动，因而起强化作用，第二相质点越弥散，阻碍作用越强，强化作用越大。其中，绕过机制的强化效果强于切过机制的强化效果。多相合金的强化既可采用时效强化（弥散强化）方式，当然也可采用固溶强化、形变强化和细晶强化途径实现。另外，沉淀强化带来的另一个后果是造成晶体塑韧性下降。

7.8　冷变形金属的组织与性能

　　晶体发生塑性变形后，不仅其外形发生了变化，其内部组织及各种性能也都发生了变化。

7.8.1　显微组织的变化

　　经塑性变形后，金属材料的显微组织发生了明显的改变，各晶粒中除了出现大量的滑移带、孪生带以外，其晶粒形状也会发生变化；随着变形量的逐渐增加，原来的等轴晶粒逐渐沿变形方向被拉长，当变形量很大时，晶粒已变成纤维状，如图 7-56 所示。

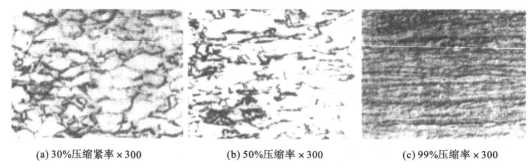

(a) 30%压缩紧率×300　　　　　(b) 50%压缩率×300　　　　　(c) 99%压缩率×300

图 7-56　铜经不同程度冷轧后的光学显微组织

7.8.2　亚结构的变化

金属晶体在塑性变形进行时,位错密度迅速提高,例如可从变形前经退火的 $10^6 \sim 10^{10}/cm^2$ 增至 $10^{11} \sim 10^{12}/cm^2$。

通过透射电子显微镜对薄膜样品的观察可以发现,经塑性变形后,晶体中的位错组态发生变化。当变形量较小时,形成位错缠结结构;当变形量继续增加时,大量位错发生聚集,形成复杂位错网络,如图 7-57 所示。

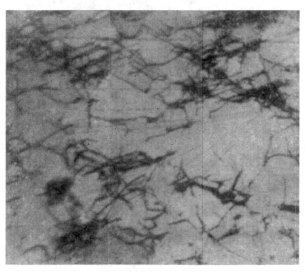

图 7-57　不锈钢冷轧 2% 的复杂位错网络

随着变形量的进一步增大,晶体中会出现大量滑移带、孪生带,形成大量变形孪晶。如果变形量非常大时,会形成形变织构。多晶材料塑性变形过程中,各晶粒发生转动,晶粒位向与变形方向趋于一致,这种择优取向称为形变织构。形变织构主要有两种类型——丝织构和板织构。丝织构在拉拔时形成,其特征是各晶粒同一指数的晶向与拉拔方向平行或接近平行(见图 7-58)。丝织构用平行于变形方向的晶向表示($<uvw>$)。板织构是在轧制时形成的,其特征是各晶粒同一指数的晶面平行于轧制平面,而某一同指数晶向平行于轧制方向(见图7-59)。板织构以平行于轧面的晶面$\{hkl\}$和平行于轧向的晶向 $<uvw>$ 表示($\{hkl\}<uvw>$)。

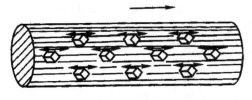

图 7-58　丝织构示意图

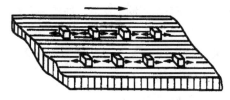

图 7-59　板织构示意图

7.8.3　性能的变化

1. 产生加工硬化

图 7-60 是工业纯铜和 $45^{\#}$ 钢经不同程度冷变形后的性能变化情况,从中可以明显看出,随着变形量的增加,晶体呈现出强度指标(包括屈服强度、抗拉强度、硬度等)增加、塑性指标下降的规律。

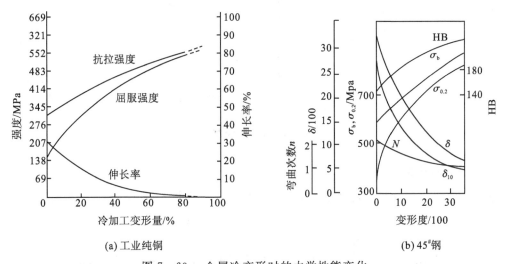

(a) 工业纯铜　　　　　　　　　　　(b) $45^{\#}$钢

图 7-60　金属冷变形时的力学性能变化

加工硬化的机制有不同理论,但导出的强化效果的表达式基本相同,即流变应力是位错密度的平方根的线性函数:

$$\tau = \tau_0 + \alpha G b \sqrt{\rho} \tag{7-20}$$

式中,τ 为加工硬化后所需要的切应力;τ_0 为无加工硬化时所需要的切应力;α 为与材料有关的常数,通常取 $0.3 \sim 0.5$;G 为切变模量;b 为位错的伯氏矢量模;ρ 为位错密度。由此可见,塑性变形过程中位错密度的增加及其所产生的钉扎作用是导致加工硬化的决定性因素。

加工硬化现象作为变形金属的一种强化方式,有其实际意义,许多不能通过热处理强化的金属材料,可以利用冷变形进行强化。如自行车链条的链板材料 16 Mn,经 5 次轧制,由 3.5 mm 压缩到 1.2 mm,变形度为 65%,强度、硬度提高约一倍。保险柜、坦克车履带,以及无法热处理强化的铜、铝、不锈钢等,都可用加工硬化提高强度。另外,加工硬化有利于金属进行均匀变形,因为金属已变形部分产生硬化,将使继续的变形主要在未变形或变形较少的部分发展。加工硬化给金属的继续变形造成了困难,加速了模具的损耗,在对材料进行较大变形量的加工中是不希望其发生的,故在金属的变形和加工过程中常常要进行中间退火以消除这种不利影响,因而增加了能耗和成本。

2. 产生各向异性

冷变形造成的晶粒形状的改变,特别是形变织构的出现会使得材料呈现一定程度的各向异性,这对材料的加工和使用都会造成一定的影响。如图 7-61 所示,这种力学性能的各向异性会产生不均匀变形,如冷冲压件形成制耳现象就是我们所不希望出现的;而变压器用硅钢片的(100)[001]织构由于其处于最易磁化方向,则是我们所希望的。

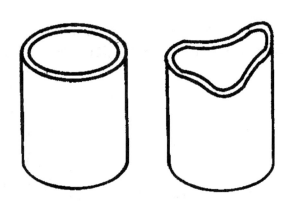

图 7-61　形变织构导致的制耳现象示意图

3. 产生残余应力

对金属进行塑性变形需要做大量的功,其中绝大部分都以热量的形式散发了,一般只有不到 10% 被保留在金属内部,即塑性变形的储存能,其大小与变形量、变形方式、温度及材料本身的一些性质有关。

这部分储存能在材料中以残余应力的方式表现出来。残余应力是由材料内部各部分之间的不均匀变形引起的,是一种内应力,对材料整体而言其处于平衡状态。就残余应力平衡范围的大小,可将其进一步分为以下三类。

第一类内应力,又称宏观内应力,作用范围为工件尺度。例如,金属线材经拔丝模变形加工时,由于模壁的阻力作用,冷拔材的表面较芯部变形小,故表面受拉应力,而芯部则受压应力。于是,两种符号相反的宏观应力彼此平衡,共存于工件之内。

第二类内应力,又称微观残余应力,作用范围为晶粒尺寸。它是由晶粒或亚晶粒之间的变形不均匀性引起的。其作用范围与晶粒尺寸相当。

第三类内应力,又称点阵畸变,作用范围为点阵尺度。由于在变形过程中形成了大量点阵缺陷所致,这部分能量占整个储存能中的绝大部分。

正是由于塑性变形后晶体中存在着储存能,特别是存在点阵畸变,会导致系统处于不稳定状态,这样在外界条件合适时,系统将会发生趋向于平衡状态的转变,就是以后所说的回复与再结晶现象。残余应力对材料的力学性能有重要的影响,如引起工件变形、开裂、应力腐蚀等,残余应力也会降低材料的疲劳强度,因此,改变残余应力状态可改善材料的力学性能,如可通过滚喷丸等造成残余压应力以提高材料的疲劳强度等。

4. 其他性能变化

经塑性变形后的金属,由于点阵畸变、位错与空位等晶体缺陷的增加,其物理性能和化学性能也会发生一定的变化。如电阻率增加,电阻温度系数降低,磁滞与矫顽力略有增加而磁导率、热导率下降。此外,由于原子活动能力增大,还会使扩散加速,抗腐蚀性减弱。

7.9 冷变形金属的回复与再结晶

我们已经知道,金属经过一定程度冷塑性变形后,组织和性能都发生了明显的变化,由于各种缺陷及内应力的产生,导致金属晶体在热力学上处于不稳定状态,有自发向稳定态转化的趋势。不过,对大多数金属而言,在一般情况下,由于原子的活动性不强,因此这个自发过程很难被察觉到,而一旦满足了发生这种转化的动力学条件,例如通过适当的加热和保温过程,这种趋势就会成为现实。这种变化的表现是一系列组织、性能的变化。根据金属显微组织及性能的变化情况,可将这种变化分为三个阶段:回复、再结晶和晶粒长大。

1. 组织变化

冷变形后金属在加热时,其组织和性能会发生变化,这一变化过程可分为回复、再结晶和晶粒长大三个阶段。回复是指冷变形金属加热时,尚未发生光学显微组织变化前(即再结晶前)的结构和性能的变化过程。再结晶是指经冷变形的金属在足够高的温度下加热时,通过新晶粒的形核及长大,以无畸变的等轴晶粒取代变形晶粒的过程。与回复不同,再结晶是一个显微组织彻底改组、性能显著变化的过程。晶粒长大是指再结晶完成后,继续升温或延长保温时间,晶粒会继续长大的过程。

这一过程如图 7 - 62 所示,在回复阶段,与冷变形状态相比,光学金相组织中几乎没有发生变化,仍保持变形结束时的变形晶粒形貌,但此时若通过透射电子显微镜可以发现,位错组态或亚结构则已开始发生变化。

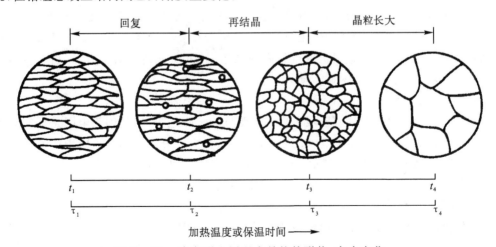

图 7 - 62 冷变形金属退火晶粒的形状、大小变化

在再结晶开始阶段,首先在畸变较大的区域产生新的无畸变的晶粒核心,即再结晶形核过程,然后通过逐渐消耗周围变形晶粒而长大,转变成为新的等轴晶粒,直到冷变形晶粒完全消失。最后,在晶界界面能的驱动下,新晶粒会发生合并长大,最终达到一个相对稳定的尺寸,这就是晶粒长大阶段。

2. 回复与再结晶的驱动力

已知在外力对变形金属所做的功中,有一部分是以储存能的形式保留在变形金属中了,这部分能量主要以位错密度增加的形式存在,可以近似看作晶体经塑性变形后自由能的增量。显然,由于该储存能的产生,将使变形金属具有较高的自由能和处于热力学不稳定状态,因此,储存能是变形金属加热时发生回复与再结晶的驱动力。

3. 性能的变化

伴随着回复、再结晶和晶粒长大过程的进行,冷变形金属的组织发生了变化,金属的性能也会发生相应的变化。图 7 - 63 示意地列出了一些性能的变化情况。

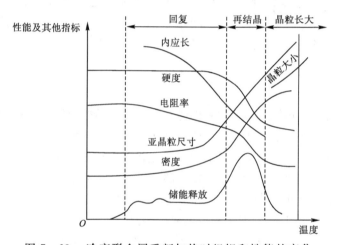

图 7 - 63　冷变形金属重新加热时组织和性能的变化

1) 强度与硬度的变化

回复阶段的硬度变化很小,约占总硬度变化的 1/5,而再结晶阶段硬度下降较多。可以推断,强度具有与硬度相似的变化规律。上述情况主要与金属中的位错密度及组态有关,即在回复阶段时,变形金属仍保持很高的位错密度,而发生再结晶后,则由于位错密度显著降低,故强度与硬度明显下降。

2) 电阻率的变化

变形金属的电阻率在回复阶段已表现出明显的下降趋势,这是因为电阻是标志晶体点阵对电子在电场作用下定向运动的阻力的物理量,由于分布在晶体点阵中的各种点缺陷(空位、间隙原子等)对电阻的贡献远大于位错的作用,故回复过程中变形金属的电阻下降明显,说明该阶段点缺陷密度发生了显著的减小。

3) 密度的变化

变形金属的密度在再结晶阶段发生急剧增高的原因主要是再结晶阶段中位错密度显著降低。

4) 内应力的变化

金属经塑性变形所产生的第一类内应力在回复阶段基本得到消除,而第二、第三类内应力只有通过再结晶方可全部消除。

7.9.1 回复

在回复阶段,由于温度升高,在内应力作用下,金属内部的位错会发生继续滑移现象,并发生局部塑性变形,从而使得第一类内应力得到消除。随着温度的升高,第一类内应力基本可以消除。研究表明,在回复阶段,造成加工硬化的第三类内应力变化得很少,而第二类内应力的消除程度介于第一、第三类内应力之间。

回复的驱动力是以过饱和点缺陷和位错的形式储藏在金属中的冷变形储存能。回复阶段的加热温度不同,回复过程的机制也存在差异。

(1) 低温回复。变形金属在较低温度下加热时所发生的回复过程称为低温回复。此时温度较低,原子活动能力有限,一般局限于点缺陷的运动,即通过空位迁移至界面、位错或与间隙原子结合而消失,使冷变形过程中形成的过饱和空位浓度下降。对点缺陷敏感的电阻率此时会发生明显下降。

(2) 中温回复。变形金属在中等温度下加热时所发生的回复过程称为中温回复。此时因温度升高,原子活动能力增强,除点缺陷运动外,位错也被激活,在内应力作用下开始滑移,部分异号位错发生抵消,因此位错密度略有降低。

(3) 高温回复。变形金属在较高温度下的回复机制主要与位错的攀移运动有关。这时同一滑移面上的同号刃型位错在自身弹性应力场作用下,还可能发生攀移运动,最终通过攀移和滑移使得这些位错从同一滑移面变为在不同滑移面上竖直排列的位错墙(小角度亚晶界),以降低总畸变能。位错攀移而多边化形成亚晶(回复亚晶),即多边化结构,如图 7-64 所示。

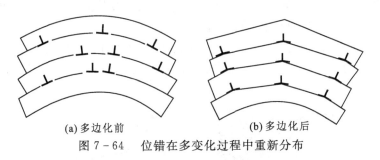

(a) 多边化前   (b) 多边化后

图 7-64 位错在多变化过程中重新分布

显然,高温回复多边化过程的驱动力主要来自应变能的下降。多边化过程产生的条件:① 塑性变形使晶体点阵发生弯曲。② 在滑移面上有塞积的同号刃型位错。③ 须加热到较高的温度以使刃型位错能够产生攀移运动。一般认为,在产生单滑移的单晶体中多边化过程最为典型;而在多晶体中,由于容易发生多系滑移,不同滑移系上的位错往往会缠结在一起,形成胞状组织,故多晶体的高温回复机制比单晶体的更为复杂,但从本质上看其主要也包含位错的滑移和攀移,即通过攀移使同一滑移面上异号位错相消,位错密度下降,位错重排成较稳定的组态,构成亚晶界,形成回复后的亚晶结构。

从上述回复机制可以理解,回复过程中电阻率明显下降的主要原因是过量空位的减少和位错应变能的降低;内应力降低的主要原因是晶体内弹性应变的基本消除;硬度及强度下降不多则是由于位错密度下降不多,亚晶还较细小之故。

据此,回复退火主要用作去应力退火,使冷加工的金属在基本上保持加工硬化状态的条件下降低其内应力,以避免变形并改善工件的耐蚀性。

7.9.2　再结晶

冷变形后的金属加热到一定温度之后,在原变形组织中重新产生了无畸变的新晶粒,而性能也发生了明显的变化并恢复到变形前的状况,这个过程称之为再结晶。因此,与前述回复的变化不同,再结晶是一个显微组织重新改组的过程。

再结晶的驱动力是变形金属经回复后未被释放的储存能(相当于变形总储能的90%)。通过再结晶退火可以消除冷加工的影响,故其在实际生产中起着重要作用。

7.9.2.1　再结晶过程

再结晶是一个形核和长大过程,即通过在变形组织的基体上产生新的无畸变再结晶晶核,并通过逐渐长大形成等轴晶粒,从而取代全部变形组织的过程。不过,再结晶的晶核不是新相,其晶体结构并未改变,这是与其他固态相变不同的地方。

1. 再结晶的驱动力

再结晶的驱动力是冷变形过程中以位错的形式储存在金属中的储存能。

2. 形核

再结晶时,晶核是如何产生的?透射电镜观察表明,再结晶晶核是存在于晶体局部高能量区域内的、以多变化形成的亚晶为基础的形核,由此提出了几种不同的再结晶形核机制。

1)晶界弓出形核

对于变形程度较小(一般小于20%)的金属,其再结晶核心多以晶界弓出方式形成,即应变诱导晶界移动或称为凸出形核机制。

当变形度较小时,各晶粒之间将由于变形的不均匀性而引起位错密度的不同。如图7-65所示,A、B两相邻晶粒中,若B晶粒因变形度较大而具有较高的位错密度时,则经多

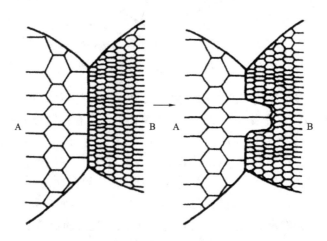

图 7-65　具有亚晶粒组织的晶粒间的凸出形核示意图

边化后,其中所形成的亚晶尺寸相对较为细小。于是,为了降低系统的自由能,在一定温度条件下,晶界处 A 晶粒的某些亚晶将开始通过晶界弓出迁移而凸入 B 晶粒中,以吞食 B 晶粒中亚晶的方式开始形成无畸变的再结晶晶核。

2)亚晶形核

此机制一般是在大的变形度下发生的。前面已述及,当变形度较大时,晶体中的位错不断增殖,由位错缠结组成的胞状结构将在加热过程中容易发生胞壁平直化,并形成亚晶。借助亚晶作为再结晶的核心,其形核机制又可分为以下两种。

(1)亚晶合并机制。在回复阶段形成的亚晶,其相邻亚晶边界上的位错网络通过解离、拆散,以及位错的攀移与滑移,逐渐转移到周围其他亚晶界上,从而导致相邻亚晶边界的消失和亚晶的合并。合并后的亚晶,由于尺寸增大,以及亚晶界上位错密度的增加,使相邻亚晶的位向差相应增大,并逐渐转化为大角度晶界,它比小角度晶界具有大得多的迁移率,故可以迅速移动并清除其移动路程中存在的位错,使得在它后面留下无畸变的晶体,从而构成再结晶核心。在变形程度较大的金属中,多以这种亚晶合并机制形核。

(2)亚晶迁移机制。由于位错密度较高的亚晶界其两侧亚晶的位向差较大,故在加热过程中容易发生迁移并逐渐变为大角晶界,于是就可作为再结晶核心而长大。此机制常出现在变形度很大的低层错能金属中。

上述两机制都是依靠亚晶粒的粗化来发展为再结晶核心的。亚晶粒本身是在剧烈应变的基体中通过多边化形成的,几乎无位错的低能量区通过消耗周围的高能量区长大成为再结晶的有效核心,因此,随着变形度增大会产生更多的亚晶而有利于再结晶形核。这就可解释再结晶后的晶粒为什么会随着变形度的增大而变细的问题。

图 7-66 为三种再结晶形核方式的示意图。

虽然再结晶是一个形核-长大过程并使组织形态发生了彻底改变,其转变动力学也有固态相变的特点,但再结晶前后各晶粒的点阵结构类型和成分都未变化,因此再结晶不是相变。

3)再结晶温度及其影响因素

由于再结晶可以在一定温度范围内进行,为了便于讨论和比较不同材料再结晶的难易,以及各种因素的影响,须对再结晶温度进行定义。

冷变形金属开始进行再结晶的最低温度称为再结晶温度,它可用金相法或硬度法测定,即将显微镜中出现第一颗新晶粒时的温度或硬度下降 50% 所对应的温度,定为再结晶温度(T)。工业生产中则通常以经过大变形量($\sim$ 70% 以上)的冷变形金属,经 1 h 退火能完成再结晶($\varphi_R > 95\%$)所对应的温度定为再结晶温度。

与相变不同,再结晶温度并不是确定不变的,而是随条件不同,存在一个较大的范围。再结晶温度是区分冷加工和热加工的标准:一般把低于再结晶温度的加工称为冷加工,高于再结晶温度的加工称为热加工。例如:Pb 的熔点为 327 ℃,$T_R <$ 室温,故即使在室温加工,也属于热加工;W 的 $T_R > 1200$ ℃,故其在 1000 ℃ 的变形也是冷加工。

(1)变形程度的影响。随着冷变形程度的增加,储能也增多,再结晶的驱动力就越大,因此再结晶温度越低(见图 7-67),同时等温退火时的再结晶速度也越快。但当变形量增大到一定程度后,再结晶温度就基本稳定不变了。对工业纯金属,经强烈冷变形后的最低再结晶温度 T_R(K)约等于其熔点 T_m(K)的 0.35 $\sim$ 0.4。表 7-2 列出了一些金属的再结晶温度。

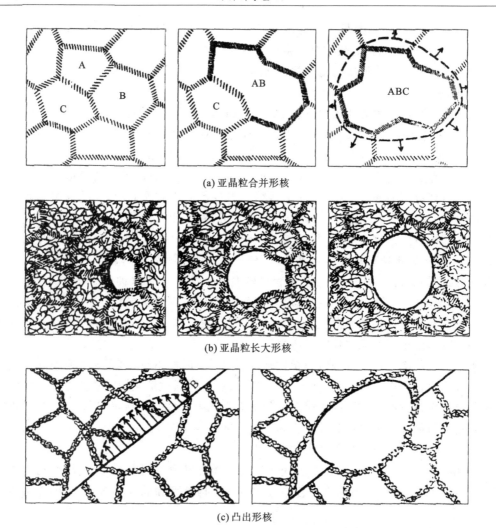

(a) 亚晶粒合并形核

(b) 亚晶粒长大形核

(c) 凸出形核

图 7-66　三种再结晶形核方式示意图

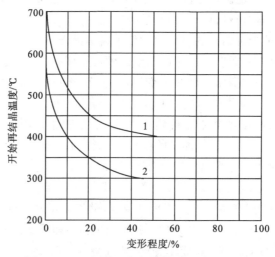

图 7-67　变形程度与再结晶温度的关系

表 7 - 2　一些金属材料的再结晶温度

金属	再结晶温度 $T_R/℃$	熔点 $T_m/℃$	T_R/T_m	金属	再结晶温度 $T_R/℃$	熔点 $T_m/℃$	T_R/T_m
Sn	< 15	232	—	Cu	200	1083	0.35
Pb	< 15	327	—	Fe	450	1538	0.40
Zn	15	419	0.43	Ni	600	1455	0.51
Al	150	660	0.45	Mo	900	2625	0.41
Mg	150	650	0.46	W	1200	3410	0.40
Ag	200	960	0.39				

注意,在给定温度下发生再结晶需要一个最小变形量(临界变形度)。低于此变形度,不发生再结晶。

(2)原始晶粒尺寸。在其他条件相同的情况下,金属的原始晶粒越细小,则变形的抗力越大,冷变形后储存的能量越高,再结晶温度则越低。此外,晶界往往是再结晶形核的有利地区,故细晶粒金属的再结晶形核率 N 和长大速率 G 均增加,所形成的新晶粒更细小,再结晶温度也将降低。

(3)微量溶质原子。微量溶质原子的存在对金属的再结晶有很大的影响。微量溶质原子的存在显著提高再结晶温度的原因,可能是溶质原子与位错及晶界间存在着交互作用,使溶质原子倾向于在位错及晶界处偏聚,对位错的滑移与攀移和晶界的迁移起着阻碍作用,从而不利于再结晶的形核和核的长大,阻碍了再结晶过程。

(4)第二相粒子。第二相粒子的存在既可能促进基体金属的再结晶,也可能阻碍其再结晶,这主要取决于基体上分散相粒子的大小及其分布。当第二相粒子尺寸较大,间距较宽(一般大于 1 μm)时,再结晶核心能在其表面产生。在钢中常可见到再结晶核心在夹杂物 MnO 或第二相粒状 Fe_3C 表面上产生;当第二相粒子尺寸很小且又较密集时,则会阻碍再结晶的进行,在钢中常加入 Nb、V、Al 形成 NbC、V_4C_3、AlN 等尺寸很小的化合物(粒径 < 100 nm),它们会抑制再结晶形核。

(5)再结晶退火工艺参数。加热速度、加热温度与保温时间等退火工艺参数对变形金属的再结晶有着不同程度的影响。

若加热速度过于缓慢时,变形金属在加热过程中有足够的时间进行回复,使点阵畸变程度降低,储能减小,从而使再结晶的驱动力减小,再结晶温度上升。但是,极快速度的加热也会因核心在各温度下停留时间过短而来不及形核与长大,致使再结晶温度升高。

当变形程度和退火保温时间一定时,退火温度越高,再结晶速度越快,产生一定体积分数的再结晶所需要的时间也越短,再结晶后的晶粒越粗大。

7.9.2.2　再结晶后的晶粒长大

再结晶结束后,材料通常得到细小等轴晶粒,若继续提高加热温度或延长加热时间,将引起晶粒的进一步长大。这是一个自发过程,只要动力学条件允许,这个过程就会进行,结果是使界面面积减小,系统能量降低。

晶粒长大按其特点可分为两类:一类是大多数晶粒长大速率相差不大,几乎是均匀长大,称为正常长大;另一类是少数晶粒突发性地不均匀长大,称为异常长大,有时也称为二次再结晶。

1. 晶粒的正常长大

晶粒长大过程中,如果长大的结果是晶粒尺寸分布均匀,那么这种长大称为正常长大。

(1) 长大方式。再结晶完成后,新等轴晶已完全接触,形变储存能已完全释放,但在继续保温或升高温度情况下,仍然可以继续长大。这种长大是依靠大角度晶界的移动并吞食其他晶粒实现的。

(2) 长大的驱动力。晶粒长大的过程实际上就是一个晶界迁移过程,从宏观上来看,晶粒长大的驱动力是界面能的降低,而从晶粒尺寸来看,驱动力主要是由晶界的界面曲率所造成的,有时也将晶粒长大称为晶粒的粗化。

2. 晶粒的异长长大(二次再结晶)

冷变形金属在初次再结晶完成时,其晶粒是比较细小的。如果继续保温或提高加热温度,晶粒将逐渐长大,这种长大是大多数晶粒几乎同时长大的过程。除了这种正常的晶粒长大外,如将再结晶完成后的金属继续加热超过某一温度,则会有少数几个晶粒突然长大,它们的尺寸可能达到几个厘米,而其他晶粒仍然保持细小状态。最后小晶粒被大晶粒吞并,整个金属中的晶粒都变得十分粗大。这种晶粒长大叫作异常晶粒长大或二次再结晶。图 7 - 68 给出了 Mg 合金经变形并加热到退火后的组织。

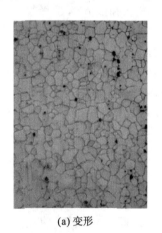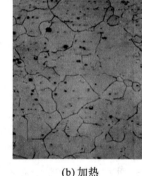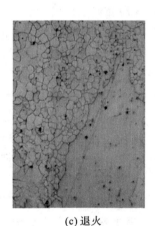

　　(a) 变形　　　　　　　　　(b) 加热　　　　　　　　　(c) 退火

图 7 - 68　Mg - 3Al - 0.8Zn 合金退火组织

二次再结晶的一般规律可以归纳如下。

(1) 二次再结晶中形成的大晶粒不是重新形核后长大的,它们是初次再结晶中形成的某些特殊晶粒的继续长大。

(2) 这些大晶粒在开始时长大速率很慢,只是在长大到某一临界尺寸后才迅速长大。可以认为在二次再结晶开始之前,有一个孕育期。

(3) 二次再结晶完成后,有时也有明显的织构。这种织构一般和初次再结晶得到的织构明显不同。

　　（4）要发生二次再结晶,加热温度必须在某一温度以上。通常最大的晶粒尺寸是在加热温度刚刚超过这一温度时得到的。当加热温度更高时,得到的二次再结晶晶粒的尺寸反而较小。

　　（5）和正常的晶粒长大一样,二次再结晶的驱动力也是晶界能。

　　晶粒的异常长大一般是在晶粒正常长大的过程中被分散相粒子、结构或表面热蚀沟等强烈阻碍情况下发生的。当阻碍晶粒长大的第二相粒子因某种因素突然消失（如第二相粒子溶解等）时,个别晶粒长大的阻力突然减小,晶粒就会突然剧烈长大。

　　材料发生异常长大时,出现了晶粒大小分布严重不均匀的现象,长大后期可能造成材料晶粒尺寸过大,会对材料的性能带来十分不利的影响,如降低材料的强度、塑性和韧性等。对磁性材料,可利用二次再结晶以形成所希望的晶粒择优取向（再结晶织构）,从而使薄片沿某些方向具有最佳的磁性。

7.10　金属的热变形、蠕变及超塑性

　　上节讨论了冷加工与热加工的区别。热加工时,由于变形温度高于再结晶温度,故在变形的同时伴随着回复、再结晶过程。为了与上节讨论的回复、再结晶加以区分,这里称之为动态回复和动态再结晶过程。因此,在热加工过程中,因变形而产生的加工硬化过程与动态回复、动态再结晶所引起的软化过程是同时存在的,热加工后金属的组织和性能就取决于它们之间相互抵消的程度。

7.10.1　动态回复与动态再结晶

　　热加工时的回复和再结晶过程比较复杂,按其特征可分为以下五种形式:动态回复、动态再结晶、亚动态再结晶、静态回复、静态再结晶。动态回复和动态再结晶是在热变形时,即在外力和温度共同作用下发生的。亚动态再结晶是在热加工完毕去除外力后,已在动态再结晶时形成的再结晶核心及正在迁移的再结晶晶粒界面,不必再经过任何孕育期继续长大和迁移的过程;静态回复、静态再结晶是在热加工完毕或中断后的冷却过程中,即在无外力作用下发生的。

　　其中,静态回复和静态再结晶的变化规律与上一节讨论一致,唯一不同之处是它们利用热加工的余热来进行,而不需要重新加热,故在这里不再赘述,下面仅对动态回复和动态再结晶进行论述。

1. 动态回复

　　冷变形金属在高温回复时,由于螺型位错的交滑移和刃型位错的攀移,产生多边化和位错缠结胞,对于层错能高的晶体,这些过程进行得相当充分,形成了稳定的亚晶,经动态回复后就不会发生动态再结晶了。同理,这些高层错能的晶体,如铝、α-Fe、铁素体钢及一些密排六方金属（Zn、Mg、Sn 等）,因易于交滑移和攀移,热加工时主要发生动态回复而没有动态再结晶。图 7-69 为动态回复时的真应力-应变曲线,可将其分为 3 个阶段。Ⅰ 阶段为微应变阶段:热加工初期,高温回复尚未进行,晶体以加工硬化为主,位错密度增加,因此,应力增加很快,但应变量却很小（<1%）。Ⅱ 阶段为均匀变形阶段:晶体开始均匀塑性变形,位错密度继续增大,加工硬化逐步加强,但同时动态回复也在逐步增加,

使变形位错不断消失,其造成的软化逐渐抵消一部分加工硬化,使曲线斜率下降并趋于水平。Ⅲ 阶段为稳态流变阶段:由变形产生的加工硬化与由动态回复产生的软化达到平衡,即位错的增值和湮灭达到了动力学平衡状态,位错密度维持恒定,在变形温度和速度一定时,多边形化和位错胞壁规整化形成的亚晶界是不稳定的,它们随位错的增减而被破坏或重新形成,且二者的形成速度相等,从而使亚晶得以保持等轴状和稳定的尺寸与位向。此时,流变应力不再随应变的增加而增大,曲线保持水平。

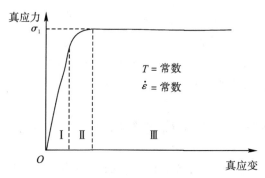

图 7 - 69　动态回复时的真应力-应变曲线

显然,加热时只发生动态回复的金属,由于内部有较高的位错密度,若能在热加工后快速冷却至室温,可使材料具有较高的强度。但若缓慢冷却则会发生静态再结晶而使材料彻底软化。

2. 动态再结晶

对于低层错能金属(如 Cu、Ni、γ - Fe、不锈钢等),由于它们的扩展位错宽度很宽,难以通过交滑移和刃型位错的攀移来进行动态回复,发生动态再结晶的倾向性大。

金属发生动态再结晶时真应力-应变曲线具有图 7 - 70 所示的特征。在高应变速率下,动态再结晶过程也分三个阶段:微应变加工硬化阶段 Ⅰ、动态再结晶开始阶段 Ⅱ、稳态流变阶段 Ⅲ。在微应变加工硬化阶段,应力随应变上升很快,动态再结晶没有发生,金

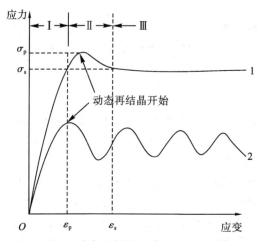

图 7 - 70　动态再结晶的真应力-应变曲线

属出现加工硬化。在动态再结晶开始阶段,当应变量达到临界值时,动态再结晶开始,其软化作用随应变增加而逐渐增强,使应力随应变增加的幅度逐渐降低,当应力超过最大值后,软化作用超过加工硬化,应力随应变增加而下降。在稳态流变阶段,此时加工硬化和动态再结晶软化达到动态平衡。当应变以高速率进行时,曲线为一水平线;而应变以低速率进行时,曲线出现波动。这是由于应变速率低时,位错密度增加得慢,因此在动态再结晶引起软化后,位错密度增加所驱动的动态再结晶一时不能与加工硬化相抗衡,金属重新硬化而使曲线上升。当位错密度增加至足以使动态再结晶占主导地位时,曲线便又下降。以后这一过程循环往复,但波动幅度逐渐衰减。

动态再结晶同样是形核长大过程,其机制与冷变形金属的再结晶基本相同,也是大角度晶界的迁移。但动态再结晶具有反复形核、有限长大的特点,已形成的再结晶核心在长大时继续受到变形作用,使已再结晶部分的位错增值,储存能增加,与邻近变形机体的能量差减小,长大驱动力降低而停止长大。而当这一部分的储存能增加到一定程度时,又会重新形成再结晶核心。如此反复进行。

7.10.2　热加工后金属的组织与性能

除了铸件和烧结件外,几乎所有的金属材料在制成成品的过程中均须经过热加工,而且不管是中间工序还是最终工序,金属热加工后的组织与性能必然会对最终产品的性能带来巨大的影响。

1. 热加工对材料力学性能的影响

热加工不会使金属材料发生加工硬化,但能消除铸造中的某些缺陷,如将气孔、疏松焊合;改善夹杂物和脆性物的形状、大小及分布;部分消除偏析;将粗大柱状晶、树枝晶变为细小、均匀的等轴晶粒,使材料的致密度和力学性能有所提高。因此,金属材料经热加工后较铸态具有较佳的力学性能。

金属热加工时通过对动态回复的控制,使亚晶细化,这种亚组织可借适当的冷却速度使之保留到室温,具有这种组织的材料,其强度要比动态再结晶的金属高。通常把形成亚组织而产生的强化称为亚组织强化,它可作为提高金属强度的有效途径。例如,铝及其合金的亚组织强化,钢和高温合金的变形热处理,低合金高强度钢的控制轧制等,均与亚晶细化有关。

2. 热加工对材料组织特征的影响

(1) 加工流线。热加工时,由于夹杂物、偏析、第二相和晶界、相界等随着应变量的增大,材料逐渐沿变形方向延伸,在经浸蚀的宏观磨面上会出现流线或热加工纤维组织。这种纤维组织的存在,会使材料的力学性能呈现各向异性,顺着纤维的方向较垂直于纤维的方向具有较高的力学性能,特别是塑性与韧性。为了充分利用热加工纤维组织这一力学性能特点,用热加工方法制造零件时,所制定的热加工工艺应保证零件中的流线有正确的分布,尽量使流线与零件工作时所受最大拉应力的方向相一致,而与外加的切应力或冲击力的方向垂直。

(2) 带状组织。复相合金中的各个相,在热加工时沿着变形方向交替地呈带状分布,这种组织称为带状组织。例如,低碳钢经热轧后,珠光体和铁素体常沿轧向呈带状或层状分布,构成带状组织。对于高碳高合金钢,由于存在较多的共晶碳化物,因而在加热时也呈带状分布。带状组织往往是由于枝晶偏析或夹杂物在压力加工过程中被拉长所造成的。另外一种形成原因是铸锭中存在偏析,压延时偏析区沿变形方向伸长呈条带状分布,冷却时,由于偏析区成分不同而转变为不同的组织。

带状组织的存在也将引起晶体性能明显的方向性,尤其是在同时兼有纤维状夹杂物的情况下,其横向的塑性和冲击韧性显著降低。为了防止和消除带状组织,一是不使材料在两相区变形;二是减少材料中夹杂物元素的含量;三是可用正火处理或高温扩散退火加正火处理消除之。

7.10.3　蠕变

在高压蒸汽锅炉、汽轮机、化工炼油设备,以及航空发动机中,许多金属零部件和在冶金炉、烧结炉及热处理炉中的耐火材料均长期在高温条件下工作。对于它们,如果仅考虑常温短时静载的力学性能,显然是不够的,必须考虑时间对其力学性能的影响。因此,研究金属高温力学性能指标还必须加入温度和时间两个因素,研究温度、应力、应变与时间的关系,建立评定材料高温力学性能的指标,探讨金属材料在高温长时间载荷作用下变形和断裂的机理,以寻求改善高温力学性能的有效途径。

7.10.3.1　蠕变现象

所谓蠕变,是指在某温度恒定应力(通常 $\sigma < \sigma_s$)下所发生的缓慢而连续的塑性流变现象。一般蠕变时应变速率很小,在 $10^{-10} \sim 10^{-3}$ 范围内,且依应力大小而定。由于蠕变而最后导致材料的断裂称为蠕变断裂。蠕变在低温下也会产生,只是变形量大小有区别,但只有当温度高于 $0.3T_m$(以绝对温度表示的熔点)时才较显著。如加热碳钢温度超过300 ℃、加热合金钢温度超过 400 ℃ 时,就必须考虑蠕变的影响。因此,蠕变的研究对于在高温下使用的材料具有重要的意义。

1. 蠕变曲线

材料蠕变过程可用蠕变曲线来描述。在恒温、恒应力作用下,应变与时间的关系曲线称为蠕变曲线。典型的蠕变曲线如图 7-71 所示。蠕变曲线上任一点的斜率,表示该点的蠕变速率。

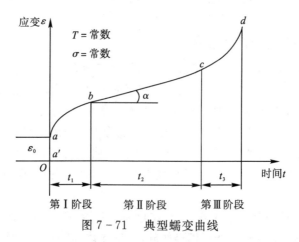

图 7-71　典型蠕变曲线

整个蠕变过程可分为三个阶段。金属蠕变曲线的第 I 阶段(t_1 段)称为减速蠕变阶段(ab 段),这一阶段开始时的蠕变速率很大,随着时间的延长,蠕变速率逐渐减小。蠕变的第 II 阶段(t_2 段)称为恒速蠕变阶段(bc 段),这一阶段的蠕变速率几乎不变,也称为稳态蠕变阶段。蠕变曲线的第 III 阶段(t_3 段)称为加速蠕变阶段(cd 段),这一阶段的蠕变速率随时间延长迅速增大,直至 d 点产生蠕变断裂。值得注意的是,图 7-71 中 $a'a$ 段的应变是试样加载后的瞬时应变 ε_0,它不是蠕变应变,从 a 点开始后的应变才是蠕变应变,因此,图中 $abcd$ 曲线称为蠕变曲线。

2. 应力和温度对蠕变曲线的影响

不同材料在不同条件下的蠕变曲线是不同的。同一种材料的蠕变曲线也随温度和应力的变化而不同。在恒温下改变应力或在恒定应力下改变温度,蠕变曲线的变化如图 7-72 所示。

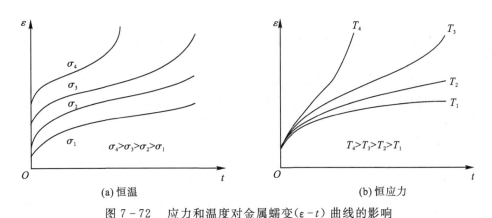

图 7-72 应力和温度对金属蠕变(ε-t)曲线的影响

由图 7-72 可知,当应力较小或温度较低时,第 II 阶段的持续时间很长,第 III 阶段的持续时间很短,甚至完全消失;反之,当应力较大或温度较高时,第 II 阶段持续时间缩短,甚至完全消失,试样在很短时间内进入第 III 阶段而断裂。

此外,有很多经验公式用来描述蠕变曲线,常用的简单形式为

$$\varepsilon = \varepsilon_0 + \beta t^n + kt \tag{7-21}$$

式中,右端第一项(ε_0)表示瞬时应变,第二项(βt^n)表示减速蠕变;第三项(kt)表示恒速蠕变。

若上式对 t 求导,则有

$$\dot{\varepsilon} = \beta n t^{n-1} + k \tag{7-22}$$

式中,β、n、k 是与材料状态有关的系数,且 n 一般是小于 1 的正数。

因此,当 t 很小即开始蠕变时,式(7-21)右端第一项起决定性作用,且随 t 的增大,$\dot{\varepsilon}$ 逐渐减小,此为第一阶段蠕变;当时间继续增大时,第二项起主导作用,此时 $\dot{\varepsilon}$ 趋于恒定值,即为第二阶段蠕变。

7.10.3.2 蠕变极限与持久强度

1. 蠕变极限

金属材料在高温下会发生软化,受到载荷后很容易发生变形。为了保证高温长期载荷作用下的构件不致产生过量变形,要求材料仍具有一定的高温强度,即蠕变极限。与常

温下的 $\sigma_{0.2}$ 相似,蠕变极限是高温长期载荷作用下材料对塑性变形的抗力指标。蠕变极限常用以下两种方法表示。

一是在给定温度 $T(℃)$ 下,使试样产生规定的第二阶段蠕变速率 $\dot\varepsilon(\%/h)$ 的应力值,以符号 $\sigma_{\dot\varepsilon}^{T}(MPa)$ 表示,例如电站蒸汽锅炉用材料的蠕变极限 $\sigma_{1\times10^{-5}}^{600}=60\ MPa$ 表示在 600 ℃ 规定应变速率 $\dot\varepsilon=1\times10^{-5}\%/h$ 的应力值为 60 MPa;二是在给定温度 $T(℃)$ 和规定时间 $t(h)$ 内,使试样产生一定蠕变应变量 $(\%)$ 的应力值,以符号 $\sigma_{\varepsilon/t}^{T}(MPa)$ 表示,例如 $\sigma_{1/10^5}^{500}=100\ MPa$ 表示材料在 500 ℃、10 万小时后产生蠕变应变量 $\varepsilon=1\%$ 的应力值为 100 MPa。

需要说明的是,测定材料蠕变极限时所用的温度、时间和应变量的取值一般应按该材料制作的零件的实际服役条件和要求来确定。具体用试样的形状、尺寸及制备方法、试验程序和要求等应按国家标准规定执行。

2. 持久强度

如前所述,蠕变极限是以蠕变变形来规定的,该指标适用于在高温运行中要严格控制变形的零件,如涡轮叶片。但是对锅炉、管道等零件在服役中基本上不考虑变形,原则上只要求保证在规定条件下不被破坏即可,因此,对这类零件的设计需要能反映蠕变断裂抗力的指标。在高温长期载荷作用下材料抵抗断裂的能力称为持久强度。持久强度的表示方法是,在给定温度 $T(℃)$ 下,使材料经规定时间 $t(h)$ 后发生断裂的应力值,以符号 $\sigma_{t}^{T}(MPa)$ 表示,如 $\sigma_{1\times10^{3}}^{700}=30\ MPa$ 表示材料在 700 ℃、经 1000 h 后的断裂应力为 30 MPa。

由上述定义可知,持久强度是难以直接测定的,一般要通过内插或外推方法确定,加之实际高温构件所要求的持久强度一般要求几千到几万小时,较长者可达几万到几十万小时。所以,在多数情况下,实际的持久强度值是利用短时寿命(如几十或几百小时,最多是几千小时)数据的外推来估计的。

一般认为,在给定温度下,持久强度与断裂寿命有如下关系:

$$t=A\sigma^{-\beta}\tag{7-23}$$

式中,A、β 是与试验温度和材料有关的常数。

显然,在双对数坐标中,断裂时间 t 与应力值 σ 呈线性关系。

3. 影响蠕变极限和持久强度的主要因素

基于蠕变变形和蠕变断裂的机理,要降低蠕变速率、提高蠕变极限,必须控制位错攀移的速度;要提高断裂抗力,即提高持久强度,必须抑制晶界滑动、强化晶界,亦即要控制晶内和晶界的扩散过程。

1)合金化学成分及其晶体结构

耐热钢及合金的基体材料一般都选用高熔点金属及合金。这是因为在一定温度下,金属的熔点越高,原子结合力越强,自扩散激活能越大,自扩散越慢,位错攀移阻力越大,这对降低材料的蠕变速率是极为有利的。

在基体中加入 Cr、Mo、V、Nb 等元素形成单相固溶体,除可产生固溶强化作用外,这些合金元素还可降低基体金属层错能和增大扩散激活能,从而易形成扩展位错并增大位错攀移阻力,提高蠕变极限。

在合金中添加能增加晶界扩散激活能的元素,既能阻碍晶界的滑动、迁移,又能增大晶界裂纹的表面能,因而这对提高合金的蠕变极限和持久强度(特别是后者)是十分有效的。

此外,不同晶体结构中原子间的结合力对其自扩散系数有较大影响。通常,体心立方晶体的自扩散系数最大,面心立方晶体次之,金刚石型结构则最小。因此,多数面心立方晶体结构金属比体心立方晶体结构金属的高温强度高,而金刚石型结构的陶瓷有更高的高温蠕变抗力。正因为如此,采用陶瓷材料作为航空发动机热端构件材料的研究是目前提高飞机性能的一项重要课题。

2) 晶粒度和晶界结构

由于一般耐热合金的正常使用温度大致都在等强温度以上,所以晶界滑动对蠕变的贡献占主导地位,因此,晶粒大小对材料高温蠕变性能的影响很大。对使用温度高于等强温度的耐热合金,采用粗晶粒对提高其蠕变极限和持久强度均有利。但是,晶粒度过大会使其持久塑性和冲击韧性降低。因此,一般以 2 ~ 4 级晶粒度为宜。实际上由于晶粒度不均匀,会使一些细晶粒对耐热合金的蠕变强度不利。此外,由于垂直于拉应力的晶界通常是空洞和裂纹的形成位置,所以采用定向凝固工艺使柱状晶沿受力方向生长,减少横向晶界,可大大提高构件的持久强度。目前,该工艺在涡轮叶片上得到了很好的应用

高温合金对杂质元素和气体含量的要求也十分严格。常见杂质有硫、磷外,铅、锡、砷、锑、铋等,只要杂质含量达到十万分之几,就会产生晶界偏聚而引起晶界弱化,导致合金的持久强度和塑性急剧降低。因此,耐热合金多采用真空熔炼工艺制备并进行纯化处理以改善其高温性能。

3) 热处理

不同耐热合金需经过不同的热处理工艺,以改善其组织、提高其高温性能。珠光体耐热钢一般采用正火 + 高温回火工艺,正火温度应较高,以促使碳化物较充分而均匀地溶于奥氏体中,回火温度应在 150℃ 以上,以提高其在使用温度下的组织稳定性。

奥氏体耐热钢一般进行固溶和时效处理,使之得到适当的晶粒度,并使碳化物沿晶界呈断续链状析出,以提高其持久强度和塑性。此外,还采用形变热处理改变晶界形状(如形成锯齿状),并在晶内造成多边化亚晶,可进一步使合金得到强化。

7.10.3.3　蠕变变形和蠕变断裂的机理

1. 蠕变变形机理

已知晶体在室温下或者在温度小于 $0.3T_m$ 时变形,变形主要是通过滑移和孪生两种机制进行的。热加工时,由于应变率大,位错滑移仍占重要地位。当应变率较小时,除了位错滑移之外,高温使空位(原子)的扩散得以明显地进行,这时变形的机制也会不同。

(1) 位错蠕变(回复蠕变)。在蠕变过程中,滑移仍然是一种重要的变形方式。在一般情况下,若滑移面上的位错运动受阻产生塞积,滑移便不能进行,只有在更大的切应力下才能使位错重新开动增殖。但在高温下,刃型位错可借助热激活攀移到邻近的滑移面上并可继续滑移,很明显,攀移减小了位错塞积产生的应力集中,也就是减弱了加工硬化。这个过程的机理和螺型位错交滑移能减少加工硬化的机理相似,但交滑移只在较低温度

下对减弱强化是有效的,而在 $0.3T_m$ 以上,刃型位错的攀移起主导作用。刃型位错通过攀移形成亚晶,或正负刃型位错通过攀移后相互消失,使回复过程能充分进行,故高温下的回复过程主要是刃型位错的攀移。当蠕变变形引起的加工硬化速率和高温回复的软化速率相等时,就形成了稳定的蠕变第二阶段。

（2）扩散蠕变。当温度很高（$\sim 0.9T_m$）、应力很低时,扩散蠕变是其变形机理。它是在高温条件下由空位的移动造成的。如图 7-73 所示,当多晶体两端有拉应力 σ 作用时,与外力轴垂直的晶界受拉伸,与外力轴平行的晶界受压缩。因为晶界本身是空位的源和湮没阱,垂直于力轴方向的晶界空位形成能低,空位数目多,而平行于力轴的晶界空位形成能高,空位数目少,从而在晶粒内部形成一定的空位浓度差。空位沿实线箭头方向向两侧流动,原子则朝着虚线箭头的方向流动,从而使晶体产生伸长的塑性变形,这种现象称为扩散蠕变。

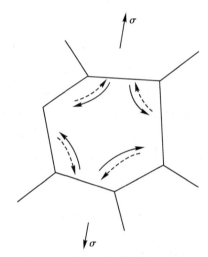

图 7-73　晶粒内部扩散蠕变示意图

（3）晶界滑动蠕变。在高温下,晶界上的原子容易扩散,受力后易产生滑动,故促进蠕变进行。随着温度升高、应力降低、晶粒尺寸减小,晶界滑动对蠕变的贡献也相应增大。但在总的蠕变量中所占的比例并不大,一般约为 10% 左右。

实际上,为保持相邻晶粒之间的密合,扩散蠕变总是伴随着晶界滑动。晶界的滑动是沿最大切应力方向进行的,主要靠晶界位错源产生的固有晶界位错来进行,与温度和晶界形貌等因素有关。

材料在高温下加载后,要伴生一定量的瞬时变形,其中包括弹性变形和塑性变形。在机理上,这种变形与常温的弹、塑性变形是相似的,弹性变形主要是正应力作用的结果,而塑性变形主要是切应力作用的结果。瞬时变形后产生的蠕变变形则取决于温度和应力的共同作用,是通过位错滑移、攀移形成的亚晶及晶界的滑动和迁移等方式实现的,这与常温塑性变形有所不同。

2. 蠕变断裂机理

蠕变断裂是与蠕变变形的第 Ⅱ 阶段相关的,此时材料中已产生空洞、裂纹等缺陷。在裂纹成核和扩展过程中,晶界滑动引起的应力集中与空位的扩散起着重要作用。

　1）断裂方式

　　与常温韧性断裂不同，蠕变断裂主要是沿晶断裂。一般认为，这种断裂形态上的转变与多晶体中晶内和晶界强度随温度的变化梯度不同有关。

　　如图 7-74 所示，通常存在一个晶内强度和晶界强度相等的温度 —— 等强温度 T_e。等强温度一般与应变速率及材料的冶金特性有关。随着应变速率的减小，等强温度 T_e 也减小，而晶界断裂倾向则增大，这正是在高温低应力蠕变中所观察到的一般结果。

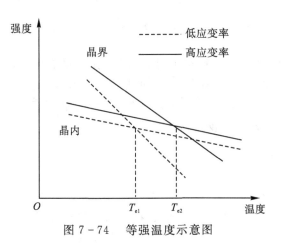

图 7-74　等强温度示意图

　2）断裂机理

　　晶界断裂机理的模型有以下两种。

　　（1）晶界滑动形成空洞：在高应力和较低温度下，通常在三晶交会处、曲折晶界处、晶界夹杂物处由于晶界滑动造成应力集中而形成空洞或裂纹，如图 7-75 所示。这种由于晶界滑动所造成的应力集中若能被晶内变形或晶界迁移所松弛，则裂纹不易产生或产生后也不易扩展。

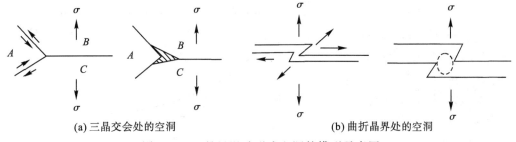

(a) 三晶交会处的空洞　　　　　　　　　(b) 曲折晶界处的空洞

图 7-75　晶界滑动形成空洞的模型示意图

　　（2）空位聚集形成空洞：在较低应力和较高温度下，空位通常分散在晶界及晶内各处，特别是易产生垂直于拉应力方向的晶界上。如图 7-76 所示，由于晶内到晶界有空位梯度存在（晶界空位浓度大），使受拉伸晶界周围的晶界及晶内的空位向拉伸晶界聚集，从而形成稳定的空洞，之后空洞连接而形成裂纹，且在三晶交会点及夹杂处空位聚集尤为明显。

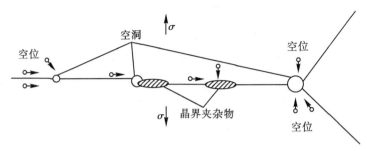

图 7-76　空位扩散聚集形成空洞示意图

　　显然,以上两种机理都要经历空洞稳定长大而形成微裂纹到裂纹不稳定扩展而断裂的过程。并且,在不同的应力和温度下,两种机理占有不同的主导地位。一般地,晶界滑动机理主导的蠕变断裂发生在较高应力水平和较低温度的条件下;而空位聚集机理主导的断裂发生在较低应力水平和较高温度的条件下。

7.10.4　应力松弛

7.10.4.1　应力松弛现象

　　为了用螺栓压紧两个零件(如蒸汽管道接头),需转动螺帽使螺杆产生一定的弹性变形,这样在螺杆中就产生了拉应力。在高温下会发现,经一段时间后,螺杆的拉应力会逐渐自行减小,但原来给的总变形量不变。这种在具有恒定总变形的零件中,随着时间的延长而自行降低应力的现象,称为应力松弛。

　　处于松弛条件下的零件如图 7-77(a) 所示。在一定温度下随着时间的延长,弹性应变量 $\varepsilon_弹$ 与塑性应变量 $\varepsilon_塑$ 的变化,如图 7-77(b) 所示,其总应变 ε_0 可用下式表示:

$$\varepsilon_0 = \varepsilon_弹 + \varepsilon_塑 = 常数$$

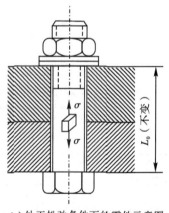

(a) 处于松弛条件下的零件示意图

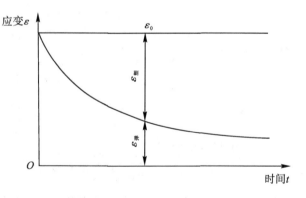

(b) 一定温度下, $\varepsilon_弹$ 与 $\varepsilon_塑$ 随时间的变化曲线

图 7-77　金属中的应力松弛现象示意图

　　最初,即 $t=0$ 时,零件中的总应变为 $\varepsilon_0 = \Delta L_总 / L_0$,全为弹性变形,这时其中的应力为 $\sigma_0 = E\varepsilon_0$。随着时间的增长,塑性变形产生,弹性变形消失,弹性变形不断地转为塑性变形,即弹性应变 $\varepsilon_弹$ 不断地减少,零件中的应力也就相应降低,即应力 $\sigma = E\varepsilon_弹$,而 $\varepsilon_弹$ 减

小，E 不变，σ 就减小。

钢在常温下可以说不产生松弛现象，因为松弛速率甚小，没有实际意义。但在高温时，其松弛现象就较明显。因此，蒸汽管道接头螺栓在工作一定时间后必须拧紧一次，以免产生漏水、漏气现象。在高温下，除螺栓外，凡是相互连接而其中有应力相互作用的零件，如弹簧、压配合零件等，都会产生应力松弛现象。

前已述及，金属的蠕变是在应力不变的条件下，不断产生塑性变形的过程；而金属的松弛则是在总变形量不变的条件下，弹性变形不断转变为塑性变形，从而使应力不断减小的过程。因此，可以将松弛现象视为应力不断减小条件下的一种蠕变过程。由此可知，金属的蠕变与应力松弛两者的本质是一致的，只是由于外界条件有点差异而有不同的表现而已。

7.10.4.2　松弛稳定性指标及其测定方法

金属中的应力松弛过程，可通过松弛试验测定的松弛曲线来描述。金属的松弛曲线是在给定温度 T 和总变形量不变条件下应力随时间而降低的曲线，如图 7–78 所示。经验证明，在单对数坐标（$\lg\sigma - t$）上，用各种方法所得到的应力松弛曲线都具有明显的两个阶段。第一阶段（Ⅰ）持续时间较短，应力随时间急剧降低；第二阶段（Ⅱ）持续时间很长，应力下降逐渐缓慢，并趋于恒定。

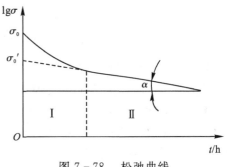

图 7–78　松弛曲线

第一阶段的主导作用主要是蠕变中的位错滑移和晶界滑移，而第二阶段的主导作用主要是扩散控制的位错攀移和畸变区扩散，前者过程较快，而后者过程较慢。材料抵抗应力松弛的性能称为松弛稳定性，可通过松弛曲线来评定。松弛曲线第一阶段晶粒间抵抗应力松弛的能力，用晶间稳定系数 s_0 表示：

$$s_0 = \sigma_0'/\sigma_0 \qquad\qquad (7-24)$$

式中，σ_0 为初始应力；σ_0' 为松弛曲线第二阶段的初应力。二者的数值可由图 7–78 所示松弛曲线上各曲线与纵坐标的交点求得。

材料在第二阶段抵抗应力松弛的能力，可用晶内稳定系数 t_0 表示：

$$t_0 = \frac{1}{\tan\alpha} \qquad\qquad (7-25)$$

式中，α 为松弛曲线上直线部分与横坐标之间的夹角。s_0 和 t_0 的数值越大，表明材料的抗松弛性能越好。

此外，还常用金属材料在一定温度 T 和一定初应力 σ_0 作用下，经规定时间 t 后的残余应力 σ 的大小作为松弛稳定性的指标。对不同材料，在相同试验温度和初应力下，经时间 t 后，如残余应力值越高，说明该种材料越有较好的松弛稳定性。图 7–79 为制造汽轮机、燃气轮机紧固件用的两种钢材（20Cr1Mo1VNbB 及 25Cr2MoV）的松弛曲线。由图可见，20Cr1Mo1VNbB 钢的松弛稳定性比 25Cr2MoV 钢的好。

应力松弛试验采用环状试样的试验方法。环状试样如图 7–80 所示。试环的厚度一定，其工作部分 BAB' 由两个偏心圆 R_1 及 R_2 构成，使环的径向宽度 h 随 φ 角而变化，以保证在试环开口 C 处打入楔子时，BAB' 半圆环的所有截面都具有相同的应力。试环的非工

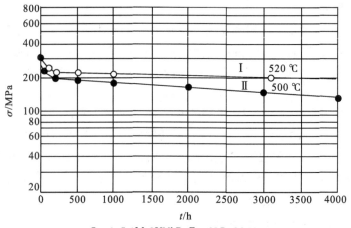

Ⅰ—20Cr1Mo1VNbB；Ⅱ—25Cr2MoV。

图 7-79 两种钢材松弛曲线的比较

作部分 BCB' 的截面较大,故其弹性变形可忽略不计。试验时,将一已知宽度 b_0 的几个不同尺寸的楔子依次打入开口处,使原开口的宽度 b 增大。根据材料力学公式,可计算出试环由于开口宽度增大在工作部分所承受的应力,即初应力 σ_0。试样加楔后,放在一定温度的炉中保温至预定时间,取出冷却,拔出楔子。这时,由于试环有一部分弹性变形转变为塑性变形,因而开口的宽度比原宽 b 有所增大,测出实际宽度,就可算出环内残余应力的大小。然后仍将楔子打入,第二次入炉,炉温不变,延长保温时间。这样依次进行,就可测出经不同保温时间后环内的残余应力值,据此绘出松弛曲线。

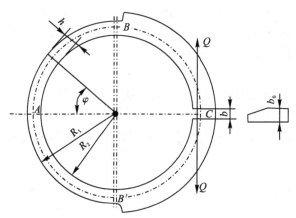

图 7-80 应力松弛试验用的环状试样示意图

($\varphi70$ mm 标准试验环,$R_1 = 28.6$ mm,$R_2 = 25.0$ mm)

7.10.5 超塑性

通常变形条件下,材料在拉伸试验过程中,试样屈服后经过一定的均匀变形就会发生局部集中变形,集中变形进一步发展形成缩颈直至断裂,获得的伸长率一般不超过 100%。但在某些特定条件下,一些金属与合金、金属间化合物甚至陶瓷材料能得到很大的伸长率,如纯镍及纯锌可得到大于 200% 的伸长率,在 Sn-38%Pb 及 Sn-44%Bi 合金

中可观测到接近 2000% 的伸长率。通常,将材料在一定条件下获得 100% 以上伸长率的均匀塑性变形的现象称为超塑性。

7.10.5.1　超塑性产生的条件

许多材料,包括在通常的变形条件下非常脆的金属间化合物及陶瓷材料在一定条件下也能表现出超塑性。实际上,所有的材料在某些特定的显微组织、温度及变形速率条件下都可以呈现出超塑性,只是对某些材料而言,发生超塑性的条件限制在一个很窄的温度和应变速率范围内,在通常情况下难以满足而已。

对大量超塑性事例的分析表明,为了使材料获得超塑性,通常应满足以下 3 个条件。

(1) 变形在不低于 $0.5T_m$(T_m 为材料的熔点)的温度下进行;

(2) 加载应变速率 $\dot\varepsilon$ 低,一般在 $\dot\varepsilon \leqslant 10^{-3}\,\mathrm{s}^{-1}$ 的范围内;

(3) 材料具有等轴状细小晶粒(直径 $10\,\mu\mathrm{m}$ 以下)的微观组织,且晶粒尺寸比较稳定,在变形过程中不会显著长大。

应该指出,上述产生超塑性的条件并非是绝对的。例如,Mg $-$ 8%Li 合金在 $3.47 \times 10^{-5}\,\mathrm{s}^{-1}$ 应变速率下得到了延伸率为 116% 的室温超塑性。显然,材料的室温超塑性或高应变率超塑性对超塑性加工成型有更大的工程意义。

7.10.5.2　超塑性变形的特征

在一定温度下,材料的流变应力 σ 是应变 ε 和应变速率 $\dot\varepsilon$ 的函数,可以写成如下关系式:

$$\varepsilon = K\varepsilon^n\dot\varepsilon^m \qquad\qquad (7-26)$$

式中,K 为常数;n 为应变硬化指数;m 为应变速率敏感指数。

一般来说,材料的延伸率随 m 值的增大而提高。图 7-81 示出了一些金属材料的应变速率敏感指数与伸长率的关系。

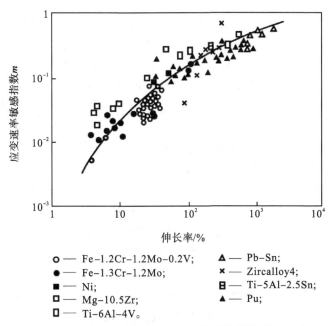

图 7-81　一些金属材料的应变速率敏感指数与伸长率的关系

显然,为了获得较高的超塑性,要求材料具有较高的 m 值。事实上,m 值能反映材料拉伸时抗颈缩的能力,m 值越大,表示应力对应变速率越敏感,超塑性现象越显著。通常,$\lg\sigma - \lg\dot{\varepsilon}$ 曲线呈 S 形特征,如图 7 - 82 所示。

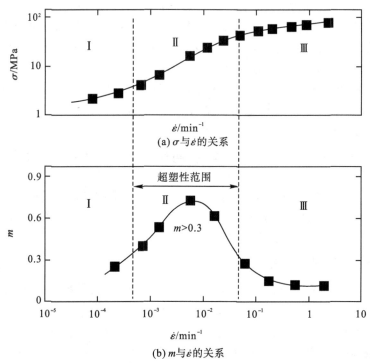

(a) σ 与 $\dot{\varepsilon}$ 的关系

(b) m 与 $\dot{\varepsilon}$ 的关系

图 7 - 82　Mg - Al 合金在 35 ℃ 变形时 σ、m 与 $\dot{\varepsilon}$ 的关系

(晶粒尺寸为 10.6 μm)

图中区域 Ⅰ 和 Ⅲ 中流变应力的应变速率敏感指数 m 很小(一般 $m < 0.3$),而 Ⅱ 区是超塑性区,该区域 m 值较大(为 0.3 ~ 0.9)。因此,m 值是评定材料超塑性的重要参数。一般地,对金属材料,室温下 m 值很小,仅为 0.01 ~ 0.04,但温度升高,m 值增大。

此外,超塑性变形的主要特征是晶粒的显微组织形态在变形过程中基本不改变,发生大量变形后晶粒仍然保持等轴晶的显微组织形态,且变形激活能常常低于原子的体扩散激活能。

大量实验表明,超塑性变形时晶粒的组织结构变化具有以下特征。

(1) 超塑性变形时,没有晶内滑移也没有位错密度的增高。

(2) 由于超塑性变形在高温下长时间进行,因此晶粒会有所长大。

(3) 尽管变形量很大,但晶粒形状始终保持等轴状。

(4) 原来两相呈带状分布的合金,在超塑性变形后可变为均匀分布。

(5) 当用冷形变和再结晶方法制取超细晶粒合金时,如果合金具有织构,在超塑性变形后织构消失。

注意,除了上述的组织超塑性外,还有一种相变超塑性,即对具有固态相变的材料可以在相变温度上下循环加热与冷却,来诱导它们发生反复的相变过程,使其中的原子在未施加外力时就发生剧烈的运动,从而获得超塑性。

7.10.5.3　超塑性变形的机理

关于超塑性变形的本质,多数观点认为是由晶界的转动与晶粒的转动所致。图 7 - 83 很好地解释了超塑性材料在很大的应变之后为什么还能保持等轴晶位。从图中可以看出,假若对一组由四个六角晶粒所组成的整体沿纵向施一拉伸应力,则横向必受一压力,在这些应力作用下,通过晶界滑移、移动和原子的定向扩散,晶粒由初始状态(Ⅰ)经过中间状态(Ⅱ)至最终状态(Ⅲ)。初始和最终状态的晶粒形状相同,但位置发生了变化,并导致整体沿纵向伸长,使整个试样发生变形。

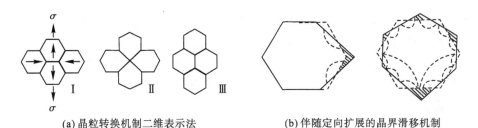

(a) 晶粒转换机制二维表示法　　　(b) 伴随定向扩展的晶界滑移机制

图 7 - 83　微晶超塑性变形的机制

所以,基于显微组织形态在发生大量变形后仍保持变形前的等轴晶状态的事实,认为超塑性变形主要是通过大量的晶界滑动来完成的,表 7 - 3 列出了几种材料中晶界滑动对总应变的贡献量。

表 7 - 3　晶界滑动对总应变的贡献量

单位:%

材料	区域 Ⅰ	区域 Ⅱ	区域 Ⅲ
Mg - Al 共晶	12	64	29
Pb - Sn 共晶	21	70	20
Pb - Ti		50	33
Mn - 0.3%C	33	41 ~ 49	30
Zn - 1%Mg		63	26
Zn - 22%Al	30	60	30

可以看出,在发生超塑性的区域 Ⅱ(见图 7 - 82),晶界滑动的贡献达 $40\% \sim 70\%$;而在非超塑性的区域 Ⅰ 和区域 Ⅲ,则只有不到 33%。因此,可以认为晶界滑动的贡献占整个变形量的很大部分,晶界滑动是超塑性的主要变形方式。而且,为了协调晶界滑动,晶体中总是伴随着晶界迁移,以及伴随着晶界原子的短程扩散和晶内位错滑移相协调等机理。

7.11　材料的其他静载力学性能

在工程材料的力学性能试验中,静态变形方式除了拉伸以外,还有扭转、弯曲和压缩等多种变形方式,每种变形方式的力学性能也各不相同,导致失效的行为也不同。因此,有必要对这些变形方式及其力学行为进行分析。

一般可将材料分为 A、B、C 三类进行试验。对于 A 类材料(如铸铁、淬火高碳钢和陶瓷等脆性材料),宜选用硬度试验;对于 B 类材料(如调质钢及中强结构钢),宜采用扭转试验;对于 C 类材料(如常用低碳钢、低合金钢和聚合物等),则广泛采用单向拉伸试验。只有选择与应力状态相适应的试验方法才能较全面地显示出材料的力学响应过程,进而测出相应的各种力学性能指标。

7.11.1 压缩

对于难以发生塑性变形的脆性材料,如铸铁、铸铝合金、轴承合金等,通过静态拉伸难以获得其力学性能,因此,通常采用压缩试验来测定其力学性能。单向压缩过程的应力状态软性系数 $\alpha = 2$,非常适合于脆性材料。而对于塑性材料,由于只能被压扁而不能被压破,因此只能测得其弹性模量、比例极限、弹性极限和屈服强度等指标,不能测定其压缩强度极限。

7.11.1.1 压缩试样

为了保证压缩试验过程中材料变形的均匀性,压缩试样一般为圆柱试样(底面圆直径和高分别为 d_0 和 h_0)。高径比 $m = h_0/d_0$,高径比小的试样为短圆柱形试样($d_0 = 10 \sim 25$ mm,$h_0 = (1 \sim 3)d_0$),如图 7-84(a) 所示,供破坏试验用;高径比大的试样为长圆柱形试样($d_0 = 25$ mm,$h_0 = 8d_0$),如图 7-84(b) 所示,供测定弹性及微量塑性变形抗力用。

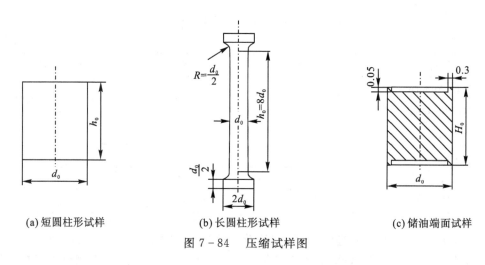

(a)短圆柱形试样　　　　(b)长圆柱形试样　　　　(c)储油端面试样

图 7-84　压缩试样图

为了保证压缩试样两个端面平行并垂直于轴线,要求试样端面具有很高的加工精度。由于压缩过程材料将发生横向扩展变形,端面的摩擦对测定的力学性能有影响,因此要求端面的表面粗糙度较低,表面粗糙度 Ra 在 $0.8 \sim 0.2$ μm 范围内。

压缩时,端面的摩擦力将阻碍试样端面的横向变形,造成上下端面小而中间凸出的腰鼓形;同时,端面的摩擦力引起的附加阻力会提高总的变形抗力,降低试样的变形能力。因此,试验时断面还要涂润滑油脂或石墨粉等来提高润滑能力,也可以采用如图 7-84(c) 所示的储油端面试样,或采用特殊设计的压头,使端面的摩擦力减到最小。

7.11.1.2　压缩曲线

利用压缩试验机测出压力 F 和压缩量 Δh 之间的关系,可得到 F-Δh 的关系曲线,即压缩曲线。塑性材料与脆性材料的压缩曲线具有不同的特点。图 7-85 中曲线 1 和曲线 2 分别为铸铁和低碳钢的压缩曲线。

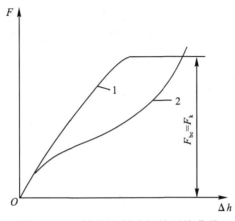

图 7-85　铸铁和低碳钢的压缩曲线

7.11.1.3　压缩试验测定的力学性能指标

由压缩曲线可以确定压缩强度指标和塑性指标。对脆性材料,一般只测定压缩强度极限(抗压强度 σ_{bc})和压缩塑性指标(相对压缩率 ε_c 和相对断面扩展率 ψ_c)。抗压强度有条件值(σ_{bc})和真实值(S_{bc})之分,各压缩性能指标可由下式计算:

$$\sigma_{bc} = \frac{F_{bc}}{A_0} \tag{7-27}$$

$$S_{bc} = \frac{F_{bc}}{A_k} \tag{7-28}$$

$$\varepsilon_c = \frac{h_0 - h_k}{h_0} \times 100\% \tag{7-29}$$

$$\psi_c = \frac{S_k - S_0}{S_0} \times 100\% \tag{7-30}$$

式中,F_{bc} 为压缩断裂载荷;A_0 为试样原始横截面积;A_k 为试样断裂时的横截面面积;h_0 为试样原始高度;h_k 为试样断裂时的高度;ψ_c 为断面扩张率;S_k 为断裂后截面积;S_0 为试样的初始截面积。

可以看出,σ_{bc} 是按原始横截面面积 A_0 计算所得的断裂应力,故称条件压缩强度极限。考虑实际压缩时断面变化的影响,可求得真实压缩强度极限 S_{bc}。显然,$\sigma_{bc} \geqslant S_{bc}$。

7.11.2　扭转

7.11.2.1　扭转试验的特点

(1)扭转过程的软性系数 $\alpha = 0.8$。扭转试验常用来测定脆性材料塑性变形的抗力指标。

(2)一般采用圆柱形试样,扭转试验时,圆柱试样两端作用两个大小相等、方向相反且作用平面垂直于圆柱轴线的一对力偶。因此圆柱试样整个长度上始终是产生均匀的塑性变形,不会产生颈缩现象。由于变形前后试样截面和长度没有明显变化,因此可用于精确评定高塑性金属材料的变形能力与抗力指标。

（3）扭转试验中的正应力和切应力数值上大体相等,所以扭转试验是测定材料切断抗力 τ_k 的最可靠方法。

（4）扭转试验可明确区分金属材料的最终断裂方式:正断与切断。根据材料的不同,断裂方式可表现出图 7-86 所示的形貌。当材料塑性较好时,断口平整且垂直于试样轴向,断口平面有回旋状的塑性变形痕迹,为由切应力作用造成的切断,如图 7-86(a) 所示。当材料塑性很差时,断口表现出图 7-86(b) 所示的形貌,断口呈螺旋状,与试样轴成 45°角,为由正应力作用造成的正断。当存在较多非金属夹杂物或偏析的金属材料经过轧制、锻造或拉拔后,顺着形变方向进行扭转试验时,平行于试样轴线方向上的切断抗力降低,常出现图 7-86(c) 所示的断口。

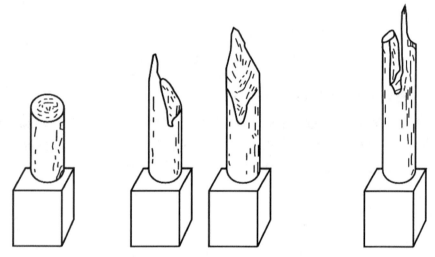

(a) 断口平整且垂直于试样　　(b) 断口呈螺旋状,与试样轴成45°角　　(c) 平行于试样轴线方向的切断抗力降低

图 7-86　　扭转试样的断口形貌示意图

（5）圆柱试样扭转试验时,截面上随着半径的不同,应力分布不均匀。试样表面处应力最大,心部应力最小,因此试验对材料的表面缺陷很敏感。

7.11.2.2　扭转试验测定的力学性能指标

扭转试验时材料两端被施加反向的扭矩 M（横截面上的扭转内力）,材料的应力状态为纯剪切,切应力分布在纵向与横向两个垂直的截面内,而主应力 σ_1 和 σ_3 与轴向大致成 45°,并在数值上等于切应力。扭转试样表面的应力状态如图 7-87 所示,σ_1 为拉应力,σ_3 为等值压应力,$\sigma_2 = 0$。

图 7-88 为扭转试样的应力与应变沿截面的分布示意图。在弹性变形阶段,扭转试样横截面上的切应力与切应变沿半径方向上的分布均呈直线关系。塑性变形后,切应变仍能保持直线分布,但在塑性区的切应力就不再是直线分布了,而是在表层的环形塑性区内有所下降,呈现曲线分布。

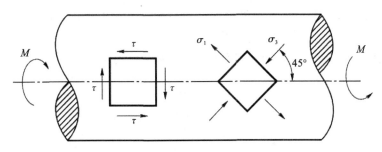

图 7 - 87　扭转试样表面的应力状态示意图

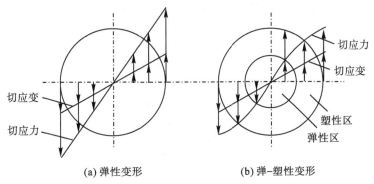

(a) 弹性变形　　　　　　　(b) 弹-塑性变形

图 7 - 88　扭转试样的应力与应变沿截面的分布示意图

图 7-89(a) 所示为扭转过程的实物图,轴两端在联轴器扭矩 M 的作用下向相反的方向扭转。用圆柱试样进行扭转试验时,试样的各个截面将沿轴向发生不同比例的旋转。圆柱试样的直径为 d_0,标距长度为 l_0。φ 为相距 l_0 的两截面间的相对扭转角,可以获得如图 7 - 89(b) 所示的 $M - \varphi$ 的关系曲线,即扭转图。曲线中 Oa 段为直线,属于弹性变形阶段。ac 段为曲线,属于塑性变形阶段。

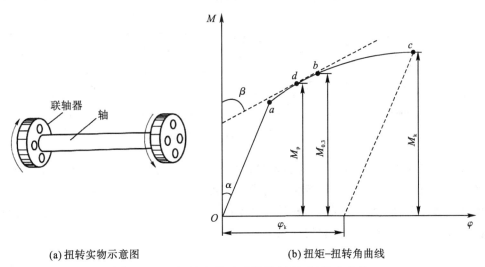

(a) 扭转实物示意图　　　　　　　　　(b) 扭矩-扭转角曲线

图 7 - 89　扭转实物示意图及扭矩-扭转角曲线

图 7-89 中，α 为直线 Oa 与 M 轴的夹角，β 为过曲线 ac 上 d 点的切线与 M 轴的夹角，使 $\tan\beta = 1.5\tan\alpha$，$d$ 点所对应的扭矩为 M_p。

试样在弹性范围内每一瞬间的表面切应力 τ 和表面切应变 γ 分别由下式给出：

$$\tau = \frac{M}{W} \tag{7-31}$$

$$\gamma = \frac{\varphi d_0}{2 l_0} \tag{7-32}$$

式中，W 为试样的截面系数，对于圆柱试样，$W = \frac{\pi d_0^3}{16}$。

当 τ 和 γ 已知时，就可以按下式求出材料的切变模量：

$$G = \frac{\tau}{\gamma} = \frac{32M l_0}{\pi\varphi d_0^4} \tag{7-33}$$

与拉伸曲线类似，根据扭转图可以求出扭转比例极限 τ_p、扭转屈服强度 $\tau_{0.3}$ 和扭转条件强度极限 τ_k，即

$$\tau_p = \frac{M_p}{W} \tag{7-34}$$

$$\tau_{0.3} = \frac{M_{0.3}}{W} \tag{7-35}$$

$$\tau_k = \frac{M_k}{W} \tag{7-36}$$

式中，$M_{0.3}$ 为规定残余扭转切应变为 0.3% 时的扭矩；M_k 为断裂时的扭矩。

7.11.3 弯曲

由于机件在工作过程中经常受到非轴向力矩的作用，此时机件材料将发生弯曲，如图 7-90 所示。因此，弯曲试验也是生产上常用的一种测定材料力学性能的方法，它主要用于测定弯曲载荷下工作的机件所用材料的力学性能。

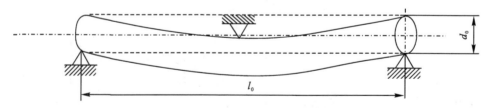

图 7-90　圆柱试样弯曲变形示意图

弯曲试验的加载方式有三点弯曲和四点弯曲两种。弯曲试验加载方式和弯矩图如图 7-91 所示。由于三点弯曲中心受力点所受的力矩最大，其断裂发生在集中加载截面处。而四点弯曲有足够的均匀加载段，断裂的具体位置可由均匀加载段内相对较均匀的组织来决定，因此可较好地反映材料的性能。

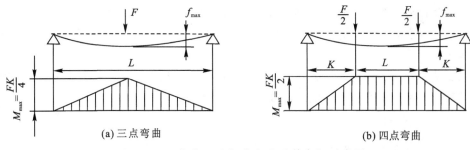

(a) 三点弯曲　　　　　　　　　　　　(b) 四点弯曲

图 7 - 91　弯曲试验加载方式及其弯矩示意图

7.11.3.1　静弯曲试验的特点

弯曲试验采用的试样通常为矩形或圆柱形。该试验通过记录弯曲载荷和最大挠度（$F - f_{\max}$）之间的曲线（称为弯曲图）来确定有关力学性能，其有以下几个特点。

（1）弯曲试验不受试样偏斜的影响，可以稳定地测定脆性材料和低塑性材料的抗弯强度，并能由挠度明显地显示脆性或低塑性材料（如铸铁、工具钢、陶瓷等）的塑性。

（2）弯曲试验不能使塑性良好的材料发生破坏，例如退火、调质的碳素结构钢或合金结构钢，不能测定其断裂弯曲强度，但可以比较一定弯曲条件下不同材料的塑性。

（3）弯曲试验时试样断面上的应力分布是不均匀的，表面应力最大，依此可以较灵敏地反映材料的表面缺陷，以检查材料的表面质量。

7.11.3.2　弯曲试验测定的力学性能指标

弯曲试验时，试样向中心受力的另外一侧弯曲。试样的凸出侧表面受到拉应力；凹陷侧表面受到压应力。拉伸侧表面的最大正应力 $\sigma_{\max}$ 由式（7 - 37）给出。对于三点弯曲试验，$M_{\max} = \dfrac{FL}{4}$，对于四点弯曲试验，$M_{\max} = \dfrac{FK}{2}$。

$$\sigma_{\max} = \frac{M_{\max}}{W} \tag{7 - 37}$$

式中，W 为试样的弯曲截面系数，对于圆柱试样，$W = \dfrac{\pi d^3}{32}$，其中 d 为试样直径；对于矩形试样，$W = \dfrac{b h^2}{6}$，其中 b 为试样宽度，h 为试样厚度。

一般，对脆性材料只测定断裂时的抗弯强度 σ_{bb}，因此有

$$\sigma_{bb} = \frac{M_b}{W} \tag{7 - 38}$$

式中，M_b 为断裂载荷 F_b 下的最大弯矩。

与抗弯强度 σ_{bb} 相应的最大挠度 $f_{\max}$ 可由试验机上的位移传感器读出。

由弯曲图的直线部分可计算出弯曲模量 E_b，对于矩形试样，弯曲模量为

$$E_b = \frac{m l^3}{4 b h^3} \tag{7 - 39}$$

式中，m 为 $F - f_{\max}$ 曲线中直线段的斜率；l 为试样的跨距。

7.11.4　硬度

金属材料及难以发生塑性变形的脆性材料，如铸铁、铸铝合金、轴承合金、金属基复

合材料及陶瓷材料等,可以通过测量材料的表面硬度来衡量材料的力学状态。硬度是衡量材料软硬程度的一种性能指标,其测量简单方便,但硬度测试有时不能反映材料整体的力学状态。

硬度试验方法主要有刻划法、回跳法、压入法等三大类。其中压入法根据测试原理和方法又将所测硬度分为布氏硬度、洛氏硬度和维氏硬度。

7.11.4.1　布氏硬度

1. 试验方法(原理)和规程

布氏硬度的试验原理:采用一定大小的载荷 F,把直径为 D 的钢球或硬质合金球压入被测金属表面,保持一定时间后卸载,然后计算出金属表面压痕陷入面积 A 上的名义平均应力值,记为布氏硬度,符号为 HBS(压头为淬火钢球)或 HBW(压头为硬质合金球)。

$$HBS\ 或\ HBW = \frac{F}{A} = \frac{F}{\pi Dh} \tag{7-40}$$

式中, h 为压痕深度。

F 和 D 一定时, h 大则说明材料的变形抗力低,硬度值小;反之, h 小则说明材料变形抗力高,硬度值大。直观上,测量压痕球冠表面圆的直径 d 要比测量压痕深度 h 更方便。由 D、d、h 三者之间的几何关系可得

$$HBS\ 或\ HBW = \frac{2F}{A} = \frac{2F}{\pi D\left[D-(D^2-d^2)^{1/2}\right]} \tag{7-41}$$

因此,在一定的 F 和 D 下,布氏硬度值只与压痕直径 d 有关,如图7-92所示。

图7-92压痕深度 h 与压痕球冠表面圆直径 d 的关系,如图7-92所示。

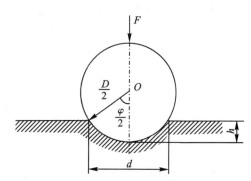

图7-92　压痕深度 h 与压痕球冠表面圆直径 d 的关系

2. 布氏硬度值的表示

因布氏硬度值与试验条件有关,所以一般采用四种符号的组合来表示其硬度值的大小,即

球体材料＋球体直径＋试验载荷＋加载时间

例如,120HBS10/1000/30表示采用直径为10 mm的淬火钢球在材料表面施加1000 kg(102 N)的载荷,保持时间为30 s,测得材料的布氏硬度值为120。当加载时间为10～15 s时不标注出来,例如,500HBW5/750。

3. 布氏硬度的特点和应用

(1) 测试硬度范围较宽,适宜多种材料试验(采用不同压球)。

(2) 压痕面积大,数据较稳定,可较好地反映大体积范围内材料的综合平均性能。

(3) 不适宜过薄、表面质量要求高及大批量快速检测的试样。

7.11.4.2　洛氏硬度

洛氏硬度试验是目前应用最广的一种测量硬度的方法。与布氏硬度不同,它不是用测定压痕的面积,而是用测定压痕的深度来表征材料的硬度值。

1. 试验原理(方法)和规程

洛氏硬度试验的压头有两种:一是圆锥角 $\alpha = 120°$ 的金刚石锥体;二是直径为 1.588 mm 的淬火钢球。

洛氏硬度试验原理可用图 7-93 说明。试验时,载荷分两次施加,先加初载荷 F_0,然后加主载荷 F_1,其总载荷为 $F = F_0 + F_1$。图中为采用 120° 圆锥角的金刚石压头时的情况。

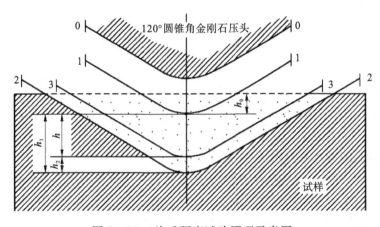

图 7-93　洛氏硬度试验原理示意图

0—0 位置为压头没有和试样接触时的位置;1—1 为压头受到初载荷 F_0 后压入试样深度为 h_0 的位置;2—2 为压头受到主载荷 F_1 后压入试样深度增至 h_1 的位置;3—3 为压头卸除主载荷 F_1 但仍保留初载荷 F_0 时的位置,由于试样弹性变形的回复,压入深度减小了 h_2。

3—3 位置时,压头受主载荷 F_1 作用压入试样的实际深度为 $h(h_1 - h_2)$。最后卸除初载荷 F_0。因此,h 值的大小可表征材料的硬度。

显然,金属越硬,压痕深度 h 越小,反之,压痕深度 h 越大。但若直接以深度 h 值表征硬度值,则会出现硬的材料 h 值小,软的材料 h 值大的现象。为此,用一常数 K 减去压痕度 h 的值来表征洛氏硬度值,并规定每 0.002 mm 为一个洛氏硬度单位,符号为 HR,则洛氏硬度值表示为

$$\text{HR} = \frac{K - h}{0.002} \tag{7-42}$$

式中,采用金刚石压头时,$K = 0.2$ mm;采用钢球压头时,$K = 0.26$ mm(注:在洛氏硬度计刻度盘上分别用黑色盘和红色盘表示)。

为了适用于不同硬度范围的测试,洛氏硬度有 3 种标尺,即 HRA、HRB、HRC,且分别采用不同的压头和总载荷组成了不同的洛氏硬度标度,具体的试验条件和测量范围详见表 7 - 4。

表 7 - 4　洛氏硬度的试验条件和测量范围

标度	压头类型	初载荷 /0.102 N	总载荷 /0.102 N	表盘刻度颜色	测量范围 /mm
HRA	120° 金刚石圆锥体	10	60	黑色	70 ~ 85
HRB	1.588 mm 直径钢球	10	100	红色	25 ~ 100
HRC	120° 金刚石圆锥体	10	150	黑色	20 ~ 67

除了常用的 HRA、HRB、HRC 三种标尺之外,洛氏硬度还有几种初载、主载都大为减小的标尺,以适应薄零件及涂层、镀层等的硬度测量,此即为表面洛氏硬度,其试验条件及测量范围详见表 7 - 5。

表 7 - 5　表面洛氏硬度标度符号及测量规范

指标	压头为 120° 金刚石圆锥体			压头为 1.588 mm 直径钢球		
标度符号	HR 15N	HR 30N	HR 45N	HR 15N	HR 30N	HR 45N
总载荷 /10 N	15	30	45	15	30	45
测量范围 /mm	68 ~ 92	39 ~ 83	17 ~ 72	70 ~ 92	35 ~ 82	7 ~ 72

2. 洛氏硬度的特点及应用

(1)可测试的硬度值上限高于布氏硬度,适宜高硬度材料的测试。

(2)压痕小,基本不损伤工件的表面,适用于成品检测。

(3)操作迅速、直接读数、效率高,适用于成批检验。

(4)压痕小造成所测数据缺乏代表性,特别是对粗大组织的材料数据更易分散。

(5)不同标尺间的硬度值不可比,因它们之间不存在相似性。

7.11.4.3　维氏硬度

布氏硬度在满足 F/D^2 为定值时可使其硬度值统一,但为了避免钢球产生永久变形,常规布氏硬度试验一般只可用于测定硬度小于 HB450 的材料,而洛氏硬度虽可用来测试各种材料的硬度,但不同标尺的硬度值不能统一,彼此没有联系,无法直接换算。针对以上不足,为了从软到硬的各种材料有一个连续一致的硬度标度,因而制定了维氏硬度试验法。

1. 试验原理

维氏硬度的测定原理基本与布氏硬度相同,也是采用压痕单位陷入面积上的载荷来计量硬度值,如图 7 - 94 所示。

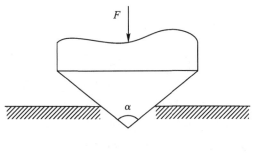

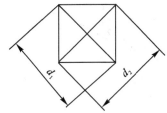

图 7 - 94　　维氏硬度试验原理图

维氏硬度采用形状为硬度极高的正四棱锥的金刚石压头。为了使维氏硬度值与布氏硬度值有最佳配合，即在较低硬度范围内硬度值相等或相近，压头的两个相对面间的夹角 $\alpha = 136°$。测量时，载荷变化，压入角却不变，因此维氏硬度试验时载荷为 F，正四棱锥金刚石压头的压痕面积为 $S = d^2/\sin68° = d^2/1.8544$，则相应的维氏硬度值为

$$\text{HV} = \frac{F}{A} = \frac{1.8544F}{d^2}(\text{kgf}/\text{mm}^2) \tag{7-43}$$

式中，d 为压痕对角线的长度（可取 d_1 和 d_2 的平均值），mm。

要注意的是，上式中 F 的单位为 kgf。当采用 N 制单位时，则与布氏硬度计算一样，也要乘以常数 0.102。

2. 维氏硬度的表示

例如，640HV30/20（维氏硬度值 HV 试验载荷／加载时间）。

3. 维氏硬度的特点及应用

(1) 维氏硬度的载荷范围很宽，通常为 $5 \sim 100$ kgf，理论上不限制载荷范围。

(2) 测试薄件或涂层硬度时，通常选用较小的载荷，一般应使试件或涂层厚度大于 1.5 d。

(3) 压痕轮廓清晰，采用对角线长度计量，精确可靠。

(4) 操作不如洛氏硬度简便，不适宜批量生产的质量检验。

4. 显微硬度 —— 显微维氏硬度

显微硬度实质上就是小载荷的维氏硬度，因此也称显微维氏硬度。其试验原理与维氏硬度一样，所不同的是：载荷以 gf 计量（1N = 102 gf）、压痕对角线长度以 μm 计量，主要用于测定极小尺寸范围内各组成相、夹杂物等的硬度值。

通常，显微硬度试验采用的载荷为 2 gf、5 gf、10 gf、50 gf、100 gf、200 gf。由于压痕微小，试样必须制成金相样品，并配备显微放大装置，以提高测量精度。

7.11.5　缺口效应

7.11.5.1　弹性变形时的应力分布 —— 应力集中和多轴应力状态

在单轴拉伸条件下,无缺口的圆形试样的应力状态为与应力方向一致的单向拉应力状态,其在横截面上的应力分布是均匀分布。但是,圆形试样如果存在缺口,缺口截面上的应力则变为三向拉应力状态,而且是不均匀分布,如图 7 - 95 所示,轴向应力 σ_1 和切向应力 σ_t 都在缺口根部达最大值,而径向应力 σ_r 则为零,由表面向中心 σ_1 迅速下降,直至平缓。

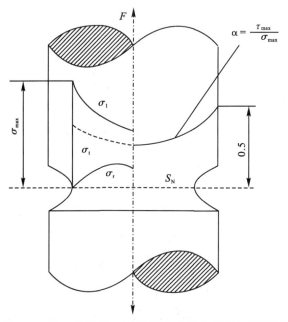

图 7 - 95　单向拉伸缺口试样的应力分布(弹性变形阶段)

由此可见,由于缺口的存在,试样中产生了应力集中,并由单轴拉应力变为三向拉应力的多轴应力状态。应力集中的程度常用理论应力集中系数 K_t 表示,它是最大轴向应力 σ_{1max} 与平均应力 σ_m 之比,即

$$K_t = \frac{\sigma_{1max}}{\sigma_m}$$

按照弹性力学分析方法,对于曲率半径为 ρ 的椭圆缺口,$K_t = 1 + 2\sqrt{\dfrac{a}{\rho}}$,其中 a 为椭圆长轴的一半。当缺口为圆形时,$a = \rho$、$K_t = 3$。

由于缺口的存在,材料在缺口处出现多轴应力状态和应力集中现象,由材料力学 Mohr 圆理论可知,最大切应力 τ_{max} 与主应力的关系是 $\tau_{max} = \sigma_1 - \sigma_r$,所以对于给定材料,切变屈服强度 τ_s 是确定的,在多轴应力状态下使试样屈服就需要更大的单轴应力 σ_1。

7.11.5.2　塑性变形时的应力分布 —— 应力集中和缺口截面应力分布的变化

对于塑性较好的金属材料来说,即使缺口处出现了三向拉应力,缺口截面仍可进行较明显的塑性变形。根据塑性变形的条件,当外加最大切应力 τ_{max} 大于材料的屈服强度时,材料就会发生塑性变形。由图 7 - 96 的应力分布可知,在缺口截面 S_N 上,由于轴向应

力 σ_1 和径向应力 σ_r 分布不均匀,最大切应力($\tau_{\max} = \dfrac{\sigma_1 - \sigma_r}{2}$)的分布也是不均匀的,在表面处为最大(此时 $\alpha = 0.5$)。因此,当外力增加时,沿 S_N 截面的塑性变形是先从表面开始,再逐步向中心扩展进行的。同时,由于表面的塑性变形削减了应力峰,造成 S_N 截面上的应力重新分布,即应力峰离开缺口表面而移向弹性变形和塑性变形的交界处。

图 7-96 表示了缺口试样在外力增加时沿 S_N 截面的应力分布和塑性变形的扩展情况。曲线 1～6 表示在外力增加的不同阶段轴向应力 σ_1 的分布情况。其中,曲线 1 表示弹性变形阶段 σ_1 的分布,曲线 2 表示塑性变形刚开始阶段 σ_1 的分布,$a_1 a_2$ 区已进入了塑性变形阶段,应力被削减,应力峰移向 a_2 点(弹性和塑性变形的交界点),曲线 3～6 是塑性变形逐步扩展到 $a_3 \sim a_6$ 时的情况,同样是塑性区内的应力被削减,应力峰依次移向弹塑性变形交界点 $a_3, \cdots, a_6$,因此轴向应力的峰值连成的虚线为弹塑性变形边界。

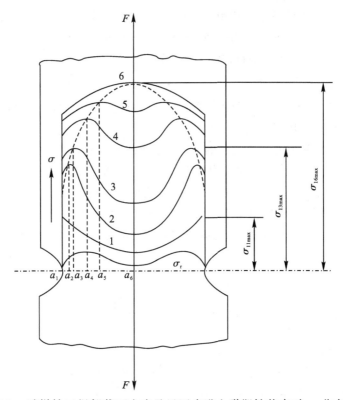

图 7-96　试样缺口根部截面由表及里逐步进入弹塑性状态时 σ_1 分布的变化

若将最大轴向应力的顶点(1,2,$\cdots$,6)连成曲线,用 σ_{1s} 表示,则它反映了塑性变形向内扩展时所需轴向应力的变化情况。可见,在缺口截面 S_N 上,使各点($a_1, a_2, \cdots, a_6$)开始塑性变形所需的轴向外力 F 是不等的,越靠近中心,F 值越大,这主要与径向应力 σ_r 的存在及塑性区的变形硬化有关。并且,σ_{1s} 曲线斜率越大,表明塑性变形向内扩展越困难,且此时的 σ_1 增加较快,试样容易正断,从而使脆性倾向增大。

缺口截面 S_N 上的塑性变形扩展程度主要决定于材料的性质和缺口的形状。

(1)就材料性质来说,主要决定于屈服强度和断裂抗力。前者决定了塑性变形扩展的开始点,后者决定了塑性变形扩展的终止点。若材料的屈服强度等于或接近断裂抗力,则在缺口根部尚未开始塑性变形时,最大轴向应力 $\sigma_{1\max}$ 就已达到断裂抗力(应力集中阶段),材料会发生早期脆断,此时缺口试样的抗拉强度 σ_{bN} 较光滑试样的 σ_b 低(图7-96中曲线1),脆性和低塑性材料即属于此;若材料的屈服强度较低而断裂抗力较高,则塑性变形向内扩展可充分进行,此时缺口试样的 σ_{bN} 较光滑试样的 σ_b 高(图7-96中曲线5、6),塑性材料即属于此;若材料的屈服强度和断裂抗力都很高,则塑性变形的扩展开始得很迟,且还未充分扩展就会发生断裂,此时的 σ_{bN} 也较 σ_b 高些(图7-96中曲线4),中强度钢多属于此。

(2)就缺口形状来说,缺口越尖锐,σ_{1s} 曲线就越陡,塑性变形向内扩展的程度就越小,脆化倾向越大,反之,则脆化倾向越小。

要注意不能把缺口使变形抗力升高的现象误认为缺口也是强化材料的一种因素,实际上它只增大材料的脆化倾向。

基于以上缺口对塑性变形的影响,实际生产中在机件设计时应尽可能地增大缺口的曲率半径,以降低应力集中系数和 σ_{1s} 曲线的斜率;选材时不应盲目追求高强度材料,而应注意足够的塑性配合,从而减小脆化倾向和脆断危险。

7.11.5.3　缺口拉伸试验

如前所述,缺口对静拉伸力学性能的影响要视材料在光滑试样拉伸时的变形能力及缺口形状而定。材料的屈服强度和断裂抗力不同,变形能力不同,且缺口曲率半径不同,σ_{1s} 曲线斜率也不同,从而使缺口试样的 σ_{bN} 与光滑试样的 σ_b 不相等。

此外,缺口的应力集中和三向应力状态均与缺口几何形状有关。应力集中对缺口曲率半径很敏感,而缺口深度影响三向应力状态。鉴于此,用缺口试样来考查缺口对拉伸性能的影响时,试样的缺口形状和尺寸应该有所规定,以使数据有可比性。常用的缺口拉伸试样如图7-97所示。要注意的是,与缺口试样对比的光滑试样,其直径应等于缺口直径 d_N,且应在热处理之后再加工缺口。

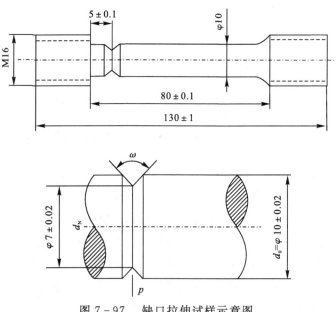

图7-97　缺口拉伸试样示意图

缺口敏感性:缺口试样的强度 σ_{bN} 与光滑试样的强度 σ_b 之比,即缺口强度比(NSR):

$$NSR = \frac{\sigma_{bN}}{\sigma_b}$$

试验表明:NSR < 1,表示缺口敏感性大,一般是一些脆性材料,如铸铁、高碳工具钢等;NSR > 1,表示缺口敏感性小甚至不敏感。但不能把 NSR = 1 作为缺口敏感与否的分界。

鉴于上述情况,可以认为,如果引入比缺口拉伸更硬的应力状态,则有可能较真实地反映材料对硬性应力状态的敏感性。因此,对重要零件(如高强度螺钉)用的材料,在缺口拉伸的基础上还要进行偏斜拉伸试验。

7.11.6　材料的断裂

断裂是工程结构或机件的主要失效形式之一,它比其他失效形式(如磨损、腐蚀等)更具有危险性。因此,如何提高材料的抗断裂能力,防止断裂事故的发生,一直是人们普遍关注的课题。另外,基于工程机件的安全设计与选材及其断裂失效分析,研究材料断裂的宏观与微观特征、断裂机理、断裂的力学条件及影响断裂的内外因素等具有重要的意义。

事实上,在塑性变形过程中,材料会因产生内部损伤而形成微孔。微孔的产生与发展,即内部损伤的积累,将会导致材料内部形成微裂纹并不断长大,从而使材料的连续性逐渐丧失。当这种损伤达到临界状态时,裂纹将发生失稳扩展,最终造成材料的断裂。由此可见,材料发生的任何断裂过程都包括裂纹形成与扩展两个阶段,而裂纹的形成正是材料塑性变形的结果。

7.11.6.1　理论断裂强度

结构材料之所以具有工业应用价值,是因为它们具有较高的强度,同时又有一定的塑性。决定材料强度的最根本因素是原子间结合力,原子间结合力越高,则材料的弹性模量、熔点就越高。根据原子间结合力可以推导出在外加正应力作用下,将晶体的两个原子面沿垂直于外力方向拉断所需的应力,即理论断裂强度。

7.11.6.2　断裂强度的裂纹理论

为了解释玻璃、陶瓷等脆性材料的理论断裂强度与实际断裂强度的巨大差异,格里菲斯(Griffith)在 1921 年提出了裂纹理论。该理论假定,在实际材料中已经存在裂纹,当名义应力很低时,在裂纹尖端的局部应力已经达到很高数值(如达到 σ_c),从而可使裂纹快速扩展并导致材料脆性断裂。

从能量平衡角度分析,裂纹的存在使系统降低的弹性能应与因形成裂纹而增加的表面能相平衡。如果弹性能的降低是以满足表面能增加之需要,则裂纹就会失稳扩展,引发脆性断裂。格里菲斯根据能量平衡原理计算出了裂纹体的断裂强度。

设有一单位厚度的无限宽平板,对之施加均匀拉应力,使之弹性伸长后将其固定,形成一个隔离系统,如图 7-98(a)所示。采用无限宽平板是为了消除板的自由边界的约束,并且在垂直于平板表面的方向(z 方向)上,$\sigma_z = 0$,使平板处于平面应力状态。如果在平板中心割开一个垂直于应力 σ、长度为 $2a$ 的裂纹,则原来弹性拉紧的宽平板就要释放弹

性能。根据弹性理论,计算出释放的弹性能为

$$U_e = -\frac{\pi\sigma^2 a^2}{E} \qquad (7-43)$$

式中,负号表示系统释放弹性能。

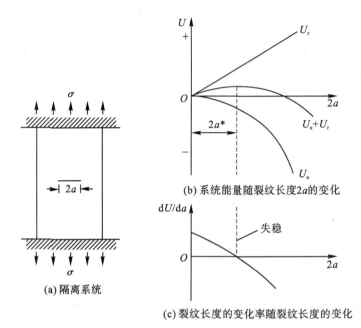

(a) 隔离系统

(b) 系统能量随裂纹长度2a的变化

(c) 裂纹长度的变化率随裂纹长度的变化

图 7-98　格里菲斯平板及其中裂纹的能量变化

　　另外,裂纹形成时产生新表面需要提供表面能,设裂纹的比表面能为γ_s,则表面能为

$$U_r = 2(a\gamma_s) = 4a\gamma_s \qquad (7-44)$$

于是,由整个系统的总能 $U = U_0 + U_e + U_r$,可得

$$U = U_0 - \frac{\pi\sigma^2 a^2}{E} + 4a\gamma_s \qquad (7-45)$$

式中,U_0为受载但未开裂纹时系统储存的弹性能(常量)。

　　系统能量随裂纹长度 $2a$ 的变化如图 7-98(b)所示。当裂纹增长到 $2a^*$(记为 $2a_c$)后,系统的总能量达最大值。若裂纹再增长,则系统的总能量下降。因此,从能量观点来看,系统能量对裂纹长度的变化率$\frac{dU}{da} = 0$ 应为裂纹失稳扩展的临界条件(见图 7-98(c)),即

$$\frac{d}{da}\left(-\frac{\pi\sigma^2 a^2}{E} + 4a\gamma_s\right) = 0 \qquad (7-46)$$

于是,裂纹失稳扩展的临界应力为

$$\sigma_r = \sqrt{\frac{2E\gamma_s}{\pi a}} \qquad (7-47)$$

式(7-46)便是著名的格里菲斯公式。

7.11.6.3　材料的宏观断裂类型

　　材料的断裂类型根据断裂的分类方法不同而异。宏观上看,断裂可按断前有无产生

明显的塑性变形分为韧性断裂和脆性断裂。一般地,光滑拉伸试样的断面收缩率小于5% 的断裂为脆性断裂,反之则为韧性断裂。也可按断裂面的取向与作用力的关系不同分为正断和切断,若断裂面取向垂直于最大正应力,即为正断;若断裂面取向与最大切应力方向一致而与最大正应力方向约成 45°,则为切断。

7.11.6.4　材料的微观断裂机理及其断口特征

如前所述,断裂是工程构件的重要失效形式,因此,在对断裂构件的失效分析中,除进行宏观断口观察与分析外,常常还需要进一步进行微观断裂机理的分析,即通过对显示裂纹萌生、扩展和最终断裂全过程的断口微观形貌的观察和分析,深入了解构件断裂失效的原因和机理。

从断裂的微观机理角度,根据断口不同的断裂特征,主要断裂类型可分为晶间断裂与穿晶断裂、解理断裂、微孔聚集剪切断裂及准解理断裂等。

1. 晶间断裂与穿晶断裂

多晶体金属断裂时,裂纹的扩展路径可以不同。按照裂纹的扩展路径,多晶体的断裂可分为晶间断裂和穿晶断裂两种类型。其中,晶间断裂(沿晶断裂)是指裂纹沿着晶界扩展,而穿晶断裂的裂纹进行的是穿过晶粒内部的扩展。

从宏观上看,晶间断裂通常是脆性断裂,而穿晶断裂则可以是脆性断裂,也可以是韧性断裂。裂纹扩展总是沿着消耗能量最小即原子结合力最弱的路径进行。一般情况下,晶界不会开裂。发生晶间断裂,势必是由于某种原因降低了晶界强度,使晶界脆化或弱化。这些原因大致有:

① 晶界上存在连续或不连续分布的脆性第二相、夹杂物,破坏了晶界的连续性;
② 有害杂质元素(如钢中的 S、Sn、Sb、P 等)在晶界上偏聚,使晶界脆化和弱化;
③ 高温、腐蚀性介质作用导致晶界损伤。

通常,晶界断裂的断口形貌呈冰糖状特征,如图 7-99 所示。可见,冰糖状断口形貌显示了多晶体各晶粒的多面体特征。但如果晶粒很细小,则冰糖状特征不明显,通常呈结晶状。

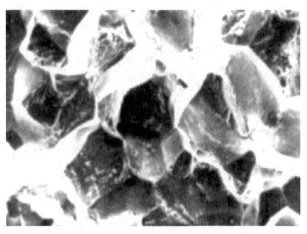

图 7-99　沿晶断裂的微观断口形貌

至于穿晶断裂,由于其微观断裂机理不同,断口的微观形貌特征也各不相同。

2. 解理断裂

解理断裂是材料在拉应力作用下,由于原子间结合键被破坏,严格地沿一定晶体学平面分离的穿晶断裂。这种晶体学平面称为解理面。解理面一般是低指数的晶面或表面能最低的晶面。表 7-6 列出了一些金属的解理面。

表 7-6　　几种金属的解理面

金属	α-Fe	W	Mg	Zn	Te	Sb
晶格类型	体心立方	体心立方	密排六方	密排六方	六方	菱方
解理面	{001}	{001}	{001}{10$\bar{1}$1}	{0001}	{10$\bar{1}$1}	{$\bar{1}$11}

解理断裂通常发生在体心立方和密排六方金属中,而面心立方的金属一般不产生解理断裂,这与面心立方金属的滑移系较多和塑性较好有关,因为在解理之前,这类材料就已产生显著的塑性变形而表现为韧性断裂。

对于理想的单晶体,解理断裂完全沿单一晶体学平面分离,则解理断口应为一个毫无特征的平坦完整的理想平面。但实际的晶体总是有缺陷存在,因此,断裂并不是沿单一平面解理,而是沿一组平行的晶面解理,并在不同高度上的平行解理面之间形成所谓的解理台阶。在电子显微镜下,从垂直于断面的方向观察,台阶汇合形成一种类似河流的花样,这是解理断裂的典型形貌特征(见图 7-100)。"河流"的流向与裂纹扩展方向一致,所以可以根据"河流"流向确定在微观范围内解理裂纹的扩展方向,而"河流"的反方向则指向裂纹发源地。

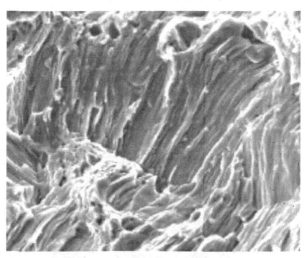

图 7-100　　解理断裂的微观断口形貌

在多晶体中,由于多种晶界的存在,可以使"河流"花样呈现复杂的形态。裂纹通过小角度倾斜晶界时,裂纹只改变走向而基本上不改变花样形态;裂纹通过扭转晶界时,可以观察到有"河流"激增(见图 7-101)现象;而在大角度晶界上,由于原子排列紊乱,河流可能不直接通过晶界而是在晶界或下一晶粒中邻近晶界处激发出新的解理裂纹,并以扇形方式向外扩展而传播到整个晶粒,于是在多晶体解理时,每一晶粒内可有一裂纹源,由此产生的解理裂纹以扇形花样向四周扩展(见图 7 - 102)。

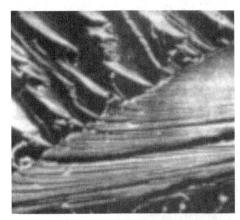

图 7 - 101　河流花样通过扭转晶界

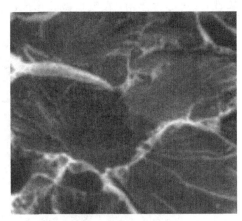

图 7 - 102　解理断裂的扇形花样

解理断裂的另一微观特征是形成舌状花样,如图 7 - 103 所示,因其在电子显微镜下的形貌类似于人舌而得名。它是由于解理裂纹沿孪晶界扩展留下的舌头状凹坑或凸台,故匹配断口上的"舌头"是黑白对应的。

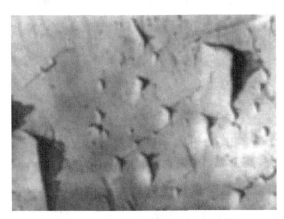

图 7 - 103　解理断裂的舌状花样

应该指出,解理断裂通常是脆性断裂,但有时在解理断裂前也显示一定的塑性变形,所以解理断裂与脆性断裂不能完全等同,前者是相对于断裂机理而言的,后者则指断裂的宏观性态。

3. 微孔聚集剪切断裂

微孔聚集剪切断裂是指通过微孔形核、长大聚合而最终导致材料的分离。它是韧性剪切断裂的一种断裂机理。事实上,韧性剪切断裂有纯剪切断裂和微孔聚集剪切断裂两种形式。其中,纯剪切断裂主要是在高纯金属材料中出现,而微孔聚集剪切断裂则是在常用的钢铁、铝合金、镁合金等工程材料中出现。

微孔聚集剪切断裂过程是由微孔形核、长大和连接等不同阶段形成的。

如图 7-104 所示,微孔聚集剪切断裂的断口形貌主要表现为韧窝特征。通常,在韧窝内部都含有第二相质点或者夹杂物粒子。显然,材料中的非金属夹杂物和第二相或者其他脆性相(统称为异相)颗粒是微孔形成的核心,韧窝形貌的断口就是断裂过程中微孔继续长大和连接的结果。

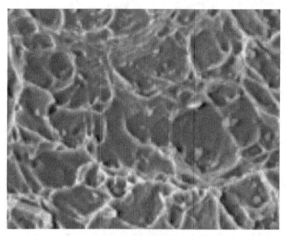

图 7-104　微孔聚集剪切断裂的断口形貌

如图 7-105 所示,金属材料中的异相在力学性能上,如强度、塑性和弹性模量等,均与基体不同。塑性变形时,滑移沿基体滑移面进行,异相起阻碍滑移的作用。滑移的结果是在异相前方形成位错塞积群,在异相与滑移面交界处造成应力集中。随着应变量的增大,塞积群中的位错密度增大,应力集中加剧。当集中的应力达到异相与基体的界面结合强度或异相本身的强度时,便导致界面脱离或异相本身断裂,这就是最初的微孔开裂(形核)。显然异相尺寸越大,与基体结合越弱,微孔形核越早。

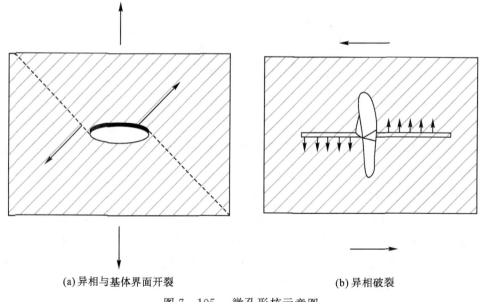

(a)异相与基体界面开裂　　　　　　　　　(b)异相破裂

图 7-105　微孔形核示意图

　　微孔的长大与连接是基体金属塑性变形的结果。如图 7-106 所示,在拉伸应力作用下,当相邻两个异相质点与基体界面之间形成微孔后,其间的金属犹如颈缩试样,在继续变形中伸长,使微孔不断扩大,并最终以内颈缩(微孔之间的基体的横向面积不断减小)方式断裂。可见,内颈缩的发展使微孔长大,最终微孔间的基体局部撕裂或剪切断裂导致微孔连接,从而形成断口上观察到的韧窝形貌。

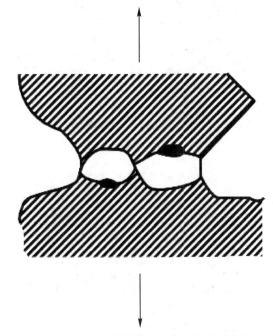

图 7-106　微孔的长大和连接示意图

　　如前所述,韧窝大多在第二相粒子处形成。对于非常纯的金属的韧性断裂,由于没有第二相粒子,一般不产生韧窝而是形成纯剪切断裂。此外,韧窝还可以在晶界、孪晶界及相界等处形核,这种韧窝中可能没有第二相粒子。

　　应该指出,微孔聚集剪切断裂的断口中一定有韧窝存在,但在微观断口形态上出现韧窝,其宏观上不一定就是韧性断裂。因为如前所述,宏观上为脆性断裂的材料在局部区域内也可能有塑性变形,从而在断裂面上显示出韧窝形态。

4. 准解理断裂

　　实际上,准解理不是一种独立的微观断裂机理,它是解理和微孔聚合两种机理的混合。如图 7-107 所示的电镜照片显示出了这种断口的微观形貌。可见,除在断裂小平面内有辐射状"河流"花样外,还可以看到许多撕裂棱分布在小平面内和小平面之间。

　　一般地,准解理和解理的区别:准解理断裂起始于断裂小平面内部,这些小裂纹逐渐长大,被撕裂棱连接起来,而解理裂纹则起始于断裂的一侧,向另一侧延伸扩展,直至断裂。准解理通过解理台阶和撕裂棱把解理和微孔聚合这两种机理掺和在一起,但准解理断裂的主要机理仍然是解理,其宏观表现主要显示为脆性断裂。

　　应当指出,对于大多数的工程材料而言,实际上的断裂往往都是以两种或多种微观断裂机理组合而形成的混合断裂,应视具体情况进行分析。例如,图 7-108 所示的

Mg－Li合金的微观断口形貌,可见其断裂主要是由沿晶断裂与微孔聚集剪切断裂两种微观机理组合的混合断裂。

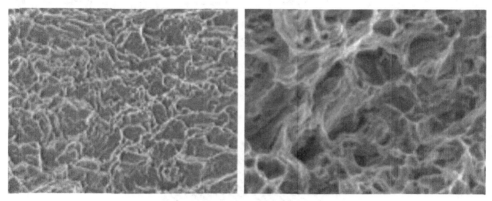

图 7－107　　准解理断裂的断口形貌

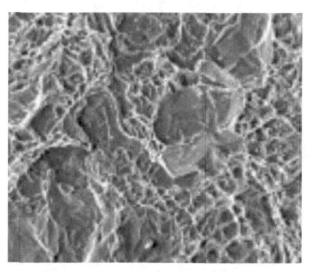

图 7－108　　Mg－Li合金的微观断口形貌

7.12　材料的动载力学性能

7.12.1　冲击载荷下的力学性能

众所周知,弹性变形是以声速在介质中传播的。在金属介质中声速是相当大的,如在钢中约为 5×10^3 m/s,普通摆锤冲击试验时绝对变形速度只有 $5 \sim 5.5$ m/s。这样,冲击弹性变形总能紧跟上冲击外力的变化,因而应变率对金属材料的弹性行为及弹性模量几乎没有影响。但是塑性变形的发展却相当缓慢,若应变率较高,则塑性变形难以充分进行。因此,应变率对材料的塑性变形、断裂过程及其有关的力学性能将产生重大影响。

在冲击载荷下,作用于位错上的瞬时应力相当高,结果使位错运动速率增加。由于位错宽度及其能量与位错运动速率有关,运动速率越大,位错能量越大、位错宽度越小,故派-纳力越大,结果使位错滑移的临界切应力增大,从而引起金属产生附加强化。此外,由于冲击载荷下应力水平较高,将使许多位错源同时开动,不仅抑制了单晶体中易滑移阶段的产生和发展,而且,冲击载荷还增加了位错密度和滑移系数目,导致孪晶的出现,减小了位错运动的自由行程平均长度,增加了缺陷浓度。上述诸点均使金属材料在冲击载荷作用下塑性变形难以持续进行。显微观察表明,在静载荷下塑性变形比较均匀地分布在各个晶粒中;而在冲击载荷下,塑性变形则比较集中在某些局部区域,这反映了冲击加载导致的塑性变形是极不均匀的。这种不均匀的情况也限制了塑性变形的发展,导致了屈服强度(和流变应力)、抗拉强度的提高,且屈服强度提高得较多,抗拉强度提高得较少,同时塑性降低,如图 7 - 109 所示。增加应变率提高金属强度的效应称为应变率强化。

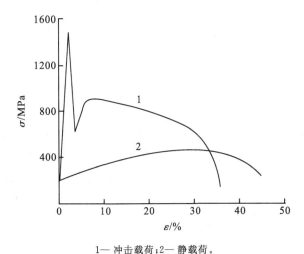

1— 冲击载荷;2— 静载荷。

图 7 - 109　纯铁的应力-应变曲线

应该指出,材料的塑性变形和应变率之间无单值依存关系。在大多数情况下,缺口试样冲击试验时材料的塑性比类似静载试验时要低,并且在高速变形下,某些金属还可能显示出较高的塑性,如密排六方金属的爆炸成型就是如此。

7.12.1.1　冲击韧性

韧性是指材料抵抗裂纹萌生与扩展而不发生断裂的能力,与脆性是两个意义上完全相反力概念。标志材料韧性的指标有两种,一种是冲击韧性,另一种是断裂韧性。

许多机器零件在工作时会遇到冲击负荷,如火车的开车、刹车,改变速度时,车厢间的挂钩要受到冲击,刹车愈急,起动愈猛,冲击力愈大。另外,还有一些机械本身就是利用冲击负荷工作的,如锻锤、冲床、凿岩机,铆钉枪等中的一些零件必然要受到冲击。一般说来,随着变形速率的增加,材料的塑性、韧性降低,脆性增加。强度高而塑性韧性较差的材料,往往易于发生突然性的破断,造成严重安全事故。现代机械的发展趋势是速度高、重量轻、功率大,既要求零件承受高速度的大负荷,又希望零件的尺寸小、重量轻。因此,发挥材料承受冲击负荷的能力是提高材料利用率的关键。

研究表明,相同材料、不同尺寸不同形状的工件承受冲击载荷的能力不同,而目前还不能对各种形状、不同尺寸工件的韧性给出一个统一的评价。因此,工业上和试验中常将材料加工成一个相同形状、相同尺寸的试样,在冲击试验机上以一个标准的加载方式和加载速度将试样冲断,计算试样在裂纹生成、扩展和断裂整个过程中吸收的能量,以比较研究材料的韧性。图 7 - 110 为冲击试验的原理示意图。

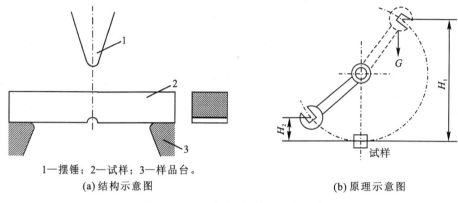

1—摆锤;2—试样;3—样品台。

(a) 结构示意图　　　　　　　　　　　(b) 原理示意图

图 7 - 110　　冲击试验原理示意图

图 7 - 110 所示的试验在摆锤式冲击试验机上进行。将试样水平放在试验机支座上,缺口位于与摆锤冲击面相背方向。试验时,先将具有一定质量 G 的摆锤抬起至一定高度 H_1,使其获得一定的势能 GH_1,然后将摆锤放下,在摆锤下落至最低位置处将试样冲断,冲断试样后摆锤升起的高度为 H_2,摆锤的剩余能量为 GH_2。摆锤在冲断试样时失去的能量即为破坏试样所做的功,称为冲击吸收功,以 A_K 表示,则有

$$A_K = G(H_1 - H_2) \tag{7-48}$$

通常,A_K 的量纲为 J·(N·m)。采用不同类型的缺口试样测得的冲击吸收功分别记为 A_{KU} 和 A_{KV}。显然,同一材料采用不同缺口试样测得的冲击吸收功是不同的,且不存在换算关系,是不可比较的。

金属材料标准冲击试验的性能指标除上述的冲击吸收功之外,还有冲击韧性,以 α_K 表示。不过,冲击韧性值并无特殊意义,它只是用缺口底部净横截面积 S_N 除相应冲击吸收功 A_K 得到的一个商值,即

$$\alpha_K = \frac{A_K}{S_N} \tag{7-49}$$

对于不同类型的缺口试样,冲击韧性值分别记为 α_{KU}(U 形缺口)和 A_{KV}(V 形缺口),量纲为 J·cm^{-2}。

从冲击吸收功的定义可见,冲击吸收功 A_K 的大小并不能真正反映材料的韧脆程度,原因有两方面。一方面,因为缺口试样冲击吸收的功并非完全用于试样的变形和断裂,其中有一部分功消耗于试样掷出、机身振动、空气阻力及轴承与支撑机构中的摩擦损失等,金属材料在一般摆锤式冲击试验机上试验时,这些功通常是忽略不计的,但当摆锤轴线与缺口中心线不一致时,上述功耗会比较大,所以,在不同试验机上测得的 A_K 值彼此可能相差 10% ~ 30%。另一方面,在忽略试样掷出、机身振动和空气阻力等能量损失条件下,冲击试验得到的吸收功,实际上是冲击截面附近材料所消耗的断裂总功,它由冲断过

程中所耗的弹性功、塑性功和撕裂功(裂纹扩展功)三部分组成。对于不同的金属材料,其冲击吸收功A_K值可以相同,但它们的弹性功、塑性功和撕裂功却可能相差很大。若弹性功所占比例很大,塑性功小,撕裂功几乎为零,则表明材料断裂前塑性变形较小,裂纹一旦形成就立即扩展直到断裂,断口必然是呈放射状甚至结晶状的脆性断口;反之,若塑性变形功所占比例大,裂纹扩展的撕裂功也大,则断口是以纤维状为主要特征的韧性断口。因此,A_K值(或α_k值)的大小并不能直接反映材料韧或脆的性质,只有其中的塑性功,特别是撕裂功的大小才能真正显示材料的韧性性质。冲击吸收功主要是反映材料缺口敏感性的物理量。

　　虽然冲击吸收功或冲击韧性不能直接用于工程计算,但由于它们对材料的内部组织、冶金缺陷等比较敏感,而且冲击试验方法简便易行,所以仍被广泛采用。并且,冲击性能也被列为材料的常规力学性能,一般地,屈服强度 σ_s、抗拉强度 σ_b、断后伸长率 δ、断面收缩率 ψ、冲击韧性 α_K 被称为材料常规力学性能的五大指标。

　　工程上,缺口冲击弯曲试验的应用主要体现在以下两方面。

　　(1)检验、控制材料的冶金质量和热加工后的产品质量。通过测量冲击吸收功和对缺口试样进行断口分析,可揭示材料中的夹渣、气孔、偏析、夹杂物等冶金缺陷,以及因过热、过烧、回火脆性等造成的热加工缺陷。

　　(2)评定材料的冷脆倾向。根据系列冲击试验(不同温度下的冲击试验)测得 A_K 与温度的关系曲线,确定材料的韧脆转变温度,据此可以评定材料的低温脆性倾向,供选材时参考或用于抗脆断设计。

　　另外,材料中不可避免地存在各种缺陷,即使工件内部不存在任何缺陷,其表面也会存在缺口、边角等加工缺陷,或由于服役要求必须存在的某些缺口等,这些缺陷都会造成材料受载后,缺口根部的应力远高于平均和名义应力,这个现象称为应力集中,图 7-111 给出了半无穷大板状工件缺口前的应力集中示意图。应力集中曾造成过许多重大事故,而因此也产生了断裂力学。断裂力学认为,材料本身就存在各种裂纹,受力后,材料抵抗裂纹扩展的能力标志着材料韧性的高低。这个韧性值称为材料的断裂韧性。

7.12.1.2　低温脆性

　　工程上的脆性断裂事故多发生于环境温度较低的条件,因为低温是导致材料脆化的重要因素之一,所以人们非常关注温度对材料性能的影响。

1. 低温脆性(冷脆) 现象

　　材料因温度的降低导致冲击韧性的急剧下降并引起脆性破坏的现象称为低温脆性(冷脆)。如图 7-112 所示,可将材料的低温脆性倾向分为三种类型。对于面心立方(fcc)金属及

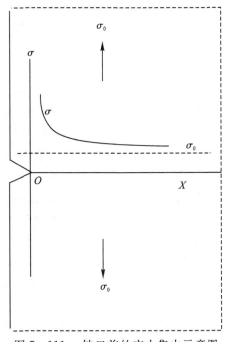

图 7-111　缺口前的应力集中示意图

其合金,因为冲击韧性很高,温度降低时变化不大,一般不会导致脆性破坏,这类材料可认为没有低温脆性倾向。对于高强度材料(如高强钢、钛合金等),因为室温冲击韧性通常很低,这类材料本身就是比较脆的,它的脆性对温度也不敏感。而对于中、低强度的体心立方(bcc)金属及合金或某些密排六方晶体结构的金属及合金,温度降低时,这些材料的冲击韧性会显著降低,断裂机理也由微孔聚集型韧性断裂转变为解理脆性断裂,这类材料通常为低温脆性倾向敏感的材料。

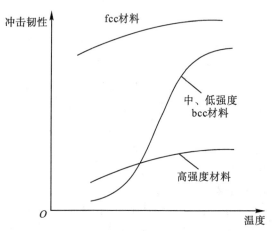

图 7-112　　不同材料的低温脆性倾向示意图

　　一般认为,低温脆性因材料的屈服强度 σ_s 随温度下降而明显上升(对体心立方金属,因派-纳力起主要作用),而表征材料解理断裂的断裂强度 σ_c 却对温度不很敏感(因为热激活对裂纹扩展条件 $\left[\sigma_c = \left(\dfrac{E\gamma_s}{a_0}\right)^{\frac{1}{2}}\right]$ 的作用不明显)。如图 7-113 所示,由于 σ_s 和 σ_c 随温度下降而产生的变化不一致,于是两条曲线相交于一点,交点对应的温度记为 T_K。当 $T > T_K$ 时,$\sigma_c > \sigma_s$,材料受载后将先发生屈服和形变硬化,使应力上升达到 σ_c 时再断裂,表现为韧性断裂;当 $T < T_K$ 时,$\sigma_c < \sigma_s$,加载时外加应力先达到 σ_c,满足了裂纹失稳的必要条件,材料将表现为脆性断裂。然而,如前所述的断裂分析表明,即使在解理断裂中,裂纹形核也是塑性变形的结果,所以在 $T < T_K$ 情况下,当外加应力达到 σ_c 时因尚无裂纹形核,不满足断裂的充分条件,因而只有当外加应力继续增大至 σ_s 时,由塑性变形引起的裂纹形核与裂纹失稳扩展同时进行,即屈服强度 σ_s 与实际的断裂强度 σ_c 重合,才能使材料发生脆性断裂。由此可见,T_K 为材料由韧性断裂向脆性断裂转变的临界温度,称为韧-脆转变温度(冷脆转变温度)。不过,在实际情况下,材料的韧-脆转变是在一个温度范围内进行的,因此材料的韧-脆转变温度实际上不是一个确定的温度

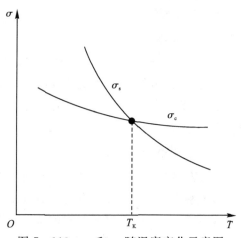

图 7-113　　σ_s 和 σ_c 随温度变化示意图

而是个温度区间，T_K 只是这个温度区间的一种表征值。

2. 韧-脆转变温度的评定

我们知道，韧性是金属材料塑性变形和断裂全过程吸收能量的能力，它是材料强度和塑性的综合表现，因而在特定条件下，能量、强度和塑性都可用来表征韧性。所以，材料断裂消耗的功、断裂后的塑性变形的大小、反映断裂结果的断口形貌等都可以确定韧-脆转变温度。例如，用静拉伸试验测试的材料屈服强度急剧升高的温度或断后伸长率、断面收缩率急剧减小的温度等都可以评定其韧-脆转变温度。但拉伸试验测试的 T_K 值偏低，且试验方法不方便，因此，通常还是采用缺口试样的冲击弯曲试验测定 T_K。

下面介绍根据能量准则和断口形貌准则定义 T_K 的方法（见图 7 - 114）。

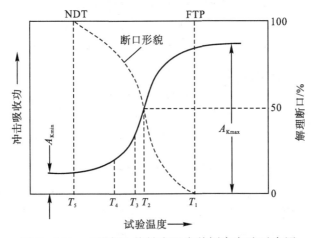

图 7 - 114　不同韧-脆转变温度的评定方法示意图

1）按能量准则定义 T_K 的方法

（1）当低于某一温度时，金属材料吸收的冲击能量基本不随温度而变化，在冲击吸收功-温度曲线上会形成一个下平台，该平台所对应的能量称为低阶能，以低阶能开始上升的温度（见图 7 - 114 中 T_5）定义为 T_K，并记为 NDT(nil ductility temperature)，称为无塑性或零塑性转变温度，这是材料无预先塑性变形便产生了断裂所对应的温度，是最容易确定 T_K 的方法。当试验温度在 NDT 以下时，断口基本由 100% 结晶区（解理区）组成。

（2）当高于某一温度时，金属材料吸收的冲击能量也基本不变，曲线上会出现一个上平台，该平台所对应的能量称为高阶能。以高阶能对应的温度（见图 7 - 114 中 T_1）定义为 T_K，记为 FTP(fracture transition plastic) 温度，称为塑性断裂转变温度。试验温度高于 FTP 的断裂，将得到 100% 纤维状断口（零解理断口）。这是一种最保守的定义 T_K 的方法。

（3）以低阶能和高阶能平均值对应的温度（见图 7 - 114 中 T_3）定义的 T_K，记为 FTE(fracture transition elastic) 温度，称为断裂过渡弹性温度。

2）按断口形貌准则定义 T_K 的方法

缺口试样冲断后，其断口形貌如图 7 - 115 所示。如同拉伸试样一样，冲击试样断口也有纤维区、放射形结晶状区与剪切唇区几个部分。有时在断口上还会看到有两个纤维区。

放射形结晶状区位于两个纤维区之间。出现两个纤维区的原因是,冲击时试样缺口一侧受拉应力作用裂纹首先在缺口处形成,而后向厚度两侧及深度方向扩展。由于缺口处是平面应力状态,若试验材料具有一定塑性,则在裂纹扩展过程中便形成纤维区(脚跟形纤维区)。当裂纹扩展到一定深度形成平面应变状态,且裂纹达到格里菲斯临界裂纹尺寸时,裂纹便快速扩展而形成结晶区。到了压应力区之后,由于应力状态发生了变化,裂纹扩展速率再次减小,于是又形成了纤维区。

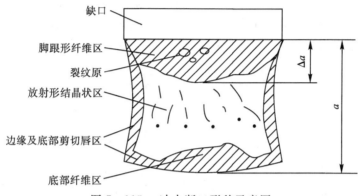

图 7-115　冲击断口形貌示意图

　　试验证明,在不同试验温度下,纤维区、放射形结晶状区与剪切唇区三者之间的相对面积(或线尺寸)是不同的。温度下降,纤维区面积减少,结晶状区面积增大,材料由韧变脆。通常取结晶状区面积占整个面积 50% 的温度(见图 7-114 中 T_2)为 T_K,并记为 50% FATT(fracture appearance-transition temperature, 断口韧-脆转变温度)或 $FATT_{50}$、T_{50}。

　　50%FATT 反映了裂纹扩展的变化特征,可以定性地评定材料在裂纹扩展过程中吸收能量的能力。实验发现,50%FATT 与断裂韧性 K_{Ic} 开始急速增加时的温度有较好的对应关系,因而在工程上得到了广泛应用。但此种方法评定断口各区所占面积受人为的因素影响较大,要求测试人员要有较丰富的经验。

　　必须指出,韧-脆转变温度 T_K(FTP、$FATT_{50}$、NDT 等)也是金属材料的韧性指标,因为它反映了温度对材料韧脆性的影响。T_K 与 δ、Ψ、A_K、NSR 一样,也是金属材料的安全性指标。T_K 是从韧性角度选材的重要依据之一,可用于抗脆断设计,以保证机件(或构件)的安全服役,但不能直接用来设计、计算机件(或构件)的承载能力或截面尺寸。对于在低温下服役的机件(或构件),依据材料的 T_K 值可以直接或间接地预测它们的最低使用温度。很明显,机件(或构件)的最低使用温度必须高于 T_K,二者之差越大越安全。据此,选用的材料应该具有一定的韧性温度储备,即应该具有一定的 Δ 值:$\Delta = T_0 - T_K$,Δ 为韧性温度储备,T_0 为材料使用温度。通常,T_K 为负值,T_0 应高于 T_K,故 Δ 为正值。实际上,Δ 值取 40℃～60℃ 已可满足材料的安全使用。一般地,为了保证材料的可靠性,对于受冲击载荷作用的重要机件(或构件),Δ 取 60℃;不受冲击载荷作用的非重要机件,Δ 取 20℃;中间者取 40℃。

　　应该注意,由于定义 T_K 的方法不同,同一材料所得的 T_K 值必有差异;同一材料,使用同一定义方法,也会由于外界因素的改变(如试样尺寸、缺口尖锐度和加载速率等),使 T_K

值有较大差别。所以在一定条件下用缺口试样测得的 T_K,因为和实际结构与工况之间无直接联系,难以确切地说明该材料制成的构件一定会在该温度下发生脆断。因此,由弯曲缺口试样测得的 T_K 只能作为工程应用中的一种定性的相对判断。对于大型及重要构件,最好用更接近实际工况的试验来评定和分析。

一般说来,除前述的晶体结构外,合金成分和组织、晶粒尺寸等都对材料的冷脆转变和 T_K 值有明显的影响。就钢材而言,增加碳、磷、氧、氢、氮和钼的含量及使铝、硅超过一定含量都会使 T_K 值上升,而增加镍、锰的含量及使钛、钒超过一定含量则可使 T_K 值下降;冷作时效、上贝氏体组织可使 T_K 值上升,而低温马氏体和奥氏体组织及高温回火组织则可使 T_K 值下降;细化晶粒也能达到降低 T_K 值的目的。

7.12.2　材料的抗疲劳性能

在工程结构中,绝大多数构件所受的载荷状态是在大小和方向上不断变动的,其失效过程往往远快于静载荷的失效过程。工程构件由于承受变动载荷而导致裂纹萌生和扩展以致断裂失效的全过程称为疲劳。失效事件的统计分析表明,疲劳失效约占总机械构件失效数量的 80% 以上,并造成重大的经济损失和安全事故。因此,研究材料在变动载荷中的力学响应、裂纹萌生及扩展特性,对评定疲劳抗力,进而为工程构件的疲劳设计、疲劳寿命预测和寻求改进工程材料疲劳抗力的途径等过程是十分重要的。

1. 疲劳现象及分类

疲劳一般是长期的过程。变动载荷(应力)是指对构件所施加的大小或大小和方向随时间按一定规律呈周期性变化或呈无规则随机变化的载荷(应力)。前者称为周期变动载荷(应力)或循环载荷(应力),后者称为随机变动载荷(应力)。实际的工程构件承受的载荷多为后者,但对工程材料的疲劳特性分析而言,为简化起见,主要针对循环载荷(应力)进行讨论。循环载荷的应力-时间关系如图 7-116 所示。

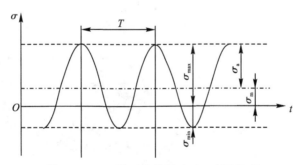

图 7-116　循环载荷的应力-时间关系

疲劳的破坏过程是材料内部薄弱区域的组织在变动应力作用下逐渐发生变化和损伤累积、开裂,当裂纹萌生并扩展到一定程度后发生突然断裂的过程,是一个从局部区域开始的损伤积累、最终引起整体破坏的过程。

疲劳破坏可按不同方法分类。按应力状态分,有弯曲疲劳、扭转疲劳、拉压疲劳、接触疲劳及复合疲劳;按应力高低和断裂寿命分,有高周疲劳和低周疲劳。高周疲劳的断裂寿命(N)较长($N > 10^5$ 周次),断裂应力水平较低($\sigma < \sigma_s$),又称低应力疲劳,为常见的材料

疲劳形式;低周疲劳的断裂寿命较短($N = 10^2 \sim 10^5$周次),断裂应力水平较高($\sigma \geqslant \sigma_s$),往往伴有塑性应变发生,常称为高应力疲劳或应变疲劳。

2. 疲劳特征

疲劳破坏是循环应力引起的延时断裂,其断裂过程中的应力水平往往远低于材料的抗拉强度,甚至低于其屈服强度。机件疲劳失效前的工作时间称为疲劳寿命。机件承受的循环应力的大小、变动程度都严重影响疲劳寿命。与静载或一次性冲击加载相比,疲劳破坏具有如下特点。

(1)它是一种潜藏的失效方式,构件在静载下无论是否显示脆性,其在疲劳断裂时都不会产生明显的塑性变形,断裂常常是突发性的,没有预兆,所以危险性大。因此,对承受疲劳负荷的构件,通常有必要事先进行安全评估。

(2)疲劳对材料缺陷十分敏感。由于构件中不可避免地存在缺陷,如材料表面缺陷(如沟槽、缺口等),以及材料内部缺陷(如第二相夹杂物、疏松、孔洞、白点、脱碳等),因此可能在名义应力不高的情况下,会因局部应力集中而形成裂纹,随着变动应力的加载,裂纹不断扩展,直至剩余截面不能再承担载荷而突然发生疲劳断裂。

(3)实际构件的疲劳破坏过程可以分成三个阶段,即裂纹萌生、裂纹扩展和最终断裂。

疲劳断口保留了断裂过程的所有痕迹,其受材料性质、应力状态、应力大小及环境因素的影响,因此对疲劳断口的分析是研究疲劳过程、分析疲劳失效原因的重要方法之一。

由于构件的疲劳破坏过程总可以明显地分出裂纹萌生、裂纹扩展和最终断裂三个阶段。因此,典型的疲劳断口具有对应于疲劳破坏过程的三个特征区,分别为疲劳源(裂纹萌生或裂纹源)区、疲劳(疲劳裂纹扩展)区和瞬断(最后断裂)区三个组成部分。其中,疲劳源区的断面较平整;疲劳区呈贝纹线(贝壳或海滩状条带)特征;瞬断区呈纤维状(塑性材料)或结晶状(脆性材料)。

图 7-117 所示为一带键槽的旋转轴的弯曲疲劳断口,在键槽根部由于应力集中,裂纹在此处萌生,称为疲劳源;形成疲劳裂纹以后,裂纹慢速扩展,由于间歇加载或载荷幅度变化,在整个裂纹扩展区可以留下贝壳状或海滩状条带,它们实际上是裂纹经过多次张开和闭合,表面相互摩擦而留下的一条条的光亮的弧线标记,即疲劳裂纹的前沿线;最后是疲劳瞬断区,它和静态下带尖锐缺口的断口相似,塑性材料的断口呈纤维状,脆性材料的断口呈结晶状。总之,典型疲劳断口总是由上述的三个区组成,而且根据这种宏观断口很容易找出疲劳源,从而判定裂纹发展方向,这在事故的失效分析中常常是很有价值的资料。

图 7-117　带键槽的旋转轴的弯曲疲劳断口

3. 疲劳曲线和疲劳极限

1）疲劳曲线 —— 疲劳 $S-N$ 曲线

疲劳 $S-N$ 曲线是指循环加载过程中最大应力 σ_{max} 与疲劳断裂前的应力循环周次 N（疲劳寿命）之间的关系曲线。

2）$S-N$ 曲线的形式与疲劳极限

在金属材料中，典型的 $S-N$ 曲线有两类。一类如图 7-118（a）所示，随着最大应力的降低，疲劳寿命延长，而当最大应力降低到一定程度时，曲线从某循环周次开始出现明显的水平部分；它表明所加的交变应力水平降低到某一水平值以下时，试样可承受无限次应力循环而不断裂，将此水平部分对应的应力定义为金属的疲劳极限，记为 σ_R；中、低强度钢通常具有此类曲线。另一类 $S-N$ 曲线无明显的水平部分，如图 7-118（b）所示，其特点是随着应力降低，断裂循环周次不断增加，但不存在无限寿命；高强度钢、钛合金等常具有此类曲线；在这种情况下，常根据实际情况的需要，规定一定断裂循环周次（如 10^8 或 5×10^7 周次）下对应的应力作为材料的条件疲劳极限，记为 $\sigma_{R(N)}$。

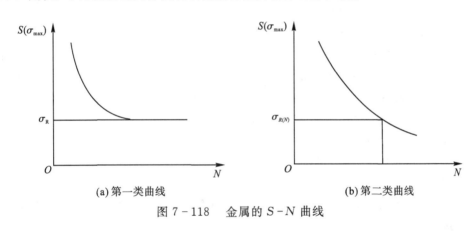

(a) 第一类曲线　　　　　　　　　　　　(b) 第二类曲线

图 7-118　金属的 $S-N$ 曲线

4. 疲劳裂纹的萌生和扩展

通常，金属所受交变应力的最大值低于材料的屈服强度，那为什么会产生疲劳断裂呢？为了弄清金属疲劳断裂的本质，必须研究疲劳过程中的微观变化，从而寻找提高材料疲劳抗力的途径。

如果先将试样表面抛光，静拉伸到材料的屈服强度以上，则在试样表面能看到到处布满细密线的滑移带，而在交变应力作用下，经过多次应力循环之后，只在部分晶粒的局部区域出现细滑移，且随着应力循环次数的增多，滑移带会变宽并加深，但在其他区域则很少出现新的滑移带。因此，交变应力下与单调静载相比，主要区别在塑性滑移的不均匀性通常集中在金属的表面、金属的晶界及非金属夹杂物等处，从而使该处成为疲劳裂纹核心。因此，金属表面由于不均匀滑移所造成的疲劳裂纹核心（驻留滑移带、挤出脊、挤入沟等）在交变应力作用下逐渐扩展，相互连接，最后发展成为宏观疲劳裂纹。疲劳裂纹一旦形成，在拉应力作用下，就容易扩展并最终导致金属的疲劳断裂。

显然，强化金属的表面、控制表面的不均匀滑移，如表面滚压、喷丸、热处理等，都能抑制或推迟疲劳裂纹的产生。其他如控制合金晶粒度（细化晶粒）、减少夹杂物等也都是提高材料疲劳抗力、延长其疲劳寿命的有效方法。

5. 提高疲劳强度的方法

由于疲劳过程的复杂性，目前还很难给出保证最佳疲劳抗力的普遍适用原则。只能进行某种适当的协调或具体根据实际要求进行分析。

在疲劳裂纹形成过程中，一般包括材料循环硬化／软化和裂纹萌生两个阶段。因此，可从加载开始至疲劳断裂全过程来考虑改善疲劳强度的方法。

1）改善材料的稳定性

对通常会出现疲劳软化的材料，如形变硬化、沉淀强化和马氏体相变强化的材料，在提高静强度的同时，要保证在循环加载时不失去强度，宜遵循以下原则。

（1）硬化材料：采用层错能较低、呈平直滑移型的基体。

（2）强化材料：沉淀相应为稳定相，不会重新溶入基体，或有意加入弥散质点以阻止长程的位错运动。

（3）提高体层错能：主要针对波状滑移型材料（即易交滑移），采用的方法是弥散强化或纤维增强。

2）改善疲劳裂纹萌生的抗力

由于多数情况下疲劳裂纹都在表面产生，所以改善表面组织结构的方法都会对抑制裂纹生成有利。此类表面强化的处理方法大致有以下三类。

（1）机械处理：如喷丸、滚压、研磨和抛光等。

（2）热处理：如火焰和感应加热使表面淬火。

（3）渗、镀处理：如氮化、电镀等。

上述方法中，喷丸处理应用较广。

3）改善疲劳裂纹扩展的抗力

尽量改善组织的受力状态，减少拉应力持续作用是避免疲劳裂纹扩展的重要原则。

6. 热疲劳

在工程材料的服役过程中，经常会发生热应力或热应力和机械应力共同作用的情况，从而造成一种特殊的低周疲劳破坏。例如锅炉、发动机中的一些构件都是在这种温度和应力同时加载的方式下工作的。

构件在循环工作过程中，不断吸热、放热而存在温度的交变以引起膨胀、收缩的循环。构件上的交变热应力通常是由于这种尺寸上的变化又受到某些约束而产生的，由这种交变热应力引起的破坏叫作热疲劳。

热疲劳对热作模具钢的使用寿命有重要影响。热作模具在工作过程中，表面几乎瞬时接触到高温工件，而后又迅速冷却，此过程叫作热冲击（热震）。其宏观破坏形式常常是由于模具表面被加热后膨胀，产生拉应力，如果拉应力超过断裂强度，模具表面就形成龟裂纹。热冲击的约束情况很复杂，难以进行有效的定量分析。近年来，人们利用计算机可以较为准确地模拟该过程。对于热作模具钢，碳化物过多，特别是粗大而不均匀的碳化物会降低热疲劳性能；材料的硬度一般应限制在 HCR45～50 以下，同时材料要有一定的韧性，这样有利于抵抗热疲劳破坏。

7.13　高分子材料与陶瓷的力学性能

7.13.1　高分子材料

1. 热塑性聚合物的变形

图 7-119 给出了一条聚合物的典型应力-应变曲线。σ_1、σ_y 和 σ_b 分别为比例极限、屈服强度和断裂强度。当 $\sigma < \sigma_1$ 时，应力与应变呈线性关系，物理机制为由键长和键角的变化引起的弹性变形。当 $\sigma > \sigma_1$ 时，链段发生可回复的运动，产生可回复的变形，同时应力-应变曲线偏离线性关系。当 $\sigma > \sigma_y$ 时，聚合物屈服，同时出现应变软化，即应力随应变的增加而减小，随后出现应力平台，即应力不变而应变持续增加，最后出现应变强化导致材料断裂。屈服后产生的是塑性变形，即外力去除后，留有永久变形。

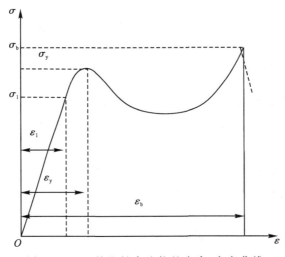

图 7-119　热塑性高聚物的应力-应变曲线

由于聚合物具有黏弹性，其应力-应变行为受温度、应变速率的影响很大。随着温度的上升，有机高分子材料的模量、屈服强度和断裂强度下降，延性增加。例如在 4℃ 时有机玻璃是典型的刚而脆的材料，而在 66℃ 时已变成典型的刚而韧的材料。一般来说，材料在玻璃化温度 T_g 以下只发生弹性变形，而在 T_g 以上产生黏性流动。应变速率对应力-应变行为的影响是增加了应变速率（相当于降低了温度）。有些聚合物在屈服后能产生很大的塑性变形，其本质与金属也有很大不同。

2. 热固性塑料的变形

热固性塑料是刚硬的三维网络结构，分子不易运动，在拉伸时表现出脆性金属或陶瓷一样的变形特性。但是，在压应力下它们仍能发生大量的塑性变形。

图 7-120 为环氧树脂在室温下单向拉伸和压缩时的应力-应变曲线。环氧树脂的玻璃化温度为 100℃，这种交联作用很强的聚合物，在室温下为刚硬的玻璃态，在拉伸时如典型的脆性材料。而环氧树脂在压缩时易发生剪切屈服，并产生大的变形，而且屈服之后

会出现应变软化。环氧树脂剪切屈服的过程是均匀的,试样均匀变形而无任何局部变形的现象。

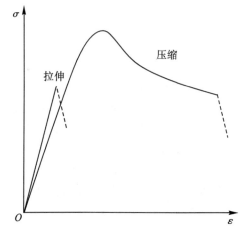

图 7-120　　环氧树脂室温下的应力-应变曲线

7.13.2　陶瓷材料的塑性变形

陶瓷材料具有强度高、重量轻、耐高温、耐磨损、耐腐蚀等一系列优点,作为结构材料,特别是高温结构材料极具潜力;但由于陶瓷材料的塑、韧性差,在一定程度上限制了它的应用。

1. 陶瓷晶体的塑性变形

图 7-121 所示的是陶瓷材料的晶态拉伸曲线及与金属材料的对比关系。陶瓷晶体一般由共价键和离子键结合,在室温静拉伸时,除少数几个具有简单晶体结构的晶体外,绝大部分陶瓷晶体结构复杂,在室温下没有塑性,即弹性变形阶段结束后,立即发生脆性断裂,这与金属材料具有本质差异。和金属材料相比,陶瓷晶体具有如下特点。

(1)陶瓷晶体的原子键合特点决定了其弹性模量比金属大得多。共价键晶体的键具有方向性,使晶体具有较高的抗晶格畸变和阻碍位错运动的能力,使共价键陶瓷具有比金属高得多的硬度和弹性模量。

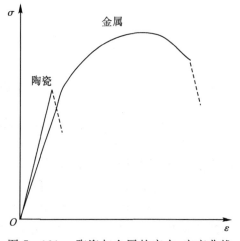

图 7-121　　陶瓷与金属的应力-应变曲线

离子键晶体的键方向性不明显,但滑移不仅要受到密排面和密排方向的限制,而且要受到静电作用力的限制,因此实际可移动的滑移系很少,弹性模量也较高。

(2)陶瓷晶体的弹性模量不仅与结合键有关,而且还与其相的种类、分布及气孔率有关。而金属材料的弹性模量是一个组织不敏感参数。

（3）陶瓷晶体的压缩强度高于抗拉强度约一个数量级，而金属的抗拉强度和压缩强度一般相等。这是由于陶瓷中总是存在微裂纹，拉伸时当裂纹达到临界尺寸就会失稳扩展立即断裂，而压缩时裂纹或者闭合或者呈稳态缓慢扩展，使压缩强度升高。

（4）陶瓷晶体的理论强度和实际断裂强度相差 1～3 个数量级。引起陶瓷实际抗拉强度较低的原因是陶瓷中因工艺缺陷导致的微裂纹，在裂纹尖端处会引起很高的应力集中，裂纹尖端之最大应力可达到理论断裂强度或理论屈服强度（因陶瓷晶体中可动位错少，位错运动又困难，故一旦达到屈服强度就已经断裂），因而使陶瓷晶体的抗拉强度远低于其理论屈服强度。

（5）和金属材料相比，陶瓷晶体在高温下具有良好的抗蠕变性能，而且在高温下也具有一定的塑性。

2. 非晶体陶瓷的变形

玻璃的变形与晶体陶瓷不同，表现为各向同性的黏滞性流动。分子链等原子团在应力作用下相互运动引起变形，这些原子团之间的引力即为变形阻力。在玻璃生产中也利用产生表面残余压应力的办法使玻璃韧化，韧化的方法是将玻璃加热到退火温度，然后快速冷却，玻璃表面收缩变硬而内部仍很热且流动性良好，如此便可使玻璃变形，使其表面的拉应力松弛，当玻璃心部冷却和收缩时，表层已刚硬，其表面便产生了残余压应力。因为一般的玻璃多因表面微裂纹引起破裂，而韧化玻璃使表面微裂纹在附加压应力下不易萌生和扩展，因而不易破裂。

3. 陶瓷材料的强化

克服陶瓷材料的脆性可以从两个方面加以考虑：一是在裂纹扩展过程中使之产生其他能量消耗机构，从而使外加负载的一部分或大部分能量被消耗掉，而不致集中于裂纹的扩展上；其次是在陶瓷体中设置能阻碍裂纹扩展的物质场合，使裂纹不再进一步扩展。

例如，借鉴贝壳珍珠层中碳酸钙纳米片硬脆层与胶原蛋白软层的复合结构，人们设计并开发出了仿珍珠层人工陶瓷材料，其脆性问题得到大幅度改善，如图 7-122 所示。

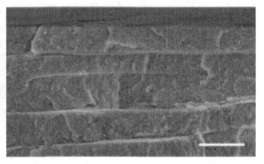

(a) 天然珍珠层　　　　　　　　　　　　　　　　(b) 人工合成珍珠层

图 7-122　天然珍珠层与人工合成珍珠层

习　题

1. 名词解释：应力、应变、屈服强度、加工硬化、滑移系、临界分切应力、派-纳力、孪生、回复、再结晶、织构、蠕变、应力松弛、超塑性、冲击韧性、疲劳。

3. 孪生与滑移的主要异同点是什么？为什么在一般塑性变形条件下进行塑性变形时锌中容易出现孪晶，而纯铜中容易出现滑移带？

4. 体心、面心、密排六方三种晶体结构中各存在多少个滑移面、滑移方向和滑移系？各自标出其中的一组滑移系。

5. 单晶体塑性变形的特点是什么？什么情况下单晶体最有利于塑性变形？为什么？

6. 试区别单滑移、多滑移和交滑移，三者滑移线的形貌有何特征？试解释。

7. 晶体中位错滑移时，通常受到哪些阻力的作用？

8. 多晶体塑性变形的特点是什么？

9. 固溶体合金（低碳钢）屈服时会出现屈服降落和屈服延伸现象，并导致试样表面产生吕德斯带，试解释其形成原因，并提出防止办法。

10. 金属材料有哪些材料强化的途径？其原理是什么？

11. 冷变形金属组织和性能会发生什么样的变化？

12. 冷变形金属重新加热时组织和性能会发生怎样的变化？

13. 为什么金属的实际断裂强度往往远低于其理论断裂强度？

14. 通常情况下，与静载荷相比，冲击载荷对材料的应力-应变行为会产生什么影响？

15. 何谓材料的低温脆性？试说明低温脆性的物理本质及其主要影响因素，并说明研究韧-脆转变对生产有什么指导意义？

16. 金属材料的断裂有哪几种类型？各自有何特点？

17. 评价金属材料硬度的指标有哪几种？每种指标适用的场合如何？

18. 陶瓷材料的变形特点有哪些？试解释其脆性大的原因。

19. 金属材料的疲劳破坏有哪些特点？通常有哪些提高金属材料疲劳强度的措施？

20. 高分子材料的变形有何特点？

第8章　材料的物理性能

当材料处于一定的外界环境中,并且受到某种外场(如外力、温度、电场、磁场或者光照等)作用时,材料物质内部的原子、分子或离子及电子的微观运动也会随之产生一系列的变化,并最终导致其宏观上感应物理量的变化。而一般认为这些宏观状态变化的性质就是材料的物理性能。所以材料的性能也是一种用于表征材料在给定的外界条件下的行为的参量。

通常,材料的物理性能可以大致划分为力学性能、热学性能、电学性能、磁学性能、光学性能等。但后来由于对材料力学性能应用的广泛,多数教材将其从众多的物理性能中独立出来,作为结构材料的重要性质进行单独介绍,本书的情况也是如此。此外,在一些书籍中,材料的物理性能还涉及材料的形状记忆效应、生物相容性、声学特性与储能特性等。

8.1　材料的热学性能

由于材料在不同的温度环境中会表现出不同的性能,因此所有物品都只能在一定的温度下使用。而我们一般也把与材料热相关的物理性能统称为材料的热学性能。具体地讲,材料的热学性能包括热容、热传导、热膨胀、热稳定性等,是材料的内禀属性之一。研究热学性能不仅对材料的相变和物性有着重要的理论意义,还对材料在工程技术中的实际应用有着重要的实用价值。例如,在航天航空中所采用的金属或复合材料,不仅需要在高温时依旧保持良好的机械强度,还要求在高温下使用时具有优异的抗疲劳特性,进而延长其使用寿命。

本节就这些热性能和材料的宏观、微观本质关系加以探讨,以便在选材,用材,改善材质,设计新材料、新工艺方面打下物理理论基础。同时,材料的组织结构、状态发生变化时,常伴随产生一定的热效应。因此,热学性能分析可成为研究材料相变的常用方法。

8.1.1　材料的热容

热容是热学中的基本物理量之一,表示分子或原子热运动的能量随温度而变化的能力,一般具体定义为物体温度升高 1K 所需要增加的能量。为了便于比较,我们经常用比热容来对物质进行分析,即单位质量物质在没有相变和化学反应的条件下升高 1K 所需的热量,单位是 $J/(K \cdot kg)$,用大写 C 表示,即

$$C = \frac{1}{m} \left(\frac{\partial Q}{\partial T} \right)_T \tag{8-1}$$

此外,物体的热容还与它的热过程有关,假如加热过程是在恒压条件下进行的,所测

定的热容称为恒压热容(C_p)；假如加热过程保持物体容积不变，所测定的热容称为定容热容(C_V)。由于恒压加热过程中，物体除温度升高外，还要对外界做功，所以温度每升高1K需要吸收更多的热量，即$C_p > C_V$，根据热力学第二定律可以导出C_p和C_V的关系：

$$C_p = \frac{1}{m}\left(\frac{\partial H}{\partial T}\right)_p \tag{8-2}$$

$$C_p = \frac{1}{m}\left(\frac{\partial H}{\partial T}\right)_p \tag{8-3}$$

$$C_p - C_V = \frac{\alpha_V^2 V_m T}{\beta} \tag{8-4}$$

式中，Q为热量；E为内能；H为焓；$\alpha_V = \dfrac{\mathrm{d}V}{V\mathrm{d}T}$是体膨胀系数；$\beta = \dfrac{-\mathrm{d}V}{V\mathrm{d}p}$是压缩系数；$V_m$是摩尔体积。

20世纪有两个已经发现的与晶体热容有关的经验定律：杜隆-珀蒂定律和奈曼-柯普定律。杜隆-珀蒂定律是元素的热容定律，它认为恒压下元素的原子热容为25 J/(K·mol)；奈曼-柯普定律则认为全化合物分子热容等于构成此化合物各元素原子热容之和，经典的热容理论可对此经验定律作如下解释。

根据晶格振动理论，在固体中可以用谐振子代表每个原子在一个自由度的振动，按照经典理论，能量按自由度均分，每一振动自由度的平均动能和平均位能都为$(1/2)kT$，一个原子有3个振动自由度，平均动能和位能的总和就等于$3kT$，1 mol固体中有N个原子，总能量为

$$E = 3N_A kT = 3RT \tag{8-5}$$

式中，N_A为阿伏伽德罗常数；T为热力学温度；k为玻尔兹曼常数；R为气体普适常数。按热容定义有

$$C_V = \left(\frac{\partial E}{\partial T}\right)_V = 3N_A k = 3R \approx 25 \text{ J/(K·mol)} \tag{8-6}$$

由式(8-6)可知，热容是与温度无关的常数，这就是杜隆-珀蒂定律。杜隆-珀蒂定律在高温时与实验结果是相符的，而在低温时，人们发现热容并不是一个恒量，它随温度降低而减小，在接近绝对零度时，热容值按C_V、$C_p \propto T^3$的规律趋于零。因此，低温条件下经典的热容理论与实际情况存在偏离。

普朗克在研究黑体辐射时，首次提出振子能量的量子化理论。他认为即使温度相同，同一物体的不同质点所发生的热振动（简谐振动）的频率ν也不尽相同。因此，在物体内质点热振动时所具有的动能也是有大有小的，即使是同一质点，其能量也有时大，有时小。但无论如何，它们的能量是量子化的，都是$\hbar\nu$的整数倍：即各个质点的能量只能是0，$\hbar\nu$，$2\hbar\nu$，…，$n\hbar\nu$，n称为量子数。如果上述频率ν以圆频率ω计，则

$$\hbar\nu = \hbar\frac{\omega}{2\pi} \tag{8-7}$$

根据麦克斯韦-玻尔兹曼分配定律可推导出：在温度T时，将一个振子的平均能量$\bar{E}$按多项式展开，取前几项化简可得

$$\bar{E} = \frac{\hbar\omega}{e^{\frac{\hbar\omega}{kT}} - 1} \tag{8-8}$$

由于 1 mol 固体中有 N 个原子,每个原子的热振动自由度是 3,所以 1 mol 固体的平均能量为

$$\bar{E} = \sum_{i=1}^{3N} \frac{\hbar \omega_i}{e^{\frac{\hbar \omega_i}{kT}} - 1} \tag{8-9}$$

因而固体的定容热容为

$$C_V = \left(\frac{\partial E}{\partial T}\right)_V = \sum_{i=1}^{3N} k \left(\frac{\hbar \omega_i}{kT}\right)^2 \frac{e^{\frac{\hbar \omega_i}{kT}}}{(e^{\frac{\hbar \omega_i}{kT}} - 1)^2} \tag{8-10}$$

这就是按照量子理论求得的热容表达式,但是若要使用式(8-10)计算C_V 必须知道谐振子的频谱,这是非常困难的事。因此实际上一般采用简化的爱因斯坦模型和德拜模型进行计算。

首先讨论爱因斯坦模型。爱因斯坦在 1906 年引入点阵振动能量量子化概念,将晶体点阵上的每个原子都认为是一个独立的振子,原子之间彼此无关,并且都是以相同的角频 ω 振动,则式(8-10)可化为

$$C_V = \left(\frac{\partial E}{\partial T}\right)_V = 3N_A k \left(\frac{\hbar \omega}{kT}\right)^2 \frac{e^{\frac{\hbar \omega}{kT}}}{(e^{\frac{\hbar \omega}{kT}} - 1)^2} = 3N_A k f_E \left(\frac{\hbar \omega}{kT}\right) \tag{8-11}$$

$f_E \left(\frac{\hbar \omega}{kT}\right)$ 称为爱因斯坦比热容函数,令 $\theta_E = \frac{\hbar \omega}{k}$,$\theta_E$ 称为爱因斯坦温度。选取适当的角频 ω,在高温区域 $T \gg \theta_E$ 时可以使理论上的C_V 值与实验值吻合得很好,即

$$C_V = 3N_A k \left(\frac{\theta_E}{T}\right)^2 \frac{e^{\frac{\theta_E}{T}}}{\left(\frac{\theta_E}{T}\right)^2} \approx 3Nk = 3R \tag{8-12}$$

但是在低温区域 $T \ll \theta_E$,有

$$C_V = 3N_A k \left(\frac{\theta_E}{T}\right)^2 e^{-\frac{\theta_E}{T}} \tag{8-13}$$

经比较,虽然该公式中C_V 随温度的变化趋势与实验是相符的,但其值仍然远小于实验值。这是由于实际中,固体的各原子振动并不是像假设的那样独立地以同样的频率振动,而是相互影响的。特别的,这一效应在温度低时尤其显著。此外,爱因斯坦模型也没有考虑低频率振动,忽略低频率振动之间频率的差别是此模型在低温情况下不准确的原因。

其次讨论德拜模型,该模型主要考虑了晶体中原子的相互作用。由于晶格中对热容的主要贡献是弹性波的振动,也就是波长较长的声频支在低温下的振动占主导地位,又由于声频波的波长远大于晶体的晶格常数,可以把晶体近似为连续介质,所以,声频支的振动也可以近似地看作是连续的,具有从 0 到ω_{max} 的谱带。高于ω_{max} 的谱带在光频支范围内,对热容的贡献很小,可忽略不计,因此有

$$C_V = 3N_A k f_D \left(\frac{\theta_D}{T}\right) \tag{8-14}$$

在高温区域 $T \gg \theta_D$ 时,$C_V \approx 3N_A k$,在低温区域 $T \ll \theta_D$ 时,$C_V = \frac{12\pi^4 N_A k}{5} \left(\frac{T}{\theta_D}\right)^3$,这和实验的结果十分符合,且温度越低,符合得越好。近些年随着科学的不断进步,实验技术和测量仪器的不断完善,人们逐渐认识到德拜模型在低温下仍不能完全符合事实,

但是在一般的应用环境下,德拜模型已是足够精确的了。此外,德拜模型也解释不了超导现象。

对于金属材料,无论是纯金属还是合金在极低温度和极高温度下,材料的热容都必须考虑自由电子对热容的贡献。因为在低温下,电子的热容不像离子那样急剧减小,反而起着主导作用,而在高温时,电子像金属离子那样显著地参与到热运动中,所以,这两种情况下,金属材料的热容由点阵振动和自由电子运动两部分组成,即

$$C_V = C_V^l + C_V^e = \alpha T^3 + \gamma T \tag{8-15}$$

式中,C_V^l 和 C_V^e 分别代表点阵振动和自由电子运动的热容;α 和 γ 分别为点阵振动和自由电子的热容系数。在常温时,自由电子运动的热容与点阵振动的热容相比可忽略不计,所以,此时材料的热容仅考虑点阵振动 C_V^l。

此外,由于多数无机材料是由晶体及非晶体组成的,所以德拜热容理论同样适用。对于绝大多数氧化物、碳化物,其热容都是从低温时的一个较低的数值逐渐增加到 1273 K 左右的近似于 25 J/(K·mol) 的数值。当温度再进一步增加时,热容基本上就不再发生变化了。大多数氧化物和硅酸盐化合物在 573 K 以上的热容用奈曼-柯普定律计算的数值较准确。根据某些实验结果加以整理,可得如下的经验公式:

$$C_p = a + bT + cT^{-2} + \cdots \tag{8-16}$$

式中,C_p 的单位为 4.18 J/(K·mol),而材料的 a、b、c 等系数可以通过查阅文献获得。

对于高分子材料,高聚物多为部分结晶或无定形结构,热容不一定符合理论式。大多数高聚物的比热容在玻璃化温度以下比较小,温度升高至玻璃化转变点时,分子运动单元发生变化,热运动加剧,热容出现阶梯式变化,也正是基于此,可以根据热容随温度的变化规律来测量高聚物的玻璃化温度。结晶高聚物的热容在熔点处出现极大值,温度更高时热容又降低。一般而言,高聚物的比热容比金属和无机材料的大,因为,高分子材料的比热容由化学结构决定,温度升高,使链段振动加剧,而高聚物是长链,使之改变运动状态较困难,因而,需提供更多的能量。某些材料在 27 ℃ 的比热容见表 8-1。

表 8-1　一些材料在 27 ℃ 的比热容

材料	比热容 /[J·(kg·K⁻¹)]	材料	比热容 /[J·(kg·K⁻¹)]
Al	0.215	Ti	0.125
Cu	0.092	W	0.032
B	0.245	Zn	0.093
Fe	0.106	水	1.0
Pb	0.038	He	1.24
Mg	0.243	N	0.249
Ni	0.106	聚合物	0.20～0.35
Si	0.168	金刚石	0.124

8.1.2　材料的热传导

当固体材料两端存在温度差时,热量将从温度高的一端流向温度低的一端,这个现

象称之为热传导。不同材料的导热性能也是千差万别的,有些材料是极好的导热体,而有些材料则为优良的绝热或隔热材料。譬如目前在电子器件 CPU 的散热及航天航空器件外层的隔热等问题上,都需要考虑材料的导热性能。

如果垂直于热流方向(x 向)的截面积为 ΔS,沿 x 轴方向的温度梯度为 $\mathrm{d}T/\mathrm{d}x$,在 Δt 时间内沿 x 轴正方向传过 ΔS 截面上的热量为 ΔQ,一般的,对于各向同性的物质有如下的关系式:

$$\Delta Q = -\lambda \frac{\mathrm{d}T}{\mathrm{d}x} \Delta S \Delta t \qquad (8-17)$$

式中,λ 为热导率;$\mathrm{d}T/\mathrm{d}x$ 称作 x 方向上的温度梯度。热导率 λ 的物理意义:单位温度梯度下,在单位时间内通过单位横截面的热量,其单位为 $\mathrm{W}/(\mathrm{m} \cdot \mathrm{K})$。

众所周知,气体的传热是通过分子的运动和相互碰撞实现的,而固体晶格上的质点是处在一定的位置上,只能在平衡位置附近做微小的振动,无法像气体分子那样杂乱地自由运动。因此固体无法像气体那样依靠分子间的直接碰撞来传递热能,它导热的方式主要是由晶格振动的格波和自由电子的运动来实现的。譬如,在金属中存在有大量的自由电子,这些电子的质量很轻,所以能迅速地实现热量的传递,因此,金属一般都具有较大的热导率。虽然晶格振动对金属导热也有贡献,但只是很次要的。在一般的离子晶体的晶格中,自由电子很少,因此这些离子晶体的导热就是由晶格振动来实现的。

一般认为若晶格中某些质点处于较高的温度下,那么它的热振动则较为强烈,平均振幅也较大,反之则振动较弱。假如质点间存在一定的温度差,那么由于相互作用力的存在,振动较弱的质点在振动较强质点的影响下,振动加剧,热运动能量增加。这样,整个晶体中的热量便从温度较高处传向温度较低处,产生热传导现象,而热量也就实现了转移和传递。假如系统对周围是热绝缘的,振动较强的质点受到邻近振动较弱质点的牵制,振动减弱下来,使整个晶体最终趋于平衡状态。在上述过程中,可以看到热量是由晶格振动的格波来传递的,而格波可分为声频支和光频支两类,下面我们就这两类格波的影响分别进行讨论。

首先是声子和声子热导。在温度不太高时,光频支格波的能量是很微弱的,因此,在讨论热容时就忽略了它的影响。同样,若温度较低时,导热也主要是声频支格波做贡献。我们把声频支格波看成是一种弹性波,即类似于在固体中传播的声波,把格波的传播看成是质点-声子的运动,就可以把格波与物质的相互作用理解为声子和物质的碰撞,把格波在晶体中传播时遇到的散射看作是声子同晶体中质点的碰撞,把理想晶体中的热阻(表征材料对热传导的阻隔能力)归结为声子-声子的碰撞。正因为如此,一般采用气体中热传导的概念来处理声子热传导的问题。因为气体热传导是气体分子碰撞的结果,晶体热传导是声子碰撞的结果,它们的热导率也就应该具有相似的数学表达式,表示为

$$\lambda = \frac{1}{3} C_v \bar{v} l \qquad (8-18)$$

式中,C_v 是声子的体积热容;$\bar{v}$ 是声子的平均速度;l 是声子的平均自由程。

固体中除了声子的热传导外,还有光子的热传导。这是因为固体中的分子、原子和电子在振动和转动的同时也会辐射出频率较高的电磁波,其中具有较强热效应的是波长在 $0.4 \sim 40~\mu\mathrm{m}$ 间的可见光与部分近红外光的区域,这部分的辐射线就称为热射线,而热射

线的传播过程就称为热辐射。由于热射线都在光频范围内,其传播过程和光在介质(透明材料、气体介质)中传播的现象类似,也有光的散射、衍射、吸收和反射、折射,所以可以把它们的导热过程看作是光子在介质中传播的导热过程。

对于介质中辐射传热过程,一般定性地认为:任何温度下的物体既能辐射出一定频率的射线,同样也能吸收类似的射线。在热稳定状态,介质中任一体积元平均辐射的能量与平均吸收的能量相等。当介质中存在温度梯度时,两相邻体积元之间温度高的体积元辐射的能量大,吸收的能量小,温度较低的体积元正好相反,吸收的能量大于辐射的能量,因此,要产生能量的转移,整个介质中的热量须从高温处向低温处传递。λ_r 就是描述介质中这种辐射能的传递能力的参量,它取决于辐射能传播过程中光子的平均自由程 l_r。对于辐射线是透明的介质,热阻很小,l_r 较大;对于辐射线不透明的介质,l_r 很小;对于完全不透明的介质,$l_r = 0$,在这种介质中,辐射传热可以忽略。总之,辐射导热过程和光在介质中的传播类似,所以材料的辐射导热性能与其光学性能是有联系的。譬如,多数单晶和玻璃对于辐射线是比较透明的,因此其在 773 ~ 1273 K 附近呈现出较强的辐射传热效果。而由于多数烧结陶瓷的 l_r 比单晶和玻璃的小,且其透明度较差,因此一些耐火氧化物在 1773 K 高温下辐射传热才明显。

由此可见,金属中的热传导机制是以自由电子为主导的,而合金的热传导则是自由电子导热和声子导热共同作用的结果。此外,绝缘体的热传导是以声子导热为主的,其热导系数通常较低,仅为金属材料的三十分之一。高分子材料的热传导以链段运动传热为主,而高分子链段运动比较困难,所以其导热能力较差;而当温度较高时,就需考虑光子的导热作用了。

一般来说,影响材料热导率的因素主要包括温度、化学组成和材料气孔率,此外还有湿度、填充气体和热流方向等。通常在一般温度范围内,晶体材料热导率随温度的上升而下降。因为在以声子导热为主的温度范围内,由式(8 - 18)可知,决定热导率的因素有材料的定容热容、声子平均速度 $\bar{v}$ 和声子的平均自由程 l,而声子平均速度 $\bar{v}$ 一般可看作常数,在温度很低时,声子的平均自由程 l 与材料晶粒大小相当,基本上无多大变化,所以此阶段的热导率 λ 就由热容定容 C_V 决定。在低温下 C_V 与 T^3 成正比,因此 λ 也近似与 T^3 成比例地变化,随着温度的升高,λ 迅速增大;然而温度继续升高,l 值要减小,C_V 随温度 T 的变化也不再与 T^3 成比例,并在德拜温度以后,趋于一恒定值,而 l 值因温度升高而减小,成了主要影响定容热容的因素。因此,λ 值随温度升高而迅速减小。这样,在某个低温处,λ 出现极大值,在更高的温度后,由于定容热容 C_V 已基本上无变化,l 值也逐渐趋于下限,所以随温度的变化 λ 也变得缓和了。

另一方面,不同物质的热导率随温度变化的规律也有很大不同。例如,各种气体随温度上升热导率增大。这是因为温度升高,气体分子的平均运动速度增大,虽然平均自由程因碰撞概率加大而有所缩小,但前者的作用占主导地位,因而热导率增大;对纯金属来说,由于温度升高而使平均自由程减小的作用超过了温度的直接作用,因而纯金属的热导率随温度的上升而下降。但合金材料的热导率则又不同,这是由于异类原子的存在,平均自由程受温度的影响相对较小,温度本身的影响起主导作用,使声子的导热作用加强。因此,合金的热导率随温度的上升而增大。此外,不同组成的晶体由于构成晶体的质点的不同,其晶格振动状态也不同,导致其热导率往往也存在较大差异。一般来说,轻元素的固体或结合能大的固体热导率较大,如金刚石的 $\lambda = 1.7 \times 10^{-2}$ W/(m·K),而硅、锗的热导率分别为 1.0×10^{-2} W/(m·K) 和 0.5×10^{-2} W/(m·K)。

无机材料常含有气孔,气孔对热导率的影响较为复杂。一般情况下,当温度不是很高,气孔率、气孔尺寸也不大,又均匀地分散在介质中时,这样的气孔可看作为一分散相。这种情况下,随着气孔率的增大,热导率呈现出下降的趋势。这就是多孔、泡沫硅酸盐、纤维制品、粉末和空心球状轻质陶瓷制品的保温原理。从构造上看,物料中的气孔最好是均匀分散的封闭气孔,如是大尺寸的孔洞,其具有一定贯穿性,则易发生对流传热。

除上述因素外,实际上影响热导率的因素还包括显微结构、比表面积和材料缺陷等,所以通常材料的热导率人们仍然主要依靠实验获得。一些常见物质的热传导系数列于表 8 - 2 中。

表 8 - 2　一些常见物质的热传导系数

材料	热传导系数 /[W·(m·K^{-1})]	材料	热传导系数 /[W·(m·K^{-1})]
Si	150	钻石	2300
SiO$_2$	7.6	金	317
SiC	490	银	429
GaAs	46	纯铝	237
GaP	77	纯铜	401
ABS	0.25	纯锌	112
PA	0.25	纯钛	14.63
PC	0.2	纯锡	64
橡胶	0.19 ~ 0.26	纯铅	35
玻璃	0.5 ~ 1.0	纯镍	90
泡沫	0.045	钢	36 ~ 54
石蜡	0.12	黄铜	~ 70
石油	0.14	青铜	~ 32
沥青	0.7	铸铁	42 ~ 90
纸板	0.06 ~ 0.14	不锈钢	17
空气	0.01 ~ 0.04	铸铝	138 ~ 147
水	0.5 ~ 0.7	蓝宝石	45

8.1.3　材料的热膨胀

物体的体积或长度随温度的升高而增大的现象称为热膨胀。假设物体原来的长度为 l_0,温度升高 ΔT 后长度的增加量为 Δl,由实验可得出

$$\frac{\Delta l}{l_0} = \alpha_1 \Delta T \qquad\qquad (8 - 19)$$

式中,α_1 称为线膨胀系数,也就是温度升高 1K 时,物体的相对伸长量。因此,物体在温度

T 时的长度 l_T 为

$$l_T = l_0 + \Delta l = l_0(1 + \alpha_1 \Delta T) \qquad (8-20)$$

实际上,固体材料的 α_1 值并不是一个常数,而是随温度稍有变化,通常随温度升高而加大。无机材料的线膨胀系数一般都不大,数量级约为 $10^{-6} \sim 10^{-5}/K$。

类似地,物体体积随温度的增长可表示为

$$V_T = V_0 + \Delta V = V_0(1 + \alpha_V \Delta T) \qquad (8-21)$$

式中,α_V 称为体膨胀系数,相当于温度升高 1 K 时物体体积的相对增长值。

必须指出,膨胀系数 α 实际并不是一个恒定的值,而是与许多物理量一样是温度的函数。所以在使用膨胀系数时,需要说明其测试的温度范围。膨胀系数是材料的重要性能之一,在材料的分析、应用过程中,是需要重点考虑的因素。例如在高温钠蒸灯灯管的封接工艺上,为保持电真空,选用的封装材料的线膨胀系数值在低温和高温下均需要与灯管材料的相近,高温钠蒸灯灯管所用的透明 Al_2O_3 的 α_1 为 $8 \times 10^{-6} K^{-1}$,选用的封装导电金属钝的 α_1 为 $7.8 \times 10^{-6} K^{-1}$,二者相近。

材料的热膨胀是原子间距增大的结果,而原子间距是指晶格结点上原子振动的平衡位置间的距离。材料温度一定时,原子虽然还会振动,但它的平衡位置保持不变,材料就不会因温度升高而发生膨胀;而温度升高时,会导致原子间距增大,材料发生膨胀。

众所周知,原子间存在相互作用力,这种作用力来自异性电荷的库仑引力和同性电荷的库仑斥力及泡利不相容原理引起的斥力,引力和斥力都和原子间距有关。随着原子间距的变化,两个原子相互作用的势能呈不对称曲线变化,如图 8-1 所示。从势能曲线可以看出,当原子振动通过平衡位置时只有动能存在,一旦偏离平衡位置,势能增加动能减小。某一温度下,曲线上每一最大势能都对应着原子的两个最远和最近位置,由于势能曲线的不对称性,不同温度下的振动中心分别为 $\rho_1, \rho_2, \rho_3, \rho_4, \cdots$,所以,温度上升,振动中心右移,原子间距增大,材料产生热膨胀。

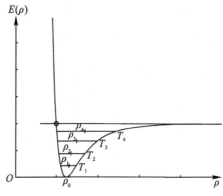

图 8-1　原子间势能与温度曲线

影响材料膨胀系数的因素包括材料的化学组成、相和结构、化学键、相变等。不同的化学组成有不同的膨胀系数,即使成分相同,但组成相不同,膨胀系数也不同。合金固溶体的膨胀系数与溶质元素的膨胀系数和含量有关,组元之间形成无限固溶体时,固溶体的膨胀系数将介于两组元膨胀系数之间,且随溶质原子浓度的变化呈直线式变化。对于相同成分的物质,如果结构不同,膨胀系数也不同。通常结构紧密的晶体,膨胀系数较大,而类似于无定形的玻璃,则往往有较小的膨胀系数,例如石英晶体的膨胀系数为 12×10^{-6} K^{-1},而石英玻璃则只有 0.5×10^{-6} K^{-1}。结构紧密的多晶二元化合物都具有比玻璃大的膨胀系数,这是由于玻璃的结构较疏松,内部空隙较多,所以当温度升高,原子振幅加大,原子间距离增加时,原子部分地被结构内部的空隙所容纳,而整个物体宏观的膨胀量就少些。

材料的膨胀系数与化学键强度密切相关,对分子晶体而言,其分子间是弱的范德华力相互作用,因此膨胀系数大,约在 10^{-4} K^{-1} 数量级。而由共价键相连接的材料,如金刚石,原子间的相互作用很强,热膨胀系数就要小得多,只有 10^{-6} K^{-1}。对高聚物来说,长链分子中的原子沿链方向是由共价键相连接的,而垂直于链的方向,近邻分子间的相互作用力是弱的范德华力,因此结晶高聚物和取向高聚物的热膨胀具有很大的各向异性。高聚物的热膨胀系数比金属、陶瓷的膨胀系数约高一个数量级。一些常见材料的膨胀系数列于表 8-3 中。

表 8-3　一些常见材料的膨胀系数

材料	20℃ 的膨胀系数 / $\times 10^{-6}$ K^{-1}	高聚物	20℃ 的膨胀系数 / $\times 10^{-5}$ K^{-1}
铝	23.8	低密度聚乙烯	$20.0 \sim 22.0$
铜	17.0	高密度聚乙烯	$11.0 \sim 13.0$
α-铁	11.5	聚苯乙烯	$6.0 \sim 8.0$
三氧化二铝	8.8	天然橡胶	22.0

材料发生相变时,由一种结构转变为另一种结构,材料的性质将发生变化,膨胀系数也要变化。根据材料相变时膨胀量的变化特征,我们可以利用热膨胀试验来研究金属材料的相变临界温度等问题。

8.1.4　材料的热稳定性

热稳定性是指材料承受温度的急剧变化而不致破坏的能力,所以又称为抗热震性。相对而言,金属材料的热稳定性好于无机材料和高分子材料,无机材料的热稳定性通过比较差,在加工和使用过程中,环境温度的变化会极大地影响其工作特性,因此,热稳定性是无机材料的一个重要性能;而高分子材料热稳定性的要求,更多地体现在耐热性能上,高分子材料不耐高温,是它的主要不足之处。

与金属材料和无机非金属材料相比,高分子材料具有很多优异的性能,但也存在着一些不足之处,如何提高聚合物的耐热性能一直是摆在高分子科学家面前的重要问题之一。高分子材料在受热过程中将发生两类变化:一是物理变化,包括软化、熔融等;二是化学变化,包括交联、降解、环化、氧化、水解等。它们是高聚物受热后性能发生恶化的主要原因。通常用玻璃化温度 T_g、熔融温度 T_m、热分解温度 T_d 等温度参数来表征这些变化,继而反映材料的耐热性能。需要指出的是,从材料使用的角度来看,耐高温的要求不仅仅是能耐多高温度的问题,还必须同时给出材料在高温下的使用时间、使用环境及性能变化的允许范围,也即"温度-时间-环境-性能"这几个条件并列,才能准确反映材料的耐热性能指标。

从无机材料受热损坏的形式来看,可分成两种类型:一种是材料发生瞬时断裂,抵抗这类破坏的性能称为抗热冲击断裂性;另一种是在热冲击循环作用下,材料表面开裂、剥落,并不断发展,最终碎裂或变质,抵抗这类破坏的性能称为抗热冲击损伤性。

8.2 材料的电学性能

材料的电学性能包括材料的导电性能和介电性能,本节我们主要关注材料的导电性能。材料的导电性是材料最重要的物理性能之一,导体材料在电子及电力工业中得到了广泛的应用,同时,表征材料导电性的电阻率是一种对组织结构敏感的参量,所以,可通过电阻分析来研究材料的相变,本节主要介绍材料的导电性及其机理,以及影响材料导电的因素。

8.2.1 材料的导电性

当在材料的两端施加电压 V 时,材料中有电流 I 流过,这种现象称为导电,电流 I 值可用欧姆定律表示,即

$$I = \frac{V}{R} \tag{8-22}$$

式中,R 为材料的电阻,其值不仅与材料的性质有关,而且还与其长度 L 及截面积 S 有关,因此

$$R = \rho \frac{L}{S} \tag{8-23}$$

式中,ρ 称为电阻率,单位为 $\Omega \cdot m$,它在数值上等于单位长度和单位面积上导体的电阻值。

由于电阻率只与材料本性有关,而与导体的几何尺寸无关,因此评定材料导电性的基本参数是 ρ 而不是 R。在研究材料的导电性时,还常用到电导率 σ(单位为 s/m),电导率 σ 为电阻率的倒数,即

$$\sigma = \frac{1}{\rho} \tag{8-24}$$

式(8-24)表明,ρ 愈小,σ 愈大,材料的导电性能就越好。根据导电性能的好坏,常把材料分为导体、半导体和绝缘体。导体的 ρ 值小于 10^{-2} $\Omega \cdot m$;绝缘体的 ρ 值大于 10^{10} $\Omega \cdot m$;半导体的 ρ 值介于 $10^{-2} \sim 10^{10}$ $\Omega \cdot m$ 范围内。

虽然物质都是由原子所构成的,但其导电能力相差很大,这种现象与物质的结构及导电本质有关。任何一种物质,只要有电流存在就意味着有带电粒子的定向运动,这些带电粒子称为载流子。金属导体中的载流子是自由电子,无机材料中的载流子可以是电子(负电子、空穴)、也可以是离子(正、负离子,空位)。载流子为离子或离子空穴的电导称为离子电导,载流子为电子或电子空穴的电导称为电子电导。电子电导和离子电导具有不同的物理效应,由此可以确定材料的导电性质。

人类对与物质导电规律的认识是从金属开始的,并提出了经典自由电子理论。随着研究的深入和 19 世纪末量子力学的发展,逐渐又提出了量子自由电子理论和能带理论。经典电子理论认为,在金属晶体中,离子构成了晶格点阵,并形成一个均匀的电场,价电

子是完全自由的,称为自由电子。它们弥散分布于整个点阵之中,就像气体分子充满整个容器一样,因此称为"电子气"。它们的运动遵循经典力学气体分子的运动规律,自由电子之间及它们与正离子之间的相互作用仅仅是类似于机械碰撞而已。在没有外加电场作用时,金属中的自由电子在点阵的离子间无规律地运动着,因此不产生电流。当对金属施加外电场时,自由电子沿电场方向做定向运动,从而形成了电流。在自由电子定向运动过程中,要不断与点阵结点的正离子发生碰撞,将动能传给点阵骨架,而自己的能量降为零,然后再在电场的作用下重新开始加速运动,经加速运动一段距离后,又和点阵离子碰撞,这就是产生电阻的原因。从这种认识出发,设电子两次碰撞之间运动的平均自由程为 l,电子平均运动的速度为 $\bar{v}$,单位体积内的自由电子数为 n,则电导率为

$$\sigma = \frac{n e^2 l}{2m \bar{v}} = \frac{n e^2}{2m} \bar{t} \qquad (8-25)$$

式中,m 是电子质量;e 是电子电荷;$\bar{t}$ 为两次碰撞之间的平均时间。

从式(8-25)中可以看到,金属的导电性取决于自由电子的数量、平均自由程和平均运动速度。自由电子数量越多导电性应当越好。但事实却是二、三价金属的价电子虽然比一价金属的多,但导电性反而比一价金属还差。另外,按照气体动力学的关系,ρ 应与热力学温度 T 的二次方根成正比,但实验结果是 ρ 与 T 成正比。这些都说明了经典电子理论还不完善。此外,经典电子理论也不能解释超导现象的产生。

量子自由电子理论同样认为金属中正离子形成的电场是均匀的,金属中每个原子的内层电子基本保持着单个原子时的能量状态,而所有价电子却按量子化规律具有不同的能量状态,即具有不同的能级。价电子与离子间没有相互作用,且为整个金属所有,可以在整个金属中自由运动,这种自由运动不是直线运动,而是像光线那样,按照波动力学的规律运动,即电子具有波粒二象性。运动着的电子作为物质波,其频率和波长与电子的运动速度或动量之间有如下关系:

$$\lambda = \frac{h}{mv} = \frac{h}{p} \qquad (8-26)$$

式中,m 为电子质量,v 为电子速度,λ 为波长,p 为电子的动量,h 为普朗克常数。在一价金属中,自由电子的动能为 $E = \frac{1}{2} m v^2$,由式(8-26)可得到

$$E = \frac{h^2}{8\pi^2 m} K^2 \qquad (8-27)$$

式中,$K = \frac{2\pi}{\lambda}$ 称为波数频率,它是表征金属中自由电子可能具有的能量状态的参数。

式(8-27)表明,E-K 关系为抛物线,如图 8-2 所示,图中 x 正负轴分别表示自由电子运动的两个方向。从粒子的观点看,E-K 曲线表示自由电子的能量与速度(或动量)之间的关系,而从波动的观点看,E-K 曲线表示电子的能量和波数之间的关系。电子的波数越大,则能量越高。曲线清楚地表明,金属中的价电子具有不同的能量状态,有的处于低能态,有的处于高能态。根据泡利不相容原理,每一个能态只能存在沿正反方向运动的一对电子,自由电子从低能态一直排到高能态,0 K 时电子所具有的最高能态称费米能 E_F,同种金属的费米能是一个定值,不同金属的费米能不同。

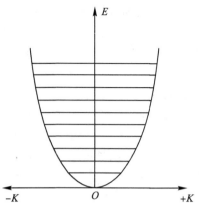

图 8-2　自由电子的 E-K 曲线图

　　图 8-2 是金属中自由电子没有受外加电场作用时的能量状态,若左右曲线对称分布,则说明沿正、反方向运动的电子数量相同,此时电荷运动相互抵消,没有电流产生。而当有外加电场时,外加电场会使向正向运动的电子能量降低,反向运动的电子能量升高,如图 8-3 所示。

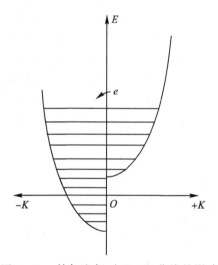

图 8-3　外加电场对 E-K 曲线的影响

　　可以看出,由于能量的变化,使那些接近费米能的电子转向电场正向运动的能级,从而使正反向运动的电子数不等,使金属导电。也就是说,不是所有的自由电子都参与了导电,而是只有处于较高能态的自由电子参与了导电。此外,电磁波在传播过程中被离子点阵散射,然后相互干涉而形成电阻。量子力学证明,在 0 K 下,电子波在理想的完整晶体中的传播将不受阻碍,形成无阻传播,所以,其电阻为零,这就是所谓的超导现象。当晶体点阵完整性遭到破坏时,电子波将受到散射。在实际金属内部中不仅存在着缺陷和杂质,而且温度不为 0 K,由于温度引起的离子热振动及缺陷和杂质的存在,都会使点阵周期性遭到破坏,对电子波造成散射,这是金属产生电阻的原因。由此导出的电导率为

$$\sigma = \frac{n_{ef}e^2}{2m}t = \frac{n_{ef}\,e^2}{2mp'} \tag{8-28}$$

从形式上看,它与经典自由电子理论所得到的形式差不多,但 n 和 t 的含义不同。n_{ef} 为单位体积内参与导电的电子数,称为有效自由电子数,不同材料的 n_{ef} 不同。一价金属的 n_{ef} 比二、三价金属的多,因此它们的导电性较好。另外式(8-28)中的 t 是两次散射之间的平均时间;p 为单位时间内散射的次数,称为散射概率。量子自由电子理论较好地解释了金属导电的本质,但它假定金属中的离子所产生的势场是均匀的,显然这与实际情况有一定差异。

能带理论和量子自由电子理论一样,把电子的运动看作基本上是独立的,它们的运动遵守量子力学统计规律 —— 费米-狄拉克统计规律,但是二者有一根本区别,就是能带理论考虑了晶体原子的周期势场对电子运动的影响。电子在周期势场中运动时,随着位置的变化,它的势能也呈周期变化,即接近正离子时势能降低,离开时势能增高,这样价电子在金属中的运动就不能看成是完全自由的,而是要受到周期势场的作用,使得价电子在金属中以不同能量状态分布的能带发生分裂,即有某些能态是电子不能取值的,如图 8-4(a) 所示。从能带分裂以后的曲线可以看到:当 $-K_1 < K < K_1$ 时,$E-K$ 曲线按照抛物线规律连续变化;当 $K = \pm K_1$ 时,只要波数 K 的绝对值稍有增大,能量便从 A 跳到 B,A 和 B 之间存在着一个能隙 ΔE_1;同样,当 $K = \pm K_2$ 时,能带也发生分裂,存在能隙 ΔE_2。能隙的存在意味着禁止电子具有 A 和 B、C 和 D 之间的能量,能隙所对应的能带称为禁带,而将电子可以具有的能级所组成的能带称为允带,允带与禁带相互交替,形成了材料的能带结构,如图 8-4(b) 所示。电子可以具有允带中各能级的能量,且每个能级只能允许有两个自旋反向的电子存在。若一个允带所有的能级都被电子填满,这种能带称为满带,在外电场作用下,电子有无活动的余地,即电子能否转向电场正端运动的能级上去而产生电流,取决于物质的能带结构,而能带结构与价电子数禁带的宽窄及允带的空能级等因素有关。所谓空能级是指允带中未被填满电子的能级,具有空能级的允带其电子是自由的,在外加电场的作用下可参与导电,所以这样的允带称为导带。禁带宽窄取决于周期势场的变化幅度,变化幅度越大,则禁带越宽,若周期势场没有变化,则能带间隙为零,此时的能量分布情况如图 8-2 所示的 $E-K$ 曲线。

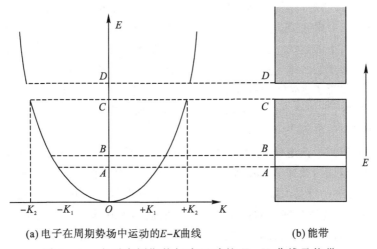

(a)电子在周期势场中运动的$E-K$曲线　　　　(b)能带

图 8-4　电子在周期势场中运动的 $E-K$ 曲线及能带

如果允带内的能级未被填满，或允带之间没有禁带或允带相互重叠，如图 8-5(a) 所示，在外加电场的作用下电子很容易从一个能级转到另一个能级上去而产生电流，有这种能带结构的材料(如金属)就是导体。若满带上方有一个较宽的禁带相邻，即使禁带上方的能带是空带，如图 8-5(b) 所示，这种能带结构也不能导电。因为满带中的电子没有活动的余地，且禁带较宽，在外加电场的作用下电子很难跳过禁带而产生定向运动，即不能产生电流，有这种能带结构的材料是绝缘体。半导体的能带结构与绝缘体相似，所不同的是它的禁带比较窄。如图 8-5(c) 所示，电子跳过禁带不像绝缘体那么困难。如果存在外界作用(如热、光辐射等)，则满(价)带中的电子被激发跃过禁带而进入上方的空带中去。这样，不仅在空带中会出现导电电子，而且在满带中也有了电子留下的空穴。在外加电场作用下，空带中的自由电子定向运动形成电流；同时，价带中的电子也可以逆电场方向运动到这些空穴中，而本身又留下新的空穴，这种电子的迁移相当于空穴顺电场方向的运动，形成空穴导电。这种空带中的电子导电和价带中的空穴导电同时存在的导电方式称为本征导电。本征导电的特点是参加导电的电子和空穴的浓度相等。能带理论不仅能解释金属的导电性，而且还很好地解释了绝缘体、半导体等的导电性。

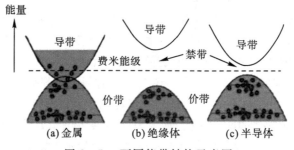

图 8-5　不同能带结构示意图

无机非金属材料的种类很多，其导电性、导电机理相差很大，绝大多数无机非金属材料是绝缘体，但也有一些是导体或半导体，即使是绝缘体，在电场作用下也会产生漏电电流。载流子不同，其导电机理也不同，根据载流子的类型可分为离子导电和电子导电。

离子晶体中的导电主要为离子导电，晶体的离子导电可以分为两类。第一类是源于晶体点阵的基本离子的运动，称为固有离子导电(或本征导电)。这种离子自身随着热振动离开晶格结点形成热缺陷，这种热缺陷中无论是离子或者空位都是带电的，因而都可以作为离子电导载流子。显然固有离子电导在高温下特别显著。第二类是由固定较弱的离子的运动造成的，主要是杂质离子，因而常称为杂质导电。杂质离子是弱联系离子，所以在较低温度下杂质电导表现得显著。

电子导电的载流子是电子或空穴(电子空位)。电子导电主要发生在导体和半导体中，本征半导体受热后，载流子不断发生热运动，其在各个方向上的数量和速度都是均等的，故不会引起宏观的迁移，也不会产生电流。但在外电场的作用下，载流子就会有定向的漂移，产生电流。这种漂移运动是在杂乱无章的热运动基础上的定向运动，所以在漂移过程中，载流子不断地相互碰撞，使得大量载流子定向漂移运动的平均速度为一个恒定值，并与电场强度 E 成正比。

要赋予高分子材料导电性，可能的途径是使分子内和分子间的电子云有一定程度的交叠。一种方法是把小分子聚合成具有一维或二维的大共轭体系的高分子,π 电子云在分子内交叠;另一种方法是利用共轭分子 π 电子云的分子间交叠。这些共轭分子都是平面分子,如果在晶体中堆砌成晶体柱(一维),只要分子间距离足够小,就有相当程度的 π 电子云交叠,因而能呈现较高的电导。

影响材料导电性的因素主要有温度、化学成分、晶体结构、杂质和缺陷的浓度及其迁移率等,但不同种类材料的导电机理各异,影响因素及其影响程度也不尽相同。例如电子导电的金属材料,电导率随温度的升高而下降,而离子导电的离子晶体型陶瓷材料,电导率却随温度的升高而上升,因而对于具体材料应作具体分析。由于金属材料是常用的导电材料,所以本节仅对影响金属材料导电性的主要因素进行分析。

1. 温度的影响

金属电阻率随温度升高而增大。尽管温度对有效电子数和电子平均速度几乎没有影响,然而温度升高会使离子振动加剧,热振动振幅加大,原子的无序度增加,周期势场的涨落也加大。这些因素都使得电子运动的自由程减小,散射概率增加,而导致电阻率增大。

严格地说,金属电阻率在不同温度范围内的变化规律是不同的。在低温(2 K)时,金属的电阻率主要由"电子-电子"散射决定;在 2 K 以上的温度,大多数金属电子的散射都由"电子-声子"决定,也即金属的电阻率取决于离子的热振动。

根据德拜理论,原子热振动在以德拜特征温度 θ_D 划分的在两个温度区域内存在本质的差别。所以,在 $T > \theta_D$ 和 $T < \theta_D$ 时,金属的电阻率与温度有不同的函数关系:

当 $T > \frac{2}{3}\theta_D$ 时,$\rho \propto T$

当 $T \ll \theta_D$ 时,$\rho \propto T^5$

当 $T = 2$ K 时,$\rho \propto T^2$

若以 ρ_0 和 ρ_1 分别表示材料在 0 ℃ 和 T 下的电阻率,则 ρ_T 可表示成一个温度的升幂函数 $\rho_T = \rho_0(1 + \alpha T + \beta T^2 + \gamma T^3 + \cdots)$。

实验表明,对于普遍的非过渡族金属的 θ_D 一般不超过 500 K,当 $T > \frac{2}{3}\theta_D$ 时,β、γ 及高次项系数都很小,线性关系已足够正确,即在室温和以上温度,金属的电阻率与温度的关系为

$$\rho_T = \rho_0(1 + \alpha T) \tag{8-29}$$

式中,α 为电阻温度系数,在 0 ℃ ~ T 温度区间的平均电阻温度系数为

$$\alpha_{平均} = \frac{\rho_T - \rho_0}{\rho_0 T} \tag{8-30}$$

显然,温度 T 时的电阻温度系数为

$$\alpha_T = \frac{1}{\rho_T}\frac{\mathrm{d}\rho}{\mathrm{d}T} \tag{8-31}$$

对大多数金属,电阻温度系数 α 为 10^{-3} 数量级。而过渡族金属,特别是铁磁性金属的 α 较大。

2. 应力的影响

在弹性应力范围内,单向拉应力会造成原子间的距离增大,点阵的畸变增大,最终导

致金属的电阻率增大。此时电阻率 ρ 与拉应力有如下关系：

$$\rho = \rho_0 (1 + \alpha\sigma) \tag{8-32}$$

式中，ρ_0 为未加载荷时的电阻率；α 为应力系数；σ 为拉应力。

而压应力对电阻率的影响恰好与拉应力相反，由于压应力使原子间的距离减小，离子振动的振幅减小，进而会使电阻率下降，并且有如下关系：

$$\rho = \rho_0 (1 + \phi p) \tag{8-33}$$

式中，ρ_0 为真空下未加载荷时电阻率；ϕ 为压力系数（为负值）；p 为压力。

压力对过渡族金属的影响最显著，这些金属的特点是存在着具有能量差别不大的未填满电子的壳层。因此在压力作用下，有可能使外壳层电子转移到未填满的内壳层，导致金属性能的变化。高的压力往往能导致物质的金属化，引起导电类型的变化，而且有助于从绝缘体 — 半导体 — 金属 — 超导体的转变。

3. 冷加工变形的影响

冷加工变形引起金属电阻率增大的原因，可认为是冷加工变形使晶体点阵畸变和晶体缺陷增加，特别是空位浓度的增加，造成点阵电场的不均匀而加剧对电子散射的结果。此外，冷加工变形改变了原子间距，也会对电阻率产生一定影响。若对冷加工变形的金属进行退火，使它产生回复和再结晶，则电阻下降。例如，纯铁经过冷加工变形之后，再进行 100 ℃ 退火处理，电阻便有明显降低；如果进行 500 ℃ 退火，电阻可回复到冷加工变形前的水平；但当退火温度高于再结晶温度时，电阻反而又升高了，这是由于再结晶生成的新晶粒晶界的增多，对电子运动的阻碍作用增强所造成的，晶粒越细，电阻越大。

4. 合金元素及相结构的影响

纯金属的导电性与其在元素周期表中的位置有关，这是由其不同的能带结构决定的。而合金的导电性则表现得更为复杂，这是因为金属中加入合金元素后，异类原子将引起点阵畸变，组元间的相互作用会引起有效电子数的变化和能带结构的变化，以及合金组织结构的变化等，这些因素都会对合金的导电性产生明显的影响。

一般情况下形成固溶体时合金的电导率降低，即电阻率增高。即使是在导电性差的金属溶剂中溶入导电性很好的溶质金属时，也是如此。固溶体的电阻率比纯金属的高的主要原因是溶质原子的溶入引起溶剂点阵的畸变，破坏了晶格势场的周期性，从而增加了电子的散射概率，使电阻率增大。同时，由于固溶体组元间化学相互作用（能带、电子云分布等）的加强使有效电子数减少，也会造成电阻率的增高。根据马森定则，低浓度固溶体电阻率的表达式为

$$\rho = \rho_T + \rho' \tag{8-34}$$

式中，ρ_T 表示固溶体溶剂组元的电阻率；ρ' 是附加电阻率，$\rho' = c\xi$，此处 c 是溶质原子含量，ξ 表示 1% 溶质原子引起的附加电阻率。这个公式表明，合金电阻由两部分组成：一是溶剂的电阻，它随着温度的升高而增大；二是溶质引起的附加电阻，它与温度无关，只与溶质原子的含量有关。在这个公式中，忽略了溶质和溶剂之间的相互影响。

固溶体有序化对合金的电阻有显著的影响，其影响作用体现在两方面：一方面，固溶体有序化后，其合金组元间的化学作用增强，电子结合比无序固溶体强，导致导电电子数减少而合金的剩余电阻增加；另一方面，晶体的离子电场在有序化后更对称，从而减少了

对电子的散射,使电阻降低。综合这两个方面,通常情况下第二个因素占优势,因此有序化后,合金的电阻总体上是降低的。

当两种金属原子形成化合物时,其合金电导率要比纯组元的电导率低得多,这是因为组成化合物后,原子间的金属键至少有一部分转化为共价键或离子键,使有效电子数减少,导致电阻率增高。正是由于键合性质发生了变化,在一些情况下,金属化合物还能成为半导体,甚至使金属完全失去导电性质。实验证明,某些金属化合物的电导率与组元间的电离势之差有关,当组成化合物时,若两组元给出价电子的能力相同,则所形成的化合物两组元的电导率就高,化合物本身具有金属性质;相反,若化合物两组元的电离势相差较大,即一组元给出的电子被另一组元所吸收,这样的化合物电导率就很低,往往表现出半导体性质。

8.2.2　材料的超导电性

1911 年荷兰科学家卡末林·昂内斯(Kamerlingh Onnes)在实验中发现:在 4.2 K 温度附近,水银的电阻突然下降到无法测量的程度,此后人们又陆续发现许多金属和合金也有类似现象。这种在一定的低温条件下材料突然失去电阻的现象称为超导电性。超导态的电阻小于目前所能检测的最小电阻值(10^{-27} Ω·m),可以认为超导态没有电阻。材料有电阻的状态为正常态,失去电阻的状态为超导态,材料由正常态转变为超导态的温度称为临界温度,以 T_c 表示。

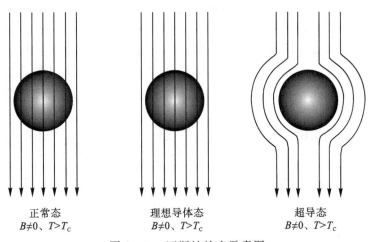

正常态　　　　　理想导体态　　　　　超导态
$B \neq 0$、$T > T_c$　　$B \neq 0$、$T > T_c$　　$B \neq 0$、$T > T_c$

图 8-6　迈斯纳效应示意图

超导体有两个基本特征:完全导电性和完全抗磁性。关于完全导电性,进入超导态的超导体中有电流而无电阻,说明超导体是等电位的,超导体内没有电场。而关于完全抗磁性,处于超导态的材料,不管其经历如何,磁感应强度 B 始终为零,这就是所谓的迈斯纳效应(Meissner effect),说明超导态的超导体是一抗磁体,此时超导体具有屏蔽磁场和排除磁通的功能。

评价实用超导材料有三个性能指标。

其一是超导体的临界转变温度 T,人们总是希望它愈接近室温愈好,以便于利用。目前,超导材料转变温度最高的是金属氧化物,但也只有 140 K 左右。

　　第二个指标是临界磁场强度B_c。温度$T < T_c$时,将磁场作用于超导体,当磁场强度大于B_c时,磁力线将穿入超导体,即磁场破坏了超导态,使超导体回到了正常态,此时的磁场强度称为临界磁场强度,用H_c表示,H_c值随温度降低而增加。

　　临界电流密度是评价超导材料的第三个指标,除磁场影响超导转变温度外,通过的电流密度也会对超导态有影响作用,它们是相互依存和相互影响的。若把温度T从超导转变温度下降,则超导体的临界磁场随之增加。如果输入电流所产生的磁场与外加磁场之和超过超导体的临界磁场B_c时,则超导态被破坏。此时通过的电流密度称为临界电流密度J_c。

　　在超导态下磁通从超导体中被全部逐出,显示完全的抗磁性(迈斯纳效应)的超导体称作第一类超导体,如除钒、镍外的纯金属超导体。在超导态下有部分磁通透入,但仍保留超导电性的超导体称作第二类超导体,如钒、铌及其合金。

　　对第二类超导体,存在两个临界磁场强度H_{c1}、H_{c2}。当外加磁场强度低于H_{c1}时,超导体表现为第一类超导体的特征,具有完全的抗磁性;当外加磁场强度高于H_{c1}时,磁通开始透入到超导体内,当外加磁场强度继续增加时,透入到超导体内的磁通也增加,这说明超导体内已有部分区域转变成正常态(但电阻仍为零),这时的超导体处于混合态(涡漩态);当外磁场强度增加到H_{c2}时,磁场完全穿透超导体,超导体由混合态转变为正常态。第一类超导体的临界磁场强度H_{c1}往往比较小,而第二类超导体的临界磁场强度H_{c2}可高达H_c的100倍或更高,零电阻的超导电流可以在这样高的磁场中环绕磁通线周围的超导区流动,此状态下的超导体仍能负载无损耗电流,故第二类超导体在构造强磁场电磁铁方面有重要的实际意义。

　　超导现象发现以后,科学家们对金属及金属化合物进行了大量的研究,并提出了不少超导理论模型。其中以1957年巴丁(Bardeen)、库珀(Cooper)和施瑞弗(Schrieffer)等人根据大量电子的相互作用而提出的库珀电子对理论(即BCS理论)最为著名。这个理论认为,当超导体内处于超导态的某一电子e_1在晶体中运动时,它周围的正离子点阵将被这个电子吸引向其靠拢以降低静电能,从而使这个局部区域的正电荷密度增加,而这个带正电的区域又会对近邻电子e_2产生吸引力,正是由于这种吸引力克服了静电斥力,使动量和自旋方向相反的两个电子e_1、e_2结成了电子对,这种电子对被称为库珀电子对,如图8-7所示。显然,组成库珀对的电子e_1和e_2之间的这种相互作用力与正离子的振动

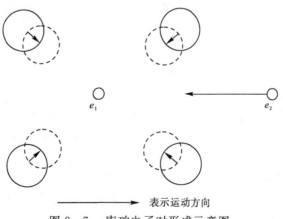

图8-7　库珀电子对形成示意图

有关,而且在超导体内,这些正离子的运动是相互牵连的,某个正离子的振动,会使邻近正离子也发生振动,一个一个传下去,在晶格中形成一个以声速传播的波,叫作晶格波动,简称格波。

据理论计算,对能量相近的两个电子,由晶格引起的这种间接作用力是吸引力,且电子与晶格间的作用越强,这种吸引力就越大。量子统计法则告诉我们,如果每对电子的总动量相等,那么成对的两个电子之间的吸引力将大大增强。因此,总动量相当的库珀电子对,电子之间的吸引力较强,其相互作用范围也较大,为 $10^{-9} \sim 10^{-6}$ m,而一般晶格中原子之间的距离只有 10^{-10} m,由此看出,互相吸引而结成对的两个电子相距可能更远,这是因为电子是通过格波相互作用的。

材料变为超导态后,由于电子结成库珀对,使能量降低而成为一种稳定态。一个超导电子对的能量比形成的它的单独的两个正常态的电子的能量低 2Δ,这个降低的能量 2Δ 称为超导体的能隙,而正常态电子则处于能隙以上的更高能量的状态,能隙的大小与温度有关,且

$$2\Delta = 6.4kT \left[1 - \left(\frac{T}{T_c}\right)\right]^{\frac{1}{2}} \tag{8-35}$$

式中,k 为玻尔兹曼常数,T_c 为由正常态转变为超导态的临界温度。

由式(8-35)可见,当 $T = 0$ 时,能隙最大,当电子对获得的能量 $\geqslant 2\Delta$ 时就进入正常态,即电子对被拆开成两个独立的正常态电子。当温度或外磁场强度增加时,电子对获得能量,能隙就减小。当温度增加到 $T = T_c$,或外加磁场强度增加到 $H = H_c$ 时,能隙减小到零,如图 8-8 所示,电子对全部被拆开成正常态电子,于是材料即由超导态转变为正常态。由此可见,温度越低,超导体越稳定。

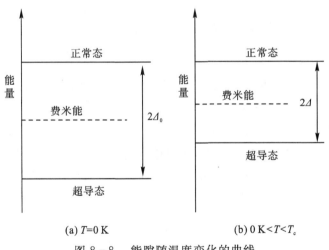

(a) $T = 0$ K　　　　　　　　　(b) 0 K $< T < T_c$

图 8-8　能隙随温度变化的曲线

前已提及,超导态的电子对有一基本特性,即每个电子对在运动中的总动量保持不变,故在通以直流电时,超导体中的电子对将无阻力地通过晶格运动。这是因为在任何时候,晶格(缺陷)散射电子对中的一个电子并改变它的动量时,它也将散射电子对中的另一个电子,在相反方向引起动量的等量变化,因此,成对电子运动的平均速度基本保持不

变。这就说明超导态的电子对运动时不消耗能量,表现出零电阻的特性,这也是超导体中产生永久电流的原因。

目前发现具有超导性的金属元素有 28 种,超导合金有很多种类,如二元合金 Nb_3Ge、三元合金 Nb – Ti – Zr 等,超导化合物有 $Nb_3Sn(T_c \approx 18.1 \sim 18.5\ K)$、$Nb_3Ge(T_c \approx 23.2\ K)$ 等。

8.2.3　材料的热电性

在金属导线组成的回路中,存在着温差或通以电流时,会产生热与电的转换效应,称为金属的热电效应。这种热电现象很早就被发现,它可以概括为三个基本的热电效应。

1. 第一热电效应 —— 塞贝克效应

1821 年德国学者塞贝克发现,当两种不同的导体组成一个闭合回路时,若在两接头处存在温度差,则回路中将有电势及电流产生,这种现象称为塞贝克效应(Seebeck effect)。回路中产生的电势称为热电势,电流称为热电流,上述回路称为热电偶或温差电池。将两种不同金属 1 和 2 的两接头分别置于不同温度 T_1 和 T_2 下,则回路中就会产生热电势 ε_{12},将 1 或 2 从回路中断开,接入电位差计就可测得 ε_{12},它的大小不仅与两接头的温度有关,还与两种材料的成分、组织有关,其与材料性质的关系可用单位温差产生的热电势率 α' 来描述,即

$$\alpha' = \frac{\mathrm{d}\varepsilon_{12}}{\mathrm{d}T} \tag{8-36}$$

不同材料构成的热电偶会有不同的 α',但对两种确定的材料,热电势与温差成正比,即

$$\varepsilon_{12} = \alpha'(T_1 - T_2) \tag{8-37}$$

但式(8-30)仅在一定温度范围内成立,热电势的一般表达式为

$$\varepsilon_{12} = \alpha(T_1 - T_2) + \frac{1}{2}\beta(T_1 - T_2)^2 + \cdots \tag{8-38}$$

式中,β 为另一表征材料性质的系数。若是由两种半导体构成的回路,同样也有此效应,而且更为显著。

2. 第二热电效应 —— 佩尔捷效应

1834 年佩尔捷发现,当两种不同金属组成一回路并有电流在回路中通过时,将使两种金属的其中一接头处放热,另一接头处吸热,如图 8-9 所示。电流方向相反,则吸、放热接头改变,这种效应称为佩尔捷效应(Peltier effect),它满足式(8-39):

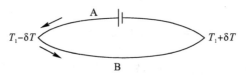

图 8-9　佩尔捷效应示意图

$$q_{AB} = \Pi_{AB}I \tag{8-39}$$

式中,q_{AB} 为接头处吸收佩尔捷热的速率;Π_{AB} 为金属 A 和 B 间的相对佩尔捷系数;I 为通

过的电流强度。

通常规定,电流由 A 流向 B 时,有热的吸收,其表示为

$$\Pi_{AB} = \Pi_A - \Pi_B \tag{8-40}$$

3. 第三热电效应 —— 汤姆森效应

1854 年汤姆森发现,当电流通过有温差的导体时,会有一横向热流流入或流出导体,其方向视电流的方向和温度梯度的方向而定,该热电现象称为汤姆森效应(Tomson effect)。在单位时间内吸收或放出的能量 $\dfrac{\mathrm{d}Q}{\mathrm{d}T}$ 与电流 I 和温度梯度 $\dfrac{\mathrm{d}T}{\mathrm{d}x}$ 成正比,即

$$\frac{\mathrm{d}Q}{\mathrm{d}T} = \mu I \frac{\mathrm{d}T}{\mathrm{d}x} \tag{8-41}$$

式中,μ 为导体的汤姆森系数,它与材料的性质有关。

汤姆森效应是可逆的,当 I 和 $\dfrac{\mathrm{d}T}{\mathrm{d}x}$ 的方向相同时,要放出热量,则 μ 为正值;反之,要吸收热量,μ 为负值。

8.3　材料的介电性能

介电材料和绝缘材料总称为电介质,它们是电子和电气工程中不可缺少的功能材料,其主要利用了材料的介电性能。本章主要介绍电介质的介电性能,包括介电常数、介电损耗、介电强度及它们随环境温度、湿度、辐射等的变化规律,并介绍铁电性、压电性及二者的应用等。

8.3.1　电介质及其极化

电容的意义是在两个邻近导体上施加电压后其存储电荷能力的量度,即

$$C(\mathrm{F}) = \frac{Q(\mathrm{C})}{V(\mathrm{V})} \tag{8-42}$$

真空电容器的电容主要由两个导体的几何尺寸决定,已经证明真空平板电容器的电容为

$$C_0 = \frac{Q}{V} = \frac{\varepsilon_0 \left(\dfrac{V}{d}\right) A}{V} = \frac{\varepsilon_0 A}{d} \tag{8-43}$$

$$Q = qA = \pm \varepsilon_0 EA = \varepsilon_0 \frac{V}{d} A \tag{8-44}$$

式中,q 为单位面积的电荷;ε_0 为真空介电常数;d 为平板间距;A 为平板面积;V 为平板上的电压。法拉第发现,当一种材料插入两平板之间后,平板电容器的电容增大,增大的电容应为

$$C = \varepsilon_r C_0 = \frac{\varepsilon_r \varepsilon_0 A}{d} \tag{8-45}$$

式中,ε_r 为相对介电常数,反映了电介质极化的能力;$\varepsilon_r \varepsilon_0$ 为介电材料的电容率,或称介电常数,$\mathrm{C}^2 / \mathrm{m}^2$ 或 $\mathrm{F/m}$。

放在平板电容器中增加电容的材料称为介电材料,显然,它属于电介质。所谓电介质

就是指在电场作用下能建立极化的物质。如上所述,在真空平板电容器间嵌入一块电介质,当加上外电场时,则在正极板附近的介质表面上感应出负电荷,负极板附近的介质表面上感应出正电荷。这种感应出的表面电荷称为感应电荷,亦称束缚电荷。电介质在电场作用下产生束缚电荷的现象称为电介质的极化。正是这种极化增加了电容器存储电荷的能力。

根据分子的电结构,电介质可分为两大类:极性分子电介质,例如 H_2O、CO 等;非极性分子电介质,例如 CH_4、He 等。它们在结构上的主要差别是分子的正、负电荷统计重心是否重合,即是否存在电偶极子。电偶极矩的定义为

$$\mu = ql \tag{8-46}$$

式中,q 为电荷所含的电量;l 为正负电荷重心距离。一般来说,电偶极矩只存在于极性分子中。

电介质在外加电场作用下,其内部原本无极性分子的正、负电荷重心将产生分离,产生电偶极矩。所谓极化电荷,是指和外电场强度相垂直的电介质表面分别出现的正、负电荷,这些电荷不能自由移动,也不能离开,总值保持中性。前面所说的平板电容器中电介质表面感应电荷就是这种状态。为了定量描述电介质的这种性质,人们引入电极化强度、介电常数等参数。

电极化强度 $P(C/m^2)$ 是电介质极化程度的量度,其定义式为

$$P = \frac{\sum \mu}{\Delta V} \tag{8-47}$$

式中,$\sum \mu$ 为电介质中所有电偶极矩的矢量和;ΔV 为 $\sum \mu$ 电偶极矩所在空间的体积。已经证明,电极化强度就等于分子表面的电荷密度 σ。

假设每个分子电荷的表面积都为 A,则电荷占有的体积为 lA,且单位体积内有 N_m 个分子,则单位体积的电量为 $N_m q$,那么,在 lA 的体积中的电量为 $N_m qlA$,则表面电荷密度

$$\sigma = \frac{N_m qlA}{A} = N_m \mu = P \tag{8-48}$$

实验证明,电极化强度不仅与所加外电场有关,而且还和极化电荷所产生的电场有关,即电极化强度和电介质所处的实际有效电场成正比。在国际单位制中,对于各向同性电介质,这种关系可以表示为

$$p = \chi_e \varepsilon_0 E \tag{8-49}$$

式中,E 为电场强度;ε_0 为真空介电常数;χ_e 为电极化率。不同电介质有不同的电极化率 χ_e,它的单位为 1。可以证明电极化率 χ_e 和相对介电常数 ε_r 有如下关系:

$$\chi_e = \varepsilon_r - 1 \tag{8-50}$$

$$P = \varepsilon_0 E(\varepsilon_r - 1) \tag{8-51}$$

电位移 D 是为了描述电介质的高斯定理所引入的物理量,其定义为

$$D = \varepsilon_0 E + P \tag{8-52}$$

式中,D 为电位移;E 为电场强度;P 为电极化强度。式(8-52)描述了 D、E、P 三者之间的关系,这对于各向同性电介质或各向异性电介质都是适用的。

联立式(8-49)、式(8-50)、式(8-51)和式(8-52)可得

$$D = \varepsilon_0 E + P = \varepsilon_0 E + \chi_e \varepsilon_r E = \varepsilon_0 \varepsilon_r E = \varepsilon E \tag{8-53}$$

式(8-53)说明,在各向同性的电介质中,电位移等于场强的ε倍。如果是各向异性的电介质,如石英单晶体等,则矢量 P 与 E 和 D 的方向一般并不相同,电极化率χ_e 也不能只用数值来表示,但式(8-52)仍适用。

电介质在外加电场作用下产生宏观的电极化强度,实际上是电介质微观上各种极化机制贡献的结果,它包括电子、离子的极化(又可分为位移极化和弛豫极化),电偶极子取向极化,空间电荷极化。

1. 电子、离子位移极化

在外加电场作用下,原子外围的电子轨道相对于原子核发生位移,原子中的正、负电荷重心产生相对位移,这种极化称为电子位移极化(也称电子形变极化)。根据玻尔原子模型,由经典理论可以计算出电子的平均极化率:

$$\alpha_e = \frac{4}{3}\pi \varepsilon_0 R^3 \tag{8-54}$$

式中,ε_0 为真空介电常数;R 为原子(离子)的半径。由式(8-54)可见,电子平均极化率的大小与原子(离子)的半径有关。离子在电场作用下偏移平衡位置的移动,相当于形成一个感生偶极矩;也可以理解为离子晶体在电场作用下离子间的键合被拉长,例如碱卤化物晶体就是如此。根据经典弹性振动理论可以估计出离子位移极化率:

$$\alpha_a = \frac{a^3}{n-1}4\pi \varepsilon_0 \tag{8-55}$$

式中,a 为晶格常数;n 为电子层斥力指数,离子晶体 n 为 $7 \sim 11$。由于离子质量远高于电子质量,因此极化建立的时间也较电子慢,其数值大约为$10^{-13} \sim 10^{-12}$ s。

2. 电子、离子弛豫极化

这种极化机制也是由外加电场造成的,但与带电质点的热运动状态密切相关。例如,当材料中存在着弱联系的电子、离子和偶极子等弛豫质点时,温度造成的热运动使这些质点分布混乱,而电场使它们有序分布,平衡时建立了极化状态。这种极化具有统计性质,称为弛豫(松弛)极化。该极化造成带电质点的运动距离可与分子大小相比拟,甚至更大。由于是一种弛豫过程,该极化建立平衡极化的时间约为$10^{-3} \sim 10^{-2}$s,并且由于创建平衡要克服一定的位垒,故需吸收一定能量,因此,与位移极化不同,弛豫极化是一种非可逆过程。

3. 电偶极子取向极化

沿外加电场方向取向的偶极子数大于与外加电场反向的偶极子数,因此电介质整体出现宏观偶极矩,这种极化称为取向极化。

在无外加电场时,由于分子的热运动,偶极矩的取向是无序的,所以总的平均偶极矩较小,甚至为 0。而组成电介质的极性分子在电场作用下,除贡献电子极化和离子极化外,其固有的电偶极矩沿外电场方向有序化。在这种状态下的极性分子的相互作用是一种长程作用。尽管固态中的极性分子不能像液态和气态电介质中的极性分子那样自由转动,但取向极化在固态电介质中的贡献是不能忽略的。对于离子晶体,由于空位的存在,电场可导致离子位置的跃迁,如玻璃中的 Na^+ 可能以跳跃方式使偶极子趋向有序化。

取向极化过程中,产生的偶极矩的大小取决于偶极子的取向程度。分子的永久偶极矩和电场强度越大,偶极子的取向度越大;相反,温度越高,分子热运动能量越高,极性分子越不易沿外加电场方向取向排列,取向度越小。所以,热运动(温度作用)和外加电场是使偶极子运动的两个矛盾方面。偶极子沿外加电场方向有序化将降低系统能量,但热运动会破坏这种有序化。在二者平衡条件下,可以计算出温度不是很低(如室温)、外加电场不是很高时材料的取向极化率:

$$\alpha_d = \frac{<\mu_0^2>}{3kT} \tag{8-56}$$

式中,$<\mu_0^2>$ 为无外加电场时的均方偶极矩;k 为玻尔兹曼常数;T 为热力学温度。

取向极化需要较长时间,大约为 $10^{-10} \sim 10^{-2}$ s,取向极化率比电子极化率一般要高两个数量级。通常,当极性电介质分子在电场中转动时,需要克服分子间的作用力,所以完成这种极化所需的时间比电子极化长。

4. 空间电荷极化

众所周知,离子多晶体的晶界处存在空间电荷。实际上不仅晶界处存在空间电荷,其他二维、三维缺陷皆可引入空间电荷,可以说空间电荷极化常常发生在不均匀介质中。这些混乱分布的空间电荷,在外加电场作用下,趋向于有序化,即空间电荷的正、负电荷质点分别向外加电场的负、正方向移动,从而表现为极化现象。

宏观不均匀性,例如夹层、气泡等也可形成空间电荷极化,因此,这种极化又称界面极化。由于空间电荷的积聚可形成很高的与外加场方向相反的电场,故而有时又称这种极化为高压式极化。

空间电荷极化的极化率随温度升高而下降,这是因为温度升高,离子运动加剧,离子容易扩散,因而空间电荷减少。空间电荷极化需要较长时间,大约几秒到数十分钟,甚至数十小时,因此空间电荷极化只对直流和低频下的极化强度有贡献。

8.3.2　交变电场下的电介质

电介质除承受直流电场作用外,更多的是承受交流电场作用,因此应考查电介质的动态特性,如交变电场下的电介质损耗及其强度特性。

现有一理想平板真空电容器,其电容量 $C_0 = \varepsilon_0 \dfrac{A}{d}$,如在该电容器上施加角频率 $\omega = 2\pi f$ 的交流电压(见图 8-10),则

$$U = U_0 e^{i\omega t} \tag{8-57}$$

则在电极上出现电荷 $Q = C_0 U$,其回路电流

$$I_c = \frac{dQ}{dt} = i\omega C_0 U_0 e^{i\omega t} = i\omega C_0 U \tag{8-58}$$

由(8-58)式可见,电容电流 I_c 超前电压 U 相位 90°。

如果在极板间充填相对介电常数为 ε_r 的理想介电材料,则其电容量 $C = \varepsilon_r C_0$,其电流 $I' = \varepsilon_r I_c'$ 的相位仍超前电压 U 相位 90°。但实际介电材料不是这样的,因为它们总有漏电情况发生,或者是极性电介质,或者兼而有之,这时除了有容性电流 I 外,还有与电压同相位的电导分量 GU,总电流应为这两部分的和(见图 8-11):

$$I = i\omega CU + GU = (i\omega C + G)U \tag{8-59}$$

$$G = \sigma \frac{A}{d}, \ C = \varepsilon_0 \varepsilon_r \frac{A}{d} \tag{8-60}$$

式中，σ 为电导率；A 为极板面积；d 为电介质厚度。

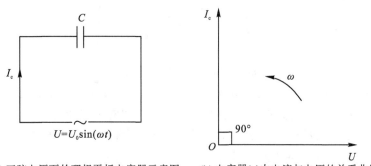

(a) 正弦电压下的理想平板电容器示意图　(b) 电容器(a)中电流与电压的关系曲线

图 8-10　正弦电压下的理想平板真空电容器示意图及其电流与电压的关系曲线

将 G 和 C 代入式(8-59)中，经化简得

$$I = \left(i\omega \frac{\varepsilon_0 \varepsilon_r}{d} \right) A + \sigma \frac{A}{d} U = (i\omega \varepsilon_0 \varepsilon_r + \sigma) \frac{A}{d} U \tag{8-61}$$

令 $\sigma^* = i\omega\varepsilon + \sigma$，则电流密度

$$J = \sigma^* E \tag{8-62}$$

式中，σ^* 为复电导率。

由前面的讨论知，真实的电介质平板电容器的总电流，包括了三个部分：① 由理想的电容充电所造成的电流 I_c；② 电容器真实电介质极化建立的电流 I_{ac}；③ 电容器真实电介质漏电电流 I_{dc}。这些电流(见图 8-11)都对材料的复电导率做出了贡献。总电流超前电压相位$(90°-\delta)$，其中 δ 称为损耗角。

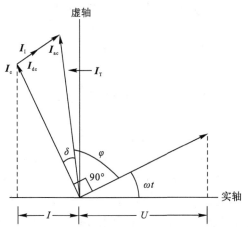

图 8-11　非理想电介质充电、损耗和总电流矢量图

类似于复电导率，对于电容率(绝对介电常量)ε，也可以定义复电容率(或称复介电常量)ε^* 及复相对介电常数 ε_r^*：

$$\varepsilon^* = \varepsilon' - i\varepsilon'' \tag{8-63}$$

$$\varepsilon_r^* = \varepsilon_r' - i\varepsilon_r'' \tag{8-64}$$

这样可以借助于 ε_r^* 来描述前面分析的总电流：

$$C = \varepsilon_r^* \, C_0 \ \text{则} \ Q = CU = \varepsilon_r^* \, C_0 U \tag{8-65}$$

并且

$$i = \frac{\mathrm{d}Q}{\mathrm{d}t} = C\frac{\mathrm{d}U}{\mathrm{d}t} = \varepsilon_r^* \, C_0 i\omega U = (\varepsilon_r' - \varepsilon_r'') \, C_0 i\omega U \, e^{i\omega t} \tag{8-66}$$

则

$$I_T = i\omega \varepsilon_r' C_0 U + i\varepsilon_r'' C_0 U \tag{8-67}$$

分析式(8-67)知，总电流可以分为两项，其中第一项是电容充电放电过程，没有能量损耗，它就是经常讲的相对介电常数 ε_r'（相应于复电容率的实数部分），而第二项的电流与电压同相位，对应于能量损耗部分，它由复介电常数的虚部 ε_r'' 描述，故称之为介质相对损耗因子，因 $\varepsilon'' = \varepsilon_0 \varepsilon_r''$，则 ε'' 称为介质损耗因子。

现定义

$$\tan\delta = \frac{\varepsilon''}{\varepsilon'} = \frac{\varepsilon_r''}{\varepsilon_r'} \tag{8-68}$$

损耗角正切 $\tan\delta$ 表示获得给定的存储电荷要消耗的能量的大小，可以称之为利率。ε_r'' 或者 $\varepsilon_r'\tan\delta$ 有时称为总损失因子，它是电介质作为绝缘材料使用的重要评价参数。为了减少绝缘材料使用中的能量损耗，该材料应具有较小的介电常数和更小的损耗角正切。通常在高频绝缘应用条件下，损耗角正切的倒数 $Q = (\tan\delta)^{-1}$ 称为电介质的品质因数，其值越高越好。在介电加热应用时，电介质的关键参数是介电常数 ε_r' 和介质电导率 $\sigma_T = \omega\varepsilon_r''$。

前面介绍电介质极化微观机制时，曾分别指出不同极化方式建立并达到平衡时所需的时间。事实上，只有电子位移极化可以认为是瞬时完成的，其他都需一定的时间，这样在交流电场作用下，电介质的极化就存在频率响应问题。通常把电介质完成极化所需要的时间称为弛豫时间(有人称为松弛时间)，一般用 τ 表示。因此在交变电场作用下，电介质的电容率是与电场频率相关的，也与电介质的极化弛豫时间有关。描述这种关系的方程称为德拜方程，其表示式如下：

$$\begin{cases} \varepsilon_r' = \varepsilon_{r\infty} + \dfrac{\varepsilon_{rs} - \varepsilon_{r\infty}}{1 + \omega^2\tau^2} \\ \varepsilon_r'' = (\varepsilon_{rs} - \varepsilon_{r\infty})\left(\dfrac{\omega\tau}{1+\omega^2\tau^2}\right) \\ \tan\delta = \dfrac{(\varepsilon_{rs}-\varepsilon_{r\infty})\omega\tau}{\varepsilon_{rs} + \varepsilon_{r\infty}\omega^2\tau^2} \end{cases} \tag{8-69}$$

式中，ε_{rs} 为静态或低频下的相对介电常数；$\varepsilon_{r\infty}$ 为光频下的相对介电常数。式(8-69)表明：外加电场的频率同样会影响电介质的相对介电常数(实部和虚部)；但在低频时，相对介电常数与频率较为微弱；而当 $\omega\tau = 1$ 时，损耗因子 ε_r'' 和 $\tan\delta$ 同时达到极大值。

根据方程式作图则可以看到 ε_r'、ε_r'' 随 ω 的变化，由于不同极化机制的弛豫时间不同，因此，在交变电场频率极高时，弛豫时间长的极化机制来不及响应所受电场的变化，故对总的极化强度没有贡献，即 ε_r' 中无这种极化机制的贡献。一般地，影响介质损耗的因素有以下几个方面。

1. 频率的影响

当外加电场频率 ω 很小，即 $\omega \to 0$ 时，介质的各种极化机制都能跟上电场的变化，此时不存在极化损耗,相对介电常数最大。介质损耗主要由电介质的漏电引起,则损耗功率 P_ω 与频率无关。由 $\tan\delta$ 的定义式,$\tan\delta = \dfrac{\sigma}{\omega\varepsilon}$ 知,当频率 ω 增大时,$\tan\delta$ 减小。

当外加电场频率增加至某一值时,松弛极化跟不上电场的变化,则 ε_r 减小,在这一频率范围内由于 $\omega\tau \ll 1$,则 ω 增大,$\tan\delta$ 增大(见式 8 - 69)且 P_ω 也增大。

当频率 ω 很大时,$\varepsilon_r \to \varepsilon_\infty$,$\varepsilon_r$ 趋于最小值。由于此时 $\omega\tau \gg 1$,当 $\omega \to \infty$ 时,则 $\tan\delta \to 0$。

2. 温度的影响

温度影响弛豫极化,因此也影响到 P_ω、ε_r' 和 $\tan\delta$ 值的变化。温度升高,弛豫极化增强,而且离子间易发生移动,所以极化的弛豫时间 τ 减小,具体情况可结合德拜方程分析。

当温度很低时 τ 较大,由德拜方程可知:ε_r' 较小,$\tan\delta$ 较小,由于 $\omega^2\tau^2 \gg 1$,由式(8-69) 知:$\tan\delta \propto \dfrac{1}{\omega\tau}$、$\varepsilon_r' \propto \dfrac{1}{\omega^2\tau^2}$,在低温度范围内,随温度升高,$\tau$ 减小,则 ε_r' 和 $\tan\delta$ 增加,P_ω 也增大。反之当温度较高时,τ 较小,此时 $\omega^2\tau^2 \ll 1$,因此,随温度升高 τ 减小,$\tan\delta$ 减小。由于此时电导上升不明显,所以 P_ω 也减小。

而当温度持续升高达很高时,离子热振动能增大,离子迁移受热振动阻碍增大,极化减弱,则 ε_r' 下降,电导急剧上升,故 $\tan\delta$ 也增大。从前面两部分分析可知,若电介质的电导很小,则弛豫极化损耗特征是,在 ε_r' 和 $\tan\delta$ 与频率、温度的关系曲线上出现极大值。

3. 陶瓷材料的影响

陶瓷材料的损耗主要来源于三部分:电导损耗、取向极化和弛豫极化损耗、电介质结构损耗。此外,无机材料表面气孔吸附水分、油污及灰尘等造成表面电导也会引起较大的损耗。前两种损耗在前面介绍介电损耗与频率、温度的关系时已经有所交代,概括地讲,在电导和极化过程中,带电质点(弱束缚电子和弱联系离子及偶极子,或者空位、空穴等)移动时,由于与外加电场作用不同步,因而吸收了电场能量并把它传给周围的"分子",使电磁能转变为"分子"的热振动能,把能量消耗在使电介质发热的效应上。

而结构损耗主要是指陶瓷材料中往往含有玻璃相,以离子晶体为主晶相的陶瓷材料损耗主要来源于玻璃相。为了改善陶瓷材料的工艺性能,在配方中加入易溶物质形成玻璃相,从而增加了损耗。因此,高频瓷如氧化铝瓷、金红石瓷等都很少有玻璃相。

电工陶瓷中会有缺陷固溶体或多晶形转变,或者会有可变价离子的存在,如钛陶瓷等,往往使其具有显著的电子弛豫极化损耗。表8-4分别给出了一些陶瓷的损耗因子值。

表 8 - 4　常用装置瓷的 $\tan\delta$ 值

瓷料	$\tan\delta(293 \pm 5\text{ K})$	$\tan\delta(353 \pm 5\text{ K})$
莫来石 / $\times 10^{-4}$	$30 \sim 40$	$50 \sim 60$
刚玉瓷 / $\times 10^{-4}$	$3 \sim 5$	$4 \sim 8$
纯刚玉瓷 / $\times 10^{-4}$	$1.0 \sim 1.5$	$1.0 \sim 1.5$
钡长石瓷 / $\times 10^{-4}$	$2 \sim 4$	$4 \sim 6$
滑石瓷 / $\times 10^{-4}$	$7 \sim 8$	$8 \sim 10$
镁橄榄石瓷 / $\times 10^{-4}$	$3 \sim 4$	5

4. 高分子材料的损耗

一般地,有两个影响高分子材料介电损耗的基本因素,一个是高聚物分子极性大小和极性基团的密度,另一个是极性基团的可动性。

高聚物分子极性越大,极性基团密度越大,则其介电损耗越大。非极性高聚物的 $\tan\delta$ 一般在 10^{-4} 数量级,而极性高聚物的 $\tan\delta$ 一般在 10^{-2} 数量级。另一方面,偶极矩较大的高聚物通常其介电系数和介电损耗也都较大。然而,当极性基团位于柔性侧基的末端时,由于其取向过程是一个独立的过程,引起的介电损耗并不大,但仍能对介电系数有较大的贡献。这就使我们有可能得到一种介电系数较大,而介电损耗不至于太大的材料,以满足制造特种电容器对介电材料的要求。

8.3.3 电介质在电场中的破坏

当陶瓷或聚合物等电介质用于工程中的绝缘材料、电容器材料和封装材料时,通常都要在一定的电压下工作。如果材料发生短路,则这些材料就失效了,人们称这种失效为介电击穿。引起材料击穿的电压梯度(V/cm)称为材料的介电强度或介电击穿强度。电介质的介电击穿强度受许多因素影响,即使是同一种材料,其值也可能存在很大的不同。这些影响因素包括:材料厚度、环境温度和气氛、电极形状、材料表面状态、电场频率和波形、材料成分和孔隙度、晶体各向异性和非晶态结构等。表 8-5 列出了某些电介质的介电击穿强度。

表 8-5　某些电介质的介电击穿强度

材料	温度	厚度	介电击穿强度 / $\times 10^{-6} \cdot (V/cm^{-1})$
聚氯乙烯(非晶态)	室温	—	0.4(ac)
橡胶	室温	—	0.2(ac)
聚乙烯	室温	—	0.2(ac)
石英晶体	20℃	0.005cm	6(dc)
$BaTiO_3$	25℃	0.02cm	0.117(dc)
云母	20℃	0.002cm	10.1(dc)
$PbZrO_3$(多晶)	20℃	0.016cm	0.079(dc)

注:ac 指交流电源,dc 指直流电源。

譬如,虽然有些高分子薄膜的介电击穿强度(简称击穿强度)可高达每厘米几百万伏特,但由于薄膜太薄,以至于能绝缘的电压通常并不会太高。而对于块体陶瓷,其击穿电压通常只有每百米几千伏。击穿强度随厚度增加而改变是因为材料发生击穿的机制产生了改变。温度对击穿强度的影响主要是通过热能对击穿机制的影响进行的。当热能使材料的电子或晶格达到一定温度值时,会造成材料电导率迅速增加而导致材料永久性的损坏,也就是电介质在电场作用下发生了击穿。同样也有三种准击穿的形式,它们分别为放电击穿、电化学击穿和机械击穿。准击穿形式可以认为是由基本击穿机制的一种或几种产生的。

介质放电经常发生在固体材料气孔中的气体击穿或固体材料的表面击穿中。电化学击穿是通过化学反应使绝缘性能逐渐退化的结果,往往是通过裂纹、缺陷和其他应力升高改变了电场强度,并导致材料失效。下面是几种击穿机制的简述。

1. 本征击穿机制

实验上,本征击穿表现为击穿主要由所加电场决定,在所使用的电场条件下,使电子温度达到击穿的临界水平。观察发现,本征击穿发生在室温或室温以下。发生的时间间隔很短,在微秒或微秒以下。本征击穿之所以被称为"本征",是因为这种击穿机制与样品或电极的几何形状无关,或者与所加电场的波形无关,因此在给定温度下,产生本征击穿的电场值仅与材料有关。

处理固体电介质击穿所使用的基本理论基于下面的方程式:

$$A(T_0, E, a) = B(T_0, a) \tag{8-70}$$

式中,$A(T_0, E, a)$ 为材料从所加电场获得的能量;$B(T_0, a)$ 为材料消耗的能量;T_0 为晶格温度;E 为电场强度;a 为能量分布参数,取决于所采用的处理模型。

$$A = B \tag{8-71}$$

是击穿的极限条件。本征击穿理论可归结为电子与晶格间能量的传递,并且考虑了材料中电子能量的分布变化。这种击穿与介质中的自由电子有关,介质中的自由电子来源于杂质或缺陷能级及价带。

联系方程式(8-70)知,单位时间电子从电场中获得的能量为 A,则

$$A = \frac{e^2 E^2}{m^*} \bar{\tau} \tag{8-72}$$

式中,e 为电子电荷;m^* 为电子有效质量;E 为电场强度;$\bar{\tau}$ 为电子的平均弛豫时间。一般来说电子能量高、运动速度快,则弛豫时间短;反之,能量低、运动速度慢,则弛豫时间长。式(8-72)使用了单电子近似的处理方法,因此,式(8-70)中的电子分布参数 $a = E$,即单电子处于其均匀电场 E 中。

参与能量传递作用的因素:① 偶极场中的晶格振动;② 与偶极场晶格振动共有的电子壳层变形;③ 非偶极场短程电子轨道畸变。

与本征击穿理论所相关的电子能量分布变化的因素:① 电场对电子的加速作用;② 传导电子间的碰撞;③ 传导电子与晶格的相互碰撞;④ 电子的电离、再复合和捕获;⑤ 电场梯度形成的扩散。

解决本征击穿问题是要求出能量平衡时的临界电场强度 E_c,从而找出击穿时材料的临界温度 T_c。本征击穿机制有两种模型。一种是单电子近似模型,利用这种模型,可以说明:材料在低温区,当温度升高时,会引起晶格振动的加强,电子散射增加,电子弛豫时间变短,因而使击穿电场反而被提高了。实验结果与之定性符合,这个模型仅适于低温区材料的本征击穿。另一种是弗勒赫利希(Frohlich)的集合电子近似模型,它考虑了电子之间的相互作用,建立了杂质晶体电击穿的理论,根据这一模型计算得出

$$\ln E = 常数 + \frac{\Delta u}{2k T_0} \tag{8-73}$$

式中,E 为击穿电场强度;T_0 为晶格温度;Δu 为能带中杂质能级激发态与导带底距离的一半。

以后将会看到式(8-72)的结果与热击穿有类似关系,所以可以把本征击穿看成是热

击穿的微观理论。

2. 热击穿机制

热击穿机制同样建立在能量平衡关系之上,但它的能量平衡是在样品的散热和电场产生的焦耳热、介电损耗和环境放电之间进行的。因此,此处关心的是晶格温度而不是电子温度。本征击穿机制中固体中的电子温度对击穿起决定作用。电场对热产生作用的影响不是直接的,因为电场和温度之间的关系比较弱,所以 T_0 值不是太重要,而击穿的实际晶格温度 T_0' 通常是较大的。

热击穿的基本关系是

$$C_V \frac{\mathrm{d}T}{\mathrm{d}t} - \mathrm{div}(k\mathrm{grad}T) = \sigma(E, T_0) E^2 \tag{8-74}$$

式中,C_V 为材料定容热容;$\mathrm{div}(k\mathrm{grad}T)$ 为体积元的热导;$\sigma(E, T_0) E^2$ 为发热项;k 为热导率;σ 为电导率。

讨论热击穿机制时不考虑电荷积聚,假设电流是连续的,则该研究可归结为建立电场作用下的介质热平衡方程,从而求解热击穿的场强问题。然而由于方程求解较困难,故而简化为以下两种情况。

(1)电场长期作用,介质内温度变化极慢,称这种状态下的热击穿为稳态热击穿。

(2)电场作用时间很短,散热来不及进行,称这种状态下的热击穿为脉冲热击穿。

在第一种情况下,计算表明,击穿强度正比于样品厚度二次方根的倒数。实验证明,对于均匀薄样品确实如此。而较厚的样品的击穿强度却是与该样品厚度的倒数成正比的。绝缘材料的薄与厚与材料的热导率、电导率、温度的前置系数 σ_0 和激活能 E_a 有关。对于固体,其电导率与温度的关系如下:

$$\sigma = \sigma_0 \exp\left(\frac{-E_a}{kT}\right) \tag{8-75}$$

第二种情况要忽略热传递过程,因此热导项可以忽略,并且电极仅影响电场分布而不影响热流。取对式(8-73)积分的方法可计算 t_c,即达到临界温度 T_c 后材料热击穿所经过的时间为

$$t_c = \int_{T_c}^{T_0'} \frac{C_V \mathrm{d}T}{\sigma(E_c, T_0) E_c^2} \tag{8-76}$$

从式(8-76)中便可看到 t_c 对 E_c^2 有很强的依赖关系,而且可以得到

$$E_c = \frac{k T_0}{t_c^{1/2}} \exp\left(\frac{E_a}{2kT}\right) \tag{8-77}$$

因此,临界击穿电场强度基本上与温度 T_c 无关。

当电场频率在中等或以上时,热击穿的方程解不能被简化,必须进行数字解。不同情况有不同的边界条件,从而有不同解。同样,数字技术能够在多维样品或者具有不同波形的情况下使用,获得一定程度的成功。

热击穿机制对于目前多数陶瓷材料是适用的,而且若所制备材料为薄膜时,则雪崩式击穿机制更为有效。雪崩式击穿机制是把本征击穿机制和热击穿机制结合起来了。因为当电子的分布不稳定时,必然产生热的结果,因此,这种机制是用本征电击穿机制描述电子行为,而击穿的判据则采用热击穿机制进行描述。

雪崩式击穿机制认为：电荷是逐渐或者相继积聚的，而不是电导率的突然改变，尽管电荷积聚在很短时间内发生。雪崩式击穿最初的机制是场发射或离子碰撞。场发射假设隧道效应使来自价带的电子进入缺陷能级或进入导带，导致传导电子密度增加，其发射概率

$$P = aE \exp\left(-\frac{bI^2}{E}\right) \tag{8-78}$$

式中，E 为电场强度；a、b 为常数；I 为电流。由式（8-78）可见，只有当电场 E 相当强时，发射概率 P 才能足够高。式（8-78）采用的脉冲热判据 $T = T_c$ 是个临界参数，并且用式（8-78）估计出的雪崩式击穿发生的临界场强为 $E = 10^7$ V/cm。

赛氏计算认为，只有达到 10^{12} 个电子 / cm³ 自由电子密度所具有的总能量，才能破坏电介质的晶格结构。一个电子游离并开始碰撞，"解放" 2 个电子，然后这 2 个电子依次去 "解放" 4 个电子，……，只有进行 40 代这种碰撞才能导致雪崩式的击穿。这种简单的处理，使我们得知，临界电场依赖于样品的厚度。样品至少有足够的厚度，才能达到 40 倍电子的平均自由程。已知碰撞电离过程中，电子数以 2^a 的关系增加，设经过 a 项碰撞，共有 2^a 个电子，当达到 $2^a = 10^{12}$ 时，$a = 40$，这时介质晶格就被破坏了。也就是说，由阴极出发的初始电子在向阳极运动的过程中，1 cm 内的电离次数达 40 次，介质便被击穿了。赛氏的估计虽粗糙一些，但可用来说明雪崩式击穿的形成，并称之为 40 代理论。更严格的计算表明 $a = 38$，证明赛氏估计的误差并不太大。

雪崩式电击穿和本征电击穿一般难以区分，但在理论上它们的关系十分明显：本征击穿理论中增加传导电子是继稳态破坏后突然发生的，而雪崩式击穿是在考虑高场强时，传导电子倍增过程逐渐达到难以忍受的程度，导致介质晶格被破坏。由 40 代理论可以推论，当介质很薄时，碰撞电离不足以发展到 40 代，电子雪崩系列已进入阳极复合，此时介质不能被击穿，因为这时的电场强度不够高，因此便定性地解释了薄层介质具有较高的击穿电场的原因。

介质击穿强度是绝缘材料和介电材料的一项重要指标。电介质失效的表现就是介电击穿。产生失效的机制有本征击穿、热击穿和雪崩式击穿及三种准击穿形式：放电击穿、机械击穿、电化学击穿。实际使用材料的介电击穿原因十分复杂，难以分清属于哪种击穿形式。对于高频、高压下工作的材料除进行耐压试验，选择高的介电强度外，还应加强对其结构和电极的设计。

聚合物电介质的介电现象与陶瓷材料类似，但是有以下几点应注意。

（1）绝缘材料的击穿强度为 10^7 V/cm，常温下高于一般陶瓷的耐压水平。

（2）存在电机械压缩作用时引起的电机械击穿（本征击穿）。

（3）老化问题引起的放电击穿和电击穿。

（4）聚合物的静电现象。

高聚物的介电击穿是一个很复杂的过程，还存在着许多未知因素。一般来说，当温度低于玻璃化温度时，电击穿强度随温度的升高下降较少，而且电击穿机理主要是电击穿。当温度高于玻璃化温度时，电击穿强度随温度的升高迅速下降，原因在于除了电击穿外，还存在热击穿、电机械击穿等二次击穿。

在高聚物结构因素中，以极性对电击穿强度的影响较为显著。一般结论是，高聚物的

极性趋向于增加低于玻璃化温度下的电击穿强度。总的来说,高聚物电击穿强度最高值在 20 ℃ 时为 $100\sim900$ MV/m,有的极性高聚物的电击穿强度甚至可超过 1000 MV/m。比如,在 -190 ℃,聚乙烯的电击穿强度为 680 MV/m,聚甲基丙烯酸甲酯的电击穿强度为 1340 MV/m。极性基团对电击穿强度的正效应可解释为高电场下的加速电子被偶极子散射,从而降低了电击穿的概率。高聚物的分子量、交联度、结晶度的增加也可增加击穿电压,特别是在高于玻璃化温度的高温区的电击穿强度,这是因为上述结构因素都能提高高聚物的热击穿能力。

8.3.4　压电性、热释电性和铁电性

前面介绍了电介质的一般性质,作为材料其主要应用于电子工程中的绝缘材料、电容器材料和封装材料。此外,一些电介质还有三种特殊性质:压电性、热释电性和铁电性。具有这些特殊性质的电介质作为功能材料,不仅在电子工程中作为传感器、驱动器元件,还可以在光学、声学、红外探测等领域中发挥独特的作用。

1. 压电性

1880 年,研究人员发现,对 α-石英单晶体在一些特定方向上施加外力,则在此力的垂直方向的平面上会出现正、负束缚电荷。后来称这种现象为压电效应,具有压电效应的材料称为压电体。目前已知的压电体超千种,它们可以是晶体、多晶体(如压电陶瓷)、聚合物、生物体(如骨骼)。在发明了电荷放大器之后,压电效应获得了广泛应用。

当某些晶体受到机械力作用时,一定方向的表面产生束缚电荷,其电荷密度大小与所加应力的大小成线性关系,这种由机械能转换成电能的过程,称为正压电效应。正压电效应很早已经用于测力的传感器中。逆压电效应就是当晶体在外电场激励下,晶体的某些方向上产生形变(或谐振)现象。采用热力学理论分析,可以导出压电效应相关力学量和电学量的定量关系。

一般正压电效应的表现是晶体受力后在特定平面上产生束缚电荷,直接影响是力使晶体产生应变,即改变了原子的相对位置。产生束缚电荷的现象表明晶体内出现了净电偶极矩。如果晶体结构具有对称中心,那么只要作用力没有破坏其对称中心结构,正、负电荷的对称排列也不会改变,即使应力作用产生应变,也不会产生净电偶极矩。这是因为具有对称中心的晶体的总电矩为零。如果取一无对称中心的晶体结构,此时正、负电荷重心重合,加上外力后正、负电荷重心不再重合,结果产生净电偶极矩。因此,从晶体结构上分析,只要结构没有对称中心,就有可能产生压电效应。然而,并不是没有对称中心的晶体一定具有压电性,因为压电体首先必须是电介质,同时其结构必须有带正、负电荷的质点 —— 离子或离子团存在。也就是说,压电体必须是离子晶体或者由离子团组成的分子晶体。

表征压电材料性能除了常用的电介质的表参量,如电容率、介质损耗角正切(电学品质因数 Q_e)、介质击穿强度、压电常量外,还有描述压电材料弹性谐振时力学性能的机械品质因数 Q_m 及描述谐振时机械能与电能相互转换的机电耦合系数 K。

首先讨论的是机械品质因数。通常测压电参量用的样品,或工程中应用的压电器件如谐振换能器和标准频率振子,主要利用的是压电晶片的谐振效应,即当向一个具有一定取向和形状制成的有电极的压电晶片(或极化了的压电陶瓷片)输入电场,其频率与晶

片的机械谐振频率 f_1 一致时,就会使晶片因逆压电效应而产生机械谐振,这种晶片称为压电振子。压电振子谐振时,仍存在内耗,造成机械损耗,使材料发热,降低其各方面的性能。反映这种损耗程度的参数称为机械品质因数 Q_m,其定义式为

$$Q_m = 2\pi \frac{W_m}{\Delta W_m} \tag{8-79}$$

式中,W_m 为振动一周单位体积存储的机械能;ΔW_m 为振动一周单位体积消耗的机械能。不同压电材料的机械品质因数 Q_m 的大小不同,而且还与其振动模式有关。不做特殊说明,Q_m 一般是指压电材料做成薄圆片径向振动膜的机械品质因数。

其次讨论的是机电耦合系数。机电耦合系数综合反映了压电材料的性能。由于晶体结构具有的对称性,加之机电耦合系数与其他电性常量、弹性常量之间存在简单的关系,因此,通过测量机电耦合系数可以确定弹性、介电、压电等参量,而且即使是介电常数和弹性常数有很大差异的压电材料,它们的机电耦合系数也可以直接比较。

机电耦合系数常用 K 表示,其定义为

$$\begin{cases} K^2 = \dfrac{\text{通过逆压电效应转换的机械能}}{\text{输入的电能}} \\ K^2 = \dfrac{\text{通过正压电效应转换的机械能}}{\text{输入的机械能}} \end{cases} \tag{8-80}$$

由式(8-80)可以看出,K 是压电材料机械能和电能相互转换能力的量度。它本身可为正,也可为负。但它并不代表转换效率的高低,因为它没有考虑能量的损失,仅考虑了在理想情况下,以弹性能或介电能的存储方式进行转换的能量大小。

由于压电振子储入的机械能与振子形状尺寸和振动模式有关,所以不同模式有不同的机电耦合系数名称。例如,对于压电陶瓷振子形如薄圆片,其径向伸缩振动模式的机电耦合系数用 K_P 表示(平面机电耦合系数),长方片厚度切变振动模式用 K_{15} 表示(厚度切变机电耦合系数)等。工程应用时还要了解压电材料的其他性能,诸如频率常数、经时稳定性(老化)及温度稳定性等。

2. 热释电性

一些晶体除了由于机械应力作用引起压电效应外,还可由于温度变化时的膨胀作用而使其电极化强度变化,从而引起自由电荷的充电现象,这就是热释电性,亦称热电性。

取一块电气石,其化学组成为 $(Na,Ca)(Mg,Fe)_3B_3Al_5Si_6(O,OH,F)_{31}$,在均匀加热的同时,让一束硫磺粉和铅丹粉经过筛孔喷向这个晶体。结果会发现,晶体一端出现黄色,另一端变为红色,这就是坤特法显示的天然矿物晶体电气石的热释电性实验。实验表明,如果电气石不是在加热过程中,则喷粉实验不会出现两种颜色。现在已经认识到,电气石是三方晶系 3m 点群,结构上只有唯一的三次(旋)转轴,具有自发极化特性。没有加热时,它们的自发极化电偶极矩完全被吸附的空气中的电荷屏蔽掉了。但在加热时,由于温度变化,使自发极化改变,则屏蔽电荷失去平衡,因此,晶体一端的正电荷吸引硫磺粉显黄色;另一端吸引铅丹粉显红色。这种由于温度变化而使极化改变的现象称为热释电效应,其性质称为热释电性。

研究表明,具有热释电效应的晶体一定是具有自发极化(固有极化)的晶体,在结构上应具有极轴。所谓极轴,顾名思义是晶体唯一的轴。在该轴两端往往具有不同性质,且

采用对称操作不能与其他晶向重合的方向,故谓之极轴。因此,具有对称中心的晶体是不可能有热释电性的,这一点与压电体的结构要求是一样的,但具有压电性的晶体不一定有热释电性。原因可以从二者产生的条件分析:当压电效应发生时,机械应力引起正、负电荷的重心产生相对位移,而且一般在不同方向上的位移大小是不相等的,因而出现净电偶极矩。而当温度变化时,晶体受热膨胀却在各方向同时发生,并且在对称方向上必定有相等的膨胀系数。也就是说,在这些方向上所引起的正、负电荷重心的相对位移也是相等的,也就是正、负电荷重心重合的现状并没有因为温度变化而改变,所以没有热释电现象。

将当电场强度为 E 的电场沿晶体的极轴方向加到晶体上,总电位移为

$$D = \varepsilon_0 E + P = \varepsilon_0 E + (P_s + P_{诱}) \tag{8-81}$$

式中,P_s 为自发极化强度;$P_{诱}$ 为电场诱发产生的极化强度,且 $P_{诱} = x_e \varepsilon_0 E$,可以推出

$$P_g = p + E \frac{\partial \varepsilon}{\partial T} \tag{8-82}$$

式中,P_g 为综合热释电系数;p 为热释电常量,其是表征材料热释电性的主要参量。

因为 $\boldsymbol{P}_g$ 是矢量,则 $\boldsymbol{P}$ 也为矢量,但一般情况下视为标量处理。具有热释电性的晶体在工程中有广泛应用,其中做红外探测传感器就是一例。

压电性和热释电性是电介质中两类重要特性,一些无对称中心晶体结构电介质可具有压电性,而有极轴和自发极化的晶体电介质可具有热释电性。它们在工程上具有广泛的应用。具有压电性的聚合物的主要代表物是偏聚二氟乙烯(PVOE 或 PVE$_2$),其压电性来源于光学活性物质的内应变、极性固体的自发极化及嵌入电荷与薄膜不均匀性的耦合。热释电性在聚合物的有关文献中也称为焦电性,其定义式与无机晶体材料中的一致,都是 $p = \frac{1}{A} \left(\frac{\partial A P_s}{\partial T} \right)_{X,E}$,脚标 E、X 表示电场 E 和应力 X 恒定,A 是材料电极的面积,P_s 是自发极化强度。PVDF 也具有铁电性,下面在介绍铁电性之后,铁电性、压电性、焦电性的关系将会更加明确。

3. 铁电性

1920 年法国人沃洛谢克(Valasek)发现罗息盐(酒石酸钾钠 NaKC$_4$H$_4$O$_6$ · 4H$_2$O)具有特异的介电性。其极化强度随外加电场的变化有如图 8 - 12 所示的形状,称为电滞回

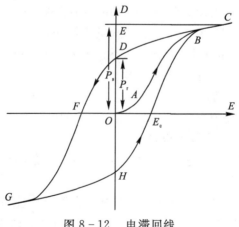

图 8 - 12　电滞回线

线,把具有这种性质的晶体称为铁电体。事实上,这种晶体并不一定含铁,而是由于电滞回线与铁磁体的磁滞回线相似,故称之为铁电体。由图 8-12 可见,构成电滞回线的几个重要参量:饱和极化强度 P_s、剩余极化强度 P_r、矫顽电场 E_c。从电滞回线可以清楚看到铁电体可自发极化,而且这种自发极化的电偶极矩在外电场作用下可以改变其取向,甚至反转。在同一外电场作用下,极化强度可以有双值,表现为电场 E 的双值函数,这正是铁电体的重要物理特性。但是为什么会有电滞回线呢?原因就是有电畴的存在。

当把罗息盐加热到 24 ℃ 以上,则电滞回线便消失了,此温度称为居里温度 T_c 或称居里点 T_c。因此,铁电性的存在是有一定条件的,包括外界的压力变化。

假设一铁电体整体上呈现自发极化,其结果是晶体正、负端分别有一层正、负束缚电荷。束缚电荷产生的电场 —— 电退极化场与极化方向反向,使静电能升高。在受机械约束时,伴随着自发极化的应变还将使应变能增加,所以铁电体整体均匀极化的状态不稳定,晶体趋向于分成多个小区域。每个区域内部电偶极子沿同一方向,但不同小区域的电偶极子方向不同,该每个小区域称为电畴(简称畴)。畴之间的边界地区称之为畴壁。现代材料研究技术中有许多观察电畴的方法(例如 TEM、偏光显微镜等)。

铁电畴在外加电场作用下,总是趋向与外加电场一致的方向,称之为畴转向。电畴运动是通过新畴出现、发展与畴壁移动来实现的。180° 畴转向是通过许多尖劈形新畴出现而发展的,90° 畴主要是通过畴壁侧向移动来实现的。180° 畴转向比较完全,而且由于转向时会引起较大的内应力,所以这种转向不稳定,当外加电场撤去后,小部分电畴偏离极化方向,回复原位,大部分电畴则停留在新转向的极化方向上,谓之剩余极化。

电滞回线是铁电体的铁电畴在外电场作用下运动的宏观描述。下面以单晶铁电体为例对前面介绍的电滞回线几个特征参量予以说明。设一单晶体的极化强度方向只有沿某轴的正向或负向两种可能。在没有外加电场时,晶体总电矩为零(能量最低)。当有外加电场后,沿电场方向的电畴扩展、变大,而与电场方向反向的电畴变小,这样,极化强度随外加电场增加而增加,如图 8-12 中的 OA 段。电场强度继续增大,最后,晶体电畴都趋于电场方向,类似形成一个单畴,极化强度达到饱和,相应于图中的 C 处。如再增加电场,则极化强度 P 与电场 E 呈线性增加(形如单个弹性电偶极子)关系,沿此线性外推至 $E=0$ 处,相应的 P_s 值称为饱和极化强度,也就是自发极化强度。若电场强度自 C 处下降,晶体极化强度亦随之减小,在 $E=0$ 时,仍存在极化强度,就是剩余极化强度 P_r。当反向电场强度为 E_c 时(图中 F 点处),剩余极化强度 P_r 全部消失;反向电场继续增大,极化强度才开始反向,直到反向极化到饱和,达图中 G 处。E_c 称为矫顽电场强度。

由于极化的非线性,铁电体的介电常数不是恒定值,一般以 OA 在原点的斜率来代表介电常数。所以在测定介电常数时,外电场应很小。

铁电体有上千种,不可能都具体描述其自发极化的机制,但可以说自发极化的产生机制与铁电体的晶体结构密切相关。其自发极化的出现主要是晶体中原子(离子)位置变化的结果。已经查明,自发极化机制有氧八面体中离子偏离中心的运动、氢键中质子运动有序化、氢氧根集团择优分布、含其他离子集团的极性分布等。

一般情况下,自发极化包括两部分:一部分源于离子的直接位移;另一部分源于电子云的形变。其中,离子位移极化占总极化的 39%。目前关于铁电相的起源,特别是对位移式铁电体的理解已经发展到从晶格振动频率变化来理解其铁电相产生的原理,这就是所谓软模理论。

至此,已经介绍了一般电介质、具有压电性的电介质(压电体)、具有热释电性的电介质(热释电体或热电体)、具有铁电性的电介质(铁电体),它们存在的宏观条件如表 8 - 6 所列。

表 8 - 6　一般电介质、压电体、热释电体、铁电体存在的宏观条件

一般电介质	压电体	热释电体	铁电体
电场极化	电场极化	电场极化	电场极化
	无对称中心	无对称中心	无对称中心
		自发极化	自发极化
		极轴	极轴
			电滞回线

综上,铁电体一定是压电体和热释电体。在居里温度以上,有些铁电体已无铁电性但其顺电相仍无对称中心,故仍有压电性,如磷酸二氢钾。有些顺电相如钛酸钡是有对称中心的,故在居里温度以上既无铁电性也无压电性,总之,与它们的晶体结构密切相关。无中心对称的点群中只有 10 种具有极轴,即所谓的极性晶体,它们都可自发极化。但是可自发极化的晶体,只有其电偶极矩可在外电场作用下改变到原相反方向的,才能称之为铁电体。

压电、铁电材料基本上可以分成四大类:单晶体、多晶体陶瓷、聚合物和复合材料;从形态上可以分为块材和膜材。晶体类的压电材料主要是石英晶体,俗称水晶。α 相和 β 相石英都具有压电性,β 相石英可用作剪切模换能器。石英晶体的经时稳定性和温度稳定性都很好,在液态空气温度下($-190℃$)其压电常量仅比室温下下降了 1.3%,其特点是机械品质因数 Q_m 高达 105 ～ 106,所以常用作标准频率振子和高选择性滤波器。

8.4　材料的磁学性能

早在 3000 多年前,中国古代就已发现了磁石相互吸引的现象,并最先发明用磁石作为指示方向和校正时间的应用(司南)。近百年来,随着人们对物质磁性认识的加深,磁性材料的制造和应用已深入各行各业。磁性材料具有能量存储、转换和改变能量状态的功能,随着现代科学技术和工业的发展,磁性材料被广泛用于电机、仪器仪表、计算机、通信、自动化、生物及医疗等技术领域。由此可见,磁性材料不仅与我们的日常生活密不可分,更是成为国家科技发展水平的重要标志之一。

现在人们已熟知磁性是所有物质的基本属性之一,从微观粒子到宏观物体以至宇宙间的天体都存在着磁的现象。磁性不只是一个材料的宏观物理量,还与物质的晶体结构、原子间的相互作用、电子能带结构等密切相关。因此,磁学也是一门极其复杂且关联性高的学科。

8.4.1　磁性基本量

1. 基本物理量

根据麦克斯韦方程组可知,电荷的移动会产生磁场。而物质在磁场的作用下会发生磁化显示出磁性,进而影响其所在空间内的磁场。通常把能磁化的物质称为磁介质,而实际上包括空气在内所有的物质都能被磁化,因此从广义上讲都属磁介质。当磁介质在磁场强度为 H_0 的外加磁场中被磁化时,便产生一个附加磁场 H',这时,其所处的总磁场强度为原有磁场与附加磁场的矢量和,即

$$H_{总} = H_0 + H' \tag{8-83}$$

磁场强度的单位是 A/m。

通常,在无外加磁场时,材料中原子的固有磁矩的矢量总和为零,宏观上材料不呈现出磁性。但在外加磁场作用下,便会表现出一定的磁性。实际上,磁化并未改变材料中原子固有磁矩的大小,只是改变了它们的取向。因此,材料磁化的程度可用所有原子固有磁矩矢量 P_m 的总和 $\sum P_m$ 来表示。由于材料的总磁矩和尺寸因素有关,为了便于比较材料磁化的强弱程度,一般用单位体积的磁矩大小来表示。单位体积的磁矩称为磁化强度,用 M 表示,其单位为 A/m,它的大小为

$$M = \frac{\sum P_m}{V} \tag{8-84}$$

式中,V 为物体的体积。磁化强度 M 即前面所述的附加磁场强度 H',不仅与外加磁场强度有关,还与物质本身的磁化特性有关,即

$$M = \chi H \tag{8-85}$$

式中,χ 为单位体积磁化率,量纲为 1,其值可正可负,它表示的是物质本身的磁化特性。通过垂直于磁场方向单位面积的磁力线数称为磁感应强度,用 B 表示,其单位为 T,它与磁场强度 H 的关系是

$$B = \mu_0(H + M) \tag{8-86}$$

式中,μ_0 为真空磁导率,它等于 $4\pi \times 10^{-7}$,单位为 H/m。将式(8-85)代入式(8-86)可得

$$B = \mu_0(1 + \chi)H = \mu_0 \mu_r H = \mu H \tag{8-87}$$

式中,μ_r 为相对磁导率;μ 为磁导率(亦称导磁系数),单位与 μ_0 相同,它反映了磁感应强度 B 随外加磁场 H 变化的速率。工程技术上常用磁导率 μ 来表示材料磁化的难易程度,而科学研究上则通常使用磁化率 χ 来表示。

2. 磁化曲线

一般地,描述一个材料的磁化强度 M 或磁感应强度 B 与磁场强度 H 之间的关系的曲线称为磁化曲线,多数磁性材料的磁化曲线只能通过实验方式测定。图 8-13 所示为一般铁磁物质的磁化曲线。

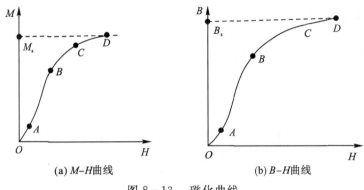

图 8 − 13　　磁化曲线

以铁磁磁滞回线(见图 8 − 13)为例,在原点 O,若磁场强度 $\boldsymbol{H}$ 为零,磁化强度(或磁感强度)也为零时,表明该试样处于磁中性或原始退磁状态。此时开始施加磁场,OA 段近似于线性段,称为起始磁化阶段;AB 段峻峭,表明急剧磁化;CD 段为缓慢转变部分,称趋于饱和磁化阶段。图 8 − 13 中,$\boldsymbol{M}$ 和 $\boldsymbol{B}$ 与 $\boldsymbol{H}$ 的关系曲线具有相似的转变规律,但在趋于饱和磁化阶段略有区别:$M = f(H)$ 曲线上的 CD 线段几乎与 H 坐标轴平行,而 $B = f(H)$ 曲线上的 CD 线段,总以必然的斜率转变,原因是磁感应强度与磁化强度直接由 $B = \mu(H + M)$ 关系描述。

3. 物质磁性的起源

从微观的角度来看,物质中带电粒子的运动形成了物质的元磁矩,当这些元磁矩取向为有序时,便形成了物质的磁性。因此,宏观物质的磁性并不能说是单个粒子的磁矩情况,而是组成物质的基本质点磁性的集体反映。具体来说,组成物质的最小单位是原子,原子又是由原子核及核外电子组成,由原子物理可知,原子磁矩有三个来源:电子轨道磁矩、电子自旋磁矩、原子核磁矩。又因为原子核磁矩很小,一般忽略不计,所以原子磁矩可以认为完全是由电子的运动效应决定。因此,一个原子(或电子)磁矩主要来自于电子的轨道磁矩和自旋磁矩两个部分,而物质的磁性根源就是原子磁矩,所以物质的磁性归根到底来自于电子的轨道磁矩和自旋磁矩。

根据量子力学可知,对于铁磁体,原子的角动量大都属于轨道。自旋耦合(L - S)方式的原子磁矩为

$$\mu_J = g_J \sqrt{J(J+l)}\ \mu_B \tag{8-88}$$

式中,J 为总角动量量子数;$\mu_B = 9.274 \times 10^{-24}$ J/T,为玻尔磁子;朗德因子 g_J 可由下式得到:

$$g_J = 1 + \frac{J(J+1)+S(S+1)-L(L+1)}{2J(J+1)} \tag{8-89}$$

其值一般为 $1 \sim 2$。

从研究物质磁性及其形成原理出发,探讨提高磁性材料性能的方法、开拓磁性材料的应用领域已经成为当代磁学的重要研究内容。

8.4.2　材料磁性的分类

根据磁化率 χ 的符号和大小,物质的磁性大致可分为五类:抗磁性、顺磁性、铁磁性、

亚铁磁性、反铁磁性。按各类磁体磁化强度 **M** 与磁场强度 **H** 的关系,可作出其磁化曲线,如图 8 - 14 所示。

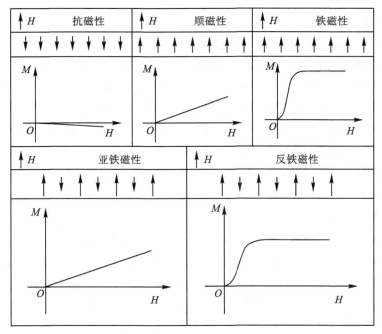

图 8 - 14　五类材料的磁化曲线示意图

1. 抗磁性

抗磁性物质是 19 世纪后半叶发现的一类弱磁性物质。这类物质的主要特点是 $\chi < 0$,即它在外加磁场中产生的磁化强度方向与外加磁场反向。如果磁场不均匀,这类物质的受力方向指向磁场减弱的方向。其次,这类物质的磁化率绝对值非常小,仅约为 $10^{-7} \sim 10^{-6}$。典型抗磁性物质的磁化率不随温度的变化而变化。当一种抗磁性材料被置于一个外加磁场中时,它会产生一个与外加磁场反向平行的非常弱的磁场。电子绕原子核的轨道运动会产生一个垂直于轨道平面的磁场,因此,每个电子轨道都有有限的轨道磁偶极矩。由于轨道平面的取向是随机的,磁矩矢量和为零,因此每个原子不存在合成磁矩。在外加磁场的存在下,有些电子加速了,有些电子减速了。根据楞次定律,反平行的电子会加速,从而产生与磁场方向相反的感应磁矩。一旦外加磁场被移走,感应磁矩就消失了。当将抗磁性材料放置在非均匀磁场中时,感应磁矩和外加磁场之间的相互作用会产生一种力,这种力会使材料从外磁场的较强部分移动到较弱部分,这意味着抗磁性材料被磁场排斥,这种作用被称为抗磁作用,例如铋、铜、水等。抗磁性材料的磁化率为负,并且几乎与温度无关,当把磁感应线置于外加磁场中时,它会被抗磁性材料排斥或排出。

2. 顺磁性

顺磁性物质也是一种对磁场感应相应很弱的磁性,但它的磁化率 $\chi > 0$,也就是说物质的磁化强度方向和外加磁场相同。当分子或原子内存在未成对电子,即电子壳层未被充满时,分子或原子中就会有孤立电子的轨道角动量和自旋角动量,意味着轨道磁矩和自旋磁矩的存在,但在不加外磁场的情况下,这些自由磁矩之间的相互作用较弱,远小于热运动能,在热扰动的作用下它们的排列方向是无序随机的,宏观上分子磁矩相互抵消,磁化强度即为 0,材料不能形成自发磁化。一旦有外加磁场作用时,这些自由磁矩在外加磁场的影响下顺着磁场的方向排列,相互叠加,从而宏观上会显示出弱的磁化强度,而磁化强度的方向也与外加磁场的方向相同。物质顺磁性的强度与环境温度息息相关,可以想见温度越低,物质的顺磁性就越强。常见的如有机化合物中的自由基,许多稀土元素与过渡族金属元素的绝缘体盐类化合物,以及一些顺磁性气体如氧气 O_2、一氧化氮 NO 等。顺磁性即使是一种较弱的磁性,但也有不可或缺的作用。比如利用顺磁性物质的顺磁性和顺磁共振,我们可以研究物质的结构尤其是电子构型组态;顺磁性微波量子放大器是一种使用已久的超低噪音微波放大器,在它的基础上才有了后来激光器的出现与发展;核磁共振成像技术和一些测氧仪也利用了顺磁性的理论来检测人身体内顺磁性物质如自由基和血红蛋白的改变。

3. 铁磁性

铁磁性材料是最早研究,也是应用最广泛的一类强磁性物质。早在 18 世纪 50 年代就有人做过磁化钢针的实验,19 世纪末居里完成了对铁磁物质的磁性随温度变化的测量。这类物质的主要特点:① $\chi > 0$,并且数值很大,一般为 $10 \sim 10^6$;② χ 不但随 T 和 H 变化,而且与磁化历史有关;③ 存在着磁性变化的临界温度(称居里温度 T_C),当温度低于居里温度时,呈铁磁性;当温度高于居里温度时,材料发生磁性相变,呈现出顺磁性。

金属 Fe、Co、Ni、Gd 及这些金属与其他元素的合金(如 Fe-Si 合金)、少数铁族元素的化合物(如 CrO_2、$CrBr_3$)、少数稀土元素的化合物(如 EuO、$GdCl_3$ 等)均属于铁磁性物质。

4. 亚铁磁性

亚铁磁性物质是在 1930 年到 1940 年被集中研究并加以应用的一类强磁性物质。亚铁磁性是在没有外加磁场时,磁畴内部相邻原子间电子交换作用使得磁矩克服温度带来的热扰动后,处在一种部分相互抵消的不完全有序排列状态的现象,反平行的自旋磁矩大小不相等,剩下一部分没抵消完的自发磁矩,从宏观上看仍呈现出一个总磁矩。所以亚铁磁性有些相似于铁磁性的方面:① $\chi > 0$,并且数值较大($10^{-1} \sim 10^4$);② χ 是 H 和 T 的函数并与磁化历史有关;③ 与铁磁性材料一样也存在着临界温度(居里温度),当 $T < T_C$ 时为亚铁磁性,当 $T > T_C$ 时为顺磁性。常见的亚铁磁性物质多为各类铁氧体和一些金属元素化合物,如磁铁矿 Fe_3O_4 等。亚铁磁体为绝缘体,当施加高频时变磁场时,由于感应涡电流很小,微波可以穿过,因此可以应用到各种微波器件中做隔离器、循环器、回旋器等。

5. 反铁磁性

反铁磁性物质内相邻晶格原子之间的交换积分为负,使得磁矩反平行排列,因此尽管磁矩处于有序态,但并不显示出宏观上的总磁矩,不存在自发磁化。类比于铁磁性物质有铁磁转变居里温度 T_C,反铁磁性物质在温度超过奈尔温度 T_N 后,热扰动增强,与顺磁性物质有类似的磁化现象,呈现出顺磁性。反铁磁性物质磁化率的大小与顺磁性物质的差不多,在奈尔温度 T_N 以下时随温度升高而增大,在奈尔温度 T_N 以上时随温度升高而减小。金属元素 Mn 和 Cr 都是反铁磁性物质,一些稀土元素在特定的低温范围内呈现反铁磁性。反铁磁性材料是极具应用前景的自旋电子材料,由于具有低磁化的特质,较难被外加磁场影响,可以用来钉扎铁磁材料,使之产生偏置场,这种反铁磁／铁磁双层膜结构可以应用到各种器件中如巨磁阻(GMR)、隧穿磁阻(TMR)等。

8.4.3　铁磁性材料

自然界中的铁磁性材料都是金属,它们的铁磁性来源于原子未被抵消的自旋磁矩和自发磁化。依其原子磁矩结构的不同,铁磁性物质可以分为两种类型:一种是 Fe、CO、Ni 等,属于本征铁磁性材料,在一定的宏观尺寸范围内,原子的磁矩方向趋向一致,这种铁磁性称为完全铁磁性;另一种是大小不同的原子磁矩反平行排列的材料,其磁矩不能完全抵消,即有净磁矩存在,称此种铁磁性为亚铁磁性。

1. 饱和磁化强度

对于铁磁体而言,由于自旋之间的相互作用使得自旋向同一方向排列,但宏观铁磁体并非所有的自旋都同方向排列。这是因为宏观铁磁体由多个微小的区域 —— 磁畴组成,在同一个磁畴内自旋同向排列,而相邻磁畴的自旋并非朝一个方向排列,使得体系总的磁化强度为零,这样可以降低体系的总能量。然而,在外加磁场的作用下,磁畴壁发生移动,使所有的自旋沿外加磁场的方向排列,产生最大的磁化强度 —— 饱和磁化强度(M_s):

$$M_s = N_A S g \mu_B \qquad (8-90)$$

式中:N_A 为阿伏加德罗常数;S 为自旋量子数;g 为朗德 g 因子;μ_B 为玻尔磁子。

2. 磁滞回线

在温度高于铁磁相转变温度(T_C)时,磁化强度(单位体积内的磁偶极)随外加磁场的增加而增大,但磁化强度增加的速度(dM/dH)越来越小,最终达到最大值(M_s),这种现象称为磁饱和现象。如图 8-15 所示,当温度逐渐降低并趋近 T_C 时,磁化强度达到磁饱和所需的外加磁场越来越小。当材料磁化强度达到磁饱和后,开始逐渐减小外加磁场强度。当撤除外加磁场后,此时体系的磁化强度并不为零,此时曲线与纵坐标的交点处称为

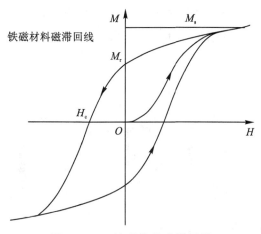

图 8-15　铁磁体的磁滞回线

剩余磁化强度(M_r)。之后向体系施加反向外加磁场,体系的磁化强度会逐渐减小,当达到 $H = -H_c$ 时,体系的磁化强度变为零,通常把 H_c 叫作矫顽力。由于磁化强度 M 的变化总是落后于磁场强度 H 的变化,这种现象称为磁滞,它是铁磁性材料的重要特性之一。由于磁滞效应,磁化一周得到的闭合回线称为磁滞回线(见图 8-15),它是宏观铁磁体的一个重要特征。因此,除 T_c 外,铁磁体还有两个重要的参数,即 M_r 和 H_c,其中 H_c 与铁磁体作为记录材料的记录容量的大小有直接关系。根据 H_c 的大小,人们又将铁磁体分为两类,即硬磁体和软磁体。

3. 居里-外斯定律

通常磁化强度和外加磁场的关系为 $M = \chi H$,其中常数 χ 被定义为磁化率。当温度远远高于 T_c 时,铁磁体的磁化率与温度的关系服从居里-外斯定律:

$$\chi = \frac{C}{T_c - \theta} \tag{8-91}$$

式中,C 为居里-外斯常数;θ 为居里-外斯温度,对于铁磁体 θ 应大于零(但对于反铁磁体,θ 小于零)。通常,利用磁化率的倒数与温度的线性关系来求得居里-外斯常数 C 和温度 θ。这里需要指出,虽然 θ 与 T_c 有一定的关系,但 θ 不同于 T_c,且通常 $\theta > T_c$。

4. 铁磁相变温度

当体系的温度远高于 T_c 时,相对于体系的热振动,自旋之间的耦合能很小,自旋排列无序,体系处于顺磁态。当体系的温度降低,达到 T_c 时,体系将从自旋无序状态转变为磁有序状态,发生铁磁相变。伴随铁磁相变,除磁化率、磁化强度外,其他物理性质也发生突跃性变化,特别是体系中的热力学性质,如比热容发生突跃性变化。人们正是通过观察这些物理性质的突跃性变化来证明铁磁相变的发生,进而确定铁磁相变的温度 T_c。除此以外,还可以通过测量零场介子自旋旋转(测量自发磁化强度)、铁磁共振及低温中子衍射等方法,来证实铁磁相变的发生及确定相转变温度 T_c。

5. 磁畴

在铁磁材料中存在着许多自发磁化的小区域,我们把磁化方向一致的小区域,称为磁畴(见图 8-16)。由于各个磁畴的磁化方向不同,所以大块磁铁对外还是不显示磁性。相邻磁畴的界面称为畴壁,畴壁是磁畴结构的重要组成部分,它对磁畴的大小、形状及相邻磁畴的关系均有重要的影响。

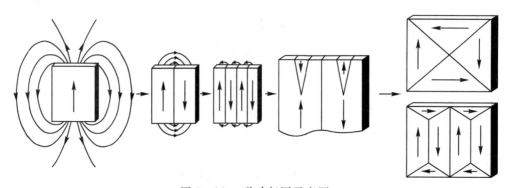

图 8-16　磁畴起因示意图

磁畴结构包括磁畴的形状、尺寸,畴壁的类型与厚度,同一磁性材料如果磁畴结构不同,则其磁化行为不同,因此磁畴结构的不同是铁磁材料磁性千差万别的原因之一。从能量观点来看,磁畴结构受到交换能、各向异性能、磁弹性能、畴壁能及退磁能的影响。稳定的磁畴结构,应使其能量总和最小。

6. 磁晶各向异性

磁性材料具有和自发磁化强度有关的能量各向异性,称磁各向异性。即自发磁化强度指向某些特定的方向时,材料的内能小于磁化强度指向其他方向时的内能。这些特定的方向称为该材料的易磁化方向。其宏观表现是对磁性材料进行外加磁场磁化时,材料的自发磁化强度 M_s 呈现对外加磁场方向的各向异性。磁性材料沿某个方向磁化到饱和(材料中的磁矩都朝磁场方向排列)时所需的能量和沿易磁化方向磁化时所需的能量之差,称为该方向的磁各向异性能。磁各向异性能是随着铁磁材料内自发磁化强度 M_s 取向的不同而变化的能量。

产生磁各向异性的原因较多,大致分为磁晶各向异性、形状磁各向异性、应力磁各向异性、感生磁各向异性和交换磁各向异性五类。其中,只有磁晶各向异性是磁性晶体的本征特性,反映了磁性晶体的磁化与晶体的宏观对称轴之间的联系,其他四类磁各向异性则与磁性材料的形状、显微结构等宏观或介观因数有关,属于感生的磁各向异性。

7. 影响铁磁性的因素

影响铁磁性的因素主要有两方面:一是外部环境因素,如温度和应力等;二是材料内部因素,如成分、组织和结构等。从内部因素考察,可把表示铁磁性的参数分成两类:组织敏感参数和组织不敏感参数。凡是与自发磁化有关的参数都是组织不敏感的,如饱和磁化强度 M_s、磁晶各向异性常数 K 和居里点 T_C 等,它们与原子结构、合金成分、相结构和组成相的数量有关,而与组成相的晶粒大小、分布情况和组织形态无关;而居里点 T_C 只与组成相的成分和结构有关,K 只取于组成相的点阵结构而与组织无关。凡与技术磁化有关的参数都是组织敏感参数,如矫顽力 H_c、磁导率 μ 或剩磁 M_r 等。它们与组成相的晶粒形状、大小和分布及组织形态等有密切关。

第9章　材料的腐蚀与防护

腐蚀这个术语起源于拉丁文 Corrdere,查即损坏、腐烂之意。关于腐蚀的定义许多著名的学者都有自己的表述。20 世纪 50 年代前腐蚀的定义只局限于金属的腐蚀,它是指金属在周围介质(最常见的是液体和气体)作用下,由于化学变化、电化学变化或物理溶解而产生的破坏。这个定义明确指出了金属腐蚀是包括金属材料和环境介质两者在内的一个具有反应作用的体系。金属要发生腐蚀必须有外部介质的作用,而且这种作用是发生在金属与介质的相界上,它不包括因单纯机械作用引起的金属磨损破坏。

随着非金属材料(特别是合成材料)的迅速发展,它的腐蚀破坏引起了人们的重视。从 20 世纪 50 年代以后,许多权威的腐蚀学者或研究机构倾向于把腐蚀的定义扩大到所有材料。有人把腐蚀定义为,"由于材料和它所处的环境发生反应而使材料和材料的性质发生恶化的现象",也有人定义为,"腐蚀是由于物质与周围环境作用而产生的损坏"。现在已把扩大了的腐蚀定义应用于塑料、混凝土及木材的损坏,但通常还是指金属的损坏,因为金属及其合金至今仍然是最重要的结构材料,所以金属腐蚀还是最引人注意的问题之一。

从热力学观点看,绝大多数金属都具有与周围介质发生作用而转入氧化(离子)状态的倾向,因此,金属发生腐蚀是一种自然的趋势,且到处可见。例如金属构件在大气中因腐蚀而生锈;埋于地下的金属管道因腐蚀发生穿孔;钢铁在轧制过程中因在高温下与空气中的氧作用产生了大量的氧化皮。在化工生产中金属机械和设备常与强腐蚀性介质(如酸、碱、盐等)接触,尤其在高温、高压和高流速的工艺条件下,腐蚀问题更显得突出和严重。

由于腐蚀给金属材料造成的直接损失是巨大的,全世界每年因腐蚀报废的钢铁设备约相当于年产量的 30%,假如其中的 2/3 可回炉再生,仍有 10% 的钢铁将由于腐蚀而不可使用了。显然,金属构件的损坏,其损失远比金属材料的大得多。例如飞机、舰船、锅炉等,其造价远超过原材料的价格。至于因腐蚀所造成的间接损失,有时是难以统计的。例如发电厂锅炉管的爆裂,更换一根不过几百元,但引起的许多工厂的停产,其损失则是十分惊人的。

金属腐蚀对化工生产的影响是多方面的。例如因考虑到腐蚀需增加设备设计的裕度;腐蚀可引起输送管道穿孔而使原料和产品流失;高温高压的生产装置还会因腐蚀引起爆炸事故等。例如 1965 年 3 月美国有一输气管线因应力腐蚀破裂着火,造成 17 人死亡。

新技术的采用对促进生产将起很大的推动作用,但若不解决腐蚀问题,其应用会受到严重的阻碍。例如不锈钢的发明和应用大大促进了硝酸和合成氨工业的发展。采用降膜法生产固碱具有占地小、生产效率高等优点,但由于在我国还没有圆满地解决降膜管的腐蚀问题,这个新工艺至今还不能广泛地应用于生产。美国的阿波罗登月飞船贮存 N_2O_4 的高压容器曾发生应力腐蚀破裂,经分析研究加入 0.6% NO 之后才得以解决。美国著名的腐蚀学家丰塔纳(Fontana)认为如果找不到这个解决办法,登月计划会推迟若干年。

以上事例说明,解决腐蚀问题具有很大的理论和经济意义。

9.1　金属的腐蚀过程与分类

在自然界中大多数金属通常是以矿石形式存在的,亦即以金属化合物的形式存在。例如铁在自然界中多为赤铁矿,其主要成分是 Fe_2O_3,而铁的腐蚀产物 —— 铁锈,其主要成分也是 Fe_2O_3。可见,铁的腐蚀过程就是金属铁回复到它的自然存在状态(矿石)的过程。但若要从矿石中冶炼金属,则需要提供一定量的能量(如热能或电能)才可完成。所以金属状态的铁和矿石中的铁存在着能量上的差异,即金属铁比它的化合物具有更高的自由能。所以,金属铁具有放出能量而回到热力学上更稳定的自然存在形式 —— 氧化物、硫化物、碳酸盐及其他化合物的倾向。由铁矿石转化成金属铁所需的能量与腐蚀后形成同样的化合物时所放出的能量是等同的,只不过是吸收和放出能量的速度不同而已。显而易见,能量上的差异是产生腐蚀反应的推动力,而放出能量的过程便是腐蚀过程。伴随着腐蚀过程的进行,将导致腐蚀体系自由能的减少,故它是一个自发过程。

从能量的观点看,金属腐蚀的倾向可从矿石中冶炼金属时所消耗能量的大小来判断。凡是冶炼时消耗能量大的金属较易发生腐蚀,消耗能量小的金属则其腐蚀倾向就小。例如为获得镁、铝、锌、铁等金属,在冶炼时需消耗较多的能量,故它们较易发生腐蚀。黄金在自然界中可以单质的形式存在(如砂金),因此它不易腐蚀。

金属在一定的环境介质中经过反应回复到它的化合物状态,这个腐蚀的过程可用一个总的反应式表示:

金属材料 + 腐蚀介质 → 腐蚀产物

它至少包括三个基本过程:① 通过对流和扩散作用使腐蚀介质向界面迁移;② 在相界面上进行反应;③ 腐蚀产物从相界面迁移到介质中去或在金属表面上形成覆盖膜。另外,腐蚀过程还受到离解、水解、吸附和溶剂化作用等其他过程的影响。

讨论腐蚀基本过程的目的在于阐明腐蚀机理。要合理地应用一种腐蚀检测方法或有效地采用一种控制腐蚀的措施,就必须了解有关的腐蚀机理。通常,首先要找出整个腐蚀过程中决定腐蚀速度的那个反应步骤,然后再确定主要参数(如腐蚀介质的浓度、温度、流速、电极电位和时间等)间的相互关系。在一个相界面上的反应方式对于确定反应机理具有决定性作用。例如锌在硫酸中发生腐蚀时,在相界面上金属点阵中的锌原子因氧化变成锌离子进入溶液,同时溶液中作为氧化剂的氢离子却被还原。显然,这种类型的相界面反应属于电化学腐蚀机理。

由于腐蚀过程主要在金属与介质之间的界面上进行,故它们具有如下两个特点。

(1)因腐蚀造成的破坏一般先从金属表面开始,然后伴随着腐蚀过程的进一步发展,腐蚀破坏将扩展到金属材料内部,并使金属的性质和组成发生改变。在这种情况下金属可全部或部分地溶解(例如锌在盐酸中可较快地溶解),或者所形成的腐蚀产物沉积于金属上(例如在潮湿的大气中,铁腐蚀后铁锈附着在铁表面上)。有时候,腐蚀过程的进行(例如不锈钢和铝合金的晶间腐蚀)还可导致金属和合金的物化性质发生改变,以至于造成金属结构的崩溃。

(2)金属材料的表面状态对腐蚀过程的进行有显著的影响。一般在金属的表面上具有钝化膜或防氧化覆盖层,故金属的腐蚀过程与这一保护层的化学成分、组织结构状态及孔径、孔率等因素密切相关。实验结果表明,一旦表面保护层受到机械损伤或者化学侵蚀以后,金属的腐蚀过程将大大加快。

金属材料在腐蚀体系中的行为,还与其化学成分、金相结构、力学性能等因素有关。金属在介质中的腐蚀行为基本上由它的化学成分所决定。另外,金属材料的金相结构经冶炼后虽已确定,但这种结构还可以通过热处理和机械处理加以改变。而结构反过来又将决定材料的力学性能。就金属被腐蚀的形态来说,对于某一金属出现的是选择性腐蚀还是缝隙腐蚀,这完全取决于材料的金相结构(如铬镍钢中有奥氏体、铁素体和马氏体)和沉淀相(碳化物和氧化物)的分布情况。又由金属的受力状态(如拉应力、多变应力、冲刷应力等)也可引申出应力腐蚀、腐蚀疲劳及磨蚀等特殊的破坏形式。

同样,腐蚀介质对金属材料的腐蚀过程也有重大的影响。腐蚀介质的情况是很复杂的。它除了可分为液相、气相和固相之外,还可进一步分为单相和多相,例如含有固体物质的液体(液-固混合相)、含有气泡的液体(液-气混合相)和雾气中含有水滴(气-液混合相)等三种。多相介质通常是造成金属材料发生空泡腐蚀和磨蚀的原因。

介质的化学成分、组分及浓度等对金属腐蚀过程的影响主要表现在腐蚀速度和破坏形式上。例如碳钢在稀硫酸中发生均匀腐蚀的速度大于在水中的速度,碳钢在 30% 稀硝酸中的腐蚀速度大于在 60% 硝酸中的速度;18-8 型不锈钢在含有高氯离子水中的点蚀倾向远大于一般水溶液等。

一般地说,提高介质的温度可加快腐蚀过程的进行。液体介质流动状态对腐蚀的影响情况也是很复杂的,有一些腐蚀(如小孔腐蚀)主要出现在静止不动的液体介质中,而另一些腐蚀(如空泡腐蚀)则主要出现于流动很快的溶液之中。

由于金属腐蚀的现象与机理比较复杂,因此金属腐蚀的分类方法也是多样的,至今尚未统一。以下只介绍常用的分类方法。

按照腐蚀环境分类,可分为化学介质腐蚀、大气腐蚀、海水腐蚀和土壤腐蚀等。这种分类方法是不够严格的,因为土壤和大气中也都含有各种化学介质,不过这种分类方法可帮助我们大体上按照金属材料所处的周围环境去认识腐蚀的规律。

根据腐蚀过程的特点,金属的腐蚀也可以按照化学、电化学和物理腐蚀三种机理分类。具体的金属材料是按哪一机理进行腐蚀,主要决定于金属表面所接触的介质的种类。

化学腐蚀是指金属表面与非电解质直接发生纯化学作用而引起的破坏。其反应历程的特点为在一定条件下,非电解质中的氧化剂直接与金属表面的原子相互作用而形成腐蚀产物,即氧化还原反应是在反应粒子相互作用的瞬间于碰撞的那一个反应点上完成的。这样,在化学腐蚀过程中,电子的传递是在金属与氧化剂之间直接进行的,因而没有电流产生。实际上,单纯化学腐蚀的例子是较少见到的。例如铝在四氯化碳、三氯甲烷或乙醇中、镁和钛在甲醇中、金属钠在氯化氢气体中等发生的腐蚀皆属化学腐蚀,但上述介质往往因含有少量水分而使金属的化学腐蚀转为电化学腐蚀。金属因高温氧化而引起的腐蚀,在 20 世纪 50 年代前一直作为化学腐蚀的典型实例,但在 1952 年,瓦格纳(C. Wagner)根据氧化膜的近代观点,提出在高温气体中金属的氧化最初虽然是通过化学反应发生的,但后来,膜的成长过程则是属于电化学机理。这是因为此时金属表面的介质已由气相改变为既能电子导电,又能离子导电的半导体氧化膜,金属可在阳极(金属-膜界面)离解后,通过膜把电子传递给膜表面上的氧,使其还原变成氧离子(O^{2-}),而氧离子和金属离子在膜中又可进行离子导电,即氧离子向阳极(金属)迁移而金属离子向阴极(膜-气相界面)迁移,或在膜中某处再进行第二次化合。所有这些均已划入电化学腐蚀机理的范畴,故现在已不再把金属的高温氧化视为单纯的化学腐蚀了。

金属的电化学腐蚀是指金属表面与离子导电的介质因发生电化学作用而产生的破坏。任何一种按电化学机理进行的腐蚀反应至少包含有一个阳极反应和一个阴极反应,并以流过金属内部的电子流和介质中的离子流联系在一起。阳极反应是金属离子从金属转移到介质中和放出电子的过程,即阳极氧化过程。相对应的阴极反应便是介质中氧化剂组分吸收来自阳极的电子的还原过程。例如碳钢在酸中腐蚀时,在阳极区铁被氧化为Fe^{2+},所放出的电子自阳极(Fe)流至钢中的阴极(Fe_3C)上被 H^+ 吸收而还原成氢气(H_2),即

$$阳极反应:Fe \longrightarrow Fe^{2+} + 2e^-$$
$$阴极反应:2H^+ + 2e^- \longrightarrow H_2 \uparrow$$
$$总反应:Fe + 2H^+ \longrightarrow Fe^{2+} + H_2 \uparrow$$

由此可见,与化学腐蚀不同,电化学腐蚀的特点在于它的腐蚀历程可分为两个相对独立并且可同时进行的过程。由于在被腐蚀的金属表面上一般具有隔离的阳极区和阴极区,腐蚀反应过程中电子的传递可通过金属从阳极区流向阴极区,其结果是必有电流产生。这种因电化学腐蚀而产生的电流与反应物质的转移可通过法拉第定律定量地联系起来。

由上所述,电化学腐蚀的机理,实际上是一个短路了的加尔瓦尼(Galvani)原电池的电极反应的结果,这种原电池又称为腐蚀原电池。电化学腐蚀是最普遍、最常见的腐蚀。金属在各种电解质水溶液中,在大气、海水和土壤等介质中所发生的腐蚀皆属此类。

电化学作用既可单独造成金属腐蚀,也可和机械作用、生物作用共同导致金属的腐蚀。当金属同时受到电化学作用和固定拉应力作用时,将发生应力腐蚀破裂。应力腐蚀破裂的例子很多,例如碱液蒸发器的腐蚀,奥氏体不锈钢在含氯化物水溶液的高温环境中非常容易发生应力腐蚀破裂。在高温碱水溶液、常温的硫化氢、含多硫酸的水溶液、高温高压水、高温的硫化物纸浆制造液等介质中,奥氏体不锈钢的应力腐蚀开裂已成为工业上的问题。

金属在交变应力和电化学的共同作用下,将产生腐蚀疲劳(例如螺旋桨轴、泵轴的腐蚀)。金属的疲劳极限因此大为降低,故可过早地破裂。金属若同时受到电化学和机械磨损作用,则可发生磨损腐蚀。例如管道弯头处和热交换器管束进口端因受液体湍流的作用而发生冲击腐蚀;又如高速旋转的螺旋桨和泵的叶轮由于在高速流体的作用下产生了所谓空穴,空穴会周期性地产生和消失,当它消失时,因周期高压形成很大压力差,使得在靠近空穴的金属表面发生水锤作用,破坏了金属表面的保护膜,加快了金属的腐蚀,故称为空穴腐蚀或空化腐蚀。

微生物对金属的直接破坏是很少见的,但它能为电化学腐蚀创造必要的条件,促进金属的腐蚀。例如土壤中的硫酸盐还原菌可把 SO_4^{2-} 还原成 H_2S,从而大大加快了土壤中碳钢管道的腐蚀速度。

物理腐蚀是指金属由于单纯的物理溶解作用所引起的破坏。许多金属在高温熔盐、

熔碱及液态金属中可发生物理腐蚀。例如用来盛放熔融锌的钢容器,由于铁被液态锌所溶解,故钢容器逐渐地变薄了。

金属被腐蚀之后的外观特征怎样?也即金属被破坏的形式如何?这是我们研究腐蚀时首先观察到的一些现象。一般根据金属被破坏的基本特征可把腐蚀分为全面腐蚀和局部腐蚀两大类。

1. 全面腐蚀

腐蚀分布在整个金属表面上,它可以是均匀的,也可以是不均匀的。碳钢在强酸、强碱中发生的腐蚀属于均匀腐蚀。均匀腐蚀的危险性相对而言比较小,因为我们若知道了腐蚀速度和材料的使用寿命之后,便可估算出材料的腐蚀容差,并在设计时将此因素考虑在内。

2. 局部腐蚀

腐蚀主要集中于金属表面某一区域,而表面的其他部分则几乎未被破坏。局部腐蚀有很多类型,下面选择几种重要的加以介绍。

(1)应力腐蚀破裂。它在局部腐蚀中居于首位。化工设备因应力腐蚀破裂造成的损坏尤为突出。根据腐蚀介质的性质和应力状态的不同,裂纹特征会有所不同,在金相显微镜下,显微裂纹呈穿晶、晶界或两者混合形式。裂纹既有主干,也有分支,形似树枝状。裂纹横断面多为线状。裂纹走向与所受拉应力的方向垂直。例如碳钢、低合金钢在熔融的 NaOH 中,含 H_2S 或 HCN 的溶液中及在海水里均可发生应力腐蚀破裂。又如奥氏体不锈钢在热氯化物水溶液(如 NaCl、$MgCl_2$、$BaCl_2$ 溶液)、含 H_2S 的水溶液及含 HF 酸的介质中也常有应力腐蚀破裂发生。铝合金、铜合金和钛合金等在适宜的介质中也可能产生应力腐蚀破裂。

(2)小孔腐蚀。这种破坏主要集中在某些活性点上,并向金属内部深处发展。通常其腐蚀深度大于其孔径,严重时可使设备穿孔。不锈钢和铝合金在含有氯离子的溶液中常呈现这种破坏形式。

(3)晶间腐蚀。这种腐蚀首先在晶粒边界上发生,并沿着晶界向纵深处发展。这时,虽然从金属外观看不出有明显的变化,但其机械性能确已大为降低了。通常晶间腐蚀出现于奥氏体不锈钢、铁素体不锈钢和铝合金的构件中。

(4)电偶腐蚀。凡具有不同电极电位的金属互相接触,并在一定的介质中所发生的电化学腐蚀即属电偶腐蚀。例如热交换器的不锈钢管和碳钢花板连接处,碳钢在水中作为阳极而被加速腐蚀。

(5)选择性腐蚀。合金中的某一组分由于腐蚀优先地溶解到电解质溶液中去,从而造成另一组分富集于金属表面上。例如黄铜的脱锌现象即属这类腐蚀。

(6)氢脆。在某些介质中,因腐蚀或其他原因而产生的氢原子可渗入金属内部,使金属变脆,并在应力的作用下发生脆裂。例如含硫化氢的油、气输送管线及炼油厂设备常发生这种腐蚀。

(7)其他局部腐蚀类型。除上述局部腐蚀类型外,缝隙腐蚀、沉积腐蚀(如垢下腐蚀)、浓差电池腐蚀、湍流腐蚀等也均属于局部腐蚀之列。

9.2　金属腐蚀速度的表示法

金属遭受腐蚀后,其重量、厚度、机械性能、组织结构及电极过程等都会发生变化。这些物理和力学性能的变化率可用来表示金属腐蚀的程度。在均匀腐蚀情况下,通常采用的表示指标有重量指标、深度指标和电流指标,并以平均腐蚀率的形式表示之。

9.2.1　金属腐蚀速度的重量指标

重量指标就是把金属因腐蚀而发生的重量变化,换算成相当于单位金属表面积于单位时间内的重量变化的数值。

所谓重量的变化,在失重时是指腐蚀前的重量与清除了腐蚀产物后的重量之间的差值;在增重时系指腐蚀后带有腐蚀产物时的重量与腐蚀前的重量之间的差值。可根据腐蚀产物容易除去或完全封固地附着在试件表面的情况来选取失重或增重表示法。

$$v^- = \frac{W_0 - W_t}{S \times t} \tag{9-1}$$

式中,v^- 为失重时的腐蚀速度,$g/m^2 \cdot h$;W_0 为金属的初始重量,g;W_t 为清除了腐蚀产物后金属的重量,g;S 为金属的截面积,m^2;t 为腐蚀进行的时间,h。

又

$$v^+ = \frac{W_2 - W_0}{S \times t} \tag{9-2}$$

式中,v^+ 为增重时的腐蚀速度,$g/m^2 \cdot h$;W_2 为带有腐蚀产物的金属的重量。

9.2.2　金属腐蚀速度的深度指标

深度指标就是把金属的厚度因腐蚀而减少的量,以线量单位表示,并换算成为相当于单位时间的数值。在衡量密度不同的各种金属的腐蚀程度时,此种指标极为方便。可按下列公式将腐蚀的失重指标 v_L 换算为腐蚀的深度指标:

$$v_L = \frac{v^- \times 24 \times 365}{(100)^2 \times \rho} \times 10 = \frac{v^- \times 8.76}{\rho} \tag{9-3}$$

式中,v_L 为腐蚀的深度指标(腐蚀率),mm/a;ρ 为金属的密度,g/cm^3。

腐蚀的重量指标和深度指标对于均匀的电化学腐蚀和化学腐蚀都可采用。除上述单位外,在腐蚀文献上尚有以 $mdd(mg/dm^2 \cdot d)$、$ipy(inch/a)$ 和 $mpy(mil/a)$ 作为重量指标和深度指标的文献。这些单位之间可以相互换算,表 9-1 列出了一些常用腐蚀速度单位的换算因子。

表 9-1　常用腐蚀速度单位的换算因子

腐蚀速度采用单位	换 算 因 子				
	克/(米²·小时)	毫克/(分米²·天)	毫米/年	英寸/年	密耳/年
克/(米²·小时)	1	240	$8.76/\rho$	$0.345/\rho$	$345/\rho$
毫克/(分米²·天)	4.17×10^{-3}	1	$3.65 \times 10^{-2}/\rho$	$1.44 \times 10^{-3}/\rho$	$1.44/\rho$
毫米/年	$1.14 \times 10^{-1} \times \rho$	$274 \times \rho$	1	3.94×10^{-2}	39.4
英寸/年	$2.9 \times \rho$	$696 \times \rho$	25.4	1	10^3
密耳/年	$2.9 \times 10^{-3} \times \rho$	$0.696 \times \rho$	2.54×10^{-2}	10^{-3}	1

注:1 密耳(mil) = 10^{-3} 英寸(inch);1 英寸(inch) = 25.4 毫米(mm);ρ 为式(9-3)中金属的密度。

根据金属年腐蚀深度的不同,可将金属的耐蚀性分为十级标准和三级标准(如表9-2和9-3所示)。

表 9-2　均匀腐蚀的十级标准

耐蚀性评定	耐蚀性等级	腐蚀率 /(mm·a^{-1})	耐蚀性评定	耐蚀性等级	腐蚀率 /(mm·a^{-1})
Ⅰ 完全耐蚀	1	< 0.001	Ⅳ 尚耐蚀	6	0.1 ~ 0.5
Ⅱ 很耐蚀	2	0.001 ~ 0.005		7	0.5 ~ 1.0
	3	0.005 ~ 0.01	Ⅴ 欠耐蚀	8	1.0 ~ 5.0
Ⅲ 耐蚀	4	0.01 ~ 0.05		9	5.0 ~ 10.0
	5	0.05 ~ 0.1	Ⅵ 不耐蚀	10	> 10.0

表 9-3　均匀腐蚀的三级标准

耐蚀性评定	耐蚀性等级	腐蚀率 /(mm·a^{-1})
耐蚀	1	< 0.1
可用	2	0.1 ~ 1.0
不可用	3	> 1.0

从表9-2和表9-3两个表来看,十级标准分得太细,且腐蚀深度也不都是与时间呈线性关系,因此,按试验数据或在手册上查得的数据的计算结果难以精确地反映出实际情况。

三级标准比较简单,但它在一些要求严格的场合又往往过于粗略,如一些精密部件不容许微小的尺寸变化,腐蚀率即使小于1.0 mm/a的材料也不见得可用。对于高压和处理剧毒、易燃、易爆物质的设备,其对均匀腐蚀深度的要求比普通设备要严格得多,所以在选材时应从严选用。

9.2.3　金属腐蚀速度的电流指标

电流指标以金属电化学腐蚀过程的阳极电流密度(A/cm^2)的大小来衡量金属的电化学腐蚀速度的程度,可以用法拉第定律(Faraday law)把电流指标和重量指标关联起来。

早在1833 ~ 1834年,法拉第就提出,通过电化学体系的电量和参加电化学反应的物质的数量之间存在如下两条定量的规律。

(1)在电极上析出或溶解的物质的量与通过电化学体系的电量成正比,亦即

$$\Delta W = \varepsilon Q = \varepsilon It \qquad (9-4)$$

式中,ΔW 为析出或溶解的物质的量,g;ε 为比例常数(电化当量),g/c;Q 为 t 时间内流过的电量,C;I 为电流强度,A;t 为通电时间,s。

从式(9-4)中可看出,某物质的电化当量在数值上等于通过1 C电量时在电极上析出或溶解该物质的量。

(2)在通过相同的电量条件下,在电极上析出或溶解的不同物质的量与其化学当量

成正比,则

$$\varepsilon = \frac{1}{F} \times \frac{A}{n} \tag{9-5}$$

式中,F 为法拉第常数($1F = 96494 \approx 96500\,C = 26.8A \cdot h$);$A$ 为原子量;n 为金属离子的化合价。

由式(9-5)可以看出,析出或溶解 1 g 当量(化学当量)的任何物质所需的电量都是 $1F$,而与物质的本性无关。

若将法拉第的两条定律联合起来考虑,可得

$$\Delta W = \frac{A}{Fn} It \tag{9-6}$$

至此已把电流与物质的变化量关联起来。所以腐蚀的电流指标和重量指标之间存在如下关系:

$$v^- = \frac{A \times i_a}{n \times F} \times 10^4 = \frac{A \times i_a}{n \times 26.8} \times 10^4\,g/m^2 \cdot h \tag{9-7}$$

或

$$i_a = v^- \frac{n}{A} \times 26.8 \times 10^{-4}\,A/cm^2 \tag{9-8}$$

式中,i_a 为腐蚀的电流指标,即阳极电流密度,A/cm^2。

例如腐蚀过程的阳极反应为

$$Fe \rightarrow Fe^{2+} + 2e^-$$

已知 $A = 55.84\,g$、$n = 2$,设 $S = 10\,cm^2$,阳极过程的电流强度 $I_a = 10^{-3}\,A$,则

$$i_a = \frac{I_a}{S} \times 10^{-4}\,A/cm^2 \tag{9-9}$$

所以

$$v^- = \frac{55.84 \times 10^{-4}}{2 \times 26.8} \times 10^4\,g/m^2 \cdot h = 1.04\,g/m^2 \cdot h \tag{9-10}$$

又知铁的密度 $\rho = 7.80\,g/cm^3$,可得

$$v_L = \frac{1.04 \times 8.76}{7.80}\,mm/a = 1.17\,mm/a \tag{9-11}$$

关于金属局部腐蚀时的腐蚀速度或其耐蚀性的表示法比较复杂,这将在以后的有关章节中介绍。

9.3　金属电化学腐蚀倾向

从热力学观点考虑,金属的电化学腐蚀过程是单质形式存在的金属和它周围电解质组成的体系,从一个热力学不稳定状态过渡到热力学稳定状态的过程,其结果是生成各种化合物,同时引起金属结构的破坏。例如我们把一铁片浸到盐酸溶液中,就可见到有氢气放出,并以相同于氢放出的速率将铁溶解于溶液中,即铁发生了腐蚀。又如把一紫铜片置于无氧的纯盐酸中时,却不发生铜的溶解,也看不到有氢气析出,但是一旦在盐酸中有氧溶解进去之后,我们即可见到紫铜片不断地遭受腐蚀,可是仍然无氢气产生。这就提出如下问题,为什么不同金属在同一介质中的腐蚀情况会不一样呢?又为什么同一金属在

不同介质中的腐蚀情况也不相同呢?造成金属这种电化学腐蚀不同倾向的原因又是什么?我们应该如何来判断它?所有这些都是我们在讨论腐蚀问题时至关重要的问题。

学习了热力学第二定律之后,我们可以知道,它的一个重要任务就是判断在指定的始、终态中,有无一个自发过程存在的可能,也即不须做功而能自动进行的过程。人类的经验表明,一切自发过程都是有方向性的。过程发生之后,参与者的物质都不能自动地回复原状。例如锌片浸入稀的硫酸铜溶液中,将自动发生取代反应,生成铜和硫酸锌溶液。但若把铜片放入稀的硫酸锌溶液里,却不会自动地发生取代作用,也即逆过程是不能自发进行的。同样,物理的变化也是有方向性的。当温度不同的两个物体互相接触时,热总是从高温物体流向(即传递)低温物体。而它的逆过程,则是热从低温物体流向高温物体,使冷者越冷,热者越热,显然,这是不能自发进行的。又如电流总是从电位高的地方向电位低的地方流动等。所有这些自发变化的过程都具有一个共同的特征——不可逆性。

究竟是什么因素决定着这些自发变化的方向性和限度呢?表面上看来决定不同的过程有不同的因素。例如决定热量流动方向的是温度(T),热量从高温向低温流动,直到两物体的温度均一,达到了热平衡为止。决定气体扩散方向的是压力(p),气体从高压向低压扩散,直到压力相等时,扩散过程在宏观上才终止。决定溶液扩散方向的是浓度(C),溶液从高浓度扩散到低浓度,直到浓度均一时为止等。那么决定化学变化方向和限度的参数是什么呢?对于不同的条件,热力学提出了不同的判断依据。通常化学反应作为敞开体系是在恒温、恒压条件下进行的,因此,在化学热力学中提出通过自由能的变化(ΔG)来判别化学反应进行的方向及限度。任意的化学反应,它的平衡条件可表示如下:

$$(\Delta G)_{T\Delta p} = \sum_i v_i \mu_i = 0 \tag{9-12}$$

式中,v_i对于反应物而言取负值,而对于生成物而言则取正值。这里应注意,在恒温、恒压时ΔG总等于$\sum_i v_i \mu_i$,只有在平衡时它们才等于零。

对于自发反应,由于$(\Delta G)_{T\Delta p} < 0$,所以

$$\sum_i v_i \mu_i < 0 \tag{9-13}$$

两式合并为

$$(\Delta G)_{T\Delta p} = \sum_i v_i \mu_i \leqslant 0 \tag{9-14}$$

在恒温、恒压下不可能自发地进行$\sum_i v_i \mu_i > 0$的反应。

9.4　各种环境中的腐蚀

在石油化工生产中,所遇到的介质种类繁多。由于各种介质的性质不同,金属在其中的腐蚀规律也不相同。因此,要对生产实际中的腐蚀问题作出确切的分析,注意了解各种介质的特性是极为重要的。

本节根据腐蚀的基本理论,针对化工生产中常见的介质,分别简要地阐明金属在这些介质中的腐蚀规律。

9.4.1　金属在干燥气体中的腐蚀

分析金属在干燥气体介质中的腐蚀,有实际意义的是金属在高温(500 ~ 1000℃)下的腐蚀。如石油化工生产中,各种管式加热炉的炉管,其外壁受高温氧化而破坏;金属在热加工如锻造、轧制、热处理等过程中,也发生高温氧化;在合成氨工业中,高温高压的氢、氮、氨等气体对设备也会产生腐蚀。其中,高温氧化是最普遍、最重要的一类金属腐蚀。

金属氧化的化学反应为

$$M + \frac{1}{2} O_2 \Longleftrightarrow MO$$

如果在一定的温度下,氧的分压(p_{O_2})与氧化物的分解压力(p_{MO})相等,则反应达到平衡。如果氧的分压大于氧化物的分解压力($p_{O_2} > p_{MO}$)时,反应朝生成氧化物的方向进行。反之,当氧的分压小于氧化物的分解压力($p_{O_2} < p_{MO}$)时,反应就朝着相反方向进行。

钢在气体腐蚀过程中,通常总是伴随"脱碳"现象出现。脱碳是指在腐蚀过程中,除了生成氧化皮层以外,与氧化皮层毗连的未氧化的钢层发生渗碳体减少的现象。脱碳是钢表面的渗碳体 Fe_3C 与介质中的氧、氢、二氧化碳、水等作用的结果,其反应如下:

$$Fe_3C + \frac{1}{2} O_2 \longrightarrow 3Fe + CO$$

$$Fe_3C + CO_2 \longrightarrow 3Fe + 2CO$$

$$Fe_3C + H_2O \longrightarrow 3Fe + CO + H_2$$

$$Fe_3C + 2 H_2 \longrightarrow 3Fe + CH_4$$

脱碳作用生成气体,使表面膜的完整性受到破坏,从而降低了膜的保护作用,加快了腐蚀的进行。同时,由于碳钢表面渗碳体的减少(即表面层已变成铁素体组织),使表面层的硬度和强度都降低,这对于必须具有高硬度和高强度的重要零件是极为不利的。由于脱碳,淬火的工具切削刃锋失去硬度,曲轴的疲劳极限明显降低。实践证明,增加气体介质中的一氧化碳和甲烷含量,将使脱碳作用减小。在钢中添加铝或钨可使脱碳作用的倾向减小,这可能是由于铝或钨的加入使碳的扩散速度降低的缘故。

铸铁的肿胀实际上是一种晶间气体腐蚀的形式。铸铁制件发生气体腐蚀,是由于腐蚀性气体沿着晶粒边界、石墨夹杂物和细微裂缝渗入到铸铁内部发生了氧化作用,由于所生成的氧化物体积较大,因此,不仅引起铸件机械强度的大大降低,而且使制件的尺寸也显著增大。实践证明,当高温氧化是周期性进行的,而且加热的最高温度超过铸铁的相变化温度时,肿胀现象就会明显加强。在生铁中,加入 5% ~ 10% 的硅,可避免肿胀现象的发生,但如果硅的添加量为 1% ~ 4% 时,不仅不能使肿胀的倾向降低,相反,还会使肿胀更加严重。

在合成氨、合成甲醇、石油加氢及其他一些化学和炼油工业中,常常遇到高温高压氢中钢的脆化腐蚀。氢气在常温常压下不会对碳钢产生明显的腐蚀,但在温度高于300 ℃,压力高于 300 大气压时,氢对钢材作用显著,使钢材的机械强度剧烈降低,这就是氢腐蚀。

9.4.2　金属在大气中的腐蚀

金属在大气自然环境条件下的腐蚀称为大气腐蚀。金属暴露在大气中要比暴露在其他腐蚀介质中的机会更多,据统计,化工厂约有70%的金属构件是在大气条件下工作的。大气腐蚀也能使许多金属结构遭到严重的破坏。例如某厂硫酸车间的钢结构,大气腐蚀的深度每年竟达0.5 mm,涂刷的漆膜只使用三个月,就全部脱落。又如某厂的联碱车间,开车一年,暴露在大气中的管线外表便生成了3～5 mm厚的腐蚀产物,轴流泵、电机的风罩完全被腐蚀掉了。另外,钢制扶梯、平台及电器、仪表等材料均遭到严重的腐蚀。由此可见,化工生产中,大气腐蚀既普遍又严重,是最老的腐蚀问题。

9.4.2.1　大气腐蚀的分类

大气腐蚀的速度,不仅随腐蚀条件而变化,而且大气腐蚀过程的特征与主要控制因素的比例也在相当大的程度上随腐蚀条件而变化。表面的潮湿程度,通常是决定大气中腐蚀速度的主要因素,所以,可把大气腐蚀按照金属表面的潮湿程度分成下列几个类型。

1. 干氧化或干的大气腐蚀

在这种情况下,大气中基本上没有水汽,腐蚀是金属表面上完全没有水分膜层时的大气腐蚀。在清洁的大气中,所有普通的金属在室温下都可以产生不可见的氧化物膜。在有微量气体沾污物存在的情况下,铜、银和某些其他非铁金属,即使在常温下也会生成一层可见的膜,这种膜的生成,通常被称为失泽作用。在同种条件下,如果大气的湿度没有超过临界湿度的话,铁和钢的表面将保持着光亮。

2. 潮的大气腐蚀

这类大气腐蚀需要有水汽存在,而且此时水汽的浓度必须超过某一最小值(临界湿度)。在相对湿度低于100%时,金属表面常有看不出来的很薄的一层水膜存在,这层水膜是由于毛细管作用、吸附作用或化学凝聚作用而在金属表面上形成的。铁在不直接被雨淋时而发生的锈蚀就是这种腐蚀的例子。

3. 湿的大气腐蚀

在这种情况下,水分在金属表面上已成液滴凝聚,存在着肉眼可见的水膜。当空气中的相对湿度为100%左右或者当雨水直接落在金属表面上时,就发生这类腐蚀。

在实践中并非总是能够把这三种形式的大气腐蚀区分得很清楚,这要视腐蚀条件而定,而且,还可以从一种形式的腐蚀过渡到另一种形式。例如,在空气中起初以干的腐蚀历程进行腐蚀的构件,当湿度增大或由于生成吸水性的腐蚀产物时,可能会开始按照潮的大气腐蚀历程进行。当雨水直接落到金属上时,潮的大气腐蚀又转变为湿的大气腐蚀。而当表面干燥以后,又会重新按潮的大气腐蚀形式进行腐蚀。因而,存在着一种腐蚀形式与另一种腐蚀形式相互转换的可能性。

9.4.2.2　工业大气对金属的腐蚀

大气腐蚀的程度,在很大程度上取决于大气的成分、湿度与温度。基于这种原因,各种天然大气的侵蚀性,在很广的范围内是变动着的。腐蚀程度最大的是潮湿的、受重污染的工业大气。腐蚀程度最小的是洁净而干燥的大陆大气;对于大多数工业结构合金来说,最能加速腐蚀过程的是二氧化硫、硫化氢、氯,对铜合金,除上述各种组分之外,氨也能加速其腐蚀,特别严重的还有二氧化硫的污染,二氧化硫的含量在城市和工业区可为$0.1 \sim 100 \ mg/m^3$。

图 9-1 示出了在实验室中用抛光钢片在纯的和含二氧化硫的空气中,随着相对湿度增加时的腐蚀试验结果。在做这些试验时,把固体颗粒放到试片上,用来模拟空气中的固体沾污,其结果如下。

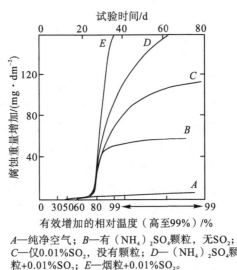

A—纯净空气;B—有$(NH_4)_2SO$颗粒,无SO_2;C—仅$0.01\%SO_2$,没有颗粒;D—$(NH_4)_2SO_4$颗粒+$0.01\%SO_2$;E—烟粒+$0.01\%SO_2$。

图 9-1 抛光钢试样随相对湿度增加时的腐蚀情况

(1) 非常纯的空气,抛光钢片的腐蚀质量是很小的,且随湿度增加腐蚀质量有轻微增加。

(2) 在污染的空气中,空气的相对湿度不高于 70% 时,即使抛光钢片长期暴露,其腐蚀质量也是小的。但在有二氧化硫的存在下,当相对湿度高于 70% 时,腐蚀率大大增加。

(3) 被硫酸铵和煤烟固体粒子污染的空气,是可以加速腐蚀的。

可见,在污染的大气中,低于临界湿度时,金属表面没有水膜,受到的是由于化学作用引起的腐蚀,腐蚀速度很小。当高于临界湿度时,由于水膜的形成,此时便发生了严重的电化学腐蚀,所以腐蚀速度便突然地增加。

9.4.3 金属在海水中的腐蚀

海水是唯一的含盐浓度相当高的电解质溶液,又是人们最熟悉且在天然腐蚀剂中腐蚀性最强的介质之一。我国沿海地区的工厂,常用海水做冷却介质。冷却器的铸铁管子在海水作用下,一般只能使用$3 \sim 4 \ a$,碳钢冷却箱内壁腐蚀速度可达$1 \ mm/a$以上。海水泵的铸铁叶轮只能使用 3 个月左右。近年来随着石油工业的飞速发展,海上采油场的基础、采油平台和输送管道等都要受到海水的腐蚀,因此,研究海水腐蚀的规律,探讨防腐蚀的措施,就具有十分重要的意义。

9.4.3.1 碳钢在海水中的腐蚀

由于海水含有大量的氯离子,它能破坏金属表面的氧化膜,所以碳钢在海水中是不能建立钝态的。碳钢在海水中遭受氧的去极化腐蚀,而且该腐蚀主要由氧到达阴极表面的扩散过程决定。正因为如此,海水的流速增加,到达阴极的氧量增加,从而加快了硬钢的腐蚀。表9-4列出了海水的运动速度对钢腐蚀的影响。

表9-4　海水的运动速度对钢腐蚀的影响

运动速度 /(m·s⁻¹)	重量损失 /[mg·(cm²·d⁻¹)]	运动速度 /(m·s⁻¹)	重量损失 /[mg·(cm²·d⁻¹)]
0	0.30	4.5	1.80
1.5	1.10	6	1.90
3	1.60	7.5	1.95

在海水中的钢桩,其各部位的腐蚀速度是不同的,水线附近,特别是在水面以上0.3~1 m的地方,由于受到海浪的冲击,钢桩表面处于湿润的状态,氧的透过极为容易。而且波浪的冲击不断地破坏腐蚀产物层,所以这些部位的腐蚀速度比全部浸没部位的腐蚀速度还要大3~5倍。在水线以下时,腐蚀的速度就降低了。但是,随着深度的增加,腐蚀速度并不按比例减少。一般说来,即使是在比较深的地方,腐蚀速度也只是略低于水面下2~3 m处的腐蚀速度。这是因为氧到达水的深处依靠的不是缓慢的扩散过程,而是较快的机械搅动(如起浪、流动),或是自然对流。

钢和铁在海水中全浸条件下的腐蚀,开始时非常快,但在几个月后就逐渐衰减,随着时间的增长趋于一个稳定的速度。对于钢和铁,连续浸没在天然条件的海水中,腐蚀速度约为0.13 mm/a。

由于金属在海水中的腐蚀,主要由氧的扩散所决定,所以,在钢中添加少量铜的低合金钢对腐蚀并无明显影响,因为微阴极面积的增加,对氧的扩散通道并无多大影响。

9.4.3.2　非铁金属在海水中的腐蚀

许多非铁金属在静止的或缓慢流动的海水中,腐蚀率是比较小的,典型数值示于表9-5。

表9-5　非铁金属和合金在海水中的腐蚀率

金属		腐蚀率 /(mm·a⁻¹)	金属	腐蚀率 /(mm·a⁻¹)
铜	全浸	0.0038	铜-镍 70Cu-30Ni	0.0013
	半浸	0.0025	镍	0.0025
黄铜,Cu-(10~35)Zn		0.0045	蒙乃尔	0.0025
铝黄铜,Cu-22Zn-2Al		0.0020	铝(99.8%)	0.00038
海军黄铜,Cu-29Zn-1Sn		0.0046	铝(98%)	0.00076
磷青铜		0.0025	铅	0.0010
铝青铜,95Cu-5Al		0.0038	锌	0.0018
铜-镍-铁 Cu-5Ni-1Fe		0.0038		

　　铜在海水中有较高的耐蚀性,这是由于铜的平衡电位比较正,热力学稳定性高。含铜量70%的黄铜在海水中相当稳定,但当含铜量低(如含铜60%、含锌40%)时则会产生脱锌腐蚀。磷青铜是含少量磷的铜-锡合金,它在海水中非常稳定,对冲击腐蚀也有很好的抵抗能力,可用来制造泵的叶轮。

　　铝的平衡电位比较负,由于其表面通常覆盖一层氧化膜,因此它的稳定电位比较正(见表 9-6),类似钝化的不锈钢,在海水中容易发生缝隙腐蚀。

表 9-6　在充气运动的海水中金属的电位

金属	电位 /V	金属	电位 /V
镁	-1.5	铝黄铜	-0.27
锌	-1.03	铜-镍,90Cu-10Ni	-0.26
铝	-0.79	铜-镍,80Cu-20Ni	-0.25
镉	-0.7	铜-镍,70Cu-30Ni	-0.25
钢	-0.61	镍	-0.14
铅	-0.5	银	-0.13
锡	-0.42	钛	-0.10
海军黄铜,Cu-29Zn-1Sn	-0.30	18-8 不锈钢,钝态	-0.08
铜	-0.28	18-8 不锈钢,活态	-0.53

　　钛是很突出的耐海水腐蚀材料,其耐蚀性超过了很多金属(如奥氏体不锈钢、蒙乃尔合金等),而且具有很高的抗磨蚀、抗空穴腐蚀和抗腐蚀疲劳的能力。

9.4.4　金属在酸、碱、盐中的腐蚀

9.4.4.1　金属在酸中的腐蚀

　　在石油化工生产中,酸是普遍使用的介质,常见的酸有硫酸、硝酸、盐酸等无机酸,醋酸、草酸等有机酸,它们对金属的腐蚀是严重的,而且其腐蚀规律亦较复杂。

　　酸类对金属的腐蚀情况,视其是氧化性的还是非氧化性的大不而相同。在腐蚀中,非氧化性酸的特点是腐蚀的阴极过程纯粹为氢去极化过程;氧化性酸的特点是腐蚀的阴极过程主要为氧化剂的还原过程(例如,硝酸根还原成亚硝酸根)。但是,若要硬性地把酸划分成氧化性的和非氧化性的是不适当的。例如,硝酸在浓度高时是典型的氧化性酸,可当硝酸的浓度不高时,它对包括铁在内的许多金属的腐蚀却和非氧化性酸的一样,属于氢去极化腐蚀;稀硫酸是非氧化性酸,而浓硫酸则表现出了氧化性酸的特点。

9.4.4.2　金属在碱中的腐蚀

　　大多数金属在非氧化性酸中发生氢去极化腐蚀。随着溶液 pH 值的升高,氢的平衡电位越来越负,当溶液中氢的平衡电位比金属中阳极组分的电位还要负时,就不能再发生氢的去极化腐蚀了。正因为如此,大多数金属在盐类(非酸性盐)及碱类溶液中的腐蚀,没有强烈的氢气析出,而是发生着另一类较为普遍的腐蚀 —— 氧去极化腐蚀。

　　在常温下,铁和钢在碱中是十分稳定的。因此在碱生产中,最常用的材料是碳钢和铸

铁。从图 9-2 中的铁的腐蚀速度与溶液 pH 值的关系可知,当 pH 为 4~9 时,腐蚀速度几乎与 pH 值无关,这是由于在中性和近中性溶液中,腐蚀由氧的扩散所决定,而氧的溶解度及其扩散速度基本上都不随 pH 值变化而变化。

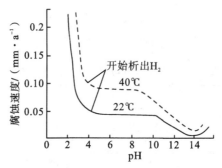

图 9-2　铁的腐蚀速度与溶液 pH 值的关系
(在酸性范围内添加 HCl;在碱性范围内添加 NaOH)

当 pH 值为 9~14 时,铁的腐蚀速度大为降低,这主要是因为腐蚀产物(FeOH 膜)在碱中的溶解度很低,并能较牢固地覆盖在金属表面上,阻滞了金属的腐蚀。

当碱的浓度继续增高(pH 值超过 14)时,将重新引起腐蚀的增加,这是由于 FeOH 膜转变为可溶性的铁酸钠(Na_2FeO_2)所致。如果碱液的温度再升高,这一过程将显著加速,腐蚀就更为强烈。

9.4.4.3　金属在盐类溶液中的腐蚀

盐有许多形式,它们对金属的作用亦不相同。当它们溶解于水时,按照其水溶液的情况,盐可以分成几类:某些盐形成中性或中性氧化性溶液,而另一些则水解成酸、酸性氧化性溶液及碱、碱性氧化性溶液,表 9-7 列出了某些无机盐的分类。

表 9-7　某些无机盐的分类

	中性盐	酸性盐	碱性盐
非氧化性	氯化钠 NaCl	氯化铵 NH_4Cl	硫酸钠 Na_2S
	氯化钾 KCl	硫酸铵 $(NH_4)_2SO_4$	碳酸钠 Na_2CO_3
	硫酸钠 Na_2SO_4	氯化镁 $MgCl_2$	硅酸钠 Na_2SiO_3
	硫酸钾 K_2SO_4	氯化锰 $MnCl_2$	磷酸钠 Na_3PO_4
	氯化锂 LiCl	二氯化铁 $FeCl_2$	硼酸钠 $Na_2B_2O_7$
		硫酸镍 $NiSO_4$	
氧化性	硝酸钠 $NaNO_3$	三氯化铁 $FeCl_3$	次氯酸钠 NaClO
	亚硝酸钠 $NaNO_2$	二氯化铜 $CuCl_2$	次氯酸钙 $Ca(ClO)_2$
	铬酸钾 K_2SO_4	氯化汞 $HgCl_2$	
	重铬酸钾 K_2CrO_7	硝酸铵 NH_4NO_3	
	高锰酸钾 $KMnO_4$		

　　铁和钢的腐蚀速度与一些盐在水溶液中的浓度关系示于图 9-3。开始时,腐蚀速度随盐浓度的增加而增大,当盐浓度到达某一数值(如 NaCl 为 3%)时,腐蚀速度最大(这一盐的浓度相当于海水的浓度),然后腐蚀速度又随盐浓度的增加而下降,这是因为钢铁在这些盐中的腐蚀属于氧去极化腐蚀,而氧的溶解度是随盐浓度的增加连续下降的,如图 9-4 所示。因此,随着盐浓度的增加,一方面溶液的导电性增加,使腐蚀速度增大;另一方面,又由于氧的溶解度减小,而使腐蚀速度降低,所以在曲线上出现一个最高点。

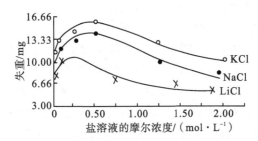

图 9-3　盐浓度对于冷轧低碳钢腐蚀的影响
(温度:35℃;试验时间:48 h;浸入样品的表面积:17.5 cm²)

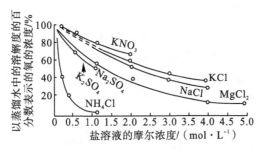

图 9-4　盐浓度对于氧在 25℃ 的不同盐溶液中的溶解度的影响

　　酸性盐类水解能生成酸,所以对铁的腐蚀既有氧的去极化作用,又有氢的去极化作用,其腐蚀速度与相同 pH 值的酸差不多。

　　碱性盐水解后生成碱。当它的 pH 值大于 10 时,和稀碱液一样,腐蚀性较小。这些盐中,磷酸钠、硅酸钠都能生成铁的盐膜,对铁具有很好的保护性能。

　　氧化性盐可分成两类:一类如三氯化铁、二氯化铜、氯化汞、次氯酸钠等,它们是很强的去极化剂,所以对金属的腐蚀性很强;另一类如铬酸钾、亚硝酸钠、高锰酸钾,它们往往能使钢铁钝化,只要用量适当,可以阻滞金属的腐蚀,通常是很好的缓蚀剂。

9.5　局部腐蚀

　　我们在 9.1 节中已提到过,金属腐蚀若按其腐蚀形态可分为全面腐蚀和局部腐蚀两大类。

　　如果腐蚀是在整个金属表面上进行的,则称为全面腐蚀。均相电极(纯金属)或微观复相电极(均匀的合金)的自溶解过程都表现出这类腐蚀形态。但在生产上以后者较为普遍,如钢铁在大气、水溶液中的腐蚀等。如果腐蚀只集中在金属表面局部进行,其余大部分几乎不腐蚀,这种类型的腐蚀便称为局部腐蚀。如不锈钢、铝合金等在海水中发生的点腐蚀等。

全面腐蚀和局部腐蚀具有不同的特征。

全面腐蚀其阴、阳极尺寸非常微小且相互紧密靠拢,以至有时用微观方法也难把它们分辨出来;或者说,大量的微阴极、微阳极在金属表面变幻不定地分布着,因而可把金属的自溶解看成为在整个电极表面上均匀进行。

局部腐蚀的阴、阳极区则截然分开,通常能够宏观地识别,至少在微观上可以区分。而且大多数都是阳极区面积很小,阴极区的面积相对很大,因而金属局部溶解速度就比全面腐蚀的溶解速度大得多。金属发生局部腐蚀时,其腐蚀电池可以由异种金属构成(如电偶腐蚀电池);可以由同一金属因所接触介质的浓度差异而构成(如氧浓差电池);亦可以由钝化膜的不连续性而构成(如活态-钝态电池);或由介质和应力共同作用而构成(如应力腐蚀裂纹)等。因而按照金属发生局部腐蚀时的条件、机理或外露特征,又可以把局部腐蚀分成几种类型,主要有电偶腐蚀、小孔腐蚀(点腐蚀)、缝隙腐蚀、晶间腐蚀、应力腐蚀、腐蚀疲劳、磨损腐蚀和细菌腐蚀等。

9.5.1　电偶腐蚀

异种金属在同一介质中接触,由于腐蚀电位不相等而有电偶电流流动,使电位较低金属的溶解速度增加,造成接触处的局部腐蚀,而电位较高的金属,溶解速度反而减小,这就是电偶腐蚀,亦称接触腐蚀或双金属腐蚀(见图 9-5)。它实质上是由两种不同的电极构成的宏观原电池的腐蚀。

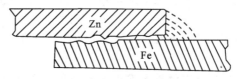

图 9-5　电偶腐蚀示意图

电偶腐蚀的现象很普遍,例如沿海地区某硫酸厂所用的二氧化硫冷凝器中,列管和花板用石墨制作并和碳钢外壳连接(二氧化硫走管内,海水走管外),使用约半年后,外壳便被腐蚀穿孔。若该设备用碳钢整体制作,外壳则不至于加速破坏。显然,碳钢外壳由于和石墨组成电偶腐蚀电池而加快了腐蚀,这是由一种合金和非金属电子导体所引起的电偶腐蚀。其他如黄铜零件和纯铜管接触使用时,黄铜零件便会成为偶对中的阳极而加速腐蚀。但当黄铜零件和镀锌管接触时,首先是镀锌层加速溶解之后,碳钢基底才加速溶解。诸如铜和铝等轻金属接触,碳钢和不锈钢接触等,在一定条件下都会发生接触腐蚀。

有时,两种不同金属虽然没有直接接触,但在意识不到的情况下亦有引起电偶腐蚀的可能。例如循环冷却系统中的铜零件,由于腐蚀下来的铜离子可通过扩散而在碳钢设备表面上进行沉积,而沉积的疏松的铜粒子与碳钢之间便形成了微电偶腐蚀电池,结果引起了碳钢设备严重的局部腐蚀(如腐蚀穿孔),这种现象归因于构成的间接的电偶腐蚀,可以说是特殊条件下的电偶腐蚀。

　　在实际工作中,碰到异种金属直接接触或可能间接接触的情况下,应该考虑是否会引起严重的电偶腐蚀问题,尤其是在设备结构的设计上要引起注意。

9.5.2　小孔腐蚀

　　在金属表面的局部出现向深处发展的腐蚀小孔,其余部分不腐蚀或腐蚀很轻微,这种腐蚀形态称为小孔腐蚀,简称孔蚀或点蚀(见图 9-6)。

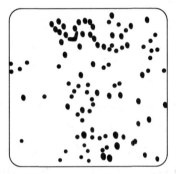

图 9-6　18-8 不锈钢在含 $FeCl_3$ 的 H_2SO_4 中产生孔蚀的试片示意图

　　具有自钝化特性的金属(合金),如不锈钢、铝和铝合金、钛和钛合金等在含氯离子的介质中,经常发生孔蚀。碳钢在表面氧化皮或锈层有孔隙的情况下,在含氯离子的水中亦会出现孔蚀的现象。

　　金属发生孔蚀时具有下述的特征:蚀孔小(一般直径只有数十微米)且深(深度等于或大于孔径),其在金属表面的分布,有些较分散,有些较密集。孔口多数有腐蚀产物覆盖,少数呈开放式(无腐蚀产物覆盖)。腐蚀从起始到暴露会经历一个诱导期,但其历时长短不一,有些需要几个月,有些需要一年或两年。

　　蚀孔通常沿着重力方向或横向发展,一块平放在介质中的金属,蚀孔多在朝上的表面出现,很少在朝下的表面出现。蚀孔一旦形成,便具有"深挖"的动力,即向深处自动加速进行的作用。在腐蚀过程中,由于外界因素改变等多种情况,有些蚀孔亦会停止发展,如铝在大气中的某些蚀孔,经常会出现这种停止发展现象。

9.5.3　缝隙腐蚀

　　金属部件在介质中,由于金属与金属或金属与非金属之间形成特别小的缝隙,使缝隙内介质处于滞流状态,引起缝内金属的加速腐蚀,这种局部腐蚀称为缝隙腐蚀。

　　许多金属构件,由于设计上的不合理或由于加工过程等关系都会造成缝隙。诸如法兰连接面、螺母压紧面、焊缝气孔、锈层等,它们在与金属的接触面上无形中形成了缝隙。又如砂泥、积垢、杂屑等集积在金属表面上,无形中亦形成了缝隙,如图 9-7 所示。

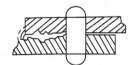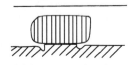

图 9-7　缝隙腐蚀示意图

　　引起腐蚀的缝隙并非是用一般肉眼可以明辨的缝隙,而是指能使缝内介质停滞的特小缝隙,其宽度一般是在0.025～0.1 mm的范围内。宽度大于0.1 mm的缝隙,缝内介质不至于形成滞流,也就不会形成此种腐蚀。如纸质垫圈或石棉垫圈,它们和法兰端面的接触面就会形成这样的特小隙缝,是发生隙缝腐蚀的理想场所。正因为金属表面已存在这么一个特殊的几何空间,缝内介质又处于滞流状态,所以,使得参加腐蚀反应的物质难以向内补充,缝内的腐蚀产物又难以扩散出去,于是造成缝内介质随着腐蚀的不断进行,在组成、浓度、pH值等方面加速缝内腐蚀,而缝外的金属表面的腐蚀则被减轻了。

　　几乎所有的金属和合金,如从正电性的银或金到负电性的铝或钛,从普通的不锈钢到特种不锈钢,都会产生缝隙腐蚀。但它们对腐蚀的敏感性有所不同,具有自钝化特性的金属和合金的敏感性较高,不具有自钝化特性的金属和合金,如碳钢等则敏感性较低。自钝化能力越强的合金则其敏感性越高。

　　几乎所有的介质,包括中性、接近中性的及酸性的介质都会引起缝隙腐蚀,但其中又以充气的含活性阴离子的中性介质最易发生缝隙腐蚀。

　　由此可见,缝隙腐蚀是一种比孔蚀更为普遍的局部腐蚀。遭受缝隙腐蚀的金属,在缝内呈现深浅不一的蚀坑或深孔,缝口常有腐蚀产物覆盖,即形成闭塞电池。

9.5.4　选择性腐蚀

　　合金在腐蚀过程中,腐蚀介质不是按合金的比例侵蚀,而是发生了其中某种成分(一般是电位较低的成分)的选择性溶解,使合金的机械强度下降,这种腐蚀形态称之为成分选择腐蚀,或称选择性腐蚀。最常见的有黄铜管在海水中的脱锌。其他合金也有类似的选择腐蚀现象,例如Cu-Al合金的脱铝、Ag-Au合金的脱银、Cu-Ni合金的脱镍等,它们各自在一定介质条件下发生腐蚀。

　　实际工作中最常出现的选择性腐蚀问题是黄铜脱锌:含30%锌和70%铜的黄铜,在腐蚀过程中,其表面的锌逐渐被溶解,最后剩下的几乎全是铜,黄铜的表面由黄色变为红色。

　　黄铜脱锌的类型一般有两种:一种是层状脱锌,一种是栓状脱锌,如图9-8所示。层状脱锌又称为均匀脱锌,即黄铜表面的锌像被一条条地剥走似的。栓状脱锌又称为局部脱锌,在黄铜的局部表面,由于锌的溶解形成蚀孔,蚀孔有时被腐蚀产物覆盖。

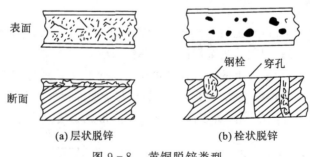

表面

断面

(a)层状脱锌

钢栓　穿孔

(b)栓状脱锌

图9-8　黄铜脱锌类型

　　合金发生层状脱锌时,表面层变为机械强度下降的铜层,当材料受到水的压力或外部应力的作用时就会发生开裂而被破坏。当发生栓状脱锌时,栓状的腐蚀产物便是多孔而脆性的铜残渣,它可以原地保留,亦可能被水冲走而导致材料穿孔。可见脱锌腐蚀也是一种危害性不小的腐蚀类型。

脱锌可以在 pH 值不同的各种介质中发生,但介质的 pH 值不同则脱锌的型式也就不同。层状脱锌以锌含量高的黄铜在酸性介质中较易发生;栓状脱锌则以含锌量低的黄铜在中性、弱酸性或碱性的介质中较易发生。从腐蚀事例来看,黄铜脱锌的破坏最多是在海水介质中发生,所以黄铜脱锌是海水换热器中黄铜冷凝管的重要腐蚀问题。

9.6　影响金属腐蚀的因素

金属腐蚀是金属与周围环境的作用而引起的破坏。因此影响金属腐蚀行为的因素很多,它既与金属本身的某些因素(金属材料因素:性质、组成、结构、表面状态、变形及应力等) 有关,又与腐蚀环境(环境因素:介质的 pH 值、组成、浓度、温度、压力、溶液的运动速度等) 有关。了解这些因素可以帮助我们去综合分析石油化工生产中的各种金属腐蚀问题,从而有效地采取防腐措施,做好防腐蚀工作。

9.6.1　金属材料因素

9.6.1.1　金属的化学稳定性

金属耐腐蚀性的好坏,首先与金属的本性有关。各种金属的热力学稳定性,可以近似地用金属的标准平衡电位值来评定。电位越正标志着金属的热力学稳定性越高,金属离子化倾向越小,越不易受腐蚀。如铜、银和金等,电极电位很正,其化学稳定性亦高,因此它们具有良好的抗腐蚀能力。而锂、钠、钾等,电极电位较负,其化学活性就高,它们的抗腐蚀性亦很差。但也有一些金属,如铝,虽然其化学活性较高,由于铝的表面容易生成保护性膜,所以具有良好的耐蚀性能。由于影响腐蚀的因素很多,而且很复杂,金属的电极电位和金属的耐蚀性之间,并不存在严格的规律性。只是在一定程度上,两者存在着对应关系,我们可以从金属的标准平衡电位来估计其耐蚀性的大致倾向。

9.6.1.2　合金成分的影响

为了提高金属的力学性能或其他原因,工业上使用的金属材料很少是纯金属,主要是它们的合金。合金分单相合金和多相合金两类。由于其化学成分及组织等不同,其耐蚀能也各不相同。单相固溶体合金,由于组织均一和耐蚀金属的加入,所以具有较高的化学稳定性,耐蚀性较高,如不锈钢、铝合金等。两相或多相合金由于各相存在化学的和物理的不均匀性,在与电解液接触时,具有不同的电位,易在表面上形成腐蚀微电池,所以一般来说,它比单相合金容易腐蚀,常用的普通钢、铸铁就是如此。但也有耐蚀的多相合金,如硅铸铁、硅铅合金等,它们虽然是多相合金,耐蚀性却很高。腐蚀速度与各组分的电位,阴、阳极的分布和阴、阳极的面积比例均有关。各组分之间的电位差越大,腐蚀的可能性越大。

9.6.1.3　金相组织与热处理的影响

金相组织与热处理有很密切的关系。金相组织虽然与金属及合金的化学成分有关,但是当合金的成分一定时,那些随着加热和冷却能够进行物理转变的合金,由于热处理可以产生不同的金相组织。因此,合金的化学成分及热处理决定了合金的组织,而后者的变化又影响了合金的耐蚀性能。

9.6.1.4 金属表面状态的影响

在大多数情况下,加工粗糙不光滑的表面比磨光的金属表面易受腐蚀。所以金属擦伤、缝隙、穴窝等部位,通常都是腐蚀源,因为深洼部分,氧的进入要比表面部分少,结果使深洼部分成为阳极,表面部分成为阴极,产生浓差电池而引起腐蚀。粗糙表面可使水滴凝结,因而易产生大气腐蚀。特别是处在易钝化条件下的金属,精加工的表面生成的保护膜要比粗加工表面的膜致密均匀,故有更好的保护作用。另外粗糙的金属表面,实际表面积大,因而极化性能小,所以设备的加工表面总宜光洁平滑一些为好。

9.6.1.5 变形及应力的影响

在制造设备的过程中,由于金属受到冷、热加工(如拉伸、冲压、焊接等)而变形,并产生很大的内应力,这样腐蚀过程不仅被加速了,而且在许多场合下,还能产生应力腐蚀破裂。对金属腐蚀破裂有影响的主要是拉应力,因为拉应力会引起金属晶格的扭曲而降低金属的电位,破坏金属表面上的保护膜。在裂缝发展过程中,若有外加机械作用,则此应力便集中在裂缝处,所以拉应力在腐蚀破裂中的作用很大。而压应力对金属的腐蚀破裂不但不产生促进作用,而且会减小拉应力的影响。因此,生产上有的用锻打喷丸的方法处理焊缝,就是给金属表面上造成压应力来降低腐蚀破裂的倾向。

9.6.2 环境因素

9.6.2.1 介质pH值对腐蚀的影响

在腐蚀反应中,酸度的重要性反映在电位-pH图中。布拜的电位-pH图集中阐明了腐蚀系统的热力学数据,它指出了在某种条件下金属能否发生腐蚀,但不能给出腐蚀率,该图对于分析腐蚀系统及进行腐蚀控制,具有重要的意义。

介质的pH值变化,对腐蚀速度的影响是多方面的。如对于腐蚀系统中,阴极过程为氢离子的还原过程,则pH值降低(即氢离子浓度增加)时,一般来说,有利于该过程的进行,从而加速了金属的腐蚀。另外pH值的变化又会影响到金属表面膜的溶解度和保护膜的生成,因而也会影响到金属的腐蚀速度。

介质的pH值对金属腐蚀速度的影响的图形大致可分为三类,如图9-9所示。

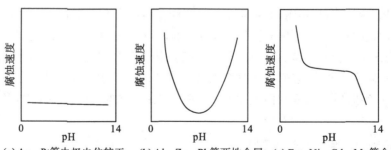

(a)Au、Pt等电极电位较正,   (b)Al、Zn、Pb等两性金属   (c)Fe、Ni、Cd、Mg等金属
化学稳定性高的金属

图9-9　腐蚀速度与介质pH值关系的基本形式

　　第一类为电极电位较正,化学稳定性高的金属,如 Pt、Au 等便具有这样的图形(见图 9-9(a))。这些金属的腐蚀速度很小,pH 值对其影响很小。

　　第二类为两性金属,如 Al、Zn、Pb 等就具有这种图形(见图 9-9(b))。因为它们表面上的氧化物或腐蚀产物在酸性和碱性溶液中都是可溶的,所以不能生成保护膜,腐蚀速度亦较大,只有在中性溶液(pH 值接近 7 时) 的范围内,才具有较小的腐蚀速度。

　　第三类如 Fe、Ni、Cd、Mg 等具有这样的图形(见图 9-9(c))。这些金属表面上生成的保护膜溶于酸而不溶于碱。

　　但也有例外,如铝在 pH 值为 1 的硝酸中,铁在浓硫酸中也是耐蚀的,这是因为在这种氧化性很强的硝酸和浓硫酸中,这些金属表面生成了致密的保护膜,所以我们对于具体的腐蚀体系,必须要进行具体分析,才能得出正确的结论。

9.6.2.2　介质的温度、压力对腐蚀的影响

　　通常随着温度的升高,腐蚀速度增加。因为温度的升高增加了反应速度,也增加了溶液的对流、扩散,减小了电解液的电阻,从而加速了阳极过程和阴极过程。在有钝化的情况下,随着温度的升高,钝化变得困难,腐蚀亦加大。图 9-10 表明了温度对铁在不同浓度的盐酸中腐蚀速度的影响。图 9-11 表明温度对于钢在不同浓度的硫酸中腐蚀速度的影响。但在许多情况下,腐蚀速度与温度的关系实际上还要更复杂些。特别是氧去极化腐蚀,随着温度的增加,氧分子的扩散速度增加,但溶解度却减小,如图 9-12 所示。图 9-11 中,在 80℃ 左右,腐蚀率达最大值,进一步增加温度,因氧浓度下降使腐蚀率下降。系统介质的压力增加,会使腐蚀速度增大,这是由于参加反应过程的气体

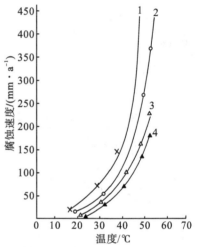

1—216g/L; 2—180g/L; 3—75g/L; 4—25g/L。

图 9-10　铁在盐酸溶液中的
腐蚀速度与温度的关系

的溶解度加大,加速了阴极过程的缘故,如在高压锅炉内,水中只要存在很少量的氧,便可引起剧烈的腐蚀。

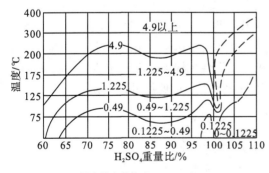

(图中数字单位为 mm · a^{-1})

图 9-11　钢在硫酸中的腐蚀与温度的关系

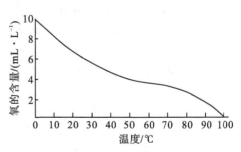

图 9-12　氧在水中的溶解度与温度的关系

9.6.2.3　电偶的影响

在许多实际生产应用中,不同材料的接触是不可避免的。尤其是在复杂的生产过程中,组装设备、管道时,不同的金属和合金有时常常和腐蚀介质三者相互接触,这时电偶效应将产生。在相接触的不同金属(或合金)中,电位较负的金属在电偶中成为阳极,要遭到强烈的腐蚀作用。

电偶腐蚀的驱动力是两种金属(或合金)间产生的电位差。表9-8给出了一些工业金属和合金在海水中的电位序。

表9-8　某些金属在海水中的电位序(常温)

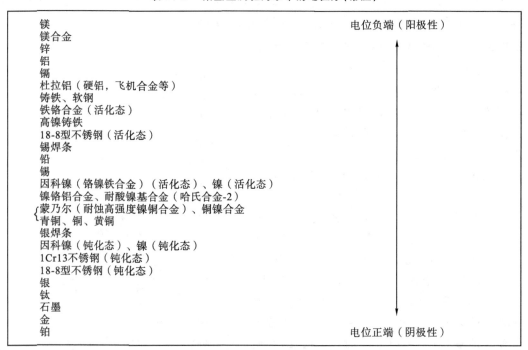

在缺乏实际试验时,电位序能帮助我们识别电偶效应的情况,亦可根据表9-8的数据来分析一些破损事故的实例,如钢或耐蚀性更强的材料制成的泵轴或阀杆,由于与石墨填料接触而破坏;连在黄铜弯头上的铝管会遭受严重腐蚀。

电偶的影响不都是有害的,可以利用它进行防腐,如阴极保护中就用到了电偶腐蚀的原理。阴极保护,就是使金属结构成为原电池中的阴极而得到保护。镀锌钢(白铁皮)就是钢的阴极保护的典型例子。锌层镀在钢上,并不是由于它耐蚀,而是由于它不耐蚀,锌优先腐蚀而保护了钢,如图9-13所示,在这里,锌作为牺牲阳极。相反,锡比锌耐蚀,有时它不宜做镀层,因为它通常对钢来说为阴极,因此,在镀锡层的小孔处,钢的腐蚀因电偶作用而加剧。

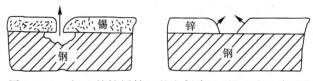

图9-13　锡和锌镀层缺口的电偶腐蚀(箭头表示腐蚀)

9.7　腐蚀控制及防腐设计

9.7.1　腐蚀控制方法

腐蚀破坏的形式很多,在不同情况下引起金属腐蚀的原因是不相同的,而且影响因素也非常复杂,因此,根据不同情况采用的防腐蚀技术也是多种多样的。在生产实践中用得最多的防腐蚀技术大致有如下几类。

1. 合理选用耐腐蚀材料

根据不同介质和使用条件,选用合适的金属材料和非金属材料。为了保证设备长期安全运转,合理选材、正确设计、精心施工制造及良好的维护管理等几方面的工作都是十分重要的,而合理选材则是其中最首要的一环。合理选材是一项细致而又复杂的技术,它既要考虑工艺条件及其生产中可能发生的变化(包括介质、温度、压力、设备的类型和结构、环境对材料的腐蚀和产品的特殊要求),又要考虑材料的结构、性质及其使用中可能发生的变化。

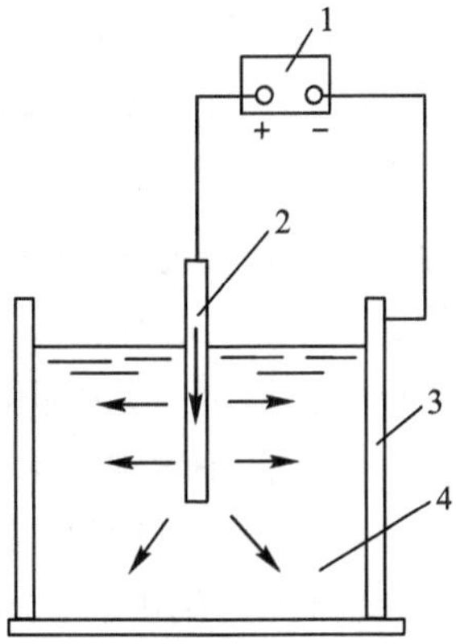

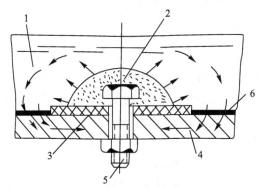

1—直流电源；2—辅助阳极；
3—被保护设备；4—腐蚀介质。

图 9-14　外加电流阴极保护示意图
（箭头表示电流方向）

2. 阴极保护

利用金属的电化学腐蚀原理,将被保护金属进行外加阴极极化以减小或防止金属腐蚀的方法叫作阴极保护法。外加阴极极化可以采用两种方法来实现。一种是将被保护金属与直流电源的负极相连,利用外加阴极电流进行阴极极化,如图 9-14 所示。这种方法称为外加电流阴极保护法。另一种是在被保护设备上连接一个电位更负的金属作为阳极(例如在钢设备上连接锌),它与被保护金属在电解质溶液中形成大电池,而使设备进行阴极极化,这种方法称为牺牲阳极保护法,如图 9-15 所示。

1—腐蚀介质；2—牺牲阳极；3—绝缘垫；4—被保护设备；
5—连接螺钉；6—屏蔽层。

图 9-15　牺牲阳极保护示意图
（箭头表示电流方向）

3. 阳极保护

对于钝化溶液和易钝化金属组成的腐蚀体系，可以采用外加阳极电流的办法，使被保护金属设备进行阳极钝化以降低金属腐蚀。将被保护设备与外加直流电源的正极相连，在一定的电解质溶液中将金属进行阳极极化至一定电位，如果在此电位下金属能建立起钝态并维持钝态，则阳极过程受到抑制，而使金属的腐蚀速度显著降低，这时设备得到了保护。这种方法称为阳极保护法，如图 9-16 所示。阳极保护特别适用于强氧化性介质的防腐蚀，是一种既经济、保护效果又好的防腐蚀技术。

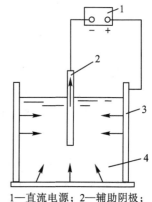

1—直流电源；2—辅助阴极；
3—被保护设备；4—腐蚀性介质。

图 9-16　阳极保护示意图
（箭头表示电流方向）

4. 介质处理

处理介质的目的是改变介质的腐蚀性，以降低介质对金属的腐蚀作用。通常有以下几种方法，包括去除介质中促进腐蚀的有害成分（例如锅炉给水的除氧）、调节介质的 pH 值、降低气体介质中的水分等。

在腐蚀环境中，通过添加少量能阻止或减缓金属腐蚀速度的物质以保护金属的方法，称缓蚀剂保护。采用缓蚀剂防腐蚀，由于设备简单、使用方便、投资少、收效快，因而广泛用于石油、化工、钢铁、机械、动力和运输等部门，并已成为十分重要的防腐蚀方法之一。缓蚀剂的保护效果与腐蚀介质的性质、温度、流动状态、被保护材料的种类和性质，以及缓蚀剂本身的种类和剂量等有着密切的关系。也就是说，缓蚀剂保护是有严格的选择性的。

5. 添加缓蚀剂

对某种介质和金属具有良好保护作用的缓蚀剂，对另一种介质或另一种金属就不一定有同样的效果；在某种条件下保护效果很好的缓蚀剂，在别的条件下却可能保护效果很差，甚至还会加速腐蚀。一般说来，缓蚀剂应该用于循环系统，以减少缓蚀剂的流失。同时，在应用中缓蚀剂对产品质量有无影响，对生产过程有无堵塞、起泡等副作用，以及成本的高低等，都应全面考虑。

6. 金属表面覆盖层

在金属表面喷、衬、渗、镀、涂上一层耐蚀性较好的金属或非金属物质及将金属进行磷化、氧化处理，使被保护金属表面与介质机械隔离而降低金属腐蚀，称为金属表面覆盖层。它不仅能提高金属的耐腐蚀性能，而且能节约大量的贵重金属和合金。根据表面覆盖材料的不同可将覆盖层分为金属覆盖层和非金属覆盖层。非金属覆盖层有衬里和涂料两类：衬里是在金属表面衬以橡胶、塑料、玻璃钢、耐酸磁板、辉绿岩板、玻璃板、石墨板等板料以达到保护金属免受介质腐蚀的目的；涂料可分为油基漆（成膜物质为干性油类）和树脂基漆（成膜物质为合成树脂）两类，它是通过一定的涂覆方法涂在金属表面，经过固化面形成薄涂层，从而保护金属免遭腐蚀。金属覆盖层的施工方法可分为电镀、喷镀、化学镀、扩散渗透法、热敷法、辗压法及衬里。

7. 合理的防腐蚀设计及改进生产工艺流程以减轻或防止金属的腐蚀

每一种防腐蚀措施,都有其应用范围和条件,使用时要注意。对某一种情况有效的措施,在另一种情况下就可能是无效的,有时甚至是有害的。例如阳极保护只适用于金属在介质中易于阳极钝化的体系,如果不能造成钝态,则阳极极化不仅不能减缓腐蚀,反而会加速金属的阳极溶解。另外,在某些情况下,采取单一的防腐蚀措施其效果并不明显,但如果采用两种或多种防腐措施进行联合保护,其防腐蚀效果则有显著增加。例如阳极保护-涂料、阴极保护-缓蚀剂等联合保护法就比单独一种方法的效果好得多。

因此,对于一个具体的腐蚀体系,究竟采用哪种防腐蚀措施,应根据腐蚀原因、环境条件、各种措施的防腐蚀效果、施工难易程度及经济效益等综合考虑,不能一概而论。

9.7.2　防腐蚀设计

(1)结构形式应尽量简单。在可能条件下采用圆筒形结构比方形或其他框架结构好。圆筒形结构简单,表面积小,便于防腐蚀施工和检修。

(2)防止残留液腐蚀和沉积物腐蚀。为了防止停车时容器内残留液体引起的浓差电池腐蚀,以及在液体滞留部位固体物质沉积而引起的沉积物腐蚀,容器出口管及容器底部的结构应设计得能使容器内的液体都能排尽,如图 9-17 所示。

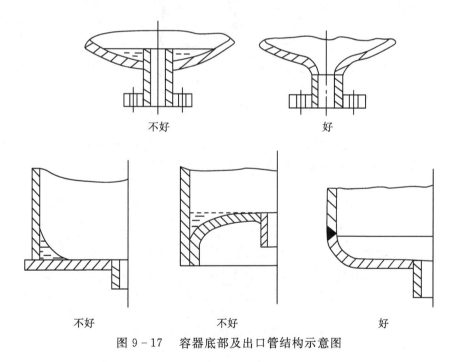

不好　　　　　　　　　　　好

不好　　　　　　　　不好　　　　　　　　好

图 9-17　容器底部及出口管结构示意图

(3)为了防止在加料时溶液飞溅至器壁而引起沉积物聚集造成沉淀腐蚀,加料管最好能插至设备中心,如图 9-18 所示。

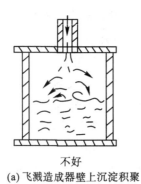 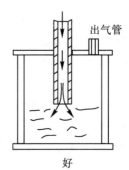

(a) 飞溅造成器壁上沉淀积聚　　　　　　(b) 管子伸入容器中间使飞溅减少

图 9-18　加料管结构示意图

（4）尽可能不采用铆接结构而采用焊接结构，焊接时尽可能采用对焊、连续焊而不采用搭接焊、间断焊，以免形成缝隙腐蚀，或者采取措施（如敛缝、锡焊或涂层等）将缝隙封闭起来，如图 9-19 所示。

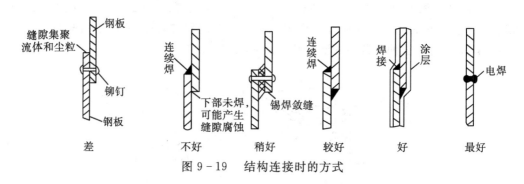

图 9-19　结构连接时的方式

（5）法兰连接处密封垫片不要向内伸出，以免产生缝隙腐蚀或孔蚀。垫片最好采用不渗透的材料，而尽可能不要使用纤维性的和有吸湿能力的材料，如图 9-20 所示。

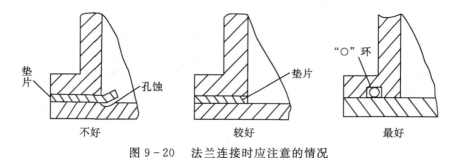

图 9-20　法兰连接时应注意的情况

（6）为了避免容器底部与多孔性基础之间产生缝隙腐蚀，罐体不要直接座在多孔性基础上，可在罐体上加裙式支座或其他支座，如图 9-21 所示。

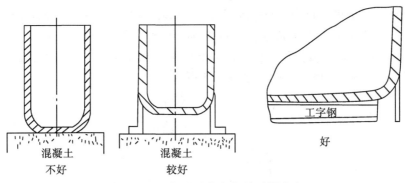

图 9 - 21　容器用支座与基础隔离好

　　(7) 为了防止高速流体直接冲击设备而造成冲击腐蚀,可在需要的地方安装可拆卸的挡板或折流板以减轻冲击腐蚀,如图 9 - 22 所示。

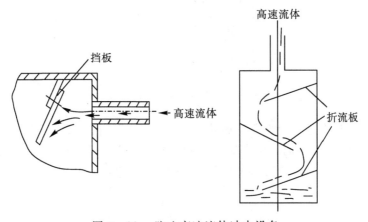

图 9 - 22　防止高速流体冲击设备

　　(8) 高温气体(800 ~ 1000 ℃) 列管换热器受热最严重的部位是高温气体入口的管端。为了保护这些管端免遭烧坏,延长整个换热器的使用寿命,可用耐火黏土或瓷管套装在管端,如图 9 - 23 所示。

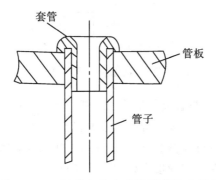

图 9 - 23　用耐火黏土或瓷管套装在管端

　　(9) 在氨合成塔内,由于高温高压氮氢混合气体对钢铁会发生氢腐蚀,故现代氨合成塔是将冷的入口气体以较高的流速流过外壳与内筒之间的环隙,使合成塔外壳的高压容器与高温内筒分开,这样就使得高压外壳不承受高温,而高温内筒不承受高压,因而使外壳和内筒所受的条件均大为改善,如图 9-24 所示。

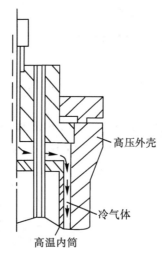

图 9-24　氨合成炉剖视示意图

　　(10) 在设计时应避免承载零件在最大应力点由于凹口、截面突然变化、尖角、沟槽、键槽、油孔、螺线等而被削弱。为了降低应力集中,减小应力腐蚀倾向,在改变零件形状或尺寸时不应出现尖角,而应有足够的圆弧过渡,如图 9-25 所示。

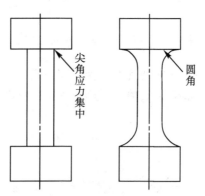

图 9-25　避免应力集中的设计

　　(11) 列管换热器的管子与管板如果采用胀管法连接,在管端易产生应力腐蚀破裂和缝隙腐蚀。故管子与管板的连接采用焊接法较好。
　　(12) 焊接的设备,应尽可能减少聚集的、交叉的和闭合的焊缝,以减少残余应力,如图 9-26 所示。施焊时应保证被焊接金属的结构能自由伸缩。

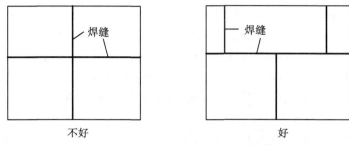

图 9-26　焊接设备要减少聚集、交叉和闭合焊缝

　　(13) 为了避免产生电偶腐蚀，同一结构中应尽可能采用同一种金属材料。如果必须选用不同的金属材料，则要尽量选用电偶序中位置相近的材料，也就是在该介质中电位相近的材料。

9.8　腐蚀的应用

9.8.1　腐蚀成型

　　不锈钢，从化学成分来看指含铬量 12% 以上的钢。不锈钢能耐空气、水、盐的水溶液、酸及其他腐蚀介质的腐蚀，具有高度化学稳定性。不锈钢腐蚀成型指应用化学或电化学腐蚀液对不锈钢表面进行腐蚀加工，从而获得蚀刻的花纹图案的工艺。

　　不锈钢腐蚀成型主要用于去除毛刺、除去多余的尺寸、铣切加工等，但是在航空产品中不锈钢腐蚀成型的应用主要是密封对磨件的贮油润滑作用。例如密封环零件，材料为 9Cr18Mo，密封表面需要腐蚀出叶轮的形状，用于贮油。其不适于常规使用的抛光、铣切等提高基体表面光度的工艺应用，在实际应用中，需要根据材料特性选择合适的工艺。

　　对不锈钢材料的腐蚀可以采用化学腐蚀法或电化学腐蚀法。对于化学腐蚀来说，溶液成分中一般会有硝酸、盐酸和硫酸。硝酸是强氧化性酸，可溶解基体表面的反应产物。硫酸和盐酸的主要作用是化学溶解作用，溶解钢铁上的氧化物和铁，生成可溶性盐和水并析出氢气，反应式如下：

$$FeO + 2H^+ \longrightarrow Fe^{2+} + H_2O$$
$$Fe_2O_3 + 6H^+ \longrightarrow 2Fe^{3+} + 3H_2O$$
$$Fe_3O_4 + 8H^+ \longrightarrow Fe^{2+} + 2Fe^{3+} + 4H_2O$$
$$Fe + H_2SO_4 \longrightarrow FeSO_4 + H_2 \uparrow$$
$$Fe + 2HCl \longrightarrow FeCl_2 + H_2 \uparrow$$

　　电化学腐蚀的零件为阳极，一般采用磷酸、硫酸和铬酐溶液，在外加电流的作用下对零件基体进行溶解。

9.8.2　纳米材料的腐蚀

　　纳米多孔金属是具有纳米尺寸孔洞的材料，其孔径尺寸为几纳米至几十纳米。纳米多孔金属是一种特殊的多孔材料,纳米级的孔径尺寸使其具有更高的比表面积及其他独特的物理、化学、力学性能,例如独特的电磁性能、更高的化学活泼性、更高的强度等。因此,纳米多孔金属具有巨大的应用潜力,目前开展的应用研究主要有催化、活化、传感、表面增强拉曼散射等。制备纳米多孔金属的主要方法有模板法和脱合金法两种。模板法即以多孔的氧化铝、液晶相或纳米颗粒为模板,通过复制模板的结构获得最终的纳米多孔结构。采用这种方法制备的纳米多孔金属有一个缺点,其孔径尺寸及分布排列方式都是由模板确定的,只能通过调整模板结构进行控制,这一缺点限制了模板法的发展。脱合金法通过对二元的固溶体合金进行适当的腐蚀,将其中较为活泼的金属溶解,剩余的较为惰性的金属原子经团聚生长最终形成双连续的纳米多孔结构。与模板法制备纳米多孔金属不同,脱合金法可以通过对腐蚀过程及后续热处理过程的调整实现对孔洞尺寸与空间排布的动态控制。因此,在纳米多孔金属的制备中,脱合金法具有更大优势。脱合金法制备纳米多孔金属主要包括两个过程:原始材料的设计与制备、脱合金腐蚀的实施。

目前,采用脱合金法制备纳米多孔金属的对象多为二元的固溶体合金,即通过选择适当的腐蚀方法,将其中较为活泼的金属溶解,剩余的较为惰性的金属原子经团聚生长最终形成双连续的纳米多孔结构。近年来,美国和日本的科研人员对脱合金法中纳米多孔金属的形成机理进行了研究。哈佛大学的厄尔巴赫(Jonah Erlebacher)等人在他们2001年发表在 *Nature* 上的研究成果中对 Ag-Au 二元合金脱合金制备纳米多孔 Au 的过程进行了理论分析和数值模拟,该研究小组对 $Au_{24\%}Ag_{76\%}$(原子百分比)进行脱合金之后,得到了孔径尺寸约为 10 nm 的双连续结构。通过数值模拟与试验结果的比较,他们认为脱合金过程由密排的(111)晶面上的一个 Ag 原子的溶解开始,Ag 原子的溶解导致了空位的出现,与此空位配位的原子比其他 Ag 原子周围的相邻原子数要少,便更容易发生溶解,因此,腐蚀开始之后合金的平面就逐渐变成了条带状,只剩下没有配位原子的 Au 原子,也称被吸附的原子。在下一层原子被溶解之前,这些 Au 原子四处扩散并开始团聚成岛状。当合金材料中的 Ag 原子溶解之后,更多的 Au 原子向表面释放。这些原子向前一层表面溶解后形成的 Au 原子团扩散,同时也使得内层的合金材料继续暴露于电解液。在最初的阶段,这些 Au 原子团以丘陵的形式存在,尖峰部位富含 Au 原子,底部依然保持合金成分,随后这些丘陵的底部也逐渐被溶解,使被 Au 覆盖保护的表面积越来越大,最终导致了凹坑和孔洞的形成。纳米多孔金属中的孔洞与金属构成了双连续结构,形成了错综复杂的三维结构,二者在空间上都会发生分叉。2003 年,厄尔巴赫在约翰·霍普金斯大学进行的研究中对纳米多孔 Au 结构中的分叉现象作出了解释:脱合金过程中的 Au 原子在腐蚀后的合金表面团聚成小岛,这些小岛之间的距离为一个特征长度 λ,当内层合金经受腐蚀之后,Au 原子会向空位扩散,而它们周围 λ 长度内肯定有一个原子团存在,于是这些扩散原子就向已经存在的原子团根部集聚;这种集聚过程使得原子团呈山峰状,峰顶全部为 Au 原子,根部依然保持合金成分,暴露于电解液的这一部位逐渐溶解,发生根切,导致山峰底部之间的距离大于 λ。此时扩散的 Au 原子需要扩散一个大于 A 的距离才能与既有的原子团集聚,这使得集聚的条件恶化,为新的原子团形核提供了条件,于是在根切的地方新的原子团开始形核长大,形成了分叉。随着分叉的不断形核长大,最终可以形成错综复杂的双连续结构。表面原子的溶解、惰性原子的集聚、孔洞的形成、根切与分叉的反复进行,是纳米多孔金属结构形成的简单概括。

脱合金法制备的纳米多孔金属具有连续的网络结构,在微观上具有纳米尺度的均匀性,孔径尺寸和骨架相颗粒直径尺寸均为纳米级。其开放性纳米多孔结构和连续三维网络赋予该材料独特的物理化学性能,使其具有极高的比表面积和孔隙率,是十分理想的催化剂。纳米多孔金属也是良好的催化剂载体,可以在其表面镀覆贵金属。孔径小于 5 nm 的多孔贵金属在电催化、传感器等领域具有显著优势,其高的表面积对表面点的结合是非常有利的。

采用脱合金法,让一种或者几种活性较高的元素被选择溶解,使得合金处于不稳定状态,余下较惰性的金属原子将重新排列成互相交错的多孔网状结构。比如,用脱元素法制备纳米多孔镍,就是通过选择溶解镍合金中比 Ni 活泼的元素,留下惰性的 Ni 元素自组装成开口的纳米多孔结构。实验表明,纳米孔的存在增加了 Ni 基材料的比表面积;而且,脱合金后纳米孔表面粗糙,存在很多小台阶,台阶边缘位置存在大量悬键,可通过电子和原子吸附反应物,其催化活性远远高于常规骨架 Ni 催化剂。已有研究表明,纳米多孔 Ni 基合金薄膜孔结构非常均匀,很适用于相分离、热交换、光栅等过滤领域,还可用作固体氧化物燃料电池的阳极或固体电解质的载体。Ni 基非晶合金具有成分均匀、各向同性、相结构简单等特点,因此,以 Ni 基非晶为初始合金通过脱合金法可以获得孔分布均匀的纳米多孔 Ni 催化剂。目前,关于这方面的研究正成为纳米多孔材料的研究热点。

另外,作为脱合金法中的方法之一,“脱相法”可以从两相或者多相合金中脱出较活泼的相来获得多孔材料,其基本原理:合金中各相的电化学活性不同,在对材料进行阳极极化时,活性高的相优先溶解而活性低的相仍保留在基体中。比如,Ni 基高温合金由有序结构的 γ 相以共格方式镶嵌在立方结构 γ 基体相中,借助电化学方法将其中一相进行选择性溶解,可得到多孔结构,该多孔通道中含有大多为几百纳米宽的互通孔道。

纳米多孔金属是一种具有特殊性能的材料,在电化学催化、表面增强拉曼散射及力学性能方面均有优异的表现,在科学和工程领域具有巨大的应用潜力。目前制备纳米多孔金属的最有效方法是脱合金法,该方法选用的合金体系是具有单相固溶体结构的二元合金体系,主要有 Ag - Au、Zn - Au、Cu - Pt 和 Mn - Cu 几个体系。分别可以制备出孔径尺寸为几十纳米的双连续结构纳米多孔金、铂、铜。脱合金原始材料的制备是纳米多孔金属制备过程中的关键环节,合理的加工工艺方能制备出具有单相固溶体的相结构,使合金材料的显微组织和化学成分均匀分布,目前的热处理、离子溅射等方法可以满足此要求,但都有各自的缺点,因此,探索新的原始材料制备工艺是十分必要的。

9.8.3　电化学保护

电化学是研究电能和化学能之间的相互转化及转化过程中有关规律的学科。电化学作为一门学科在电化学实践,特别是化学电源、电镀、电冶金、电解工业、腐蚀与防护、电化学加工和电化学分析等工业部门得到了广泛应用。近 20 年来,它在高新技术领域,如新能源、新材料、微电子技术、生物电化学等方面也扮演着十分重要的角色。

电化学保护是根据金属腐蚀的电化学原理,将被保护金属的电位移至免蚀区或钝化区,以降低腐蚀速度,继而对金属实施保护的方法。这种保护方法经济有效,尤其与表面保护联合使用效果尤佳,所以目前广泛应用于国内外的许多工业部门。

电化学保护按作用原理可以分为阴极保护和阳极保护两种方法。

9.8.3.1　阴极保护

阴极保护就是使被保护金属的电位负移,发生阴极极化,成为电化学体系中的阴极从而受到保护的电化学保护方法。这种方法不仅对海水、土壤中金属材料的全面腐蚀有良好的保护作用,而且对防止某些金属的孔隙腐蚀、缝隙腐蚀、应力腐蚀、腐蚀疲劳等局部腐蚀也有显著的保护效果。

根据实施方法的不同,阴极保护又可分为两种。一种是外加电流阴极保护法,即利用外加直流电源,将被保护金属与外加电源负极相连,使之成为阴极,而用另一种金属导体(称为辅助阳极)与电源正极相连,成为阳极;当电化学体系工作时,被保护金属由于成为电化学体系阴极而受到保护,如图 9-27 所示。另一种是牺牲阳极阴极保护法,即在被保护金属上连接一种电位更负的金属或合金(称为牺牲阳极),构成宏观腐蚀电池,当电化学体系工作时,牺牲阳极成为腐蚀电池阳极而被保护金属成为阴极,由此受到电化学保护,如图 9-28 所示。

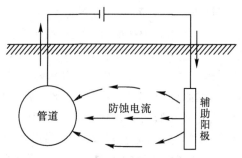

图 9-27　外加电流阴极保护法示意图

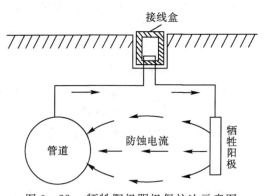

图 9-28　牺牲阳极阴极保护法示意图

上述两种阴极保护方法虽然实施方式不同,但其保护原理相同。我们知道,金属之所以发生腐蚀是因为它们作为腐蚀电池的阳极发生阳极反应,失去电子而成为金属离子,如果设法使电子流入金属(电位变负),金属腐蚀溶解的阳极过程就会受到抑制,金属就会受到保护。如果由外加电源向金属提供电子,就是外加电流阴极保护法。如果用另一种电位更负的金属提供电子,就是牺牲阳极阴极保护法。

9.8.3.2　阳极保护

将被保护金属与外加直流电源阳极相连,使其阳极极化并处于稳定钝态,从而减小金属腐蚀速度的电化学保护方法叫作阳极保护,其示意图如图 9 - 29 所示。

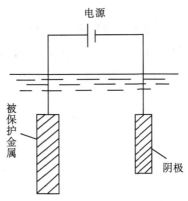

图 9 - 29　阳极保护示意图

阳极保护系统应有辅助阴极,辅助阴极材料因介质而异,在碱性溶液中可用普通碳钢;在盐溶液中可用高镍铬合金钢或普通碳钢;在稀硫酸中可用银、铝青铜、石墨等;在浓硫酸中可用硅铸铁、普通铸铁或贵金属。

阳极保护技术是一项较新的防护技术,其适用范围比阴极保护小,从材料上看它仅适用于易钝金属材料,而且受致钝电流、维钝电流和稳定钝化电位范围的制约;从介质方面看,它不宜用于含有 Cl^- 之类破坏钝化膜的腐蚀介质或液面急剧波动、电位不易控制的场合;从保护效果看,它不能对材料实施完全保护,只能将腐蚀速度控制在一定的程度。所以阳极保护被用作阴极保护的一种补充手段,多用于强腐蚀介质,特别是具有强烈氧化性的介质对氢脆敏感的易钝材料的电化学保护。

9.8.3.3　两种电化学保护方法的比较

阴极保护和阳极保护都属于电化学保护,都只适用于导电的介质中,都可以考虑与缓蚀剂、表面涂层等进行联合保护,但二者又有以下区别。

1. 被保护金属

从理论上看,阴极保护对各种金属材料都有保护效果,而阳极保护只能用于在具体介质条件下能够钝化的金属,否则反而会加剧金属的腐蚀溶解。

2. 介质的腐蚀性

阴极保护不宜用于强腐蚀性介质中,否则保护电流太大,保护效果不佳;而阳极保护可用于弱、中、强乃至极强的腐蚀性介质中。

3. 保护电位偏离造成的后果

对阴极保护,如果电位偏离保护电位,不致造成严重后果;而对阳极保护,如果电位偏离保护电位,则可能使金属活化或过钝化,造成严重的腐蚀后果。

4. 外加电流值

阴极保护外加电流值较大且不代表金属腐蚀速度,阳极保护外加电流值较小,通常代表被保护金属的腐蚀速度。

5. 外加电流分布均匀性

阴极保护电流分布不均匀,因此所需辅助电极数量比阳极保护大。

6. 安装运转费用

阴极保护对电源要求不严,但保护电流值很大,故设备安装费用低而运行费用高。阳极保护恰恰相反,需要恒电位仪及参比电极,设备费用高而运行费用较低。

第10章 纳 米 材 料

纳米材料是指至少有一个维度的尺寸小于 100 nm 或由小于 100 nm 的基本单元组成的材料。其组成可以有晶体、准晶或非晶;基本单元可以是原子团簇、纳米微粒、纳米线或纳米膜。

纳米材料通常按照维度分类,分为零维、一维、二维和三维纳米材料。零维纳米材料通常又称为量子点,因其尺寸在 3 个维度上与电子的德布罗意波的波长或电子的平均自由程相当或更小,因而电子或载流子在 3 个方向上都受到约束,不能自由运动,即电子在 3 个维度上的能量都已量子化,如原子团簇、纳米微粒等。一维纳米材料称为量子线,电子在两个维度或方向上的运动受约束,仅能在一个方向上自由运动。二维纳米材料称为量子面,电子在一个方向上的运动受约束,能在其余两个方向上自由运动。零维、一维和二维纳米材料又称为低维材料。对于纳米材料,当其组成单元或组元的成分不相同时,即构成纳米复合材料。例如将纳米粒子和纳米线弥散分布到不同成分的三维纳米或非纳米材料中时,即可构成 0-3、1-3 型的纳米复合材料;将零维纳米粒子弥散分布到二维纳米薄膜中时,即可构成 0-2 型纳米复合材料;将两种纳米薄膜交替复合即为 2-2 型纳米复合材料。

10.1 纳米材料的基本效应

10.1.1 尺寸效应

尺寸效应是当纳米材料的组成相的尺寸,如晶粒的尺寸、第二相粒子的尺寸减小时,纳米材料的性能会发生变化,当组成相的尺寸小到与某一临界尺寸相当时,材料的性能将发生明显的变化或突变。如 α-Fe、Fe_3O_4、α-Fe_2O_3 的矫顽力随着粒径的减小而增加,但当粒径小于临界尺寸时它们将由铁磁体变为超顺磁体,矫顽力接近于零。当 $BaTiO_3$、$PbTiO_3$ 等典型的铁电体在尺寸小于临界尺寸时就会变成顺电体。含有 α-Fe 的纳米复合磁体的磁各向异性和矫顽力都会随着粒径的减小逐渐增大,如图 10-1、图 10-2 所示。

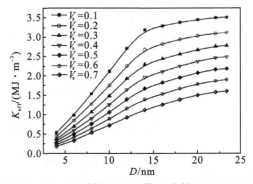

图 10-1　不同软磁性相体积分数 $Nd_2Fe_{14}B$/α-Fe 纳米复合磁体有效各向异性常数 K_{eff} 随晶粒尺寸 D 的变化

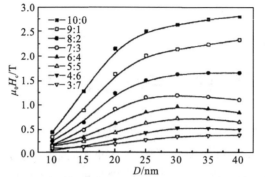

图 10 - 2　　不同成分比例 $Nd_2Fe_{14}B/\alpha$ - Fe 的纳米复合
磁体矫顽力随晶粒尺寸 D 的变化

10.1.2　量子效应

　　量子效应是指电子的能量被量子化,电子的运动受到约束。随着金属微粒尺寸的减小,金属费米能级附近的电子能级由准连续变为离散能级的现象和半导体微粒存在不连续的最高被占据分子轨道和最低未被占据分子轨道,能隙变宽的现象均称为量子效应。孤立的原子、微粒和块体金属与半导体材料具有不同的电子能带结构和态密度。对于块体金属,其费米能级位于导带的中心,导带的一半被占据。金属超细微粒费米面附近的电子能级变为分立的能级,出现能隙 E_g。在块体半导体材料中,价带和导带被能带宽度为 E_g 的能隙或禁带分离。在价带的顶部或最高被占据分子轨道和导带的底部或最低未被占据的分子轨道之间的能隙称为带隙。纳米半导体微粒的导带和价带间带隙变宽且出现能级分离的量子效应,如图 10 - 3 所示。

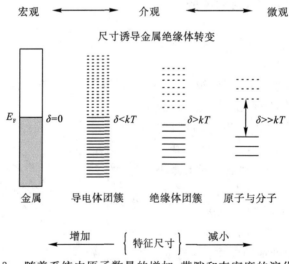

图 10 - 3　　随着系统中原子数量的增加,带隙和态密度的演化示意图

10.1.3　界面效应

　　由纳米晶粒组成的材料中含有大量的晶界,因而晶界上的原子占有相当高的比例。

例如对于尺寸为 5 nm 的晶粒,大约有 50% 的原子处于晶粒最表面的一层平面(原子平面)和第二层平面;对于晶粒为 10 nm,晶界宽为 1.0 nm 的材料,大约有 25% 的原子位于晶界。由于大量的原子存在于晶界和局部的原子结构不同于大块晶体材料,必将使纳米材料的自由能增加,使纳米材料处于不稳定或亚稳的状态,晶粒容易长大,同时使材料的宏观性能如机械变形等与常规材料相比发生变化。

纳米材料中晶界占有很大的体积分数,这是评定纳米材料的一个重要参数。表 10-1 给出了当晶界厚度为 0.6 nm 时晶界所占的体积分数,其中晶粒为 2 μm 的普通细晶材料中,晶界的体积分数小于 0.09%。因此,晶界在常规粗晶材料中仅仅是一种面缺陷;当晶粒小于 10 nm 时,晶界所占的体积分数大于 18%。

表 10-1　晶界的体积分数与晶粒直径的关系

晶粒直径 /nm	2000	20	10	4	2
晶界厚度 /nm	0.6	0.6	0.6	0.6	0.6
晶粒个数 /$2 \times 2 \times 2$ μm^3	1	10^6	0.8×10^7	1.3×10^8	10^9
晶界体积分数 /%	0.09	9	18	42.6	80.5

10.2　纳米材料的合成与制备

纳米材料的合成与制备有两种途径:即从下到上和从上到下。所谓从下到上,就是先制备纳米结构单元,然后将其组装成纳米材料。从上到下就是先制备出前驱体材料,再从材料上取下有用的部分。

10.2.1　纳米材料的气相合成与制备

气相法主要包括物理气相沉积(PVD)和化学气相沉积(CVD)等。在一些情况下可采用其他能源来加强 CVD,如用等离子体增强 CVD 称作 PE-CVD 或 PCVD。

物理气相沉积(PVD):在 PVD 过程中没有化学反应发生,其主要过程是固体材料的蒸发和蒸发蒸气的冷凝或沉积。采用 PVD 法可制备出高质量的纳米粉体。制备过程中原材料的蒸发和蒸气的冷凝通常在充有低压高纯惰性气体(Ar,He 等)的真空容器内进行。在蒸发过程中,蒸气中原材料的原子由于不断地与惰性气体原子相碰撞损失能量而迅速冷却,这将在蒸气中造成很高的局域过饱和,促进蒸气中原材料的原子均匀成核形成原子团,原子团长大形成纳米粒子,最终在冷阱或容器的表面冷却、凝聚。收集冷阱或容器表面的蒸发沉积层就可获得纳米粉体。通过调节蒸发的温度和惰性气体的压力等参数可控制纳米粉的粒径。PVD 或气相冷凝法可制备出粒径为 1~10 nm 的粉末,粉末的纯度高,圆整度好,表面清洁,粒度分布比较集中,粒径的变化通常小于 20%,在控制较好的条件下可小于 5%。该方法的缺点是粉体的产生率低,实验室条件下一般产出率为 100 mg/h,工业粉的产出率可达 1 kg/h。采用 PVD 法,可以制备出各种纳米薄膜或纳米复合膜。

化学气相沉积(CVD):在 CVD 过程中当前驱体气相分子被吸附到高温衬底表面时

将发生热分解或与其他气体或蒸气分子反应然后在衬底表面形成固体。在大多数 CVD 过程中应避免在气相中形成反应粒子,因这不仅降低了气体的浓度而且在形成的薄膜中可能带入不希望出现的粒子。CVD 过程包括 3 步:①气体利用扩散通过界面层达到生长表面;②在生长表面反应形成新的材料并进入生长的前沿;③排除反应的副产品气体。其中最重要的是第二步。

脉冲激光沉积(PLD):近十几年来,PLD 已发展成为最简单和多用途的气相沉积成膜技术。用 PLD 法制备的金属氧化物薄膜的性能要优于用其他方法制备的同种膜的性能。其缺点是在用激光烧蚀目标靶的过程中在等离子体中经常可观察到微米尺度的液滴,这些液滴沉积到薄膜上将显著影响膜的质量。此外,很难从原子的尺度上对成膜过程进行控制,这些都限制了 PLD 在制备可控超晶格膜和高级别纳米结构中的应用。

分子束外延(MBE):MBE 法可以制备出二维平面生长的超晶格薄膜。传统的气相外延半导体薄膜生长技术的层厚控制精度仅能达到 0.1 μm 左右,难以用来制备超晶格材料。在超高真空系统中相对地放置衬底和几个分子束源炉,将组成化合物的各种元素和掺杂元素等分别放入不同的炉源内,加热炉源使它们以一定的速度和束流强度比喷射到加热的衬底表面上,在表面互相作用进行晶体的外延生长。各喷射炉前的快门用以改变外延膜的组分和掺杂。根据制定的程序控制快门、改变炉温和控制生长速度,可制备出不同的超晶格材料,外延表面和界面可达原子级的平整度。结合适当的掩膜、激光诱导技术,还可实现三维图形结构的外延生长。但是 MBE 法中晶体的生长速率较低,一般为 0.1~1 μm/h。

金属有机化合物化学气相沉积(MOCVD):MOCVD 是与 MBE 同时发展起来的另一种先进的外延生长技术。MOCVD 是用 H_2 将金属有机化合物蒸气和气态的非金属氢化物经过开关网络送入反应室中加热的衬底上,通过加热分解在衬底表面生长出外延层的技术。合金的组分和掺杂水平由各种气源的相对流量来控制。MOCVD 设备主要包括气体源及其输送、控制系统,反应室及衬底的高频加热系统,尾气处理和排放系统,以及监控系统等四大部分。与 MBE 相比,MOCVD 的主要优点是采用气态源,因而可以源源不断地供应,晶体的生长速率比 MBE 快得多,有利于大面积超薄层、超晶格等材料的批量生产。其不足之处在于平整度、厚度的控制精度及异质结合界面的陡度不如 MBE,特别是所用气体源有毒、易燃的情况,因此使用中必须特别注意安全。

10.2.2 纳米材料的液相合成与制备

液相法制备纳米材料的特点是先将材料所需组分溶解在液体中,形成均相溶液,然后通过反应沉淀,得到所需组分的前驱物,再经过热分解得到所需物质。液相法制得的纳米粉纯度高、均匀性好、设备简单、原料容易获得、化学组成控制得准确。根据制备和合成过程的不同,液相法可分为沉淀法、微乳液法、溶胶-凝胶法、电解沉积法、水解法、溶剂蒸发法等。

沉淀法:沉淀法以沉淀反应为基础,根据溶度积原理,在含有材料组分阳离子的溶液中,加入适量的沉淀剂(OH^-、CO_3^{2-}、SO_4^{2-}、$C_2O_4^{2-}$ 等)后,形成不溶性的氢氧化物或碳酸盐、硫酸盐、草酸盐等盐类沉淀物,所得沉淀物经过过滤、洗涤、烘干及焙烧,得到所需的纳米氧化物粉体。在含有多种阳离子的溶液中加入沉淀剂后,形成的单一化合物或单相固溶体的沉淀,称为单相共沉淀。这种方法生成的纳米粉末的化学均匀性可以达到原子尺度,所得化合物的化学计量也可以得到保证。

一般的化学沉淀过程中,沉淀速度是不均匀的,整个溶液范围的成分也不均匀。如果使溶液中的沉淀剂缓慢地、均匀地增加,使溶液中的沉淀反应处于一种近似平衡状态,使沉淀能在整个溶液中均匀地产生,这种方法称为均相沉淀法。这种方法克服了由外部向溶液中加沉淀剂而造成的局部沉淀不均匀性。

微乳液法:微乳液是指在表面活性剂作用下由水滴在油中(W/O)或油滴在水中(O/W)形成的一种透明的热力学稳定体系。表面活性剂是由性质截然不同的疏水和亲水部分构成的两亲分子。当加入水溶液中的表面活性剂浓度超过临界胶束或胶团的浓度(CMC)时,表面活性剂分子便聚集成胶束,表面活性剂的疏水碳氢链朝向胶束内部,而亲水的头部朝向外面接触水介质。在非水基溶液中,表面活性剂分子的亲水头朝向内,疏水链朝向外聚集成反相胶束或反胶束。形成反胶束时不需要 CMC,或对 CMC 不敏感。无论是胶束或反胶束,其内部包含的疏水物质如油或亲水疏油物质如水的体积均很小。但当胶束内部的水池或油池的体积增大,使液滴的尺寸远大于表面活性剂分子的单层厚度时,则称这种胶束为溶胀胶束或微乳液,胶团的直径可在几纳米至 100 nm 之间调节。由于化学反应被限制在胶束内部进行,因此,微乳液可作为制备纳米材料的纳米级反应器。微乳液法已被广泛地应用于制备金属、硫化物、硼化物、氧化物等多种纳米材料。利用反胶束制备纳米材料有三种基本的方法:沉淀法、还原法和水解法。沉淀法常用于制备硫化物、氧化物、碳化物等纳米粒子。

溶胶-凝胶法:溶胶-凝胶法(sol - gel methed)是制备纳米材料的重要手段。与其他方法相比,溶胶-凝胶法可使多组分原料之间的混合达到分子级水平的均匀性,合成温度低,获得的超细粉纯度高,粒度、晶型可以控制。其基本原理:前驱体溶于溶剂中,形成均匀溶液,溶质与溶剂发生水解或醇解反应,生成物聚集成纳米级粒子并形成溶胶,经蒸发干燥转变为凝胶,再经热处理得到所需的晶体材料。一般而言,溶胶-凝胶转变包括水解、缩聚和络合三个化学反应,向反应体系中加入酸或碱作为催化剂,可以缩短由溶胶形成凝胶的时间。凝胶向材料的转变包括干燥和烧结两个过程。干燥过程受许多因素的影响,可能因凝胶在各个方向上收缩的不一致产生龟裂。目前人们主要采用超临界溶剂清洗和控制化学添加剂等来防止龟裂。前驱体一般是金属醇盐或烷氧基化合物。醇盐溶胶-凝胶法制备纳米材料的过程:首先制备出金属醇盐,将醇盐溶于有机溶剂,加入所需的其他无机和有机材料配成均质溶液,在一定的温度下进行水解、缩聚反应,将溶胶转变成凝胶,最后干燥、预烧、焙烧制成所需的晶体材料。以上过程关键是要精确控制溶胶转变为凝胶和凝胶转变为材料的过程。

电解沉积法:电解沉积又称为电化学沉积,是在溶液中通以电流后在阴极表面沉积大量的晶粒尺寸在纳米量级的纯金属、合金及化合物。电解沉积法的投资少,生产效率高,不受试样尺寸和形状的限制,可制成薄膜、涂层或块体材料,所得样品疏松、孔洞少、密度较高,且在生产过程中无须压制,内应力较小,适当的添加剂可控制样品中的少量杂质(如 O、C 等)和结构。用该方法大多数情况下可获得等轴结构的纳米晶体材料,但同时也可获得层状或其他形状结构的材料。纳米晶体材料的电解沉积过程是非平衡过程,所得材料是很小的晶粒尺寸、高的晶界体积百分数和三叉晶界占主导的非平衡结构。这种方法制备的材料表现出较大的固溶度范围。

10.2.3　纳米材料的固相法合成与制备

　　纳米材料的固相合成与制备方法有机械合金化、大塑性变形、非晶晶化等。机械合金化：机械合金化是 20 世纪 60 年代后期本杰明（Benjamin）为合成氧化物弥散强化的高温合金而发展出的一种新的粉末冶金方法。将磨球和材料粉末一同放入球磨容器中，利用具有很大动能的磨球相互撞击，使磨球间的粉末压延、压合、破碎，再压合，形成层状复合体。这种复合体颗粒再经过重复破碎和压合，如此反复，随着复合体颗粒的层状结构不断细化、缠绕，起始的颗粒层状特征逐渐消失，最后形成非常均匀的亚稳态结构。根据球磨材料的不同，机械粉碎过程可分为三种类型。①韧性-韧性系统：在相互碰撞的磨球间的韧性组元变形冷焊，形成复合层状结构；随球磨的进一步进行，复合粉末进一步细化，层间距减小，产生了更短的扩散途径；借助于球磨过程提供的机械能，组元原子间的互扩散更易于进行，最后达到原子层次的互混。②韧性-脆性系统：脆性组元在球磨过程中被逐渐破碎，碎片嵌入韧性组元中；随着球磨的进行，它们之间的焊合更加紧密，最后脆性组元弥散分布在韧性组元基体上，起弥散强化作用。③脆性-脆性系统：其机理目前还不太清楚，一般认为脆性材料在球磨过程中只是粒子尺寸的连续下降至某一尺寸达到稳定的过程。

　　机械合金化过程中晶粒细化而形成纳米结构的过程可分成三个阶段。①第一阶段：在含有高密度位错、宽度大约 $0.5\sim1~\mu m$ 的剪切带内部发生局域形变；②第二阶段：通过位错的湮灭、再结合和重排形成纳米尺度上的晶胞或亚晶粒结构，进一步研磨蔓延至整个颗粒；③第三阶段：晶粒的取向变成随机的或任意的，即通过晶界的滑移或旋转使低角度晶界转变成高角度晶。机械合金化常用的设备为高能研磨机，有搅拌式、振动式、行星轮式、滚卧式、振摆式、行星振动式等。利用高能机械研磨方法人们已制备出纳米金属、纳米金属间化合物、纳米过饱和固溶体等多种纳米材料。

　　机械合金化法的优点是操作简单、实验室规模的设备投资少、适用材料范围广，而且有可能实现满足各种需求纳米材料的大批量生产（乃至吨级）。机械合金化法的主要缺陷是研磨时来自球磨介质（球与球罐）和气氛（O_2、N_2、H_2O）的污染。使用钢球和钢质容器，极易被 Fe 污染，污染程度取决于球磨机的能量、被磨材料的力学行为及被磨材料与球磨介质的化学亲和力。另一问题是如何将球磨形成的纳米结构粉末固结成为接近理论密度的块体材料，而不产生明显的晶粒粗化，目前，比较成功的固结方法主要有热挤压、冲击波压制、热等静压、烧结锻造等技术。

　　大塑性变形：俄罗斯科学家在 1988 年首先报道了利用大塑性变形（severe plastic deformation，SPD）方法获得纳米和亚微米结构的金属与合金。SPD 法可以采用压力扭转和等通道角挤压两种方式实现，在大塑性变形过程中，材料产生剧烈塑性变形，导致位错增殖、运动、湮灭、重排等一系列过程，晶粒不断细化达到纳米量级。这种方法的优点是可以生产出尺寸较大的样品（如板、棒等），而且样品中不含有孔隙类缺陷，晶界洁净。其缺点一个是样品中含有较大的残余应力，适用范围受到材料变形难易程度的限制；另一个是晶粒尺寸稍大，一般为 $100\sim200~nm$。

　　非晶晶化：非晶晶化法是将非晶态材料作为先驱材料，通过适当的晶化处理，控制晶体在非晶固体内形核、生长而使材料部分或完全地转变为具有纳米尺度晶粒的多晶材料。我国科学家卢柯等首先在 Ni-P 合金系中,将非晶合金晶化得到了全部纳米晶体,即进行非晶晶化。该方法作为一种制备理想的模型纳米晶体材料的方法而得到了很快的发展。

非晶晶化有多种类型。按晶化过程和产物可分为多晶型晶化、共晶型晶化和初晶型晶化。多晶型晶化指纯组元或者成分接近于纯化合物成分的非晶相晶化成相同成分的结晶相的方法,目前,此方法已制备出纳米 $NiZr_2$、$FeZr_2$、$CoZr_2$、$CoZr$、Si、Se 晶体等。共晶型晶化指在共晶成分的非晶合金晶化时同时析出两相或多相纳米晶,如 Ni-P、Fe-B、Fe-Ni-P-B 等的纳米晶化。偏离共晶、多晶型晶化成分的非晶合金一般分步晶化:先析出初晶型纳米晶,再以共晶型或多晶型方式晶化为纳米相,如 Fe-Mo-Si-B、Al-Y-Ni、Al-Y-Fe 等。在非晶晶化法制备纳米晶体材料的过程中,晶粒和晶界是在晶化过程中形成的,所以晶界清洁,无任何污染,样品中不含微孔隙,而且晶粒和晶界未受到较大外部压力的影响,因而能够为研究纳米晶体性能时提供无孔隙和内应力的样品。

非晶晶化法的不足主要在于必须首先获得非晶态材料,因而局限于那些能够形成非晶材料的材料,其所得样品大多呈条带状或粉末状。近年来,随着大块非晶合金研究的迅速发展,非晶晶化为制造高强、高韧的大块纳米非晶复合材料提供了重要途径。

10.2.4　自组装与模板合成

纳米材料的自组装是在合适的物理、化学条件下,原子团、高分子、纳米丝或纳米晶体等结构单元通过氢键、范德瓦尔斯键、静电力等非共价键的相互作用、亲水-疏水相互作用自发地形成具有纳米结构材料的过程。

20 世纪 80 年代末,自组装技术应用于胶体与表面化学后得到了迅速发展。在自组装的有序纳米团簇结构中,当粒子的尺寸小于 10 nm 时,电子的能级发生分裂,具有类似于单个原子的性质,纳米粒子可以看成是人造原子。因此,自组装的有序纳米半导体和金属纳米粒子在光、电、磁及催化等领域具有很大的潜在应用价值。虽然选择不同的参数可以实现纳米晶粒的二维有序自组装,然而自组装的过程基本上是随机的,因此,对于实际应用而言,怎样实现在衬底确定位置或表面的自组装以获得所需的结构依然是一个关键的技术问题。

自组装技术的另一重要应用领域是合成有序多孔材料。合成过程中加入溶液的模板剂分子具有亲水头和疏水的长尾。当它们与前驱体材料混合后,疏水或亲油的尾部聚集在中间,亲水头在外边组成胶束,再形成一维胶杆或二维层状结构或各种形状的三维立体结构。这些含有有序胶束结构的溶液脱水后变为凝胶,再经过干燥、焙烧,如果骨架不塌陷,就成为有序的多孔材料。

模板合成已发展成为合成纳米材料和结构的通用前沿技术。模板合成首先需要制备模板,根据模板结构的不同可分为软模板和硬模板两大类。表面活性剂和嵌段共聚物的液晶体系、胶体颗粒和乳液液滴等均属于软模板体系。硬模板则通常指多孔的薄膜或厚膜。微孔沸石分子筛、介孔分子筛、多孔的 Si 和高分子膜、具有有序孔洞阵列的 Al_2O_3 膜及金属膜等皆属于硬模板。Al_2O_3 及高分子硬模板主要采用化学腐蚀方法来制备。低温下在草酸或硫酸溶液中,退火的高纯 Al 膜经阳极腐蚀可获得有序的六角柱孔洞,孔洞垂直于膜面的模板。通过控制溶液的浓度、腐蚀速率等参数,可使孔洞的直径在几纳米至上百纳米之间变化。化学腐蚀制备模板的主要缺点是孔径的大小和分布的随机性较大、重复制造性较差。

10.3　纳米材料的特异性能

10.3.1　纳米材料的力学性能

1996~1998 年,美国一个八人小组考察了全世界纳米材料的研究现状和发展趋势后,对前期关于纳米材料的力学性能的研究总结出以下四条与常规晶粒材料不同之处。

(1)纳米材料的弹性模量较常规晶粒材料的弹性模量降低了 30%~50%。

(2)纳米纯金属的硬度或强度是常规金属硬度或强度的 2~7 倍。

(3)纳米材料可具有负的霍尔-佩奇关系(Hall-Petch relationship),即随着晶粒尺寸减小材料的强度降低。

(4)在较低的温度下,如室温附近脆性的陶瓷或金属间化合物在具有纳米晶时,由于扩散相变机制而具有塑性,甚至具有超塑性。

但 20 世纪 90 年代后期的研究工作表明,纳米材料的弹性模量较常规晶粒的弹性模量降低了 30%~50% 的结论是不能成立的。理由是前期制备的样品具有高的孔隙度和低的密度及制样过程中所产生的缺陷,从而造成弹性模量的不正常的降低。弹性模量 E 是原子之间的结合力在宏观上的反映,取决于原子的种类及其结构,对组织的变化不敏感。由于纳米材料中存在大量的晶界,而晶界的原子结构和排列不同于晶粒内部,且原子间间距较大,因此,纳米晶的弹性模量要受晶粒大小的影响,晶粒越细,所受的影响越大,E 的下降越大。

普通多晶材料的屈服强度随晶粒直径 d 的变化通常服从霍尔-佩奇关系,即 $\sigma_y = \sigma_0 + kd^{-1/2}$,其中 σ_0 为位错运动的摩擦阻力,k 为一正的常数。显然,按此推理当材料的晶粒由微米级降为纳米级时,材料的强度应大大提高。然而,多数测量表明纳米材料的强度在晶粒很小时远低于霍尔-佩奇公式的计算值;甚至有些材料的硬度降低了($k < 0$),例如 Ni-P 等合金;还有些是硬度先升高后降低,k 值由正变负,如 Ni、Fe-Si-B 和 TiAl 等金属或合金;也有些纳米材料显示 $k = 0$。人们对纳米材料表现出的异常的霍尔-佩奇关系进行了大量的研究,总结出除了晶粒大小外,影响纳米材料的强度的客观因素还有下面两种。

(1)试样的制备和处理方法不同。这必将影响试样的原子结构特别是界面原子结构和自由能的不同而导致试验结果的不同。特别是前期研究中试样孔隙度较大,密度低,试样中的缺陷多,造成了一些试验结果的不确定性和不可比性。

(2)试验和测量方法所造成的误差。前期研究多用在小块体试样上测量出的显微硬度值 H_v 来代替大块体试样的 σ_y,很少有真正的拉伸试验结果。这种替代本身就具有很大的不确定性,而且 H_v 的测量误差较大。同时,晶粒尺寸的测量和评价中的变数较大也会引起较大的误差。

除了上述客观影响因素外,有人从变形机制上来解释反常的霍尔-佩奇关系,例如,在纳米晶界存在大量的旋错,晶粒越细,旋错越多。旋错的运动会导致晶界的软化甚至使晶粒发生滑动或旋转,使纳米晶材料的整体延展性增加,因而使 k 值变为负值。然而,产生反常霍尔-佩奇关系的机制或本质是当纳米晶粒小于位错产生稳定堆积或位错稳定的临界尺寸时,建立在位错理论上的变形机制不能成立。霍尔-佩奇公式是建立在位错理论基础上的,在位错堆积不稳定或位错不稳定的条件下,霍尔-佩奇公式本身就不能成立。从这里也可看出,人们对纳米材料的强度、变形等现象还缺乏更深入的了解,还需进行进一步的试验和理论验证。

纳米材料的硬度和强度大于同成分的粗晶材料的硬度和强度已成为共识。纳米 Pd、Cu 等块体试样的硬度试验表明,纳米材料的硬度一般为同成分的粗晶材料硬度的 2～7 倍。纳米 Pd、Cu、Au 等的拉伸试验表明,其屈服强度和断裂强度均高于同成分的粗晶金属。含碳为 1.8% 的纳米 Fe 的断裂强度为 6000 MPa,远高于微米晶的 500 MPa。用超细粉末冷压合成制备的 25～50 nm 的 Cu 的屈服强度高达 350 MPa,而冷轧态的粗晶 Cu 的屈服强度为 260 MPa,退火态的粗晶 Cu 仅为 70 MPa。然而上述结果大多是用微型样品测得的。众所周知,微型样品测得的数据往往高于常规宏观样品测得的数据,且两者之间存在可比性问题。

在拉伸和压缩两种不同的应力状态下,纳米金属的塑性和韧性显示出不同的特点。在拉应力作用下,与同成分的粗晶金属相比,纳米晶金属的塑、韧性大幅下降,即使是粗晶时显示良好塑性的面心立方金属,在纳米晶条件下拉伸时塑性也很低,常呈现脆性断口。粗晶金属的塑性随着晶粒的减小而增大是由于晶粒的细化使晶界增多,而晶界的增多能有效地阻止裂纹的扩展。而纳米晶的晶界似乎不能阻止裂纹的扩展。导致纳米晶金属在张应力下塑性很低的主要原因有以下几点。

(1)纳米晶金属的屈服强度的大幅度提高使拉伸时的断裂应力小于屈服应力,因而在拉伸过程中试样来不及充分变形就产生断裂。

(2)纳米晶金属的密度低,内部含有较多的孔隙等缺陷,而纳米晶金属由于屈服强度高,因而在拉应力状态下对这些内部缺陷及金属的表面状态特别敏感。

(3)纳米晶金属中的杂质元素含量较高,从而损伤了纳米金属的塑性。

(4)纳米晶金属在拉伸时缺乏可动的位错,不能释放裂纹尖端的应力。

在压应力状态下纳米晶金属能表现出很高的塑性和韧性。例如纳米 Cu 在压应力下的屈服强度比拉应力下的屈服强度高两倍,但仍显示出很好的塑性。纳米 Pd、Fe 试样的压缩试验也表明,其屈服强度高达 GPa 水平,断裂应变可达 20%,这说明纳米晶金属具有良好的压缩塑性。其原因可能是在压应力作用下金属内部的缺陷得到修复,密度提高,或纳米晶金属在压应力状态下对内部的缺陷或表面状态不敏感。总之,在位错机制不起作用的情况下,在纳米晶金属的变形过程中,少有甚至没有位错行为。此时晶界的行为可能起主要作用,这包括晶界的滑动、与旋错有关的转动,同时可能伴随有由短程扩散引起的自愈合现象。此外,机械孪生也可能在纳米材料变形过程中起到很大的作用。因此,要弄清纳米材料的变形和断裂机制,人们还需要做大量的探索和研究。

10.3.2 纳米材料的热学性能

纳米材料是晶粒尺寸在纳米数量级的多晶体材料,具有很高比例的内界面。由于界面原子的振动焓、熵和组态焓、熵值明显不同于点阵原子,使纳米材料表现出一系列与普通多晶体材料明显不同的热学特性,如比热值升高、热膨胀系数增大、熔点降低等。

随着粒子尺寸的减小,熔点降低。当金属粒子尺寸小于 10 nm 后熔点急剧下降,其中 3 nm 左右的金属粒子的熔点只有其块体材料熔点的一半。用高倍率电子显微镜观察尺寸 2 nm 的纳米金粒子结构可以发现,纳米金颗粒形态可以在单晶、多晶与孪晶间连续转变,这种行为与传统材料在固定熔点熔化的行为完全不同。伴随着纳米材料熔点的降低,单位质量粒子熔化时的潜热吸收(熔变)也随尺寸的减小而减少。人们在具有自由表面的共价半导体的纳米晶体、惰性气体和分子晶体中也发现了熔化的尺寸效应现象。

近几年来人们尝试适当约束粒子的自由表面,以实现晶体的过热并使熔点升高。人们最先发现用 Au 包覆的 Ag 单晶粒子,可以过热 24 K,并维持 1 min。对于用熔体急冷法获得均匀分布于 Al 基体中的纳米 In 粒子,原位电镜观察和热分析均发现部分 In 粒子可以过热,过热的 In 粒子与 Al 基体形成了外延取向关系,且过热度与粒子尺寸成反比。采用相同方法,人们发现了 Pb 和 In 在 Al 基体中的过热。采用离子注入方法将形成的 Pb 纳米粒子镶嵌于 Al 单晶结构中,同样实现了 Pb 的过热,类似地实现了 In、Tl 注入 Al 中的过热。用熔体急冷和球磨的方法分别制备的 In/Al 镶嵌粒子/基体的样品,结构表征显示急冷样品存在半共格界面,而球磨样品只有随机取向的界面。界面结构不同的两种样品中粒子的熔化行为完全不同,急冷样品可观察到粒子过热,球磨样品粒子熔点降低。随着粒子尺寸的变化,过热熔化温度和熔点降低表现出相反的变化趋势。

10.3.3 纳米材料的磁学性能

在磁学性能中,矫顽力的大小受晶粒尺寸变化的影响最为强烈。对于大致球形的晶粒,矫顽力随晶粒尺寸的减小而增加,达到最大值后,随着晶粒的进一步减小,矫顽力反而下降。热运动能 $k_B T$ 大于磁化反转需要克服的势垒时,微粒的磁化方向做磁布朗运动,热激发会导致超顺磁性。

超顺磁性是当微粒体积足够小时,热运动能对微粒自发磁化方向的影响引起的磁性。处于超顺磁状态的材料具有两个特点:①无磁滞回线;②矫顽力等于零。材料的尺寸是该材料是否处于超顺磁状态的决定因素,同时,超顺磁性还与时间和温度有关。

对于一单轴的单畴粒子集合体,各粒子的易磁化方向平行,磁场沿易磁化方向将其磁化。当磁场取消后,剩磁 $M_r(0) = M_s$,M_s 为饱和磁化强度。磁化反转受到难磁化方向的势垒 $\Delta E = KV$ 的阻碍,只有当外加磁场足以克服势垒时才能实现反磁化。如果微粒尺寸足够小,可出现热运动能使 M_s 穿越势垒 ΔE 的概率。若经过足够长的时间 t 后剩磁 M_r 趋于零,则其衰减过程为

$$M_r(t) = M_r(0)\exp\left(\frac{-t}{\tau}\right) \tag{10-1}$$

式中,τ 为弛豫时间:

$$\tau = \tau_0 \exp\left(\frac{KV}{k_b T}\right) = f_0^{-1}\exp\left(\frac{KV}{k_b T}\right) \tag{10-2}$$

式中,f_0 为频率因子,其值约为 $10^9 \ s^{-1}$。根据弛豫时间 τ 与所设定的退磁时间 t_m(试验观察时间)的相对大小不同,对超顺磁性可有以下不同的试验结论。

(1)当 $\tau \leqslant t_m$ 时,在试验观察时间内超顺磁性有充分的表现。设 $t_m \approx 100 \ s$,将 $\tau =$

$t_m = 100$ s 代入式(10-2),可计算出具有超顺磁性的临界体积 V_c:

$$V_c = \frac{25k_b T}{K} \tag{10-3}$$

当粒子的体积 $V < V_c$ 时,粒子处于超顺磁状态。对于给定的体积 V,上式可确定超顺磁性的冻结温度 T_b。当 $T < T_b$ 时,$\tau > t_m$,超顺磁性不明显。当温度确定时,则可利用式(10-3)计算出超顺磁性的临界尺寸。

（2）当 $\tau \gg t_m$ 时,在试验中观察不到热起伏效应,微粒为通常的稳定单畴。

超顺磁性限制对于磁存贮材料是至关重要的。如果 1 bit 的信息要在一球形粒子中存贮 10 年,则要求微粒的体积 $V > 40k_b T/K$。对于典型的薄膜记录介质,其有效各向异性常数 $K_{eff} = 0.2$ J/cm³。在室温下,微粒的体积应大于 828 nm³,对于立方晶粒,其边长应大于 9 nm。此外,超顺磁性是制备磁性液体的条件。

10.3.4 纳米材料的电学性能

由于纳米晶材料中含有大量的晶界,且晶界的体积分数随晶粒尺寸的减小而大幅度上升,因此,纳米材料的电导具有尺寸效应,其电导将显示出许多不同于普通粗晶材料电导的性能,例如纳米晶金属块体材料的电导随着晶粒度的减小而减小,电阻的温度系数亦随着晶粒的减小而减小,甚至出现负的电阻温度系数。金属纳米丝的电导被量子化,并随着纳米丝直径的减小出现电导台阶、非线性的 $I-V$ 曲线及电导振荡等粗晶材料所不具有的电导特性。

纳米金属块体材料的电导随着晶粒尺寸的减小而减小而且具有负的电阻温度系数,已被实验所证实。格莱特(Gleiter)等人对纳米 Pd 块体的比电阻的测量结果表明,纳米 Pd 块体的比电阻均高于普通晶粒 Pd 的比电阻,且晶粒越细,比电阻越高。随着晶粒尺寸的减小,电阻温度系数显著下降,当晶粒尺寸小于某一临界值时,电阻温度系数就可能变为负值。我国的研究者研究了纳米晶 Ag 块体的组成粒度和晶粒度对电阻温度系数的影响。当 Ag 块体的组成粒度小于 18 nm 时,在 $50 \sim 250$ K 的温度范围内电阻温度系数就由正值变为负值,即电阻随温度的升高而降低。将一个电子注入一个纳米粒子或纳米线等称之为库仑岛的小体系时,该库仑岛的静电能将发生变化,变化量与一个电子的库仑能大体相当,即 $E_c = e^2/(2C)$,其中 e 为电子的电量,C 为库仑岛的电容。当 C 足够小时,只要注入一个电子,其给库仑岛附加的充电能 E_c 便大于 $k_b T$,从而阻止了第二个电子进入该岛,这就是库仑阻塞效应,E_c 称作库仑阻塞能。库仑阻塞效应造成了电子的单个传输。库仑阻塞效应使电流和电压不再呈现线性关系,而在 $I-V$ 曲线上出现锯齿形的台阶,被称为库仑平台。库仑阻塞效应是单电子晶体管的基础。

10.3.5 纳米材料的光学性能

纳米材料的量子效应、大的比表面效应、界面原子排列和键组态的较大无规则等特性对纳米微粒的光学特性有很大影响,使纳米材料与同质的体材料有很大不同。

蓝移。当半导体粒子尺寸与其激子玻尔半径相近时,随着粒子尺寸的减小,半导体粒子的有效带隙增加,其相应的吸收光谱和荧光光谱发生蓝移,从而在能带中形成一系列分立的能级。与体材料相比,纳米微粒的吸收带普遍存在向短波方向移动,即蓝移现象。

纳米微粒吸收带的蓝移可以用量子限域效应和大的比表面来解释。由于纳米颗粒尺寸下降,能隙变宽,这就导致光吸收带移向短波方向。已被电子占据能级与未被占据的宽度(能隙)随颗粒直径减小而增大,所以量子限域效应是产生纳米材料谱线蓝移和红外吸收谱宽化现象的根本原因。由于纳米微粒颗粒小,大的表面张力使晶格畸变,晶格常数变小。如对纳米氧化物和氮化物小粒子的研究表明,第一近邻和第二近邻的距离变短。键长的缩短导致纳米微粒键的本征振动频率增大,结果使红外光吸收带移向了高波数,界面效应引起纳米材料的谱线蓝移。

红移。在有些情况下,粒径减小至纳米级时,可以观察到光吸收带相对粗晶材料呈现红移现象,即吸收带移向长波方向。从谱线的能级跃迁而言,能隙减小,带隙、能级间距变窄,从而导致电子由低能级向高能级及半导体电子由价带到导带跃迁引起的光吸收带和吸收边发生红移,这就是谱线红移的原理。

吸收带的宽化:纳米结构材料在制备过程中要求颗粒均匀、粒径分布窄,但很难达到粒径完全一致,其大小有一个分布,使得各个颗粒的表面张力有差别,晶格畸变程度也不同,使得纳米结构材料的键长也有一个分布,这就导致了吸收带的宽化。纳米结构材料比表面占有相当大的权重,界面中存在孔洞等缺陷,原子配位数不足,失配键较多,这就使界面内的键长与颗粒内的键长有差别。就界面本身来说,庞大比例的界面结构并不是完全一样的,它们在能量、缺陷的密度、原子的排列等方面很可能有差异,这也导致界面中的键长有一个很宽的分布,以上这些因素都可能引起纳米结构材料红外吸收带的宽化。

强吸收:大块金属具有不同颜色的光泽,表明它们对可见光范围各种波长光的反射和吸收能力不同。当金(Au)粒子尺寸小于光波波长时,会失去原有的光泽而呈现黑色。实际上,所有的金属超微粒子均为黑色,尺寸越小,色彩越黑,如银白色的铂(白金)变为铂黑,铬变为铬黑等,这表明金属超微粒对光的反射率很低,一般低于 1%。大约几纳米厚度的微粒即可消光,金纳米粒子的反射率小于 10%。对可见光而言,低反射率、强吸收率会导致粒子变黑。

发光:所谓的光致发光是指在一定波长光照射下被激发到高能级激发态的电子重新跃入低能级被空穴捕获而发光的微观过程。从物理机制来分析,电子跃迁可分为两类:非辐射跃迁和辐射跃迁。当能级间距很小时,电子跃迁可通过非辐射性级联过程发射声子,在这种情况下材料不发光,只有当能级间距较大时,才有可能发射光子,实现辐射跃迁,产生发光现象。

在纳米材料的发展中,人们发现有些原来不发光的材料,当使其粒子小到纳米尺寸后,可以观察到从近紫外光到近红外光范围内的某处发光现象,尽管发光强度不算高,但纳米材料的发光效应却为设计新的发光体系和发展新型发光材料提供了一条新的道路。例如硅是具有良好半导体特性的材料,是微电子的核心材料之一,可硅材料不是好的发光材料。当硅纳米微粒的尺寸小到一定值时可在一定波长的光激发下发光。1990 年,日本佳能研究中心发现,粒径小于 6 nm 的硅在室温下可以发射可见光,随着粒径的减小,发射带强度增强并移向短波方向。当粒径大于 6 nm 时,这种光发射现象消失。硅纳米微粒的发光是由载流子的量子限域效应引起的。大块硅不发光是它的结构存在平移对称性,由平移对称性产生的选择定则使得大尺寸硅不可能发光,当硅粒径小到某一程度时(6 nm),平移对称性消失,因此出现发光现象。类似的现象在许多纳米微粒中均被观察到过,使得纳米微粒的光学性质成为纳米科学研究的热点之一。

习　题

　　1. 简述纳米材料的基本特征。
　　2. 简述纳米材料的制备方法。
　　3. 简述纳米材料的基本效应。
　　4. 简述纳米材料的性能奇异特性。

参考文献

[1] 刘强,黄新友. 材料物理性能[M]. 北京:化学工业出版社,2009.

[2] 田蔚编. 材料物理性能[M]. 北京:北京航空航天大学出版社,2001.

[3] 石德珂,金志浩. 材料力学性能[M]. 西安交通大学出版社,1997.

[4] 时海芳,任鑫. 材料力学性能[M]. 北京大学出版社,2015.

[5] 丁秉钧. 纳米材料[M]. 西安:机械工业出版社,2004.

[6] GLEITER H. Nanostructured materials:basic concepts and microstructure[J].
     Acta materialia,2000,48(1):1-29.

[7] 高汝伟,冯维存,王标,等. 纳米复合永磁材料的有效各向异性与矫顽力[J]. 物
     理学报,2003,52(3):703-707.

[8] 朱静. 纳米材料和器件[M]. 北京:清华大学出版社,2003.

[9] OZIN G A,ARSENAULT A. Nanochemistry:a chemical approach to nanomate-
     rials[J]. London:Royal Society of Chemistry,2015. 10-14.

[10] RODUNER E. Size matters:why nanomaterials are different[J]. Chemical Soci-
     ety Reviews,2006,35(7):583-592.

[11] Handbook of Nanophase and Nanostructured Materials:Materials systems and
     applications I[J]. Beijing:Tsinghua University Press,2003. 92-96.

[12] THOMPSON A G. MOCVD technology for semiconductors[J]. Materials Let-
     ters,1997,30(4):255-263.

[13] BENJAMIN J S. Mechanical alloying[J]. Scientific American,1976,234(5):
     40-49.

[14] VALIEV R Z. Paradoxes of severe plastic deformation[J]. Advanced Engineer-
     ing Materials,2003,5(5):296-300.

[15] RAO C N R,CHEETHAM A K. Science and technology of nanomaterials:cur-
     rent status and future prospects[J]. Journal of Materials Chemistry,2001,11
     (12):2887-2894.